纺织服装高等教育部委级规划教材

纤维
集合体力学

Mechanics of Fiber Assemblies

◎ 顾伯洪 孙宝忠 编著

U0377436

东华大学出版社

内 容 提 要

纤维集合体是由柔性纤维以一定的纺织成型制造方法而形成的结构稳定的纺织品总称。纤维集合体力学研究各类纺织品在外力场作用下的结构变形和破坏过程。本书在叙述纤维集合体发展历史的基础上,介绍纤维集合体的多尺度结构、结构表征指标和力学性质,以材料/结构/性质一体化设计为主线,着重阐述纤维集合体的结构力学分析建模方法、力学性质预测和纤维集合体结构设计。书中涉及的纤维集合体种类包括纤维、平行长丝纱、加捻长丝纱和短纤维纱,二维和三维机织物、针织物、编织物及其增强复合材料,以及非织造布等。本书描述纤维集合体及其力学特征优化设计的详细体系,进而应用于纺织工艺技术优化和纤维集合体复合材料细观结构优化。

本书适用于纺织科学与工程、纺织材料,以及对非线性柔性体有兴趣的力学、复合材料等专业的高年级本科生和研究生教学或自学,也可为纺织行业的工程师进行纤维集合体设计提供参考。

图书在版编目(CIP)数据

纤维集合体力学/顾伯洪,孙宝忠编著.—上海:东华大学出版社,2014.8

ISBN 978-7-5669-0547-5

Ⅰ.①纤… Ⅱ.①顾… ②孙… Ⅲ.①纺织纤维—力学—研究 Ⅳ.①TS102.1

中国版本图书馆 CIP 数据核字(2014)第 142990 号

责任编辑 张 静
封面设计 魏依东

纤维集合体力学

顾伯洪 孙宝忠/编著

出 版:东华大学出版社(上海市延安西路 1882 号,200051)
网 址:http://www.dhupress.net
天猫旗舰店:http://dhdx.tmall.com
营 销 中 心:021-62193056 62373056 62379558
印 刷:苏州望电印刷有限公司
开 本:710 mm×1 000 mm 1/16 印张:36
字 数:809 千字
版 次:2014 年 8 月第 1 版
印 次:2014 年 8 月第 1 次印刷
书 号:ISBN 978-7-5669-0547-5/TS·504
定 价:88.00 元

作者简介

顾伯洪,1967 年出生于江苏省武进县,1996 年获中国纺织大学(现更名:东华大学)纺织材料专业博士学位,现为东华大学纺织学院教授;主要研究纺织结构复合材料冲击动力学、纤维集合体多尺度结构/性能一体化设计,最近5 年内教学和研究成果有:在 *Philosophical Magazine* 等国际著名期刊上以第一或通讯作者发表的论文被科学引文索引(SCI)收录共计 75 篇,其中在 *Journal of Composite Materials* 上发表 18 篇,是该刊上发表论文最多的大中华区域作者;由科学出版社出版专著《纺织结构复合材料冲击动力学》;指导 7 位博士生和 18 位硕士生毕业,其中《三维纺织结构复合材料压缩性能的应变率效应及动态特性分析》获 2009 年全国百篇优秀博士学位论文;主持国家自然科学基金项目 4 项,其中 1 项结题评价特优;担任《复合材料学报》三届编委和中国复合材料学会两届理事;获宝钢优秀教师奖;入选上海市曙光学者计划和教育部新世纪优秀人才支持计划。

E-mail:gubh@dhu.edu.cn

孙宝忠,1978 年出生于山东省曹县,2006 年获东华大学纺织材料专业博士学位,现为东华大学纺织学院教授;现任东华大学纺织学院高技术纺织品系副主任,轻质结构复合材料研究所副所长;主要研究纺织品结构和性能、轻质结构复合材料制备及力学、纤维集合体构造及力学、材料系统的频域分析、有限元计算和模拟等,近 5 年内发表国际 SCI 期刊论文 60 余篇,主持国家自然基金委、教育部、上海市科委、上海市教育发展基金委课题 7 项,先后获得"上海市晨光学者""上海市青年科技启明星""全国优秀博士学位论文奖"等荣誉。

E-mail:sunbz@dhu.edu.cn

序

纤维集合体是纺织纤维通过纺织制造加工技术形成结构稳定的纺织品总称。纤维集合体力学研究各类纺织品在外力场作用下的结构变形和破坏过程。作为纺织力学的重要分支内容,纤维集合体力学对于纺织品结构设计、性能设计和进一步的制造工艺技术设计具有重要意义。相比于纤维集合体在人类文明史中扮演的重要角色,纤维集合体结构研究和力学性质研究则远远落后。纤维集合体随人类文明史的出现就开始使用了,但真正从科学意义上研究纤维集合体结构、纤维集合体受力与变形关系、纤维集合体受力破坏、纤维集合体刚度和强度理论等,始于 20 世纪初期。例如:对于加捻长丝纱,1907 年法国人 Charles Gégauff 建立共轴螺旋线模型,研究加捻长丝纱结构和拉伸模量之间的关系;对于机织物,1913 年德国人 Rudolf Haas 研究织物在双轴向应力下经、纬纱线卷曲变形,发现织物变形机理起源于纱线之间的剪切作用。目前一般认为 1937 年澳大利亚人 Frederick Thomas Peirce 的 *The Geometry of Cloth Structure* 一文代表纤维集合体力学进入织物结构层面研究。第二次世界大战之后,纤维集合体力学研究进入快速发展期,研究对象扩展至针织物、非织造布、编织物,研究尺度延伸至纤维、纱线、织物组织单元等多尺度结构层面,研究方法从解析方法发展至数值方法和一些非经典方法(如数理统计方法和人工神经网络方法等)。目前,纤维集合体力学研究对于低应力条件下的大变形问题(如织物悬垂变形和折皱变形)、高阶失稳问题(如多重屈曲变形)、高应变率加载问题(如弹道侵彻破坏)和疲劳问题已经有较好的结果。对于一些比较复杂的问题,如织物穿用过程中的渐变损伤、纤维集合体多尺度结构和细观结构统一表征指标等,也出现了解决问题的部分线索。展望未来,随着新型纤维的不断发现和发明,新型纺织制造技术不断发展,将涌现出结构繁多、性能优异的纤维集合体类型,更好地服务于人类生活,纤维集合体力学在新型纤维集合体设计和制造中的重要性将越发显著。

相比于刚性工程材料,柔性纤维集合体具有迥异的受力变形机理。纤维集合体从本质上讲是一种结构体,纤维是结构体最基本的组成单位。纤维间借助摩擦形成结构稳定的纤维集合体,纤维间滑移又赋予纤维集合体能成为纺织品的基本特征:(1)多曲率弯曲变形;(2)低应力大变形现象;(3)多重屈曲变形。纤维间摩擦和滑移是形成柔性纤维集合体、柔性纺织品的基本机理,作者在绪论中给出关于"纸张不能用于做衣服"的例子,很好地说明了纤维间摩擦和滑移是纺织品成型的基本要素。另外,刚性工程结构材料在服役过程中,一般不允许超过其弹性极限或者出现屈曲失稳现象,一旦产生屈服或屈曲失稳现象,该工程结构即已到实用受载极限。纤维集合体则相反,如果没有高度屈曲失稳现象,纤维集合体将不具备成为纺织品的基本特征,没有使用价值。纤维集合体中数以亿计的纤维间的相互接触与滑移使纺织品具有柔软和飘逸的基本穿用特征。纤维集合体力学将针对上述现象,讨论纤维基本特性、纤维间基本性质,以及各种类型纤维集合体受力变形特征,揭示纤维集合体力学性质与纤维性质、纤维集合体细观结构间的关系。

纤维集合体力学将在纤维性质和纤维集合体细观结构两者基础上,揭示纤维集合体受力变形特征和刚度、强度性质。这些内容将在纺织品设计中发挥重要作用。自 1969 年 John W S Hearle, Percy Grosberg 和 Stanley Backer 合著 *Structural Mechanics of Fibers, Yarns and Fabric*(Wiley-Interscience, New York, 1969)一书起,目前国际上系统综合反映纤维集合体力学内容的典型书籍多达十余种。本书作者采用这些书籍,结合最新期刊论文和自己的研究结果,为纺织科学与工程一级学科研究生讲授"纤维集合体力学"课程有 15 年历史。他们在纤维集合体多尺度细观结构、冲击动力学方面有较多的研究积累。基于多年教学和研究工作经验,作者从独特视角编写而形成《纤维集合体力学》这本教材,用于纺织科学与工程一级学科研究生教学,也可以为纺织工业实际生产提供参考。

本书作者之一顾伯洪教授 1989 年 9 月在我指导下攻读硕士学位,其时就对纤维集合体力学兴趣颇浓,钻研于纤维材料疲劳性质,攻读博士学位期间专攻织物结构力学数值计算,多年以来,苦心孤诣,略有心得。孙宝忠教授受业于顾伯洪教授,曾获全国百篇优秀博士学位论文之称号,年少有成。两位参悟多年,今汇集成书,甚感欣喜。希在后续工作中,追本溯源,开拓创新。特为序。

中国工程院院士

序于甲午年上元节

前　言

　　柔性纤维集合体,是指纺织纤维在各种纺织加工条件下形成的纱线、织物或非织造布总称,具体形式有纱线/纤维束、缆绳、网、毡、机织物、针织物、编织物、非织造布等。自从有人类文明记录,就有纤维集合体的产生(如原始人类使用的纤维毡),并伴随人类的存在而永远发展。早期使用的纤维有天然纤维素纤维、天然蛋白质纤维和矿物纤维,现在逐渐发展出天然素纤维再生纤维(如黏胶纤维、醋酯纤维、溶剂法再生纤维素纤维)、合成纤维(如聚酰胺纤维、聚酯纤维、聚丙烯腈纤维、烯烃类纤维)和无机纤维(如玻璃纤维、碳纤维、金属纤维)。对于后一类新近出现的纤维,根据分子结构可以对纤维性质进行设计。在各种纤维集合体中,纤维间的摩擦和抱合是纤维集合体保持结构稳定的重要因素。纤维集合体力学研究在外力场下由纤维变形和纤维间位移导致的纤维集合体变形及破坏。新纤维的不断诞生使纤维集合体力学永远具有发展空间。

　　与柔性纤维集合体对应的是具有同样历史长度的刚性纤维集合体——纤维增强复合材料,纤维包埋于基体材料(有机树脂或其他无机材料)中,形成界面间不相互滑移的固体结构,具有轻质高强特点,在工程中具有很大的应用潜力。本书将仅讨论柔性纤维集合体。

　　持续系统研究柔性纤维集合体力学大约始于第二次世界大战结束之后的1945年。在1920年至1945年之间,随着纺织研究发展,也出现了一些织物结构和力学性质测试方面的经典工作。更早一些,纤维集合体力学可以追溯到欧洲文艺复兴时期的达芬奇(Leonardo da Vinci)和伽利略(Galileo Galilei),将其上升到理论高度则是欧拉(Leonhard Euler)和伯努利(Bernoulli)家族成员 Daniel Bernoulli 关于柔性细杆力学研究(Euler-Bernoulli Beam Theory)。为这些理论数学美感所吸引,随后的研究者将椭圆积分及各种弹性理论在由柔性纤维或纱线组成的纤维集合体中找到了它们更直接的应用[1]。

　　查阅 Todhunter 和 Pearson 合著[2] 的关于材料弹性和强度的早期著作 *A History of the Theory of Elasticity and of the Strength of Materials from Galilei to the Present Time* 中的文献索引,可以发现许多类似纺织材料,如细线、绳索、杆、金属丝、螺旋弹簧等(strings, cords, bars, rods, wires, threads, helical springs)方面的研究文献,其代表内容成为今天纺织材料力学的研究基础。20 世纪早期 Gégauff [3],Haas[4] 和 Peirce [5-8]等开始研究上述纺织材料的力学性质,并拓展至研究织物结构及力学性能。这些工作是纤维集合体力学的重要奠基石。1945 年二战结束前后的一段时间,许多参战国政府投入大量人力和财力研究新型纺织纤维和纺织制造技术，以提高军用纺织品质量。在结合新发明的聚酰胺纤维（美国杜邦公司的尼龙纤维）精确设计符合战地使用环境要求的纺织品时，原先积累了几个世纪的经验设计方法逐渐被相对精确的分析设计方法所取代。这些分析设计方法用于描述纤维材料性质、纤维集合体结构和纺织品性质三者之间的联系，使新纤维性质更充分应用于纺织品设计。纤维集合体力学自此开始成为一个分支学科，军用纺织产品高性能要求则促使这门学科得以诞生。纤维增强复合材料的兴起与研究，为纺织材料结构力学带来了新问题，引入了新内容。

纤维集合体力学从纤维集合体结构和纤维材料性质出发，借用数学、力学手段，分析研究纤维集合体多尺度结构与力学表征指标间的关系。由柔性纤维可以组成许多结构不同的纺织材料这种纤维集合体，数学、力学的发展又使研究这些结构的力学特性手段多样化，向更能反映实际结构、更高精度的方向发展。因此，新型纺织材料的出现和数学、力学方法的发展，使纤维集合体力学研究不断更新。

翻阅任一所工科大学的力学专业教学目录，都会发现静力学和动力学、固体力学、动力学系统、材料强度、机械振动、随机振动、振动与波、高等力学、塑性力学、流体力学、流体动力学、黏性流和湍流、稀薄气体流体动力学、电磁动力学、气体燃烧动力学、材料力学、实验力学等课程，同时涵盖热力学和传热传质学等知识。学生培养的主要知识结构所面向的对象是弹性体、塑性体、黏弹性体、弹塑性体、流体，而不是像纤维集合体这样的由柔性纤维借助纤维间摩擦而形成的软物质。

相对于刚性工程结构而言，纤维集合体力学研究异常复杂：一般认为刚性结构屈曲是工程结构的寿命终点，即工程结构在加载过程中一旦产生屈曲失稳现象，该工程结构即已到受载极限；而对于柔性纤维集合体，屈曲失稳是纤维集合体得以成为柔软纺织品的基本条件，也是纺织品设计的基本要求。纤维集合体如果没有高度屈曲失稳现象，则没有使用价值。受力变形过程中开始产生屈曲失稳，是纤维集合体投入使用的起始点。纤维集合体中纤维数量极多，柔性纤维间的相互作用复杂，揭示纤维集合体的受力变形将会涉及复杂的分析假设和巨大的计算量。在纤维集合体多尺度细观结构模型的基础上，采用分析模型或者数值计算模型是较为有效的方法。图像处理方法、数理统计方法和人工神经网络方法，目前也被用于研究纤维集合体细观结构和受力变形。

在纺织科学与工程领域，无论是科学家、工程师还是学生，对纤维集合体力学的系统知识的掌握和需求日益迫切。经过 100 多年的发展，通过几代研究者的不断积累，纤维集合力学的文献散见于各处，如纺织类的综合性期刊：1910 年创刊的 *Journal of the Textile Institute* 和 1931 年创刊的 *Textile Research Journal*；也出现了一些系统性的综合书籍，如 1969 年的 *Structural Mechanics of Fibers, Yarns and Fabrics*，1980 年的 *Mechanics of Flexible Fibre Assemblies*，1988 年的 *The Mechanics of Wool Structures*，2008 年的 *Structure and Mechanics of Textile*

Fiber Assemblies。上述文献和书籍提供了完备的纤维集合体力学知识体系。

目前刊载有关纤维集合体力学的主要期刊有：

Textile Research Journal

Journal of the Textile Institute

Journal of Engineered Fibers and Fabrics

Journal of Industrial Textiles

Journal of Applied Polymer Science

Polymer Science and Engineering

Composites Science and Technology

Composites Part A

Journal of Composite Materials

Journal of Filtration

支持与纤维集合体相关的主要国际学术组织有美国的纤维学会（The Fiber Society）和英国纺织学会（The Textile Institute）。这两个组织定期召开国际学术会议，研讨包括纤维集合体力学在内的纺织学科问题。由于纤维增强复合材料的日益普及使用，纤维集合体力学也被国际复合材料学术组织和学术会议大量讨论，如美国复合材料制造商协会（American Composite Manufacturers Association, ACMA）和国际复合材料会议（International Committee on Composite Materials）。

到目前为止，反映纤维集合体力学研究成就的主要著作有：

Hearle J W S, Grosberg P, Backer S. *Structural Mechanics of Fibers, Yarns, and Fabrics*, Vol. 1. New York: John Wiley & Sons, 1969.

Hearle J W S, Thwaites J J, Amirbayat J (eds.). *Mechanics of Flexible Fiber Assemblies*. Alphen aan den Rijn: Sijthoff & Noordhoff, 1980.

Postle R, Carnaby G A, de Jong S. *The Mechanics of Wool Structures*. Chichester: Ellis Horwood, 1988.

Hu J (ed.). *Structure and Mechanics of Woven Fabrics*. Cambridge: Woodhead Publishing Limited, 2004.

Morton W E, Hearle J W S. *Physical Properties of Textile Fibres* (fourth edition). Cambridge: Woodhead Publishing Limited, 2008.

Schwartz P (ed.). *Structure and Mechanics of Textile Fibre Assemblies*. Cambridge: Woodhead Publishing Limited, 2008.

Gupta B S (ed.). *Friction in Textile Materials*. Cambridge: Woodhead Publishing Limited, 2008.

Hu J. *3-D Fibrous Assemblies: Properties, Applications and Modelling of Three-dimensional Textile Structures*. Cambridge: Woodhead Publishing Limited, 2008.

Miraftab M (ed.). *Fatigue Failure of Textile Fibres*. Cambridge: Woodhead Publishing

Limited，2009.

　　Chen X（ed.）. *Modelling and Predicting Textile Behaviour*. Cambridge：Woodhead Publishing Limited，2010.

　　本书将根据作者对纤维集合体力学的理解，综合纤维集合体力学的研究成果，以简洁的方式阐释纤维集合体的多尺度细观结构、细观结构表征指标，在准静态下拉伸、压缩、弯曲、扭转及其耦合作用，以及纤维集合体受力变形破坏过程，同时介绍纤维集合体多尺度结构的优化设计方法。涉及的纤维集合体种类包括：平行长丝纱、加捻长丝纱、环锭和各种新型短纤纱；二维和三维机织物、针织物、编织物；针刺、纺黏、熔喷非织造布；等等。本书描述纤维集合体及其力学特征优化设计的详细体系，进而应用于纺织工艺技术和纤维集合体材料结构优化。期望通过本书的出版，使读者能够掌握纤维集合体力学的基本脉络和知识结构，同时根据本书提供的下列文献清单进一步深入理解纤维集合体力学的相关专题内容：

［1］ Hearle J W S，Grosberg P，Backer S. Structural Mechanics of Fibers，Yarns and Fabrics，Vol. 1. New York：Wiley-Interscience，1969：39.

［2］ Todhunter I，Pearson K. A History of the Theory of Elasticity and of the Strength of Materials from Galilei to the Present Time. Cambridge：Cambridge University Press，1893：491-546.

［3］ Gégauff C. Strength and Elasticity of Cotton Threads. Bull. Soc. Ind. Mulhouse，1907，77：153-176（originally published in French as：Gégauff C. Force et Elasticite des Files en Cotton. Bulletin De La Societe Industrielle De Mulhouse，1907，77：153-176）.

［4］ Haas R，Dietzius A. The Stretching of the Fabric and the Shape of the Envelope in Non-rigid Balloons. Annual Report，Report 16 National Advisory Committee for Aeronautics，1918：149-271（originally published in German as：Rudolf Haas und Alexander Dietzius，Stoffdehnung und Formaenderung der Huelle bei Prall-Luftschiffen. Untersuchungen im Luftschiffbau der Siemens-Schukkert-Werke，1913，Luftfahrt und Wissenschaft，Hft. 4.）.

［5］ Peirce F T. The Rigidity of Cotton Hairs. Journal of the Textile Institute Transactions，1923，14(1)：1-17.

［6］ Peirce F T. Tensile Tests for Cotton Yarns V. The Weakest Link：Theorems on the Strength of Composite Specimens. Journal of the Textile Institute Transactions，1926，17（7）：355-368.

［7］ Pierce F T. The "Handle" of Cloth as a Measurable Quantity. Journal of the Textile Institute Transactions，1930，21(9)：377-416.

［8］ Peirce F T. The Geometry of Cloth Structure. Journal of the Textile Institute Transactions，1937，28(3)：45-96.

［9］ 顾伯洪，孙宝忠. 纺织结构复合材料冲击动力学. 北京：科学出版社，2012.

顾伯洪　孙宝忠
于 2014 年春节

目　　录

绪　　论

0.1　纤维集合体概念及范畴

所有柔性纤维借助纤维间摩擦形成的结构稳定的纱线和织物称为纤维集合体。柔性纤维集合体伴随各种新型纤维和现代纺织装备的发展,不断涌现出各种新型纺织结构。目前,各种高容量计算工具日渐普遍,纤维集合体多尺度设计方法和体系已经从象牙塔走向大众,采用逆向设计模式,形成从宏观性能要求到纤维材料、集合体结构选择的顶层设计方法。现在,纺织企业可以根据用户最终要求,借助商业化纺织设计系统,非常便捷地设计织物、纱线,以及确定所要采用的纤维类型。

柔性纤维集合体随人类文明演化而发展。一万多年前原始人开始用柔性纤维集合体保护身体免受环境侵害,然后出现羊毛、麻、棉、蚕丝和其他纤维组成的复杂结构纤维集合体。纤维集合体除服装或家纺产品外,还应用于绳索、过滤材料、增强材料和柔性建筑材料等工程场合。相比于其他工程领域,整个纺织领域的精细力学分析和设计远远落后,经验设计在纺织制造业中一直占据主导地位。新纤维材料、新纺织技术、新社会生活模式不断出现,使纺织力学和纤维集合体力学研究的必要性渐增,新研究方法和计算工具也使纤维集合体力学发展成为可能。

纤维集合体材料是固体结构材料,但在材料力学教科书中很难找到与纺织材料力学性质相关的内容。表 0-1 列出了纺织材料与传统工程材料的重要区别特征。

表 0-1　纺织材料与传统工程材料的重要区别

传统工程材料	过渡种类材料	纺织材料
刚性	柔性	柔性
均质状态	固体状态	非连续状态
致密、无渗透	致密或多孔	多孔状
表面可光洁	柔软、可填充疏松结构	表面纹理结构
无屈曲状态	屈曲或非屈曲	多重屈曲状态

在传统工程材料的服役过程中,如果形成非连续相、多孔相或出现大变形、表面粗糙、横向压力下软弹性屈服,常被认为是材料失效的起始信号。实际工程结构都必须在弹性范围内使用,而不允许出现这些现象。通常结构力学分析工作遇到

这些现象时即可停止,往后的分析将无意义。但对于纺织品而言,非连续相、多孔相、大变形、表面粗糙、横向压力下软弹性屈服现象,则是纺织品的基本特征,产生大变形和屈曲现象是纺织品力学分析的起始点,也是纺织材料与传统工程材料相比最有价值和最有趣之处。传统工程材料力学分析的终点就是柔性纤维集合体力学分析的起点。

有一个有趣的例子:纸张能用于缝制衣服长时间穿用吗?

纺织品通过柔软且细长的纤维借助纤维间摩擦形成兼具柔软、表面纹理规则和强度的特性,使纺织品在低应力下柔软,在高应力下由于纤维间相互抱合锁结而不致破坏。形成高质量纺织品,需要高质量纤维和复杂而又合理的纤维集合方法,由此形成纤维间既紧密接触抱合但又能相互滑移的集合状态。例如,纸张和短纤维复合材料板材的制造中,使用低价值木浆纤维在浆液中高速混合集结,形成具有纸张和短纤维复合材料板特性的产品。该类产品虽然制备效率高,但易撕裂,易折皱,湿强低,表面过于光滑,短纤维堆砌结构过于致密;更重要的是,纸张材料虽然柔软,但无法产生双曲率效应。纸张材料可以沿单轴向弯曲卷绕,但不能沿双轴向同时弯曲卷绕,否则会形成弯曲尖点或奇点,即不具有纺织品所要求的特性。纺织品由于纤维间相互滑移,在双轴向弯曲或卷绕下使弯曲尖点或奇点处的应力释放,消除弯曲尖点或奇点,在双轴向弯曲下仍具有光滑曲率区域。这是纺织品具有优美悬垂感、人体运动时具有舒适性屈曲变形的重要原因。因此,纸张不能用于缝制成衣服而长时间穿用。

对于传统工程材料,为达到柔软效果,最可行的方法就是降低材料厚度。当材料厚度足够小时,薄板将具有一定柔软性。但对于纤维集合体,即使织物很厚,也能借助织物内纤维间相互滑移达到柔性效果,同时纤维间相互滑移不影响织物结构整体性,使得材料力学中弯曲或扭转刚度正比于材料横截面积平方的公式不再适用。

与柔性纤维集合体对应的是具有同样历史长度的刚性纤维集合体——纤维增强复合材料,纤维包埋于基体材料(有机树脂或其他无机材料)中,形成界面间不相互滑移的固化整体结构,具有轻质高强特点,在工程中具有很大的应用潜力。本书将仅讨论柔性纤维集合体结构的力学。

0.2 纤维集合体分类

在应用力学术语范畴,纤维是横向尺度微观(以 μm 为度量单位)、轴向尺度宏观(以 m 为度量单位)的细长杆。纤维长度和直径有很大变化范围,下面给出基本估算量级。一根"典型"纤维通常可用表 0-2 中的三个黑体字"1"来表示基本量级,表中同时列出了一些导出尺度单位。整个纤维集合体系统的复杂性可用表 0-3 简单表示,即按照通常情况估算,1 m² 织物中有 10^8 根纤维。纺织工程师的主要工作就是把表 0-3 所列的数量巨大的纤维以合理空间构型方式放置到合理地方。如果要对纤维集合体进行精细数学分析,例如分析对象是由长度为 1 cm 的短纤维组成的 1 m² 织物,纤维沿长度方向以其直径长度 10 μm 逐段分析,整块织物中将有 10^{13} 个纤维分析单元,理论学家需要找出解决这个巨大系统的力学问题的方法。

表 0-2　纤维尺度量级估算[1]

指标	典型值	范　　围
细度	1 dtex (0.1 g/km)	上限高至 20 dtex (超出范围将呈现脆性)
长度	1 cm	短纤维上至 20 cm,连续长丝的长度可以无限长
密度	1 g/cm³	聚合物纤维 0.9～2.5 g/cm³,其他纤维上限至 10 g/cm³
质量	1 μg	20 dtex, 10 cm, 1.5 g/cm³→300 μg
1 kg 纤维根数	10^9	几乎所有产品都大于 10^6
直径	约 10 μm	20 dtex, 1 g/cm³→50 μm
长径比	1 000∶1	短纤维可达 10 000∶1→连续长丝的长度可以无限
比表面积	355 m²/kg	20 dtex, 1 g/cm³→80 m²/kg

注:1 tex = 1 g/km, 1 dtex = 1 decitex = 1 g/10 km。

表 0-3　织物中纤维量级估算

纤维	1 m² 织物
1 μg	100 g
10^8 根纤维	

织物一般是柔软平面状物体,表 0-4 显示了从纤维到织物的纺织加工基本流程。

表 0-4　纺织加工基本流程

部分是由于历史原因,部分是由于质量(严格地讲,"重量"是"质量")指标比线性尺度指标能更加实用地表征纤维和纤维集合体,纺织工业中采用的量值指标与一般工程力学不同。织物通常用纤维种类、织物组织、单位面积质量三个指标表征,纱线通常用纤维种类、纱线类型、纱线支数(单位质量纱线长度)或线密度/纤度

（单位长度纱线质量）表征。

　　在纤维或纱线拉伸中，与工程中通常用 Pa 来表示单位面积（m^2）物体所受的力（N）不同，通常是用力除以纤维或纱线的线密度得到比应力（对应还有比模量、比强度等）指标，所用单位为 cN/dtex（10 N/tex）和 g/den 等。在工程中由于用 Pa 为单位时量值小，通常用 MPa（10^6Pa）或 GPa（10^9Pa）表示应力。

　　下面给出工程应力单位（GPa）和比应力单位（cN/dtex 或 g/den）的换算过程：

$$1\ GPa = 10^9\ N/m^2 = \frac{10^9 \cdot 10^3}{9.8}\ g/m^2 \cdot \left(\frac{g}{tex} \cdot \frac{1}{1\ 000\ m}\right)$$

$$= \frac{10^9}{9.8} \cdot \frac{g}{m^3} \cdot \frac{g}{tex} = \frac{10^3\gamma}{9.8} \cdot \frac{1/1\ 000 \cdot 9.8N}{tex}$$

$$= \gamma \cdot \frac{N}{tex} = 10\gamma \cdot \frac{cN}{dtex} = \frac{\gamma}{11.3} \cdot \frac{g}{den}$$

式中：γ 为纤维密度（g/cm^3）。

0.2.1　纤维

　　传统纺织短纤维或长丝，统称天然纤维，在自然界发现，并通过农业培植而大量应用于纺织工业。20 世纪开始出现种类繁多的人造纤维，无论是通过天然原料制造的再生纤维，还是通过化学合成制造的合成纤维，都已经在部分性能上超越天然纤维。例如聚对苯二甲酸乙二酯纤维（也称为聚酯纤维或涤纶纤维），通过各种物理改性或化学改性方法，在力学性质、吸湿性质、热传导性质等方面已经优于棉纤维而被大量应用于现代纺织工业。

　　对于一般纺织品而言，需要纺织纤维具有 10%～50% 的延伸率。纺织纤维内部的分子聚集态结构都具有部分取向和结晶区域存在，使纺织纤维在具有延伸率的同时具有一定的刚度和强度。纺织纤维按照分子组成主要有纤维素及其衍生物（如棉、麻、黏胶等纤维）、蛋白质（如羊毛、桑蚕丝等）、聚酰胺（如尼龙 6、尼龙 66 纤维）、聚酯（涤纶纤维）、聚丙烯腈（腈纶纤维）、聚烯烃（如聚乙烯纤维、聚丙烯纤维等）。其他一些人造纤维的用量相对较少，例如高强低延伸率类型纤维（玻璃纤维、碳纤维、对位芳香族聚酰胺纤维等）、低强度高延伸率纤维（如氨纶纤维）。纤维力学性质受环境温度和湿度影响，并表现出不同的力学性质。这也是纤维集合体在设计中需要考虑的重要参数。

　　纤维是长径比超过 10^3 的柔性细长体，从理论上讲，理想是具有连续均质内部结构的圆形细长体。实际上，纤维具有种类繁多的横截面形态、横截面形态沿长度方向不断变化、非均质内部结构（常包含各种形态空隙）。为符合设计不同纺织品的需求，纤维有时会特意设计成多组分结构，各组分间以皮芯结构或正、偏皮质结构分布方式结合。同时对于人造纤维，为满足不同产品设计要求，还可以有长丝、短纤维、变形纱等方式。

天然纺织纤维(桑蚕丝除外)基本都是长度1～20 cm的短纤维,以不规则三维集合体结构方式打成大包,提供给纺织生产线。所有人造纤维都可以切成上述长度范围的短纤维,以纤维包方式提供给纺织生产线。

桑蚕丝是由蚕茧通过缫丝工艺得到的长丝,一般单根桑蚕丝的长度为1 000 m左右。常以10余颗蚕茧一起缫丝得到桑蚕复丝。人造纤维通过具有一定孔数的纺丝板纺制卷绕而成连续长丝,常以单丝或复丝形态存在。除纺丝过程中的意外断裂之外,长丝纤维可以连续纺制成卷装所需要的长度。

连续无捻长丝束也是人造纤维的产品形式之一,丝束中含有数以万计的平行排列的单丝。作为中间产品,通过高倍牵伸断裂或切断方式,制备具有一定长度分布特征的平行排列短纤维束。

薄膜材料是纺丝过程中更加经济的产品形式,薄膜沿长度方向可切割成具有一定宽度的扁丝(可以看作是横截面高度不对称的单丝)用于织造;也可以通过拉伸裂膜法,沿长度方向使薄膜原纤化,形成一些变形丝。

人造纤维长丝在纺丝过程中也可以形成纤维网,如聚丙烯长丝纤维通过纺黏法制备非织造布。

0.2.2　长丝纱

连续长丝纱是最基本的纱线种类。无捻长丝纱非常容易松散,加捻是连续长丝纱形成稳定结构的最好方法。捻度因长丝纱种类不同而异,如为了具有很高的疲劳强度,轮胎帘线常采用高捻度。

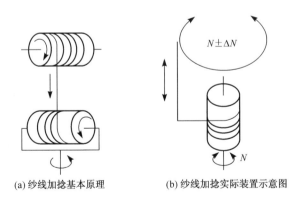

|(a)纱线加捻基本原理|(b)纱线加捻实际装置示意图|

图0.1　长丝纱加捻示意图

图0.1(a)为纱线加捻基本原理图,纱线卷绕轴和纱线加捻轴相互垂直;图0.1(b)为纱线加捻实际装置示意图,纱线卷绕和加捻共轴。卷轴以转速N高速旋转加捻,卷轴间转速差使纱线以$\Delta N \cdot R$(R是卷轴半径)进行轴向运动产生卷绕。

加捻过程中,整个纱锭高速旋转,是耗费动力的昂贵生产过程,同时使得纱锭存在尺寸极限,不可能使用大尺寸纱锭。

　　无捻长丝纱通过长丝纤维纠缠,也可以达到维持稳定结构的集聚效果。无捻长丝纱只要通过一个涡流喷嘴,就可以使长丝纤维间相互交叉纠缠。但这种集聚方式从拓扑学角度看,只是假性集聚,长丝纤维间没有达到真正的纠缠集聚。如图0.2 所示,在这种集聚方式中,长丝纤维交叉点是成对出现的。只有当长丝纱中纤维交叉包缠密度足够高时,长丝纱才不至于松散。当用一根细针垂直插入纱体并沿纱线长度方向前进,随着纤维间的纠缠打结增多,细针最终会无法前进而停止。

图 0.2　两根长丝形成的假性纠缠交叉配对(一束长丝纱中存在大量的纠缠交叉配对)

0.2.3　短纤维纱线[2]

　　古代人们是用手工纺纱的,18 世纪 30 年代以后才逐渐发展为机器纺纱。晚期手工纺纱和机器纺纱的工艺过程基本上分为两个阶段:第一阶段,从纤维原料的松解到制成纤维条,简称成条或制条;第二阶段,将纤维条进一步拉细并集合成细纱,简称成纱或纺纱。短纤维成纱的早期发展阶段是短纤维不同程度平行排列形成的粗条,称为棉(毛)条或粗纱条。在拉伸时短纤维产生相互滑移,棉条无法承载拉伸载荷,因此,棉条可以牵伸变细。纺纱的最终目的就是使纱线具有集束效果和拉伸强度,借助纤维间摩擦力形成稳定纱线结构。图 0.3 是使纱线产生法向压力的三种纱线结构类型:加捻、纠缠和包缠。在现代商业化生产纱线中,都可以找到其中一种或两种混杂的结构特征。

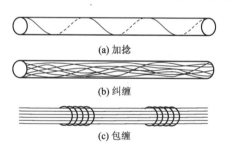

(a) 加捻

(b) 纠缠

(c) 包缠

图 0.3　短纤维纱法向压力的三种产生方式

　　纺纱按天然纤维分为棉纺、麻纺、绢纺和毛纺,工艺流程和设备不尽相同。化学纤维纯纺、混纺大多采用棉、麻、绢、毛纺纱工艺,也有一些专用工艺和设备。纱线是纺纱的产品,有的可直接供织造使用;有的还需依用途不同而进行纺纱后加工,如络筒、并纱、捻线、摇绞等;也有的直接制成产品,如绒线、麻线、各式缝纫线等。

　　纺纱工艺包括:

　　(1) 成条

　　先对纤维原料做加工前的准备,如开拆纤维包、检验和原料选配等。有些原料还需要经过物理和化学处理,以适应加工需要,例如绢纺、麻纺的脱胶和毛纺的洗毛、炭化等。然后，经过开松、混合、去杂、梳理或分梳，把纤维原料松解成单根纤维状态，制成纤维条。有的纤维条还需精梳，除去部分短纤维和疵点。化学纤维长丝可以通过切割或拉断法直接制成纤维条，称为化学纤维纺丝直接成条。

（2）成纱

根据纤维性状和产品要求，有不同的加工工艺。通常是把几根纤维条经并合、牵伸，或在牵伸的同时利用针排进行分梳，使纤维条中的纤维进一步伸直平行，然后逐步拉细，先纺成粗纱，再纺成细纱。也可以把纤维条直接纺成细纱，或把梳理后形成的纤维网分割成窄条，经搓捻后直接纺成细纱。把纤维条拉细并予以扭转、捻合而成纱的方法称为加捻法。历史上的纺专、纺车和现代的细纱机、自由端纺纱等，都采用加捻法成纱。此外，中国古代手工纺纱中有称为"绩"的成纱方法，即把麻皮劈细，缉理成缕，而后把单根麻缕头尾捻接成纱。著名的夏布就是用这种方法生产的纱加工而成的。近代处在探索中的还有用黏着剂把纤维黏合的成纱方法。

加捻是形成稳定结构短纤纱最普遍的方法，纺纱锭盘成为整个生产过程的代名词。在图 0.4 所示的环锭纺中，纱条喂入后通过钢丝圈在钢领导轨上高速旋转得到加捻，从喂入的外形不规则棉条成为表面光洁的细纱。粗纱经过导纱杆和横动导纱器喂入牵伸装置进行牵伸。牵伸后的须条由前罗拉输出，通过导纱钩、钢丝圈，经加捻后纺成细纱，卷绕到紧套在锭子上的筒管上。锭子转动时，钢丝圈被纱条带动沿着钢领内侧圆弧面（俗称跑道）旋转。钢丝圈每转一转，就给牵伸后的须条加上一个捻回。同时，由于钢丝圈和钢领的摩擦阻力，使钢丝圈的转速滞后于锭子转速，遂产生卷绕。钢领板受成型机构的控制，按一定规律上下运动，将须条绕成一定形状的管纱。

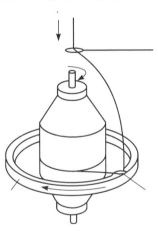

图 0.4　环锭纺纱原理图

自由端纺纱由于没有钢丝圈转速限制的因素，纺纱生产效率明显增加。图 0.5 是最常见的自由端纺纱——转杯纺纱示意图。因采用转杯凝聚单纤维而称为转杯纺纱；初时主要用气流，又称为气流纺纱。转杯纺纱的纺纱速度高，卷绕容量大，纺低级棉和废落棉有良好的适纺性，劳动环境也大为改善。如图0.5所示，单纤维进入转杯后，先被送到转杯内壁的斜面上。由于转杯内壁的表面速度较高，纤维沿着内壁的周向平行排列，在离心力的作用下，滑向内壁最大直径处的凝聚槽内，在此叠合成环形的须条，这就是

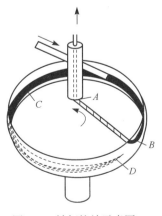

图 0.5　转杯纺纱示意图

纤维的凝聚过程。在凝聚过程中,纤维按周向循环排列,故有并合效应。转杯带动 AB 纱段一起高速回转,在 A 处受阻捻器的摩擦作用,在 AB 纱段和引出纱段中遂产生捻度。AB 段纱条中的捻度因扭转力矩向凝聚槽内纱尾的 BC 纱段传递,使纱尾在剥离点 B 的附近有一定的强力,可以减少断头。正常纺纱时,纱尾从 B 点处逐渐被剥离并引出,AB 纱段的回转速度一般超过转杯速度,两者线速度之差即为卷绕线速度或输出速度。凝聚槽内的纱尾在剥离点 B 处的纤维数量,等于成纱截面中的纤维数量,然后逐渐变细。理论上,在一周的末端 D 处纤维数量应当为零,但实际上杯内纤维不断向下滑移,故 D 点处有纤维与剥离点 B 相搭接。在纱条加捻剥离引出时,沿转杯回转方向,位于 B 点前的纤维就成为纱条的一部分,而位于 B 点后的部分纤维就容易被带出而缠绕在纱身外层,形成气流纱的缠绕纤维。

0.2.4　变形纱[2]

利用合成纤维受热塑化变形的特点,在机械和热的作用下,使伸直的纤维变为卷曲的纤维,这种卷曲的纤维称作变形纤维,也称变形丝。由变形纤维组成的纱线具有蓬松性和弹性,称为变形纱。变形纱分为两类:一类是以蓬松性为主的,称为膨体纱,其特征是外观体积蓬松,以腈纶为主要原料,主要用于针织外衣、内衣、绒线和毛毯等;另一类是以弹性为主的,称为弹力丝,其特征是纱线伸长后能快速弹回。弹力丝又分高弹和低弹两种:高弹丝以锦纶为主,用于弹力衫裤、袜类等;低弹丝有涤纶、丙纶、锦纶等,涤纶低弹丝多用于外衣和室内装饰布,锦纶、丙纶低弹丝多用于家具织物和地毯。

合成纤维通过变形加工能制成仿毛型、仿棉型、仿丝型、仿麻型等变形纱。用变形纱可以直接针织或机织成类似天然纤维的织物,织物手感丰满,透明度下降,不易起球,吸水性、透气性、卫生性、保暖性和染色性都有改善。特别是由弹力丝制成的衣袜伸缩自如,可适合不同的体型,具有独特的风格。变形纱加工工序短、成本低,可以高速化。20 世纪 70 年代以来,由于高速纺丝的成功,变形纱的发展更为迅速。

工业化生产变形纱的加工方法有组合纱法、喷气变形法、填塞箱法、齿轮卷曲法、编织解编法等。组合纱法加工的纤维呈弯曲形状,喷气变形法加工的纤维成环圈状,填塞箱法、齿轮卷曲法和编织解编法都能加工成波浪形或锯齿形纤维。

(1) 组合纱法

将两种不同收缩率的纤维混纺成纱线,在蒸汽或热空气或沸水中,高收缩纤维遇热收缩,将混纺的低收缩率纤维拉弯,使整个纱线形成蓬松状态;也可用高收缩合成纤维做芯丝,把天然短纤维包在外围形成包芯纱,受热收缩后形成变形纱,兼具天然纤维和合成纤维的特性。

(2) 喷气变形法

1949 年在美国发明。因首创产品以尼龙为原料的塔斯纶纱(Taslan)甚为有名,喷气变形法亦称塔斯纶法,又称喷气吹捻变形法。用高压气流通过喷嘴冲击原丝,将各单丝吹散开松,使其在紊流中发生位移并相互交缠,再在无张力条件下引出纱线。纤维因松弛作用产生不规则的环圈和弯曲的波纹。喷气流有压缩空气或蒸汽两种。原丝可以不是热塑性纤维,因此也适用于醋酯纤维、玻璃纤维、黏胶纤维和天然纤维。喷气变形法可将数根不同特性的纱线同时送入,还可纺花圈纱、竹节纱、雪花纱等花式纱。在假捻机上装上喷嘴,也可加工网络纱。喷气变形纱的尺寸稳定性好,纱的表面包有圈环,做成服装可增加保暖性。

　　(3)填塞箱法

　　又称压缩卷曲法,原丝由喂入轮送入加热管(填塞箱)内,受到高度压缩,并在弯曲情况下受热定形,出口处不加热,使纤维形成卷曲形状。填塞法可加工较粗的锦纶和丙纶纱线。

　　(4)齿轮卷曲法

　　长丝束通过一对加热运转的齿轮,一面赋予丝条以齿形,一面进行热定形,由此获得波浪形变形纱。

　　(5)编织解编法

　　长丝在圆形针织机上织成织物,经过一次热定形,然后再拆散,得到蓬松而呈波浪形的变形纱。

0.2.5　机织物[2]

　　机织物一般由经纬两个方向的纱线或长丝交织而成。它的整体结构特点是:外表呈平面型板状,经纬两向结构重复,垂直向一般结构单一,但也可以是几层。经纬纱线交织成网状,既有覆盖,又有空隙,并有一定厚度。影响织物结构的因素很多,主要有经纬纱的细度和捻度、织物的经纬纱密度、织物组织及上机张力等。织物内经纬纱线的相互力学关系比较复杂。为了便于研究织物的几何结构,往往假定纱线为均匀的圆柱形可绕体,即所谓的理想结构。组成织物结构的基本参数有经纬纱线的直径、几何密度和屈曲波高度。与这些参数有密切关系的织物厚度,可按照理想结构算出。机织物中经纱与纬纱相互交织的规律是织物设计的一项重要内容,直接影响到织物的外观风格和内在质量。

　　织物组织分为原组织、变化组织、联合组织、复杂组织和提花组织等。织物组织中,凡经纱浮在纬纱之上的点,称为经组织点或经浮点;凡纬纱浮在经纱之上的点,称为纬组织点或纬浮点。1根经(纬)纱浮在1根或2根、3根……纬(经)纱之上的长度称为浮长。

　　原组织是织物组织中最简单、最基本的一类组织,其他的组织都是在原组织的基础上变化、联合发展而成的。原组织的特征是:①飞数是常数;②每根经(纬)纱上只有一个经(纬)浮点,其他均为纬(经)浮点,即原组织的组织循环经纱数等于组织循环纬纱数。按组织循环纱线数与飞数的不同,原组织分为平纹组织、斜纹组织和缎纹组织三类,简称三原组织。

变化组织是在原组织基础上变化而成的,通常有改变组织点浮长、飞数、织纹方向等几种方式,也可兼取几种变化方式。按原组织的不同,变化组织相应地分为平纹变化、斜纹变化和缎纹变化三类组织。各种变化组织虽然形态各不相同,但仍具有对应原组织的某些基本特征。

联合组织是由两种或两种以上的原组织或变化组织,按照一定的方式联合而成的组织,有绉组织、凸条组织、模纱组织(或称透孔组织)、蜂巢组织和网目组织等。这类组织的织物都具有特定的外观效应。在织物及其组织中,形成一层组织结构功能的经(纬)纱或相互间不扭绞的经纱,称为一系统的经(纬)纱。一系统经纱与一系统纬纱构成的组织称为简单组织。三原组织、变化组织和联合组织都属于简单组织。

复杂组织中,经、纬纱中至少有一种为由两个或两个以上系统的纱线组成的组织,包括二重组织和多重组织、双层和多层组织(包括管状组织、双幅织和多幅织组织、表里换层和接结双层组织等)、起绒组织(包括经起绒组织和纬起绒组织)、毛巾组织和纱罗组织等几种。复杂组织的织物结构、织造和后加工都比较复杂。

提花组织又称大花纹组织,组织循环很大,花纹也较复杂,只能在提花机上织造。根据所用的花、地组织不同,提花组织可分为简单和复杂两类:花、地组织使用简单组织者,称为简单提花组织;花、地组织使用复杂组织者,称为复杂提花组织。

0.2.6　针织物[2]

针织物是用织针将纱线弯成线圈,再由线圈相互串套而形成的织物。针织物按生产方式不同,分为纬编和经编两类。在纬编织物中,每根纱线在一个线圈横列中形成线圈,一根纱线形成的线圈沿着织物纬向配置;在经编织物中,每根纱线在每一线圈横列中只形成一个或两个线圈,然后转移到下一横列再形成线圈,一根纱线形成的线圈沿着织物经向配置。因此在纬编针织物中一根纱线可以形成一个线圈横列,而在经编针织物中则由很多根纱线形成一个线圈横列。针织物线圈的形式有正反面之分。圈柱覆盖圈弧的线圈称为正面线圈,圈弧覆盖圈柱的线圈称为反面线圈。一面为正面线圈,而另一面为反面线圈的织物,称为单面针织物;正面线圈与反面线圈混合分布在同一面的织物,称为双面针织物。

针织成圈过程中纱线构成线圈,经过纵向串套和横向连接便成为针织物,因此成圈是针织的基本工艺。成圈过程可按顺序分解成几个阶段,包括:

①退圈:把刚形成的线圈(称旧线圈)从针钩移至针杆;②垫纱:把纱线喂到织针上;③弯纱:把纱线弯曲成线圈的形状;④带纱:把新垫上的纱线或刚弯成的线圈移至针钩内;⑤闭口:封闭织针针口;⑥套圈:把旧线圈套到针口闭合的针钩上;⑦连圈:新纱线或新线圈与旧线圈在针钩内外相遇;⑧脱圈:旧线圈从针钩上脱下,

套在新线圈上;⑨成圈,使纱线形成一个封闭的和规定大小的新线圈;⑩牵拉:把新线圈拉离成圈区域。新线圈在下一成圈周期中即成为旧线圈。成圈过程有针织法和编结法两类。在针织法成圈过程中,成圈各阶段按上述顺序进行。在编结法成圈过程中,弯纱始于脱圈,并与成圈阶段同时进行。在有的针织机上,各根织针依次顺序完成成圈过程;也有一些针织机的成圈过程中,各根织针整列地同时进行成圈。

针织物的结构参数主要有:①线圈长度,指每个线圈的纱线长度。它不仅决定针织物密度,而且对针织物的脱散性、延伸性、耐磨性、弹性、强力,以及抗起毛起球性和抗勾丝性等也有很大影响。②密度,指针织物在单位长度或单位面积内的线圈个数。它反映在一定纱线粗细条件下针织物的稀密程度,通常用横密、纵密和总密度表示。横密是指针织物沿线圈横列方向规定长度内的线圈数。纵密是指针织物沿线圈纵行方向规定长度内的线圈数。总密度是针织物在规定面积(如 25 m^2)内的线圈数。针织物横密对纵密的比值,称为密度对比系数。③未充满系数,即线圈长度对纱线直径的比值。它说明在相同密度条件下,纱线粗细对针织物稀密程度的影响。未充满系数愈大,针织物就愈稀疏。④单位面积质量,指每平方米干燥针织物的质量(克数)。它可以通过线圈长度、针织物密度与纱线号数(或支数)求得。

0.2.7　非织造布[2]

非织造布是以纺织纤维为原料,经过黏合、熔合或其他化学、机械方法加工而制成的纺织品。这种纺织品不经过传统的纺纱、机织或针织的工艺过程,也称为无纺布、不织布。非织造布从 20 世纪 40 年代开始工业生产,由于产量高、成本低、使用范围广而发展迅速。非织造布生产技术起源于造纸和制毡。早期无纺布是用废棉或纺织厂下脚料经处理后压制而成,作为低级絮垫或保暖材料。20 世纪 50 年代以后,化学纤维大大发展,无纺布的生产技术也有改进,针刺、簇绒、缝编等技术相继被采用,天然纤维和化学纤维无纺布的产量大增,用途也日趋广泛。

无纺布的制造方法分干法和湿法两大类。干法是先把纤维原料在棉纺或毛纺设备上开松、混合、梳理,制成纤维网,然后经过黏合成布、机械成布或纺丝成布等方法制成无纺布。湿法和造纸法类似,纤维网的成型在湿态中进行,是非织造布生产中产量最高的一种方法,成本较低,产品大多用作卫生用品等,属“用即弃”产品;其工艺和设备基本上与造纸工业相仿。

干法生产非织造布的主要工序有:①纤维成网,有平行成网、交错成网、气流成网等方法。平行成网由 1～2 台梳理机输出的纤维网经多次平行重叠,形成纤维纵向排列的纤维网。用这种纤维网制成的无纺布的纵向强力高,横向强力低。交错成网是把梳理机输出的纤维网经过铺网帘子折叠成一定层数的纤维网,纤维基本上是横向排列的。气流成网是将经过梳理后的单纤维用气流凝集在输出网带上形成纤维网,由于纤维排列不规则,制得的无纺布的纵横向断裂强力大体相同。此外,还可将经过梳理的纤维铺叠成定量纤维絮,由数对锯齿辊牵伸成网,纤维在絮片中随机排列。②黏合成布,即采用黏合剂黏结纤维成布,有浸渍法、热塑性纤维黏合法、粉末法和印点法等。浸渍法是将纤维网(层)浸渍黏合剂,经过轧液或真空吸液去除多余的黏合剂,然后烘干。用浸渍法制成的无纺布,断裂强力较高,但手感较硬。为使布质蓬松柔软,也可采用泡沫浸渍法和喷雾吸入法,以减少黏合剂量。热塑性纤维黏合法是采用低熔点的热塑性纤维作为黏合剂,均匀地混入所用纤维中,制得的纤维网经过热风烘干机,机内温度略高于低熔点热塑性纤维的熔点,当低熔点热塑性纤维熔融后再冷却便黏牢其他不熔纤维,制得的无纺布蓬松而柔软,透气性好。粉末法是将粉末状的黏合剂均匀地撒于纤维网内,加热后粉末熔融,冷却后与纤维粘牢;用此法制成的无纺织布,蓬松而柔软。印点法是用类似印花方法将糊状黏合剂印到纤维网上,烘干后成无纺布,手感也很柔软。③机械成布,是用机械方法将纤维网或纱线缠合成无纺布,主要有针刺法、缝编法和制毡法。④纺丝成布,采用合成纤维熔融纺丝的工艺设备,将纺成的纤维集合成网,经导辊和压辊,利用黏合剂或热熔黏结形成片状无纺布;此法可以分为短纤维法和长丝法两种:a. 短纤维法,从喷丝孔出来的纤维受到四周高压热空气的吹喷,一面被拉伸,一面分散于空间,并被金属网吸凝后送至热压辊紧压,使纤维相互紧密黏结而成布;b. 长丝法,喷丝头喷出的纤维,经过高压静电发生器使纤维带电,经集丝器被压缩空气喷向带相反电荷的运送带,使纤维松散凝集成网,经热压辊压紧成布。

湿法生产非织造布的具体方法有:①采用传统的造纸设备和工艺;②把水溶性纤维与其他纤维混合成网后, 在湿态中经压辊轧压成型,烘干后成无纺布;③纤维网在湿态中成型,经过加热和加压制成无纺布;④采用溶剂处理,使某种纤维局部溶解而有黏性,黏合其他纤维,溶剂挥发后即成无纺布;⑤利用黏合剂(常为乳液)对分散纤维加以黏合,而后经烘焙制成无纺布。

0.2.8　编织物[3-5]

三股或三股以上的纱线通过彼此间上下多次交织,形成结构稳定的编织物。编织有平面编织和管状编织两种类型:平面编织形成狭窄细长平面扁带;管状编织形成中空结构编织物。

二维编织有图 0.6 所示的三种类型:(a)具有 $\frac{2}{2}$ 重复交织循环,称为规则编织、标准编织或平纹编织;(b)具有 $\frac{1}{1}$ 重复交织循环模式,称为菱形编织或方平编织;(c)在(a)的基础上引入轴纱以增加轴向刚度,由于存在三个轴向纱线,称为三轴编织。

  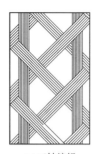

(a) 平纹编织　　　　　　　(b) 方平编织　　　　　　　(c) 三轴编织

图 0.6　二维编织结构类型

三维编织一般通过二步法和四步法编织技术织造。二步法编织中,轴纱维持不动,编织纱围绕轴纱做二步循环编织运动。二步法编织物具有高的轴向刚度与强度;其中轴纱可以排列成各种形状,如工字形、口字形、圆管形等。编织纱参与编织,与轴纱一起形成稳定编织结构。图 0.7 中,二步法在两个编织循环步骤中完成两个斜对角线方向的编织过程,编织过程不断积累而形成二步法编织物。

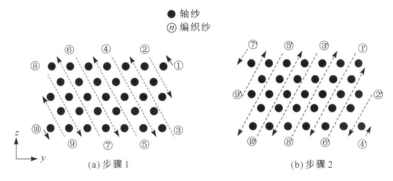

(a) 步骤 1　　　　　　　　　　　　　　　(b) 步骤 2

图 0.7　二步法三维编织

图 0.8(a)是二步法编织物表面纹路示意图。表面纹路可以用编织纱取向角 θ_b 和节长 h 表征。二步法编织最显著的优点是携纱器相对简单的对角编织运动可以形成横截面种类较多的编织物;同时,因为编织在轴纱外围运动,可以在编织过程中调整轴纱位置或加入新轴纱,形成变截面编织物。

四步法三维编织以横截面是方

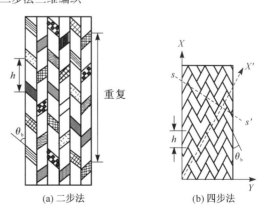

(a) 二步法　　　　　　　(b) 四步法

图 0.8　编织物表面示意图

形为例(图 0.9),携纱器(简称:锭子)携带纱线排成 m 行、n 列的方阵,附加锭子间隔排列在主体方阵的周围。锭子的运动过程分为四步:①不同列的锭子相对地运动一个绽子的位置;②不同行的锭子相对地运动一个绽子的位置;③同第一步的运动方向相反;④同第二步的运动方向相反。以上四步构成了编织过程的一个循环,锭子总体布局回到原来状态,完成一个机器编织循环。一个循环后所得预成型体(preform)长度为一个编织花节长度 h。图 0.10 表示单根纱线的运动规律。四步法编织在文献中有时也称为欧米尼织造(Omniweave)、马格纳织造(Magnaweave),1975 年美国航空航天数据库和国际航宇文摘数据库 CDSITC Aerospace A75 - 45716 也称为 SCOUDID 三维织造(tridimensional woven texture)、笛卡尔编织。图 0.8(b)是四步法三维编织物表面纹路示意图,与二步法编织物一样,其表面纹路可以用编织纱取向角 θ_b 和节长 h 表征。

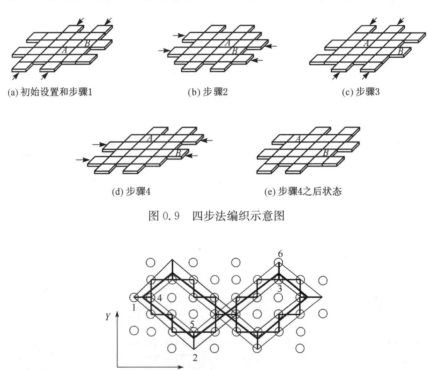

(a) 初始设置和步骤1   (b) 步骤2   (c) 步骤3

(d) 步骤4   (e) 步骤4之后状态

图 0.9   四步法编织示意图

图 0.10   四步法三维编织技术单根纱线的运动规律

0.3   纤维集合体力学发展历史沿革

关于纤维集合体力学的研究,以纱线为例,早在 1907 年法国人 Gégauff [6] 就建立了共轴螺旋线模型,研究加捻长丝纱结构和拉伸模量之间的关系;以机织物为例,一般认为机织物几何结构及力学研究始于 1937 年澳大利亚人 Peirce[7] 的 *The Geometry of Cloth Structure* 一文的发表,并认为 Frederick Thomas Peirce 是机织物几何结构定量分析研究之父[8]。实际上,早在 1913 年德国人 Haas[9] 就研究了织物在双轴向应力下经、纬纱线的卷曲变形,并提出了与 Frederick Thomas Peirce 极为相似的织物基本结构模型。比 Peirce 更进一步的是,Rudolf Haas 研究织物变形及纱线之间剪切作用;但由于 Rudolf Haas 是在飞艇领域内研究作为飞艇蒙皮材料的织物结构及变形机理、织物结构变形与气密性的关系,其研究结果以德文发表在航空学文献上,故而不为纺织领域工作者所知,直到文献被译成英文后很久,才发现 Rudolf Haas 研究织物结构及剪切变形比 Frederick Thomas Peirce 早而且深入[10-11]。Frederick Thomas Peirce 关于织物结构的模型被广泛应用,而且被以后的研究者如 Weissenberg[12-13],Lindberg[14-16],Eeg-Olofsson[17-18],Grosberg[19-20],Postle[21-22],Leaf[23-25],Bassett[26] 和 Pan[27] 等改进,并提出了许多织物结构力学分析的研究方法。

0.3.1　机织物几何结构

织物几何结构研究主要围绕 Peirce[7] 在 1937 年提出的平纹织物几何结构原始模型及其改进方面展开。Frederick Thomas Peirce (1896—1950)于 1915 年从澳大利亚悉尼大学毕业,参加"一战"受伤后,赴英国伦敦大学学院(University College, London)师从 William Henry Bragg(老布拉格)学习 X 射线结晶学;1921 年 11 月到位于英国曼彻斯特的不列颠棉花工业研究会(Shirley 研究所)工作,研究纺织品结构、测试方法和性质,尤其着重于纺织品吸湿性质和织物结构研究。1931 年 Peirce 的母校悉尼大学授予他博士学位,博士论文题目是"棉纤维结构与弹性"(Structure and Elastic Properties of the Cotton Hair)(注:Peirce 在研究中经常把"cotton fibers"称为"hairs")。1944 年美军军需部邀请 Peirce 赴美国研究美军热带丛林作战服,并于 1944 年底接受美国北卡罗来纳州州立学院(North Carolina State College)邀请,担任纺织学院纺织研究主任,后患重度中风,病逝于澳大利亚悉尼。1950 年 5 月 27 日,国际著名科学期刊《自然》杂志发布纪念 Frederick Thomas Peirce 的悼词[*Nature*,1950,165(4204):835-836]。为纪念 Peirce 对纺织的巨大贡献,后人甚至一度提议把纤维比强度单位"N/tex"称为"Peirce",简写"Pe",就像科学巨人 Newton,Watt 和 Joule 的名字都已用于科学基本量纲单位一样。由于量纲的设立需要考虑国际性认可,这个提议未能成功。

Peirce 织物几何结构模型的影响深远,至今为止,织物结构研究的大部分工作都在该模型的基础上进行,只需要对织物经、纬纱线截面形状做轻微改动,因为:

①从纱线形状的改变可以推算织物的初始
变形,如剪切、抗伸、弯曲等;②可以直接提
供织物紧密程度(平面方向和厚度方向)信
息,进一步可研究织物透气(汽)、光等能力。
Peirce 假设组成织物的纱线是抗弯刚度很
小(可以忽略不计)且不能产生伸长的柔性
体,截面总是呈圆形,得到如图 0.11 所示的
机织物几何结构模型。

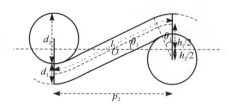

图 0.11　Peirce 机织物几何结构模型[7]

　　完整描述图 0.11 所示的机织物几何结构模型需要 11 个参数,Peirce 建立了
参数间相关联的 7 个方程,只要其中 4 个参数已知,就可解出其余 7 个参数,从而
完整描述机织物几何结构。为避免繁复计算,Peirce 提出了减少未知数的几个近
似关系式。Paintert[28] 和 Adams[29] 用列线图分别提出了上述问题的图解简化算
法,从计算结果则可确定纱线截面尺寸相等的平纹织物的极限密度点(jamming
point)。Love[30] 用图解法计算了经、纬纱截面尺寸不等的平纹织物和非平纹织物
的极限密度点。Dickson[31] 则证实了 Love[30] 的结果在实际生产中确定织物极限
密度点的有效性。

　　实际上,织物很少符合 Peirce 几何结构模型,因为从织物中纱线截面可以看
出纱线呈扁平形,与图 0.11 中的圆形纱线截面大不相同。Kemp[32] 在总结织物截
面形状后用椭圆形或跑道形(race-track shape)表示模型中纱线截面;Abbott[33] 等
提出用双圆弧围成的形状(twin-arc cross-section)表示纱线截面;Olofsson[34] 认为
织物中纱线截面形状是由于织物交织点处的纱线间内力作用所致,截面就像充满
液体的柔软管子交织后的管子截面形状。椭圆形或跑道形纱线截面是从描述织物
几何结构角度出发而提出的,以前发展的针对 Peirce 几何结构模型的图解算
法[30-31],只要加以少许改动就可以应用到该种截面纱线所表示的织物结构模型
中。这种对 Peirce 几何结构模型的改进方法,还可以扩展到具有不同经、纬纱长
度的非平纹类织物计算中,在描述织物几何结构方面较为方便[32]。双圆弧截面虽
然在织物几何结构方面与 Peirce 几何结构模型有共同特点,但在计算极限密度时
对由原始模型导出的算法做许多改动而显得不便,因而不像椭圆形或跑道形截面
那样为人所知,但它在研究织物在外力作用下的力学变形时,作为研究变形的出发
点,较为可行[33]。Olofsson[34] 的柔管截面模型在计算织物结构参数上能给出除交
织角以外的所有参数与 Peirce 几何结构模型相似的值,且计算值比 Peirce 几何结
构模型更接近于实际。另外还有些几何结构模型,如 Kawabata[35] 的在织物双轴
向变形中纱线完全柔性,并考虑横向压力下纱线可压缩性的锯齿模型因不具备普
遍性而不做深入介绍。

　　Peirce 几何结构模型及其改进模型作为研究平纹织物剪切[36-37]、弯曲[38]、拉

伸伸长[39]是较为成功的,但有两个缺点:①实际织物中纱线曲率半径函数是连续函数,但在模型中纱线是由直线部分和圆弧部分组成的,因而造成曲率半径的突变而呈不连续变化,这在有些情况下可以简化计算,但在另一些情况下,曲率半径的不连续性将带来很大麻烦,如分析织物的初始拉伸伸长[34];②在没有外力作用时织物模型没有内部应力存在,而在既要形成模型结构时又没有内部应力存在,实际上是自相矛盾且不可能的。只能假设形成织物结构时不存在内部应力,这就表明此模型不能用来分析织物力学行为的内部应力松弛效应。

最初,Peirce 几何结构模型用来确定织物的极限密度,计算结果可以通过一些校准因子进行校正[40],但实际极限密度仍大于计算值,所以为了比较同类织物的紧密程度,Peirce 提出了织物组织覆盖系数(cover factor)概念。

总之,Peirce 几何结构原始模型对织物结构力学的研究有开拓性作用;但它同时是一个静态模型,虽然曾部分解决了环境湿度与织物结构尺寸变化之间的关系问题(假设因吸湿使纤维截面积增大,同时纱线截面积增大)[41],却并不能很好地反映织物在后处理或穿用过程中的结构变化。后来从几何结构角度和力学分析角度分别对 Peirce 几何结构模型进行改进,以解决几何结构和力学方面的问题,尤其是后者,得到了较广的发展,特别是在以织物为增强体的复合材料中[42]。

0.3.2　机织物结构力学

前文已经指出在 1913 年,全世界当时都热衷于发展飞艇,德国人 Haas 等[9]用德文在德国航空动力学文献上发表机织物力学研究,主要是飞艇蒙皮材料中织物在飞艇膨胀或缩小时受力变形研究结果。假设织物处于由两个正交力形成的应力场中,Haas 等[9]研究织物与应力场夹角、不同正交应力条件下织物的双轴向应变行为和剪切应变,并指出当飞艇转向时消除由于应力场突变而造成飞艇蒙皮材料弯曲成直角形状的方法。该研究工作无疑在为改进织物蒙皮性能方面做出很大贡献的同时,比 Peirce[7]更深入地研究织物的力学性能,而研究织物力学性能的几何结构模型又与 Peirce[7]后来提出的模型十分相似。其理论很久未被人们所知,而未得以进一步发展。1937 年 Peirce[7]提出织物结构模型后,织物结构力学性能研究在 Peirce[7]基础上逐渐得到发展。

0.3.2.1　织物受力变形理论

织物受力变形理论可分为两类,从小变形和大变形两方面提出织物结构力学,并形成基于织物中纱线抗弯刚度不同的织物几何结构模型。

(1) 基于 Peirce[7]几何结构的织物柔性纱线受力变形模型

首先借助于 Peirce 几何结构模型进行织物受力变形研究的是同时期的

Womersley[43]（两者论文同时发表于 *Journal of the Textile Institute Transactions* 1937 年第 3 期），假设织物是均匀薄板，织物中纱线路径用微分几何方法投影到层状薄板表面形成参数曲线族。Womersley[43]导出织物周边施加张力和法向静压力下织物平衡方程的一般形式，计算织物周边约束力、织物表面力分布、由应力导致的无缝圆柱形织物变形之间的关系。应指出的是，平衡方程的导出只需要假设纱线间无剪切作用，而不需要 Peirce[7]的纱线不能伸长和柔软无刚度的假设。但这个很复杂的数学模型应用仍限于理论上，实际中没有得到应用。

Freeston 等[44]考虑织物变形中纱线伸长和卷曲互变两个主要机理。除 Peirce[7]几何结构模型假设外，同时还假设纱线在屈服点内是均匀线弹性体，屈服点外是线性硬化，忽略蠕变。Freeston 等[44]分纱线不伸长和伸长两种情况确定织物变形：从纱线伸长和卷曲互变造成的初始及此后织物几何变形结构出发，数值模拟织物受力变形过程，并用织物在不同经纬负荷下的实验与理论计算值进行对比，并把两者差异归结于两个因素：①在低负荷下没有考虑织物中单纤丝的抗弯刚度；②由织物剩余卷曲造成的长丝模量测试误差。

（2）基于织物中纱线为弹性体的织物受力变形模型

Olofsson[34]考虑到织物后整理的定形效果，对 Peirce[7]几何结构模型做了改进，包括建立纱线直径、双轴向载荷下织物变形间联系的一般方法。Olofsson[34]发现表征织物受力变形的主要参数是纱线卷曲程度，织物结构各参数间的关系很少受交织点法向力和切向载荷的影响，这样采用 Peirce[7]织物几何结构各参数间的近似关系表达式就有一定根据。

Grosberg 等[45]建立织物在单轴向载荷下初始模量的分析方法，为避免因纱线卷曲互变在织物拉伸伸长几个百分点时是造成理论值和实际值间巨大误差来源的这个因素，在分析中考虑了纱线抗弯刚度，用纱线弹性体模型模拟织物单元，同时假设纱线的不可伸长性和不可压缩性。Grosberg 等[45]确证 Olofsson[34]关于织物几何主要结构和所加力是近似独立的观点。

织物双轴向受力变形中最有一般性的模型是 Konopasek[46]基于弹性体分析发展而来的。这是计算织物受力条件下织物结构和变形平衡的方案，没有引入纱线初始曲率和交织点法向应力等假设。织物由正交两向均一、不可伸长、不会因剪切作用而变形，以及无自重细杆纱线组成（具有抗弯刚度）。经、纬纱被认为是弹性体，相对于悬臂梁因受自由端集中力和力矩作用而变形。

织物双轴向大变形方面的第一篇文章由 Huang[47]发表于 *Journal of Applied Mechanics* 上。把没有变形的纱线构型表示为没有剩余应力的弹性体片段，以末端受横向载荷的变形悬臂梁作为其模型。在模拟织物变形中考虑纱线伸长和弯曲，以线弹性表示纱线伸长行为，以双线性力矩-曲率关系表示纱线挠性变形。把有限双轴向变形归结为一般非线性边界值问题并得到数值解，发现在织物初始低应力条件下,织物柔性变形中纱线抗弯刚度占主导地位,更进一步的织物变形中则是纱线伸长起主要作用。虽然缺乏实验验证,但 Huang[47] 的受力变形结果与 Freeston 等[44] 的测试结果是一致的。Huang[47] 模型的价值体现在同时考虑纱线的弯曲和伸长特性,同时结合摩擦损耗效应、织物变形时纱线横向收缩和接触变形。

另一个表示织物受力变形的综合理论是 Moghe[48] 提出的,包括组成织物纤维的应力应变特性,以及纱线卷曲、织造、极限密度等几何限制很多因素,采用能量分析方法及纤细曲线杆理论,得到织物从受力开始到破坏为止完整的非线性预测曲线。与 Huang[47] 相似,假设织物由织物重复单元均布而成,变形前后单元相对于织物中性面对称。受外载荷作用,织物单元纱线总处于接触状态,位移和应力分布遵守连续介质体定律,由织物单元纱线范围内应用虚功原理计算织物每个位移下的载荷,限制条件是纱线所受载荷不超过其断裂强度。文中没有详细给出求解一组非线性微分方程迭代方案所需的织物组织单元中十字形单元边界条件。Moghe[48] 模型与实际值有较好的一致性,并得到织物结构极限密度状态对织物所受负载容量及最大断裂伸长的影响关系的一些结论。

(3) 基于 Kawabata 等[49] 锯齿形几何结构的织物受力变形模型

Kawabata 等[49] 用理想化的织物锯齿形几何结构得到织物双轴向受力变形模型。首先假设纱线横向不能压缩,然后放松这一限制,得到模拟织物有限变形平衡方程,但由于模型的简单性,使其不能应用于大应变场合,没有考虑纱线的抗弯刚度而使模型在低伸长时精度较低。

0.3.2.2　织物力学性能研究方法

根据所用力学方法,可以把织物力学性能研究分为两类:力法和能量法。

两种方法各有优缺点:力法可以揭示细观结构层面纤维、纱线和织物组织结构的受力状态,但稍嫌繁琐;能量法可以简洁地从连续介质层面揭示纤维、纱线或织物受力变形,但对于细观结构层面的受力变形解释不足。

(1) 力法

早期提出的织物结构模型,在研究织物形状尺寸性能时是比较成功的,但在分析织物力学性能时遇到了困难。其不成功的基本原因是假设织物组织单元模型没有正确反映纤维或纱线交织成织物时织物中的内部受力状态,即纤维或纱线间压力。事实上,如果假设纱线是完全柔性的,那么形成织物时就不可能有内力或有应变能贮存,这也就意味着该织物模型不能用来分析织物力学性能。

20 世纪 60 年代认识到这些困难后,导致了对 Peirce[7] 几何结构模型的重新修正使用。Peirce[7] 在其几何结构模型中,认为织物中纱线弯曲是如图 0.12 中经纱对纬纱作用力等于纬纱对经纱作用力的结果。应指出,这里没有假设纱线截面是圆形,仅假设纱线弯曲时的线弹性,以此来分析织物内作用力。

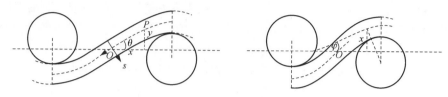

图 0.12　机织物 Peirce 几何结构模型纱线弯曲变形[7]

用图 0.12 所示模型,Grosberg 等[36, 45, 50-51]和 Olofsson[34]分析了织物的拉伸、弯曲[50-51]、屈曲[52]、剪切[36]性能。这样就有可能得到织物在各种变形条件下的应力-应变曲线,分析织物内力。以此为基础,就可以得到织物重要力学性能参数与织物结构的关系,进而分析织物的一些复杂特性,诸如屈曲、尺寸稳定性、风格、手感等。

(2) 能量法

在静态结构中,力、力矩平衡状态在数学上等价于该结构的能量最小状态。与矢量相加不同,能量是标量,每个分量的数字和即为总能量。标量运算远比矢量运算简单,用能量法计算纤维集合体结构的宏观变形也比力法简单。

Treloar 和 Riding[53]采用能量法,既简单又精确地分析了纱线力学;Hearle 和 Newton[54]用比相应力法更简单的能量法,推导出非织造布的力学性能的一般性结果;Tayebi 和 Backer[55]用能量方法发现了股线加捻成股纱的过程中避免加捻回弹的工艺;Grosberg[50]把分析小位移弹性理论的 Castigliano 定理用于分析机织物的力学性能。

这些能量方法并不是可以直接应用于织物,而必须事先对织物几何结构有初始假设条件,否则不能得到应有的内部结构信息。Treloar 和 Riding[53]假设纱线的固定螺旋几何结构,但没有得到纱线内部横向作用力的信息;Hearle 和 Newton[54]对非织造布纤维集合体做出假设,但没有得到非织造内部作用力的结论;Castigliano 定理中固定几何结构的假设只能反映线性应力应变关系,Grosberg[50]也只用它来分析织物的初始抗拉伸模量。

但能量方法仍大量应用于复杂力学问题,用从能量原理导出的代数关系代替几何直觉。只要假设条件得当,就可以得到至少与力法相等的信息,其简洁性可以使问题得到较精确的解,而不需要力法中的一些假设和近似,因此织物力学性能研究中能量方法较力法得到更广泛及成功的应用。如 de Jong 和 Postle[56]提出分析织物力学特性的一般能量方法,没有以前方法中的限制性假设条件,甚至织物结构也没有得到限制,并用最优控制理论推导纬编针织物和机织物力学性能的能量方法[57-61];Hearle 和 Shanahan[62-63]也用能量方法来计算织物的力学性能。以上的能量方法并没有给出系统内部的情况,是从总体上解决织物力学性能;与力法相比,这是其不足之处。

0.3.3　非织造布

非织造布是纤维借助自身之间的纠缠和黏合、外界黏合剂、热压或熔融而将纤维网固结成一起的纤维集合体。非织造布的所述范围历来意见不一,一般指直接由纤维而不是由纱线制成的纺织物结构。这些纺织物通常由连续长丝、纤维网、毡层,用不同方法增强黏结而成,如用黏合剂、针刺或水刺方法、热、缝合等方法黏合。国际标准化组织(ISO 9092:1988)对非织造布的定义为:以一定方向或随机取向的纤维(天然纤维或人造纤维,长丝或短纤),通过摩擦、附着(cohesion)、黏合(adhesion)作用而成的纤维薄层、纤维网或毡层,不包括纸或机织、针织、用纱线、长丝等缝合、湿磨成毡等产品;ASTM (ASTM D 1117-80)对非织造布的定义为:纤维通过黏结、交联或两者一起采用,附以机械、化学、热、溶剂或其中几种方法结合的工艺而形成的纤维制品[64]。显然,其界限是不明显的,争论的地方有:①包括木浆等在内的湿法成网非织造布,与纸的界限不明;②缝合成型织物中也包括一些黏结作用的纱线,这与 ISO 的定义不一致。

0.3.3.1　非织造布几何结构

非织造布主要是由纤维网组成的。van Wyk[65-66]是第一个分析并研究完全随机分布纤维网及其压缩性质的人,当时研究对象是羊毛纤维网。结果表明,如果纤维网孔隙和纤维直径已知,则可得到表征纤维网几何结构的主要参数——任一点处所有纤维的方向分布函数和纤维间在随机纤维网内接触点平均距离。其他研究者把 van Wyk[65-66]的分析结果推广到部分取向的纤维网,发现如果要描述纤维网几何结构,除上面的条件外,还必须知道纤维元素的取向函数[67-69]。在纤维集合体压缩性质及纤维相互接触点分布理论中,van Wyk[65-66]理论也得到大量应用和推广,目前公认 van Wyk[65-66]理论是纤维集合体压缩性质研究的开创性工作[70-73]。

上述初期研究都或明或暗地假设纤维网中纤维在两接触点间近似呈直线。Hearle 等[74]在研究黏合法纤维网的拉伸性能时发现:两接触点间纤维长度与两接触点间直线距离之比对纤维网性能有很显著的影响作用。这个被称为卷曲系数的参数是定义纤维网结构的第二个重要参数。

非织造布几何结构主要取决于生产工艺参数,不同制造工艺会产生不同类型的非织造布,从而存在不同的结构。反映结构的主要指标是纤维网中纤维的取向分布、纤维网的均一性和纤维网中的孔洞大小及取向分布。围绕这些结构特征,出现了许多测试方法,如显微镜直接观测法[75]、X 射线衍射图像法[76]、图像处理法[77-81]等,使表征非织造布结构特征的指标测试快速方便。

关于非织造布力学结构模型,有一种向单元化发展的倾向,即把非织造布看作由多个不同单元网格组合而成的整体。Jirsák 等[82]以三角形组成的二维网格表示非织造布,三角形相连处即为黏结点,黏结点的不规则分布可以代表非织造布的各向异性;Klocker 等[83]用均匀分布点表示黏结点,各点之间用纤维相连,以此来反映热轧非织造布的应力应变特性。

有关非织造布结构理论,至今为止,除上面介绍的以外,并无多大进展;但从最新的动态可以看出,非织造布的结构正是用图像离散法所擅长处理的对象。

0.3.3.2　非织造布结构力学

非织造布力学性能研究内容包括:①应力应变行为;②力学性能的各向异性;③黏合剂对非织造布力学性能的影响;④非织造布弯曲性能;⑤非织造布压缩性能。

应力应变是非织造布力学性能研究的重要方面,理论上的研究都建立在弹性力学基础上,忽略一部分因素而得到一些近似结果。各向异性同样是非织造布研究广泛的课题。如果是由纤维纯粹随机排列的纤维网形成的非织造布,其力学性能是各向同性的;对于大部分情况,则非织造布中纤维有一定的取向分布,因而呈现出各向异性。由于各向异性的研究复杂,一般是研究正交各向异性;在其他方向上的力学性能,可以通过经典弹性理论,对正交各向异性结果进行运算而得到。

非织造布结构力学的研究历史起始于 Cox[84]。Cox[84]以纸张和纤维网材料为研究对象,分析纤维取向对织物刚度的影响,描述了纤维网中纤维取向分布与拉伸模量的关系。其假设条件是:①纤维网均一;②纤维没有非弹性力学行为;③黏结点强度远大于纤维断裂强度;④纤维在纤维网中是伸直的。

以 Cox[84]的研究为起始点,Backer 和 Petterson[85]分析对比机织物和非织造布变形及变形回复中纤维的运动情况,根据经典弹性理论中的正交异性推导纤维性能与纤维网性能的关系。理论分析和实验结果表明,两者模量比较接近,泊松比相差较远,主要原因是理论分析时没有考虑:①纤维卷曲;②纤维塑性变形;③纤维网内部剪切变形。

20 世纪 60 年代,主要在 1963—1969 年间,出现了一个研究非织造布结构和力学性质的高峰,并以"Nonwoven Fabric Studies"为题在 *Textile Research Journal* 上连续刊登 17 篇关于非织造布工艺、结构和力学性质的研究论文。例如 Hearle 和 Stevenson[54, 74-75]首先研究非织造布的各向异性,引入模量、强度、断裂伸长、纤维取向的各向异性,对四种不同样品,以机器生产线方向为基准,每隔 $10°$ 测试初始模量、断裂强度和断裂伸长,画出级线图,显示初始模量随取向角分布情况。每个极线图都可以由纤维取向和纤维卷曲程度来解释,从而各向异性的根本原因是纤维取向。

从非织造布内部构成来看,抗伸性能研究着眼点首先应是非织造布内部纤维的变形和运动。Hearle 和 Stevenson[54, 74-75]把 Backer 和 Petterson[85]的纤维变形和运动分析推进一步,引入纤维由卷曲在抗伸时逐渐伸直这个更接近于实际状态的概念,推导非织造布在小变形和大变形抗伸时纤维的应变,由此进一步得到:①纤维应力;②非织造布应力。

Hearle 和 Newton[54]用能量方法推导非织造布的广义力学性能,与力法相比,可以省去一些假设条件,却能得到同样结果,并使结构更具有普遍性,而且可将结果推广到不同种类纤维所组成的非织造布;若再考虑拉伸时纤维的滑脱,则与实验结果比较接近[86]。

Hearle 和 Ozsanlav[87-90]在纺黏非织造布研究系列中,结合黏结点变形时提出了黏合非织造布拉伸行为的理论模型,其中最重要的是纤维取向度和纤维卷曲分布的确定。在进行理论表达式实值计算时,把纤维取向分布和卷曲分布用函数发生器在计算机内呈正态规律产生。对于由多种纤维混合而成的非织造布,则确定各成分的比例进行加权。与实例相比,在变形逐渐增大时,理论预测与实验结果差异逐渐增大,主要原因是:①假设所有黏结点尺寸都一样;②在高应变时实际织物变形与理想状态不一样,尤其是理论分析时将非织造布变形认为是均匀变形,而实际情况总有不均匀处;③在考虑黏合剂的黏结点变形时,实验曲线精度不高。因为在程序中输入参数时,有关黏合剂的拉伸性能是用黏合剂形成薄膜后的拉伸性能表示的,在做进一步深入研究时还需考虑黏结点的大小及分布和黏结点破坏后的应力传递两方面的详细内容。

20 世纪 70 年代末,Hearle 等用经典力学分析方法研究非织造布力学性质,尤其是强度性质遇到发展瓶颈时,随着当时计算机技术发展使硬件价格和计算成本较为低廉时,用计算机数值模拟非织造布力学性能成为可能并逐渐形成热点,成为非织造布结构力学的另一个高峰,并持续到 20 世纪末期,高峰起始点是 Britton 等[91-93]的系列工作。该项工作描述了计算机数值模拟原理、方法和初步结果,把纤维性能数据库、纤维网初始几何形态数据库、黏结点数据库结合起来,预测非织造布力学性能。

在机织物结构力学研究中,计算机数值模拟方法也被大量应用。早期工作以 Dastoor 等[94-96]系列工作为代表,并扩展到织物和服装生产质量控制[97-98]。追溯历史,北大西洋公约组织高级研究学会(NATO Advanced Study Institute)学术会议于 1979 年 8 月 19 日至 9 月 2 日在希腊 Kilini 召开,会刊系列 E("应用科学"类)第 38 号是"柔性纤维集合体力学"论文集,其中 D. W. Lloyd 发表的 *The Analysis of Complex Fabric Deformation* 一文,提出用有限元方法分析织物复杂变形,并认为"有限元方法具有同时处理不同种类非线性问题的能力,可能是目前在纺织材料力学研究中强有力并引起研究者兴趣的工具"(原文:Consequently the finite element method represents a brute force technique which is complementary to the established analytical and computational methods in textile mechanics，but which，with its ability to handle different types of nonlinearity simultaneously，is probably the only currently available way of making progress in the more intractable areas of textile mechanics that also tend to be the most interesting.)，并定性说明纱线、织物在受子弹等冲击载荷下有限元方法的应用，首开有限元方法在纺织材料力学性能研究中之先河[99]，从此就有了限元方法在纺织材料结构力学研究中工作的开展。目前，有限差分方法、有限元方法等数值计算方法日渐成熟，三维可视化商用软件不断涌现，用数值分析方法研究非织造布力学性质或其他纤维集合体力学性质，尤其是强度和动态破坏过程，并展示纤维集合体细观结构受力变形动态演化过程，将是今后长期发展的一个方向。

参 考 文 献

[1] Morton W E, Hearle J W S. Physical properties of textile fibres (fourth edition). Woodhead Publishing Limited, Cambridge, England, 2008: 97.

[2] 中国大百科全书总编辑委员会. 中国大百科全书(纺织). 北京: 中国大百科全书出版社编辑部编, 1984.

[3] Byun J H, Chou T W. Process-microstructure relationships of 2-step and 4-step braided composites. Composites Science and Technology, 1996, 56(3): 235-251.

[4] Kostar T D, Chou T W. A methodology for cartesian braiding of three-dimensional shapes and special structures. Journal of Materials Science, 2002, 37(13): 2811-2824.

[5] Tong L Y, Mouritz A P, Bannister M K. 3D fibre reinforced polymer composites. Elsevier Science Ltd, Oxford OX5 IGB, UK: 22-32.

[6] Gégauff C. Force et elasticite des files en cotton. Bulletin De La Societe Industrielle De Mulhouse, 1907, 77: 153 - 176. (In English: Gegauff C. Strength and Elasticity of Cotton Threads. Bull. Soc. Ind. Mulhouse, 1907, 77: 153-176).

[7] Peirce F T. The geometry of cloth structure. Journal of the Textile Institute Transactions, 1937, 28(3): T45-T96.

[8] Hearle J W S, Grosberg P, Backer S. Structural mechanics of fibers, yarns and fabrics, Vol. 1. Wiley-Interscience, New York, 1969: 39.

[9] Haas R, Dietzius A. The stretching of the fabric and the shape of the envelope in non-rigid balloons. Annual Report, Report 16 National Advisory Committee for Aeronautics, 1918: 149 - 271. (originally published in German as: Rudolf Haas und Alexander Dietzius, Stoffdehnung und Formaenderung der Huelle bei Prall-Luftschiffen. Untersuchungen im Luftschiffbau der Siemens-Schukkert-Werke, 1913, Luftfahrt und Wissenschaft, Hft. 4.).

[10] Hearle J W S, Grosberg P, Backer S. Structural mechanics of fibers, yarns and fabrics, Vol. 1. Wiley-Interscience, New York, 1969: 45.

[11] Postle R, Carnaby G A, Jong S de. The mechanics of wool structures. Ellis Horwood Limited, Chichester, West Sussex, England, 1988: 307.

[12] Weissenberg K. The use of a trellis model in the mechanics of homogeneous materials. Journal of the Textile Institute Transactions, 1949, 40(2): T89-T110.

[13] Chadwick G E, Shorter S A, Weissenberg K. A trellis model for the application and study of simple pulls in textile materials. Journal of the Textile Institute Transactions, 1949, 40(2): T111-T160.

[14] Lindberg J, Waesterberg L, Svenson R. Wool fabrics as garment construction materials. Journal of the Textile Institute Transactions, 1960, 51(12): T1475-T1493.

[15] Lindberg J, Behre B, Dahlberg B. Mechanical properties of textile fabrics. Part III: Shearing and buckling of various commercial fabrics. Textile Research Journal, 1961, 31(2): 99-122.

[16] Lindberg J. Dimensional changes in multicomponent systems of fabrics: a theoretical study. Textile Research Journal, 1961, 31(7): 664-669.

[17] Eeg-Olofsson T. Some mechanical properties of viscose rayon fabrics. Journal of the Textile Institute Transactions, 1959, 50(1): T112-T132.

[18] Eeg-Olofsson T, Bernskiöld A. Relation between grab strength and strip strength of fabrics. Textile Research Journal, 1956, 26(6): 431-436.

[19] Grosberg P. Shape and structure in textiles. Journal of the Textile Institute Transactions, 1966, 57(9): T383-T394.

[20] Grosberg P. The mechanical properties of woven fabrics. Part II: the bending of woven fabrics. Textile Research Journal, 1966, 36(3): 205-211.

[21] Postle R. Dimensional stability of plain-knitted fabrics. Journal of the Textile Institute, 1968, 59(2): 65-77.

[22] Postle R. The control of the shape and dimensions of knitted wool fabrics. Journal of the Textile Institute, 1969, 60(11): 461-477.

[23] Leaf G A V, Kandil K H. The initial load-extension behaviour of plain-woven fabrics. Journal of the Textile Institute, 1980, 71(1): 1-7.

[24] Leaf G A V, Sheta A M F. The initial shear modulus of plain-woven fabrics. Journal of the Textile Institute, 1984, 75(3): 157-163.

[25] Leaf G A V, Anandjiwala R D. A generalized model of plain woven fabric. Textile Research Journal, 1985, 55(2): 92-99.

[26] Bassett R J, Postle R, Pan N. Experimental methods for measuring fabric mechanical properties: a review and analysis. Textile Research Journal, 1999, 69(11): 866-875.

[27] Pan N, Yoon M Y. Behavior of yarn pullout from woven fabrics: theoretical and experimental. Textile Research Journal, 1993, 63(11): 629-637.

[28] Paintert E V. Mechanics of elastic performance of textile materials. Part VIII: Graphical analysis of fabric geometry. Textile Research Journal, 1952, 22(3): 153-169.

[29] Adams D P, Schwarz E R, Backer S. The Relationship between the Structural Geometry of a Textile Fabric and Its Physical Properties. Part VI: Nomographic Solution of the Geometric Relationships in Cloth Geometry. Textile Research Journal, 1956, 26(9): 653-665.

[30] Love L. Graphical relationships in cloth geometry for plain, twill, and sateen weaves. Textile Research Journal, 1954, 24(12): 1073-1083.

[31] Dickson J B. Practical loom experience on weavability limits. Textile Research Journal, 1954, 24(12): 1083-1093.

[32] Kemp A. An extension of Peirce's Cloth geometry to the treatment of non-circular threads. Journal of the Textile Institute Transactions, 1958, 49(1): T44-T48.

[33] Abbott G M, Grosberg P, Leaf G A V. The elastic resistance to bending of plain-woven fabrics. The Journal of the Textile Institute, 1973, 64(6): 346-362.

[34] Olofsson B. A general model of a fabric as a geometric-mechanical structure. Journal of the Textile Institute Transactions, 1964, 55(11): T541-T557.

[35] Kawabata S, Niwa M, Kawai H. The finite-deformation theory of plain-weave fabrics. Part II: the uniaxial-deformation theory. The Journal of the Textile Institute, 1973, 64(2): 47-61.

[36] Grosberg P, Park B J. The mechanical properties of woven fabrics. Part V: The initial modulus and the frictional restraint in shearing of plain weave fabrics. Textile Research Journal, 1966, 36(5): 420-431.

[37] Grosberg P, Leaf G A V, Park B J. The mechanical properties of woven fabrics. Part VI: The elastic shear modulus of plain-weave fabrics. Textile Research Journal, 1968, 38(11): 1085-1100.

[38] Abbott N J, Coplan M J, Platt M M. Theoretical considerations of bending and creasing in a fabric. Journal of the Textile Institute Transactions, 1960, 51(12): T1384-T1397.

[39] Clulow E E, Taylor H M. An experimental and theoretical investigation of biaxial stress-strain relations in a plain-weave cloth. Journal of the Textile Institute Transactions, 1963, 54(8): T323-T347.

[40] Snowden D C. The production of woven fabrics. Textile Progress, 1972, 4(1): 1-85.

[41] Abbott N J, Khoury F, Barish L. The mechanism of fabric shrinkage: the rôle of fibre swelling. Journal of the Textile Institute Transactions, 1964, 55(1): T111-T127.

[42] Naik N K. Woven fabric composites. Technomic Publishing Company, Inc. , Lancaster, Pennsylvania, USA, 1994: 10-20.

[43] Womersley J R. The application of differential geometry to the study of the deformation of cloth under stress. Journal of the Textile Institute Transactions, 1937, 28(3): T97-T113.

[44] Freeston W D, Platt M M, Schoppee M M. Mechanics of elastic performance of textile materials. Part XVIII. Stress-strain response of fabrics under two-dimensional loading.

Textile Research Journal, 1967, 37(11): 948-975.

[45] Grosberg P, Kedia S. The mechanical properties of woven fabrics. Part I: the initial load-extension modulus of woven fabrics. Textile Research Journal, 1966, 36(1): 71-79.

[46] Konopasek M. Classical elastical theory and its generalizations. In: Hearle J W S, Thwaites J J, Amirbayat J (eds). Mechanics of flexible fibre assemblies. Sijthoff & Noordhoff, Alphen ann den Rijn, The Netherlands, 1980: 255-274.

[47] Huang N C. Finite biaxial extension of completely set plain woven fabrics. Journal of Applied Mechanics, 1979, 46(3): 651-655.

[48] Moghe S R. From fibres to woven fabrics. In: Hearle J W S, Thwaites J J, Amirbayat J (eds). Mechanics of flexible fibre assemblies. Sijthoff & Noordhoff, Alphen ann den Rijn, The Netherlands, 1980: 159-173.

[49] Kawabata S, Niwa M, Kawai H. The finite-deformation theory of plain-weave fabrics. Part I: the biaxial-deformation theory. The Journal of the Textile Institute, 1973, 64(1): 21-46.

[50] Grosberg P. The mechanical properties of woven fabrics. Part II: The bending of woven fabrics. Textile Research Journal, 1966, 36(3): 205-211.

[51] Abbott G M, Grosberg P, Leaf G A V. The mechanical properties of woven fabrics. Part VII: The hysteresis during bending of woven fabrics. Textile Research Journal, 1971, 41(4): 345-358.

[52] Grosberg P, Swani N M. The mechanical properties of woven fabrics. Part IV: the determination of the bending rigidity and frictional restraint in woven fabrics. Textile Research Journal, 1966, 36(4): 338-345.

[53] Treloar L R G, Riding G. A theory of the stress-strain properties of continuous-filament yarns. Journal of the Textile Institute Transactions, 1963, 54(4): T156-T170.

[54] Hearle J W S, Newton A. Nonwoven fabric studies. Part XIV: Derivation of generalized mechanics by the energy method. Textile Research Journal, 1967, 37(9): 778-797.

[55] Tayebi A, Backer S. The mechanics of self-plying structures. Part I: Monofilament strands. Part II: Multifilament strands. The Journal of the Textile Institute, 1973, 64(12): 704-717.

[56] de Jong S, Postle R. A general energy analysis of fabric mechanics using optimal control theory. Textile Research Journal, 1978, 48(3): 127-135.

[57] de Jong S, Postle R. An energy analysis of the mechanics of weft-knitted fabrics by means of optimal-control theory. Part I: The nature of loop-interlocking in the plain-knitted structure. The Journal of the Textile Institute, 1977, 68(10): 307-315.

[58] de Jong S, Postle R. An energy analysis of the mechanics of weft-knitted fabrics by means of optimal-control theory. Part II: Relaxed-fabric dimensions and tensile properties of the plain-knitted structure. The Journal of the Textile Institute, 1977, 68(10): 316-323.

[59] de Jong S, Postle R. An energy analysis of the mechanics of weft-knitted fabrics by means of optimal-control theory. Part III: The 1 × 1 rib-knitted structure. The Journal of the Textile Institute, 1977, 68(10): 324-329.

[60] de Jong S, Postle R. An energy analysis of woven-fabric mechanics by means of optimal-control theory. Part I: Tensile properties. The Journal of the Textile Institute, 1977, 68(11): 350-361.

[61] de Jong S, Postle R. An energy analysis of woven-fabric mechanics by means of optimal-control theory. Part II: Pure-bending properties. The Journal of the Textile Institute, 1977, 68(11): 362-369.

[62] Hearle J W S, Shanahan W J. An energy method for calculations in fabric mechanics. Part I: Principles of the method. The Journal of the Textile Institute, 1978, 69(4): 81-91.

[63] Shanahan W J, Hearle J W S. An energy method for calculations in fabric mechanics. Part II: Examples of application of the method to woven fabrics. The Journal of the Textile Institute, 1978, 69(4): 92-100.

[64] Textile terms and definitions (ninth edition). The Textile Institute, Great Britain, 1991: 211-212.

[65] van Wyk C M. Note on the compressibility of wool. Journal of the Textile Institute Transactions, 1946, 37(12): T285-T292.

[66] van Wyk C M. A study of the compressibility of wool, with special reference to South African Merino wool. The Onderstepoort Journal of Veterinary Science and Animal Industry, 1946, 21(1): 99-224.

[67] Anderson S L, Cox D R, Hardy L D. Some rheological properties of twistless combed wool slivers. Journal of the Textile Institute Transactions, 1952, 43(8): T362-T379.

[68] Medley D G, Stell J E, McCormick P A. Basic drafting theory. Journal of the Textile Institute Transactions, 1962, 53(3): T105-T143.

[69] Grosberg P. The strength of twistless slivers. Journal of the Textile Institute Transactions, 1963, 54(6): T223-T233.

[70] Komori T, Makishima K. Numbers of fiber-to-fiber contacts in general fiber assemblies. Textile Research Journal, 1977, 47(1): 13-17.

[71] Komori T, Itoh M. A new approach to the theory of the compression of fiber assemblies. Textile Research Journal, 1991, 61(7): 420-428.

[72] Nečkář B. Compression and packing density of fibrous assemblies. Textile Research Journal, 1997, 67(2): 123-130.

[73] Beil N B, Roberts W W J R. Modeling and computer simulation of the compressional behavior of fiber assemblies. Part I: Comparison to van Wyk's theory. Textile Research Journal, 2002, 72(4): 341-351.

[74] Hearle J W S, Stevenson P J. Studies in nonwoven fabrics. Part IV: Prediction of tensile

properties. Textile Research Journal, 1964, 34(3): 181-191.

[75] Hearle J W S, Stevenson P J. Nonwoven fabric studies. Part III: the anisotropy of nonwoven fabrics. Textile Research Journal, 1963, 33(11): 877-888.

[76] Prud'homme R E, Hien N V, Noah J, et al. Determination of fiber orientation of cellulosic samples by X-ray diffraction. Journal of Applied Polymer Science, 1975, 19(9): 2609-2620.

[77] Huang X C, Bresee R R. Characterizing nonwoven web structure using image analysis techniques. Part I: Pore analysis in thin webs. INDA Journal of Nonwovens Research, 1993, 5(1): 13-21.

[78] Huang X C, Bresee R R. Characterizing nonwoven web structure using image analysis techniques. Part II: Fiber orientation analysis in thin webs. INDA Journal of Nonwovens Research, 1993, 5(2): 14-21.

[79] Huang X C, Bresee R R. Characterizing nonwoven web structure using image analysis techniques. Part III: Web uniformity analysis. INDA Journal of Nonwovens Research, 1993, 5(3): 28-38.

[80] Huang X C, Bresee R R. Characterizing nonwoven web structure using image analysis techniques. Part IV: Fiber diameter analysis for spunbonded webs. INDA Journal of Nonwovens Research, 1994, 6(4): 53-59.

[81] Yan Z, Bresee R R. Characterizing nonwoven-web structure by using image-analysis techniques. Part V: Analysis of shot in meltblown webs. The Journal of the Textile Institute, 1998, 89(2): 320-336.

[82] Jirsák O, Lukáš D, Charvát R. A two-dimensional model of the mechanical properties of textiles. The Journal of the Textile Institute, 1993, 84(1): 1-15.

[83] Klocker S, Muller D H. Modeling nonwovens stress-strain behavior by spring-damper networks. INDA Journal of Nonwovens Research, 1995, 7(1): 44-47.

[84] Cox H L. The elasticity and strength of paper and other fibrous materials. British Journal of Applied Physics, 1952, 3(March): 72-79.

[85] Backer S, Petterson D R. Some principles of nonwoven fabrics. Textile Research Journal, 1960, 30(9): 704-711.

[86] Hearle J W S, Newton A. Nonwoven fabric studies. Part XV: The application of the fiber network theory. Textile Research Journal, 1968, 38(4): 343-351.

[87] Hearle J W S, Ozsanlav V. Studies of adhesive-bonded non-woven fabrics. Part I: A theoretical model of tensile response incorporating binder deformation. The Journal of the Textile Institute, 1979, 70(1): 19-28.

[88] Hearle J W S, Ozsanlav V. Studies of adhesive-bonded non-woven fabrics. Part II: The determination of various parameters for stress predictions. The Journal of the Textile Institute, 1979, 70(10): 439-451.

[89] Hearle J W S, Ozsanlav V. Studies of adhesive-bonded non-woven fabrics. Part III: The

determination of fibre orientation and curl. The Journal of the Textile Institute, 1979, 70
(11): 487-498.

[90] Hearle J W S, Ozsanlav V. Studies of adhesive-bonded non-woven fabrics. Part IV: A
comparison of theoretical predictions and experimental observations. The Journal of the
Textile Institute, 1982, 73(1): 1-12.

[91] Britton P N, Sampson A J, Elliott C F, et al. Computer simulation of the mechanical
properties of nonwoven fabrics. Part I: The method. Textile Research Journal, 1983,
53(6): 363-368.

[92] Britton P N, Sampson A J, Gettys W E. Computer simulation of the mechanical
properties of nonwoven fabrics. Part II: Bond breaking. Textile Research Journal, 1984,
54(1): 1-5.

[93] Britton P N, Sampson A J, Gettys W E. Computer simulation of the mechanical
properties of nonwoven fabrics. Part III: Fabric failure. Textile Research Journal, 1984,
54(7): 425-428.

[94] Dastoor P H, Hersh S P, Batra S K, et al. Computer-assisted structural design of
industrial woven fabrics. Part I: Need, scope, background, and system architecture. The
Journal of the Textile Institute, 1994, 85(2): 89-109.

[95] Dastoor P H, Hersh S P, Batra S K, et al. Computer-assisted structural design of
industrial woven fabrics. Part II: System operation, heuristic design. The Journal of the
Textile Institute, 1994, 85(2): 110-134.

[96] Dastoor P H, Hersh S P, Batra S K, et al. Computer-assisted structural design of
industrial woven fabrics. Part III: Modelling of fabric uniaxial/biaxial load-deformation.
The Journal of the Textile Institute, 1994, 85(2): 135-157.

[97] Srinivasan K, Dastoor P H, Radhakrishnaiah P, et al. FDAS: A knowledge-based
framework for analysis of defects in woven textile structures. The Journal of the Textile
Institute, 1992, 83(3): 431-448.

[98] Dastoor P H, Radhakrishnaiah P, Srinivasan K, et al. SDAS: A knowledge-based
framework for analyzing defects in apparel manufacturing. The Journal of the Textile
Institute, 1994, 85(4): 542-560.

[99] Lloyd D W. The analysis of complex fabric deformation. In: Hearle J W S, Thwaites J J,
Amirbayat J (eds.). Mechanics of flexible fibre assemblies. Sijthoff & Noordhoff,
Alphen ann den Rijn, The Netherlands, 1980: 331-341.

1　连续介质与纤维集合体

摘要:本章在介绍连续介质构成、连续介质应力应变定义基础上,综述纺织材料结构分级和不同尺度下纺织品建模的技术手段。从影响纤维与纤维集合体的基本分子结构入手,分析模拟天然纤维、人造纤维和无机纤维的手段,然后重点介绍机织物与针织物结构,讨论研究纤维集合体几何形态与力学性能的建模方法。

1.1　连续介质物质构成

自 1687 年 7 月 5 日英国伟大的科学家艾萨克·牛顿(Isaac Newton,1643—1727)的代表作《自然哲学的数学原理》(又译作《自然哲学之数学原理》,拉丁文:*Philosophiae Naturalis Principia Mathematica*)成书以来,力学以系统化理性语言开始得以描述。《自然哲学的数学原理》是第一次科学革命的集大成之作,被认为是古往今来最伟大的科学著作,它在物理学、数学、天文学和哲学等领域产生了巨大影响。在写作方式上,牛顿遵循古希腊的公理化模式,从定义、定律(公理)出发,导出命题;对具体的问题(如月球的运动),把从理论导出的结果和观察结果相比较。《自然哲学的数学原理》奠定了力学的基本框架。

连续介质物质并不是自然界中存在的物质,而是为分析问题方便提出的物质假设:连续介质假设。众所周知,物质是由分子构成的,而分子由原子构成,原子由原子核和电子构成,原子核又由基本粒子构成。"物质结构论"的观点是:分布性物质(或叫作连续体——相对于离散的质点而言)的宏观行为应由基本粒子理论作为结论而推导得出,但这存在很大困难:①基本粒子法则尚未完全建立;②数学困难目前尚难以克服,由于物质结构的复杂性,常常要采用统计方法,这样就失去了从粒子基本法则出发的基本意义;③基本粒子性质的细节与大部分力学问题无直接关联。粒子结构区别很大的物体,在对应力的反应上往往区别不大。基于此,连续介质力学避开上述的复杂过程而建立一个可无尽分割又不失去其任何定义性质的连续场直接理论。场可以是运动、物质、力、能和电磁现象所在场所。用这些概念来表达的理论叫作唯象理论(或叫现象宏观理论),因它表达实验的直接现象,而并不企图用粒子观点去解释。唯象理论的合理性在于所依据的是宏观实验,而所得结论仍然用于宏观实际;也就是以宏观世界作为出发点,建立宏观理论,返回来又用于宏观世界,并由宏观世界来检验其正确性,而不必去考虑组成该物质的基本粒子结构[1]。连续介质假设是基于宏观实验结构的连续尺度近似。

　　严格意义上的连续介质通常分为固体和流体,固体又包括弹性体和塑性体。流体力学或固体力学研究的基本假设之一,是认为流体或固体质点在空间连续而无空隙地分布,且质点具有宏观物理量(如质量、速度、压强、温度等),都是空间和时间的连续函数,满足一定的物理定律(如质量守恒定律、牛顿运动定律、能量守恒定律、热力学定律等)。与纤维集合体力学相关的对象主要是固体连续介质。

1.1.1　基本概念[2]

　　连续介质力学(continuum mechanics)是物理学(特别是力学)当中的一个分支,是处理包括固体和流体在内的所谓"连续介质"的宏观力学性状,例如质量守恒、动量和角动量定理、能量守恒等。弹性体力学和流体力学有时综合讨论,称为连续介质力学。

　　连续介质力学是研究连续介质宏观力学性状的分支学科。宏观力学性状是指在三维欧氏空间和均匀流逝时间下受牛顿力学支配的物质性状。连续介质力学对物质的结构不做任何假设。它与物质结构理论并不矛盾,而是相辅相成的。物质结构理论研究特殊结构的物质性状,而连续介质力学则研究具有不同结构的许多物质的共同性状。连续介质力学的主要目的在于建立各种物质的力学模型,以及把各种物质的本构关系用数学形式确定下来,并在给定的初始条件和边界条件下求出问题的解答。它的基本内容通常包括:①变形几何学,研究连续介质变形的几何性质,确定变形所引起物体各部分空间位置和方向的变化,以及各邻近点相互距离的变化,包括诸如运动、构形、变形梯度、应变张量、变形的基本定理、极分解定理等重要概念;②运动学,主要研究连续介质力学中各种量的时间率,包括诸如速度梯度、变形速率和旋转速率、里夫林—埃里克森张量等重要概念;③基本方程,根据适用于所有物质的守恒定律建立的方程,例如热力连续介质力学中包括连续性方程、运动方程、能量方程、熵不等式等;④本构关系;⑤特殊理论,例如弹性理论、黏性流体理论、塑性理论、黏弹性理论、热弹性固体理论、热黏性流体理论等;⑥问题的求解。根据发展过程和研究内容,客观上连续介质力学已分为古典连续介质力学和近代连续介质力学。

1.1.2　基本假设和发展历史

　　连续介质力学的最基本假设是"连续介质假设",即认为真实的流体和固体可以近似看作是连续的,充满全空间的介质组成,物质的宏观性质依然受牛顿力学的支配。这一假设忽略了物质的具体微观结构(对固体和液体的微观结构研究属于凝聚态物理学的范畴),而用一组偏微分方程来表达宏观物理量(如质量、数度、压力等)。这些方程包括描述介质性质的方程——本构方程(constitutive equations)和基本的物理定律,如质量守恒定律、动量守恒定律等。

　　连续介质力学的研究对象主要有:

① 固体。固体不受外力时,具有确定的形状。固体包括不可变形的刚体和可变形固体。刚体在一般力学中的刚体力学范畴内研究;连续介质力学中的固体力学则研究可变形固体在应力、应变等外界因素作用下的变化规律,主要包括弹性和塑性问题。弹性是指应力作用后,可回复到原来的形状。塑性是指应力作用后,不能回复到原来的形状,发生永久形变。

② 流体。流体包括液体和气体,无确定形状,可流动。流体最重要的性质是黏性(viscosity,流体对由剪切力引起的形变的抵抗力;无黏性的理想气体,不属于流体力学的研究范围)。从理论研究的角度,流体常被分为牛顿流体和非牛顿流体。牛顿流体是指满足牛顿黏性定律的流体,比如水和空气。非牛顿流体是指不满足牛顿黏性定律的流体,介乎于固体和牛顿流体之间的物质形态。

早期的连续介质力学侧重于研究两种典型的理想物质,即线性弹性物质和线性黏性物质。弹性物质是指应力只由应变来决定的物质。当变形微小时,应力可以表示为应变张量的线性函数,这种物质称为线性弹性固体。本构方程中的系数称为弹性常数。对各向异性弹性固体最多可有 21 个弹性常数,而各向同性弹性固体则只有 2 个。黏性物质是指应力与变形速率有关的物质。对流体来说,如果这个关系是线性的,就称为线性黏性流体或称为牛顿流体。对线性黏性流体只有 2 个黏性系数。这两种典型物质能很好地表示出工程技术上所处理的大部分物质的特性,所以,古典连续介质理论至今仍被广泛应用,并将继续发挥其解决实际问题的能力。

1945 年以后,近代连续介质力学得到发展,在几个方面对古典连续介质力学做了推广和扩充:①物体不必只看作是点的集合体,它可能是由具有微结构的物质点组成的;②运动不必总是光滑的,激波以及其他间断性、扩散等,都是容许的;③物体不必只承受力的作用,也可以承受体力偶、力偶应力,以及电磁场所引起的效应等;④对本构关系进行更加概括的研究;⑤重点研究非线性问题,研究非线性连续介质问题的理论称为非线性连续介质力学。近代连续介质力学在深度和广度方面都已取得很大的进展,并出现了三个发展方向:①按照理性力学的观点和方法研究连续介质理论,从而发展成为理性连续介质力学;②把近代连续介质力学和电子计算机结合起来,从而发展成为计算连续介质力学;③把近代连续介质力学的研究对象扩大,从而发展成为连续统物理学。

1.2 连续介质及其变形描述

1.2.1 应力应变定义[3]

1.2.1.1 应力

物体受外力作用后,其受力表现形式包括表面应力和内部应力。因为在物体

上所有点的应力必须小于材料强度,所以对材料应
力的认知是材料力学的基本出发点,材料强度在本
质上也是以应力形式来表示的。

　　如图 1.1 所示,假设一个物体在外力作用下处
于平衡状态,如果将物体在任意横截面剖分,则剖
分面上存在平衡力,使该剖分面保持与未剖分时物
体相同的平衡状态。在任意剖分面上,一个力 ΔP
作用在面 ΔA 上。该力存在一个垂直于面 ΔA 的
分量 ΔP_n,和一个平行于面 ΔA 的分量 ΔP_s,因此
给出其相应的应力定义:

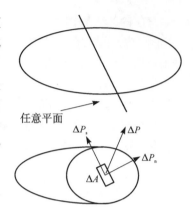

图 1.1　物体内部微元的无限小
　　　　面积上的应力及其分量

$$\sigma_n = \lim_{\Delta A \to 0} \frac{\Delta P_n}{\Delta A} \qquad (1.1a)$$

$$\tau_s = \lim_{\Delta A \to 0} \frac{\Delta P_s}{\Delta A} \qquad (1.1b)$$

　　垂直于面 ΔA 的应力分量 σ_n 为垂直应力,平
行于面 ΔA 的应力分量 τ_s 为剪切应力。如果选取
经过该点的不同剖分面,该点应力保持不变,但应
力分量 σ_n 和 τ_s 会发生变化。经证明,任意相互正
交坐标系可以完整定义任意一个点的应力,如
笛卡尔坐标系。

　　选取一个右手坐标系 $x-y-z$。如图 1.2 所
示,选取物体中平行于 $y-z$ 面的截面。力向量
ΔP 作用在面 ΔA 上。分量 ΔP_x 垂直于面,分量
ΔP_s 平行于面,可沿 y 轴和 z 轴方向进一步分解
为 ΔP_y 和 ΔP_z,不同方向的应力定义为:

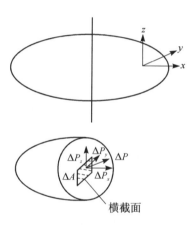

图 1.2　物体内部微元无限小面积
　　　　在 $y-z$ 平面的受力分析

$$\sigma_x = \lim_{\Delta A \to 0} \frac{\Delta P_x}{\Delta A} \qquad (1.2a)$$

$$\tau_{xy} = \lim_{\Delta A \to 0} \frac{\Delta P_y}{\Delta A} \qquad (1.2b)$$

$$\tau_{xz} = \lim_{\Delta A \to 0} \frac{\Delta P_z}{\Delta A} \qquad (1.2c)$$

　　类似上述定义,可以给出 $x-y$ 面和 $x-z$ 面上的应力定义。通过选取右手坐
标系中的无限小立方体,寻找每个面上的应力,用来定义该点上在右手坐标系中的
全部应力。

图 1.3 给出了作用在一个点上的 9 个不同应力,其中 6 个剪切应力的关系为:

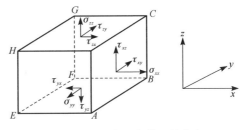

$$\tau_{xy} = \tau_{yx} \qquad (1.3a)$$

$$\tau_{yz} = \tau_{zy} \qquad (1.3b)$$

$$\tau_{zx} = \tau_{xz} \qquad (1.3c)$$

图 1.3　无限小立方体上的应力

上面三个关系式是由立方体的力矩守恒推出的。其中有 6 个独立应力:σ_x,σ_y 和 σ_z 垂直于立方体表面;τ_{yz},τ_{zx} 和 τ_{xy} 平行于立方体表面。

垂直拉伸应力是正应力,垂直压缩应力是负应力。如果一个剪切力的方向和垂直方向同时为正或者同时为负,那么该剪切应力为正剪切应力;否则剪切应力为负剪切应力。

1.2.1.2　应变

这里给出应变的直观描述,更广义的描述参见本章"1.2.2.2"。

物体内部变形概念和力概念具有相同的重要性。例如内燃机中活塞虽然不会产生大于其破坏极限的力,但是其过度变形会导致活塞卡住。同时,由于一个点的应力状态有 6 个分量,但只有三个力平衡公式(每个方向一个平衡公式),所以确定物体的应力一般要寻找其相应的应变。应力与应变是物体在受力时的孪生力学指标。

对变形的认知是通过应变形式表达的,即物体大小和形状的相对变化量。与应力相同,应变一般也在右手坐标系中的无限小立方体上进行定义。在不同力加载下,立方体的边长发生变化,表面发生扭曲。边长变化对应正应变,表面扭曲对应剪切应变。图 1.4 给出了立方体上 $ABCD$ 面不同方向的应变。

应变和位移具有相互依存的关系。选取 $ABCD$ 面的两条平行边 AB 和 CD,物体受力时,两条边变形到 $A'B'$ 和 $C'D'$ 的位置。给出点 (x, y, z) 的位移:

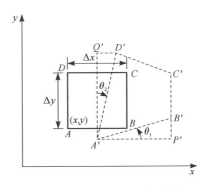

图 1.4　$x-y$ 面无限小区域的正应变和剪切应变

$$u = u(x, y, z) = 点(x, y, z) 在 x 方向的位移$$

$$v = v(x, y, z) = 点(x, y, z) 在 y 方向的位移$$

$$w = w(x, y, z) = 点(x, y, z) 在 z 方向的位移$$

将 x 方向的正应变 ε_x 定义为 AB 边上单位长度的变化量，即：

$$\varepsilon_x = \lim_{AB \to 0} \frac{A'B' - AB}{AB} \tag{1.4}$$

其中：

$$A'B' = \sqrt{(A'P')^2 + (B'P')^2}$$
$$= \sqrt{[\Delta x + u(x + \Delta x, y) - u(x, y)]^2 + [v(x + \Delta x, y) - v(x, y)]^2}$$
$$AB = \Delta x \tag{1.5}$$

将式(1.5)代入式(1.4)，得：

$$\varepsilon_x = \lim_{\Delta x \to 0} \left\{ \left[1 + \frac{u(x + \Delta x, y) - u(x, y)}{\Delta x} \right]^2 + \left[\frac{v(x + \Delta x, y) - v(x, y)}{\Delta x} \right]^2 \right\}^{1/2} - 1$$

通过偏导数定义得到：

$$\varepsilon_x = \left[\left(1 + \frac{\partial u}{\partial x} \right)^2 + \left(\frac{\partial v}{\partial x} \right)^2 \right]^{1/2} - 1$$

因为

$$\frac{\partial u}{\partial x} \ll 1$$

$$\frac{\partial v}{\partial x} \ll 1$$

是小位移，所以

$$\varepsilon_x = \frac{\partial u}{\partial x} \tag{1.6}$$

将 y 方向的正应变 ε_y 定义为 AD 边上单位长度的变化量，即：

$$\varepsilon_y = \lim_{AD \to 0} \frac{A'D' - AD}{AD} \tag{1.7}$$

其中：

$$A'D' = \sqrt{(A'Q')^2 + (Q'D')^2}$$
$$= \sqrt{[\Delta y + v(x, y + \Delta y) - v(x, y)]^2 + [u(x, y + \Delta y) - u(x, y)]^2}$$
$$AD = \Delta y \tag{1.8}$$

将式(1.8)代入式(1.7),得:

$$\varepsilon_y = \lim_{\Delta y \to 0} \left\{ \left[1 + \frac{v(x,\ y+\Delta y) - v(x,\ y)}{\Delta y} \right]^2 + \right.$$

$$\left. \left[\frac{v(x,\ y+\Delta y) - u(x,\ y)}{\Delta y} \right]^2 \right\}^{1/2} - 1$$

通过偏导数定义得到:

$$\varepsilon_y = \left[\left(1 + \frac{\partial v}{\partial y} \right)^2 + \left(\frac{\partial u}{\partial y} \right)^2 \right]^{1/2} - 1$$

因为

$$\frac{\partial u}{\partial y} \ll 1$$

$$\frac{\partial v}{\partial y} \ll 1$$

是小位移,所以

$$\varepsilon_y = \frac{\partial v}{\partial y} \tag{1.9}$$

对应长度增加,则该应变为正;对应长度减小,则该应变为负。

将 $x-y$ 面内剪切应变 γ_{xy} 定义为 AB 和 AD 两边夹角的角度变化量。由于是 AB 和 AD 边倾斜造成这种角度变化量,因此剪切应变可定义为

$$\gamma_{xy} = \theta_1 + \theta_2 \tag{1.10}$$

其中:

$$\theta_1 = \lim_{AB \to 0} \frac{P'B'}{A'P'} \tag{1.11a}$$

$$P'B' = v(x+\Delta x,\ y) - v(x,\ y) \tag{1.11b}$$

$$A'P' = u(x+\Delta x,\ y) + \Delta x - u(x,\ y) \tag{1.11c}$$

$$\theta_2 = \lim_{AD \to 0} \frac{Q'D'}{A'Q'} \tag{1.12a}$$

$$Q'D' = u(x,\ y+\Delta y) - u(x,\ y) \tag{1.12b}$$

$$A'D' = v(x,\ y+\Delta y) + \Delta y - v(x,\ y) \tag{1.12c}$$

将式(1.11)和式(1.12)代入式(1.10),得:

因为

$$\frac{\partial u}{\partial x} \ll 1$$

$$\frac{\partial v}{\partial y} \ll 1$$

是小位移,所以

$$\gamma_{xy} = \lim_{\substack{\Delta x \to 0 \\ \Delta y \to 0}} \frac{\dfrac{v(x+\Delta x,\ y) - v(x,\ y)}{\Delta x}}{\dfrac{u(x+\Delta x,\ y) - u(x,\ y)}{\Delta x}} + \frac{\dfrac{u(x,\ y+\Delta y) - u(x,\ y)}{\Delta y}}{\dfrac{v(x,\ y+\Delta y) - v(x,\ y)}{\Delta y}}$$

$$= \frac{\dfrac{\partial v}{\partial x}}{1+\dfrac{\partial u}{\partial x}} + \frac{\dfrac{\partial u}{\partial y}}{1+\dfrac{\partial u}{\partial y}}$$

$$= \frac{\partial v}{\partial x} + \frac{\partial u}{\partial y} \tag{1.13}$$

AB 和 AD 两边的夹角减小,则该剪切应变为正;反之,该剪切应变为负。

图 1.4 中无限小立方体其他边的长度和形状变化量可以定义剩余的正应变和剪切应变,如下:

$$\gamma_{yz} = \frac{\partial v}{\partial z} + \frac{\partial w}{\partial y} \tag{1.14a}$$

$$\gamma_{zx} = \frac{\partial w}{\partial x} + \frac{\partial u}{\partial z} \tag{1.14b}$$

$$\varepsilon_z = \frac{\partial w}{\partial z} \tag{1.14c}$$

1.2.2 物体变形

施加于固体的力引起变形,施加于液体的力引起流动。变形分析的主要目的常常是寻求物体变形或液体流动。本节的目的就是按照物体内应力状态来分析固体的变形。

1.2.2.1 变形[4]

如果拉伸橡皮带,它会伸长;压缩圆柱体,它会缩短;弯曲杆,它会弯曲;扭转轴,它会产生扭转;拉伸应力引起拉伸应变,剪切应力引起剪应变。这些是物体受力变形的常识。要定量地表示这些变形现象,必须定义应变的概念。

考察一初始长度为 L_0 的弦:若将它拉伸到长度 L ,如图 1.5(a)所示,那么自然会用 L/L_0 , $(L-L_0)/L_0$, $(L-L_0)/L$ 这样一些无因次比值来描述这个变化,研究问题时就不必再用绝对长度。通常认为这些比值(不是长度 L_0 或 L)与弦中的应力有关。这个结论在实验中得到了证实。比值 L/L_0 称为拉伸比,用符号 λ 表示。比值

$$\varepsilon = \frac{L-L_0}{L_0}; \quad \varepsilon' = \frac{L-L_0'}{L} \tag{1.15}$$

是应变值。尽管从数值上讲,它们是不一样的,但其中任何一个均可以用来表示应变。例如,若 $L=2$, $L_0=1$,则有 $\lambda=2$, $\varepsilon=1$, $\varepsilon'=\frac{1}{2}$ 。因此有理由(详见下文)再引入应变:

$$e = \frac{L^2-L_0^2}{2L^2}; \quad \varepsilon = \frac{L^2-L_0^2}{2L_0^2} \tag{1.16}$$

若 $L=2$, $L_0=1$,则有 $e=\frac{3}{8}$, $\varepsilon=\frac{3}{2}$ 。但是,若 $L=1.01$, $L_0=1.00$,则有 $e\approx0.01$, $\varepsilon\approx0.01$,及 $\varepsilon'\approx0.01$ 。因此在无限小伸长的情况下,所有上述指定的应变是近似相等的;然而,在有限伸长的情况下,它们不相等。

这些应变可用来描述更复杂的变形。例如,若在图 1.5 所示的矩形梁的两端作用一个弯矩,梁将弯成一个圆弧,梁顶上的"纤维"将缩短;梁底部的"纤维"将伸长。这些纵向应变与作用在梁上的弯矩有关。

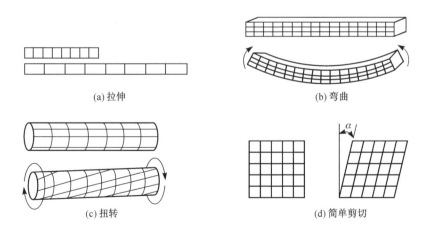

(a) 拉伸 (b) 弯曲

(c) 扭转 (d) 简单剪切

图 1.5　固体材料的各种变形

为了说明剪切应变,采用图 1.5(c)中所示的圆柱形轴。当轴受扭转时,轴中元素畸变成图 1.5(c)中所示状态。在这种情况下,可取角度 α 为应变变化量。不

过,更习惯用 $\tan \alpha$ 或 $\frac{1}{2}\tan \alpha$ 作为剪应变值,其理由将在后面阐明。

选择合宜的应变,取决于材料的应力-应变关系(即材料的本构方程)。例如,若拉伸一根弦,可以把实验结果表示为拉伸应力 σ 对拉伸比 λ (或应变 e)的曲线,进而推出 σ 与 e 的经验公式。曾发现,对承受单向拉伸的工程材料,发生无限小应变,其本构类似于

$$\sigma = Ee \qquad\qquad (1.17)$$

的关系,其在一定的应力范围内是有效的;其中 E 是常数,称为弹性模量。式(1.17)所示方程称为虎克定律。遵循虎克定律的材料称为虎克材料。比如:钢的 σ 小于被称为拉伸屈服应力的范围,钢就是虎克材料。

相应于式(1.17),对于承受无限小剪切应变的虎克材料的关系为:

$$\tau = G\tan \alpha \qquad\qquad (1.18)$$

其中 G 是被称为剪切模量(刚性模量)的另一个常数。式(1.18)的有效范围也是以屈服应力为界,但这是以剪切为特征的。拉伸屈服应力、压缩屈服应力、剪切屈服应力一般是不同的。

式(1.17)和式(1.18)所示是最简单的本构方程。

自然界和工程中大多数物体的变形,比上面讨论的更复杂,因此需要一种一般性的处理方法。首先考虑变形的数学描述。

令一物体占有空间 S,参照直角笛卡儿参考标架,物体内每一个质点都对应一组坐标。当物体变形时,每一个质点都占有一个新位置,可用一组新坐标描述。例如,一个坐标为 (a_1, a_2, a_3) 的质点 P,当物体运动并且变形时,移动到坐标为 (x_1, x_2, x_3) 的 Q 处。因此,向量 $\overrightarrow{PQ}$ 称为质点的位移向量,见图 1.6。位移向量的分量为:

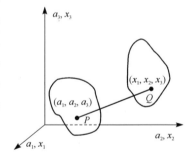

图 1.6　位移矢量

$$x_1 - a_1, \quad x_2 - a_2, \quad x_3 - a_3$$

若已知物体内每一个质点的位移,则可以由原来的物体绘出变形体,因此,变形可以用位移场来描述。设变量 (a_1, a_2, a_3) 是物体原始位形中的任意质点,(x_1, x_2, x_3) 为物体变形时该质点的坐标;因此,若 x_1, x_2, x_3 是 a_1, a_2, a_3 的已知函数,即:

$$x_i = x_i(a_1, a_2, a_3) \qquad\qquad (1.19)$$

则物体的变形就可知道。这是从 a_1, a_2, a_3 到 x_1, x_2, x_3 的变换(映射)。在连续

介质力学中,假设变形是连续的。一个点的邻域变换后仍是该点的邻域。还假设变换是一一对应的,即式(1.19)中的函数,对物体中每一点都是单值、连续的,并具有唯一的逆,即:

$$a_i = a_i(x_1, x_2, x_3) \tag{1.20}$$

因此,位移向量 u 由它的分量

$$u_i = x_i - a_i \tag{1.21}$$

所确定。

若使位移向量与初始位置的每一个质点相联系,就可写出:

$$u_i(a_1, a_2, a_3) = x_i(a_1, a_2, a_3) - a_i \tag{1.22}$$

若使位移与变形后位置的质点相联系,可写出:

$$u_i(a_1, a_2, a_3) = x_i - a_i(x_1, x_2, x_3) \tag{1.23}$$

1.2.2.2 应变

前文"1.2.1.2"对物体中的应变进行了描述。应力与应变有联系这一思想,首先是由虎克(Robert Hooke, 1635—1703)在 1676 年以字谜 *ceiiino sssttuv* 的形式宣布的。1678 年,他把字谜解释为 *Ut tensio sic vis* 或"任何弹性体的力量与伸长成同比例"。任何一个曾经使用过弹簧或拉伸过橡皮带的人,都很清楚这个意思。

刚体运动不引起内应力,因此,位移本身不直接与内应力相关。要使物体的变形与内应力发生关系,就必须考察其内部拉伸和变形。为此目的,考虑物体中的三个相邻点 P, P', P''(图 1.7),将它们变化位置后的相应点为 Q, Q', Q'',倘若知道边长的变化量,就可以完全确定三角形面积与角度的变化,但是边的变化不能确定三角形的"位置"。类似地,若已知物体内两个任意点之间长度的变化,则除了物体在空间的位置以外,物体的新位置将完全被确定。描述物体内任意两点间距离的变化是变形分析的关键。

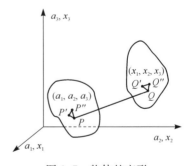

图 1.7 物体的变形

考察连接点 $P(a_1, a_2, a_3)$ 与邻点 $P'(a_1 + \mathrm{d}a_1, a_2 + \mathrm{d}a_2, a_3 + \mathrm{d}a_3)$ 的一无限小线元素,在初始位置中 PP' 的长度 $\mathrm{d}s_0$ 的平方为:

$$\mathrm{d}s_0^2 = \mathrm{d}a_1^2 + \mathrm{d}a_2^2 + \mathrm{d}a_3^2 \tag{1.24}$$

当点 P 与 P' 分别变形到点 $Q(x_1, x_2, x_3)$ 和 $Q'(x_1 + \mathrm{d}x_1, x_2 + \mathrm{d}x_2, x_3 + \mathrm{d}x_3)$ 时,新元素 QQ' 的长度的平方为:

$$\mathrm{d}s^2 = \mathrm{d}x_1^2 + \mathrm{d}x_2^2 + \mathrm{d}x_3^2 \tag{1.25}$$

由式(1.19)和式(1.20)有:

$$\mathrm{d}x_i = \frac{\partial x_i}{\partial a_j}\mathrm{d}a_j; \quad \mathrm{d}a_i = \frac{\partial a_i}{\partial x_j}\mathrm{d}x_j \tag{1.26}$$

因此,在引入克罗内克符号后,就可以写出:

$$\mathrm{d}s_0^2 = \delta_{ij}\mathrm{d}a_i\mathrm{d}a_j = \delta_{ij}\frac{\partial a_i}{\partial x_j}\frac{\partial a_j}{\partial x_m}\mathrm{d}x_i\mathrm{d}x_m \tag{1.27}$$

$$\mathrm{d}s^2 = \delta_{ij}\mathrm{d}x_i\mathrm{d}x_j = \delta_{ij}\frac{\partial x_i}{\partial a_j}\frac{\partial x_j}{\partial a_m}\mathrm{d}a_i\mathrm{d}a_m \tag{1.28}$$

对符号中的哑指标做了一些改变后,就可以将元素长度平方之间的差写为:

$$\mathrm{d}s^2 - \mathrm{d}s_0^2 = \left(\delta_{\alpha\beta}\frac{\partial x_\alpha}{\partial a_i}\frac{\partial x_\beta}{\partial a_j} - \delta_{ij}\right)\mathrm{d}a_i\mathrm{d}a_j \tag{1.29}$$

或者写为:

$$\mathrm{d}s^2 - \mathrm{d}s_0^2 = \left(\delta_{ij} - \delta_{\alpha\beta}\frac{\partial a_\alpha}{\partial x_i}\frac{\partial a_\beta}{\partial x_j}\right)\mathrm{d}x_i\mathrm{d}x_j \tag{1.30}$$

定义应变张量如下:

$$E_{ij} = \frac{1}{2}\left(\delta_{\alpha\beta}\frac{\partial x_\alpha}{\partial a_i}\frac{\partial x_\beta}{\partial a_j} - \delta_{ij}\right) \tag{1.31}$$

$$e_{ij} = \frac{1}{2}\left(\delta_{ij} - \delta_{\alpha\beta}\frac{\partial a_\alpha}{\partial x_i}\frac{\partial a_\beta}{\partial x_j}\right) \tag{1.32}$$

所以

$$\mathrm{d}s^2 - \mathrm{d}s_0^2 = 2E_{ij}\mathrm{d}a_i\mathrm{d}a_j \tag{1.33}$$

$$\mathrm{d}s^2 - \mathrm{d}s_0^2 = 2e_{ij}\mathrm{d}x_i\mathrm{d}x_j \tag{1.34}$$

应变张量 E_{ij} 是格林(Green)和圣·维南(St.-Venant)引入的,称为格林应变张量。应变张量 e_{ij} 是柯西(Cauchy)对无限小应变,及艾尔门西(Almansi)与海麦尔(Hamel)对有限应变引入的,称为艾尔门西应变张量。与流体力学中的术语相似,E_{ij} 常称为拉格朗日(Lagrange)应变张量,e_{ij} 称为欧拉应变张量。

上述定义的 E_{ij} 与 e_{ij} 分别是在坐标系 a_{ij} 与 x_{ij} 内的张量,这是将商法则用于

式(1.33)与式(1.34)所得的结果。显然,张量 E_{ij} 与 e_{ij} 是对称的,即:

$$E_{ij} = E_{ji}; \quad e_{ij} = e_{ji} \tag{1.35}$$

式(1.33)与(1.34)的一个直接结果是 $\mathrm{d}s^2 - \mathrm{d}s_0^2 = 0$,它意味着 $E_{ij} = e_{ij} = 0$;反之亦然。但是每个线元素长度保持不变的变形是刚体运动。因此,物体变形为刚体运动的必要与充分条件是:在整个物体内部,应变张量 E_{ij} 或 e_{ij} 的所有分量为零。

1.2.2.3 通过位移表示的应变分量

如果引入位移向量 u,其分量为:

$$u_a = x_a - a_a \qquad (a = 1, 2, 3) \tag{1.36}$$

则

$$\frac{\partial x_a}{\partial a_i} = \frac{\partial u_a}{\partial a_i} + \delta_{\alpha\beta}; \quad \frac{\partial a_a}{\partial x_i} = \delta_{\alpha\beta} - \frac{\partial u_a}{\partial x_i} \tag{1.37}$$

应力张量化为简单的形式:

$$E_{ij} = \frac{1}{2} \left[\delta_{\alpha\beta} \left(\frac{\partial u_a}{\partial a_i} + \delta_{\alpha i} \right) \left(\frac{\partial u_\beta}{\partial a_j} + \delta_{\beta j} \right) - \delta_{ij} \right] = \frac{1}{2} \left(\frac{\partial u_j}{\partial a_i} + \frac{\partial u_i}{\partial a_j} + \frac{\partial u_a}{\partial a_i} \frac{\partial u_a}{\partial a_j} \right) \tag{1.38}$$

和

$$e_{ij} = \frac{1}{2} \left[\delta_{ij} - \delta_{\alpha\beta} \left(-\frac{\partial u_a}{\partial x_i} + \delta_{\alpha i} \right) \left(-\frac{\partial u_\beta}{\partial x_j} + \delta_{\beta j} \right) \right] = \frac{1}{2} \left(\frac{\partial u_j}{\partial x_i} + \frac{\partial a_i}{\partial x_j} - \frac{\partial u_a}{\partial x_i} \frac{\partial u_a}{\partial x_j} \right) \tag{1.39}$$

用非节略的符号(x, y, z 代 x_1, x_2, x_3; a, b, c 代 a_1, a_2, a_3),则有典型项:

$$\begin{aligned}
E_{aa} &= \frac{\partial u}{\partial a} + \frac{1}{2} \left[\left(\frac{\partial u}{\partial a} \right)^2 + \left(\frac{\partial v}{\partial a} \right)^2 + \left(\frac{\partial w}{\partial a} \right)^2 \right] \\
e_{xx} &= \frac{\partial u}{\partial x} - \frac{1}{2} \left[\left(\frac{\partial u}{\partial x} \right)^2 + \left(\frac{\partial v}{\partial x} \right)^2 + \left(\frac{\partial w}{\partial x} \right)^2 \right] \\
E_{ab} &= \frac{1}{2} \left[\frac{\partial u}{\partial b} + \frac{\partial v}{\partial a} + \left(\frac{\partial u}{\partial a} \frac{\partial u}{\partial b} + \frac{\partial v}{\partial a} \frac{\partial v}{\partial b} + \frac{\partial w}{\partial a} \frac{\partial w}{\partial b} \right) \right] \\
e_{xy} &= \frac{1}{2} \left[\frac{\partial u}{\partial y} + \frac{\partial v}{\partial x} - \left(\frac{\partial u}{\partial x} \frac{\partial u}{\partial y} + \frac{\partial v}{\partial x} \frac{\partial v}{\partial y} + \frac{\partial w}{\partial x} \frac{\partial w}{\partial y} \right) \right]
\end{aligned} \tag{1.40}$$

注意,当计算拉格朗日应变张量时,u, v, w 被看作是处于无应变位形时的物体内点位置 a, b, c 的函数;而当计算欧拉应变张量时,u, v, w 被看作是处于有应变位形时的物体内点位置 x，y，z 的函数。

如果位移分量 u_i 的一阶导数很小，以致 u_i 的偏导数的平方和乘积均可以略去，则 e_{ij} 就简化为柯西无限小应变张量：

$$e_{ij} = \frac{1}{2}\left(\frac{\partial u_j}{\partial x_i} + \frac{\partial u_i}{\partial x_j}\right) \tag{1.41}$$

用非节略符号表示，即：

$$e_{xx} = \frac{\partial u}{\partial x};\ e_{xy} = \frac{1}{2}\left(\frac{\partial u}{\partial y} + \frac{\partial v}{\partial x}\right) = e_{yx}$$

$$e_{yy} = \frac{\partial v}{\partial y};\ e_{xz} = \frac{1}{2}\left(\frac{\partial u}{\partial z} + \frac{\partial w}{\partial x}\right) = e_{zx} \tag{1.42}$$

$$e_{zz} = \frac{\partial w}{\partial z};\ e_{yz} = \frac{1}{2}\left(\frac{\partial v}{\partial z} + \frac{\partial w}{\partial y}\right) = e_{zy}$$

在无限小位移情况下，拉格朗日应变张量与欧拉应变张量之间的差别消失，之后按变形前还是按变形后点的位置，均可计算位移导数。

注意：剪切应变的符号。

在大多数书籍与文章中，应变分量定义为：

$$e_x = \frac{\partial u}{\partial x};\ \gamma_{xy} = 2e_{xy} = \frac{\partial u}{\partial y} + \frac{\partial v}{\partial x}$$

$$e_y = \frac{\partial v}{\partial y};\ \gamma_{yz} = 2e_{yz} = \frac{\partial v}{\partial z} + \frac{\partial w}{\partial y}$$

$$e_z = \frac{\partial w}{\partial z};\ \gamma_{zx} = 2e_{zx} = \frac{\partial w}{\partial x} + \frac{\partial u}{\partial z}$$

换句话说，用 γ_{xy}，γ_{yz}，γ_{zx} 表示的剪切应变分别是分量 e_{xy}，e_{yz}，e_{zx} 的两倍，因为分量 e_{xy}，γ_{zy} 等放在一起不能形成一个张量。这在数学上很不方便，所以不采用 γ_{xy}，γ_{yz}，γ_{zx} 表示方法。但是，当参考其他书籍和文章时，要当心这个差别。

1.3　纤维集合体构成和结构分级

多数纺织材料为二维片状结构，但在结构复杂性上又区别于其他片状材料，如金属板、金属薄片、塑料薄膜、橡胶膜甚至纸张。图 1.8 给出了从基本粒子到成品的纺织材料结构分级。本章以黑体标注的核心部分为主线，同时对支线部分进行探讨。基本粒子与原子的关系属于物理范畴，纺织所关注的部分从分子开始。同时本章也不涉及织物加工成服装、家用品及工业用纺织品的过程；但对于影响成品织物性能的因素，如悬垂、手感、蓬松度、柔软度，会有相应的介绍。

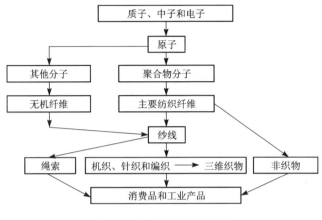

图 1.8　纺织材料结构分级

随着 19 世纪 20 年代纺织研究领域的兴起,模拟——或更普遍地被称为"理论研究"的方法,加深了人们对纤维和纺织科学的理解。然而,模拟技术还未能像在其他工业领域一样,在纺织领域达到定量设计预测水平。这种新技术促进了新材料、新机器和新加工工艺的发展,为积累了上千年的实践经验提供了更好的解释,开拓了纤维和纺织品研究的可行性。

利用工程设计方法研究纺织品发展的缓慢是由多方面因素造成的,纺织材料多级结构的复杂性,以及利用现有计算手段的有效性是其中的两个原因。不同于桥梁和飞机在加工过程中需要保证其在使用过程中的安全性,纺织加工并未有严苛的要求,即使在穿着过程中出现撕裂,也是可以容忍的。因此在 21 世纪,当纺织品被更多地用于科技领域,这种局面必须被改变。这是由于:

① 制作样品的成本在提高;

② 某些纺织品特定分支中,对寿命的粗略估计已无法适应需求;

③ 纺织品用于工业领域时,工程师需要量化的数据;

④ 现代人更倾向于在工作中使用计算机,并依赖于科学进行预测;

⑤ 计算机能力的提升使得模拟纺织品复杂的多级结构成为可能。

1.4　从分子层级模拟纤维

1.4.1　构造、结构和性能

纤维的模拟需要考虑两方面的影响,即处理条件怎样影响结构和结构怎样影响纤维性能。对于天然纤维,现有的一些模型可以构建起结构与性能的关系,而构造机理则是一个涉及到生物化学和生物物理的复杂领域。对于最普遍的人造纤维,结构/性能的关系被模拟得较少。Ziabicki[5]考虑了流变学、热学和质量流量等因素,首次提出纺丝的动力学模型。后续的研究都在此基础上进行[6]。

　　蒙特卡洛算法通常被用于聚合物分子的模拟,聚合物长链被视为在规则晶格中以特定方式取向,最简单的形式是基于二维正方形晶格。从晶格中的任意一点起,连接下一链段的方向是随机的,由此构成的聚合物长链路径也是随机的,并可以与统计力学建立联系。蒙特卡洛算法可被用来模拟质量和辐射的传递过程。

1.4.2　聚合物形式

　　大多数纺织纤维是部分取向、部分结晶的线性聚合物分子集合体,对于不同纤维,其组分与结构分级不同。组成纤维的基本原子为碳、氢、氧、氮,某些还含有硫、氯和氟。量子理论为原子间相互作用势能提供了依据。理论上,分子动力学模拟(DMM)在考虑链段分子相互作用的微细结构层面,可以预测结构组分和纤维性能;但存在两个问题:首先,分子动力学模拟将体系作为粒子集合体,在相互作用势能的影响下服从牛顿第三定律;但由于经典物理不适用于纳米尺度的系统,是否应该采用量子叠加理论进行探讨成为疑问。其次且更为重要的是,由目前的计算机能力所限,计算体系变化且达到平衡态的时间很长,因此在模拟中只能采用小体积模型。图1.9为 BIOSYM 科技于 1993 年利用分子动力学模拟得到的聚对苯二甲酸乙二醇酯(涤纶)纤维的微细结构图[7]。由于结晶结构单元形态规则,因此容易被模拟,而非结晶结构则相对较困难。North 等[8]利用分子模拟研究了角蛋白 α-螺旋的结构,Knopp等[9-11]在此基础上讨论了角蛋白的螺旋转变温度,他们的研究为分子动力学模拟的发展方向提供了指导。分子动力学模拟的商用软件和研究团队也在不断涌现,如哈佛大学分子模拟团队开发出力学建模可用的 CHARMM 力场程序包[12]。

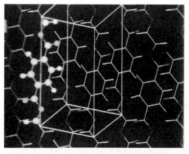

(a) 结晶态

　　天然纤维的结构相互之间差别很大,这是由于它们在生长过程中聚合物分子形成和排列受基因控制;而人造纤维在熔融或溶液纺丝过程中受热力学作用,加速了聚合物大分子的形成,因此形态差异较小。

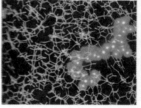

(b) 非晶态

图 1.9　聚对苯二甲酸乙二醇酯的分子动力学模拟

1.4.3 天然纤维

天然纤维的基本形态有两大类。一类是棉纤维、山羊绒纤维、超细绵羊毛纤维、乌苏里貉绒纤维等,它们的特点是单纤维截面不是正圆形,纤维沿长度方向既有"卷曲"又有"转曲"。其中还有几个纤维品种表面有显著凹凸(羊毛鳞片)或中空(棉、木棉中空,乌苏里貉细绒有毛髓)。这些特点造成纤维集合体(纱、线、织物等),甚至纤维絮和纤维包中,相邻纤维之间只是"点"接触,而且相邻纤维间的接触面积很小,接触面积比例很低。这些纤维集合体受外力压缩时,纤维受弯曲力作用,整根纤维的"滑动"是极少的;而这些滑动不仅移动距离短,而且在反复力作用下会回复返回。这也使纤维集合体被压缩时密度仍较低,而且解除压力时较容易回复。例如棉纤维壁的密度是 1.54 g/cm³,但棉纤维打包时,现在最大打包机的压缩密度也只能达到 1.64 g/cm³。因此,这一类天然纤维可制成轻薄的织物(现在已经可以达到 64 g/m²),但织物仍能保持良好的稳定性、抗折皱性、保暖性,即兼具保暖性和良好的织物手感。另一类是蚕丝等纤维,外形较直,在厘米级长度中横截面积变化较小,相邻纤维的接触面积较大,表面光滑、光泽度高。近 30 年以来,化学纤维仿天然纤维也重视这种形态特点。

在棉纤维中,纤维素大分子由酶复合物转变为原纤。初生壁首先形成,它决定了棉纤维的最终尺寸,随后原纤以20°~30°的螺旋角排列形成次生壁。棉纤维成熟后,纤维中心会保留内腔,塌陷后形成腰圆形的空腔和天然扭转(图1.10)。Hearle 和 Sparrow[13]模拟了不同层级结构对机械性能的影响(图1.11)。其他天然纤维,如亚麻、大麻、剑麻、黄麻,均属于多细胞韧皮纤维,原纤呈螺旋分布,螺旋角低于 10°的麻纤维具有高模量。

蛋白质纤维具有更复杂的物理化学结构。从化学角度讲,蛋白质是氨基酸残基—NH.C(R.H).CO—的长链。CO—基团在 20 个侧基 R 上的位置不同,蛋白质的种类随之变化。对于羊毛和其他毛

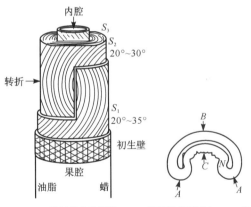

(a) 棉纤维的结构[14]　　(b) 棉纤维截面形态,A,B和C区分别具有不同的紧密度[15]

(c) 棉纤维的天然扭转[16]

图 1.10　棉纤维结构形态

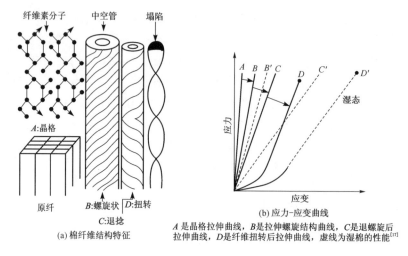

(a) 棉纤维结构特征

(b) 应力-应变曲线

A 是晶格拉伸曲线，B 是拉伸螺旋结构曲线，C 是退螺旋后拉伸曲线，D 是纤维扭转后拉伸曲线，虚线为湿棉的性能[17]

图 1.11　棉纤维多级结构和力学性质

纤维,内部聚合物长链的铺设受基因控制,在不同生长阶段形成不同蛋白质。图 1.12给出了羊毛的不同层级的结构。Hearle[18-19] 提出了羊毛等毛纤维结构力学的模型列表(图 1.13),其中最重要的两个发现为:① Chapman[20] 于 1969 年模拟了原纤/基体复合物,发现结晶态的原纤存在从 α-螺旋链到 β-折叠链的相转变,这个过程由临界应力和平衡应力控制,屈服点以下的机械行为和回弹需利用弹性基体来模拟;② 微纤在副皮质层中沿轴向排列,而在正皮质层中呈螺旋排列,这个差异会导致羊毛卷曲及染色的差异[21-22]。

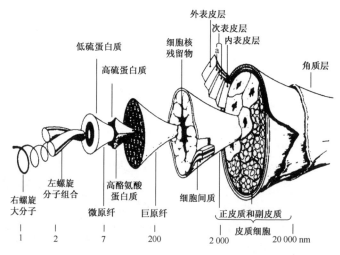

图 1.12　由澳大利亚墨尔本联邦科学与工业研究组织(CSIRO)Robert C. Marshall 绘制的羊毛结构分级图,有些羊毛除正、副皮质层之外,还含有仲皮质层和髓质层

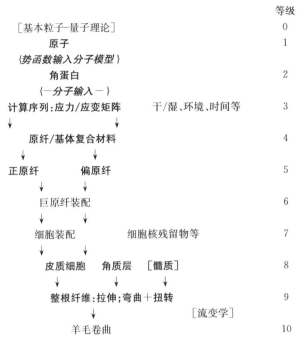

图 1.13　Hearle 提出的毛纤维机械性能模拟次序[18-19]

　　与毛纤维相比较,丝纤维具有相对简单的化学组成,它是具有特定氨基酸残基的嵌段聚合物,聚合物大分子在蚕的腺体中形成后喷丝形成丝纤维,因此它与溶液纺丝具有类似之处。两者最典型的区别在于,丝分子是天然聚合而成的,分子链可以完全伸展排列,因此结晶过程中可避免链段折叠。

1.4.4　人造纤维

　　涤纶,全称是聚对苯二甲酸乙二醇酯(PET),为全球的通用纤维。其他类型的聚酯纤维也被大量使用和生产,如聚对苯二甲酸丁二醇酯(PBT)和聚萘二甲酸乙二醇酯(PEN),前者含有与涤纶不同数量的 CH_2—基,后者利用萘环取代了 PET 分子中的苯环。与涤纶相同,尼龙 6 和尼龙 66 也通过熔融纺丝得到。研究发现这些人造纤维的微结构中具有结晶胶束,在结晶区边缘出现长链折叠,然后由缚结分子连接到无定形区(图 1.14)。涤纶中结晶区的长宽比高于尼龙纤维。不同于棉和羊毛纤维可以在模拟中得到结构特征与机械性能的量化一致,熔融纺丝纤维的结构力学模型还很有限。Hearle 等[23]认为单纯运用混合定律无法充分预测人造纤维的力学性能。19 世纪 80 年代杜邦公司与曼彻斯特理工大学合作提出了由弹性缚结分子连接结晶区的网状模型,但存在较多近似和不确定因素。随着计算机能力的提升,人造纤维的结构力学开始成为模拟的重点,但由于涤纶和尼龙太普遍,对它们的研究兴趣也在降低。

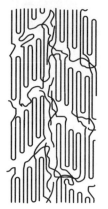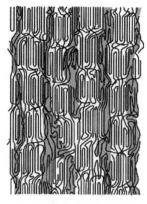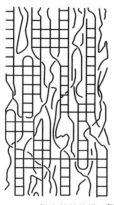

(a) Hearle和Greer提出的模型[24],
长链末端的倾斜角根据尼龙
66的X射线衍射图谱确定　　　(b) Murthy等根据尼龙6的X射线衍射图谱确定的模型[25]　　　(c) Hearle提出的替换模型[26]

图 1.14　尼龙纤维的示意图

　　高性能纤维通常具有较高的结晶度和取向度,如间位芳纶、对位芳纶、高模聚乙烯等。这类纤维的分子链段完全伸展没有折叠,因此较容易模拟。Northolt[27]提出了取向效应理论,后被发展出黏弹性能理论[28];Termonia[29]又提出了断裂的时间依赖模型。

　　人造纤维素纤维在再生过程中会引入化学及物理改变因素,使结构发生更多变化。标准黏胶纤维具有微胞结构,其他类型的黏胶纤维含有原纤结构。Hearle[30]对此进行过模拟。

1.4.5　无机纤维

　　碳纤维是平面碳六元环延伸得到的具有石墨结构的一种纤维,但不同于石墨,碳纤维层间结合力差且存在较多杂质,片层会发生弯曲以便于在片层间发生物理或化学连接。在文献中,关于碳纤维的模型多种多样,由于碳纤维的加工方式直接影响其结构和性能,因此为模拟提供了多种可能性。玻璃和陶瓷纤维具有三维网格结构,可以作为疏松材料的特例进行模拟。

1.5　纤维结构性能模拟

1.5.1　力学响应

　　纤维的拉伸性能通常易于被测试,应力、应变值也会在测试中被记录;然而,其中也存在一些复杂问题,由于拉伸响应是非线性、非弹性的,并具有时间依赖性,应力并不是应变的单值函数,它还依赖于测试条件和纤维本身的机械响应历史,因此,在模拟中,如何选择输入合理的模量值是一个重要问题。

聚合物的黏弹性被广泛地模拟,特别在 Ferry[31] 的著作中被提到。黏弹性响应可以用弹簧和牛顿黏壶来表示,这两个简化部件见图 1.15 中(a)和(b)。Voigt模型被用来表示纤维蠕变,从蠕变曲线可以看出蠕变速度随时间降低,最终达到定值,曲线的反向形式为蠕变回复形态。Maxwell 模型反映了恒定应变率下的瞬时伸长、次级和不可回复蠕变。时间依赖效应可采用三元件模型来表示。四元件模型(Maxwell 模型与 Voigt 模型串联)可以被用来解释其他效应。但这种方法也存在局限性。在不同加载速率的静态加载或不同频率的周期性加载实验中,聚合物的响应会不同。因此,需要采用 Voigt 元件串联或 Maxwell 元件并联来模拟这些差异。在现实情况中,尤其针对大变形,材料的行为是非线性的,需要采用引入非线性黏壶的 Eyring 三元件模型,见图 1.15(c)。

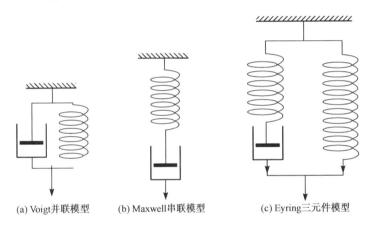

(a) Voigt并联模型   (b) Maxwell串联模型   (c) Eyring三元件模型

图 1.15 弹簧与牛顿黏壶模型

尽管研究者致力于提出非线性黏弹性的更深入的理论,但并未取得实质性进展。一种较有效的模拟手段是利用合理的方法将弹性模量和黏度系数分割成一系列分量,采用对小分量变形有效的线性四元件模型来计算。

正弦周期性变形可以通过多种方法表示:应力、应变幅值和相位差;模型的黏性和弹性系数;复数表达,其中实部表示弹性部分,虚部表示黏性部分。由振动阻尼和热引起的能量损耗是周期性变形中的一大特征,常用 $\tan\delta$ 表示,其中 δ 为相位差。能量损耗随 $\tan\delta$ 增加;但纤维中 $\tan\delta$ 并不为恒定值,它随变形幅度增大而改变。蠕变和应力松弛也需要在纤维机械响应模拟中考虑。

拉伸性能一直是性能分析的重点。在拉伸实验中,最简化的形式是将断裂载荷作为纤维强度,但也受加载速率的影响。对于大部分纤维,断裂时间与应力两者的对数呈线性关系,循环加载会引入疲劳效应。纤维的其他性能在性能分析中也必不可少。对于小变形,抗弯曲性能服从标准梁弯曲理论;而对于大变形,就必须考虑大部分纤维(羊毛除外)在压缩中更易屈服的特征,因此需要将中性面向内侧移动。对于小幅扭转,扭矩由剪切模量决定,大幅扭转中拉伸刚度起主导作用。纺织品中的纤维摩擦,用摩擦系数表示。与其他物理常数类似,摩擦系数也不是恒定值,而是随接触面积、接触压力和分离速度的改变而改变。有关纤维机械及其他性能的模拟表述详情见 Morton 和 Hearle 的著作[32]。

1.5.2　其他性质

由于特殊应用的需求,纤维的其他性质也需要在模拟中被考虑,如热湿传递性。纤维内的热湿传递受热吸收、含湿量和相对湿度的影响,导致了吸湿和温度变化的耦合现象。纤维中的水扩散在理论上也是影响因素,但由于实际情况中纤维很细,可以被看作与周围环境存在瞬时平衡而忽略其影响。由于化学组分的性质影响纤维降解,因此染料扩散是工业中需要重视的一部分。纤维的形状和光学性质决定了光反射和折射,从而影响织物的外观。热传导系数、比热容、发射率在周期性加载过程中会影响织物的热量。导电率对静电的产生意义重大。

1.6　纱线结构性质模拟

1.6.1　纱线类型

纱线中最简单的类型是低捻连续长丝纱,如果施加更多横向结合力,这些纱线会被加上捻度。假捻变形是众多技术中加捻长丝纱最重要的一项技术,是将长丝纱经过高度加捻、热定形及退捻的变形工艺,主要产品为膨体变形纱和空气变形纱[33],膨体变形长丝(BCF)主要用于制造地毯。

短纤纱多见于棉、毛及人工切断的人造纤维,是利用加捻、包裹、缠结或化学交联的手段将短纤维纺制成纱线。环锭纺是目前最普遍的纺纱形式,手工纺纱和走锭纺是比较古老的纺纱方法,转杯纺和喷气纺也被广泛地使用。短纤纺纱更多的细节参见文献[34-36]。加捻长丝与短纤纱的结构和力学性能都被 Hearle 等[37]研究过。单纱可以被加捻形成合股纱,继续加捻则成为绳子,各级之间的捻向应保持交替。

1.6.2　纱线结构

加捻纱的理想几何结构如图 1.16(a)所示,在一个捻回内,由恒定螺距(h)和纱线长度的同心螺旋组成,l 和 L 分别为半径 r 和 R 处一个捻回的纤维长度。将圆柱体展平,如图 1.16 中(b)和(c)所示,螺旋角 θ 和其他值之间的关系可以被推导出来。纱线结构的另一个特征值是纱线填充系数。圆形纤维紧密填充在六边形中可以达到最高的纱线填充系数 0.92,但实际情况值会偏低。对于加捻长丝纱,纱线填充系数为 0.7～0.8。在弱卷曲纱线中,如棉和其他人造短纤纱,该值为 0.5左右。羊毛和其他长丝变形纱,纱线填充系数则低很多。随着加捻增多,纤维的紧密度增加。

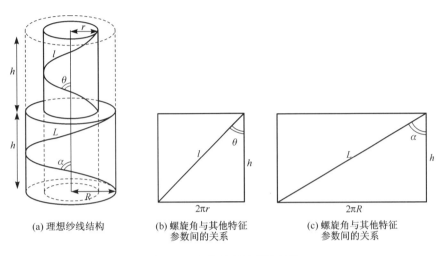

(a) 理想纱线结构 (b) 螺旋角与其他特征参数间的关系 (c) 螺旋角与其他特征参数间的关系

图 1.16 加捻长丝纱螺旋结构

在实际纱线中,纤维并不会保持恒定的径向位置,而会在纱线的内外转移。图1.17 中,(a) 给出了纤维的位置转移,(b)为径向展开图。在长丝纱的模拟中,由于纱线结构更接近理想模型,转移可以被忽略;但纤维转移对短纤纺纱有重要作用。

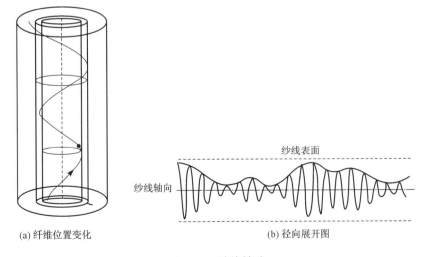

(a) 纤维位置变化 (b) 径向展开图

图 1.17 纱线转移

环锭纺棉纱具有螺旋形结构,它的形态接近理想模型,但每出现三个捻回即产生不规则的纱线转移。卷曲的羊毛纤维的结构更松散和不规则。长丝变形纱中,纤维的路径呈左旋和右旋交替。转杯纱中较少出现纱线转移,而是以纱线包覆的形式出现。

1.6.3　纱线力学

基于图 1.16 所示的理想几何模型,加捻长丝纱的拉伸应力-应变曲线在纺织材料力学中被成功模拟。在最简单的近似模型中,纱线与纤维的模量之比为 $\cos^2\theta$。在更为精确的模型中,能量方法比力学方法更为简便,并且适用于大应变和横向收缩。模型中一个重要的假设是泊松比为 0.5,这意味着当纤维在纱线中受拉应力时的形变能与无横向压力下的的拉伸形变能相等。因此,除了在低应力条件下中部长丝屈曲会使拉力出现小变动,理论与实验结果可以达到很好的一致性。

在加捻纱中,中部纱受到最高应变,当它达到断裂伸长时,纱线发生断裂,因此,纱线与纤维的断裂伸长相似,强力与模量的下降趋势类似。

能量方法可以被扩展运用到股线和绳索等多级加捻的研究中,虚功原理被用来计算接触压[38],捻度主要影响纱线到中心点的距离,因此这种方法也可以研究扭矩-捻度的关系。

如图 1.18 所示,由于滑移,短纤纱的抗伸长能力在纤维头端下降,滑移系数 SF 为 $OBBO$ 的面积与 $OAAO$ 面积之比。当握持力太低时,纤维无法被握持,因此低捻度的条子或粗纱在牵伸中会存在纤维间的相互滑移。当握持力超过临界值,握持区 BB 出现,纱线发生自锁。滑移系数由纤维长径比、握持力和纤维间摩擦力决定,可表示为:

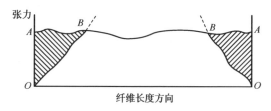

图 1.18　纤维端滑移

$$SF = 1 - \frac{a}{2\mu JL} \tag{1.43}$$

式中:a 为纤维半径;L 为纤维长度;μ 为摩擦系数;J 为纤维拉力转化为横向应力的算子。

螺旋加捻的张力影响纱线内应力,除捻度之外,基于图 1.16 的纱线理想结构,纱线外层纤维紧密握持,不与内层纱线交缠,从而保证整体纱线的紧密。Hearle[39] 的理想纱线模型反映出纤维在纱线中心被握持,而在纱线外部提供握持力,因此纱线中纤维处于自锁状态。同时,Hearle 的模型也提出了纱线模量与纤维模量比值的近似表达式:

$$\gamma = \cos^2\alpha \left(1 - \frac{2\cos ec\alpha}{3L}\sqrt{\frac{aQ}{2\mu}}\right) \tag{1.44}$$

式中：Q 为纱线转移周期。

精梳纱具有低捻度和松散的结构，通常被纺制为双股纱，每股纱线间的压力会产生握持力。近来，有关提高精梳纱内部纤维转移的研究使得精梳纱可以用于精细织物的织造。当纱线中纤维转移减少时，纤维的包缠在加捻中会形成握持力。在空心锭纺纱中，连续长丝纱对无捻短纤纱进行包裹，包缠是唯一能产生握持的原因。

粗纺纱中，特别是毡线，纱线缠结是主要的握持机制，相邻的纤维间产生接触压力，在模拟中可以考虑成相互交叠的螺旋线。特别是在气流变形纱中，伸出纱线表面的线圈是通过缠结被纱线中心握持的。

无论是自然形成屈曲的羊毛，还是变形加工形成弯曲的膨体纱，在低张力下都会有初始拉伸。最简化的模型是假定纤维以最短路径拉直之前一直处于可伸长状态，然后在屈曲的伸长中，利用弯曲和扭转的相互作用机理进行分析。

分析纱线的抗弯能力相对更复杂，因为它涉及多种机理。当纱线中纤维易于产生滑动时，抗弯刚度被定义为每根纤维的刚度之和；当纤维在纱线中被紧密握持时，纱线可被看作是刚性杆。这两种极端假设都可以利用梁弯曲模型进行计算，难点在于介于两者之间的情况，纱线外部纤维单元转移到内部时，其伸长会被解除。

1.7　织物结构性能模拟

纺织织物代表了材料或纤维集合体的独特结构。当材料类型一定时，织物的物理性质和机械性能主要靠织物结构来决定。织物的模拟主要包括：①织物结构的构建；②几何模型的构建；③结构参数对织物性能的影响。

1.7.1　机织与针织物结构

1.7.1.1　机织物结构

机织物是由两组相互垂直的纱线交织而成的，其中长度方向的纱线称为经纱，宽度方向的纱线称为纬纱。经纬纱交织的方式有很多种，交织规律称为织物组织。织物组织包括四类，分别为基础组织、变化组织、联合组织和复杂组织。在经纬两个方向分别使用多组纱线，可以增加织物厚度，此时的织物有时也被称为三维机织物。

基础组织由一组经纱和一组纬纱相互交织而成，在一个组织循环内，只有一个交织点，包括平纹组织、简单斜纹组织和缎纹组织（图1.19）。

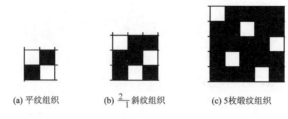

(a) 平纹组织　　　　(b) $\frac{2}{1}$ 斜纹组织　　　　(c) 5枚缎纹组织

图 1.19　基础组织

　　以基础组织为基础,变化其中一个或两个因素而得到的组织称为变化组织。将平纹组织的经组织点、纬组织点或经纬组织点延长,可得到新的变化组织;其中,延长经组织点称为经重平组织,延长纬组织点称为纬重平组织,同时延长经纬组织点称为方重平组织,图 1.20 中(a)、(b)、(c)分别表示三种组织。平纹变化组织还可以根据平纹设计的逻辑,在织物表面的四个方格中,使相邻两格具有相反组织点,形成方平组织,见图 1.20(d)。

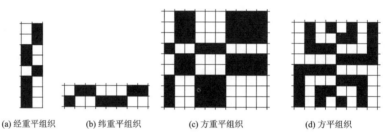

(a) 经重平组织　　　(b) 纬重平组织　　　(c) 方重平组织　　　(d) 方平组织

图 1.20　平纹变化组织

　　斜纹组织中,斜纹线呈 S 向或 Z 向;因此,增加斜纹线根数,改变斜纹线方向,都可以得到斜纹变化组织。采用镜像方式时,斜纹线在保持连续时方向会发生变化,主要用于设计折线斜纹组织和菱形组织。图 1.21 给出了横折线斜纹、竖折线斜纹和菱形斜纹组织。如果改变斜纹线方向,并使图案不连续,则会得到海力蒙斜纹和变化菱形斜纹组织。图 1.22 给出了横海力蒙、竖海力蒙和变化菱形斜纹组织。

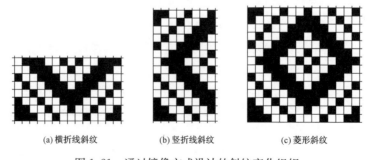

(a) 横折线斜纹　　　　(b) 竖折线斜纹　　　　(c) 菱形斜纹

图 1.21　通过镜像方式设计的斜纹变化组织

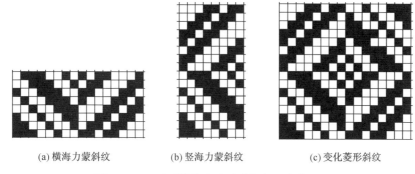

(a) 横海力蒙斜纹   (b) 竖海力蒙斜纹   (c) 变化菱形斜纹

图 1.22 通过逆镜像方式设计的斜纹变化组织

其他花式变化斜纹如图 1.23 所示，分别为芦席斜纹和锯齿形斜纹。

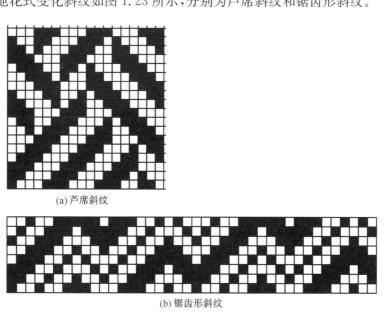

(a) 芦席斜纹

(b) 锯齿形斜纹

图 1.23 其他变化斜纹组织

传统织造技术也可以织造出加厚织物或三维织物。三维织物包括三维板状结构、三维中空结构和三维异性结构。三维板状结构的织造方法有多层织造、正交织造和角联锁织造。图 1.24 给出了四层经纱的正交织物模型。

将织物组织引入机织物结构的模拟是极具实际意义的。Chen 等[40-41]在模拟机织物结构中，将织物组织划分为规则和不规则两种。规则织物组织的浮线排列和飞数在一个织物循环内保持不变，其他情况被称为不规则织物组织。常用的织物组织一般都属于规则织物组织或由规则织物组织发展而来。所有规则织物组织可以通用一个数学模型，但每种不规则织物组织都需要一个特定的数学模型。

(a) 模型

(b) 织法

图 1.24　四层经纱正交织物的模型和织法

Chen 等[40-41]研究了二维和三维织物的织物组织，为规则织物组织建立模型，根据浮线排列参数 F_i 和飞数 S，提出了二维二元矩阵 W。$W_{x,y}$ 是当 $1 \leqslant x \leqslant R_e$ 和 $1 \leqslant y \leqslant R_p$ 时矩阵在 (x, y) 点的元素值，R_e 和 R_p 分别是经纱和纬纱的循环数。矩阵的第一列可以用下式得到：

$$W_{1, y} = \begin{cases} 1 & （当 i 为奇整数时） \\ 0 & （当 i 为偶整数时） \end{cases} \tag{1.45}$$

其中：$y = (\sum_{j=1}^{i} F_j - F_i + 1) \sim \sum_{j=1}^{i} F_j$，$1 \leqslant i \leqslant N_f$，$N_f$ 是浮线数。则矩阵其他部分被赋值如下：

$$W_{x, z} = W_{1, y}$$ (1.46)

其中：$z = \begin{cases} y + [S \times (x-1)] + R_p & \{y + [S \times (x-1)]\} < 1 \\ y + [S \times (x-1)] & 1 \leqslant \{y + [S \times (x-1)]\} \leqslant R_p \\ y + [S \times (x-1)] - R_p & \{y + [S \times (x-1)]\} > R_p \end{cases}$

$2 \leqslant x \leqslant R_e$，$1 \leqslant y \leqslant R_p$。

1.7.1.2　针织物结构

与机织物不同,针织物的结构是纱线弯曲成圈并相互穿套,线圈横向连续的是纬编针织物,线圈纵向连续的是经编针织物。纬编针织物常见于日常使用;而经编针织物除用于日常家庭生活外,还用于高端技术领域。

针织物的结构单元是线圈。平针线圈是针织物中最常见的形式,又分为两类:正面线圈和反面线圈(图 1.25)。针织物结构可以用一个整数矩阵表示。正反面线圈结构上是对称的,正反面线圈在纵行和横列的交替分别形成罗纹组织和双反面组织。两层罗纹组织被称为双罗纹织物。图 1.26 给出了基本针织结构的针织物模型。

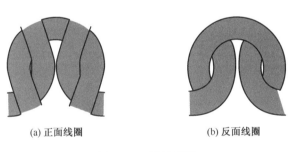

(a) 正面线圈　　　　　　　　　　(b) 反面线圈

图 1.25　平针线圈

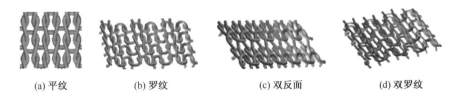

(a) 平纹　　　　(b) 罗纹　　　　(c) 双反面　　　　(d) 双罗纹

图 1.26　基本针织结构

1.7.2　几何模型

纺织材料的性能受纤维/纱线的组分性质和纤维/纱线的几何形态影响,因此,对于织物几何形态的研究持续了近一个世纪。织物的几何模型引发了对于织物结构和物理性质的估计,如区域质量和孔隙率,同时也为织物加工提供指导。

1.7.2.1　机织物几何模型

目前大部分研究人员认为机织物几何模型开始于 Peirce 的研究[42]。他假设纱线截面为圆形,纱线柔软弯曲且不可压缩,纱线路径为弧→直线→弧(图 1.27),推导出以下描述平纹机织物几何形态的公式:

$$D = d_e + d_p \tag{1.47}$$

$$h_e + h_p = D \tag{1.48}$$

$$c_e = \frac{l_e}{p_p} - 1 \tag{1.49}$$

$$c_p = \frac{l_p}{p_e} - 1 \tag{1.50}$$

$$p_p = (l_e - D\theta_e)\cos\theta_e + D\sin\theta_e \tag{1.51}$$

$$p_p = (l_p - D\theta_p)\cos\theta_p + D\sin\theta_p \tag{1.52}$$

$$h_e = (l_e - D\theta_e)\sin\theta_e + D(1 - \cos\theta_e) \tag{1.53}$$

$$h_p = (l_p - D\theta_p)\sin\theta_p + D(1 - \cos\theta_p) \tag{1.54}$$

式中:h_e,h_p 为垂直于织物中性面的经、纬纱高度;c_e,c_p 为经、纬纱的缩率;D 为经、纬纱线直径之和;d_e,d_p 为经、纬纱的直径;p_e,p_p 为相邻两根经纱或纬纱的间距;l_e,l_p 为一个循环内经、纬纱长度;θ_e,θ_p 为经、纬纱的织造角;下标 e 和 p 分别表示经纱和纬纱。

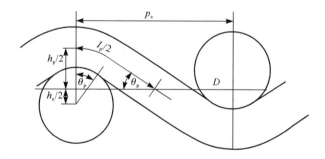

图 1.27　Peirce 平纹机织物模型

根据 Ai[43] 提出的算法,8 个公式中有 13 个变量,当 5 个变量已知时,如 2 个间距(p_e 和 p_p)、2 个纱线直径(d_e 和 d_p)和 1 个屈曲高度(c_e 或 c_p),这些等式即可以被解开:

$$l_e = p_p(1 + c_e) \tag{1.49'}$$

$$f(\theta_e) = (l_e - D\theta_e)\cos\theta_e + D\sin\theta_e - p_p = 0 \tag{1.51'}$$

$$h_e = (l_e - D\theta_e)\sin\theta_e + D(1 - \cos\theta_e)$$

$$h_p = D - h_e \tag{1.48'}$$

$$l_p = \frac{p_e}{\cos\theta_p} - D\tan\theta_p + D\theta_p \tag{1.52'}$$

$$f(\theta_p) = p_e\sin\theta_p - h_p\cos\theta_p - D(1 - \cos\theta_p) = 0 \tag{1.55}$$

$$c_p = \frac{l_p}{p_e} - 1$$

式(1.51′)和(1.55)所示为超越方程,没有解析解,而只有数值解。

在实际织物中,由于织造过程中经、纬纱间的相互挤压,纱线截面基本不会是圆形。Peirce 进而提出了一个假设纱线截面为椭圆形的平纹机织物模型,实验发现这种模型在确定结构参数关系中相对困难。Kemp[44] 在 Peirce 模型基础上进行扩展,假设纱线截面为跑道形;随后 Shanahan 和 Hearle[45] 又提出凸透镜状纱线横截面模型;这些模型都沿用了 Peirce 模型中除纱线截面形状的假设,是 Peirce 模型的变化形式。

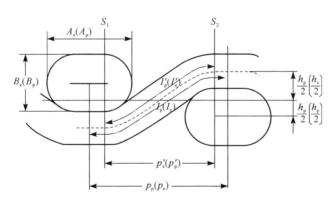

图 1.28 Kemp 跑道形截面模型[44]

图 1.28 给出了跑道形纱线截面图。跑道形是利用两条平行切线连接两个半圆,S_1 至 S_2 的部分与 Peirce 圆形截面模型中的表示一致,因此跑道形模型可以转换为 Peirce 模型进行计算。A_e,B_e 分别为经纱截面的宽度和高度;变量 h_e,h_p,c_e,c_p,p_e,p_p,l_e,l_p,θ_e,θ_p 的意义与 Peirce 模型相同;变量 p'_e 是 S_1 到 S_2 的直线距离;l'_p 是 S_1 到 S_2 的长度;c'_p 是纬纱在 S_1 到 S_2 的屈曲高度。它们的相互关系如下:

$$p'_e = p_e - (A_e - B_e) \tag{1.56}$$

$$l'_p = l_p - (A_e - B_e) \tag{1.57}$$

$$c'_p = \frac{l'_p - p'_e}{p_e} = \frac{c_p p_e}{p_e - (A_e - B_e)} \tag{1.58}$$

$$p'_p = p_p - (A_p - B_p) \tag{1.59}$$

$$l'_e = l_e - (A_p - B_p) \tag{1.60}$$

$$c'_e = \frac{l'_e - p'_p}{p'_p} = \frac{c_e p_p}{p_p - (A_p - B_p)} \tag{1.61}$$

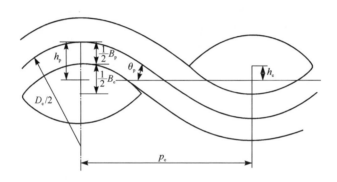

图 1.29　Shanahan 和 Hearle 的凸透镜状截面模型

　　Shanahan 和 Hearle 提出的凸透镜状纱线横截面模型如图 1.29 所示,凸透镜形状由两条相对的弧构成。除了纱线截面被假定为凸透镜形,其他假设均与 Peirce 模型一致,因此与 Peirce 模型类似。以下表达式被用来表示各参数间的关系:

$$h_e + h_p = B_e + B_p \tag{1.62}$$

$$c_e = \frac{l_e}{p_p} - 1 \tag{1.63}$$

$$c_p = \frac{l_p}{p_e} - 1 \tag{1.64}$$

$$p_p = (l_e - D_e \theta_e) \cos \theta_e + D_e \sin \theta_e \tag{1.65}$$

$$p_e = (l_p - D_p \theta_p) \cos \theta_p + D_p \sin \theta_p \tag{1.66}$$

$$h_e = (l_e - D_e \theta_e) \sin \theta_e + D_e (1 - \cos \theta_e) \tag{1.67}$$

$$h_p = (l_p - D_p \theta_p) \sin \theta_p + D_p (1 - \cos \theta_p) \tag{1.68}$$

$$D_e = 2R_e + B_p \tag{1.69}$$

$$D_p = 2R_p + B_e \tag{1.70}$$

式中：h_e，h_p，p_e，p_p，l_e，l_p，c_e，c_p，θ_e，θ_p 与 Peirce 模型具有相同的定义；B_e，B_p 为经、纬纱的屈曲高度；R_e，R_p 为代表经、纬纱线的凸透镜弧半径。

由于该模型也与 Peirce 模型类似，当 7 个参数确定时，其他参数即可得到。

图 1.30 是基于凸透镜状截面假设的几何模型图，其中经、纬纱的线密度分别为 100 tex 和 70 tex，经、纬纱密度为 13 根/cm 和 15 根/cm，经纱屈曲率为 7.2%。当以上参数确定后，织物的其他参数如下：

经纱密度：13 根/cm

经纱间距 ：0.769 2 mm

纬纱密度：15 根/cm

纬纱间距：0.666 7 mm

经纱缩率：7.200 0%

纬纱缩率：8.291 8%

纱线凸透镜形截面参数如下：

经纱宽度：0.677 6 mm

经纱高度：0.271 0 mm

纬纱宽度：0.566 9 mm

纬纱高度：0.226 8 mm

经纱屈曲高：0.222 8 mm

经纱织造角：0.576 7 rad

经纱长度：0.714 7 mm

纬纱屈曲高：0.275 0 mm

纬纱织造角：0.650 3 rad

纬纱长度：0.833 0 mm

织物厚度：0.501 8 mm

织物孔隙率：1.783×10^{-2}

织物面密度：2.6×10^2 g/m²

图 1.30 平纹机织物几何模型

1.7.2.2 纬编针织物几何模型

线圈是针织物的基本元素，线圈的空间形状可以用不同的几何特征来模拟。纬编针织物主要有三种几何模型，分别是 Peirce 模型[46]、Leaf 和 Glaskin 模型[47]、Leaf 模型[48]。

（1）Peirce 模型[46]

在 Peirce 平针线圈紧密模型中，线圈宽度 w 是纱线直径的 4 倍，圈柱高 c 是纱

线直径的 $2\sqrt{3}$ 倍；而在松散模型中，线圈宽度和圈柱高相应被扩大。松散模型中的纱线路径见图 1.31，(a)是俯视图，(b)是侧视图。在这个模型中，线圈由一个针编弧和两条沿弧切线的直线组成，为了确定纱线段 1 和 2 的相对位置，假设 1 和 2 之间的距离 L_c 与纱线直径相等，即 $L_c = d$，则针编弧的半径 r 可以用线圈宽度 w 和 L_c 表示。

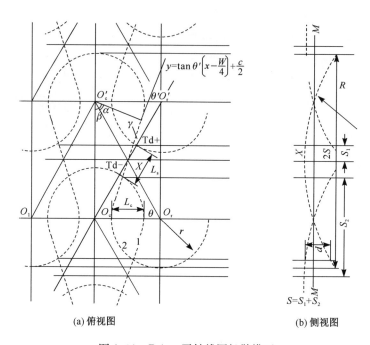

(a) 俯视图　　　　　　　　　(b) 侧视图

图 1.31　Peirce 平针线圈松散模型

$$r = \frac{w}{4} + \frac{d}{2} \tag{1.71}$$

通过图 1.31，织物几何结构中的其他变量也可以被推导出：

$$\theta = \arctan\left(\frac{2c}{w}\right) \tag{1.72}$$

$$\alpha = \arccos\left(\frac{2r}{\sqrt{\left(\frac{w}{2}\right)^2 + c^2}}\right) \tag{1.73}$$

$$\beta = \alpha + \left(\frac{\pi}{2} - \theta\right) \tag{1.74}$$

$$\theta' = \frac{\pi}{2} + \alpha - \theta \tag{1.75}$$

两弧间的连接线方程为：

$$y = \tan \theta' \left(x - \frac{w}{4} \right) + \frac{c}{2} \tag{1.76}$$

Ai[43]计算了有关几何模型的其他细节。

为了避免两个线圈相互挤压,线圈宽度 w、圈柱高 c 和直径 d 服从以下关系:

$$w \geqslant 4d \tag{1.77}$$

$$c \geqslant 2\sqrt{3}d \tag{1.78}$$

另外一个几何要求是两条弧的对角线距离 $\overline{O_cO_r'}(L_s)$ 必须 $\geqslant d$。由图 1.31 (a)得:

$$L_s = \sqrt{\left(\frac{w}{2} \right)^2 + c^2} - 2r$$

即：

$$\sqrt{\left(\frac{w}{2} \right)^2 + c^2} - \left(\frac{w}{2} + d \right) \geqslant d$$

由上式可以得到：

$$c \geqslant \sqrt{4d^2 + 2wd} \tag{1.79}$$

$$w \leqslant \frac{c^2}{2d} - 2d \tag{1.80}$$

(2) Leaf 和 Glaskin 平针线圈模型[47]

Leaf 和 Glaskin [47]在 1955 年提出了松散平针线圈模型,假设线圈由相连的弧构成,线圈的各个参数可以表示为:

$$x = r(1 - \cos \theta) \tag{1.81}$$
$$y = r\sin \theta$$

$$z = \frac{h}{2} \left(1 - \cos \frac{\pi\theta}{\varphi} \right)$$

根据图 1.32,可以获得如下表达式:

$$a_1 = \frac{1}{2} \left(c - d\sqrt{1 + \frac{w^2}{c^2 - d^2}} \right) \tag{1.82}$$

$$a_2 = \frac{1}{2} \left(c + d\sqrt{1 + \frac{w^2}{c^2 - d^2}} \right) \tag{1.83}$$

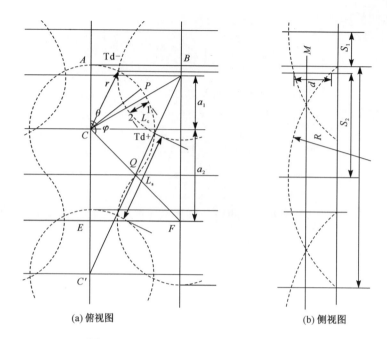

(a) 俯视图　　　　　　　　　(b) 侧视图

图 1.32　Leaf 和 Glaskin 平针线圈模型[48]

以上两值之和为圈柱高 c，即 $c = a_1 + a_2$，线圈的弧半径可表达为：

$$r = \frac{d}{2} + \frac{1}{2}\sqrt{a_1^2 + \left(\frac{w}{2}\right)^2} \tag{1.84}$$

或

$$r = \frac{1}{2}\sqrt{a_2^2 + \left(\frac{w}{2}\right)^2} \tag{1.85}$$

为了避免挤压，需要满足：

$$c \geqslant \sqrt{wd + d^2} \tag{1.86}$$

$$w \geqslant d + 2r \tag{1.87}$$

（3）Leaf 弹性平针线圈模型[48]

Leaf 的模型将纱线假定为弹性体，在线圈形成过程中，纱线完全受纱线弹性的影响，见图 1.33。下式给出了纱线的线圈路径：

$$\begin{cases} x = b[2E(\varepsilon, \phi) - F(\varepsilon, \phi)] \\ y = R\sin[3b\varepsilon\cos(\phi/R)] \\ z = R\cos[2b\varepsilon\cos(\phi/R)] \end{cases} \tag{1.88}$$

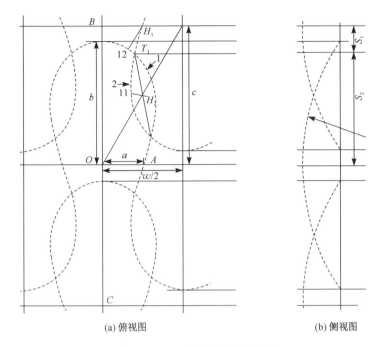

(a) 俯视图　　　　　　　　　(b) 侧视图

图 1.33　Leaf 弹性平针线圈模型

式中：$E(\varepsilon, \varphi)$ 和 $F(\varepsilon, \varphi)$ 分别为第一次和第二次椭圆积分。

Leaf 的模型参数也包括线圈宽度 w、圈柱高 c 和直径 d。图 1.34 比较了三种几何模型。

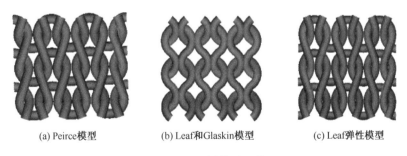

(a) Peirce模型　　　　(b) Leaf和Glaskin模型　　　　(c) Leaf弹性模型

图 1.34　不同模型比较

1.7.3　力学模型

根据纱线的性质和织物结构，可以建立模型，分析不同织物的力学性能。对机织物而言，织物在两个方向的变形由经纬向屈曲变换的不同特征决定，这主要受抗弯曲能力和纱线伸长的影响。经过多年的研究，模拟机械性能的主导方法是利用力和力矩平衡，并且研究多集中于平纹织物，纱线的弯曲被简化为平面锯齿形。基于这些简化模型,Leaf 等提出了计算平纹机织物拉伸、剪切、弯曲模量的公式。

① 拉伸模量(mN/mm)[49]:

$$E_1 = \frac{12\beta_1}{p_1 p_2^2 (1+c_1)^3 \sin^2\theta_1} \Big[1 + \frac{\beta_2 p_2^3 (1+c_1)^3 \cos^2\theta_1}{\beta_1 p_1^3 (1+c_2)^3 \cos^2\theta_2} \Big] \tag{1.89}$$

$$E_2 = \frac{12\beta_2}{p_2 p_1^2 (1+c_2)^3 \sin^2\theta_2} \Big[1 + \frac{\beta_1 p_1^3 (1+c_2)^3 \cos^2\theta_2}{\beta_2 p_2^3 (1+c_1)^3 \cos^2\theta_1} \Big]$$

② 剪切模量(mN/mm)[50]:

$$G = 12 \left\{ \frac{p_1 \big[p_2(1+c_1) - 0.8D\theta_1 \big]^3}{\beta_1 p_2} + \frac{p_2 \big[p_1(1+c_2) - 0.8D\theta_2 \big]^3}{\beta_2 p_2} \right\}^{-1} \tag{1.90}$$

③ 弯曲模量(mN · mm²/mm)[51]:

$$B_1 = \frac{B_1 p_2}{p_1 \big[p_2(1+c_1) - 0.875\,8\,D\theta_1 \big]} \tag{1.91}$$

$$B_2 = \frac{B_2 p_1}{p_2 \big[p_1(1+c_2) - 1.0778\,D\theta_2 \big]}$$

在以上公式中,下标 1 和 2 分别表示经纱和纬纱;d 为纱线直径;D 为经纬纱线直径之和,即 $D = d_1 + d_2$;β 为纱线的抗弯刚度;θ 为织造角;p 为相邻两根纱线的间距;c 为织物中的纱线缩率。

近来的研究表明,能量方法可以基于纱线的实际形态建模,并且计算更简便,其基本原则是纱线伸长、弯曲、压缩的能量之和最小化。给定外部结构尺寸后,可以确定内部几何形态,变形增量间的能量差异可用来确定力值大小。对于简单的平纹织物,只需要考虑一种交叠方式;对于更加复杂的织物,需要考虑不同类型的交叠单元。

拉伸能在纱线性能中容易确定;压缩则相对较复杂,因为它需要考虑在交叠处是否存在压力,因此对于压缩的研究目前还很欠缺。对于蓬松的纱线,压缩过程中会出现纱线体积的变化,同时纱线截面会从圆形变为压扁的形状;这些都将改变纱线的弯曲路径。

虽然很多学者对机织纱的力学性质进行了研究,但实际应用还极为缺乏。随着计算机能力的提升,建立精确模型可以弥补这项不足。针对某些特定应用的模型,可以采用合理的简化手段。例如:对于采用单丝或强捻纱织造的织物,压缩可以被忽略;特别柔软的纱线易于铺展,因此可以不考虑交叠处的自由长度。

针织物中,由于纱线结构较松散,当纱线受力时弯曲起主要作用。力和力矩方法可以用来模拟理想平针纬编针织物的力学性能[52-53],但能量方法可以更有效地进行计算。

商业用有限元软件,如 ABAQUS 也被用于模拟织物力学性能,它对复合材料中的织物分析尤为适合。

非织造织物由固结在一起的纤维网构成。其中的纤维如果紧密固结,会使其缺乏机织物和针织物的手感与悬垂性;但如果松散固结,纤维网的强力会很低,因此通常使用的非织造织物的固结程度处于两者的中间情况。纤维网的形成和固结有多种方式。棉网沿纤维长度方向取向排列,为提高取向均匀度,可以进行交叉铺层。纤维间的固结可以采用黏合剂实现,如液体黏合剂或可熔融颗粒,或采用压力热黏合的方式。针刺和水刺是另一种固结方法,可以增加非织造织物中纤维的缠结。缝编织物是利用经编原理,在纤维网或纱线层上,以线圈纵向串套缝固的非织造织物。

非织造织物的机械模型遵从纱线模型。对于固结的非织造织物,纤维取向分布决定了织物外部变形和固结点间纤维长度变化。这里必须考虑纤维弯曲的影响。当纤维被拉直后,纤维的伸长量可作为能量模型的输入值进行模拟。由短纤维形成的缠结或缝编织物主要考虑纤维间摩擦力,可以利用短纤纱的模型进行计算。

1.8　总　　结

本章在介绍连续介质力学的基础上,描述了纤维集合体的基本种类和结构,从分子水平构成纤维,从纤维形成纱线,从纱线制造各类织物。这是描述纤维集合体多尺度结构通用的方法。该方法易于实现数字化模型,在确定材料本构关系和赋予材料属性后,可以预测纤维集合体的力学性质和受力变形特征,并扩展至纤维集合体结构设计和后续制造设计。

关于本章内容,可进一步阅读本章编写时参考的以下主要文献[54-55]:

① Chen X, Hearle J W S. Structural hierarchy in textile materials: an overview. In: Chen X (ed.), Modelling and predicting textile behaviour. Cambridge England, Woodhead Publishing Limited, 2010: 3-40.

② Morton W E, Hearle J W S. Physical properties of textile fibres (fourth edition). Cambridge, England, Woodhead Publishing Limited, 2008: 1-81.

参 考 文 献

[1]　郭仲衡. 非线性弹性理论. 北京:科学出版社,1980:3-4.

[2]　中国大百科全书总编辑委员会. 中国大百科全书(力学). 北京:中国大百科全书出版社,1984.

[3]　Autar K K. Mechanics of composite materials. Taylor & Francis Group, LLC, Boca Raton, FL 33487-2742, USA, 2006:65-73.

[4]　冯元桢. 连续介质力学导论. 3 版. 吴云鹏等译. 重庆：重庆大学出版社，1997：119-127.

[5]　Ziabicki A. Fundamentals of fibre formation. Wiley, London, 1976.

[6]　Ziabicki A, Kawai H. High-speed fiber spinning. Wiley, New York, 1985.

[7]　Hearle J W S. Polyester: 50 years of achievement. In: Brunnschweiler D, Hearle J W S (eds). The Textile Institute, Manchester, UK, 1993.

[8]　North A C T, Steinert P M, Parry D A D. Proteins: Structure, functions. Genetics, 1994, 20: 174.

[9]　Knopp B, Jung B, Wortmann F J. Investigation of the alpha-keratin intermediate filament structure by molecular dynamic simulation. Makromolekulare Chemie Macromolecular Symposia, 1996, 102(1): 175-181.

[10]　Knopp B, Jung B, Wortmann F J. Comparison of two force fields in Md-simulation of alpha-helical structures in keratins. Macromolecular Theory and Simulations, 1996, 5(5): 947-956.

[11]　Knopp B, Jung B, Wortmann F J. Modeling of the transition temperature for the helical denaturation of alpha-keratin intermediate filaments. Macromolecular Theory and Simulations, 1997, 6(1): 1-12.

[12]　MacKerell A D, Bashford D, Bellotti M, et al. All-atom empirical potential for molecular modeling and dynamics studies of proteins. Journal of Physical Chemistry B, 1998, 102(18): 3586-3616.

[13]　Hearle J W S, Sparrow J T. Mechanics of the extension of cotton fibers. II: Theoretical modelling. Journal of Applied Polymer Science, 1979, 24(8): 1857-1874.

[14]　Jeffries R, Jones D M, Roberts J G, et al. Current ideas on the structure of cotton. Cellulose Chemistry and Technology, 1969, 3: 255-274.

[15]　Kassenbeck P. Bilateral structure of cotton fibers as revealed by enzymatic degradation. Textile Research Journal, 1970, 40(4): 330-334.

[16]　Hearle J W S, Sparrow J T. Mechanics of the extension of cotton fibers. I. Experimental studies of the effect of convolutions. Journal of Applied Polymer Science, 1979, 24(8): 1857-1874.

[17]　Hearle J W S. Understanding and control of textile fibre structure. Journal of Applied Polymer Science: Applied Polymer Symposium, 1991, 47: 1.

[18]　Hearle J W S. A total model for the structural mechanics of wool. Wool Technology and Sheep Breeding, 2003, 51: 95.

[19]　Hearle J W S. A total model for stress-strain of wool and hair. Proceedings 11th International Wool Research Conference. Leeds, 2005.

[20]　Chapman B M. A mechanical model for wool and other keratin fibers. Textile Research Journal, 1969, 39(12): 1102-1109.

[21]　Munro W A. Wool-fibre crimp. Part II: Fibre-space curves. The Journal of the Textile Institute, 2001, 92(3): 213-221.

[22] Munro W A, Carnaby G A. Wool-fibre crimp. Part Ⅰ: The effects of microfibrillar geometry. The Journal of the Textile Institute, 1999, 90(2): 123-136.

[23] Hearle J W S, Prakash R, Wilding M A. Prediction of mechanical properties of nylon and polyester fibres as composites. Polymer, 1987, 28(3): 441-448.

[24] Hearle J W S, Greer R. On the form of lamellar crystals in nylon. The Journal of the Textile Institute, 1970, 61(5): 240-244.

[25] Murthy N S, Reimschussel A C, Kramer V J. Changes in void content and free volume in fibers during heat setting and their influence on dye diffusion and mechanical properties. Journal of Applied Polymer Science, 1990, 40(1/2): 249-262.

[26] Hearle J W S. On structure and thermo-mechanical properties of fibres and the concept of a dynamic crystalline gel as a separate thermodynamic state. Journal of Applied Polymer Science: Applied Polymer Symposium, 1978, 47: 1.

[27] Northolt M G. Tensile deformation of poly (p-phenylene terephthalate) fibres: an experimental and theoretical analysis. Polymer, 1980, 21: 1199.

[28] Baltussen J J M, Northolt M G. The viscoelastic extension of polymer fibres: Creep behaviour. Polymer, 2001, 42(8): 3835-3846.

[29] Termonia Y. Fracture of synthetic polymer fibers. In: Elices M, Llorca J (eds). Fiber fracture. Elsevier, Amsterdam, 2002.

[30] Hearle J W S. The structural mechanics of fibers. Journal of Polymer Science, Part C, Polymer Symposium, 1967, 20: 215.

[31] Ferry J D. Visco-elastic properties of polymers. John Wiley, New York, USA, 1970.

[32] Morton W E, Hearle J W S. Physical properties of textile fibres. Woodhead Publishing, Cambridge, England, 2008.

[33] Hearle J W S, Hollick L, Wilson D K. Yarn texturing technology. Woodhead Publishing, Cambridge, England, 2001.

[34] Grosberg P, Iype C. Yarn production: theoretical aspects. Woodhead Publishing, Cambridge, England, 1999.

[35] Lawrence C A. Fundamentals of spun yarn technology. Woodhead Publishing, Cambridge, England, 2003.

[36] Lord P R. Handbook of yarn production. Woodhead Publishing, Cambridge, England, 2003.

[37] Hearle J W S, Grosberg P, Backer S. Structural mechanics of fibers, yarns and fabrics. Wiley-Interscience, New York, 1969.

[38] Leech C M, Hearle J W S, Overington M S, Banfield S J. Modelling tension and torque properties of fibre ropes and splices. Singapore, 1993: 370.

[39] Hearle J W S. Theoretical analysis of the mechanics of staple fibre yarns. Textile Research Journal, 1965, 35(12): 1060-1071.

[40] Chen X, Potiyaraj P. CAD/CAM of the orthogonal and angle-interlock woven structures

for industrial applications. Textile Research Journal, 1999, 69(9): 648-655.

[41] Chen X, Wang H. Modelling and computer aided design of 3D hollow woven fabrics. The Journal of the Textile Institue, 2006, 97(1): 79-87.

[42] Peirce F T. The geometry of cloth structure. The Journal of the Textile Institute, 1937, 38: T45-T96.

[43] Ai X. Geometrical modelling of woven and knitted fabrics for technical applications. M Phil Thesis, UMIST, 2003.

[44] Kemp A. An extension of peirce cloth geometry to the treatment of noncircular threads. The Journal of the Textile Institute, 1958, 49(1): T44-T48.

[45] Shanahan W J, Hearle J W S. An energy method for calculations in fabric mechanics. part II: Examples of application of the method to woven fabrics. The Journal of the Textile Institute, 1978, 69(4): 92-100.

[46] Peirce F T. Geometrical principles applicable to the design of functional fabrics. Textile Research Journal, 1947, 17(3): 123-147.

[47] Leaf G A V, Glaskin A. The geometry of plain knitted loop. The Journal of the Textile Institute, 1955, 46(9): T587-T605.

[48] Leaf G A V. Models of the plain knitted loop. The Journal of the Textile Institute, 1960, 51(2): T49-T58.

[49] Leaf G A V, Kandil K H. The initial load-extension behaviour of plain-woven fabrics. Journal of the Textile Institute, 1980, 71(1): 1-7.

[50] Leaf G A V, Sheta A M F. The initial shear modulus of plain-woven fabrics. The Journal of the Textile Institute, 1984, 75(3): 157-163.

[51] Leaf G A V, Chen Y, Chen X. The initial bending behaviour of plain woven fabrics. The Journal of the Textile Institute, 1993, 84(3): 419-428.

[52] Hepworth R N. The mechanics of a model of plain weft-knitting. In: Hearle J W S, J. T J, Amirbayat J (eds). Mechanics of flexible fibre assemblies. Sijthoff and Noordhoff, Alphen aan der Rijn, The Netherlands, 1980: 175.

[53] Konopasek M. Textile applications of slender body mechanics. In: Hearle J W S, Thwaites J J, Amirbayat J (eds). Mechanics of flexible fibre assemblies. Sijthoff and Noordhoff, Alphen aan der Rijn, The Netherlands, 1980: 293.

[54] Chen X, Hearle J W S. Structural hierarchy in textile materials: an overview. In: Chen X (ed.). Modelling and predicting textile behaviour. Cambridge, England, Woodhead Publishing Limited, 2010: 3-40.

[55] Morton W E, Hearle J W S. Physical properties of textile fibres (fourth edition). Woodhead Publishing Limited, Cambridge, England, 2008: 1-81.

[56] Hearle J W S. Physical properties of wool. In: Wool Science and Technology. Simpson W S, Crawshaw G H (eds.). Cambridge, England: Woodhead Publishing Company Limited, 2002: 80-129.

2 纤维集合体力学基础

摘要:本章将回顾过去 60 年来描述纤维及其集合体的几何结构与性能的数学模型，简要介绍不同类型的纺织品中纤维的作用及其相关性能，重点讨论当前在纳米尺度研究天然纤维、合成纤维的结构与性能之间的关系时基于量子力学和分子力学的分子层面建模方法。另外还将讨论纤维几何模型，包括纤维长度与细度分布、纤维横截面形态和由纤维卷曲引起的不同空间形态；同时详细描述纤维力学性能的线弹性、线性黏弹性和非线性黏弹性力学模型；并结合纤维间摩擦模型，描述影响纺织品摩擦性质的因素。最后，在纤维集合体单胞(unit cell)层面讨论纤维集合体的细观结构和细观力学模型。

2.1 引　　言

　　纤维是纺织品最基本的组成材料，因此纤维的物理和结构性能在很大程度上决定了纱线、绳索和织物等最终产品的性能。随着过去 20 年计算机技术的迅猛发展，如今越来越多的计算方法逐渐应用于新织物的开发。尤其是现代计算机辅助织物设计软件嵌入大量数学模型，用来表达纤维与最终产品性能之间的关系，同时可以在三维视图下预测最终产品的形态。这些结果也可以通过试验观测、理论计算或两者的组合运用而得到。这对扩大纺织品在产业或医学领域的应用起到了至关重要的作用。

　　试验方法的优点是直观、显而易见，但也存在一些缺点，如并非所有纤维性质都可以直接测量得到，或者有些性质难以得到（如单纤维的颜色、剪切模量等）。有时，试验方法得到的结果常常存在缺陷，甚至是错误的结论。其次，测试仪器可能相当昂贵，或者专业仪器需要试验员拥有非常专业的操作技能和丰富的操作经验才能得到比较满意的试验结果。另一方面，每次试验条件和制备试样都可能因试验员不同而产生差异。许多试验中往往还基于许多前提假设，只有在这些假设条件下试验，结果才能符合试验要求。如果要测试参数之间的关系是已知的，那么其中一个参数可以通过其他参数推导而得出。这样，试验员可以以此作为参考，验证试验结果的有效性和合理性。如果要测试参数之间的关系是未知的，那么试验的目的就是要建立参数间相互的关系。常用的方法，起初是数理统计法[1-2]，随后是试验因子设计法[3]；它们都可以得到一个参数间近似的拟合方程。利用这个方程可以得到优化的参数组合，从而设计出最优的工艺和产品。例如，Barella 等[4-5]成功地利用试验因子设计法优化了自由端纺纱工艺过程。

　　然而,试验研究就像一把刻度尺限制了其使用的范围和条件;尤其是在开发新材料、新织物时,试验研究必须反复进行,既耗时又费力。因此,理论研究应运而生,其结合数学、物理、化学等多个相关学科知识,可以快速省力地研究纤维与成品之间的性能的相互影响等复杂的问题。理论方法的优点是一旦一个有效的数值分析方法开发出来并得到验证,那么它可以无限次地用于设计新材料、预测性能、解释现象并做虚拟试验。虚拟试验可以在花费少、周期短的情况下做实际试验中很难做的复杂试验。当然,理论方法也存在一定缺陷,那就是其有效解受理论假设条件的影响比较大。因为依靠数学模型得到的结果往往需要运用适当的数值方法,而这些数值方法本身就存在一定的近似性,所以在进一步简化这些模型的时候必然与实际有一定的误差。

　　由于纺织材料所有的物理性能几乎都有非线性和统计不确定性,所以分析材料的力学、表面和传递性能时,只有少量比较简单的问题可以通过直观的分析方法解决。若要解决大量现实情况下的实际问题,则需要根据纺织品的结构与性能,精心假设,并结合先进的计算方法,才能实现。例如 Hearle 等[6]于 1972 年发表的织物力学模型。

　　其实,试验方法和理论模型也并非彼此独立,而是相互贯通的。没有哪个理论的发展不是以试验数据为基础的。理论研究与试验研究必须互相支持、共同发展,只有找到彼此相互促进的平衡点,才能得到更完美的结果。

　　本章讲述常用的几种从单根纤维结构性能到纤维集合体性能的分析模型。

2.2　纤　维　分　类

　　纤维作为纺织品的原材料,具有柔韧性、纤细和长径比高等特点。随着纤维科学的发展,纤维的分类也有所不同。依据 Denton 和 Daniels 的研究[7],纤维的分类如图 2.1 所示。而 Burdett 和 Bard[8]依据纤维的化学成分及其对健康的潜在威胁,也形成了一种分类方法。

2.3　纺织品和纺织复合材料功能

　　纺织品的用途决定了它所应具有的功能。服装或特殊用途的纺织品因不同的使用环境而需要采用不同功能的纤维进行织造,因此需要全面地考虑和设计。

　　●日常穿着的衣服在使用过程中需要考虑耐用性和舒适性,包括保温性、力学性能、耐磨性、防紫外、透气性、微环境热湿调节性和防风防水等性能。

　　●在恶劣环境下,如极地、沙漠、高海拔或深海中,服装除以上功能外,还需要更特殊的保护功能。

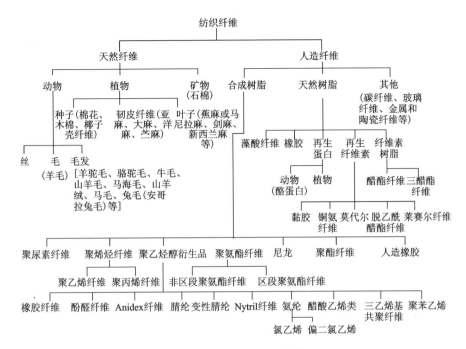

图 2.1　纺织纤维分类图[7]

● 运动服要求有相当高的透气透湿性、防风拒水性、热隔离和防紫外等性能。

● 工作保护服需要保护工作人员在极端恶劣工作环境中的安全和健康,包括撞击、热、钢水溢出、酸、碱、X射线和电磁等领域。而有些领域,如医药、电子等,穿着工作服更多的是为了避免因工作人员而污染生产环境。

● 有些纺织品在医学领域需要有特殊的功能,如吸湿性能(伤口敷料、棉签、尿垫和尿布)、强力(手术缝合线、人工韧带、绷带)、透气性(外科医生外罩、员工制服)、耐用性(医院床上用品),并具有生物可降解能力(如手术缝合线)。除了其直接的应用功能外,医用纺织品还必须符合多项与人体组织和血液相关的生物相容性。

● 产业纺织品的应用领域包括汽车、航空航天、工程建筑、农业和船舶。为了满足其技术纺织的应用需要,使用的纤维往往需要具有高强度、高弹性、良好耐久性以及质量轻等特性。

在许多应用领域,如服装、家具和医用领域,纺织品设计必须综合考虑人体、纺织材料和环境之间的相互作用,如考虑环境-服装-人体系统(EGB系统)中能量和质量(水汽)的动态转移平衡。在这些应用中,因为受到的外力作用相对较小,通常对纺织品的机械性能要求较低,主要关注的是纺织品的舒适性和美观性。

另外,所有应用领域的共同要求是能量使用效率高和生产过程中对自然环境的影响小。是否满足这个要求是由纤维的几何形态、机械、物理、化学性能,以及用于构造材料本身的组织结构决定的。在应用纤维及其纤维结构体时,可以在不同的尺度下以不同的方式理解。这样的结构和水平可以描述如下:

● 纳米水平——考虑单根短纤维和长丝中构成纤维分子排列的内部结构。

● 微观水平——考虑短纤维或长丝在均匀且性能已知区域的内部结构。典型的例子如由相分离产生的双组分纤维的结构[9]、双组分纤维力学[10-12]。

● 细观(介观)水平——考虑纱线、绳索和织物中纤维的排列,不考虑纤维的内部结构。在这方面对纱线和非织造布的研究,目前已经有很多发表。

● 宏观水平——考虑机织、针织和非织造材料中的纱线相互结合交错的结构,不考虑纱线本身的结构。

通常,在每个水平尺度,上一级的结构细节将不会被考虑。由于涉及大量的参数和自由度,非均匀介质在渐进等效的尺度下,被下一级近似为均匀材料。这样的简化过程称为均匀化。该方法已被广泛应用于复合材料的力学领域[13-14]。

纺织品和复合材料的功能是通过使用具有适当性质的纤维来实现的,大致可以分为:

● 一般的机械性能——单周或多周拉伸、压缩、弯曲强度和弹性模量,扭转变形,耐磨损性和摩擦性能。

● 热量/质量传递——热绝缘性,热传导性,水和水蒸气的吸收与输送,可燃性。

● 光/电磁特性——吸收、反射和透射可见光,紫外光和红外(IR)辐射,静电,压电效应,导电性,静态磁场和电磁场的影响。

● 化学和生化性质——同酸和碱、有机和无机溶剂、无机盐、酶类、蒸汽和气体的反应程度。

最近几年应用于汽车、生物医用、智能材料、感官纺织品、可穿戴电子产品等领域的纺织新纤维还具有检测、响应和适应等功能。在这些领域应用纺织品时,需要利用工程计算方法指导设计具有特殊用途和功能的产品。因此,对于合理地使用这种方法,就要对单根纤维和纤维集合体的结构、几何形态、机械和物理性能进行建模。

2.4　纤维结构建模

大部分纺织品使用天然纤维或合成聚合物纤维,其内部是复杂的结晶和无定形区混合结构。聚合物无定形区的行为会随着温度的变化而变化。低于玻璃化转变温度 T_g,树脂由刚性晶体和无定形区组成;高于 T_g,无定形区的分子片段可以自由运动,从而使得整个聚合物呈现黏性状态。至于纤维的内部结构和性能,许多学者已经做了大量深入的研究,如 Hearle 和 Peters[15],Mark 等[16],Hearle[17],Postle 等[18],Hearle[19],Feughelman[20],Simpson 和 Crawshaw[21],Wallenberger 和 Weston[22]。

2.4.1　天然纤维结构建模

虽然棉花和羊毛是天然纤维的两个主要代表,但它们的来源和化学成分截然不同。例如棉花是纤维素为主的纤维,而羊毛是蛋白质为主的纤维。

棉花因其在纺织行业一直占有极其重要的地位,所以有许多学者对棉花的结构与性能都做过深入的研究,如 Ott 等[23]、Hearle 和 Peters[15]等都比较全面地总结了棉花和其他纤维素纤维的结构、化学、物理和机械性能。棉纤维的结构理论,从微胞嵌在微胞物质间学说到近微胞学说,然后发展到含有结晶和非结晶区域的近原纤结构学说。目前,由于新的实验事实被发现,该结构理论在进一步完善中。

棉纤维具有天然转曲。这是因为棉纤维的初生层下面是一层薄薄的次生层细胞,由微原纤紧密堆砌而形成次生层。微原纤在次生层中的淀积方式并不均匀,以束状小纤维的形态与纤维轴倾斜呈螺旋形(螺旋角为 $250° \sim 300°$),并沿纤维长度方向有转向[24-25]。微原纤本身由高的有序结晶区和低的无规则部分交替排列组成[26]。Eichhorn 等[27-28]、Eichhorn 和 Davies[29]研究了单根天然纤维和再生纤维素纤维的微观力学机理。Abhishek 等[30]使用 X 射线散射(WAXS)技术检测棉纤维素微晶参数,从而得到棉纤维结构与性能之间的关系,给出了结晶大小和形状与氢键数量之间的联系,发现了晶粒呈椭圆球状。虽然已经有许多实验研究了棉纤维结构和机械性能,但直到目前为止仍然没有形成一个基于基础理论的全面的棉纤维细观力学模型。

羊毛纤维的主要特征是由于正皮质和偏皮质沿纤维长度方向的不均匀分布而导致的纤维卷曲。这种不均匀分布几乎很难沿纤维长度方向做数值表征。目前,对羊毛纤维卷曲几何外形的描述通常是:三维空间不等径正反螺旋。Postle 等[18]总结了羊毛的内部结构模型。Feughelman[20]把羊毛分为三种结构组成:

一是无定形黏弹性玻璃状聚合物基体,可以容易地被水溶胀;

二是包埋于基体中沿纤维长度方向平行排列的黏弹性不透水微原纤;

三是联系微原纤的可透水中间相。

后来,Munro 和 Carnaby[31]提出一个改进的羊毛微结构力学模型,其中纤维的横截面由微原纤平行于纤维轴的偏皮质和微原纤以高达 $40°$ 角的偏差螺旋排列的正皮质组成。偏皮质在横截面中的比例可以形成以下三种横截面模型:

- 纤维横截面的一半排列着数量可变的微原纤;
- 横截面的一部分被微原纤填充;
- 圆心偏离横截面圆心一定距离的偏心分布。

利用有限元法预测三维纤维真实弯曲形状的研究也有很多。如羊毛纤维表面模型，尤其是表面的不同摩擦效应。这将在下文"2.8"讨论。三维扫描电子显微镜[32]是表征羊毛表面形貌最为有效的方式，它可以在真实尺度上直接测量羊毛的三维尺寸。

2.4.2　合成纤维结构

合成聚合物是由单体通过聚合或缩合形成各种结构的长链大分子组成的。聚合反应是由不饱和单体合成聚合物的反应过程。以这种方式形成的聚合物包括聚乙烯、聚丙烯、聚苯乙烯、聚氯乙烯、氯化聚(甲基丙烯酸甲酯)等。缩合反应是两个或两个以上有机分子相互作用后，以共价键结合成一个大分子，并常伴有失去小分子(如水)的缩聚反应。以这种方式形成的聚合物包括聚酰胺和聚酯等。以上方式合成的聚合物具有线性，带有分支的线性或交联结构。

用于制造纤维的聚合物都是结晶与非结晶结构的集合体。聚合物的力学性能(如弹性模量、强度和韧性)都取决于大分子的结晶度和取向度。结晶体即原子、离子或分子按一定的空间次序排列而形成的固体。这种结晶过程其实是四键的碳原子被相邻原子以左旋或右旋的方式直接固结成碳对称结构。等规聚合物是由纯左旋或右旋的分子长链结构单元形成的。如果左旋或右旋结构单元规律性地交替排列，则形成间规聚合物；若随机排列，则形成无规聚合物。等规和有些间规聚合都可以形成晶体，唯独无规聚合不能形成结晶。

分子链长度显然比晶体长度长得多，因此长分子链可以把聚合物的晶区和非晶区连接在一起，形成完整的固体结构。一个分子中不改变共价键结构，仅在单键周围的原子放置所产生的空间排布，称为构象。表征构象的方法通常是计算距离起始端一段距离 r，单位体积 $dV = dxdydz$ 的分子链末端出现的概率。它的表达式为：

$$P(x, y, z)dxdydz = \frac{e^{-(\frac{r}{\rho})^2}}{(\rho\sqrt{\pi})^3}dxdydz \tag{2.1}$$

式中：$\rho = l\sqrt{2n/3}$；l 为分子片段(单体)的长度；n 为聚合物中单体的数量或叫作聚合度；$\overline{r} = l\sqrt{n}$ 为分子链末端间的平均间距。

合成纤维主要的优点是它的性能，如弹性模量、韧度、熔体黏度和热性稳定性，可根据聚合条件和共聚物的混合比例进行预测[33]。

近年来已经发展出基于量子力学和分子力学方法的分子模型方法，用于预测聚合物的分子结构和性能[34-36]。根据不同水平的分子结构，可以选择不同的建模方法。

量子力学 (quantum mechanics) 由 Max Planck，Niels Bohr，Werner

Heisenberg，Louis de Broglie，Arthur Compton，Albert Einstein，Erwin Schrödinger，Max Born，John von Neumann，Paul Dirac，Enrico Fermi，Wolfgang Pauli，Max von Laue，Freeman Dyson，David Hilbert，Wilhelm Wien，Satyendra Nath Bose，Arnold Sommerfeld，以及其他一些 20 世纪早期著名物理学家创建，主要研究轨道电子动能、库仑力引起电子和原子核间相互吸引，以及电子间相互排斥势能的一种理论。

单个粒子，如质量为 m 的电子，在外电势场 U 中的空间运动方式，如果假设与时间无关，那么描述与时间无关的运动方式 Schrödinger 方程为：

$$\left[-\frac{h^2}{8\pi^2 m}\left(\frac{\partial^2}{\partial x^2}+\frac{\partial^2}{\partial y^2}+\frac{\partial^2}{\partial z^2}\right)+U\right]\Psi(r)=E\Psi(r) \tag{2.2}$$

式中：$h=6.626\times10^{-34}$ J，为普朗克常数；x，y，z 是粒子在三维笛卡尔坐标系下的坐标；E 为粒子能量；Ψ 为粒子运动波方程。

简单地讲，根据库仑方程，一个有 N 个质子的独立原子，一个电子的外部电势能取决于电子和原子核之间的距离：

$$U=-\frac{Ne^2}{4\pi\varepsilon_0 r} \tag{2.3}$$

式中：e 为电子绝对电荷；ε_0 为真空介电常数；r 为电子与原子核间的距离。

然而该 Schrödinger 方程的精确解只能在几种简单的情况下得到，如氢原子。对于多电子原子或分子，只能得到近似解。

量子力学可以用来计算平衡分子的构型和构象、分子动态热效应、分子中电荷的分布和电子多极矩，以及氢键的形成；然后利用最小能量法，可以得到平衡状态下的分子结构及其特性。

分子力学(molecular mechanics)，又叫力场方法(force field method)，目前广泛地用于计算分子的构象和能量。它考虑分子中原子间化学键的伸长和弯曲的力、化学键连同静电力和范德华力相互作用的旋转力。分子力学从本质上说是能量最小值方法。在分子及凝聚体内部，化学键都有"自然"的键长值和键角值。当满足这些条件时，体系的能量，以及内部原子间的相互作用，均应满足某种极值条件。分子要调整它的几何形状(构象)，以使其键长值和键角值尽可能接近自然值，同时也使非键作用处于最小能量状态。在某些有张力的分子体系中，分子的张力可以通过最小能量法计算出来。

最小能量法的缺点是计算相当耗费时间，尤其是在计算涉及大量粒子、原子核分子时。这使得它们几乎不可能用来计算现实中的试样。一种可替代的计算方法是利用数值模拟技术，它可以把含有有限数量的原子分子的微小代表体积单元作为整个系统的代表。

数值模拟主要使用两种方法[35]。第一种方法是分子动力学(molecular dynamics)。通过对描述粒子运动的微分方程积分,生成分子体系在极短时间间隔($10^{-15} \sim 10^{-14}$ s)内可能出现数量极多(通常在 10^5 以上)的连续变化空间构象,所有分子空间构象按时间顺序依次排列后即可表征粒子的运动位置和速度,合并位置和速度信息即可定义分子体系随时间变化的空间轨迹。采用 Boltzmann 和 Gibbs 发展出来的统计力学各态历经理论,即时间平均值等于系统大量空间构象平均值,就可算出上述反映粒子运动指标的平均值。

第二种方法是蒙特卡罗方法(Monte Carlo method),又称统计模拟法、随机抽样技术,是另一种随机模拟方法,是以概率和统计理论方法为基础的一种计算方法,是使用随机数(或更常见的伪随机数)来解决很多计算问题的方法。将所求解的问题和一定的概率模型相联系,用电子计算机实现统计模拟或抽样,以获得问题的近似解。对于分子空间构象描述,则通过原子或分子的随机移动或旋转得到系统构象(或状态),系统构象的集合形成一根 Markov 链。与分子动力学方法不同的是 Markov 链中系统当前状态只与前一状态有关,与其他历史状态无关。

使用蒙特卡罗方法进行分子模拟计算可按照以下步骤进行:

① 使用随机数发生器产生一个随机的分子构型。

② 对此分子构型的其中的粒子坐标做无规则的改变,产生一个新的分子构型。

③ 计算新的分子构型的能量。

④ 比较新的分子构型与改变前的分子构型的能量变化,判断是否接受该构型。

在蒙特卡罗方法中,每一个新状态对应于分子系统当前的势能。若新的分子构型能量低于原分子构型的能量,则接受新的构型,并使用这个构型做下一次迭代。若新的分子构型能量高于原分子构型的能量,则计算玻尔兹曼因子,并产生一个随机数 $\xi \in [0, 1]$。玻尔兹曼(Boltzmann)因子定义为:

$$\beta = \exp\left[\frac{W_{\text{new}}(r^N) - W_{\text{old}}(r^N)}{kT}\right]$$

式中:W_{new} 和 W_{old} 分别为新旧分子构型的能量;r^N 为系统中 N 个粒子的位置;k ($= 1.380\,66 \times 10^{-23}$ J/K)为玻尔兹曼常数;T 为绝对温度。

若这个随机数大于所计算出的玻尔兹曼因子,则放弃这个构型,重新计算。若这个随机数小于所计算出的玻尔兹曼因子,则接受这个构型,并使用这个构型做下一次迭代。

⑤ 如此进行迭代计算,直至最后搜索出低于所给能量条件的分子构型,结束。

应该可以看出,基于内部分子结构对纤维建模,与基于纤维排列对纤维集合体的建模过程有很大的相似性。

2.5　纤维几何结构统计模型

纺织品中用到的所有纤维都有一个非常重要的特征,那就是它们都属于统计范畴。为了简便,纤维长度、直径和强度往往被认为服从近似的正态分布,即:

$$f(x) = \frac{1}{\sigma\sqrt{2\pi}}\exp\left[-\frac{(x-\bar{x})^2}{2\sigma^2}\right] \tag{2.4}$$

但如果仔细地分析,则可以发现纤维的许多性质的分布与正态分布有明显偏差。

2.5.1　纤维长度分布

纤维长度是选择纺纱设备和确定纺纱工艺参数的重要依据,也是决定纱线质量(纱线线密度和强度)的关键因素,因此纤维长度被认为是衡量纤维品质的重要指标。一般来说,纤维越长,其成品强度越高。但如果纤维长度少于 12 mm,一般不考虑用于纺纱。

棉纤维长度已经被证实服从双峰分布[37-40]。腈纶短纤维也具有相似的特征[41]。在这种情况下,可以用加权正态分布来逼近一个多峰态分布:

$$f(x) = \sum_{i=1}^{n}\frac{\alpha_i}{\sigma_i\sqrt{2\pi}}e^{-\frac{(x-\bar{x}_i)^2}{2\sigma_i^2}} \tag{2.5}$$

式中:n 为加权 $f(x)$ 的数量;α_i 为权重系数,且 $\sum_{i=1}^{n}\alpha_i=1$;σ_i 和 $\bar{x}_i$ 分别为标准方差和均值。

式(2.5)中腈纶长度的测量参数如表 2.1 所示;长度分布的实验值与拟合值分别如图 2.2,2.3 和 2.4 所示。

表 2.1　纤维长度分布参数

纤维种类	第一组			第二组			第三组		
	权重系数	平均长度	标准方差	权重系数	平均长度	标准方差	权重系数	平均长度	标准方差
红	0.694 2	110.99	29.84	0.179 5	68.61	82.56	0.125 9	54.66	12.18
绿	0.778 2	103.07	34.93	0.136 9	59.35	14.06	0.084 6	36.76	16.81
蓝	0.678 3	117.14	29.24	0.145 6	60.56	11.16	0.175 7	35.29	46.87

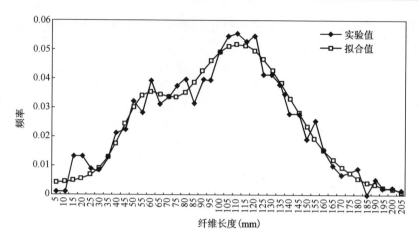

图 2.2　红色纤维长度的实验值与拟合值

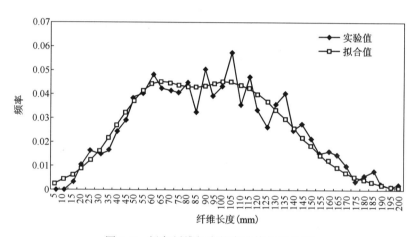

图 2.3　绿色纤维长度的实验值与拟合值

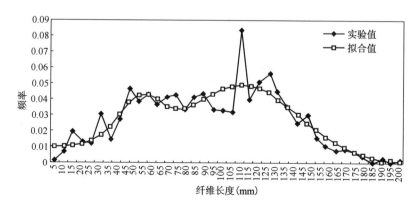

图 2.4　蓝色纤维长度的实验值与拟合值

在多组分混纺纱中,纤维间的长度与细度不匹配会导致混合纤维的长度与纤维直径分布的多模态现象。由于麻短纤维经常以工艺纤维方式进入后道纺纱工序,研究麻短纤维加工技术的学者对该现象特别熟悉[42],而且这样的分布会随着加工进程进一步发生变化。

纤维总长度中部分片段的长度分布存在一些有趣现象。例如,Choi 和 Kim[43]发现纱线表面纤维片段长度服从 Gamma 分布,其概率密度函数[44]为:

$$g(x) = \frac{1}{\beta^{\alpha} \Gamma(\alpha)} x^{\alpha-1} e^{-\frac{x}{\beta}} \tag{2.6}$$

式中:α 为形状参数;β 为尺度参数;$x > 0$;$\alpha, \beta > 0$;$\Gamma(\alpha) = \int_0^{\infty} t^{\alpha-1} e^{-1} dt$,为 Gamma 函数。

从纱线主体伸出的毛羽长度,可以认为其服从指数分布[45]:

$$f(x) = \lambda \exp(-\lambda x) \tag{2.7}$$

式中:$\lambda > 0$,为指数分布系数。

2.5.2 纤维直径分布

纤维直径 d_f 是纤维的另一个重要参数。它对纺纱过程中单纤维的行为和力学性能、纱线能达到的最小线密度、纱线均匀度、上染率、反光和其他性能都起着关键的作用。通常认为纤维的截面是圆形,当其受到拉伸作用时,纤维截面直径以正比例减小;当受到弯曲载荷时,纤维截面直径随转动惯量也以正比例变化:

$$I = \frac{\pi d_f^4}{64} \tag{2.8}$$

因此,当两种腈纶的截面直径的差异达到 12.5% 时,粗细纤维的拉伸强度和刚度差异分别可达到约 2.12 倍和 4.48 倍。假设纤维的截面是固体圆形,还可以得到与纤维细度有关的其他参数,如线密度:

$$d_f = 0.035\,7 \sqrt{\frac{T_f}{\gamma_f}} \tag{2.9}$$

式中:T_f 是纤维线密度(tex);γ_f 是纤维密度(g/cm³)。

但是实际上纤维截面往往并非圆形,而是需要等效到圆形截面,因此常使用纤维等效直径来表征纤维的横向尺寸。纤维等效直径是基于纤维的等效截面积与真实截面积等同的假设得出的。如果极坐标 (r, θ) 中纤维的形状方程为 $r = r(\theta)$,那么横截面积可以积分为:

$$A = \int_0^{2\pi} \frac{r^2(\theta)}{2} \mathrm{d}\theta \tag{2.10}$$

故等效直径为：

$$d_e = 2\sqrt{\frac{A}{\pi}} \tag{2.11}$$

另一种求等效直径的方法是假设等效截面的周长与原纤维截面相同,那么等效直径为：

$$d_e = \frac{1}{\pi} \int_0^{2\pi} \sqrt{r^2(\theta) + \left[\frac{\mathrm{d}r(\theta)}{\mathrm{d}\theta}\right]^2} \mathrm{d}\theta \tag{2.12}$$

当然,这些方法只适用于估计截面为非标准圆形的纤维细度,但不适用于分析非对称形状截面导致的各向异性纤维。

毛纤维(如羊毛)的直径分布服从对数正态分布[46-49],其概率密度为：

$$f(x) = \frac{1}{\sigma x \sqrt{2\pi}} \exp\left[-\frac{(\ln x - \bar{x})^2}{2\sigma^2}\right] \quad (x > 0) \tag{2.13}$$

有时,也可以通过加权正态分布来得出腈纶直径分布很好的近似结果[41]：

$$f(x) = \sum_{i=1}^{n} \frac{\alpha_i}{\sigma_i \sqrt{2\pi}} e^{-\frac{(d - \bar{d}_i)^2}{2\sigma_i^2}} \tag{2.14}$$

式中：n 是正态分布 $f(x)$ 的数量；α_i 是第 i 个正态分布的权重系数；σ_i 和 $\bar{d}_i$ 分别是第 i 个正态分布的标准方差和平均直径。

激光扫描 5 000 个腈纶纤维片段,测得式(2.14)中的参数,如表 2.2 所示。

表 2.2　纤维直径分布参数

纤维种类	第一组			第二组			第三组		
	权重系数	平均长度	标准方差	权重系数	平均长度	标准方差	权重系数	平均长度	标准方差
红	0.807 5	23.12	3.01	0.165 7	23.98	7.98	0.030 0	23.99	8.02
绿	0.576 7	23.22	1.55	0.371 1	22.73	3.82	0.052 1	27.32	0.86
蓝	0.584 7	22.74	1.76	0.217 4	26.28	1.92	0.197 7	24.47	4.95

然而在有些情况下,纤维并不是单独存在,而是许多纤维或长丝粘在一起,以纤维束的形式存在,如麻纤维。纤维束往往会在梳理和纺纱过程中被分成单根纤维。因此,测量得到的麻纤维试样平均直径常常因为混有纤维束而比真实值偏大。Grishanov 等[50]通过分析从激光扫描和 OFDA 实验得到的实验数据,提出了一种推算单根麻纤维细度分布的方法,即激光扫描麻直径概率分布密度函数：

$$g_n(D, \bar{b}_s, \sigma) = \int_0^{2\pi} \frac{\sqrt{n^2 - (n^2-1)\cos^2\varphi}}{2\pi\sqrt{2\pi n}\sigma} \times$$

$$\exp\left\{-\frac{\left[\frac{D}{n}\sqrt{n^2 - (n^2-1)\cos^2\varphi} - \bar{b}_s\right]^2}{2\sigma^2}\right\} d\varphi \quad (2.15)$$

式中：n 是纤维束中的纤维根数；D 是激光扫描测得的纤维直径；$\bar{b}_s$ 是单根纤维的平均直径；σ 是单根纤维直径的标准方差；φ 是确定纤维束随机位置相对于激光探测器的夹角。

激光扫描测量麻纤维和纤维束直径分布：

$$h_{LS} = \alpha_1 p_1(\bar{b}_s, \sigma) + \sum_{n=2}^{m} \alpha_n g_n(D, \bar{b}_s, \sigma) \quad (2.16)$$

式中：α_1，α_2，α_3，$\cdots$，α_m 分别是单纤维和 2，3，$\cdots$，m 根纤维组成的纤维束未知的比例；$p_1(\bar{b}_s, \sigma)$ 是单纤维直径的正态分布。

估算麻的未知特性，可以通过拟合函数式（2.16）与激光扫描实验数据获得。但是，以下参数必须满足其边界条件：

$$\bar{b}_s \geqslant 0 \quad (2.17)$$

$$\sigma \geqslant 0 \quad (2.18)$$

$$0 \leqslant \alpha_j \leqslant 1 \quad (2.19)$$

$$\sum_{j=1}^{m} \alpha_j = 1 \quad (2.20)$$

式中：$j = 1, 2, \cdots, m$。

对于单纤维直径，标准方差和权重系数可以利用非线性回归实验数据的方法获得[51]，以减小惩罚函数的约束：

$$S = \sum_{j=1}^{k} (h_{LSj} - H_j)^2 + \delta_0 + \sum_{j=1}^{m-1} \delta_j(x_j, L_j, U_j) \quad (2.21)$$

式中：h_{LSj} 是由式（2.16）确定的纤维直径分布函数的第 j 个纵坐标；H_j 是试验测得的纤维直径分布第 j 个纵坐标；δ_0 是等式约束条件[式（2.20）]的惩罚函数；δ_j 是不等式约束条件[式（2.17）~（2.19）]的惩罚函数；x_j 是 δ_j 的参数；L_j 和 U_j 分别是 δ_j 的下界和上界；m 是纤维束中纤维数量的最大值。

理论分析和实验数据都验证了这种实验分布模型的有效性，其结果被认为最接近真实值。利用这种估算方法，Grishanov 等[50]把 83 种麻纤维依据细度进行了分类。

2.5.3　纤维横截面模型

影响纤维加工及纺织品性能的第三个重要因素是纤维的截面形状[52-53]。天然纤维与生俱来就有非常丰富的截面形状,如圆形或椭圆形(羊毛、头发)、三角形(天然蚕丝)、狗骨头形(棉)和不规则形或多边形(麻)。人造纤维的截面形状可以人为地控制,如圆形(聚酯纤维、尼龙)、三叶形或多叶形(尼龙)[54]。另外,纺丝过程对纤维截面形状也有很大的影响。这一点上,黏胶和腈纶的表现尤为严重[15]。

纤维截面形状影响纤维表面的反光效果,进而影响成品的颜色。由于相对于任何穿过中心轴都有相同的转动惯量,圆形截面纤维弯曲时具有对称的力学行为。偏圆形截面纤维由于力与轴的不对称性,有时不仅有弯曲变形,而且可能存在扭转变形。当混纺不同截面形状的纤维时,由于不同的力学行为,会导致纤维集合体的均匀度在截面和轴向变得更差[55-56]。因此,利用一个可以考虑纤维外观造型和力学性能的数学模型来描述纤维的横截面显得尤为重要。

Lee[57-59]针对这一问题发表了一系列文章,提出两种描述纤维横截面形状的数学方法。

2.5.3.1　极坐标系下心形截面方程

$$r = a[1 + \lambda \cos(n\theta)] \tag{2.22}$$

式中:a 为尺度参数;λ 为常数;$n \geqslant 0$ 且为整数。

上式可以描述:①当 $a = d_f/2$（d_f 为纤维直径）,$\lambda = 0$ 时,是圆形截面,如羊毛和人造纤维;②设置参数 n 等于多边形的数量,λ 等于一个适当的非常小的值,是多边形截面,如亚麻(图 2.5)和苎麻;③人造心形截面。

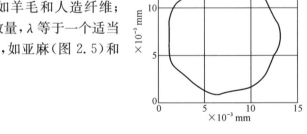

图 2.5　亚麻纤维截面模型

2.5.3.2　一般椭圆截面

$$\left(\frac{x}{a}\right)^p + \left(\frac{y}{b}\right)^q = 1 \tag{2.23}$$

上式可表示为:$x = a(\cos\theta)^{2/p}$;$y = b(\sin\theta)^{2/p}$。其中 a 和 b 为椭圆半轴。此式可以描述圆形、椭圆形和扁豆形纤维截面。

式(2.22)经过余弦傅里叶变换,可变为如下更加一般化的形式:

$$r = a\left[1 + \sum_{i=1}^{m} \lambda_i \cos(n_i\theta)\right] \tag{2.24}$$

式中：a 是形状参数；λ_i 是常数；$n_i \geqslant 0$ 且为整数。

此式可以用于表示不对称和锯齿状的纤维截面。棉纤维、锯齿状和双叶形的纤维可以分别近似表达为：

$$r = 5[1 - 0.3\cos\theta - 0.3\cos(2\theta)] \tag{2.25}$$

$$r = 10[1 + 0.3\cos\theta + 0.08\cos(10\theta) + 0.015\cos(100\theta)] \tag{2.26}$$

$$r = 10[1 - 0.3\cos\theta + 0.3\cos(2\theta)] \tag{2.27}$$

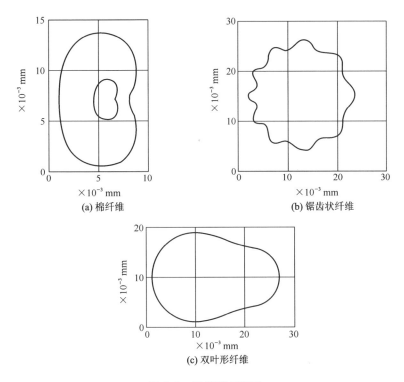

(a) 棉纤维　　(b) 锯齿状纤维

(c) 双叶形纤维

图 2.6　纤维截面模型

2.5.4　纤维空间形状建模

纤维卷曲就是纤维在空间的波浪形状。天然纤维具有天然的随机卷曲形状；而人造纤维起初是直的，然后人为地加入卷曲形状。研究纤维空间卷曲主要是为了揭示纤维的组成结构与纤维内部结构不均匀性，以及力学性能差异的关系[10-12, 60-61]。由于纤维集合体中弯曲纤维的体积远高于直纤维，所以通常认为纤维的卷曲行为对混纺、梳理、牵伸和纺纱过程的影响都很大。如牵伸过程中，直纤维的长度等于牵伸区罗拉间距，那么该纤维属于可控状态纤维；如果相同长度的卷曲纤维处于牵伸区,那么该纤维属于浮动纤维,它会显著增加产品的不均匀度。此外,纤维的卷曲会增加纤维间的抱合力,从而影响纤维集合体的拉伸强度和压缩力学行为[11-12, 31, 62-64]。

许多研究者,如 Brand 和 Scruby[61]、Xu 等[65]和 Muraoka 等[66],使用大量的数学参数描述了纤维在空间及二维平面的复杂的卷曲形状。

纤维的卷曲特征可以分为以下几类[65]:

① 纤维松弛状态下的自然长度 C_{nl} ,如图 2.7 所示。

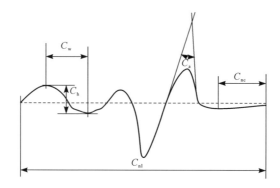

图 2.7　纤维卷曲参数

② 伸直长度 C_{el} 是纤维在一定张力下完全伸直但不产生拉伸应变时的长度。

③ 卷曲率:

$$C_\% = \frac{C_{el} - C_{nl}}{C_{nl}} \times 100 \qquad (2.28)$$

④ 非卷曲长度 C_{nc} 是纤维曲率没有变化的部分长度。

⑤ 单位长度上的卷曲数:

$$C_p = \frac{n}{C_{nl}} \times 10 \qquad (2.29)$$

式中:n 为卷曲数量。

⑥ 间隔频率 C_{sf} 是通过傅里叶变换得到的纤维卷曲的主频率。

⑦ 卷曲高度 C_h 是卷曲波最高点与最低点的垂直距离。

⑧ 卷曲宽度 C_w 是两个波峰或波谷间的水平距离。

⑨ 卷曲角 C_a 是卷曲波两端曲率最大点切线的夹角。

⑩ 卷曲集中度 $C_i = \dfrac{C_{am}}{h_0 + C_{am}}$,其中 $0 \leqslant C_{am} \leqslant (h_0 + C_{am})$,C_{am} 是卷曲幅度,h_0 是外推上升值与 C_{am} 的绝对差值。通常 C_i 的范围在 0 到 1 之间。

⑪ 卷曲的锐度 C_s 是 C_i 和 C_a 的综合：$C_s = \left(1 - \dfrac{C_a}{180}\right) C_i$。和 C_i 一样，C_s 的范围也在 0 到 1 之间。

然而，式(2.28)卷曲率虽然同 Denton 和 Daniels[7] 使用的符号一致，但表达式却不相同：

$$C_\%^{TI} = \frac{C_{el} - C_{nl}}{C_{el}} \times 100 \tag{2.30}$$

很显然，式(2.28)中的纤维卷曲率往往比式(2.30)中的大，即 $C_{nl} \leqslant C_{el}$。

卷曲数和卷曲率是实际中常用的两个参数。使用现代图像采集与处理技术可以得到更多纤维卷曲的细节信息[67-69]。如羊毛的典型的卷曲数为 $2 \sim 13.5$ 个/cm[70]。卷曲纤维的机械特征可以用纤维受力与伸长图表示[63]。由于纤维的空间形状太复杂，以至于很难用一个有效的计算模型把所有的卷曲参数都考虑进去。

纤维的空间随机模型可以用随机法[66, 71]、微观力学法[64] 或两者结合描述。

随机法是假设纤维体由 n 段长度（Δl）相等，三维空间随机取向并收尾，以此相连的直片段组成；其伸直长度 $C_{el} = n\Delta l$，其自然长度 $\overline{C}_{nl} = \Delta l \sqrt{n}$，方法同预测分子构象方法类似，如式(2.1)。

Grishanov 和 Harwood[71] 使用具有主方向的三维随机曲线方法，拟合了从纱芯抽拔出来的纤维空间形态。这些曲线由一系列三维空间的点依次表示大小相等、方向随机向量的起点和终点：

$$\overline{S} = \sum_{r=1}^{n} \overline{s}_r = \sum_{r=1}^{n} (\overline{i} x_r + \overline{j} y_r + \overline{k} z_r) \tag{2.31}$$

式中：n 为向量数量；$\overline{i}$，$\overline{j}$ 和 $\overline{k}$ 是正交坐标系的单位向量；$x_r = \Delta l \sin \varphi_r \cos \theta_r$，$y_r = \Delta l \sin \varphi_r \sin \theta_r$，$z_r = \Delta l \cos \varphi_r$，$\varphi_r = \overline{\varphi} + \sigma_\varphi \xi_r$，$\theta_r = \overline{\theta} + \sigma_\theta \xi_r$（这里：$\overline{\varphi}$ 和 $\overline{\theta}$ 是球面坐标系定义纤维主方向的两个角度；σ_φ 和 σ_θ 分别是 $\overline{\varphi}$ 和 $\overline{\theta}$ 的标准方差；ξ_r 是均值为 0、标准方差为单位值的正态分布）。

选取恰当的 Δl 可以得到精度相对较高的预测值。若得到坐标值 x_r，y_r，z_r，可以用三维三次样条曲线光滑地拟合纤维的空间形态：

$$\begin{aligned} x &= a_3 (t - t_i)^3 + a_2 (t - t_i)^2 + a_1 (t - t_i) + a_0 \\ y &= b_3 (t - t_i)^3 + b_2 (t - t_i)^2 + b_1 (t - t_i) + b_0 \\ z &= c_3 (t - t_i)^3 + c_2 (t - t_i)^2 + c_1 (t - t_i) + c_0 \end{aligned} \tag{2.32}$$

式中：$t \in [t_i, t_{i+1}]$ 是样条曲线参数。

此外，还可利用分形维数方法来分析模拟纤维的卷曲形态[66]。Falconer[72] 利用此方法分析了腈纶和尼龙纤维，其中盒维度数 D_B 为：

$$D_B = \lim_{\delta \to 0} \frac{\log N_\delta}{-\log \delta} \tag{2.33}$$

式中：N_δ 为覆盖图像的正规网格数量；δ 为正方形网格的大小。

修改随机 Koch 曲线，就可以用于模拟卷曲纤维的二维形状[72]。

上面介绍的两种方法都能一定程度地模拟纤维的形态。至于模拟的精确度和估测形态参数，还需要另外的评估方法。

Brand 等[73]、El-Shiekh 等[10]、Batra[11-12]和 Gupta 等[74]利用弹性力学建立了纤维卷曲三维模型，但没有考虑纤维沿长度和横截面上不同性质区域间的变异。Munro 和 Carnaby[31]依据微原纤在偏皮质和正皮质中的几何排列及力学性能，对羊毛纤维建立了微观力学模型。该模型考虑了纤维横截面中正、偏皮质的数量和位置。利用有限元法，依据正、偏皮质的比例和位置，可预测纤维长度方向上应变和曲率的变化。后来，Munro 在该模型的基础上引入纤维试样横截面，利用最小能量法模拟了虚拟纤维的三维形状。

2.5.5　外观轮廓建模

使用统计方法对单纤维或纤维集合体性质建模主要有两个不同的部分。一部分是对性质影响起关键作用的因素建模，如长度、直径、强力或其他已知概率密度分布的因素。如果概率密度分布未知，那么就假设它服从实验测试或其中已知的概率分布。这种情况下，生成参数瞬时值将简化成固定的数值算法，即使用特定的概率分布产生随机数[75-76]。同时应该把不独立且相互关联的参数加以考虑，如纱线强力与断裂伸长率的关系[77]。因此需要建立两个随机变量之间的关系。假如 X_1 和 X_2 是两个互相关联的标准正态分布，均值为"0"，标准方差为"1"，那么它们可以利用关联系数 ρ 变为"$Y_1 = \mu_1 + \sigma_1 x_1$"和"$Y_2 = \mu_2 + \sigma_2(\rho X_1 + \sqrt{1-\rho^2}\, X_2)$"；$Y_1$ 和 Y_2 是均值分别为 μ_1 和 μ_2，标准方差分别为 σ_1 和 σ_2 的相互独立的正态分布。

另一部分是对一系列性质参数的建模，如长度方向上纤维直径和纤维集合体线密度的变化，以及试样应力应变的关系。这些特征关系可以被认为符合随机函数。因此模拟这种情况需要产生一组随机数，用来实现随机函数方程。这种方法往往比上面提到的方法复杂得多，因为它需要具有随机函数相关特性的知识。所需一些列参数 Y_1, Y_2, $\cdots$, Y_n 可以表示为：

$$
\begin{aligned}
Y_1 &= b_1 + a_{11} X_1 \\
Y_2 &= b_2 + a_{21} X_1 + a_{22} X_2 \\
&\cdots \\
Y_n &= b_n + a_{n1} X_1 + a_{n2} X_2 + \cdots + a_{nn} X_n
\end{aligned}
\tag{2.34}
$$

式中：Y_1，Y_2，$\cdots$，Y_n 是正态分布独立参数，Y_i 具有均值 μ_i；Y_s 具有一个给定的协方差矩阵 $\boldsymbol{C}(c_{ij})$。Knuth 认为一个三角矩阵的系数 $A(a_{ij})$ 可通过以下方程得到：

$$\boldsymbol{A}\boldsymbol{A}^{\mathrm{T}} = \boldsymbol{C} \tag{2.35}$$

该方程的解为：

$$
\begin{aligned}
a_{i1} &= \frac{c_{1i}}{a_{11}} \quad (i > 1) \\
a_{ij} &= \frac{c_{ji} - \sum\limits_{k=1}^{j-1} a_{jk} a_{ik}}{a_{jj}} \quad (i > j) \\
a_{ii} &= \sqrt{c_{ii} - \sum\limits_{k=1}^{i-1} a_{ik}} \quad (i = 1,\ 2,\ \cdots,\ n)
\end{aligned}
\tag{2.36}
$$

这些参数间的相关性，目前还没有得到广泛认可，因为它可能会导致看似逼真的轮廓，其实是使用错误的统计属性，正如 Glass[78] 的文章所述。纤维长度方向上直径变化的建模，对预测纤维断裂及纤维集合体的拉伸强度都至关重要。

以上简要介绍了考虑纤维力学性能的几何形状模型，下面将着重介绍纤维力学性能建模：

2.6　单纤维力学性质建模

纤维力学性能主要考察两个方面，一个是预测纤维拉伸强度，另一个是研究纤维未破坏前的非线性力学性能和变形机理。

根据弱节机理[79]，单纤维拉伸强度往往被认为服从 Weibull 分布[80]：

$$f(x,\ \alpha,\ \beta) = \frac{\beta}{\alpha} \left(\frac{x}{\alpha}\right)^{\beta-1} \exp\left[-\left(\frac{x}{\alpha}\right)^{\beta}\right] \tag{2.37}$$

其中：$\alpha > 0$ 是尺度参数；$\beta > 0$ 是形状分布参数。

类似的方法也可以应用于预测纤维集合体的拉伸强度[79, 81-82]。早期的研究者 Truevtsev 等[77] 使用了多种统计分布方法来拟合实验纱线强度和伸长，结果发现正态分布的拟合精度最好。

预测纤维力学性能最简单的方法是假设纤维是线弹性体，即拉伸应力、剪切应力与所施加的应变成正比，与时间无关；一旦外力去除，材料能够完全回复原始形态。

图 2.8 所示为恒定应力 σ_0 在 $t = t_0$ 时刻瞬间施加到一个线弹性体上引起瞬时

常应变 ε_0 ,并持续到 $t = t_1$ 时刻。在这种情况下,纤维通常被认为是均匀的各向同性线弹性细杆,横向形变相对于纵向非常小。但是必须指出这两种形变的尺度是不同的。只有形变和形变率都很小时,才可以使用线弹性模型:

$$\sigma = E\varepsilon \tag{2.38}$$

$$\tau = G\gamma \tag{2.39}$$

式中: $\sigma = \dfrac{F_T}{A}$, $\tau = \dfrac{F_S}{A}$ 分别是正应力和剪应力, F_T 和 F_S 分别是拉伸力和剪切力, A 是应力对应的面积; E , G 分别是拉伸和剪切模量; $\varepsilon = \dfrac{\Delta l}{l}$, $\gamma = \dfrac{\Delta x}{h}$ 分别是拉伸和剪切应变; Δl , Δx 分别是拉伸和剪切形变量; l , x 分别是试样原始尺寸。

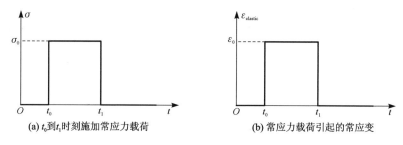

(a) t_0 到 t_1 时刻施加常应力载荷　　　　(b) 常应力载荷引起的常应变

图 2.8　线弹性固体应力应变

发生体积形变时,压力被认为与相对体积变化量成正比:

$$p = K\varepsilon_V \tag{2.40}$$

式中: p 为静水压力; K 为体积模量; $\varepsilon_V = \dfrac{\Delta V}{V}$ 。

纺织纤维受拉伸可使用虎克定律的弹性变形范围仅为 0.03% 。和其他工程材料一样,纺织纤维受到纵向拉伸时,其横向将产生收缩。它们之前的关系可以通过泊松比表示:

$$\nu = -\frac{\varepsilon_y}{\varepsilon_x} \tag{2.41}$$

其中: ε_x 和 ε_y 分别是受力方向和垂直于受力方向的应变(图 2.9)。

上面提到的三个模量存在以下关系:

$$E = \frac{9GK}{G + 3K} \tag{2.42}$$

但是对于理想的纯弹性实体而言,只需四个参数中的两个就能表征弹性体的性能:

$$G = \frac{E}{2(1+\nu)}, \quad K = \frac{E}{3(1-2\nu)} \tag{2.43}$$

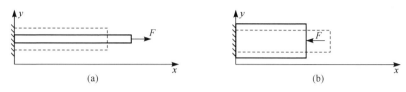

图 2.9 泊松比示意图

对于一般的工程材料(如钢),泊松比的范围通常为正值且为 0.23~0.3。近几年对负泊松比材料的研究也日益增多[83-84]。这些材料具有不同寻常的力学行为,即它们在一个方向上受拉伸时,另一方向上表现为膨胀而非收缩变形。因此,研究这类材料的理论模型,用于预测其结构与性能的关系,是一个相对较新的研究领域。

估计物体的拉伸模量和剪切模量,可以施加一个很小的特定的力测量其位移变化,或施加一个很小的特定的位移测量其反力变化。但这两种方法仅适用于测量物体应变非常小(小于 1%)的情况下的初始模量,并且与时间、应变率和温度无关。

当考虑小的弯曲变形时,通常假定纤维中性轴的曲率 κ 与坐标 y 的二阶导数成正比:

$$\kappa = \frac{\mathrm{d}^2 y/\mathrm{d}x^2}{[1+(\mathrm{d}y/\mathrm{d}x)^2]^{3/2}} \approx \mathrm{d}^2 y/\mathrm{d}x^2 \tag{2.44}$$

这种近似可用悬臂梁变形表达式:

$$\Delta x = \frac{Fl_\mathrm{f}^3}{3EI} \tag{2.45}$$

式中: Δx 为形变位移; F 为施加的弯曲力; l_f 为纤维长度; I 为纤维截面惯性矩。

由于纤维内部结构不均匀,导致截面直径和力学性能沿纤维长度方向并非常数。这使得纤维的截面惯性矩和拉伸模量将很难准确测得。所以,通常所说的弯曲刚度 $B = EI$ 往往是纤维整体的平均性能。

在准静态加载情况下,纤维的弯曲刚度可由式(2.45)在小变形($\Delta x/l_\mathrm{f} < 0.1$)时求得:

$$B = \frac{Fl_\mathrm{f}^3}{3\Delta x} \tag{2.46}$$

　　纺织纤维的特点是它们在受到很小的外力作用时就可以发生很大的形变。因此,当它的变形量相对于纤维长度过大时,就需要把几何非线性考虑进去。如图2.10所示,悬臂梁的表达式变成[85]：

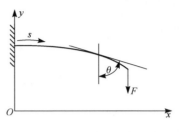

$$l_{\mathrm{f}}^2 \frac{\mathrm{d}^2 \theta}{\mathrm{d}s^2} = -\beta^2 \sin \theta \qquad (2.47)$$

图 2.10　纤维受集中载荷的大变形

式中：θ 为受力方向与纤维轴线切线的夹角；s 为沿纤维弯曲轴测量的弧长；$\beta = \sqrt{Fl_{\mathrm{f}}^2/EI}$，为力的相似系数。

　　式(2.47)的一次积分为：

$$l_{\mathrm{f}} \frac{\mathrm{d}\theta}{\mathrm{d}s} = 2\beta \sqrt{\left(C - \sin^2 \frac{\theta}{2}\right)} \qquad (2.48)$$

式中：C 为初始条件下的常数。

　　设 $k^2 = C$，$\sin \frac{\theta}{2} = k \sin \psi$，式入式(2.48)：

$$l_{\mathrm{f}} \frac{\mathrm{d}\psi}{\mathrm{d}s} = \beta \sqrt{1 - k^2 \sin^2 \psi}$$

　　从起始点 $(s = 0, \psi = \psi_0)$ 到任意点 (s, ψ)，进行第二次积分：

$$\beta \frac{s}{l_{\mathrm{f}}} = \int_{\psi_0}^{\psi} \frac{\mathrm{d}\psi}{\sqrt{1 - k^2 \sin^2 \psi}} \qquad (2.49)$$

　　积分的右边是第一类完全椭圆积分,可以表示为：

$$F(k) = \int_0^{\psi} \frac{\mathrm{d}\psi}{\sqrt{1 - k^2 \sin^2 \psi}}$$

　　纤维端点位移可由下式得到：

$$x_1 = \frac{2l_{\mathrm{f}}k}{\beta} \cos \psi_0 , \quad y_1 = l_{\mathrm{f}} \left\{ 1 - \frac{2}{\beta} \left[E(k) - E(\psi_0) \right] \right\} \qquad (2.50)$$

式中：$E(k) = \int_0^{\psi} \sqrt{1 - k^2 \sin^2 \psi} \, \mathrm{d}\psi$，是第二类完全椭圆积分。

　　椭圆积分值可以从数学手册中找到,如高等教育出版社《数学手册》第 600～606 页[44]。

　　通过比较悬臂纤维挠度的线性解[式(2.45)]与非线性解,可以发现前者明显比后者大。例如悬臂纤维端点偏移 20°,线性挠度为 0.244l_{f},而精确解为 0.23l_{f}

（相差 6%）；若偏移 $60°$，纤维挠度为 $1.135l_f$，而精确解为 $0.634l_f$（相差 79%）。

近年来，单纤维的力学分析已经转向更复杂的模型。例如，开始考虑纤维非圆形截面和非线性应力应变关系等因素。

Lee[57-59, 86-87] 研究了不同截面纤维的扭转和弯曲性能。纤维扭矩 M 和扭转角 θ 的关系为 $M = \theta GD$，G 为剪切模量，扭转刚度 D 作为惯性极矩。其中扭转刚度是最难获得的参数，通常可用以下方法测得：

① 保角映射确定一个通过数值方法把单位圆映射到纤维横截面形状的函数。

② Saint-Vernant 扭转理论应力方程 $\Phi(x, y)$ 为：

$$\frac{\partial^2 \Phi}{\partial x^2} + \frac{\partial^2 \Phi}{\partial y^2} = -2$$

其边界条件满足 $\Phi = 0$；扭转刚度可以通过积分得到：$D = 2\iint \Phi(x, y)\mathrm{d}x\mathrm{d}y$。

对于弯曲问题，先假设材料是非线弹性材料，$\sigma = E\varepsilon^n$。通常，高分子材料的 $n < 1$，弯矩可表示为 $M = E_\kappa \int_A y^{n+1}(x)\mathrm{d}A$。

与纤维非线性大变形一样，Jung 和 Kang 提出非线性应力应变改进关系式：

$$\sigma = \mathrm{sign}(\varepsilon)\left[(|\varepsilon| + \varepsilon_1)^n - \varepsilon_1^n\right]E \tag{2.51}$$

式中：常数 $\varepsilon_1 = \left(\dfrac{n}{2}\right)^{\frac{1}{1-n}}$ 满足 $\left.\dfrac{\mathrm{d}\sigma}{\mathrm{d}\varepsilon}\right|_{\varepsilon=0} = 2E$。

这个关系式中认为纤维的拉伸和压缩模量是相同的，但实际并不一定成立。

纤维受到既有集中又有分布的四种不同的受力情况时，所获得的中性曲线轴差分方程的一般形式为：

$$\frac{\mathrm{d}\kappa}{\mathrm{d}s} = \left(\frac{\mathrm{d}M}{\mathrm{d}s}\right)\bigg/\left[E\int_A nt^2(|\kappa||t| + \varepsilon_1)^{n-1}\mathrm{d}A\right] \tag{2.52}$$

其中：κ 为曲率；s 为曲线坐标；M 为弯矩；t 为离中性轴距离。

四阶 Runge-Kutta 法和椭圆积分法得到的悬臂梁数值解存在较好的一致性，如式（2.47）～（2.50）所示。

动态刚度可以先测量小振幅下的共振激发频率，然后利用下式得到[88]：

$$B = \frac{4\pi^2 \rho A l_f^4 f^2}{m_i^4} \tag{2.53}$$

式中：A 是纤维横截面积；ρ 是纤维密度；l_f 是纤维长度；f 是共振频率；m_i 是依据振动模式变化的常数[$\cos m_i \cosh m_i = -1$。如 $i = 0$，$m_0 = 1.8751$；$i = 1$，$m_1 = 4.6941$；$i = 2$，$m_2 = 7.8548$。通常 $i \geqslant 2$，$m_i = (i + 1/2)\pi$]。

以上方法得到的动态拉伸模量 E_a 高于低速试验的测量值 E_i。这是因为低速变形条件下为等温环境,而动态测试过程为绝热环境[88]。两种情况下的模量关系式为:

$$\frac{1}{E_a} = \frac{1}{E_i} - \frac{a^2 T}{\rho C J} \tag{2.54}$$

式中: a 为线性热膨胀系数; T 为绝对温度; ρ 为密度; C 为比热; J 为等效焦耳热量。

通常,测量单纤维扭转刚度有两种方法。一种是在准静态[89]或常应变率[90]下,扭转纤维一定角度 θ,测量扭矩。扭转刚度公式为:

$$T = \frac{M l_f}{\theta} \tag{2.55}$$

式中: M 是扭矩。

另一种方法是应用振荡摆锤法。把纤维假设为圆形截面的线黏弹性材料,描述在外力作用下连接纤维端部摆锤的旋转运动的方程为:

$$I_p \frac{d^2\theta}{dt^2} + D \frac{d\theta}{dt} + T\theta = M(t) \tag{2.56}$$

式中: I_p 为摆锤的转动惯量; D 为阻尼系数; $T = \dfrac{\pi r^4 G}{2 l_f}$,为纤维扭转刚度; r 为纤维半径; G 为纤维剪切刚度; l_f 为纤维长度; θ 为旋转角; $M(t)$ 为外部力矩; t 为时间。

除以 I_p,引入新的外延:

$$D/I_p = 2\alpha\omega_n \ ; \ T/I_p = \omega_n^2 \ ; \ M(t)/I_p = m(t)$$

式中: $\alpha = \dfrac{D}{2\sqrt{T I_p}}$,为黏滞阻尼比; ω_n 为固有振动频率。

式(2.56)变为:

$$\frac{d^2\theta}{dt^2} + 2\alpha\omega_n \frac{d\theta}{dt} + \omega_n^2\theta = m(t) \tag{2.57}$$

如果阻尼系数小且没有外部力矩,式(2.57)描述的是简谐运动。初始条件为 $\theta|_{t=0} = \theta_0$,$\left.\dfrac{d\theta}{dt}\right|_{t=0} = 0$ 时,其解为 $\theta = \theta_0 \sin(\omega_n t + \delta)$,其中 δ 是相位角(此时为 $\pi/2$),因此 $\theta = \theta_0 \cos(\omega_n t)$。

固有振动频率为:

$$\omega_n = \sqrt{\frac{\pi r^4 G}{2 l_f I_p}} \tag{2.58}$$

重新整理这个关系式,利用摆动的振荡频率和惯性力矩,可以得到已知尺寸纤维的剪切模量。注意,前提是基于纤维的惯性力矩小到可以忽略的。

如果纤维阻尼不是足够小到可以忽略,而是呈现一定的黏度,那么在没有外力的情况下,将会有一个衰减的振荡:

$$\theta = \theta_0 e^{-\alpha \omega_n t} \sin(\omega_n t + \delta) \tag{2.59}$$

两个连续振幅的比值产生对数衰减率:

$$\lambda = \ln \frac{\theta_i}{\theta_{i+1}} = \ln[e^{-\alpha\omega_n(t_i - t_{i+1})}] = \ln\left(\exp \frac{2\alpha\pi}{\omega_n \sqrt{1-\alpha^2}}\right) = \frac{2\alpha\pi}{\omega_n \sqrt{1-\alpha^2}} \tag{2.60}$$

该方法被广泛用于测试天然纤维和合成纤维的剪切模量[88, 91-95]。

2.7 纤维黏弹性

纺织纤维往往并非是完全线性弹性体,而是同时具有黏性流体和弹性固体的性质。例如,一个常应力 σ_0 在 $t = t_0$ 时刻瞬间施加在线性黏弹性纤维上,那么纤维产生一个瞬间弹性应变 ε_0 响应,随后应变缓慢增大到 ε_∞。这部分应变是延迟弹性应变和黏性应变的总和。在这种情况下,纤维被认为是黏性流体。这种由载荷引起的分子重排效应被称为蠕变。一旦去除加载,纤维将缓慢回复到原长,这是典型的弹性体行为。但是受拉伸作用载荷时,还需考虑应变率的影响,因为同样的纤维在高应变率作用下会和金属一样发生断裂。

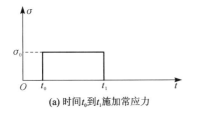
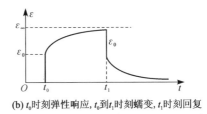

(a) 时间 t_0 到 t_1 施加常应力   (b) t_0 时刻弹性响应,t_0 到 t_1 时刻蠕变,t_1 时刻回复

图 2.11　线性黏弹性固体的蠕变和松弛行为

纤维黏弹性建模方法有两种:线性和非线性法。牛顿定律定义线性黏度与液体中的剪切应力和速度梯度成正比:

$$\tau = \eta \frac{\partial V}{\partial y} \tag{2.61}$$

式中:η 为黏度;V 为速度;y 为速度梯度方向。

应用到线性黏弹性固体,先假设应力与应变、应变率都有关系,以一个简单的

黏弹性行为模型表示:

$$\tau = G\gamma + \eta \frac{\partial \gamma}{\partial t} \tag{2.62}$$

这个公式描述的其实是下文"2.7.1"要讨论的 Kelvin‐Voigt 黏弹性行为。后面章节中给出的模型都仅限于一维尺度上各向同性的均质黏弹性材料。

2.7.1　蠕变和松弛模型

线性黏弹性建模通常由服从线性弹性变形的 Hook 弹簧和应力随应变率等比例变化的牛顿流体黏壶两个部分组成。由一个弹簧和一个黏壶串联组成 Maxwell 模型,如图 2.12 所示。在这个模型中,每个部分的应力与整体相等,而应变却是两个部分之和:

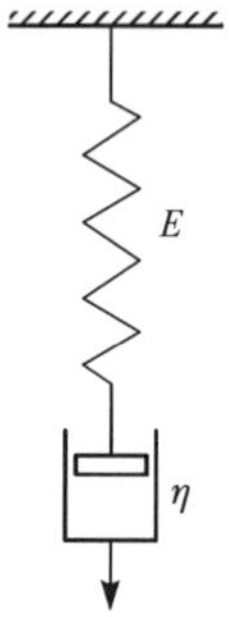

$$\left.\begin{array}{l} \sigma_1 = E\varepsilon_1 \\[4pt] \sigma_2 = \eta \dfrac{\mathrm{d}\varepsilon_2}{\mathrm{d}t} \\[4pt] \sigma_1 = \sigma_2 = \sigma \\[4pt] \varepsilon = \varepsilon_1 + \varepsilon_2 \end{array}\right\} \tag{2.63}$$

图 2.12　两单元
Maxwell 模型

联立式(2.63)得:

$$\frac{\mathrm{d}\varepsilon}{\mathrm{d}t} = \frac{1}{E}\frac{\mathrm{d}\sigma}{\mathrm{d}t} + \frac{\sigma}{\eta} \tag{2.64}$$

Maxwell 模型可以恰当地解释应力松弛现象,即当 $\mathrm{d}\varepsilon/\mathrm{d}t = 0$ 时,代入式(2.64)得:

$$\frac{\mathrm{d}\sigma}{\sigma} = -\frac{E}{\eta}\mathrm{d}t$$

初始条件为 $t = 0$, $\sigma = \sigma_0$ 时,对上式积分得:

$$\sigma = \sigma_0 \mathrm{e}^{-\frac{t}{\tau_{\mathrm{rel}}}} \tag{2.65}$$

式中: $\tau_{\mathrm{rel}} = \eta/E$,是松弛时间,指对数刻度下应力松弛曲线上斜率最大的点的时间;这个点的应力为 $\sigma = \sigma_0 \mathrm{e}^{-1}$。

可以看出 Maxwell 模型不适用于描述蠕变现象。这是因为在常应力 $\mathrm{d}\sigma/\mathrm{d}t = 0$ 时,对应的是牛顿的黏性定律[式(2.61)]。

Voigt 模型是由一个弹簧和一个黏壶并联组成的,如图 2.13所示。模型的总应力是两个部分之和 $\sigma = \sigma_1 + \sigma_2$,而总应变和每个部分的应变相等 $\varepsilon = \varepsilon_1 = \varepsilon_2$,所以:

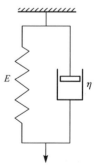

图 2.13　两单元
Voigt 模型

$$\sigma = E\varepsilon + \eta \frac{\mathrm{d}\varepsilon}{\mathrm{d}t} \tag{2.66}$$

对式(2.66)积分并整理,得蠕变公式:

$$\varepsilon = J\sigma(1 - \mathrm{e}^{-\frac{t}{\tau_{\mathrm{ret}}}}) \tag{2.67}$$

式中:$J = 1/E$,是弹簧柔度;$\tau_{\mathrm{ret}} = \eta/E$,是延迟时间,指加载后应变达到平衡值 $(1-1/\mathrm{e})$ 时的时间。

Voigt 模型不适用于描述受常应变的应力松弛现象,因为 $\mathrm{d}\varepsilon/\mathrm{d}t = 0$ 时,$\sigma = E\varepsilon$ 服从 Hook 弹性定律。

如图 2.14(a)和(b)所示,Maxwell 模型并联一根弹簧或 Voigt 模型串联一根弹簧,都将分别变为一个更实用的模型。

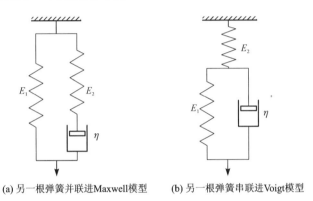

(a) 另一根弹簧并联进Maxwell模型　　(b) 另一根弹簧串联进Voigt模型

图 2.14　三单元标准线性固体模型

同样应用上面两种情况分析应力应变的方法,可以得到如下方程[96]:

$$\sigma + \frac{\eta}{E_2} \frac{\mathrm{d}\sigma}{\mathrm{d}t} = E_1\varepsilon + (E_1 + E_2)\frac{\eta}{E_2} \frac{\mathrm{d}\varepsilon}{\mathrm{d}t} \tag{2.68}$$

这个模型通常被称为 Zener 模型或标准线性弹性固体模型。它有两个时间常数,可以描述两种形变现象:一个是蠕变 $\tau_{\mathrm{ret}} = \eta\left(\dfrac{1}{E_1} + \dfrac{1}{E_2}\right)$;另一个是应力松弛 $\tau_{\mathrm{rel}} = \dfrac{\eta}{E_2}$。其中:$E_1$,$E_2$ 分别是与 Maxwell 模型并联弹簧和与黏壶串联弹簧的模量。利用这个模型得到的蠕变解[97]:

$$\varepsilon = \frac{\sigma}{E_1}\left[1 - \frac{E_2}{E_1 + E_2} \mathrm{e}^{-\frac{E_1 E_2 t}{\eta(E_1 + E_2)}}\right] \tag{2.69}$$

对时间微分并取对数,得到对数蠕变速率与时间的线性关系:

$$\ln \frac{\mathrm{d}\varepsilon}{\mathrm{d}t} = \ln \frac{\sigma E_2^2}{\eta \left(E_1 + E_2\right)^2} - \frac{E_1 E_2}{\eta \left(E_1 + E_2\right)} t \tag{2.70}$$

对于许多聚合物而言,即使在非常小的应变下,线性关系也很难成立,而常常表现为非线性黏弹性质。

2.7.2　无限单元模型

现实中,聚合物纤维的黏弹性质远比上述模型描述复杂得多;因此后来的学者又提出许多改进的模型,一般称这类模型为梯形网络模型。例如用于描述应力松弛现象而平行排列许多个 Maxwell 模型,如图 2.15 所示;用于描述蠕变现象而串联许多个 Voigt 模型,如图 2.16 所示。这些模型都要考虑松弛和推迟时间谱概念。

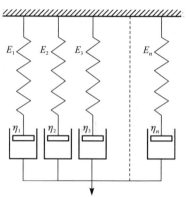

图 2.15　平行排列 Maxwell 模型

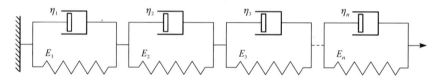

图 2.16　串联 Voigt 模型

对于单个 Maxwell 模型,ε 等于常数时,应力为 $\sigma(t) = \varepsilon E \mathrm{e}^{-\frac{t}{\tau_{\mathrm{rel}}}}$ 。若 n 个这样的模型并联,则:

$$\sigma(t) = \varepsilon \sum_{i=1}^{n} E_i \mathrm{e}^{-\frac{t}{\tau_i}}$$

式中:E_i 和 τ_i 分别为第 i 个单元的模量和松弛时间。

如果有无限多个单元,则为:

$$\sigma(t) = E_r \varepsilon + \varepsilon \int_0^\infty F(\tau) \mathrm{e}^{-\frac{t}{\tau}} \mathrm{d}\tau$$

除以 ε,可得到应力松弛模量:

$$E(t) = E_r + \int_0^\infty H(\tau) \mathrm{e}^{-\frac{t}{\tau}} \mathrm{d}\tau \tag{2.71}$$

式中:E_r 是对应于无限松弛时间,即 $\tau = \infty$ 时的常数模量;$H(\tau)$ 是连续松弛时间函数。

无限多个 Voigt 模型串联与以上方法相似。蠕变的柔度公式为:

$$J(t) = J_0 + \int_0^\infty L(\tau)(1 - e^{-\frac{t}{\tau}})d\tau \tag{2.72}$$

式中：J_0 是 $\tau = 0$ 时的瞬时柔度矩阵；$L(\tau)$ 是连续衰退时间函数。

在 Tobolsky[98] 和 Ferry[99] 的专著中可以找到各种黏弹性常数计算方法与函数之间的关系。

虽然这两个模型的单元数量是无限多个，但它们仅是一组离散的数据，所以这两个模型都可以用来描述在有限的时间范围内连续的松弛或蠕变现象。对于在整个时间范围内可以描述连续衰退的模型，它必须具有连续分布的无限个数量单元[100]。这就需要既有并联又有串联单元的梯度网络模型，例如 Blizard[101]、Gross[100] 和 Marin[102] 的模型。

2.7.3 非线性模型

玻尔兹曼的线性黏弹性理论对黏弹性行为做了重要假设，即玻尔兹曼叠加原理：
① 蠕变是试样整个过去加载历史的函数；
② 各加载步骤产生的变形相互间独立，对最终变形的贡献也是独立的。

例如，如果一个试样受到多个加载试验（图 2.17），每次在 t_1, t_2, $\cdots$, t_n 时刻施加应力 $\Delta\sigma_1$, $\Delta\sigma_2$, $\cdots$, $\Delta\sigma_n$，那么在 t 时刻的总蠕变为：

$$\varepsilon(t) = \sum_{i=1}^n \Delta\sigma_i J(t - t_i) \tag{2.73}$$

式中：$J(t - t_i) = 1/E(t - t_i)$，为蠕变柔度方程。

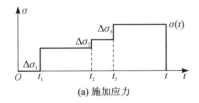
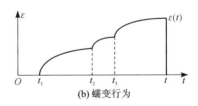

(a) 施加应力   (b) 蠕变行为

图 2.17 线性黏弹性固体受多步加载的蠕变行为

式(2.73)可以写成更一般的连续应力历史形式：

$$\varepsilon(t) = \frac{\sigma}{E} + \int_{-\infty}^t J(t - \tilde{t})\frac{d\sigma(\tilde{t})}{d\tilde{t}}d\tilde{t} \tag{2.74}$$

式中：σ 为试验最终总应力；E 为未松弛模量；$\tilde{t}$ 为应力历史当时的时间；t 为当前时间。

类似地，每次在 t_1, t_2, $\cdots$, t_n 时刻施加应变 $\Delta\varepsilon_1$, $\Delta\varepsilon_2$, $\cdots$, $\Delta\varepsilon_n$，那么在 t 时刻的总应力为：

$$\sigma(t) = \sum_{i=1}^{n} \Delta \varepsilon_i E(t - t_i) \tag{2.75}$$

式中：$E(t - t_i)$ 是应力松弛模量，积分形式为：

$$\sigma(t) = E_\infty \varepsilon + \int_{-\infty}^{t} E(t - \tilde{t}) \frac{\mathrm{d}\varepsilon(\tilde{t})}{\mathrm{d}\tilde{t}} \mathrm{d}\tilde{t} \tag{2.76}$$

式中：E_∞ 是平衡状态下的松弛模量。

然而，大量实验研究表明，纤维即使在发生很小的应力应变情况下，线性黏弹性理论的简单假设也很难成立。同时聚合物纤维的试验应力-应变曲线具有一个类似于低碳钢（软钢）的屈服区，即应力不变、应变增加的区域。这将导致纤维在除去外力后很难再回复到原始形态。总应变被认为是弹性应变和塑性应变的总和：$\varepsilon_\Sigma = \varepsilon_e + \varepsilon_p$。

通过引入一个任意经验应力函数 $f(\sigma)$，对玻尔兹曼假设进行修正：

$$\varepsilon(t) = \frac{\sigma}{E} + \int_{-\infty}^{t} \frac{\mathrm{d}f(\sigma)}{\mathrm{d}\tilde{t}} J(t - \tilde{t}) \mathrm{d}\tilde{t} \tag{2.77}$$

但是此方法仅适用于简单的蠕变和应力松弛。

对高聚物非线性黏弹性质建模的方法是假设黏壶中的流体是非牛顿流体[103]：

$$\frac{\mathrm{d}\varepsilon}{\mathrm{d}t} = k\sinh(\alpha\sigma) \tag{2.78}$$

式中：k 和 α 是常数。

另一种是 Gupta 和 Kothari[104] 假设黏壶中的流体符合幂指数法则：

$$\frac{\mathrm{d}\varepsilon}{\mathrm{d}t} = A\sigma^n \tag{2.79}$$

这两种方法得到的结果与试验结果的相符度都较好。

此外，Pao 和 Marin 假设总应变由独立的三个部分组成[105-106]：

$$\varepsilon_\Sigma = \varepsilon_e + \varepsilon_{ve} + \varepsilon_p = \frac{\sigma}{E} + a\sigma^n(1 - \mathrm{e}^{-bt}) + c\sigma^n t \tag{2.80}$$

式中：ε_e，ε_{ve} 和 ε_p 分别是弹性、黏弹性和塑性应变；a，b，c 和 n 是材料性质常数。

Ariyama 认为黏弹性-塑性行为的三元素模型是由标准的线性固体（见本章"2.7.1"）派生出来的，如图 2.14(b) 所示。弹簧 E_1 单元被塑性硬化函数 $f(\varepsilon_p)$ 单元取代，ε_p 是塑性应变。这个模型假设应变率与流动应力在塑性区域根据黏度效应互相影响。本构方程可以表示为：

$$\frac{\mathrm{d}\varepsilon}{\mathrm{d}t} = \frac{1}{E_2}\frac{\mathrm{d}\sigma}{\mathrm{d}t} + \frac{\sigma - f(\varepsilon_p)}{\eta} \tag{2.81}$$

式中：ε_Σ 为总应变；E_2 为拉伸模量；σ 为拉伸应力；η 为黏度系数。

利用这个模型研究聚丙烯试样的非线性黏弹性-塑性行为，得到的结果与实验值具有很好的一致性。

比 Pao 和 Marin 的黏弹性-塑性模型[105-106]更先进的是 Cui 和 Wang 的四元素模型[107]，即瞬时的弹性和塑性应变，以及黏弹性应变和黏塑性应变如下：

$$\varepsilon(t) = \varepsilon_e + \varepsilon_p + \varepsilon_{ve} + \varepsilon_{vp} \tag{2.82}$$

该模型是基于热动力学原理推导出来的 Schapery 非线性本构关系[108]。材料的参数可以通过织物测试实验确定，但仍然需要额外的验证试验。

2.7.4 温度依赖性

上面介绍了聚合物纤维与时间和应变率相关的黏弹性力学模型。然而，试验研究表明在相同的时间范围和相同的变形速率，但不同的温度环境下，试样的松弛模量也存在明显的差异。这种差异程度取决于聚合物中无定形区与结晶区部分的比例，因为温度对聚合物无定形区的分子及其片段旋转和平移运动产生影响。当温度低于玻璃化转变温度时，分子片段在固定位置的周围振动；此时，聚合物坚硬，并具有很高的拉伸弹性模量。当温度增加到玻璃化转变温度区，分子的振动幅度也随之增加；此时热能变得足以引起分子片段转动和转移，这将导致材料模量骤减。当温度高于玻璃化转变温度时，分子链的运动仍然受局部相互作用的限制；此时聚合物呈橡胶状，弹性模量几乎不变。

当温度持续升高时，依据聚合物是否产生交联，会有不同的效应。若是线性聚合物，其大分子链将可以自由移动；此时聚合物开始呈黏性流体状，其模量骤减。若是交联聚合物，其分子的交联状态还限制着分子的相对移动，模量保持不变。结晶聚合物和无定形聚合物有相似的模量转变过程，但前者的玻璃化转变效应却微乎其微。结晶聚合物的模量降解主要发生在温度达到熔点时。当温度超过熔点后，其力学行为就和无定形聚合物相似。

许多研究时间和温度效应的试验表明在相同时间内、不同温度下［图 2.18(a)］，模量降解曲线可以从沿水平对数时间轴移动单个曲线组合得到［图 2.18(b)］。这等效于在每个温度下将所述的时间尺度除以一个常数因子。另外，温度对试样横截面和体积密度的影响也应该列入考虑范围，因为它们会造成纤维中心曲线发生垂直移动。因此，在参考温度 T_0 下，纤维在任意时刻 t 的模量，都可以利用不同温度 T 下的模量得到：

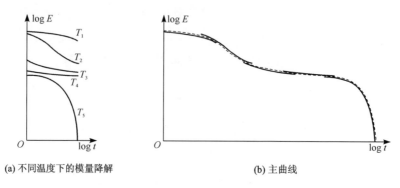

(a) 不同温度下的模量降解　　　　　　　　　　(b) 主曲线

图 2.18　纤维集合体模量与温度的关系

$$E(T_0, t) = \frac{\rho(T_0)T_0}{\rho(T)T}E(T, t/a_T) \qquad (2.83)$$

式中：E 是降解模量；ρ 是聚合物密度；a_T 是温度转变系数。

　　由此得到涵盖时间范围更长的模量-时间曲线被称为主曲线，相应的计算程序被称为消减时间程序。可以用等温曲线预测转变温度行为的聚合物被称为热流变性简单材料。

　　Williams，Landel 和 Ferry 建立了著名的 WLF 方程，能够相对精确地预测所有无定形聚合物的时温效应[109]：

$$\log a_T = \frac{C_1(T - T_0)}{C_2 + T - T_0} \qquad (2.84)$$

式中：C_1 和 C_2 是常数，如果 $T_0 = T_g$，那么对于大多数材料，$C_1 = 17.4$，$C_2 = 51.6$[99]。

　　以上介绍的时温等效效应适用于无定形单相聚合物，更多例子见参考文献[98-99，110]。

2.8　纤维摩擦性能

　　摩擦是纤维的一项基本性能。摩擦力可以把单独的纤维聚集成整体，对几乎所有的纤维制品（如纱线、绳索、机织、针织和无纺织物）的强度都有很重要的影响。同时它也是纤维加工过程中需要重点考虑的基本参数之一。一方面，它可以提供无捻产品（如棉条、毛条和梳理纤网）纤维间的抱合力；纤维和空气之间的摩擦可以在空气管道内用来输送开清和气动引纬过程中的纤维束。另一方面：

- 摩擦使得在纤维加工初期纤维很难开松，杂质很难清理；
- 由于羊毛定向摩擦效应，不可控短纤维会导致羊毛毡化；

● 摩擦可能会导致机织、针织和缝纫过程中纱线张力过大；

● 纱线在高速通过导轨时，由于摩擦会产生过多的热量；

● 摩擦通过限制弯曲回复变形会影响纤维压缩和织物起绉行为[111]，甚至影响单层和多层防弹衣的保护性能[112-113]。

纤维间之所以会有表面摩擦力[114-115]，是因为纤维表面并非完全光滑，而是含有一些随机分布的凹凸表面。通常认为以下三种情况会产生摩擦力：

① 两个凹凸的表面互相接触，由正压力形成离散的接触面积，这与材料的力学性能，如黏弹性、塑性和各向异性有关；

② 当表面有相对运动时，接触点会发生剪切变形或接触对分离；

③ 对于不同硬度的表面，通常硬表面上的凸起会在软表面上犁出一个沟槽。

表征摩擦性质最简单的方法是计算摩擦系数，它在静态和动态条件下都能测到。两个干燥平整的固体表面互相接触的静摩擦系数可以定义为：

$$\mu_s = F/N \tag{2.85}$$

式中：F 为表面产生相对运动的切向力；N 是正压力。

根据 Amonton-Coulomb 法则，摩擦系数与接触面积和正压力大小无关。动态摩擦系数 μ_k 通常比静摩擦系数 μ_s 低。但是对于纤维材料来说，摩擦系数会随着相对速度的提高，先降低、后升高。

对于圆柱形纤维表面摩擦，其绞盘方程为：

$$T_1 = T_0 e^{\mu \varphi} \tag{2.86}$$

式中：T_0 是输入拉力；T_1 是输出拉力；φ 是接触角。

这个方程假设摩擦效应与曲率半径无关。

但是实际纤维并非服从以上简单的规律。纤维和聚合物的摩擦系数随着载荷的减小而增加，摩擦力随着表面粗糙度增大、接触面积增大而增大。纤维摩擦力与正压力的近似关系为：

$$F = aN^n \tag{2.87}$$

式中：a 和 n 是常数，且 n 通常在 2/3 到 1 之间。

在这种情况下描述纤维在圆柱表面上拉伸的方程，将不同于式(2.86)[116]：

$$T_1^{1-n} = T_0^{1-n} + a\varphi(1-n)r^{1-n} \tag{2.88}$$

式中：r 是圆柱半径。

对于两根圆柱形纤维，以一定角度交叉而具有一定的接触区域，那么摩擦力可表示为：

$$F = kN^{2/(2+x)} D^{2x/(2+x)} \tag{2.89}$$

其中：D 是圆柱形直径；x 是试验测得的常数。

在前文"2.5.3"已经介绍过纤维间复杂的接触形状可能会有不同类型的接触区域。研究这些接触区域，可以用 Hertz 接触体理论区别分析[117]。

不同种类的纤维具有不同的摩擦性质。如棉纤维的动摩擦系数随着相对速度的增加而增加；聚四氟乙烯纤维因大分子间相互作用力弱，强力和屈服极限相对较高，导致它的摩擦系数在大部分情况下都相对较低[114]。羊毛表面鳞片的方向性决定了羊毛摩擦效应的高度方向性。例如两根羊毛鳞片排列方向相反的摩擦力远远高于排列方向相同时。Adams 等[118]研究分析了羊毛的摩擦效应，得出两根羊毛间的摩擦力公式：

$$F = \pi\tau_0 \sqrt[3]{\left[\frac{3}{4}\frac{R_1 R_2}{R_1 + R_2}\left(\frac{1-\nu_1^2}{E_1} + \frac{1-\nu_2^2}{E_2}\right)N\right]^2} + \alpha N \tag{2.90}$$

式中：τ_0 和 α 分别为材料表面流变性能参数；R 为纤维半径；E 和 ν 分别为纤维杨氏模量和泊松比；下标 1 和 2 表示纤维标号；N 为正压力。

这个方程也可以改写成像式(2.87)那样的幂方程式：

$$\left.\begin{array}{l} F_w = a_w N^{n_w} \\ F_a = a_a N^{n_a} \end{array}\right\} \tag{2.91}$$

式中：下标 w 和 a 分别表示顺鳞片和逆鳞片摩擦。

两个摩擦方向的参数 a 和 n 都可以从试验中得到。

虽然许多研究表明式(2.85)和式(2.86)只适用于描述简单的摩擦效应，但直到现在，许多学者仍然应用它们对纤维集合体摩擦性质进行建模。

2.9　纤维集合体模型

对纤维集合体结构与性能的理论和实验研究已经成为纺织科学研究的重要内容之一。多年来，越来越多的科研工作者投入到纤维集合体，理论、实验和技术发展的领域，发表了数以万计的研究性论文和著作。

研究纤维集合体结构与性能的重要性是显而易见的。因为在当今社会，纤维制品大量广泛地应用于生活的方方面面，而决定纤维制品使用性能的因素就是纤维的结构和物理性能。其中对纤维集合体性能特点建模的困难之一就是双重尺度建模，即纤维集合体是由一组离散的纤维设计出的连续产品。

纤维集合体依据纤维的排列方式可以分为以下四类：

① 无捻纤维集合体，如条子、粗梳网、非织造布和纤维毡；

② 加捻纤维集合体，如粗纱、纱、线和绳；

③ 半规则结构,如针刺和缝合无纺布;

④ 规则结构,如针织和机织织物。

早期的纺织科学家已经研究发现,即使纤维全部平行排列,形成的纤维束性能均与全部单根纤维性能的总和相差甚远[79];因此对纤维集合体性能建模的基本方法是定义包含集合体所有最基本结构特征的最小代表性单元,通过此代表性单元的性能,推导整个纤维集合体的物理性能。

起初,Peirce[119-120]首先使用纱线片段高度简化的几何与力学性能,把代表性单元方法应用于规则结构,然后逐渐应用于大部分纤维集合体结构[121-128]和纱线[128-137]的研究中。Hearle[138-139]和Postle[18]在其论著中也分别详细介绍了单胞法成功应用于纺织品建模的例子。

利用纤维集合体代表性单元的基本特征,如纤维细度、横截面形状、长度、方向、三维形状、堆积密度和相互位置,就可以推导纤维集合体内接触点的数量和纤维集合体结构与性能之间的关系。本章"2.4"～"2.8"介绍了单根纤维的几何形状、结构和力学性能,现在开始探究纤维集合体的结构与性能。

2.9.1 线性纤维集合体的不均匀性

纤维集合体的结构不均匀性通常是由其组成纤维的几何形状和性能,以及纤维排列的相对位置不均匀引起的:

$$\sigma_{\mathrm{T}} = \sqrt{\sigma_{\mathrm{p}}^2 + \sigma_{\mathrm{s}}^2 + 2\rho_{\mathrm{ps}}\sigma_{\mathrm{p}}\sigma_{\mathrm{s}}} \tag{2.92}$$

式中:σ_{T},σ_{p},σ_{s}分别是总标准方差、性能标准方差和结构标准方差;ρ_{ps}是性质与结构变异的相关系数。

这两个影响不匀性的因素往往不是相互独立的。例如在纺纱过程中,短纤维有成团的倾向。相关系数ρ_{ps}的精确值也尚未确定。

对线性纤维集合体常用的建模方法,是Martindale[140]根据纤维沿纺织品轴向随机排列从而得到一个给定纤维服从Poisson分布穿过特定截面的概率提出的。他假设每个横截面上的纤维数量的标准方差σ_n、变异系数V_n可以从下式中得到:

$$\sigma_n = \sqrt{n} ; V_n = \frac{100}{\sqrt{n}} \tag{2.93}$$

式中:n是横截面纤维数量。

然后,纱线横截面积的方差σ_{a}、变异系数V_{a}可以从下式中得到:

$$\sigma_{\mathrm{a}}^2 = \sigma_n^2 \overline{A}^2 + n\sigma_{\mathrm{A}}^2 = n\overline{A}^2(1 + 0.000\,1\,V_{\mathrm{A}}^2) ; V_{\mathrm{a}} = \frac{100\sqrt{1 + 0.000\,1\,V_{\mathrm{A}}^2}}{\sqrt{n}}$$

$$\tag{2.94}$$

其中：$\overline{A}$ 是纤维平均截面积；V_A 是纤维横截面变异系数。

假设羊毛的 $V_A = 2V_D$，其中 V_D 是纤维直径变异系数。随机排列纤维的纱线可能得到的最小变异系数为：

$$V_a = \frac{100\sqrt{1 + 0.000\ 4\ V_D^2}}{\sqrt{n}} \tag{2.95}$$

纤维集合体横截面中纤维的数量 $m(x)$ 与纤维集合体单位长度中纤维端部的数量 $n(x)$ 的关系，对预测线性纺织品的不匀性非常重要。假如纤维集合体由等长 l 的纤维组成，那么集合体横截面的纤维数量为：

$$m(x) = \int_{x-1}^{x} n(x)\mathrm{d}x \tag{2.96}$$

但是，如果纤维长度的分布密度为 $f(x)$，那么集合体横截面的纤维数量为：

$$m(x) = \int_{l_0}^{l_1} f(l)\mathrm{d}l \int_{x-1}^{x} n(x)\mathrm{d}x \tag{2.97}$$

式中：l_0 和 l_1 分别是最小和最大的纤维长度。

纤维集合体不匀性与纤维长度及纤维端部分布密度的关系，可以用 Laplace 转换表达[141]。

设 $N(p) = L\{n(x)\}$，$M(p) = L\{m(x)\}$ 分别是 $n(x)$ 和 $m(x)$ 的 Laplace 转换，然后：

$$L\left\{\int_0^x n(x)\mathrm{d}x\right\} = \frac{N(p)}{p}\ ;\ L\left\{\int_0^{x-l} n(x)\mathrm{d}x\right\} = \frac{N(p)\mathrm{e}^{-pl}}{p}$$

分别代入：

$$V(p,\ l) = L\left\{\int_{x-l}^{l} n(x)\mathrm{d}x\right\} = \frac{N(p)}{p}(1 - \mathrm{e}^{-pl})$$

代入式（2.97）得：

$$M(p) = \frac{N(p)}{p}\int_{l_0}^{l_1} f(l)(1 - \mathrm{e}^{-pl})\mathrm{d}l \tag{2.98}$$

可以得到纱线横截面中的纤维数量与纤维端部密度（单位面积中纤维头端数量）的转换函数：

$$W(p) = \frac{M(p)}{N(p)} = \frac{1 - F(p)}{p} \tag{2.99}$$

式中：$F(p)$ 是 $f(l)$ 的 Laplace 转换。

例如，等长纤维 $l = l_0$ 组成的集合体，转换函数为 $W(p) = (1 - \mathrm{e}^{-pl_c})/p$。如

果纤维长度是正常分布的,那么转换函数为:

$$W(p) = \frac{T_1 p - C_1}{T_2 p^2 - T_3 p + C_2} \tag{2.100}$$

式中:$T_1 = \frac{1}{2\sigma_l^2 \sqrt{2\pi}}$,$T_2 = \frac{\sigma_l^2}{4}$,$T_3 = \frac{\bar{l}}{2}$,$C_1 = \frac{\bar{l}}{2\sigma_l / \sqrt{2\pi}}$,$C_2 = C_1/\sigma_l$,都是常数;$\bar{l}$ 和 σ_l 分别是平均纤维长度和纤维长度的标准方差。

采用相似的方法,可以推导出纤维长度其他分布的转换函数。

通过转换函数也可以得到频谱密度 $S_m(\omega)$、方差 D_m 和横截面中纤维数量的变异系数 CV_m:

$$\left. \begin{aligned} S_m(\omega) &= S_n(\omega) |W(i\omega)|^2 \\ D_m &= \int_0^\infty S_m(\omega) \mathrm{d}\omega \\ CV_m &= \frac{\sqrt{D_m}}{\bar{m}} \times 100\% \end{aligned} \right\} \tag{2.101}$$

式中:$S_m(\omega) = \frac{2}{\pi} \int_0^\infty R_m(\tau) \cos(\omega\tau) \mathrm{d}\tau$,$S_n(\omega) = \frac{2}{\pi} \int_0^\infty R_n(\tau) \cos(\omega\tau) \mathrm{d}\tau$,是频谱密度;$R_m$ 和 R_n 分别是横截面中纤维数量和纤维端部密度的相关函数。

例如,如果纤维端部数量是一个均值为 $\bar{m}$ 的随机过程,那么频谱密度则是一个常数 $S_n(\omega) = \bar{m}/\pi l_c$,方程为:

$$D_m = \frac{\bar{m}}{\pi l_c} \int_0^\infty l_c^2 \frac{\sin^2(\omega l_c/2)}{(\omega l_c/2)^2} \mathrm{d}\omega = \bar{m} \tag{2.102}$$

这是一个期望值。

在大部分实际情况中,正常纤维的长度分布,以及随着幅值 a 和频率 ω_n 变化的纤维端部密度假设服从:

$$n(x) = \bar{n}[1 + a\cos(\omega_n x)] \tag{2.103}$$

式中:$\bar{n}$ 是横截面中纤维平均数量。

这种情况下的相关函数为:

$$R_n(\tau) = \frac{\bar{n}^2 a^2}{2} \cos(\omega_n \tau)$$

代入纤维端部频谱密度,积分后得:

$$S_n(\omega) = \frac{\bar{n}}{2} a^2 \delta(\omega - \bar{\omega}_n)$$

式中:$\delta(\omega - \bar{\omega}_n)$ 是 δ 函数。

横截面中纤维数量的频谱密度为:

$$S_m(\omega) = S_n(\omega) |W(i\omega)|^2$$

$$= \frac{\bar{n}a^2}{2} \frac{\omega^2 T_1^2 + C_1^2}{\omega^4 T_2^2 - 2\omega^2 (C_2 T_2 - T_3^2) + C_2^2} \delta(\omega - \bar{\omega}_n) \tag{2.104}$$

代入式(2.101),积分得方差为:

$$D_m = \frac{\bar{n}a^2}{2} \frac{\omega_n^2 T_1^2 + C_1^2}{\omega_n^4 T_2^2 - 2\omega_n^2 (C_2 T_2 - T_3^2) + C_2^2} \tag{2.105}$$

利用这种方法,可以通过纤维的长度分布和纤维头端密度分布,预测线性纺织品的不均匀性。

2.9.2　混纺纤维性能

纺织工业生产中常常会混纺两种或多种性能不同的纤维,从而得到性能优良的混纺纱。例如棉与涤纶、羊毛与腈纶、麻与棉等混纺。混纺纱中,每种纤维混合与分布的均匀度对最终纺织品的性能都有很重要的影响。选取的混纺纤维合适,那么会极大地提升成品的使用性能;反之则会造成加工困难,甚至成品质量下降。

下面讨论 k 种纤维混纺的性能。设每个组分特征的一组属性 $X\{x_1, x_2, \cdots, x_n\}$,它们的分布为 $F\{f_1(x_1), f_2(x_2), \cdots, f_n(x_n)\}$,均值为 $\overline{X}\{\bar{x}_1, \bar{x}_2, \cdots, \bar{x}_n\}$,标准方差为 $S\{\sigma_1, \sigma_2, \cdots, \sigma_n\}$,均已知;$\alpha_1, \alpha_2, \cdots, \alpha_k$ 和 $\beta_1, \beta_2, \cdots, \beta_k$ 分别为各组分纤维的数量和质量百分比;混纺纱的各性质 $\overline{X}_b\{\bar{x}_{1b}, \bar{x}_{2b}, \cdots, \bar{x}_{nb}\}$ 和标准方差 $S_b\{\sigma_{1b}, \sigma_{2b}, \cdots, \sigma_{nb}\}$ 与组成纤维的比例和性质有关。

百分比 α_1 和 β_1 的关系如下:

$$\alpha_i = \frac{\dfrac{\beta_i}{\bar{l}_i \, \overline{T}_i}}{\displaystyle\sum_{j=1}^{k} \frac{\beta_j}{\bar{l}_j \, \overline{T}_j}} \tag{2.106}$$

$$\beta_i = \frac{\alpha_i \bar{l}_i \, \overline{T}_i}{\displaystyle\sum_{j=1}^{k} \alpha_j \bar{l}_j \, \overline{T}_j} \tag{2.107}$$

式中: $\bar{l}$ 和 $\overline{T}_j$ 分别是纤维平均长度和平均线密度。

计算混纺纱各性质的平均值 $\bar{x}_{ib}$ 和标准方差 σ_{ib} 为:

$$\bar{x}_{ib} = \sum_{j=1}^{k} \alpha_j \bar{x}_{ij} \tag{2.108}$$

$$\sigma_{ib} = \sqrt{\sum_{j=1}^{k} \alpha_j \left[\sigma_{ij}^2 + (\bar{x}_{ij} - \bar{x}_i)^2 \right]} \tag{2.109}$$

推导式(2.108)和式(2.109)的方法,也可用于估算混纺纱的强度和刚度[136-137, 142];但在设计或预测混纺纱的性能时,必须考虑这种方法的局限性。

Pan 等[136]、Ratnam[142] 及其他早期的学者研究发现,用两种纤维组分混纺得到的纱线强度不一定比用最弱纤维纺出的纱线强度高。Ratnam 在研究棉与黏胶纤维混纺时推导了一个简单的公式,用来预测混纺纱的强度:

$$s_b = \left[1 - 0.7x(1-x) \right] \left[s_c(1-x) + s_v x \right] \tag{2.110}$$

式中:s_b,s_c 和 s_v 分别是混纺纱、棉纤维、黏胶纤维的强度;x 是黏胶纤维的混纺比。

通过分析这个式子可以发现,如果混纺纱中各纤维的强度相同,那么当 $x = 0.5$ 时,混纺纱达到最小强度 $s_b = 0.825 s_c = 0.825 s_v$;如果棉纤维比黏胶纤维的强度高,$x = 0.5$ 时,混纺纱强度 $s_b = 1.4 s_v$;如果黏胶纤维混纺比 $x = 0.72$ 时,混纺纱强度 $s_b = 0.955 s_v$。Pan 推导了一个混纺纱中高强度纤维的最低混纺极限比例 β_{crit}:

$$\beta_{crit} = \frac{\dfrac{s_2}{s_1} - \dfrac{E_2}{E_1}}{1 - \dfrac{E_2}{E_1}} \tag{2.111}$$

式中:s 和 E 分别是纤维强度和拉伸弹性模量;下标 1 和 2 分别代表弱纤维和强纤维。

Pan 和 Postle[137] 假设可以忽略短纤纱的主要结构特征,如纤维迁移、混纺组分不均匀分布、不同类型纤维间的相互作用、捻度对强度及强度分布的影响,来分析双组分未加捻和加捻的混纺纤维束的强度;且纤维强度服从 Weibull 分布,如式(2.37)所示。

需要指出的是,由于拉伸过程中不同性质的纤维相互作用,使用上述混合规则与混合效应理论得到的强度结果必定存在差异。利用 Pan 和 Postle 的方法计算混纺纱强度的平均值和方差[137]:

$$\bar{\sigma}_y = \eta_q \left(V_1 + V_2 \frac{E_{f2}}{E_{f1}} \right) (l_{c1} \alpha_1 \beta_1)^{-1/\beta_1} e^{-1/\beta_1} \tag{2.112}$$

$$\Theta_y^2 = \frac{\eta_q^2}{a_1 N} \left(V_1 + V_2 \frac{E_{f2}}{E_{f1}} \right)^2 (l_{c1} \alpha_1 \beta_1)^{-2/\beta_1} e^{-1/\beta_1} (1 - e^{-1/\beta_1}) \tag{2.113}$$

式中:η_q 是纤维取向效率因子;V_1 和 V_2 分别是纤维类型 1 和 2 的体积分数;a_1 是

纤维类型 1 的混纺比例；N 是混纺的纤维总数；E_{f1} 和 E_{f2} 是纤维拉伸模量；l_{c1} 是纤维类型 1 的临界长度；α_1 和 β_1 是纤维类型 1 的 Weibull 分布的尺度与形状参数，见式(2.37)。

Pan 和 Postle 同时也证实在一定捻度范围内，加捻纱的强度通常比相同条件下的无捻纱的强度高。

2.9.3　纤维集合体结构的力学性能

在纤维集合体性能的建模方法中，不可能不考虑纤维的排列方式；因此，研究纤维集合体的力学性能，如压缩、拉伸、弯曲、屈曲和扭曲，必须考虑组分纤维的排列方式或把它看作为一个组装体。

第一个研究纤维集合体压缩行为的模型是 van Wyk[121] 提出的。他推导了单位质量随机装配的集合体中，圆柱状直纤维间接触点的数量：

$$\bar{n} = \frac{8m}{\pi \rho^2 D^3 V} \tag{2.114}$$

和相邻接触点间的平均距离：

$$\bar{l} = \frac{2V}{\pi DL} \tag{2.115}$$

式中：m 和 V 是集合体的质量和体积；m/V 被定义为集合体纤维封装密度；ρ 是纤维密度；D 是纤维直径；L 是体积为 V 的集合体中纤维的总长度。

然而这些结论只能用于圆形截面纤维随机取向的纤维集合体的建模。

如果考虑纤维片段在中点受力情况下可发生纤维端部弯折，纤维片段发生弯曲小变形，那么纤维集合体的体积 V 与所受压力间的关系为：

$$p = \frac{KEm^3}{\rho^3} \left(\frac{1}{V^3} - \frac{1}{V_0^3} \right) \tag{2.116}$$

式中：K 是常数；V_0 是 $p = 0$ 时的初始体积。

但是，需要说明的是，此关系是从非常低和非常高的压力实验得到的观察值推导出来的。

由于纤维集合体微观结构特征对纺织品力学性能分析的重要性，基于 Wyk 进行了开创性的研究工作，它引起了学者们越来越多的研究兴趣。

Komori 和 Makishima [122] 在三维空间中应用纤维取向指定的密度函数 $\Omega(\theta, \varphi) \sin \theta$，可以得到纤维单位长度上接触点数的一般形式：

$$\bar{n} = \frac{2DL}{V} I \tag{2.117}$$

$$I = \int_0^\pi d\theta \int_0^\pi d\varphi \int_0^\pi d\theta' \int_0^\pi d\varphi' \sqrt{1 - (\cos\theta\cos\theta' + \sin\theta\sin\theta')^2} \times$$
$$\Omega(\theta, \varphi)\Omega(\theta', \varphi')\sin\theta\sin\theta'$$

式中：θ 和 θ' 是极坐标角度；φ 和 φ' 是两接触纤维的方位角。

此方法被应用于对结果影响不大的卷曲纤维、长度任意分布的纤维和横截面呈任意形状的纤维；但是最后一种情况没有考虑纤维多叶形横截面引起多点接触的可能性。后来，Komori 和 Makishima[122] 对此方法做了改进，并应用于纤维集合体微观力学分析。

Carnaby 和 Pan[143] 基于 van Wyk[121] 和 Komori[122] 假设的几何模型，考虑纤维的滑移和大变形，从而第一次在理论上预测了纤维集合体压缩回复滞后性；但由于假设不够合理，得到的纤维集合体泊松比超过 0.5，而且在压缩过程中纤维质量会增加。因此该模型还有待完善。

随后 Lee 等[144] 重新测量了纤维体单胞的几何形状和力学性能，认为在纤维片段端部与接触点随机分布作用力间存在多个随机分布的加载点，并且加载点数量服从均值为 $\bar{k} = 3$ 的二项分布 $\varphi(k) = k2^{-k-1}$。这个研究最大的成果，是认为以前的文献中由简单弯曲单元的集合形成的纤维集合体基本单胞，不能用于表征随机取向纤维集合体。但他在分析纤维间摩擦时只使用了一个简单的关系[式(2.85)]，并没有考虑不同的摩擦效应。

Komori 和 Itoh[125-126] 利用能量法，在不考虑边界效应的情况下，分析了纤维集合体的微观力学性能。该方法假设纤维的质量和单胞变形量与整个集合体成正比，形变量用真实或对数应变表示 $d\varepsilon = dL/L_0$ 或 $\varepsilon = \ln(L/L_0)$。这将纤维取向密度 $\Omega(\theta, \varphi)$ 与应变建立了关系。结果显示泊松比和压缩应力应变曲线与弯曲长度的计算方法有关，也就是说，纤维弯曲单元长度与其取向有关。

Lee 和 Carnaby[145] 介绍了一种新的基于微观力学研究压缩无规则纤维集合体的能量方法；但是这种方法也做了许多简化假设，有些假设甚至是不切实际的。其中一个假设是认为集合体是独立纤维片段的集合；另一个假设是认为在接触点处纤维曲率是不连续的，因此纤维片段可以自由转动。这个模型重要的部分是：①纤维取向密度函数被简化成 $\sin\theta$；②引入纤维片段长度的密度函数；③区别分析纤维片段的弯曲、伸直和滑移。

Pan[128] 在研究 Komori 和 Makishima[122] 的模型后，指出该模型过高地预测了接触点数量，在未知集合体总体积的情况下，又过低地预测了单胞的体积。同时，他还认为纤维接触概率并非常数，而是与先前形成的接触数量有关，这就意味着形成新接触对的概率会下降。Komori 和 Makishima 模型给出的纤维接触概率：

$$p = \frac{2Dl_f^2 \sin\chi}{V} \tag{2.118}$$

将被替换为：

$$p_{i+1} = \frac{2Dl_f^2 \sin \chi_i}{V}\left(1 - \frac{D}{l_f}\sum_{j=1}^{i}\frac{1}{\sin \chi_j}\right) \tag{2.119}$$

式中：p_{i+1} 是出现新纤维接触点 $i+1$ 的概率；χ_i 是两纤维在接触点 i 处的夹角。

利用此公式，纤维单位长度上的接触点数量约为：

$$\bar{n}_l = \frac{8sV_fI}{l_f(\pi + 4V_f\Psi)} \tag{2.120}$$

式中：$s = l_f/D$，是纤维长宽比；V_f 是纤维体积分数；

$\Psi = \int_0^\pi \mathrm{d}\theta\int_0^\pi \mathrm{d}\varphi J(\theta, \varphi)K(\theta, \varphi)\Omega(\theta, \varphi)\sin\theta$，$K(\theta, \varphi)$ 是 $1/\sin \chi_i$ 的平均值值，$J(\theta, \varphi)$ 是 $\sin \chi_i$ 的平均值。

这些理论结果也可用于二维、三维纤维随机分布集合体和加捻纤维集合体。

后来 Komori 和 Itoh[127] 又完善了这一理论，修改了式(2.120)的相关问题，提出了两个新概念：禁止长度和禁止体积，用来说明接触的纤维占据了有限的体积，防止同一根纤维上或在此体积内形成其他的接触。基于第三根纤维已经垂直于另外两根基础的假设，平均总禁止长度 $\lambda^*(o)$ 和平均总禁止体积 $V^*(o_A)$ 的关系如下：

$$\lambda^*(o) = 2ND\int\frac{p(o, o')}{|\sin\chi(o, o')|}\Omega(o')\mathrm{d}\omega' \tag{2.121}$$

$$V^*(o_A) = \frac{1}{2}N^2\int\nu^*(o_A, o)\Omega(o)\times\left[\int p(o, o')\Omega(o, o')\mathrm{d}\omega'\right]\mathrm{d}\omega \tag{2.122}$$

式中：N 是接触单元数量；D 是纤维直径；$p(o, o')$ 是两根在 o 和 o' 方向上取向纤维接触的概率；$\mathrm{d}\omega$ 和 $\mathrm{d}\omega'$ 分别是在 o 和 o' 方向上无穷小的立体角；$\nu^*(o_A, o)$ 是两根接触纤维的相关静止体积；下标 A 代表第三根接触纤维。

这些新概念后来被用于二维和三维各向同性纤维集合体纤维间接触理论研究。

此外，Komori 和 Itoh[127] 指出这一纤维接触理论关系适用于一定体积内纤维随机分布而不是规则取向的纤维集合体。由于试验相对复杂，对这一纤维接触理论的试验验证到目前还没有被报道。

对于纱线压缩模型，Grishanov 等[146] 在可分开的纱线横截面上引入虚拟位置的概念。利用该方法可对压缩和未压缩纱线中的纤维分布建模。随后 Harwood 提出另一个的纱线压缩模型[参见：Harwood R J, Grishanov S A, Lomov S V, Cassidy T. Modelling of two-component yarns. Part I：The compressibility of yarns. The Journal of the Textile Institute，1997，88(4)：373-384]。它去掉了 van Wyk[121]关于纤维随机取向和无限变形的假设。纱线单位长度上施加的力 Q 与相对压缩量 η 的关系如下：

$$Q(\eta_1) = k \int_1^{\eta_1} \frac{\mathrm{d}x}{x\,(x - \eta_{1\min})^3} = a[G(\eta_1, \eta_{1\min}) - G(1, \eta_{1\min})] \quad (2.123)$$

式中：k 和 a 是常数；$\eta_1 = d_1/d_0$，是压缩时纱线最小相对直径，此时纤维堆积密度最大；d_0 和 d_1 分别是纱线原始直径和压缩后的直径。

$$G(\eta_1, \eta_{1\min}) = \frac{2\eta_1 - 3\eta_{1\min}}{2\eta_{1\min}^2\,(\eta_1 - \eta_{1\min})^2} + \ln\left|\frac{\eta_1 - \eta_{1\min}}{\eta_1}\right|$$

由这个方法得到的数据与纱线压缩试验的拟合度高于 van Wyk 的理论。

同样地，短纤纱中纤维的迁移[71]、纤维集合体三维建模[147]和纱线结构建模[148]都应用了虚拟位置的概念。

Beil 和 Roberts[149-150]利用单纤维性质对纤维集合体结构进行建模，并预测了该集合体的压缩行为。他们假设随机取向的纤维具有圆形截面，在空间呈螺旋形状且不可伸长；外部施加压力和因弯曲扭转引起的内力造成纤维的运动。纤维运动导致纤维的取向、纤维间接触点的数量，以及动静态摩擦系数发生变化。该模型的矢量方程包括线性动量守恒：

$$\frac{\partial \vec{F}}{\partial s} + \vec{f} + m\vec{g} = m\frac{\partial^2 \vec{x}}{\partial t^2} \quad (2.124)$$

角动量守恒：

$$\frac{\partial \vec{M}}{\partial s} + \vec{t} \times \vec{F} + \vec{m} = 0 \quad (2.125)$$

动量和曲率的线性关系：

$$\vec{M} = G\vec{p} + G'\vec{q} + H\vec{t} \quad (2.126)$$

不可伸长状态：

$$\frac{\partial x}{\partial s} = \vec{t} \quad (2.127)$$

式中：$\vec{F}$ 和 $\vec{M}$ 分别是纤维内力和内力矩；$\vec{f}$ 和 $\vec{m}$ 分别是单位纤维长度上施加的力与力矩；m 是单位纤维长度上的质量；$\vec{g}$ 是重力加速度；s 是沿纤维中心线测量的曲线坐标；t 是时间；$\vec{x}$ 是纤维上一点的坐标；G，G' 和 H 分别是弯曲、扭转力矩沿正交坐标系的分量；$\vec{p}$，$\vec{q}$ 和 $\vec{t}$ 分别是局部正交的单位向量。

例如，纤维集合体试样初始纤维体积含量分别为 0.4% 和 0.8%，长度约为

2 mm,分别含有 35 根和 50 根纤维。利用上述方程得到的数值解,就纤维接触点的数量,大体上与线性 van Wyk[121]吻合得较好。虽然它高估了集合体的刚度,但刚度随着纤维数量的增加而减小的趋势与理论分析相一致。由于对压缩滞后性进行建模时考虑了纤维摩擦效应,所以此过程中能量损耗虽显著但并非马上减少。这与 Dunlop[151]的试验结果相一致。正如预期,集合体中纤维卷曲度高的地方能量吸收也相应增加;但压缩对纤维取向的影响却没有预期的那么明显。

　　Munro 等[152]利用有限元法,先对平行纤维建立 2D 单胞模型,然后又扩展到 3D 建模中[153]。此单胞法中纤维被认为是带有一定卷曲的线弹性圆柱体。2D 正方形单胞具有 12 个自由度:①不影响能量变化的刚体具有 3 个平动和 3 个转动自由度;②与能量变化有关的 3 个拉伸、3 个弯曲和两个压缩自由度;③1 个剪切自由度。类似地,3D 立方体单胞有 48 个自由度,除了上述表示相同变形的自由度外,还有 8 个表示纤维互相干扰和 8 个表示扭转的自由度。该模型可分别用于对纱线拉伸、压缩、弯曲和加捻建模,结果与理论分析解的吻合较好,形态与真实纱线变形比较相似。该方法的优点是通过单独修改模型参数,可以把非线性材料属性、复杂的单纤维形状和纤维间接触都考虑进去。

2.10　结　　论

　　理论和实验方法研究单纤维和纤维集合体结构与性能的关系,需要深厚的力学、数学知识和多样的数值分析方法。然而,现在的研究趋势是精、专而不广,也就是针对某一问题研究得越来越精确、细致,但往往缺少横向思维而不能综合考虑整个涉及的物质特性和加工过程。

　　总的来说,科研工作者对纤维集合体建模的共识就是纤维集合体的性质在很大程度上依赖于它的结构。任何纤维制品的结构都是一个或一组把纤维加工成连续体的过程。然而很少有人从织造参数和组分纤维性质出发对集合体进行建模和预测性质的尝试,在非织造领域尤其少。大多数情况下,纤维集合体结构模型都不是通用的,而往往是基于一些特定结构的实验数据。这将导致从基本工艺参数得到的平均结构特征回归方程,即使对类似的产品(仅纱线类型不同),都不具有适用性。

　　到目前为止,仍然没有一个模型能够把纤维直径、长度和强度等与通过不同工艺参数得到的纱线结构建立起联系,然后用于解释这种结构纱线的各种变形模式。因此,在这种情况下更应该谈论的是过程-结构-性能的关系,而不是结构-性能的关系。

　　也许有观点认为在细观尺度范围内建立数学和计算模型是多余的,因为纺织品(如纱线)大部分必要的力学信息都可以从简单的试验方法得到。但是,如果缺乏对过程-结构-性能的关系这一主要关系的认识,将会阻碍纤维加工技术向更先进的方向发展。因为几乎不可能每次为了设计一种性能优化的纤维集合体,就要把所有的工程方法做一遍。

当然,纤维集合体建模目前也有一些仍待解决的问题。具体地讲,一个问题是对混纺纤维集合体建模困难。这个问题源于近年对可持续纤维资源开发的趋势,如利用亚麻或其他韧皮纤维代替部分棉花,或与羊毛、合成纤维混纺。机械性能和几何形态不同的亚麻与毛或棉混纺,麻纤维在纱线结构中优先向外迁移[55]。这将在纱芯与纱线表面产生不同的纤维间凝聚力和摩擦效应。因此对这种纱线建模并预测其性质的难度剧增。

另一个问题是纤维集合体一般的结构-性能间的关系。纤维和集合体的物理和几何特征可以由参数的数值描述,所以,参数间至少在原则上存在一定的函数关系。事实上,纺织建模几乎所有的研究都是为了建立所谓的性能-性能的关系。

从严格的数学关系上讲,存在两个变量间的函数关系,就意味着如果知道其中一个变量,通过已知的函数关系就可以得到另一变量对应的值。从这个角度来看,现有对结构-性能关系的研究,还远没有达到利用一个函数就可以把结构与性能的关系表达清楚的状态。因为到目前为止,利用现有的数值参数还远不能把纤维集合体的结构特征完全概括。这就意味着只有足够多的参数关系式,才能把结构与性能的关系描述清楚。

对常规纺织结构建模的新方法研究,科学家们一直在探索[154-158]。这些方法都是应用拓扑理论,把拓扑学中的扭结与连接作为纺织结构的最小重复单元或单胞。类似的方法也可以应用于一般形状的纤维集合体。

在本章编写过程中,主要参考资料有文献[159-160]。关于更多内容,请阅读以下文献:

① Grishanov S. Fundamental modelling of textile fibrous structures. In: Chen X (Ed.), Modelling and predicting textile behaviour. Cambridge, England, Woodhead Publishing Limited, 2010: 41-111.

② Morton W E, Hearle J W S. Physical properties of textile fibres (fourth edition). Cambridge, England, Woodhead Publishing Limited, 2008: 559-624.

参 考 文 献

[1] Leaf G A V. Practical statistics for the textile industry: Part 1. The Textile Institute, 10 Blackfriars Street, Manchester, M3 5DR, UK, 1984.

[2] Leaf G A V. Practical statistics for the textile industry: Part 2. The Textile Institute, 10 Blackfriars Street, Manchester, M3 5DR, UK, 1987.

[3] Montgomery D C. Design and analysis of experiments. Wiley, New York, 1991.

[4] Barella A, Vigo J P, Tura J M, et al. An application of mini-computers to the optimization of the open-end-spinning process. Part I: Consideration of the case of two variables. The Journal of the Textile Institute, 1976, 67(7/8): 253-260.

[5] Barella A, Vigo J P, Tura J M, et al. An application of mini-computers to the optimization of the open-end-spinning process. Part II: Consideration of the case of three variables. The Journal of the Textile Institute, 1976, 67(10): 325-333.

[6] Hearle J W S, Konopasek M, Newton A. On some general features of a computer-based system for calculation of the mechanics of textile structures. Textile Research Journal, 1972, 42(10): 613-626.

[7] Denton M J, Daniels P N. Textile terms and definitions. Textile Institute, Manchester, United Kingdom, 2002.

[8] Burdett G, Bard D. An inventory of fibres to classify their potential hazard and risk, research report 503, health and safety laboratory. Harpur Hill, Buxton, Derbyshire, SK17 9JN, Proceedings of the Health and Safety Executive, 2006.

[9] Zhang L, Hsieh Y L. Ultra-fine cellulose acetate/poly(ethylene oxide) bicomponent fibres. Carbohydrate Polymer, 2008, 71(2): 196-207.

[10] El-Shiekh A, Bogdan J F, Gupta R K. The mechanics of bicomponent fibers. Part I: Theoretical analysis. Textile Research Journal, 1971, 41(4): 281-297.

[11] Batra S K. A generalized model for crimp analysis of multi-component fibers. Part I: Theoretical development. Textile Research Journal, 1974, 44(5): 377-385.

[12] Batra S K. A generalized model for crimp analysis of multi-component fibers. Part II: An illustrative example. Textile Research Journal, 1974, 74(4): 343-350.

[13] Bogdanovich A, Pastore C M. Mechanics of textile and laminated composites: with applications to structural analysis. Springer, 1996.

[14] Ye L, Mai Y W, Su Z. Composite technologies for 2020. Proceedings of the Fourth Asian-Australasian Conference on Composite Materials ACCM 4. Cambridge, Woodhead Publishing, 2004.

[15] Hearle J W S, Peters R H. Fibre structure. The Textile Institute, Manchester, 1963.

[16] Mark H F, Atlas S M, Cernia E. Man-made fibres: science and technology. Interscience Publishers, New York, 1967.

[17] Hearle J W S. Polymers and their properties. Volume 1: Fundamentals of structure and mechanics. Elis Horwood, Chichester, 1982.

[18] Postle R, Carnaby G A, De J S. The mechanics of wool structures. Ellis Horwood, Chichester, 1988.

[19] Hearle J W S. High-performance fibres. Woodhead, Cambridge, UK, 2001.

[20] Feughelman M. Mechanical properties and structure of alpha-keratin fibres. New South Wales University Press, Kensington, NSW, 1996.

[21] Simpson S W, Crawshaw G H. Wool: science and technology. Woodhead Publishing,

Cambridge，2002.

[22] Wallenberger F T，Weston N E. Natural fibres，plastics and composites. Kluwer Academic Publishers，Boston，2004.

[23] Ott E，Spurlin H M，Grafflin M W. Cellulose and cellulose derivatives，Part I，Part II (1955)，Part III (1955). Interscience，New York，1954.

[24] Kolpak F J，Blackwell J. Determination of the structure of cellulose. Macromolecules，1976，9(2)：273-278.

[25] Atalla R H，Vanderhart D L. Native cellulose：a composite of two distinct crystalline forms. Science，1984，223(4633)：283-285.

[26] Hearle J W S. A fringed fibril theory of structure in crystalline polymers. Journal of Polymer Science，1958，28(117)：432-435.

[27] Eichhorn S J，Sirichaisit J，Young R J. Deformation mechanisms in cellulose fibres，paper and wood. Journal of Materials Science，2001，36(13)：3129-3135.

[28] Eichhorn S J，Young R J，Yeh W Y. Deformation processes in regenerated cellulose fibers. Textile Research Journal，2001，71(2)：121-129.

[29] Eichhorn S J，Davies G R. Modelling the crystalline deformation of native and regenerated cellulose. Cellulose，2006，13(3)：291-307.

[30] Abhishek S，Samir O M，Annadurai V，et al. Role of micro-crystalline parameters in the physical properties of cotton fibers. European Polymer Journal，2005，41(12)：2916-2922.

[31] Munro W A，Carnaby G A. Wool-fibre crimp. Part I：the effects of microfibrillar geometry. The Journal of the Textile Institute，1999，90(2)：123-136.

[32] Bahi A，Jones J T，Carr C M，et al. Surface characterization of chemically modified wool. Textile Research Journal，2007，77(12)：937-945.

[33] Mccrum N G，Buckley C P，Bucknall C B. Principles of polymer engineering. Oxford University Press，Oxford：2001.

[34] Hinchliff E A. Modelling molecular structures. John Wiley，Chichester，1996.

[35] Leach A R. Molecular modelling：principles and applications. Longman，London，1996.

[36] Atkins P W. Molecular quantum mechanics. Oxford：Oxford University Press，1997.

[37] Schneider T，Retting D，Mussig J. Single fibre based determination of short fibre content. Beltwide Cotton Conferences - Cotton Quality Measurements. San Diego，CA；National Cotton Council of America，TN，USA. 1994：1511-1513.

[38] Schenek A，Knittl S，Quad M，et al. Short fibre content determination by means of AFIS. International Committee on Cotton Testing Methods-Meeting of the ITMF Working Group on Fibre Length. Bremen，Germany；International Textile Manufacturers Federation，Zurich，Switzerland. 1998：161-166.

[39] Krifa M. Fiber length distribution in cotton processing：dominant features and interaction effects. Textile Research Journal，2006，76(5)：426-435.

[40]　Krifa M. Fiber length distribution in cotton processing: a finite mixture distribution model. Textile Research Journal, 2008, 78(8): 688-698.

[41]　Grishanov S A. Final report, EPSRC grants GR/S77325/01 and GR/S77318/01, Leicester, De Montfort University, 2008.

[42]　Harwood R J, Truevtsev N N, Turgumbaev J. Improving the performance of flax blended yarns produced on cotton and wool spinning systems. Final Report on Joint Research Project, NATO Science for Peace Programme grant SfP973658, 2004.

[43]　Choi K F, Kim K L. Fiber segment length distribution on the yarn surface in relation to yarn abrasion resistance. Textile Research Journal, 2004, 74(7): 603-606.

[44]　《数学手册》编写组. 数学手册. 北京：高等教育出版社，1979:600-606.

[45]　Barella A. Yarn hairiness: the influence of twist. Journal of the Textile Institute Proceedings, 1957, 48(4): 268-280.

[46]　Wang L, Wang X. Diameter and strength distributions of merino wool in early stage processing. Textile Research Journal, 1998, 68(2): 87-93.

[47]　Barella A. Measuring fibre diameter distribution in nonwovens. Letter to the editor. Textile Research Journal, 2000, 70(3): 277.

[48]　Linhart H, Westhuyzen A W G D. The diameter distribution of raw wool. Journal of the Textile Institute Transactions, 1963, 54(3): T123-T127.

[49]　Lunney H W, Brown G H. Reference standard wool for measurement of fibre diameter distribution. Textile Research Journal, 1985, 55(11): 671-676.

[50]　Grishanov S A, Harwood R J, Booth I. A method of estimating the single flax fibre fineness using data from the LaserScan system. Industrial Crops and Products, 2006, 23 (3): 273-287.

[51]　Himmelblau D M. Applied nonlinear programming. McGraw-Hill, London, 1972.

[52]　Nikoli M, Bukoek V. Influence of opening force during OE spinning on fiber geometry. Textile Research Journal, 1995, 65(11): 652-659.

[53]　Roberts W W. Industrial fiber processing and machine design: mathematical modeling, computer simulation, and virtual prototyping. Textile Research Journal, 1996, 66(4): 195-200.

[54]　Cook J G. Handbook of textile fibres: man-made fibres. Elsevier, 1984.

[55]　Truevtsev N N, Legesina G I, Grishanov S A, et al. The structural features of short-stapled flax blended yarns. Text. Ind. , 1995, 6: 21-22.

[56]　Su C I, Fang J X. Optimum drafting conditions of non-circular polyester and cotton blend yarns. Textile Research Journal, 2006, 76(6): 441-447.

[57]　Lee K. Torsional and bending analysis of fibres with a generalized cardioid-shaped cross section. Textile Research Journal, 2003, 73(12): 1085-1090.

[58]　Lee K. Torsional analysis of fibers with a generalized elliptical cross-section. Textile Research Journal, 2005, 75(5): 377-380.

[59] Lee K. Torsion of fibers of an N-sided regular polygonal cross-section. Textile Research Journal, 2007, 77(2): 111-115.

[60] Chapman B M. A mechanical model for wool and other keratin fibres. Textile Research Journal, 1969, 39(12): 1102-1109.

[61] Brand R H, Scruby R E. Three-dimensional geometry of crimp. Textile Research Journal, 1973, 43(9): 544-55.

[62] Horio M, Kondo T. Crimping of wool fibers. Textile Research Journal, 1953, 23(6): 373-386.

[63] Bauer-Kurz I, Oxenham W, Shiffler D A. The mechanism of crimp removal in synthetic staple fibers. Part I: crimp geometry and the load-extension curve. Textile Research Journal, 2004, 74(4): 343-350.

[64] Munro W A. Wool-fibre crimp. Part II: Fibre-space curves. The Journal of the Textile Institute, 2001, 92(3): 213-221.

[65] Xu B, Pourdeyhimi B, Sobus J. Characterizing fibre crimp by image analysis: definitions, algorithms, and techniques. Textile Research Journal, 1992, 62(2): 73-80.

[66] Muraoka Y, Inoue K, Tagaya H, et al. Fibre crimp analysis by fractal dimension. Textile Research Journal, 1995, 65(8): 454-460.

[67] Sawyer L C, Chex J C. Fibre crimp characterization by image analysis. Textile Research Journal, 1978, 48(4): 244-246.

[68] Xu B, Ting Y L. Fibre-image analysis. Part I: Fibre-image enhancement. The Journal of the Textile Institute, 1996, 87(2): 274-283.

[69] Koehl L, Zeng X, Ghenaim A, et al. Extracting geometrical features from a continuous-filament yarn by image-processing techniques. The Journal of the Textile Institute, 1998, 89(1): 106-116.

[70] Cook J R, Fleischfresser B E. Crimping of wool fibres. Textile Research Journal, 1990, 60(2): 77-85.

[71] Grishanov S A, Harwood R J. The development of 3D models for yarn CAD system. Proceedings of World Congress: Textiles in the Millennium, University of Huddersfield, UK, 1999.

[72] Falconer K. Fractal Geometry. Mathematical foundations and applications. John Wiley & Sons, Chichester, 1990.

[73] Brand R H, Backer S. Mechanical principles of natural crimp of fibres. Textile Research Journal, 1962, 32(1): 39-49.

[74] Gupta B S, George W. A theory of self-crimping bicomponent filaments. Textile Research Journal, 1975, 45(4): 338-349.

[75] Knuth D E. The art of computer programming. Pearson Education, 2005.

[76] Press W H, Teukolsky S A, Vetterling W T, et al. Numerical recipes in C++. The Art of Scientific Computing. Cambridge University Press, Cambridge, 2002.

[77] Truevtsev N N, Grishanov S A, Harwood R J. The development of criteria for the prediction of yarn behaviour under tension. The Journal of the Textile Institute, 1997, 88 (4): 400-414.

[78] Glass M. A technique for generating random fibre diameter profiles using a constrained random walk. Textile Research Journal, 2000, 70(8): 744-748.

[79] Peirce F T. Tensile tests for cotton yarns -"the weakest link" theorems on the strength of long and of composite specimens. The Journal of the Textile Institute, 1926, 17: T355-T68.

[80] Weibull W. A statistical distribution function of wide applicability. ASME Journal of Applied Mechanics, Transactions of the American Society of Mechanical Engineers, 1951, 18 (3): 293-297.

[81] Realff M L, Pan N, Seo M, et al. A stochastic simulation of the failure process and ultimate strength of blended continuous yarns. Textile Research Journal, 2000, 70(5): 415-430.

[82] Ghosh A, Ishtiaque S M, Rengasamy R S. Analysis of spun yarn failure. Part I: Tensile failure of yarns as a function of structure and testing parameters. Textile Research Journal, 2005, 75(10): 731-740.

[83] Alderson K L, Alderson A, Smart G, et al. Auxetic polypropylene fibres. Part 1: Manufacture and characterisation. Plastics, rubber and composites, 2002, 31 (8): 344-349.

[84] Ravirala N, Alderson K L, Davies P J, et al. Negative Poisson's ratio polyester fibers. Textile Research Journal, 2006, 76(7): 540-546.

[85] Popov E P. The theory and evaluation of flexible elastic rods. Nauka, Moscow, 1986.

[86] Lee K. Bending of fibres with non-linear material characteristics of power law form. The Journal of the Textile Institute, 2002, 93(2): 132-136.

[87] Lee K. Bending analysis of nonlinear material fibres with a generalized elliptical cross-section. Textile Research Journal, 2005, 75(10): 710-714.

[88] Guthrie I C, Morton D M, Oliver P H. An investigation into bending and torsional rigidities of some fibres. The Journal of the Textile Institute, 1954, 45(12): 912.

[89] Chapman B M. An apparatus for measuring bending and torsional stress-strain-time relations of single fibres. Textile Research Journal, 1971, 41(8): 705-707.

[90] Mitchell T W, Feughelmen M. The torsional properties of single wool fibres. Part I: Torque-twist relationships and torsional relaxation in wet and dry fibers. Textile Research Journal, 1960, 30(9): 662-667.

[91] Owen J D. The application of searle's single and double pendulum methods to single fibre rigidity measurement. The Journal of the Textile Institute, 1965, 56(6): 329-339.

[92] Cumberbirch R J E, Owen J D. The mechanical properties and birefringence of various monofils. The Journal of the Textile Institute, 1965, 56(7): 389-408.

[93] Peirce F T. The rigidity of cotton hairs. The Journal of the Textile Institute, 1923,

14(1): 1-11.

[94]　Ray L G. Tensile and torsional properties of textile fibres. Textile Research Journal, 1947, 17(1): 16-18.

[95]　Karrholm N, Nordhammer G, Friberg O. Penetration of alkaline solutions into wool fibres determined by changes in the rigidity modulus. Textile Research Journal, 1955, 25 (11): 922-929.

[96]　Ward I M, Hadley D W. An introduction to mechanical properties of solid polymers. John Wiley & Sons, Chichester, 1993.

[97]　Jaeger J C. Elasticity, fracture, and flow. Methuen, London, 1962.

[98]　Tobolsky A V. Properties and structure of polymers. John Wiley & Sons, New York, 1960.

[99]　Ferry J D. Viscoelastic properties of polymers. John Wiley & Sons, New York, 1980.

[100]　Gross B. Ladder structures for representation of viscoelastic systems. II. Journal of Polymer Science, 1956, 20(94): 123-131.

[101]　Blizard R B. Visco-Elasticity of Rubber. Journal of Applied Physics, 2004, 22(6): 730-735.

[102]　Marin R S. The linear viscoelastic behaviour of rubberlike polymers and its molecular interpretation. Academic Press, New York; 1960.

[103]　Halsey G, White H J, Eyring H. Mechanical properties of textiles, I. Textile Research Journal, 1945, 15(9): 295-311.

[104]　Gupta V B, Kothari V K. Manufactured fibre technology. Chapman and Hall, London; 1997.

[105]　Pao Y H, Marin J. Deflection and stresses in beams subjected to bending and creep. Journal of Applied Mechanics, 1952, 19(12): 478-484.

[106]　Pao Y H, Marin J. An analytical theory of the creep deformation of materials. Journal of Applied Mechanics, 1953, 20(6): 245-52.

[107]　Cui S Z, Wang S Y. Nonlinear creep characterization of textile fabrics. Textile Research Journal, 1999, 69(12): 931-934.

[108]　Schapery R A. Nonlinear viscoelastic and viscoplastic constitutive equations based on thermodynamics. Mechanics of Time-Dependent Materials, 1997, 1(2): 209-240.

[109]　Williams M L, Landel R F, Ferry J D. The temperature dependence of relaxation mechanisms in amorphous polymers and other glass-forming liquids. Journal of the American Chemical Society, 1955, 77(14): 3701-3707.

[110]　Schapery R A. Viscoelastic behaviour and analysis of composite materials, in Composite Materials. Academic Press, New York; 1974.

[111]　Chapman B M. The importance of inter-fibre friction in wrinkling. Textile Research Journal, 1975, 45(12): 825-829.

[112]　Briscoe B J, Motamedi F. The ballistic impact characteristics of aramid fabrics: The

influence of interface friction. Wear, 1992, 158(1-2): 229-247.

[113] Duan Y, Keefe M, Bogetti T A, et al. Modeling friction effects on the ballistic impact behaviour of a single-ply high-strength fabric. International Journal of Impact Engineering, 2005, 31(8): 996-1012.

[114] Howell H G, Miezskis K W, Tabor D. Friction in textiles. Textile Book Publishers in Association with the Textile Institute, New York, 1959.

[115] Morton W E, Hearle J W S. Physical properties of textile fibres. The Textile Institute, Manchester, 1993.

[116] Howell H G. The general case of friction of a string round a cylinder. Journal of the Textile Institute Transactions, 1953, 44(8-9): T359-T362.

[117] TimoshenkO S P, Goodier J N. Theory of elasticity. McGraw-Hill, Auckland, 1970.

[118] Adams M J, Briscoe B J, Wee T K. The differential friction effect of keratin fibres. Journal of Physics D: Applied Physics, 1990, 23(4): 406.

[119] Peirce F T. The geometry of cloth structure. Journal of the Textile Institute Transactions, 1937, 28(3): T45-T96.

[120] Peirce F T. Geometrical principles applicable to the design of functional fabrics. Textile Research Journal, 1947, 17(3): 123-47.

[121] van Wyk C M. Notes on the compressibility of wool. Journal of the Textile Institute Transactions, 1946, 37(12): T285-T292.

[122] Komori T, Makishima K. Numbers of fibre-to-fibre contacts in general fibre assemblies. Textile Research Journal, 1977, 47(1): 13-17.

[123] Komori T, Makishima K. Estimation of fibre orientation and length in fibre assemblies. Textile Research Journal, 1978, 48(6): 309-314.

[124] Komori T, Makishima K. Geometrical expressions of spaces in anisotropic fibre assemblies. Textile Research Journal, 1979, 49(9): 550-555.

[125] Komori T, Itoh M. A new approach to the theory of the compression of fibre assemblies. Textile Research Journal, 1991, 61(7): 420-428.

[126] Komori T, Itoh M. Theory of the general deformation of fibre assemblies. Textile Research Journal, 1991, 61(10): 588-594.

[127] Komori T, Itoh M. A modified theory of fibre contact in general fibre assemblies. Textile Research Journal, 1994, 64(9): 519-528.

[128] Pan N. A modified analysis of the microstructural characteristics of general fibre assemblies. Textile Research Journal, 1993, 63(6): 336-345.

[129] Carnaby G A. The compression of fibrous assemblies, with application to yarn mechanics. Sijthoff & Noordhoff, Alphen aan den Rijn, Netherlands; 1980.

[130] van Luijk C J, Carr A J, Carnaby G A. Finite-element analysis of yarns. Part I: Yarn model and energy formulation. Journal of the Textile Institute, 1984, 75(5): 342-353.

[131] van Luijk C J, Carr A J, Carnaby G A. Finite-element analysis of yarns. Part II: Stress

analysis. Journal of the Textile Institute, 1984, 75(5): 354-362.

[132] van Luijk C J, Carr A J, Carnaby G A. The mechanics of staple-fibre yarns. Part I: Modelling assumptions. Journal of the Textile Institute, 1985, 76(1): 11-18.

[133] van Luijk C J, Carr A J, Carnaby G A. The mechanics of staple-fibre yarns. Part II: Analysis and results. Journal of the Textile Institute, 1985, 76(1): 19-29.

[134] Pan N. Development of a constitutive theory for short-fibre yarns. Part II: Mechanics of Staple yarn with slippage effect. Textile Research Journal, 1993, 63(9): 504-514.

[135] Pan N. Development of a constitutive theory for short-fibre yarns: Mechanics of staple yarn without slippage effect. Textile Research Journal, 1992, 62(12): 749-765.

[136] Pan N. Development of a constitutive theory for short-fibre yarns. Part IV: The mechanics of blended fibrous structures. Journal Textile Institute. 1996; 87 (3): 467-483.

[137] Pan N, Postle R. Strength of twisted blend fibrous structures: Theoretical prediction of the hybrid effects. Journal Textile Institute, 1995, 86(4): 559-579.

[138] Hearle J W S, GrossberG P, Backer S. Structural mechanics of fibres, yarns and fabrics. John Wiley & Sons, New York, 1969.

[139] Hearle J W S, Thwaites J J, Amirbayat J. Mechanics of flexible fibre assemblies. [Proceedings of the NATO Advanced Study Institute on Mechanics of Flexible Fibre Assemblies, Kilini, Greece, August 19-September 2, 1979] Applied Sciences, Alphen aan den Rijn, The Netherlands; Germantown, Md. : Sijthoff & Noordhoff, 1980.

[140] Martindale J G. A new method of measuring the irregularity of yarns with some observations on the origin of irregularities in worsted slivers and yarns. Journal of the Textile Institute Transactions, 1945, 36(3): T35-T47.

[141] Sevostianov A G, Sevostianov P A. Modelling the textile technology. Textile Industry, Moscow, 1984.

[142] Ratnam T V, Shankaranarayana K S, Underwood C, et al. Prediction of the quality of blended yarns from that of the individual components. Textile Research Journal, 1968, 38(4): 360-365.

[143] Carnaby G A, Pan N. Theory of compression hysteresis of fibrous assemblies. Textile Research Journal, 1989, 59(5): 275-284.

[144] Lee D H, Carnaby G A, Carr A J, et al. A review of current micromechanical models of the unit fibrous cell. Canesis Network Limited, 1990.

[145] Lee D H, Carnaby G A. Compressional energy of the random fibre assembly. Textile Research Journal, 1992, 62(4): 185-191.

[146] Grishanov S A, Lomov S V, Cassidy T, et al. The simulation of a two-component yarn. Part II: Fibre distribution in the yarn cross-section. Journal of the Textile Institute, 1997, 88(4): 352-372.

[147] Sreprateep K, Bohez E L J. Computer aided modelling of fiber assemblies. Computer

Aided Designs & Applications, 2006, 3(1/2/3/4): 367-376.

[148] Siewe F, Grishanov S, Cassidy T, et al. An application of queuing theory to modeling of melange yarns. Part I: A queuing model of melange yarn structure. Textile Research Journal, 2009, 79(16): 1467-1485.

[149] Beil N B, Roberts W W. Modeling and computer simulation of the compressional behavior of fiber assemblies. Part I: Comparison to van Wyk's theory. Textile Research Journal, 2002, 72(4): 341-351.

[150] Beil N B, Roberts W W. Modeling and computer simulation of the compressional behavior of fiber assemblies. Part II: Hysteresis, Crimp, and Orientation Effects. Textile Research Journal, 2002, 72(5): 375-382.

[151] Dunlop J. Characterizing the compression properties of fibre masses. The Journal of the Textile Institute, 1974, 65(10): 532-536.

[152] Munro W A, Carnaby G A, Carr A J, et al. Some textile applications of finite-element analysis. Part I: Finite elements for aligned fibre assemblies. The Journal of the Textile Institute, 1997, 88(4): 325-338.

[153] Munro W A, Carnaby G A, Carr A J, et al. Some textile applications of finite-element analysis. Part I: Finite elements for yarn mechanics. The Journal of the Textile Institute, 1997, 88(4): 339-351.

[154] Grishanov S, Meshkov V, Omelchenko A. A topological study of textile structures. Part I: An introduction to topological methods. Textile Research Journal, 2009, 79(8): 702-713.

[155] Grishanov S, Meshkov V, Omelchenko A. A topological study of textile structures. Part II: topological invariants in application to textile structures. Textile Research Journal, 2009, 79(9): 822-836.

[156] Grishanov S, Meshkov V, Vassiliev V. Recognizing textile structures by finite type knot invariants. Journal of Knot Theory and Its Ramifications, 2009, 18(2): 209-235.

[157] Grishanov S A, Meshkov V R, Omel'chenko A V. Kauffman-type polynomial invariants for doubly periodic structures. Journal of Knot Theory and Its Ramifications, 2007, 16(6): 779-788.

[158] Morton H R, Grishanov S. Doubly periodic textile structures. Journal of Knot Theory and Its Ramifications, 2009, 18(12): 1597-1622.

[159] Grishanov S. Fundamental modelling of textile fibrous structures. In: Chen X (ed.), Modelling and predicting textile behaviour. Cambridge, England, Woodhead Publishing Limited, 2010: 41-111.

[160] Morton W E, Hearle J W S. Physical properties of textile fibres (fourth edition). Cambridge, England, Woodhead Publishing Limited, 2008: 559-624.

3 纤维摩擦和纤维集合体压缩性质

摘要:本章分别介绍纤维摩擦性质和纤维集合体压缩性质。在摩擦性质部分,介绍固体材料摩擦理论、经典摩擦公式,并应用于高聚物纤维材料,在摩擦常数通用公式和结构基础上,分析摩擦影响因素和纺织纤维摩擦实验结果研究,从纤维材料摩擦方向、纤维种类阐述纤维摩擦性质,并根据简化几何模型讨论羊毛纤维摩擦方向性效应;在压缩性质部分,扩展 van Wyk 纤维集合体压缩理论,在引入纤维摩擦和卷曲因子情况下,得到纤维集合体压缩过程中纤维接触点分布、压缩压力-体积曲线,探讨加压-减压循环中纤维集合体能量吸收、压缩曲线迟滞效应。

3.1 纤维摩擦性质

3.1.1 引言

摩擦是阻碍两个接触物体之间相互运动或者相互运动趋势的物理现象,与物体表面性质和整体属性有关。物体的摩擦现象受到材料自身形态、物理结构、化学性质等方面的综合影响。材料形态,如物体表面粗糙度、纹理等,会影响两个物体接触属性和相互运动状态。化学分子结构会影响单一物体内分子层相互结合方式,改变其表面化学性质,也会影响两个自由接触面上相互作用力和相互作用形式。物体实体形态和材料化学组成相互结合,影响物体的整体性质,如剪切强度、压缩模量(硬度)等,进一步影响接触面上摩擦力。

摩擦基本定律最先是由观察金属材料行为总结而来的。早在 19 世纪之前,物理学家们就已经总结出这些规律,并在不同金属材料上进行对比验证,得出很多有趣的物理现象,比如:对接触面上交接点施加剪切力,才能使物体产生摩擦现象;干净表面上摩擦力值非常大;发生滑动的地方,交接点会增多,接触面积增大,摩擦力就会变大。另外,如果在进行摩擦测试前将金属材料的几何接触面清理干净,两物体相对滑移时,接触面上交接点达到一定临界数目时,摩擦力力值达到最大并且为恒定值,发生会阻碍物体运动的极端情况(此时摩擦力即是静摩擦力)。对接触面进行氧化处理,形成一层氧化薄膜,减少接触点个数,可以防止接触面上达到最大静摩擦力。所以,物理学家通过对摩擦机理的研究,来降低材料系统中的摩擦力,进而减少产品磨损。

在金属摩擦机理研究中,另一个重要影响因素是接触面变形,这种变形伴随着磁滞损失现象。如球体或滚轴在平面运动时,表面变形和磁滞损失会阻碍物体相对运动。滚珠轴承或滚柱轴承的设计原理是:使用密度较大的金属材料加工轴承,保证表面接触力在材料屈服点以下,接触面形变所带来的摩擦力非常小($\mu \approx$ 0.01),从而使轴承在特定面上自由运动。

同样道理,在滑动或滚动时,弹性体材料的摩擦机理主要受接触面形变的影响,比如:汽车正常行驶时车轮的摩擦力很小,但是当突然制动时,轮胎和地面之间会相互滑移,轮胎变形增大,与地面之间的摩擦力瞬间变大。

接触面之间交接点的碰触和数目增加,是摩擦和磨损现象出现的主要原因。在接触面之间增加有弹性的润滑层,润滑层各方向上的力值都很低,可以减少或者消除物体与物体之间的交接点和接触面,使摩擦作用主要发生润滑层内的较小力值范围内。因此,摩擦力是由润滑层的性能和厚度、接触面上的法向力、接触面的相对滑移速度共同决定的。

物理学家对金属和聚合物材料的摩擦性能进行了大量实验,总结了相应的摩擦规律,所以现在关注的重点是:如何利用这些规律对纤维材料进行摩擦机理分析。纺织品和纤维加工中的摩擦力会影响材料加工生产效率、力学性能稳定性、结构稳定性、产品和加工机器的磨损损耗、服装的触感和悬垂性等方面。认知合成纤维的摩擦性能,能够更好地赋予纤维新性能,扩展纤维材料应用领域,加快纤维自动化加工速度,提高生产效率。本章将对纤维材料的摩擦性能进行讨论,帮助理解纤维摩擦特性。

3.1.2　纤维、金属和聚合物的结构和性能差异

金属是晶体材料,其变形为塑性变形;橡胶是非晶体材料,其变形为弹性变形。而纤维材料则是半晶体材料,变形状态介于两者之间,为黏弹性变形。金属内分子为单个原子,相互之间以自由电子形成金属键结合,形成晶格状阵列结构。这种金属键存在共用电子;但是区别于聚合物中的共价键,因为其电子不是由特定的两个原子共用,而是由一个晶格中的所有原子共用,所以当金属受到外力作用,内部应力达到临界阻抗时,晶格间会发生剪切分离,发生塑性变形。橡胶内单根大分子链中有几千个原子,这些原子之间以共价键形式结合,多根松散的大分子链随机折叠变形,并相互纠缠成杂网结构。当橡胶受到压力时,折叠分子链会相互挤压,撤去外力,分子链又回复到原位。当橡胶受到拉力时,大分子链也会克服内应力,伸展变长,撤去外力时,分子链又回复到高熵结构。所以,金属材料内分子间键能决定其力学响应行为,而橡胶等聚合物材料的熵决定其力学响应行为。

纤维材料的力学响应行为介于金属材料和聚合物材料之间。纤维材料与橡胶材料都是聚合物,但是其相对分子质量相对较小。纤维与橡胶材料不同的是:其大分子链具有功能基团,可以在不同分子链之间进行交联,形成结晶区或者取向排列区。但是由于分子链长度的限制,纤维材料的分子不能完全伸直,无法形成全部结晶态结构。所以纤维材料是半晶体结构,一部分是取向度较高的结晶区,一部分是

杂乱无章的无定形区。人造纤维的结晶度受到原料种类的影响,不同原料的化学性质和分子结构不同,相应纤维的结晶度也不同。纤维结晶还受到加工工艺的影响,工艺因素包括熔体/溶液黏度、牵伸力、冷却方式和牵伸次数等。纤维结晶区之间存在许多无定形区,随机分散在纤维体内,两种区域的尺寸大小、连接方式、分子取向等方面变化多样。在常温下,无定形区中分子链连接紧密,能够为纤维提供足够强度抵抗形变,此时材料内能主导纤维的力学响应行为。当纤维温度高于材料玻璃化温度时,无定形区内分子连接方式发生改变,纤维开始表现出类似橡胶体的性质;此温度下的纤维力学响应行为取决于材料的熵[1]。在这种温度转变过程中,结晶区变化较小,作为结节点,为纤维提供结构稳定性。也就是说,大于玻璃化温度时,纤维材料的结构和性能,在一定程度上与其聚合物原料在常温时的结构和性能相似。

处于室温时,纤维摩擦机理与金属材料相似。由于接触面的相互作用力和磁滞损失,使纤维接触面发生形变,则产生摩擦力。这种摩擦力值较小,比聚合物摩擦力更小。纤维分子链聚集形态、分子链功能性侧链、价键力分布状态、变形区域分子动力学性能等因素综合作用,使纤维表现出黏弹性应力-应变曲线[2]。纤维横向压缩和轴向拉伸表现出黏弹性力学曲线。换句话说,在一定受力范围内,纤维的应力-应变曲线既不同于理想弹性材料的线性变化曲线,也不同于金属材料小变形后存在平台期的力学曲线,其曲线变化规律介于两者之间。

3.1.3　经典摩擦公式

两个物体发生相互滑移时,接触面上的交接点会影响摩擦力大小和方向。因此,摩擦力 F 可以用交接点剪切应力 S 和实际接触面积 A 表示:

$$F = AS \tag{3.1}$$

当材料发生塑性应变时,实际接触面积 A 为接触面法向力 N 与屈服压力 P_y 的比值,代入式(3.1),可以得到经典摩擦公式:

$$A = N/P_y$$
$$F = (S/P_y)N \tag{3.2}$$
$$F = \mu N$$

3.1.4　纤维摩擦实验

20 世纪 50 年代,通过对天然纤维和合成纤维的摩擦性质的研究,发现纤维摩擦系数不仅与材料性质有关,而且与接触面法向力和几何接触形态有关。接触面法向力增大,摩擦系数降低;纤维直径、表面光滑度和接触模式(点、线、面)等因素改变,也会影响摩擦系数大小。对于金属材料,摩擦力 F 与法向力 N 成正比;对于大多数聚合物材料,摩擦力和法向力之间呈非线性关系。

有一个由实验观察所得到的经验公式,也能得到摩擦力与法向力的关系式,并通过实验数据进行拟合验证[3-11]。这种实验假设条件是接触面之间的相嵌深度很浅,同时法向力较小。最简单且被广泛接受的经验公式为:

$$F = aN^n \qquad (3.3)$$

式中:a 和 n 是经验常数,是用最小二乘分析处理后,拟合曲线所得到的值。

式(3.3)首先由 Bowden 和 Young[3] 提出,并应用在非金属材料上;然后 Linclon[5] 将其用在纤维材料上;随后 Howell 和 Mazur[8] 等研究人员据此进一步研究了纤维材料的摩擦性能。n 的值为 $0.7 \sim 0.9$,a 的值与经典参数 μ 值相近;当纤维种类改变时,这两个值也应发生变化。但是该公式没有考虑纤维结构因素,所以 Gupta 和 El-Mogahzy[12] 改进了一种结构模型,从理论角度解释了材料经验常数和纤维结构因素对摩擦经验参数值的影响。这种模型能够对多种材料的摩擦行为进行解释,同时也包括金属材料的塑性变形和橡胶材料的弹性变形两种临界状态的摩擦性。

3.1.5　摩擦行为结构模型

假设模型中材料摩擦只受到剪切黏附力的影响,并且接触面的相对剪切应力 S 是固有参数,不受到法向力和接触面积的影响。

3.1.5.1　法向力和接触面积的关系

部分材料的法向力和接触面积的关系如下:

$$P = KA^\alpha \qquad (3.4)$$

式中:K 和 α 是常数。

图 3.1 所示为式(3.4)得到的法向力与接触面积的关系曲线,其中 K 决定材料刚度或硬度,也就是曲线斜率;α 是表征曲线形状的参数。图 3.1 中为不同的材料的法向力-接触面积曲线,分别对应塑性行为($\alpha = 0$)、弹性行为($\alpha = 1$)、黏弹性行为($0 < \alpha < 1$)、应变硬化行为($\alpha > 1$)。

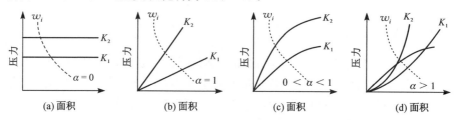

图 3.1　法向力-接触面积曲线

如图 3.2 所示,由于仅存在剪切黏附力,应力分布在接触面连接点上。在应力带动下,连接点处发生形变,接触面积不断增大,直到材料内部的反作用力能够支撑外部法向力时停止(图 3.3 所示实线)。

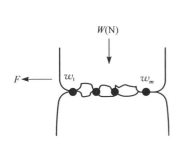

图 3.2   接触面载荷分布

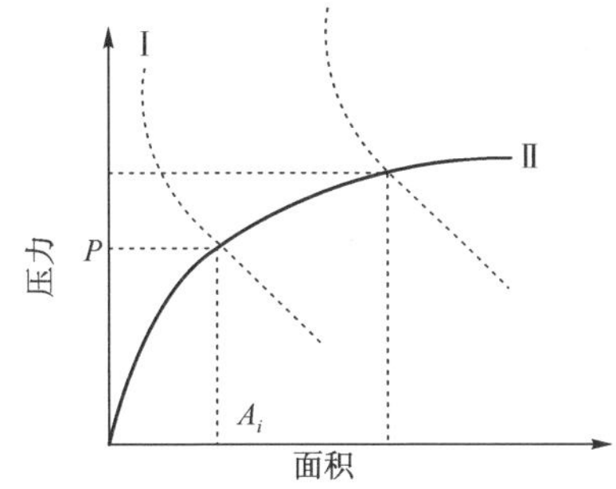

图 3.3   平衡状态下凹凸面接触面积

图 3.3 所示曲线由式(3.4)得出,一个接触凸点 i 承受均匀 w_i 外力,得到:

$$w_i = 常数 = P_i A_i$$

该曲线和法向力—接触面积曲线共同决定了接触面积 A_i。在 I 和 II 的影响下:

$$w_i = P_i A_i = K (A_i)^{\alpha} A_i = K (A_i)^{\alpha+1} \quad 或 \quad A_i = K^{-\gamma} w_i^{\gamma} \tag{3.5}$$

其中:

$$\gamma = (\alpha + 1)^{-1}$$

将每个连接点面积取和,得到接触总面积:

$$A = \sum_{i}^{m} A_i = K^{-\gamma} \sum_{i}^{m} w_i^{\gamma} \tag{3.6}$$

式中:m 是连接点个数。

因为总接触面积和每个点上接触面积有关,所以要得到每个点在平衡状态时的应力值,才能得到准确的结果。但是在实际情况中,应力点处的受力不是恒定值,因此需要找到一定方法来进行估算。Gupta 和 EI-Mogahzy 使用了三种方法来确定这个应力分布值,包括均匀面、球面和锥面三种方法[12],如图 3.4 所示。

3.1.5.2   均匀面应力分布

假设所有接触面上的连接点形状和大小都一样,图 3.4(a)中均匀分布在连接点上的力为:

$$w = N/m$$

$$\sum_{i}^{m} w_i^{\gamma} = mw^{\gamma}$$

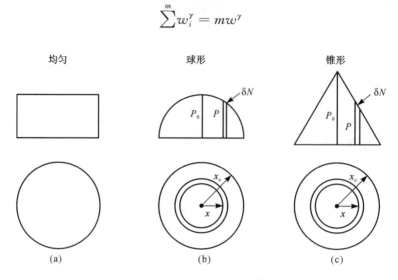

图 3.4　应力分布状态[12]

代入式(3.6)得到:

$$A = K^{-\gamma} m^{1-\gamma} N^{\gamma} \tag{3.7}$$

3.1.5.3　球面应力分布

假设压力分布在半径为 x 的环形接触面上:

$$P = P_0 \left[1 - (x^2/x_c^2)\right]^{1/2} \tag{3.8}$$

式中: P_0 为最大压力值,如图 3.4(b)所示; x_c 是球形接触面外圆半径。

圆环内半径为 x、宽度为 dx 的环形,其受到的支撑力 δN 为:

$$\delta N = P_0 \left[1 - (x^2/x_c^2)\right]^{1/2} 2\pi x dx \tag{3.9}$$

所以整个环形受到的总作用力为:

$$N = \int_0^{x_c} P_0 \left[1 - (x^2/x_c^2)\right]^{1/2} 2\pi x dx \tag{3.10}$$

化简后得:

$$N = (2/3)\pi P_0 x_c^2$$

假设 M 是单位面积上的凸点个数,在内圆半径为 x 处圆环有 $M \cdot 2\pi x dx$ 个凸点提供支撑力 δN。每个凸点上的平均支撑力 w_x 为:

$$w_x = \delta N/(M \cdot 2\pi x \mathrm{d}x)$$

将式(3.9)和式(3.10)代入上式可知：

$$w_x = [3N/(2\pi x_c^2 M)][1 - (x^2/x_c^2)]^{1/2} \tag{3.11}$$

将式(3.11)代入式(3.5)，可以得到圆环面积上单个连接点的接触面积表达式：

$$K^{-\gamma}(3/2\pi)^{\gamma}(N/Mx_c^2)^{\gamma}[1 - (x^2/x_c^2)]^{1/2} \tag{3.12}$$

所以个数为 $M \cdot 2\pi x \mathrm{d}x$ 的连接点的接触面积为：

$$A = \int_0^{x_c}(K)^{-\gamma}(3/2\pi)^{\gamma}(N/Mx_c^2)^{\gamma} \times [1 - (x^2/x_c^2)]^{1/2}M \cdot 2\pi x \mathrm{d}x \tag{3.13}$$

简化后得：

$$A = [3^{\gamma}2^{1-\gamma}/(\gamma+2)]K^{-\gamma}[M\pi x_c^2]^{1-\gamma}N^{\gamma}$$

用 m 取代 $M\pi x_c^2$，则球面分布接触面积为：

$$A = [3^{\gamma}2^{1-\gamma}/(\gamma+2)]K^{-\gamma}m^{1-\gamma}N^{\gamma} \tag{3.14}$$

3.1.5.4 锥面应力分布

距离中心点为 x 的连接点承受的压力 P 为：

$$P = P_0[1 - x/x_c] \tag{3.15}$$

与圆面应力分布接触面推导过程相同，用式(3.15)取代式(3.8)，可以得到锥面接触面积：

$$A = \int_0^{x_c}(K)^{-\gamma}(3/2\pi)^{\gamma}(N/Mx_c^2)^{\gamma}[1 - (x/x_c)]^{\gamma}M \cdot 2\pi x \mathrm{d}x \tag{3.16}$$

$$A = [2 \cdot 3^{\gamma}/(\gamma+1)(\gamma+2)](K)^{-\gamma}(m)^{1-\gamma}(N)^{\gamma} \tag{3.17}$$

3.1.6 摩擦常数通用公式和结构

式(3.7)、式(3.14)和式(3.17)是三种不同应力分布形态的接触面公式，可以转化为通用公式：

$$A = C_M K^{-\gamma}m^{1-\gamma}N^{\gamma} \tag{3.18}$$

式中：C_M 是模型常数，由应力分布状态和 γ 值决定。

表 3.1 给出了不同分布状态和 γ 值对应的 C_M，该常数变化范围为 $0.924\sim$

1.0。如果 $\gamma = 1$，$\alpha = 0$，模型常数恒定为 1。上述由不同模型推导出的所有公式简化为：

$$A = N/K$$

这是材料发生塑性变形状态时[式(3.2)]的表达式，K 代表屈服压力 P_y[图 3.1(a)]。

表 3.1　不同分布状态和 γ 值对应的 C_M

γ	C_M		
	均匀面	圆面	锥面
0	1	1.0	1.0
0.1	1	0.992	0.966
0.3	1	0.982	0.930
0.5	1	0.980	0.924
0.7	1	0.984	0.940
0.9	1	0.993	0.976
1.0	1	1.0	1.0

将式(3.18)中的 A 代入式(3.1)得到式(3.19)，即摩擦力为：

$$F = SC_M K^{-\gamma} m^{1-\gamma} N^{\gamma} \tag{3.19}$$

比较式(3.19)和式(3.3)，可以确定经验常数 n 和 a，关系式为：

$$n = \gamma = (1+\alpha)^{-1} \tag{3.20}$$

$$a = SC_M K^{-n} m^{1-n} \tag{3.21}$$

由式(3.2)摩擦系数定义，可以给出以下表达式：

$$\mu = SC_M K^{-n} m^{1-n} N^{n-1} \tag{3.22}$$

3.1.7　摩擦影响因素

上面所介绍的模型的各个因子可以影响摩擦力值、摩擦系数及经验常数 n 和 a。其中一些因子与材料属性相关，另一些因子与接触面和应力分布状态有关。以下对重要影响因子进行介绍：

（1）法向力

当物体是塑性材料时，如 $n = 1$（$\alpha = 0$），则法向力 N 对 μ 无影响，所以式(3.22)中的 μ 简化为无量纲的量（S/K）。对于其他材料，N 变大时，μ 变小。

（2）连接点力学性质

影响连接点力学性质的三个因子是相对剪切应力 S、硬度系数 K、法向力-

接触面积曲线形状。其中:法向力-接触面积曲线是由常数 n(或 α)给出的;S 的值与材料的化学性质和物理属性有关,如相对分子质量、分子取向和结晶度等,可以改变接触面间分子接触方式,进而影响其应力;K 和 n 影响接触面积,并由此影响 F 和 μ。特例是,当 n 为恒定值时,K 等于屈服压力,μ 和 a 相等,由 S/K 确定。其他一般情况中,n 小于 1,μ 和 a 不相等,并且 μ 和 a 的值既受到 S 和 K 的影响,还受到 m(连接点数目)和 n 的影响。特别对参数 μ,法向力 N 也会影响其大小。

(3) 连接点数目

当法向力保持恒定,连接点数目 m 增多,接触面积 A 变大,由此 F 和 μ 变大;同样,连接点数目 m 增多,a 也会变大。

(4) 其他因素

其他影响摩擦的因素有测试时接触方式(点、线、面接触)、表面形态(光滑度、粗糙度)、测试条件(温度、相对湿度)、接触时间(滑移速度、滑移时间)。接触方式能影响连接点数目 m,进而影响 α,A,F 和 μ。例如,增加线接触中接触点个数 m,会使得 μ 增大,进而大于点接触时的值[13]。只有当两个接触面相互存在压力时,才会出现面接触,接触面积增大,μ 值变大。由于接触面对 μ 的叠加影响作用,μ 的增大幅度甚至比预期的大。改变测试条件,如相对湿度和温度,会改变 S 和 K,从而影响材料的摩擦行为。如果环境条件影响材料接触面的黏弹性质,n 也会改变。

最后,由于纤维是黏弹性材料,在受到外力加载过程中,随着时间增加,其力学性质发生改变。力学参数变化主要影响 m 值,所以当接触面积增加时,滑移速度降低,导致摩擦系数增大。

3.1.8　实验结果研究

3.1.8.1　一般方法

上面介绍的模型可以用来检验实验结果,这些研究包括:①两种合成纤维,变量为纤维细度、形状和分子取向度;②人类头发,这些头发经过相关整理和修复等处理;③几种不同的外科缝合线材料,变量为聚合物种类、分子结构、表面处理。不同的测试方法,对应不同的测试环境、接触模式和法向力。

(1) 线接触[4]

摩擦系数计算公式为:

$$T/T_0 = e^{\pi\tau\beta\mu} \tag{3.23}$$

式中:T_0 是初始张力;T 是回复力;τ 是加入扭转个数;β 是扭转角度(两根纤维倾斜时的夹角)。

对具有非经典力学行为的材料，μ 值与 T_0 相关，继而与 n 和 a 相关，有如下关系：

$$\mu = a\,(T_0\beta^2/4r)^{n-1} \tag{3.24}$$

采用不同初始张力 T_0 进行实验，用式(3.23)计算相应的 μ，并将结果代入式(3.24)进行拟合，可以估算 n 和 a 的值。其中试样半径 r 必须通过实际测量或模型预估手段进行确定，才能保证计算结果准确。

（2）点接触[13]

假设两根长丝纱相接触，一根纤维水平固定在 U 形框架上；另一根纤维的一端连接重力传感器，另一端搭载在第一根纤维上，并给予一定张力。此时，纤维细度和交叠角都很小，即将纤维间接触看作点接触。由下面公式可算出 μ 值：

$$T = T_0 e^{\mu\theta} \tag{3.25}$$

式中：θ 是交叠角。

μ，a 和 n 的关系如下：

$$\mu = a\,(T_0/r)^{n-1} \tag{3.26}$$

在扭转法测试中，常数 n 和 a 的值由一系列 T_0 值确定。这些试验中所用的测试仪器，也可以测试浸在流体环境中纤维间摩擦力。

3.1.8.2　纤维截面形状

为了研究截面形状对摩擦性能的影响，使用的材料为聚丙烯纤维，细度为 18 den，截面形状分别为圆形、三角形、三叶形。在点接触和线接触两种摩擦实验中，圆形截面纤维的摩擦系数 μ 明显高于三角形截面或者三叶形截面纤维，差别幅度约为 31%[13]。圆形截面纤维的 a 和 n 比非圆形截面纤维分别大 28% 和 3.6%。由数据差异发现，μ 和 a 的差异较明显。通过观察可知，三叶形和三角形截面的纤维横向较硬，较难发生变形，使得 K 值较小，相应 μ 较大。

3.1.8.3　实验条件

表 3.2 是用扭转法测试丙烯酸纤维和聚丙烯纤维的摩擦性质的实验结果，分别测试了湿态和干态的纤维材料，接触方式为线接触。从表 3.2 所列实验结果可知，改变纤维干湿状态，不会改变 n 值，即法向力-接触面积曲线形状不会改变，但是 μ 和 a 会增加。这两种纤维为典型的疏水纤维，在浸入水中后不会产生体积膨胀，所以摩擦性能改变的原因是液态水具有防滑作用。水作为防滑剂，能够提高纤维表面清洁度，使得纤维之间接触更加紧密，因此纤维间摩擦性能改变。

表 3.2　扭转法测试丙烯酸纤维和聚丙烯纤维的摩擦参数

纤维种类	参数	干	湿
聚丙烯纤维	μ ($T_0/r = 3.21$ N/mm) *	0.29	0.34
	a	0.77	0.94
	n	0.83	0.84
丙烯酸纤维	μ ($T_0/r = 0.85$ N/mm)	0.19	0.23
	a	0.32	0.44
	n	0.68	0.67

* :表中 μ 是因子 T_0/r(式 3.26)的函数,两类纤维间的 μ 值不能相互比较。

3.1.8.4　分子取向

选取聚丙烯和丙烯酸平行长丝束对材料分子取向影响摩擦性能进行研究[13-14]。对聚丙烯纤维施加轴向拉力时,纤维细度和截面直径减小。对丙烯酸纤维,分两个处理步骤,改变其分子取向状态:首先是气流拉伸,此时不会影响纤维内分子取向;其次是多级拉伸,使纤维内部分子取向度发生变化。这种处理方式会对纤维进行多次拉伸,使其在细度和截面直径不变的情况下,分子取向度发生变化。表 3.3 列出了丙烯酸纤维的不同分子取向度对应的线接触和点接触材料摩擦系数。表 3.4 列出了不同拉伸倍数和纤维直径的聚丙烯纤维的线接触摩擦系数。

表 3.3　丙烯酸纤维的不同分子取向度对应的材料摩擦系数

试样	处理方式		纤维参数		μ	
	气流拉伸	多级拉伸	纤维细度	分子取向度	点接触	线接触
1	2.50	2	5.00	0.69	0.134	0.186
2	1.68	3	5.03	0.73	0.135	0.221
3	1.25	4	5.02	0.76	0.136	0.230
4	1.00	5	5.02	0.77	0.138	0.235
5	0.84	6	5.04	0.78	0.138	0.141
6	0.72	7	5.02	0.79	0.238	0.243

表 3.4　不同拉伸倍数和纤维直径的聚丙烯纤维线接触摩擦系数

T_0/r(N/mm)	μ	
	牵伸倍数:1 倍	2 倍
0.98	0.32	0.38
1.96	0.31	0.37
2.94	0.30	0.36

　　由表 3.3 和表 3.4 所列结果可知,对于两种纤维,由于连接点数目的差异,线接触摩擦系数大于点接触测得的摩擦系数。图 3.5 展示了不同拉伸倍数下丙烯酸纤维表面形态,可以发现在不同多级拉伸条件下纤维表面状态发生明显变化。多级拉伸次数越多,使得纤维表面微纤排列紧密,表面更加光滑[14]。这会让纤维连接点数目 m 增多,接触面更加紧密,摩擦系数 μ 变大。基于这个实验结果,可以推测取向度增加会使纤维表面硬度下降,如 K 值下降,同样也会使 μ 变大。

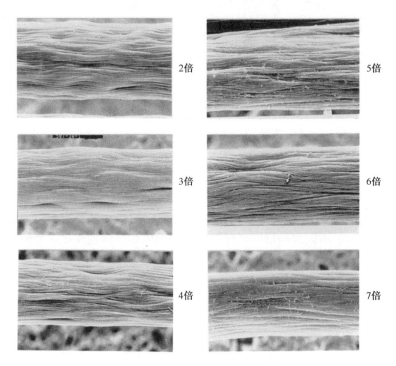

图 3.5　不同拉伸倍数下丙烯酸纤维表面形态

3.1.8.5　纤维种类

　　同样选取聚丙烯和丙烯酸平行长丝束,对比研究纤维种类对摩擦性能的影响。表 3.5 列出了两种纤维束的线接触摩擦参数[13]。由于两种纤维的化学成分组成和物理结构不同,聚丙烯纤维的三个摩擦参数 μ,a 和 n 都大于丙烯酸纤维。其中 n 参数更大,表明聚丙烯纤维中塑性行为比丙烯酸纤维更加明显。通过式(3.21)和(3.24)可知,接触面连接点剪切应力(S)、连接点处变形行为(K,n)、接触面面积和接触方式(C_M,m)等会改变材料摩擦参数 a 和 n,从而改变纤维摩擦系数和摩擦行为。

表 3.5 聚丙烯和丙烯酸平行长丝束的线接触摩擦参数[13]

纱线	$\mu(T_0/r = 196 \text{ N/mm})$	$a (\text{N/mm})^{1-n}$	n
聚丙烯纤维	0.37	0.59	0.85
丙烯酸纤维	0.16	0.32	0.68

3.1.8.6 头发的摩擦

在头发梳理、手感和外观方面,发丝摩擦指标是一项重要的力学性质,能影响发束的表观特色。绝大多数的头发护理助剂,都是通过改变头发的表面性能,进而改变其摩擦性能的方式,对其进行表面处理,使头发获得预期的外形和手感。

头发是一种角蛋白纤维,和羊毛纤维的物理化学性质相似。这种纤维内包括很多条多肽链,每条多肽链约有 18 个氨基酸基团。其中最重要的氨基酸是含硫元素的胱氨酸,胱氨酸内的二硫键可以将不同多肽链连接起来,使头发内部形成良好的化学性质、物理属性和结构稳定性。形态学上,发丝主要包括两种组分:①角质层,处于发丝外部,由 6～8 层相互交叠的鳞片组成,鳞片之间由相互交联的无定形基质固定;②皮层,处于发丝内部,是头发的主要成分,主要由纺锤形结晶微纤组成,能保证发丝具有良好的机械稳定性和强度。显然,头发的表面性能,尤其是摩擦性能,与其外部的角质层有密切关系。角质层的厚度约为 0.5 mm,宽度为5 mm,覆盖了头发面积的 3/4,方向为发根指向发尖。角质层的取向分布,使得头发表面的摩擦性能具有方向性,即在发尖到发根方向,摩擦力远远大于反方向。这是由于从发尖到发根方向上(逆鳞片方向),鳞片相互交叠、彼此咬合,接触面增多,摩擦力增加;而在反方向上(顺鳞片方向),则不存在交叠咬合,摩擦会沿着一个鳞片滑向下面的鳞片,此时摩擦力很小。

化妆品、环境污染物、含氯游泳池水的化学物质或太阳紫外线,会破坏角质层中的二硫键,造成头发表面性质的改变,乃至结构损伤;所以找到发丝在这些影响因素作用下的损伤机理,可以更好地保护头发免遭破坏。

Fair 和 Gupta 使用氯水处理头发,研究不同种类的氯水对头发表面摩擦和形态的影响[15-17],变量包括氯浓度、溶液 pH 值、不同美发处理方式(永久定形、染色剂和漂白剂)等。实验对象是深棕色头发和天然金色头发。测试方法为扭转法,预张力为 0.029 N;测试指标为逆鳞片方向摩擦系数 μ_w 和顺鳞片方向摩擦系数 μ_a。浸渍溶液的 pH 值由盐酸进行调节。使用扫描电子显微技术(SEM)观测头发纤维表面形态,观测点为头发实际发生摩擦的部位。

图 3.6 和表 3.6～3.8 表明,随着浸透时间的增加、酸液浓度增加或者溶液 pH 值降低,发丝摩擦系数值增加,同时头发摩擦性质的方向差异性(DFE)"$\mu_a -$

μ_w"减小。在浸入低浓度酸液的初始时间段内,头发摩擦性质是一种非线性变化过程,变化非常明显。图 3.7 是酸处理后摩擦测试中头发表面形貌。其中如图3.7(a)所示,60 个浸泡循环后,鳞片结构降解明显,但是表面摩擦破坏较小。图 3.7(b)是用浓度为 10×10^{-6} 的盐酸溶液进行 20 个浸泡循环后的头发表面形态,可以明显发现鳞片结构开始消失。图 3.7(c)是增加盐酸浓度至 50×10^{-6} 时的头发表面形态,可以发现发丝表面明显软化,纤维会产生摩擦体积变形。

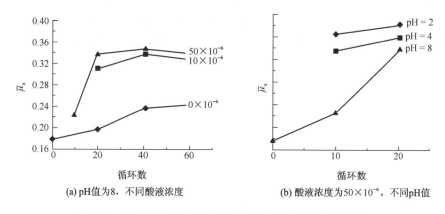

(a) pH值为8,不同酸液浓度　　　　(b) 酸液浓度为50×10^{-6},不同pH值

图 3.6　头发顺鳞片方向浸入酸液次数对摩擦系数的影响

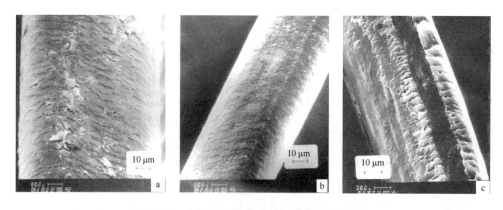

图 3.7　氯处理后棕色头发扫描电子显微图

表 3.6　pH 值为 8 时,不同溶液浓度和浸泡次数对头发摩擦性能的影响

次数	0		20			40			60	
浓度($\times10^{-6}$)	0	0	10	50	0	10	50	0	10	50
DFE	6.5	8.8	4.3	1.6	9.4	3.9	3.0	9.5	3.2	1.9

表 3.7 酸液浓度为 50×10⁻⁶时,不同 pH 值和浸泡次数对头发摩擦性能的影响

次数	0	10			20		
pH 值	8	8	4	2	8	4	2
DFE	6.5	5.7	3.9	2.7	1.6	3.0	1.0

表 3.8 酸液浓度为 10×10⁻⁶时,不同方式处理的头发顺鳞片方向的摩擦性能

处理方式	浸泡次数				
	0	5	10	15	30
无处理	0.13	0.18	0.22	0.22	0.30
漂白剂	0.19	0.27	0.27	0.31	0.31
染色剂	0.18	0.22	0.28	0.25	0.36
永久定形	0.20	0.19	0.21	0.25	0.31

综合分析图 3.6 和图 3.7 及表 3.6～3.8,可以发现,在浸泡浓度为 0 ppm 的水中,头发的摩擦力和 DFE 随着浸泡次数的增多而增大。这是由于头发体积膨胀,减小了 K 值,摩擦力随之增加;同时由于头发体积增大,鳞片更加突出,以至于 DFE 变大。当酸液浓度从 0×10⁻⁶上升到 10×10⁻⁶时,鳞片开始酸解[图 3.7(b)],DFE 明显减小。图 3.6 中摩擦系数变大有两个原因:①由于头发表面软化,K 值减小;②表面光滑度增加,则 m 值变大。由图 3.7(c)可以看出,酸液浓度由 10×10⁻⁶增加到 50×10⁻⁶后,头发表面软化程度更高,纤维体积变形更大,但是摩擦系数变化很小(图 3.6)。显而易见,经过浸渍处理后,摩擦参数 K、S 和 m,以及代表法向力-接触面积曲线形状的指标 n 都发生了变化,但是这些变化对头发摩擦的影响较小。当溶液酸度增加,即 pH 值降低时,会加剧头发表面损伤;pH 值降到 2 时,头发表面角质层完全被溶解,露出皮质层[15]。

表 3.8 列出了当酸液浓度稳定在 10×10⁻⁶时,以不同方式处理的头发顺鳞片方向的摩擦性能。该实验方案是先将头发进行相关预处理,包括不做处理、漂白剂处理、染色剂处理和永久定形处理等,然后按照不同次数浸入酸液,测试其摩擦系数。可以发现,浸泡次数对头发摩擦性能的影响很大;只进行美发处理可以明显增大头发摩擦系数;既进行美发处理又进行酸液浸泡后,头发摩擦系数也会变大,说明两个影响因素的效果可以叠加。

3.1.8.7 手术缝合线的摩擦

在手术中,伤后一般由专用外科缝合线进行缝合,通过缠绕和结节的方式固定伤口或者血管。在这种防滑结结构中,缝合线的摩擦性能至关重要,起到固结伤口位置,防止其扩张的作用。防滑结的膜材料主要影响因素是缝合线摩擦系数、结节点个数、连接点接触角度和各个连接点的法向力等。缝合线上的法向力首先由缝合时线的拉力所提供,在拉力带领下形成结节结构,然后防止伤口扩张,使其保持

在原始固结位置。防滑结要牢固才能得到较大摩擦力,使伤口闭合;如果摩擦力较弱,防滑结会发生滑移,伤口再次崩裂。

如图 3.8 所示,防滑结由一系列纱线经过相互挤压成结而成,依靠摩擦力相互固结。使用扭转法对防滑结的摩擦性能进行研究,变量为结节拉力 T_0,缝合匝数为 3[18]。使用材料有:Dexon®,一种聚乙醇酸复丝编织线;Mersilene®,一种涤纶复丝编织线;Tevdek II®,一种特氟龙预浸的涤纶复丝编织线;Polydek®,一种特氟龙涂层的涤纶复丝编织线;Ticron®,一种硅橡胶处理过的涤纶复丝编织线;蚕

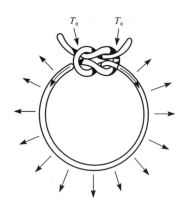

图 3.8 外科手术线防滑结结构

丝线,一种蚕丝编织的纱线;Ethilon®,一种尼龙单丝;Surgilon®,一种硅橡胶处理过的尼龙编织线;Prolene®,一种聚丙烯单丝。在不同条件下编结的防滑结有不同的结构,针对这些结构测试其相应的防滑结抱紧力(KHF, Knot Holding Force),如结解开或破坏时的力[19]。KHF 值越大,防滑结越结实。

图 3.9 是摩擦实验结果图,可以看出不同的缝合线,它们的摩擦性能明显不一样。试样的直径相同,则式(3.24)中初始拉力 T_0 下的 T_0/r 相同。对任意材料,施加拉力越大,摩擦系数 μ 就越小。聚丙烯单丝和尼龙单丝在低拉力(0.56 N)时 μ 最大,当达到最大拉力时 μ 最小。比较 Ethilon® 和 Surgilon® 这两种都是尼龙材质的纱线,可以发现由于两者编织结构不同,对其材料的摩擦性能有显著影响。尽管 Surgilon® 经过硅橡胶处理,但它的摩擦系数仍比较大。比较 Mersilene®,Ticron® 和 Tevdek II® 的实验结果,可以发现表面改性会影响纱线摩擦性能。由结果可知,经过后整理的纱线,摩擦系数会较低。

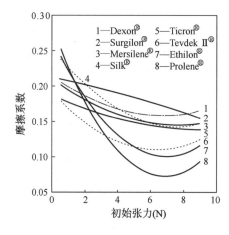

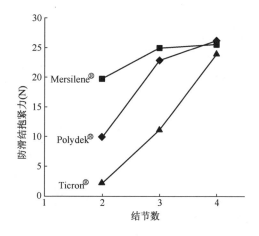

图 3.9 外科手术缝合线的摩擦性能[18]　　　图 3.10 干态摩擦实验测得的 KHF 值

图 3.10 为干态摩擦实验测得的 KHF 值[19]。显而易见,相比于未进行涂层覆盖的 Mersilene®,由于两个结节的 Ticron® 和 Polydek® 的表面覆盖了涂层,所以 KHF 值较小;同样,三个结节的 Ticron® 的 KHF 也有类似的表现。后三种材料有相同的化学成分和物理结构,当缝合线组成四个结节结构时,它们的 KHF 几乎相同。

在一个外科手术中,为了保证伤口处缝合线不发生滑移,一般用增加结节的方式来增加纱线间摩擦力,使伤口处紧固力增大。但是在实际手术中,如果植入手术需要多次打开伤口,则不能使用较多结节的结构。为了使最少结节个数结构,如两个结节,在缝合时能够稳定固定伤口,通常用二氧化碳激光器进行照射[20-22]。

图 3.11 为不同剂量激光照射下防滑结的强度,缝合线为 Mersilene® 材料,防滑结为两个结节结构。1.2 J 为临界照射强度,在此之前,随着照射强度增加,防滑结强度不断增加;在此之后,随着照射强度减小,防滑结强度不断减小。这是由于在低强度激光照射时,防滑结中纤维表面的熔融点将接触面固结,致使摩擦力增大;当照射强度过大时,激光开始破坏和融化纤维内部结构,致使防滑结整体结构降解,强度随之降低。图 3.12 所示为 0.325 J 激光照射后涤纶缝合线的表面形态,可以较为清晰地揭示以上强度机理[23]。

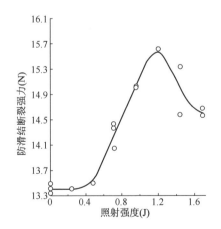

图 3.11　不同剂量激光照射下
防滑结断裂强力

图 3.12　0.325 J 激光照射下涤纶
缝合线表面形态[23]

3.1.9　极端法向力下纺织品摩擦性质

下面将简要介绍在极端法向力加载下纺织品的摩擦性质。前文讨论的是在较小法向力作用下材料的摩擦性能,此时法向力值较小,且小于纤维材料的黏弹性极限。但是有一些特殊加载情况,如弹道冲击作用,会使得纺织品承受极端法向力加载。在弹道冲击加载中,织物交织点的摩擦性能对防护子弹冲击起到关键作用。这种摩擦性能决定了应力在织物中的传播方式,继而决定了能量传播方式。纺织品在这种情况下承受了较大形变作用,超出了其弹性或者准弹性性质。

目前,虽然这方面的摩擦性能值得进行评估和认知,但较少有研究对该性能进行探索。应该清楚认识到,模型 $F = aN^n$ 或者 $\mu = aN^{n-1}$ 在较大变形情况下具有局限性。对于纺织品,即使在法向力为零的情况下,内部结构存在结合力、机械锁结或者缠结力,都会产生摩擦阻力;在较高法向力范围内,则存在更多不同摩擦规律。所以当增加法向力时,实际情况中纤维摩擦系数不会如模型预测结果那样无限制变小,而是在超过一定值时达到临界状态。

考虑到纺织品加载高法向力时会发生塑性应变,所以采用一个较为可信的公式来表征这个范围内的摩擦性质:

$$F = \alpha_0 N + aN^n \tag{3.27}$$

式中: α_0 为附加经验常数。

用经典摩擦系数代入式(3.27),得到:

$$\mu = \alpha_0 + aN^{n-1} \tag{3.28}$$

这个模型最早由 Gralen 提出,用于一般纤维摩擦力计算;后来 Briscoe 用来表征弹道冲击中纺织品的摩擦性能。弹道侵彻级别的应力水平,会使材料失去弹性回复行为,而表现出完全的塑性力学行为,那么式(3.28)计算的值非常小,较多用式(3.27)计算摩擦力。

检验摩擦力,确定材料和结构等因素对摩擦力的影响作用,可以很好地解释纺织品中较为复杂的物理现象,能够帮助人们理解纺织品力学行为,使其更广泛地应用在民用、军事、航空和防护装甲等高性能高技术领域。

3.1.10　羊毛纤维摩擦

3.1.10.1　实验结果

羊毛纤维间的摩擦取决于摩擦的方向:顺鳞片或逆鳞片方向。在两个方向上,摩擦性质有较大差异,这称为方向性摩擦效应,该效应如图3.13所示。

羊毛纤维的这种方向性摩擦效应导致羊毛纤维的缩绒现象,即在羊毛纤维团中,一根羊毛纤维会沿某一占优势的方向运动,使该纤维与其他纤维紧密纠缠,形成紧密的无规排列纤维集合体。

关于羊毛纤维方向性摩擦效应的实验数据见表3.9。

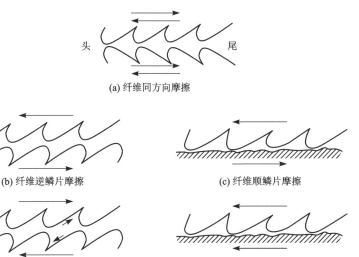

(a) 纤维同方向摩擦

(b) 纤维逆鳞片摩擦　　　　　　　　　　(c) 纤维顺鳞片摩擦

(d) 固体表面的逆鳞片摩擦　　　　　　　(e) 固体表面的顺鳞片摩擦

图 3.13　羊毛纤维方向性摩擦效应

表 3.9　羊毛纤维方向性摩擦效应

试样	摩擦系数 μ	
	逆鳞片	顺鳞片
干羊毛[4]	0.11	0.14
饱和吸湿羊毛[4]	0.15	0.32
未膨润羊毛与软化橡胶[24]	0.58	0.79
经水膨润羊毛与硬质橡胶[24]	0.62	0.72
经水膨润羊毛与软质橡胶[24]	0.65	0.88
羊毛与羊角干燥摩擦[25]	0.3	0.5
羊毛与羊角湿态摩擦,pH＝4.0[25]		
未经处理	0.3	0.6
氯漂	0.1	0.1
氢氧化钾酒精溶液处理	0.4	0.6
硫酰氯处理	0.6	0.7

　　从表中可看出无论羊毛纤维经过表面润滑或膨润处理,方向性摩擦效应始终存在;水中或其他膨润剂中经过膨润处理的羊毛,方向性摩擦效应大于空气中未经膨润处理的羊毛;羊毛表面经过磨损或者化学处理,会使方向性摩擦效应减小,进而可以减少毡缩。

3.1.10.2　方向性摩擦效应机理[26]

　　羊毛纤维表面鳞片是导致羊毛纤维方向性摩擦效应的根本原因。鳞片结构在羊毛纤维的相对运动摩擦中犹如棘轮,在逆鳞片运动时,鳞片尖端相互剪切,形成鳞片的变形和破坏,相对于顺鳞片摩擦,羊毛纤维间的摩擦力较大。

图 3.14 是关于羊毛表面摩擦的一个最简单的几何模型。图中一个简化的羊毛鳞片结构与一个平面接触,鳞片表面倾斜角是 α。在鳞片上有两类摩擦产生:一是产生于鳞片尖点与平面的摩擦,摩擦角是 α;二是鳞片内角与鳞片尖点相互扣合接触时的摩擦,摩擦角是 β。

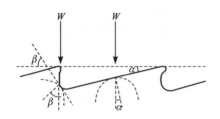 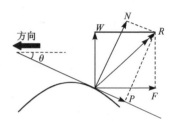

图 3.14　羊毛鳞片和鳞片
顶端与平面的接触[26]

图 3.15　鳞片接触受力状态[26]

考察羊毛鳞片表面与羊毛纤维切向运动方向(羊毛纤维间相互滑移方向)的夹角为 θ 时的受力关系,图 3.15 中接触点的合力 R 可分解为平行于和垂直于运动方向的分量 F 和 W,也可分解为沿接触面切向和法向的分量 P 和 N:

$$N = W\cos\theta + F\sin\theta \tag{3.29}$$

$$P = F\cos\theta - W\sin\theta \tag{3.30}$$

羊毛间滑移的条件是:接触处产生剪切,并且切向力 P 大于或等于最大静摩擦力,即 $P \geqslant aN^n$。

即:

$$F\cos\theta - W\sin\theta \geqslant a\,(W\cos\theta + F\sin\theta)^n \tag{3.31}$$

如前所述,大多数情况下,$n = 2/3$,对于不同的 a 和 θ 值,对应的 F 值如图3.16 所示。从图中可看出运动阻力随 θ 减小而增大。当 θ 是正值时,即使 $a = 0$,即摩擦力为 0,也存在运动阻力。图 3.16 中 θ 的负值就是对应于相反的运动方向。

如果纤维表面的突起部分是随机分布的,无论 θ 的值大还是小,是正值还是负值,每个方向的运动阻力及滑移可能性是一样的,不存在方向性效应。

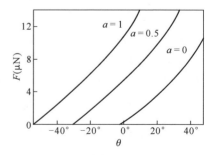

图 3.16　$n = 2/3$ 时对应于不
同的 a 和 θ 的 F 值[26]

对于羊毛纤维,由于存在有规律倾斜的鳞片定向排列(图 3.14),当逆鳞片摩擦时,羊毛纤维鳞片间的两类接触角度分别是 $+\beta$ 和 $-\alpha$,而当顺鳞片摩擦时分别是 $-\beta$ 和 $+\alpha$。结合这些值,得到图 3.17 所示的结果。很明显,逆鳞片摩擦力大。

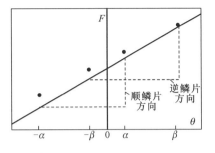

图 3.17　不同 α 和 β 组合情况下羊毛的顺、逆鳞片摩擦力[26]

实际上,羊毛纤维的方向性摩擦效应远比上述的两个简单的摩擦力复杂许多:①因为鳞片长度大于宽度,实际上以 α 角度接触的比例大于以 β 角度接触的比例;②鳞片接触的几何形态不一样,影响 α 值和载荷的分布;③ α 和 β 是一个范围而不是单一值,α 取决于鳞片倾斜角,β 值取决于在鳞片宽度上的接触点位置,范围可达 $\pi/2$(β 的负值范围受 $F \geqslant 0$ 限制)。这些因素会使以 α 角度接触的摩擦力与以 β 角度接触的摩擦力之间的差异缩小,使方向性摩擦效应低于图 3.17 所示结果。

3.1.11　纤维摩擦性质总结

纺织品中纤维变形既不是纯塑性行为,也不是纯弹性行为。当聚合物拉伸成纤维时,其内部大分子链长度适中(相对于橡胶),且由功能基团连接形成半结晶结构,表现出黏弹性力学行为。当给纤维施加法向力滑过另外的材料表面时,存在切向阻力,表达式为:$F = aN^n$。结合非线性压力-面积关系 $P = KA^\alpha$,可以确定影响纤维摩擦响应行为的影响参数,包括 a 和 n,还有体积变化、测试相关参数、形貌变化等。本节介绍了多个与结构相关的摩擦参数,可以用于很好地理解实验参数对摩擦性能的影响作用。

3.2　纤维集合体压缩性质

3.2.1　羊毛压缩性概述——van Wyk 压缩理论[27]

压缩性能是纤维集合体的重要性能之一,比如羊毛,在评估其质量与用途时,格外注重毛织物手感,这是纤维集合体压缩性质之一。

羊毛压力-体积曲线特征已有研究结果表明羊毛体积随着加压-释压周期变化而变小,直到最终达到一个稳定平衡状态,在加压-释压的加载过程中出现一个明显的滞后圈[28-31]。

羊毛试样压缩特性主要表征为加压-释压过程的功变化量,该方法可用于评估

相同压力下所有试样的功。Eggert 等[28]将下述方程应用于表征压缩曲线:

$$\left(\frac{V}{V_0}\right)^{\nu}(p+p_0) = p_0$$

上式也称为 Eggert 方程。式中 V_0 为初始体积，V 是压缩状态的体积，p_0 是羊毛集合体在外界压力为零时的内压力。p_0 是纤维集合体柔软性测度，ν 为衡量纤维材料柔软度指标(对应的就是弯曲刚度指标)。Eggert 方程的缺陷在于系数 p_0 和 ν 对实验误差十分敏感，且依赖于 V_0 的观察值。V_0 的重复性差，且在高压状态下纤维集合体致密程度更加均匀时与实验观测值不一致。另外，这些系数和纤维特性之间似乎并没有可能的联系。

van Wyk[27]通过简化来描述羊毛纤维体压力和体积之间的关系，该关系表征羊毛纤维集合体在连续压缩循环的中期与试验结果有较好的一致性。

3.2.1.1　理论

分析纤维集合体积压缩过程时，假设纤维弯曲是唯一重要的纤维运动形式，忽略纤维扭转、滑移、拉伸及卷曲因素，将纤维看成直杆状物体;其次，纤维是随机取向、均匀堆砌，且纤维间不存在摩擦力。

(1) 基本方程

在理想模型中，将纤维假定为长度方向等截面积的水平直杆，支撑点跨距为 $2b$,在相邻支撑点中间区域施加向下的力 F 。对于相对较小的衰减量，衰减量 y 和力 F 有以下关系式:

$$F = \frac{24IY}{b^3}y$$

式中: I 为截面惯性矩; Y 为弹性杨氏模量。

将该模型用于纤维集合体压缩中一根羊毛纤维，纤维间接触点可被认为是施压杆和承压杆的受力点。接触点不会沿着杆有规律地分布。假设采用接触点间平均距离，上式中系数"24"可替代为未知量"k"。如果施加于单元的力以 dF 增加，挠度以 dy 增加，基本关系可写为:

$$\mathrm{d}F = \frac{kIY}{b^3}\mathrm{d}y \tag{3.32}$$

式中: b 为相邻接触点间纤维单元长度，与纤维长度相比很短。

(2) 单元长度 b

长度 b 计算值假设与纤维间平均距离相等。因为纤维间距离是一个变量，计算 b 的倒数会引入计算误差。误差大小可由计算纤维间平均距离时采用的不同方法而进行判断，方法如下:

① 假设羊毛包含在一单位面积横截面垂直容器内,羊毛所占高度(和体积)为 V。考虑一个直径 d 与纤维直径相等的圆形颗粒,在容器中垂直移动。

颗粒触碰纤维的次数由纤维所占面积与给定的容器截面积之比得出。如果 l 是纤维总长,纤维面积为 ld,但是需要对颗粒尺寸和纤维单元取向面积做出修正。当颗粒中心接近纤维轴 d 距离以内时,会发生一次触碰,颗粒中心的有效面积将为 $2ld$。

假设纤维单元随机取向,因此触碰点数量由纤维投影在平面上的有效面积得出。如果纤维单元方向和垂直线之间夹角为 θ,单元面积需要乘以 $\sin\theta$。如果纤维总长被分为无穷小的等长段,整个面积投影为 $2ld$ 乘以 $\sin\theta$ 空间平均。均值由 $\sin\theta$ 乘以单位圆面积单元,$\sin\theta \mathrm{d}\theta \mathrm{d}\varphi$,在圆上积分,再除以 4π。圆面积为:

$$\overline{\sin\theta} = \frac{l}{4\pi}\int_0^\pi\int_0^{2\pi}\sin\theta\sin\theta\mathrm{d}\theta\mathrm{d}\varphi = \frac{\pi}{4}$$

因此纤维对垂直移动颗粒的有效面积为 $\frac{\pi ld}{2}$。该数值是颗粒移动距离(在数值上等于 V)时触碰纤维的次数,所以触碰点间平均距离为 $\frac{2V}{\pi ld}$,这是纤维间平均距离。将纤维作为这样颗粒的路径,平均单元长度变成:

$$\bar{b} = \frac{2V}{\pi ld} = 0.65\frac{V}{ld} \tag{3.33}$$

② 考虑与上面计算同样的条件,在容器中垂直放置一根直径为 $2d$ 的圆管。如果颗粒的中心沿着管轴运动,任意纤维部分只要在管内就会被颗粒触碰。因为容器横截面面积给定,管的横截面面积为 πd^2,穿过圆管的长度是 $\pi d^2 l$。如果这个长度除以管内纤维部分的平均长度,可以得到颗粒触碰的次数。现在,管内纤维部分随机取向,为了方便计算它们的平均长度,可以像之前计算一样将它们水平投影,假想一根长度为 $\frac{\pi}{4}\pi d^2 l = \frac{\pi^2 d^2 l}{4}$ 的纤维水平穿过圆管。管内部分平均长度是直径为 $2d$ 的圆的弦的平均长度。距离中心 x 的弦长为 $2\sqrt{d^2-x^2}$。这个长度的弦的相对发生概率为介于距离中心 x 和 $x+\mathrm{d}x$ 的两条平行弦之间的面积除以圆的面积,即 $\frac{2\sqrt{d^2-x^2}\mathrm{d}x}{\pi d^2}$。弦的总长为概率与弦长乘积的总和,即 $\frac{4(d^2-x^2)\mathrm{d}x}{\pi d^2}$ 求和。平均长度为总长除以总概率,或:

$$\frac{\int_{-d}^{+d}4(d^2-x^2)\mathrm{d}x}{\int_{-d}^{+d}2\sqrt{d^2-x^2}\mathrm{d}x} = \frac{16d}{3\pi}$$

管内部分的数量为管内总长 $\dfrac{\pi^2 d^2 l}{4}$ 除以平均长度 $\dfrac{16d}{3\pi}$ ，即 $\dfrac{3\pi^3 ld}{64}$ 。因为管长在数值上等于 V ，纤维片段距离假设与单元长度 b 相等，为：

$$b = \frac{64V}{3\pi^3 ld} = 0.69 \frac{V}{ld} \tag{3.34}$$

式(3.33)和(3.34)稍有不同，即数值系数大小不同，这个结果由计算本身得出。从式(3.32)中的因素 k 的不确定性及假设纤维特性始终不变来看，这个细微的差别并无太大影响。

由式(3.33)得：

$$b = \frac{2V}{\pi ld} = \frac{\rho V}{2m}d = 0.65 \frac{V}{m}d$$

其中：m 为羊毛质量；ρ 为羊毛密度，假设为 1.30 g/ cm³ 。

对于一个给定密度，即给定的 $\dfrac{V}{m}$ ，单元长度与纤维直径是成比例的。对于中等直径为 20μ 的美利奴羊毛压缩到 10 cm³/g ，单元长度是纤维直径的 6.5 倍，或 0.013 cm 。纤维每厘米的接触数和单元数只有 70 多，而羊毛每毫克的总数为：

$$\frac{8}{\pi \rho^2 d^3}\frac{m}{V} = 1.9 \times 10^7$$

因此，与式(3.32)联系所做的单元长度与纤维长度相比很短的假设，被确证为适合通常长度的羊毛纤维。

(3) 压力-体积关系

回到式(3.32)，证明力和挠度的方向不会垂直于纤维单元的方向；但是假设考虑了比例的统计常数，以数值因素大小的不确定性来说，这可以被忽略。

依然考虑一个单位的横截面面积的垂直容器，令 c 为一个单元所占的垂直高度，以及考虑一个以距离为 c 的两个水平平面为界的层。这层的单元数量为 $\dfrac{cl}{Vb}$ 。因为这层为一个单元厚，面积是给定的，压力的一个增加量 dp 为每个单元上的力的增加量 dF 与层中单元数量的乘积。因此由式(3.32)得：

$$\mathrm{d}p = \frac{cl}{Vb}\mathrm{d}F = \frac{kIYcl}{Vb^4}\mathrm{d}y$$

厚度为 c 的每层在厚度上以等价于（更准确地说，是成比例于）$\mathrm{d}y$ 减小，因此体积 $\mathrm{d}V$ 改变为：

$$\mathrm{d}V = -\frac{V}{c}\mathrm{d}y$$

结合上面两式得到：

$$dp = -\frac{kIYc^2 l}{V^2 b^4}dV$$

这个层的概念在一定程度上对于大量单元来说是合理的。对于直径为 20μ 的 1 g 羊毛，压缩到 10 cm³，一层的单元数为 10^4，层数将超过 1 000 层。

单元随机取向，c^2 的平均值可被 $\frac{b^2}{3}$ 的平均值取代。对于圆形截面的纤维，$I = \frac{\pi d^4}{64}$，从式(3.33)中，$b = \frac{2V}{\pi ld}$，代入上式得到：

$$dp = -\frac{kYm^3}{12\rho^3}\frac{dV}{V^4}$$

式中：m 为羊毛质量；ρ 为羊毛密度。

对上式积分得到：

$$p = \frac{kYm^3}{36\rho^3}\left(\frac{1}{V^3} - \frac{1}{V_0^3}\right)$$

式中：当 $p = 0$ 时，$V = V_0$。

因为没有考虑单元长度、直径、形状、弹性和其他纤维特性的变化，因此需要调整数值因素。把上式中 k 乘以一个无量级参数用于调整这些数值，上式可改写为：

$$p = \frac{KYm^3}{\rho^3}\left(\frac{1}{V^3} - \frac{1}{V_0^3}\right) \tag{3.35}$$

当 $\nu = 3$ 时，式(3.35)与 Eggert 方程的结果相似。除了压缩程度最小时(包括零压缩)，它与羊毛集合体连续压缩循环的观察结果一致。

压缩程度小时，不一致性可能是由于未考虑密度的均匀性。以上推导中假设了羊毛集合体结构均匀性。压缩开始时，羊毛纤维集合体服从 Hooke 定律[32-33]，但假设没有形成新的接触点，且 b 为常数，式(3.35)为：

$$p = \frac{K'Ym^3}{\rho^3 V_0^2}\left(\frac{1}{V^3} - \frac{1}{V_0^3}\right)$$

这是初始阶段的可能关系。式中 $K' = KV_0^2$。

当式(3.35)适用于压缩中期，在压缩程度高时，需要对纤维物质的体积做出调整。容器壁可能会导致垂直于施加压力的方向上纤维重叠和屈曲程度增加。

3.2.1.2　讨论

在 Eggert 方程中，ν 对实验误差的敏感性导致该指数在羊毛试样之间变化很大。

从式(3.35)来看,假定任何情况下 ν 值为 $3^{[33]}$,同时认为"抗压缩"与下面数量成比例:

$$A = \frac{KYm^3}{\rho^3} \tag{3.36}$$

常数 K 不能由理论推导,但可以由实验得到,前提是能独立定义杨氏模量。困难在于羊毛纤维存在卷曲,杨氏模量因羊毛纤维屈曲而难以定义(直粗羊毛除外)。

常数 K 包括纤维特性变量,其不随试样不同而发生明显变化。假如变量差异不大,压缩性能是一种比较不同羊毛纤维试样的弯曲弹性性能、标定羊毛纤维化学和物理后处理影响的简易方法。因毛纤维团的不规则性使系数(式 3.36)增加 32%,为此,需要尽可能对羊毛彻底梳理,确保纤维随机取向。

滞后效应的存在使得纤维摩擦不能被忽略。摩擦是由于压力减小而体积起初并没有增加,而滞后是不可能只因为摩擦而产生。在某些情况下,压力与体积立方倒数间的曲线的直线部分,导致了零压力下体积为负值,表明有一个摩擦作用是一个常数,或者与体积立方的倒数成比例。

式(3.35)的一个特点是忽略了纤维长度和直径。通过将羊毛切成不同长度的段,长度范围从 4 cm 到 20 cm。更短的长度,自由端数量对式(3.32)中因素 k 的影响,导致系数趋向于下降。当纤维长度≤单元长度时,当这个条件在4 cm长度时没有发生时,清洁和开松时纤维断裂增加,羊毛纤维集合体包含许多短纤维,计算分析时应当加以考虑。

对于 310 根不同类型的美利奴羊毛,没有发现抗压缩性与纤维直径之间的关系;然而,发现了抗压缩与单位长度卷曲数之间的一个重要的相关系数"+0.55"。用纤维直径和单位长度卷曲数之间的相关系数"-0.55"消除卷曲的影响,得到了抗压缩和纤维直径之间的偏相关系数为"0.43"。因此纤维直径有可能影响卷曲。

卷曲可能以几种方式对抗压缩产生直接影响。一个是纤维间接触点可能趋向于集中在卷曲波的波峰和波谷,从而影响了平均单元长度。或者,纤维直径、卷曲和杨氏模量之间可能有某种联系,因此卷曲和纤维直径只能表示 Y 值。从这种关系可以发现 Barker 和 Norris[34] 提出的纤维与支杆有类似弯曲形态不合理,因为它导致了每厘米卷曲数与纤维直径平方的乘积和杨氏模量的平方根之间有反比关系,然而式(3.35)和实验发现了每厘米卷曲数与纤维直径为正相关。

式(3.35)对于其他纤维的适用性取决于纤维间滑移程度。对于羊毛纤维,由于表面鳞片和纤维外形卷曲导致式(3.35)与实验相比有一定精度,但对于其他纤维尚需进一步验证。对羊毛纤维集合体来说,压力和体积之间的关系由假设压缩过程中只包括纤维弯曲而得出。因此,只要比较不同羊毛纤维集合体的弯曲弹性,就可以评价压缩性质。

3.2.2 纤维集合体压缩性质模型与数值模拟

3.2.2.1 与 van Wyk 压缩理论[27]对比

本小节基于纤维物理性能和考虑纤维间的动静摩擦效应,建立预测纤维集合体压缩性能模型。与之前的模型相比,该模型不像 van Wyk 压缩理论那样基于理想弯曲杆单元来预测其性能。为了试验结果和 van Wyk 理论单轴向压缩预测结果比较,模拟两种不同摩擦条件下共计四种压缩情况,结果合理预测 van Wyk 方程中不确定性常数 K。基于纤维直径和分布,也呈现大量的纤维-纤维接触点。预测发现纤维接触点的接触力分布差异较大,同时只有一小部分接触点不发生滑移。通过大量模拟,修改边界条件和导入真实摩擦模型,可以提升该模型的预测能力。

如何模拟纤维集合体压缩-回复性能,是过去 60 多年来困扰纺织科研工作者的主要问题之一。下面介绍单纤维力学性能、纤维集合体结构与纤维集合体整体压缩性能的关系,基于纤维和成型过程预测羊毛纱和羊毛纤维集合体性能,设计压缩后能保留绝缘性能的绝缘材料,以及开发用于声音和振动控制的材料,同时采用数值模拟研究压缩回弹性。

目前纤维集合体压缩性质研究工作基于 van Wyk 在 1946 年提出的模型[27],而 van Wyk 理论来源于描述羊毛纤维集合体压力-压缩体积变化曲线的 Eggert 方程[28]:

$$\left(\frac{V}{V_0}\right)^{\nu}(p+p_0) = p_0$$

式中:V_0 为初始体积;p_0 是羊毛集合体在外界压力为零时的内压力。

根据 van Wyk 的研究[27],p_0 和 V 两个参数对试验偏差的相关性比较难以确定;同时 V_0 比较难测量,在高压力时不准确。目前尚没有找出纤维性能与上述参数的表征关系式。

van Wyk[27]试图推导出基于纤维本身物理性质的方程,但为了便于操作,做了些简化假设。首先,假设纤维弯曲是纤维运动中唯一重要的步骤,因此可忽略扭转、滑移和伸展,也忽略了纤维单元的卷曲,而把它们一开始就视为直杆。他进一步假设纤维单元是随机取向均匀分布的,之间没有摩擦力。因为这些假设,有必要提出一个经验常数 K,用以解释纤维接触点间变化的距离,以及在单元长度、直径、外形、弹性和其他纤维特征上的变化。van Wyk 研究[27]提出的方程为:

$$p = \frac{KEm^3}{\rho^3}\left(\frac{1}{V^3} - \frac{1}{V_0^3}\right) \tag{3.37}$$

式中:E 为弹性杨氏模量;m 为纤维集合体质量;ρ 为羊毛纤维密度(约为 $1.3\ \mathrm{g/cm^3}$)。

上式也可写为：

$$p = KE(V_f^3 - V_{f0}^3) \tag{3.38}$$

式中：V_f 为纤维体积分数；V_{f0} 为未压缩集合体的理想纤维体积分数。

实际上，V_{f0} 是由实验结果推算到零压力条件下得到的。van Wyk[27] 发现中度压缩下压缩-释压循环中期与实验观察一致。

近期，更多的研究者指出 van Wyk 理论[27] 中的缺点：大多数压缩曲线大幅偏离 van Wyk 的逆立方压力-体积关系；常数 K 比理论预期的小两个数量级；压缩初期有一个不可逆应变；压缩-释压循环中有一个机械滞后；最后，该理论不能解释方程中具有相同参数的不同纤维类型的不同压缩性质。Komori 等人随后扩展了该理论，考虑了非随机取向的集合体、非直弯曲单元，以及纤维间的空间位阻[35-38]。

其他研究着眼于解释一个压缩单胞的压缩-释压循环中观察到的纤维滑移和滞后，这可能表示能量损耗，可能由黏滞阻尼或摩擦损失造成。根据 Dunlop[39]，由于可以看出滞后与压缩速率相互独立，损耗机制有可能是摩擦而非黏滞。Dunlop 提出了几个模型，基于不同数量非线性弹簧和摩擦块的串联、并联或混联。然而这些模型主要是定性地显示了纤维集合体行为，它们并不能反映出纤维本身是怎么运动的。Carnaby 和 Pan[40] 在 Lee 和 Lee[41] 的一个早期模型上，结合了摩擦和滑移作用。Carnaby 和 Pan 也使用了在 Postle，Carnaby 和 de Jong[42] 的书中描述的纤维单胞和连续近似的概念。还有 Itoh 和 Komori[43] 采用他们早期的关于纤维间接触点理论，结合摩擦作用做了研究。

所有过去的理论研究都表明任何成功的可压缩纤维集合体模型涉及的纤维需既不直也不随机取向，也没有纤维滑移时之间的摩擦作用。任何这样的模型本质上比 van Wyk 提出的更复杂，要从中得出有意义的结果，有必要使用现代计算机的能力。在填补理论和实验间差距时，首先创建一个单纤维模型，赋予真实的且易于测量的机械性能，推广 van Wyk 理论预测的初始随机取向集合体性质——循环压缩过程中段压缩部分的压力-体积关系，以及集合体中接触点的数量；进而讨论更加复杂的现象，如纤维集合体压缩迟滞效应、压缩引起的纤维集合体取向和纤维卷曲对压缩性质的影响。

（1）模型推导

纤维模型从 Love 的著作[44]（Chapter XVIII）中得到。该理论来源于 Kirchhoff 和 Clebsch 的研究工作，对 Love 的静模型进行了修改，即在力平衡方程中加入加速度项来考虑纤维的动态。这个模型可被认为是 Smith 和 Roberts[45] 采用的模型的三维扩展，以模拟卷曲的纤维穿过二维传输通道的流动。模型中采用的方程确保了线性和角动量守恒。此外，在纤维上增加了不可伸长的条件。这个不可伸长条件被 Nordgren[46] 用来模拟圆管穿过水并自由落体到一个刚性表面的过程，也被

Mansfield 和 Simmonds[47]用于一张纸受一个水平引导发射出的运动过程。

　　该模型建立两个坐标系：一个固定；另一个建立在纤维上的每个点。固定坐标系采用传统的笛卡尔单位向量 i, j, k；局部坐标系采用正交单位向量 p, q, t，其中 t 为沿切线指向纤维的中心线，p 和 q 垂直于 t，有 $p \times q = t$。对于非圆形截面的纤维，p 和 q 平行于主轴；而对于圆形纤维，可随意选取。在圆形的情况下的一个必然选择为，对于纤维的无应力平衡状态，令 p 为法向量 n，q 为副法线向量 b。这两种坐标系之间的关系可表示为九个方向余弦，即固定单位向量和局部单位向量之间的角度余弦。对方向余弦使用 Love 的符号，如下：

$$p = l_1 i + m_1 j + n_1 k$$

$$q = l_2 i + m_2 j + n_2 k$$

$$t = l_3 i + m_3 j + n_3 k$$

式中：l_1 为 p 和 i 之间的角余弦，即 pi。

　　也可以用欧拉角[48]或四元数来表示这些关系，然而，采用方向余弦是最简单的，且具有数字上的优势。

　　局部单位向量 p, q, t 以纤维坐标 s 参数化，s 为从一端到纤维中心线的距离。在一个固定的时刻，当 s 变化时局部坐标系旋转的速率可用"角速度"向量 ω 表示。这个向量可在局部坐标系中分为三份：

$$\omega = \kappa p + \lambda q + \tau t \tag{3.39}$$

　　κ 和 λ 可认为是弯曲曲率的两个部分，而 τ 为"扭转"的部分。分析单一单位向量的旋转，生成如下的曲率与单位向量之间的关系：

$$\frac{\mathrm{d}p}{\mathrm{d}s} = \omega \times p = \tau q - \lambda t$$

$$\frac{\mathrm{d}q}{\mathrm{d}s} = \omega \times q = \kappa t - \tau p$$

$$\frac{\mathrm{d}t}{\mathrm{d}s} = \omega \times t = \lambda p - \kappa q$$

　　特殊地，当 $\kappa = 0$ 时，就成为著名的 Serret-Frenet 方程组，τ 可被认为是空间曲线的扭转。将这些方程分别点积 q, t, p，得到以下曲率方程：

$$\kappa = t \frac{\mathrm{d}q}{\mathrm{d}s}$$

$$\lambda = p \frac{\mathrm{d}t}{\mathrm{d}s} \tag{3.40}$$

$$\tau = q \frac{\mathrm{d}p}{\mathrm{d}s}$$

这些纤维曲率方程与下列 Love[44] 方程组(3.41)~(3.46)的解等价。

模型中的线性动量守恒是从小部分纤维的力平衡得到的。得到的向量方程为：

$$\frac{\partial \boldsymbol{F}}{\partial s} + \boldsymbol{f} + m\boldsymbol{g} = m\frac{\partial^2 \boldsymbol{x}}{\partial t^2} \tag{3.41}$$

式中：$\boldsymbol{F}$ 为纤维中的内力；$\boldsymbol{f}$ 为每单位长度受到的外力；m 为每单位长度纤维的质量；$\boldsymbol{g}$ 为重力加速度；$\boldsymbol{x}$ 为纤维上一点的位置。

角动量守恒为小部分纤维上的力矩平衡，有下列方程：

$$\frac{\partial \boldsymbol{M}}{\partial s} + \boldsymbol{t} \times \boldsymbol{F} + \boldsymbol{m} = 0 \tag{3.42}$$

式中：$\boldsymbol{M}$ 为纤维的力矩；$\boldsymbol{m}$ 为每单位长度受到的力矩（与上一个方程中的 m 无关）。

方程的右边为零，是因为忽略了转动惯量。根据 Nordgren[46]，这个忽略是允许的，因为在本构方程中忽略了剪切变形。

本构方程中含有关于纤维行为最关键的假设。Love[44] 使用"一般近似理论"，这是一根弹性杆的经典伯努利-欧拉理论的概括。假设杆的力矩和曲率之间的线性关系如下：

$$\boldsymbol{M} = G\boldsymbol{p} + G'\boldsymbol{q} + H\boldsymbol{t} \tag{3.43}$$

对于一根初始弯杆：

$$G = A(\kappa - \kappa_0); \quad G' = B(\lambda - \lambda_0); \quad H = C(\tau - \tau_0) \tag{3.44}$$

式中：A, B, C 为刚度常数（A 和 B 维弯曲刚度，C 为扭转刚度）；G, G', H 为内部力矩的局部组分；$\kappa_0, \lambda_0, \tau_0$ 为 κ, λ, τ 的初始(无压力)值。

为了完成模型的参数，需要再做一个假设。由于 Love[44] 的模型假设了中心线的小伸长，因此假设纤维是不可伸长的也是合理的。这个条件通过以下方程施加在局部：

$$\frac{\partial \boldsymbol{x}}{\partial s} = \boldsymbol{t} = l_3\boldsymbol{i} + m_3\boldsymbol{j} + n_3\boldsymbol{k} \tag{3.45}$$

其中纤维上一点的 s 值始终保持不变。

完整的纤维模型包括线性动量守恒[方程(3.41)]和角动量守恒[方程(3.42)]、本构关系[方程(3.43)和(3.44)]，以及不可伸长条件[方程(3.45)]。同时，提出适当的边界条件也是必须的。最后，如果模型是以方向余弦建立的，则必须指定曲率和方向余弦之间的关系[方程(3.40)]，以及方向余弦之间的关系，从而确保正交。

纤维间的相互作用可被建模为垂直于接触纤维中心线的斥力,以及接下来要描述的垂直于法向力的摩擦力。当两根纤维重叠,大小为

$$f_n = k_n(d_c - d_n)H(d_c - d_n) \tag{3.46}$$

的斥力施加于两根纤维上,沿着最短的线连接它们的中心线,称作接触线。式中:k_n 为正常数;d_n 为中心线间的垂直距离;d_c 为相互作用的截止距离(对于圆形纤维,与纤维直径相等);H 为赫维赛德单位阶跃函数。这个力包含在式(3.41)的外力中。这些接触线与每根纤维表面的交点叫作接触点。

为了建立静摩擦模型,有必要添加一个阻止接触点间滑移的作用力;因此加入了一个摩擦点间的吸引力,定义为在每步开始时的接触点。假设摩擦点之间作用有大小为 $f_f = k_f d_f$ 的力,其中 k_f 为正常数,d_f 为摩擦点之间的距离。方程中只含有这个力垂直于法向力的分量。k_f 取值足够大,使得基本排除滑移,而由于忽略了该力的垂直分量,允许纤维间的旋转。摩擦力可以通过两种方式施加。较简单的方式是在计算摩擦力时忽略纤维直径,从而摩擦点将位于中线上,然后这个力应用于式(3.41)中。另一种方式是在计算摩擦力时使用纤维表面摩擦点的实际位置,从而考虑了纤维的扭转取向,这个力用于式(3.41)中。此外,中线的动量应用于式(3.42)中。

很容易理解经典摩擦力公式:

$$F = \mu N$$

式中:F 为摩擦力;N 为法向力;μ 为摩擦系数。

由于黏弹性变形而不能支撑纤维,所以反而常使用经验关系,有 Lincoln[5],Howell 和 Mazur[8]首次使用的一个简单又普遍的方法:

$$F = aN^n$$

式中:a 为量纲常数;n 为无量纲常数。

然而,对于结果的较简单解释,这里只会用到经典公式。设静摩擦系数为 μ_s,当摩擦力 f_f 大于 $\mu_s f_n$ 时,接触被重新定义为滑移。在 Carnaby 和 Pan[40]的研究之后,有了接触点分为滑移和不滑移的分类。设滑移点符合关系式 $f_f = \mu_k f_n$,其中动摩擦系数 μ_k 小于 μ_s。

(2) 方程的数值解法

前一部分引用的三篇论文提出了求解该模型特殊情况的三种不同的数值方法及结果。Nordgren[46]首先结合线性动量、角动量和本构方程为一个运动的单矢量方程,是一个对于位置矢量的偏微分方程,s 的四阶,时间的二阶。然后,他使用这个方程的有限差分来近似表达在下一个时间步的位置矢量(它是未知的),用当前

时间步的张力(这也是未知的)来表达。随后,他把这个公式替换为不可伸长条件的线性方程,成为当前时间步的线性三对角方程组。采用高斯消元法完全求解张力的方程组,使运动方程在下一个时间步的位置矢量被完全求解。

　　Mansfield 和 Simmonds[47] 的二维方程是 Nordgren 使用的方程的子集,也结合动量方程和本构关系而形成的一个简单方程。他们用两个形变势(类似于位置)和一个角 β 作为因变量,代表纤维截面的斜率,而不是位置矢量和张力。然后他们利用分段线性多项式,得到方程的非线性代数系统,应用于有限元逼近。然后该系统通过牛顿法求解。

　　Smith 和 Roberts[45] 采用与 Mansfield 和 Simmonds 相同的二维模型,但加入了阻力及初始弯曲纤维(后者未被 Nordgren 或者 Mansfield 和 Simmonds 使用)。所有方程以原始形式列出,使用有限差分近似得到代数方程的非线性系统,包含每个节点的五个未知量(两个位置坐标、两个力、一个角)。这个系统由牛顿法求解。这个方法的优点在于它允许模型变化的灵活性及较简单的差分方程离散;缺点在于有许多变量,数值解法更慢。

　　采用与 Smith 和 Roberts 相同的方法,先建立一系列含有每个节点 18 个未知量(三个位置分量、九个方向余弦、三个曲率和三个相互作用力分量)的 18 个线性代数方程组,以及合适的边界条件,然后同时对所有节点求解方程组。在下一个时间步重复这个过程。

　　适合方程组的初始条件为通常规定的零时刻的位置和速度:

$$\boldsymbol{x}(s, 0) = \boldsymbol{x}_0(s); \frac{\partial \boldsymbol{x}}{\partial t}(\boldsymbol{s}, 0) = \boldsymbol{v}_0(s) \qquad (3.47)$$

简单边界条件由 Nordgren[46] 给出的得到:

　　特定的 $\boldsymbol{x}$ 或者 $\boldsymbol{F}$,当 $s = 0, l$ 时

及　特定的 $\boldsymbol{M}$ 或 $\boldsymbol{p}$, $\boldsymbol{q}$, $\boldsymbol{t}$,当 $s = 0, l$ 时 　　　　　　　　　(3.48)

其中 l 为纤维长度。

　　例如,纤维在流动场中自如运动,每端为零内力($\boldsymbol{F}=\boldsymbol{0}$)和零动量($\boldsymbol{M}=\boldsymbol{0}$)。

　　想象纤维是由短纤维段组成的,每段长度为 Δs。节点定义在纤维的每端,无论两段相交在哪里。节点标记为 $1, 2, \cdots, n$,而且是段到每个节点的右侧(共 $n-1$ 段)。$\boldsymbol{x}$ 的三个分量和曲率 κ, λ, τ 与节点相关,而 $\boldsymbol{F}$ 的三个分量和方向余弦 l_1, m_1, n_1, l_2, m_2, n_2 与段有关(l_3, m_3, n_3 定义为其他六个方向余弦)。使用这套标记系统,可以用每个节点的中心差异和时间全隐式完成有限微分近似。

　　由于模型中的有限微分,即变量只定义在节点上,有必要用插值来找出接触力。最简单的步骤是用直线连接节点(分段线性插值),但这会导致若干问题,如当接触点在节点处滑移时会丢失接触点。相反,我们选择用分段三次多项式,尤其是

自然立方曲线[49]，在节点间插值。在每一步，一条自然立方曲线穿过每根纤维，然后每对纤维段的立方矢量方程进行比较，以分辨是否有重叠。这是用牛顿法完成的。如果有重叠，这对纤维段标记为一个接触。为了节省计算机内存，而不影响精确度，仅计算靠近被测试段的纤维部分的立方曲线，通常用 15 段长度的纤维。

一旦建立了接触，这些步骤是用于找出法向力的方向和在每个牛顿迭代法的接触点。纤维间法向力的大小由式(3.46)得到。由于力只可能施加在节点上，如果需要在两个节点间施加力，这个力在段的两段节点处按比例分开。

按照前一部分描述的两步施加静摩擦力。动摩擦不能直接通过关系式 $f_\mathrm{f} = \mu_k f_n$ 施加，因为力的方向在第一次迭代时是未知的，从而不可能计算出那个迭代的 Jacobian。取而代之的是，假设了一个基于摩擦点间位移的关系，$f_\mathrm{f} = \mu_k f_n (1 - e^{-k_k d_\mathrm{f}})$，其中 k_k 为常数，大到可以选出但不造成数值困难。这个关系为从一步开始的零力值到收敛时接近 $\mu_k f_n$ 的力值提供了平滑的过渡。正如静摩擦力，这个力也是直接沿着连接两个摩擦点的线的分量，该线垂直于法向力。

纤维的重力和惯性不可能在慢压缩期间对纤维集合体压缩性造成重要影响。因此，为了简化分析，在接下来的模拟中，决定忽略纤维的质量，在式(3.41)中令 $m = 0$。

（3）结果和讨论

为了测试模型的有效性，构建四个测试组。四个测试组并不代表人和特殊的纤维集合体，但所有选取的参数是真实纤维和纤维集合体的代表值。这四组比较集合体在两倍关系的两种初始密度，初始纤维体积分数 V_{f0} 分别为 0.4% 和 0.8%，每个密度在两种不同的系统下进行模拟：

A 组：35 纤维部分，$V_{\mathrm{f0}} = 0.4\%$；

B 组：35 纤维部分，$V_{\mathrm{f0}} = 0.8\%$；

C 组：50 纤维部分，$V_{\mathrm{f0}} = 0.4\%$；

D 组：50 纤维部分，$V_{\mathrm{f0}} = 0.8\%$。

四组中纤维性质始终不变，见表 3.10。假设这些纤维每根都是一个螺旋的一部分。螺旋角 α 定义为切向量 t 和螺旋中线的角度，螺旋半径 R_0 取与 Cantrece 尼龙近似的值，这是 Brand 和 Scruby[50] 测量的最常见的螺旋纤维。注意，几位作者定义螺旋角为这个定义的补充。假设这些纤维具有圆形横截面。静动摩擦系数很难确定，因为它们依赖于这些因素，如加载力、纤维平行还是垂直，以及对于羊毛其鳞片是对齐还是相反，但是使用的值介于对尼龙和羊毛研究的范围之内。此外，用来控制纤维间的力的常数为 $k_n = 3 \times 10^{-2} Ed$，$k_\mathrm{f} = 1.5 \times 10^{-2} Ed$。本文所有的参数和结果均为无量纲形式，长度单位为 d，即纤维直径；压力单位为 E，即弹性模量。对于纺织纤维，d 的典型值范围为 $10 \sim 60~\mu m$，E 的典型值范围为 $1 \sim$

7 GPa 。但对于用于绝缘的玻璃纤维,刚度更大,模量为 69 ～ 100 GPa 。

表 3.10　纤维性质

符号	性质	值
d	纤维直径	任意
E	弹性模量	任意
α	螺旋角	$30°$
R_0	螺旋半径	$3.5d$
B, A	弯曲刚度	$E\dfrac{\pi d^4}{64}$
C	扭转刚度	$0.7B$
μ_s	静摩擦系数	0.5
μ_k	动摩擦系数	0.3

　　为了适应这里使用的小尺寸系统,上述参数做了些调整。因为计算一个完整的纤维集合体模型是不现实的,这样的模型可能包含了上千根纤维和甚至更多的接触,提出在纤维部分头端的合适的边界条件是很重要的。这确保了模型能够代表被模拟的集合体。本文选择建立一个初始立方单胞模型,它的长度是由固定数目的纤维在胞内随机排放确定的,然后调整胞长度与纤维直径的比例,重复这个过程,直到达到期望的初始体积分数。对于这些结果,这个比例从约 60(B 组)到约100(C 组),因此单元长度的量级在 2 mm。

　　施加边界条件的目的是代表力和动量在纤维内通过胞壁的传递,不是尝试精确地模拟这些力和动量,这可能是目前缺少纤维单胞行为知识的主要任务,而是研究者决定通过增加建模的纤维数和接触数来减少边界条件的影响,及得到更精确的结果。一个非常基本的边界条件是与压缩量成比例的垂直移动纤维端部。这样尝试,但在集合体上产生了过多的刚度,因为短纤维段的阻抗,它们需要比长纤维段更多的力来弯曲。用一个更简单但更灵活的边界条件来取代:如果与压缩量成比例垂直运动,在头端所处的点或头端本身之间使用线性弹簧。每个纤维头端被分给它最初接触到的单胞的那一面,相对较弱的弹簧(这里报告的结果采用的弹簧常数为 $1.4 \times 10^{-8} Ed$)抵抗那面的水平运动,而一个更强的弹簧(大 10^7 倍)抵抗垂直于那面的运动。弱弹簧的强度尽可能小到不造成数值不稳定。

　　正如在上一部分提到的,位置/力边界条件必须用取向/动量边界条件补充。对于这些结果,决定仅仅固定在初始值边界的取向。这可能对大幅压缩造成不准确,但对于这里报告的小幅到中等的压缩,不希望这成为一个主要因素。穿过单胞顶部和底部的纤维部分不在模拟中,尽管它们造成了压缩初始时压力的骤增,这与Dunlop[51] 的实验结果一致。对于这里模拟的小单胞,压缩这些纤维的力占主导,所以它们只需要在更大的模拟中考虑进去。特别地,大约 10% 的随机产生的纤维在这个范围,不需要被考虑。同时,非常短的纤维部分也不需考虑,因为它们可能造成数值上的问题。对于本文,所有纤维部分有至少半个螺旋圈组成。图3.18和3.19 显示了单胞在压缩前后的侧视图。

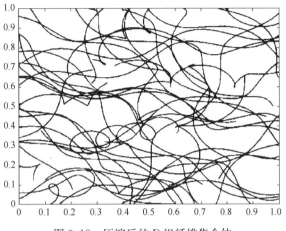

图 3.18 压缩后的 D 组纤维集合体

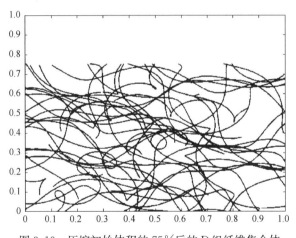

图 3.19 压缩初始体积的 75% 后的 D 组纤维集合体

van Wyk 理论由两部分组成:预测集合体中接触数目,及预测压缩时压力-体积关系。为了研究后者,采用极端的摩擦条件及表 3.10 中给出的摩擦系数值,对所有四组进行模拟。极端条件是"无滑移",其中静摩擦系数 μ_s 设置为极高的值(随意取为 1×10^6),为了阻止任何向滑移的过渡。因为 van Wyk 理论依赖于压应力和体积分数的立方的关系,无滑移和标准摩擦条件。分别已压缩初始体积的95% 和 75% 的状况见图 3.20 和图 3.21,体积倒数的立方为横坐标,测量的体积与初始(未压缩)值相关。这两种条件(无滑移和标准摩擦)下相应的体积倒数立方的最大值分别为 1.17 和 2.37。

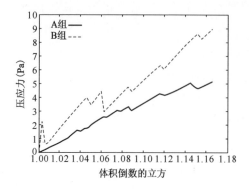

图 3.20　无滑移条件下压应力与
体积倒数的立方的关系(体积
单位为单胞初始体积)

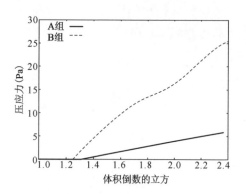

图 3.21　标准摩擦条件下压应力
与体积倒数的立方的关系(体
积单位为单胞初始体积)

此外,图 3.22 中的 C 组是无滑移和标准摩擦的结果,也是第三个条件"自由滑移"的结果,即摩擦系数 μ_s 和 μ_k 均为零。这里可看到对于图中的体积范围,标准摩擦的结果在无滑移和自由滑移结果之间。注意,每组结果的范围依赖于其初始状态,因此前图中给出的结果是典型的,且具有代表性的。图 3.23 给出了 C 组的压应力-体积曲线,对应于三种不同的随机初始状态。希望随着单胞的尺寸增加,结果的范围会减小,因为集合体的不同部分有不同的压缩性质,在大集合体中会均匀化。

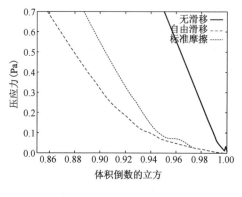

图 3.22　C 组对于三种摩擦条件的
压应力-体积关系图(体积单
位为单胞初始体积)

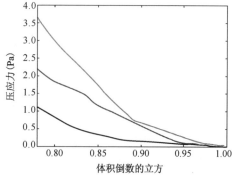

图 3.23　C 组对于三种初始状态的
压应力-体积关系图(体积单
位为单胞初始体积)

van Wyk 常数 K 为无量纲,可被定义为以压应力为纵坐标、以纤维体积分数的立方为横坐标所作的图的斜率。表 3.11 中总结的 K 的众多实验值由 Dunlop

给出,他得出了活塞-气缸装置[51]中不同种类羊毛的压缩值为 0.002 8~0.025 0;对于羊毛、涤纶、Courtelle 腈纶和黏纤,采用声阻抗技术[52]得出的值为 0.024~0.060。用声波方法得出的值较高,可能是由于缺失了小位移滑移。

表 3.11 Dunlop 实验测出的 van Wyk 常数 K

	羊毛	涤纶	腈纶	黏纤
活塞-气缸装置	0.0028~0.0250	—	—	—
声波	0.024±0.007	0.032±0.0010	0.060±0.019	0.055±0.025

无滑移条件下 K 的理论值可从 Lee 和 Lee[41]的研究中得到。他们从几个 van Wyk 的假设中得到,以下方程是对于圆形截面纤维的随机集合体的初始体积压缩模量 E_r:

$$E_r = \frac{9}{32} E V_f^3$$

意味着 K 值为 3/32(约 0.094)。然而这个值是通过假设两接触点间纤维段为自由端的梁结构得到的。如果采用 van Wyk 的内置端部假设,集合体的刚度会变成 4 倍,导致 K 值变成 3/8(刚好 0.375),比任何实验测量值都大。Dunlop[52]提出了理论和实验结果之间的差异来源,部分是由于集合体弯曲长度的分布,部分是由于不规律交换的接触点,后者可能占主要原因。

没有一个标准的途径从非线性压力-体积分数立方(或体积倒数的立方)曲线中得到 K,但是通过压缩最大时曲线的最平部分可以进行粗略估计。对于本文的结果,表 3.12 中给出了 K 的估计值。认为无滑移的结果与 Dunlop 的声波实验结果更接近,而标准摩擦结果的与他的活塞-气缸方法更接近。基于这一点,尽管无法做直接对比,可以看到从图表中得到的 K 值在实验值的最大处,或者稍微超过了实验值的两个范围,尤其是对于 A 组和 B 组。C 组和 D 组比其他两组与实验值更相近,因为更多的纤维和接触被模拟。可以推测模拟量越大,与实验结果的一致性越好。

表 3.12 模拟出的 van Wyk 常数 K

	A 组	B 组	C 组	D 组
标准摩擦	0.068	0.044	0.038	0.036
无滑移	0.5	0.1	0.07	0.06

van Wyk 理论的另一个方面,预测集合体中接触点数量,在实验中很难测定,用这里介绍的模型却很容易比较。van Wyk 得出的方程为:

$$b = \frac{2V}{\pi l d}$$

式中：b 为接触点间距离；l 为集合体中纤维总长。

这是基于直径为 d 的圆截面纤维在气缸中随意放置的集合体。集合体中接触点数量 n 为 $l/2b$，接触点数量为：

$$n = \frac{\pi l^2 d}{4V}$$

这表示了接触点数量和体积倒数的线性关系。

图 3.24 为四种标准摩擦组的接触点数量与体积倒数的关系图。尽管忽略穿过单胞顶面和底面的纤维导致在模拟的集合体中产生了一些取向，但这个影响很小，集合体仍被认为是初始基本随机。由 van Wyk 理论预测四组的初始接触数，大致应为 12（A 组）、20（B 和 C 组）和 30（D 组）。只有 C 组，最初只有 10 个接触，基本上偏离了这些数字；但这只是偶然，因为 C 组的其他状态有更多的初始接触。更重要的是，接触数与体积倒数的线性 van Wyk 关系在计算模拟中大致成立。

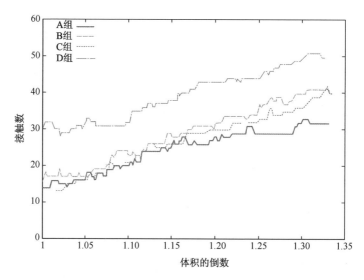

图 3.24　标准摩擦、接触数与体积倒数的关系（体积单位为单胞的初始体积）

上述图表和 van Wyk 理论间最显著的差异为集合体压缩时接触数增加的速率。理论预测当压缩达 75% 时增加 1/3，而所有四组的标准摩擦结果均显示了更大幅度的增长。甚至与 Stearn[53] 的理论相差更大，他预测集合体压缩时随机取向组的接触数增加更少，因为压缩导致取向。这个差异可由两种理论忽略的事实来解释，它们都忽略了压缩时纤维相互间的运动。任何穿过其他纤维路径的纤维都会形成一个接触，这个接触的形成与纤维直径无关。尽管 Komori 和 Itoh 已经发现当纤维体积分数 V_f 低于某值时，纤维接触的发生率大幅增加，因为纤维间的空间排阻及不考虑纤维间的相对运动。这里模拟的集合体密度不可能足够大以致于发生这个现象。

集合体中接触数很少反映关于集合体的性质，除非知道是何种接触，以及它们之间是何种作用力。表 3.13 表明每组中发生的接触力范围。每组的标准偏差都比平均值大，且平均值比中间值大很多。这说明大部分的接触是轻微的，但也有一些强接触，实验证明更强的接触趋向于是非滑移接触。同时也要注意，在所有情况下，尽管假设了接触初始为非滑移，它们大部分都迅速地达到了滑移标准，并被重定义为滑移。在压缩的任何时期，一般小于 15% 的接触都为非滑移接触。

表 3.13　压缩 25% 后，标准摩擦条件下四组的总接触力

指标	A 组	B 组	C 组	D 组
数量	32	40	43	50
均值	3.5	8.0	1.5	4.2
中间值	2.6	4.1	0.26	2.3
标准偏差	3.5	10.8	2.8	5.4
最小值	0.014 0	0.000 7	0.000 2	0.012 3
最大值	13.0	47.0	14.8	20.1

注：力的单位为 N。

接触力的结果与 Lee 和 Lee[41] 理论中采用的关键假设之一很不符合。这个假设是："作用在接触点上的力的大小相互相等，它们的方向与作用的纤维集合体上的压缩力的方向一致。"该假设也被 Carnaby 和 Pan[40] 用于他们的无滑移接触点。在这里介绍的详细数值计算中，并没有找到支持这个简化假设的证据。它可能对发展理论模型有用，但也许并不能准确地反映出真实纤维集合体中力的分布。

（4）本节结论

本节介绍的模型从单根纤维性质得出纤维集合体的整体压缩性质，不再采用 van Wyk 理论中纤维是理想弯曲单元的假设[27]。这不仅使得原本不可能通过实验获得的纤维集合体压缩特性有了可以预测的研究渠道，而且也使原来通过理论很难计算的一些指标和数量得以计算。计算中可以考虑的因素包括集合体初始排列、纤维卷曲、摩擦的不同类型、接触力分布和纤维的空间位阻。

尽管这里模拟的单胞相对较小，以致于不能完全与实验吻合，但仍能得出几个结论：一是即使这些结果可能超出了预计的集合体刚度，通过 van Wyk 常数测量的刚度随着系统尺寸增加而减小，以后有必要进行更大尺寸的模拟来确定是否 K 值会收敛于实验值最大处或者最小处；二是这些结果也表明集合体中接触点数量增加比 van Wyk 预测得更快，这可能是由于 van Wyk 忽略了压缩时相互穿插的纤维。同时，每个模拟中接触力值都很分散，大部分接触在任意给定时间内产生相互滑移，而接触力较高的接触点基本不产生滑移。

本节模型的精确度不会通过运行更大规模的模型得以提高，而是根据单胞内部观察到的行为来指定纤维在单胞边界的行为,因为胞壁在集合体自身内部。同时,可以使用一个更加准确的摩擦模型,这会考虑并非常数的摩擦系数。一旦得到了纤维集合体的重要特性,建立取向纤维集合体模型就没有什么特殊困难了,比如棉条、毛条和棉纱、毛纱。随着计算能力的持续提高,还有可能模拟更高阶的纤维集合体,比如从单纤维开始直接模拟织物触感,这将是纤维集合体力学在性质的理解和预测上的一个巨大飞跃。

3.2.2.2　纤维集合体压缩过程迟滞、卷曲及取向模型

采用上节提出的模型来说明与纤维集合体压缩性质相关的过程迟滞、卷曲及取向现象。van Wyk 理论[27]讨论了初始随机取向纤维集合体的单轴压缩性质,但并未解释压缩过程迟滞、卷曲及取向现象。为了说明这个现象,本节计算压缩过程的势能、作用在集合体上的力及离散取向密度函数,生成了逼真的滞后曲线,并且该模型可预测摩擦导致的能量损耗随时间变化的函数。试验了多次循环后,发现不可逆压缩不会增加,这可能是因为未考虑黏弹性效应。卷曲对压缩性能有很大的影响,纤维卷曲度越高,受压缩时会吸收更多的能量;还发现纱线加捻过程中纤维集合体压缩会吸收更多的加捻能量,这是纱线结构力学所忽视的内容;而且预测到了比 Stearn[53]的结果更低的诱导取向作用。

van Wyk[27]提出的纤维集合体压缩模型完全基于随机分布的纤维梁状弯曲变形。虽然该理论在许多情况下是可行的,但它并未深入探讨纤维聚合体受压缩时的一些重要特性,包括摩擦和滑移、压缩导致的纤维取向增加,以及纤维卷曲对压缩性能的影响。上节主要介绍纤维滑动和摩擦对集合体抗压缩的作用,同时发现集合体中接触点数量以高于 van Wyk 预测的速率增加,接触点随着接触力大幅变化。本节将不引入任何附加假设,揭示了被 van Wyk 理论[27]忽视的压缩过程中的迟滞、卷曲及取向现象。

Stearn[53]通过假设

$$\cot \theta / \cot \theta_c = \sigma \tag{3.49}$$

式中:θ 为纤维的短长度和初始压缩线的夹角;θ_c 为压缩后的同一个夹角;σ 为压缩比(初始体积与压缩后体积的比值)。得到初始随机取向纤维集合体的接触点数量的一个修正系数,发现随着压缩比的增加,单位体积的接触点数量逐渐向下偏离 van Wyk 理论的预测。Komori 和 Makishima[38]结合 Stearn 的方法来研究初始非随机取向纤维集合体,引入取向密度函数:

$$\Omega(\theta, \phi) \sin \theta \tag{3.50}$$

式中:θ 为任意一个短纤维段的极坐标角;ϕ 为 x 轴与纤维段在 $x-v$ 平面的投影

之间的方位角；$\Omega(\theta,\phi)\sin\theta\mathrm{d}\theta\mathrm{d}\phi$ 为纤维段取向介于 θ 和 $\theta+\mathrm{d}\theta$ 之间及 ϕ 和 $\phi+\mathrm{d}\phi$ 之间的概率。从这个一般密度函数,能够得出集合体中接触点数量,然后将结果对应于随机的情况。这与 van Wyk 理论的结论一致,对于片状集合体,接触点数目以相对于随机情况的 $\pi^2/8$ 倍的系数减少。

Komori 和 Makishima[38] 没有尝试通过他们的理论来预测纤维集合体的力学性能,Lee 和 Lee[41] 之后做了这项研究。Lee 和 Lee 采用了 van Wyk 的无滑移假设,因此他们的模型没有提供任何方式来预测因摩擦导致的能量耗散。然而,他们的单轴取向纤维集合体模型中考虑了卷曲因素,他们将该模型与毛条的实验结果做了对比。对于随机取向纤维集合体,他们的模型并不能区分含有不同卷曲数量纤维的纤维集合体,因为所有的随机取向纤维集合体在不考虑卷曲时拥有相同的取向密度函数。Lee 和 Lee 首次提供了纤维集合体泊松比的理论预测,并与实验得出的作用于限制侧壁的压力与所施加的压力的比值进行了对比。

Lee 和 Lee[41] 指出,他们对于随机取向集合体的初始压缩模量的预测过高,这至少要归因于对纤维滑移的忽略。为修正此问题,Carnaby 和 Pan[40] 引入了滑移标准——临界滑移角,这使得接触点被分为滑移和非滑移点分别处理。Carnby 和 Pan 采用此标准,首次通过计算机模拟来预测压缩-释压循环的滞后回线形式。因为他们的计算基于 Lee 和 Lee 的几何假设,他们无法解释随机集合体中的卷曲。Lee 和 Carnaby[54] 后来得出,并由 Lee,Carnaby 和 Tandon[55] 评估的一个新理论。该理论基于初始随机纤维集合体的弯曲能量,并考虑了卷曲因素。然而他们的推导涉及到几个简化假设,包括不考虑扭转和曲率没有必需的连续性,所以顶多适用于二维卷曲。

Dunlop 已得出纤维集合体块状性能的实验结果[51,56]和模型[39],阐释了滑移、滞后和不可逆压缩现象。他发现,一团纤维经过压力-释压循环加载后的压力与逆体积立方曲线是非线性的,向右移动为多达 20 个或更多的连续周期。这是不可逆压缩的迹象。压力-释压曲线的滞后即使在不可逆压缩已经达到最大程度时仍然存在。这意味着能量的耗散,且很大可能来源于摩擦。Dunlop 还测量了羊毛压缩和释压过程中产生的噪音,发现压缩过程中的产生速率呈指数级增长,而释放过程中以恒定速率增加。Dunlop 提出了三种基本模型,包含非线性弹簧和摩擦块的结合,以重现实验曲线。其中之一呈现了类似于一个真实纤维体的滞后回线,虽然不可逆压缩只增加了几个周期。

本文总结了上节模型的主要特征,以及它是如何不同于以上所描述的模型。首先,结合长细杆的 Love-Kirchhoff 模型[44],其中考虑了纤维局部主轴的弯曲和中心轴的加捻,建立初始弯曲(卷曲)纤维部分的本构关系。模型必须确保曲率的连续。对这些纤维部分建立一个最初立方单胞,其中位置边界条件由纤维部分端部的线性弹簧加强,且取向边界条件仅仅为保持在整个模拟过程中纤维端部取向不变。

　　纤维之间的接触也以线性弹簧的方式建立模型,用一根弹簧在每根纤维接触阻力重叠处,另一根弹簧垂直作用于第一根,代表静摩擦力。当静摩擦力超过滑移标准,线性静摩擦弹簧被替换为一根允许滑移的非线性动摩擦弹簧。假定该集合体表现为准静态,即压缩过程被认为足够慢,以致于纤维的运动可以忽略,即纤维的质量足够小,重力可以忽略不计。运动方程采用有限差分离散,并通过牛顿法的方式来解决。

　　基于上节的试验 D,这四个测试准确地代表了纤维集合体压缩性能。试验 D由 50 个螺旋纤维部分组成,初始体积分数 V_{fo} 为 0.8%。为了测试卷曲的效果,研究试验 D 及新试验 D,即螺旋半径加倍同时螺旋周期相同,这需要将螺旋角 α 从 30°增加到 49°,α 定义为纤维切线和螺旋线中心线之间的角度。一些研究人员使用几种测量卷曲度的方法,可以很容易地测量螺旋半径和螺旋角。跟随 Lee,Carnaby 和 Tandon[55],这里提出参数卷曲度 C_r,定义为纤维伸直长度与卷曲后长度的比值。对于螺旋纤维,卷曲度与螺旋角的关系式为:

$$C_r = \frac{1}{\cos \alpha} \tag{3.51}$$

　　把原始试验 D 称为"标准卷曲",把新试验称为"高度卷曲"。这两种试验的纤维参数值见表 3.14。压缩前高度卷曲的侧视图如图 3.25 所示。

表 3.14　纤维性能

符号	性质指标	标准卷曲	高度卷曲
d	纤维直径	任意值	不变
E	弹性模量	任意值	不变
α	螺旋角	30°	49.1°
R_0	螺旋半径	3.5d	7.0d
B, A	抗弯刚度	$E = \dfrac{\pi d^4}{64}$	不变
C	扭转刚度	0.7B	不变
μ_s	静摩擦系数	0.5	不变
μ_k	动摩擦系数	0.3	不变
C_r	卷曲度	1.15	1.53

(1) 滞后

　　为了研究压缩-释压循环过程中机械滞后现象,有必要分析纤维集合体的能量。能量平衡控制方程为:

$$W = \Delta PE + E_d \tag{3.52}$$

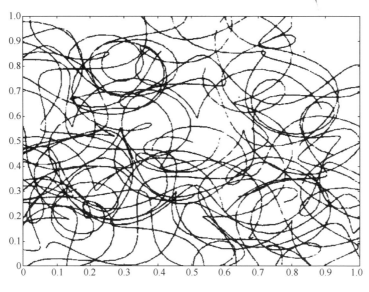

图 3.25　压缩前高卷曲度纤维集合体

式中：W 为对集合体做的功；ΔPE 为集合体势能的交换；E_d 为消耗的能量。

使集合体体积从 V_1 变到 V_2 所做的功由下式计算：

$$W = \int_{V_1}^{V_2} P \mathrm{d}V \tag{3.53}$$

式中：P 为集合体压缩或抗压缩的压力；$\mathrm{d}V$ 为体积的微变。

在电脑程序中，这个表达式可以通过数值积分进行评价，使用仿真过程中计算出的压力-体积对。集合体的势能由两部分组成：纤维的弯曲势能 E_b 和弹簧中储存的势能 E_s。因此：

$$PE = E_b + E_s \tag{3.54}$$

定义弯曲势能包括纤维的扭转能，用下式计算：

$$E_b = \int_S \left[\frac{1}{2} A (\kappa - \kappa_0)^2 + \frac{1}{2} B (\lambda - \lambda_0)^2 + \frac{1}{2} C (\tau - \tau_0)^2 \right] \mathrm{d}s \tag{3.55}$$

式中：κ，λ 及 τ 为局部曲率；κ_0，λ_0 及 τ_0 为初始局部曲率；s 为沿纤维中心线方向测量的长度；S 为集合体中纤维的总长度。

将各术语综合，上式允许弯曲能量被分为三种模式，两种用于弯曲，一种用于扭转，分别称为模式 A，B 和 C。弹簧的能量为各独立的弹簧势能的叠加。一旦集合体的功和势能变化被计算出来，式 (3.52) 用于计算 E_d，在模型中假设能代表摩擦中的能量损失。

　　标准弯曲情况下,功、弯曲能及弹簧能与体积的关系如图 3.26 所示。请注意,这里已经将能量规范化来进行不同尺寸单胞的直接比较,通过无量纲因子 V_0/d^3,V_0 为单胞的初始体积。从图中可看出弹簧能量线性增加,弯曲能量以一个更快的速率增加,并且在集合体被压缩约 15% 时超过弹簧能量。同时,弯曲和弹簧能量的变化加起来不等于功,正如预期显示一些能量已被耗散。模型生成滞后回线,其中弯曲能量占主导,因为弹簧具有人为假设的性质。

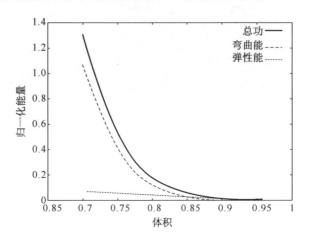

图 3.26　标准弯曲第一次压缩归一化功、弯曲能及弹性能与体积的关系图
（体积单位为单胞的初始体积;能量单位为 $E_d^3 \times 10^{-9}$,能量由归一化
能量与 V_0/d^3 的乘积得到,其中 V_0 为集合体的初始体积）

　　为了得到滞后圈,将标准卷曲组压缩到其初始体积的 70%,压缩比与上节相比要大 5%。当目标体积达到后,先设置所有滑移点为不滑移点,然后开始以之前压缩时相同的速率释压集合体。跟随 Dunlop[51] 的实验过程,在重置接触点及开始下一个压缩循环之前,将压力下降到其最大值的 10%。三种不同的压缩循环如图 3.27 所示。这里能清楚地看到有一个滞后发生,并没有跟随重复的循环。在循环圈底部还有一个小而明显的不可逆压缩,且集合体体积减少了至少 2%。Dunlop[51] 指出,滞后及不可逆压缩均为纤维集合体的已知性质,说明模型捕获了纤维集合体压缩时的重要特征。

　　然而,在第六个循环之后没有不可逆压缩发生,线圈几乎是沿着相同的路径。Dunlop[39] 观察到他的模型之一采用摩擦块和非线性弹簧来模拟集合体的块状表现时有着相同的趋势。由于真实的纤维体体积在更多的循环后持续减少,两个模型中必然有某种因素在失去。一种可能是忽略了黏弹性,因为黏弹性会阻止纤维体完全弹回初始形状。对于羊毛来说,另一种可能是鳞片的影响,可能会对集合体体积有棘轮效应。

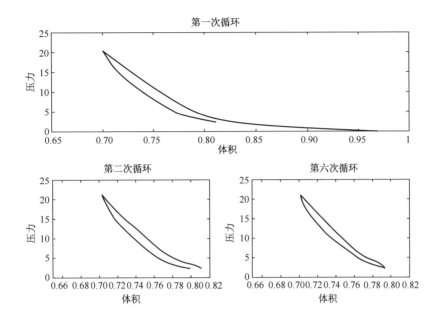

图 3.27 标准卷曲组相同的两次压力限制第一、二、六次压缩-释压循环的
压力-体积关系图（体积单位为单胞的初始体积，压力单位为 $E \times 10^{-9}$）

图 3.28 为能量随时间的消耗图，假设压缩和解压缩保持在恒定的速率，每一个单元代表体积的一次相对于集合体初始体积的 1% 的变化。这些曲线用于与 Dunlop 的羊毛压缩时声波发射方法做比较。Dunlop 测试了羊毛团在以恒定速率压缩及解压过程中声波发射的数量。他发现压缩过程中发射的累积数量以指数增加，且在释压过程中以线性增加。他还发现压缩过程中发射的总数量比释压过程中发射的多很多。在合理的假设下，发射的数量与摩擦能消耗量成比例关系，本节的结果与这些观察完全一致。

Dunlop 同时也观察到每一次释压期发射的总量随循环数呈线性减少。他观察了多达 16 个循环。由图 3.28 可以很清楚地看出循环中预期的能量消耗在压缩和释压期都有明显的减少。这在物理上是合理的，因为在循环进行时纤维要重新排列以形成更稳定的结构。

在本节模型的模拟中，第四十个循环后这种现象不再继续发生。这可能再次归因于忽略了黏弹性或者模型中未考虑羊毛鳞片。总体来说，本节模型的研究结果结合 Dunlop 的声学观测和他后来的观察[39]认为压缩滞后被观察到独立于压缩速率，这大力支持了摩擦为压缩纤维集合体时的主要模式这一观点。六个压缩-释压循环数据见表 3.15。

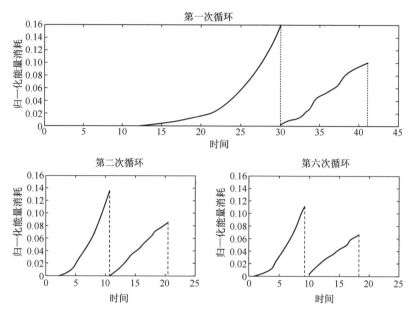

图 3.28 标准卷曲组第一、二及六次压缩-释压循环的归一化能量消耗—时间关系图
（每个情况的第一条曲线为压缩期；每个时间单元代表体积的一次相对于集合体
初始体积的 1% 的变化；能量单位为 $E_d^3 \times 10^{-9}$；能量由归一化能量与 V_0/d^3 的乘
积得到，其中 V_0 为集合体的初始体积）

表 3.15 标准卷曲组前六个压缩-释压循环中作用于系统的功(W)、
势能的变化(ΔPE)及能量耗散(E_d)的归一化数据表

循环数	时期	W	ΔPE	E_d
1	压　缩	1.314	1.154	0.160
	解压缩	-0.938	-1.038	0.100
2	压　缩	1.032	0.896	0.136
	解压缩	-0.794	-0.877	0.082
3	压　缩	0.924	0.813	0.111
	解压缩	-0.735	-0.800	0.065
4	压　缩	0.866	0.767	0.098
	解压缩	-0.708	-0.770	0.062
5	压　缩	0.927	0.826	0.101
	解压缩	-0.752	-0.821	0.070
6	压　缩	0.946	0.835	0.111
	解压缩	-0.770	-0.835	0.064

能量单位为 $E_d^3 \times 10^{-9}$ 。能量由以上数值与 V_0/d^3 的乘积得到，其中 V_0 为集
合体的初始体积。

（2）卷曲

Lee，Carnaby 和 Tandon[55]得到的结论是：纤维卷曲度的增加使得羊毛体积更大，导致压缩其到一个固定的体积时需要做更多的功。以往的理论工作中并未得出这个现象。他们尝试在他们的模型中模拟这个现象，但是结果并不清晰。对于两种模拟的集合体，一种的纤维卷曲度为 1.15，另一种为 1.35，以相同的初始压缩单位高度及相同的初始质量密度压缩。他们发现卷曲度较低的集合体的压缩确实能以一个较快的速率增加。尽管这在物理上貌似不正确，并不能在实验中测试到，因为实际上卷曲度更大的纤维的集合体有更低的初始质量密度，除非受到外部压力。Lee，Carnaby 和 Tandon[55]，还有 Komori 和 Itoh[36]评论称缺少一种模型来预测集合体基于纤维组分最可能的初始体积分数，因此正确的初始质量密度必须从实验中得到。计算机模拟可能有助于这样一种模型的发展。

由于不知道对于本节介绍的标准卷曲组或高卷曲组应采用的最实际可行的初始体积分数，所以开始先采用 V_f 值的 0.8%，通过比较来得出哪个以更快的速率吸收能量。该对比的弯曲能与体积的关系见图 3.29。很明显，高卷曲组的弯曲能比标准组增加得更快。这可能与实验结果一致，而与上面提到的结果相反。对此，一种可能的解释见图 3.30 及图3.31。这些图显示所有三种弯曲模式对两组都很重要。对于标准卷曲组，模式 A，即弯曲模式是最大的；而对于高卷曲度组，尽管模式 A 与 B 都比标准卷曲组大，模式 C，即扭转模式才是最大的。以往的模型弯曲忽略了扭转纤维的能

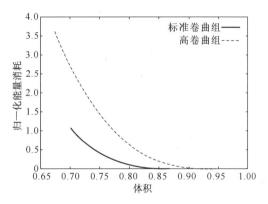

图 3.29　标准卷曲组及高卷曲组的归一化弯曲能与体积的关系图（两者的 V_{f0} 均为 0.8%；体积单位为单胞的初始体积；能量单位为 $E_f^{\frac{1}{3}} \times 10^{-9}$；能量由归一化能量与 V_0/d^3 的乘积得到，其中 V_0 为集合体的初始体积）

量，因此产生一个重要结果：纤维扭转模式与纤维集合体三维压缩性质密切相关。

Lee 和 Lee[41]对纤维集合体压缩理论的重要贡献之一是预测了集合体的泊松比。以前的理论仅仅尝试预测接触点数量级压力-体积关系。尽管他们的理论预测是基于两种应变之比，而用于对比的实验值是基于作用于集合体边侧的压力与施加的压力之比。为了区别这两种泊松比，称后者为"压力泊松比"。正如前文提到的，Lee 和 Lee 理论[41]未考虑随机取向纤维集合体的卷曲，这也许对泊松比没有什么影响，因为他们测试的随机集合体的压力泊松比实验值为"0.27，不考虑纤维卷曲"。他们的相关理论预测为 $1/\pi$（大约为 0.318）。

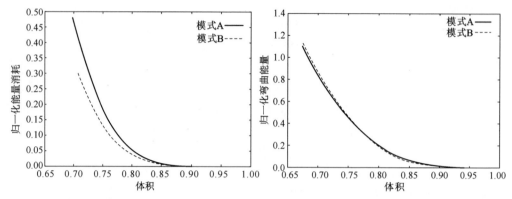

图 3.30　标准卷曲组三种模式的归一化弯曲能与体积关系图（体积单位为单胞初始体积；能量单位为 $E_3^4 \times 10^{-9}$；能量由归一化能量与 V_0/d^3 的乘积得到，其中 V_0 为集合体的初始体积）

图 3.31　高卷曲组三种模式的归一化弯曲能与体积关系图（体积单位为单胞初始体积；能量单位为 $E_3^4 \times 10^{-9}$；能量由归一化能量与 V_0/d^3 的乘积得到，其中 V_0 为集合体的初始体积）

本节介绍的模型对压力泊松比的模拟结果如图 3.31。压力泊松比值由四个边侧的作用力的平均值得到，因为小尺寸单胞产生了比单侧得到的压力更稳定的值。然后，这个平均值除以施加的压力。因为在压力泊松比在模拟过程中有相当大的变化，对两组各提供了两个模拟方案，每个都有不同的初始结构。随着压缩的进行和弯曲能占主导，所有四种模拟最后停留在 0.2 到 0.4 之间，与实验值 0.27 相差不太大。随着进一步压缩，它们可能会汇集到同一个最终值，但目前还没有测试这种可能。在集合体压缩时，没有观察到 Carnaby 和 Pan[40] 在模拟中得到的泊松比急剧上升到一个大于 0.5 的峰值，随后骤减到 0。

（3）取向

由于在压缩中测量纤维取向很困难，压缩引起的取向对初始随机取向纤维集合体的压缩性是否有影响只取得了较少的进展。对这个问题的标准研究是 Stearn 理论[53]，之后 Lee，Carnaby 和 Tandon[55] 认为这是他们关于集合体在一个容器中的压缩模拟的一个特殊情况。为了得到他的理论，Stearn 做了如式（3.49）所给出的假设，这并不基于观察，而"只是暂定，且必然随着考虑的纤维种类的不同而不同"。根据这个假设，Stearn 得到了一个关于极角 θ 的取向密度函数，θ 介于 0 到 $\pi/2$ 之间，压缩比 σ 为一个参数。

这里，引入变量的变化来简化表达，使

$$u = \cos \theta \tag{3.56}$$

在取向密度函数中用 u 代替 θ，可以将变量的范围由 0 到 $\pi/2$ 变为 0 到 1，提供了一个关于 1 的单调取向密度函数而不是 $\sin\theta$，从而从密度函数中消除三角函数。Stearn 的关于 u 的密度函数可写为这种形式：

$$f(u) = \sigma\left[\sigma^2 u^2 + (1-u^2)\right]^{-3/2} \qquad (3.57)$$

Stearn 的密度函数中 u 的期望（平均值）$\bar{u}$ 为：

$$\bar{u} = \int_0^1 u f(u)\,\mathrm{d}u = \frac{1}{\sigma+1} \qquad (3.58)$$

式中：$f(u)\mathrm{d}u$ 为小部分纤维的 u 值介于 u 到 $u+\mathrm{d}u$ 之间的概率。

σ 的非压缩值为 1 时，$\bar{u}$ 为 1/2 。因此 Stearn 的理论预测到压缩进行中一个显著的转变，即 u 的平均值由 $\cos\theta$ 变为更小的值（也就是说纤维更加水平）。例如，对于初始随机集合体压缩度 30%（$\sigma = \dfrac{1}{0.7} \approx 1.43$），$u$ 的平均值由 0.5 下降到 0.412，因此 θ 的平均值由 60°增加到约 66°。

用图 3.32 中四个直方图来表示模拟中 u 的分布情况。这些提供了对于标准卷曲和高卷曲的压缩初期及末期的取向密度函数 $f(u)$ 的估计。直方图在初始阶段偏向左——这是穿过单胞的顶面和底面的纤维的排斥的结果，如前文所述。这似乎对标准卷曲有更大的影响。不同于从 Stearn 理论中期待的，压缩初期及末期的直方图之间并没有大的可见差异。这证明了对于 $\cos\theta$ 平均值的计算值。Stearn 理论的预测均值从 0.5 下降为 0.412；而这里介绍的模型数值结果显示，对于标准卷曲，由 0.426 降为 0.416；对于高卷曲，由 0.487 降为 0.482。因此，两个模拟都显示，随着压缩进行，纤维趋向更水平的趋势。这个结果并没有 Stearn 理论预测的那般显著。有可能 Stearn 高估了引入的取向效果，因为他的理论中并未考虑纤维滑移。另一方面，这里也许低估了引入的取向效果，因为假设纤维段头端在压缩时未改变纤维的取向。只有结合实验观察和进行不同边界条件下更大规模的数值模拟，才能解释这种差异。

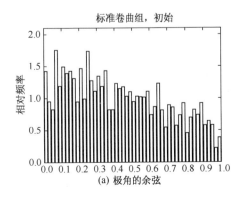

(a) 极角的余弦

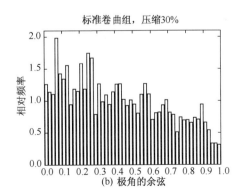

(b) 极角的余弦

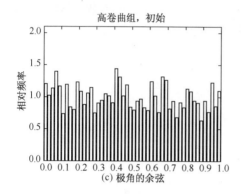

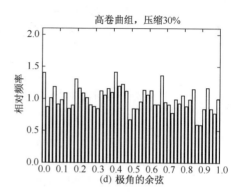

图 3.32　直方图显示标准卷曲组和高卷曲组在未压缩及压缩 30％时的 $\cos\theta$ 分布

（图中归一化处理，因此这些条形图的面积总和为 1）

（4）结论

使用上节模型，预测了纤维集合体压缩过程中加压-减压循环中的迟滞现象、纤维卷曲性的影响，以及压缩导致的取向。

在压缩迟滞中，发现在循环进行时摩擦造成的能量耗散，随压缩循环增加，由于纤维黏弹性效应，能量耗散的减少和不可逆压缩的增加并未继续下去。

对于卷曲效应，发现含有高卷曲度纤维的纤维集合体比含有较低卷曲度纤维的集合体在压缩时吸收更多的能量，这与实验观察一致。高卷曲组以扭转模式吸收的能量比标准卷曲组的更多。这可能是由于高卷曲纤维具有更大的三维尺寸效应。以往的理论完全忽略了扭转能的重要性。

对于压缩引起的纤维集合体取向，预测有一个效果，但是并不像 Stearn 理论[53]中预测的那样，还需要更多的研究来解决这个差异。若本节模型数值模拟正确，也许可以部分解释 van Wyk 理论的成功，该理论假设压缩过程中有随机取向。若压缩度不太高，这也许是一个合理的假设。

关于本章更多内容，可进一步阅读本章编写时参考的以下主要资料[27, 57-60]：

① van Wyk C M. Note on the compressibility of wool. Journal of the Textile Institute Transactions，1946，37(12)：T285-T292.

② Gupta B S. Friction behavior of fibrous materials used in textiles. In：Gupta B S (ed.), Friction in textile materials. Cambridge，England，Woodhead Publishing Limited，2008：67-94.

③ Morton W E, Hearle J W S. Physical properties of textile fibres (fourth edition). Cambridge，England，Woodhead Publishing Limited，2008：709-737.

④ Beil N B, Roberts W W. Modeling and computer simulation of the compressional behavior of fiber assemblies. Part I: Comparison to van Wyk's theory. Textile Research Journal，2002，72(4)：341-351.

⑤ Beil N B, Roberts W W. Modeling and computer simulation of the compressional behavior of fiber assemblies. Part II: Hysteresis, crimp, and orientation effects. Textile Research Journal, 2002, 72(5): 375-382.

参 考 文 献

[1] Clark J F, Preston J M. Thermoelastic properties of synthetic fibres. Journal of the Textile Institute Transactions, 1953, 44(12): T596-T608.

[2] Halsey G J, White H Eyring H. Mechanical properties of textiles. Textile Research Journal, 1945, 15(9): 295-311.

[3] Bowden F P, Young J E. Friction of diamond, graphite, and carbon and the influence of surface films. Proceedings of the Royal Society of London. Series A, Mathematical and Physical Sciences, 1951, 208(1095): 444-455.

[4] Lindberg J, Gralén N. Measurement of friction between single fibers. II: Frictional properties of wool fibers measured by the fiber-twist method. Textile Research Journal, 1948, 18(5): 287-301.

[5] Lincoln B. Frictional and elastic properties of high polymeric materials. British Journal of Applied Physics, 1952, 3(8): 260-263.

[6] Howell H G. The laws of static friction. Textile Research Journal, 1953, 23(8): 589-591.

[7] Gralén N, Olofsson B, Lindberg J. Measurement of friction between single fibers. Part VII: Physicochemical views of interfiber friction. Textile Research Journal, 1953, 23(9): 623-629.

[8] Howell H G, Mazur J. Amontons' law and fibre friction. Journal of the Textile Institute Transactions, 1953, 44(2): T59-T69.

[9] Lodge A S, Howell H G. Friction of an elastic solid. Proceedings of the Physical Society. Section B, 1954, 67(2): 89-97.

[10] Viswanathan A. Frictional forces in cotton and regenerated cellulosic fibres. Journal of the Textile Institute Transactions, 1966, 57(1): T30-T41.

[11] El-Mogahzy Y E. Ph D Dissertation. Polymer and Fiber Science North Carolina State University, Raleigh, North Carolina, USA, 1987.

[12] Gupta B S, El-Mogahzy Y E. Friction in fibrous materials. Part I: Structural Model. Textile Research Journal, 1991, 61(9): 547-555.

[13] El-Mogahzy Y E, Gupta B S. Friction in fibrous materials. Part II: Experimental study of the effects of structural and morphological factors. Textile Research Journal, 1993, 63(4): 219-230.

[14] Gupta B S, El-Mogahzy Y E, Selivansky D. The Effect of hot-wet draw ratio on the coefficient of friction of wet-spun acrylic yarns. Journal of Applied Polymer Science, 1989, 38(5): 899-905.

[15] Fair N, Gupta B. Effects of chlorine on friction and morphology of human hair. Journal of the Society of Cosmetic Chemists, 1982, 33: 229-242.

[16] Fair N, Gupta B. The chlorine-hair interaction. II: Effect of chlorination at varied pH levels on hair properties. Journal of the Society of Cosmetic Chemists, 1987, 38: 371-384.

[17] Fair N, Gupta B. The chlorine-hair interaction. III: Effect of combining chlorination with cosmetic treatments on hair properties. Journal of the Society of Cosmetic Chemists, 1988, 39(2): 93-105.

[18] Gupta B S, Wolf K W, Postlethwait R W. Effect of suture material and construction on frictional properties of sutures. Surgery, Gynecology & Obstetrics, 1985, 161(1): 12-16.

[19] Gupta B S, Postlethwait R W. An analysis of surgical knot security in sutures. In: Winter G D, Gibbons D F, Jr P H (eds.), Biomaterials, Wiley-Interscience, New York, 1982: 661.

[20] Gupta B S, Milam B L, Patty R R. Use of carbon dioxide laser in improving knot security in polyester sutures. Journal of Applied Biomaterials, 1990, 1(2): 121-125.

[21] Gupta B S, Stone E A. Application of CO_2 laser in improving mechanical performance of surgical knots. In: 15th Southern Biomedical Engineering Conference IEEE, 1996: 221.

[22] Peneff N L. MS Thesis. North Carolina State University, Raleigh, North Carolina, USA, 1994.

[23] Gupta B S. Performance of polymers, fibers and textiles in medicine. In: Medical Textiles 2004: Advances in Biomedical Textiles and Healthcare Products, Industrial Fabrics Association International (IFAI), Roseville, MN, 2004: 76-88.

[24] King G. Some frictional properties of wool and nylon fibres. The Journal of the Textile Institute, 1950, 41(4): T135-T144.

[25] Mercer E H. Frictional properties of wool fibres. Nature, 1945, 155(3941): 573.

[26] Lincoln B. Frictional properties of wool fiber. Journal of the Textile Institute Transactions, 1954, 45: T92-T107.

[27] van Wyk C M. Note on the compressibility of wool. Journal of the Textile Institute Transactions, 1946, 37(12): T285-T292.

[28] Eggert M, Eggert J. Beitrage zur Kenntnis der Wolle und Ihrer Bearbeitung, edited by Mark H, Berlin, Gebrüder Borntraeger, 1925: 69-87.

[29] Winson C G. Report on a method for measuring the resilience of wool. Journal of the Textile Institute Transactions, 1932, 23(12): T386-T393.

[30] Larose P. The harshness of wool and its measurement. Canadian Journal of Research, 1934, 10(6): 730-742.

[31] Pidgeon L M, van Winsen A. The effect of sorbed water on the physical properties of asbestos and other fibres, with special reference to resilience. Canadian Journal of

Research, 1934, 10(1): 1-18.

[32] Schofield J. Researches on wool felting. Journal of the Textile Institute Transactions, 1938, 29(10): T239-T252.

[33] van Wyk C M. A study of the compressibility of wool, with special reference to South African Merino wool. The Onderstepoort Journal of Veterinary Science and Animal Industry, 1946, 21(1): 99-224.

[34] Barker S G, Norris M H. A note on the physical relationships of crimp in wool. Journal of the Textile Institute Transactions, 1930, 21(1): T1-T17.

[35] Komori T, Itoh M. A modified theory of fiber contact in general fiber assemblies. Textile Research Journal, 1994, 64(9): 519-528.

[36] Komori T, Itoh M. Analyzing the compressibility of a random fiber mass based on the modified theory of fiber contact. Textile Research Journal, 1997, 67(3): 204-210.

[37] Komori T, Itoh M, Takaku A. A model analysis of the compressibility of fiber assemblies. Textile Research Journal, 1992, 62(10): 567-574.

[38] Komori T, Makishima K. Numbers of fiber-to-fiber contacts in general fiber assemblies. Textile Research Journal, 1977, 47(1): 13-17.

[39] Dunlop J I. On the compression characteristics of fiber masses. The Journal of the Textile Institute, 1983, 74(2): 92-97.

[40] Carnaby G A, Pan N. Theory of the compression hysteresis of fibrous assemblies. Textile Research Journal, 1989, 59(5): 275-284.

[41] Lee D H, Lee J K. Initial compressional behaviour of a fibre assembly. In: Objective Measurement: Applications to Product Design and Process Control. Kawabata S, Postle R, and Niwa M (eds.). The Textile Machinery Society of Japan, Osaka, 1985: 613-622.

[42] Postle R, Carnaby G A, de Jong S. The mechanics of wool structures. Ellis Horwood, Chichester, U. K., 1988.

[43] Itoh M, Komori T. Deformation mechanics of random fiber masses considering fiber slippage. Part I: The theoretical scheme to describe the elastic stress and an application to compressional deformation. The Textile Machinery Society Japan, 1997, 50: 81-92.

[44] Love A E H. A treatise on the mathematical theory of elasticity (4th edition). Dover Publications, New York, 1944

[45] Smith A C, Roberts W W. Straightening of crimped and hooked fibers in converging transport ducts-computational modeling. Textile Research Journal, 1994, 64(6): 335-344.

[46] Nordgren R P. On computation of the motion of elastic rods. Journal of Applied Mechanics-Transactions of the ASME, 1974, 41(3): 777-780.

[47] Mansfield L, Simmonds J G. The reverse spaghetti problem-drooping motion of an elastica issuing from a horizontal guide. Journal of Applied Mechanics Transactions of the ASME, 1987, 54(1): 147-150.

[48] Leaf G A V, Tandon S K. Compression of a helical filament under distributed forces. The Journal of the Textile Institute, 1995, 86(2): 218-231.

[49] Golub G H, Ortega J M. Scientific computing and differential equations: an introduction to numerical methods. Academic Press, San Diego, CA, 1992.

[50] Brand R H, Scruby R E. Three-dimensional geometry of crimp. Textile Research Journal, 1973, 43(9): 544-555.

[51] Dunlop J I. Characterizing the compression properties of fibre masses. The Journal of the Textile Institute, 1974, 65(10): 532-536.

[52] Dunlop J I. The dynamic bulk modulus of fibre masses. The Journal of the Textile Institute, 1981, 72(4): 154-161.

[53] Stearn A E. The effect of anisotropy in the randomness of fibre orientation on fibre-to-fibre contacts. The Journal of the Textile Institute, 1971, 62: 353-360.

[54] Lee D H, Carnaby G A. Compressional energy of the random fiber assembly. 1. Theory. Textile Research Journal, 1992, 62(4): 185-191.

[55] Lee D H, Carnaby G A, Tandon S K. Compressional energy of the random fiber assembly. 2. Evaluation. Textile Research Journal, 1992, 62(5): 258-265.

[56] Dunlop J I. Acoustic emission from wool during compression. The Journal of the Textile Institute, 1979, 70(8): 364-366.

[57] Gupta B S. Friction behavior of fibrous materials used in textiles. In: Gupta BS (Ed.), Friction in textile materials. Cambridge, England, Woodhead Publishing Limited, 2008: 67-94.

[58] Morton W E, Hearle J W S. Physical properties of textile fibres (4th edition). Cambridge, England, Woodhead Publishing Limited, 2008: 709-737.

[59] Beil N B, Roberts W W. Modeling and computer simulation of the compressional behavior of fiber assemblies. Part I: Comparison to van Wyk's theory. Textile Research Journal, 2002, 72(4): 341-351.

[60] Beil N B, Roberts W W. Modeling and computer simulation of the compressional behavior of fiber assemblies. Part II: Hysteresis, crimp, and orientation effects. Textile Research Journal, 2002, 72(5): 375-382.

4　纱线拉伸性质

摘要：本章介绍无捻长丝纱拉伸强度 Weibull 分布理论、加捻长丝纱刚度与强度、加捻短纤纱刚度与强度，分析纱线拉伸断裂过程与纱线结构的关系，讨论混纺纱结构与拉伸破坏和拉伸力学性质。

4.1　平行长丝纱

平行长丝纱是所有纱线中最简单的纤维集合体，它的拉伸性质是研究加捻纱线的拉伸性质的基础。同时，由于工艺、环境等因素的影响，纤维长丝的表面和内部不可避免地存在着许多缺陷。而这些缺陷的分布又是随机的，使得单根长丝的强度具有明显的离散性，而且服从一般的极值分布理论。测定单根纤维长丝强度需要大子样才能得到理想的数学期望。为了节约实验时间，通常采用测定一束纤维长丝的强力，然后折算成单丝强力。平行长丝束的强力和单丝强力的关系是纤维集合体研究领域最早的问题，下面将基于纤维单丝强度服从 Weibull 分布，推导含有限根纤维的平行长丝纱强度。

Coleman[1]证实了单根纤维的强度服从 Weibull 分布，并认为：①对单根纤维拉伸时，其破坏总在最弱截面发生；②纤维的强度和纤维长度相关，且强度总是正值；③纤维的破坏概率 $P(\sigma_f)$ 是纤维拉伸应力 σ_f 的单调增函数。假定纤维由 n 根无相互作用的单位长度的短纤维（或者环）串联组成，某一环长度具有强度大于 σ_f 的概率为 $[1 - P(\sigma_f)]^n$，因此，在 σ_f 外载作用下，至少有一个环断裂的概率为：

$$F(\sigma_f) = 1 - [1 - P(\sigma_f)]^n \tag{4.1}$$

事实上，$F(\sigma_f)$ 就是纤维强度分布函数。

当纤维受力均匀时，断裂概率 $F(\sigma_f)$ 的 Weibull 经验式为[2-3]：

$$F(\sigma_f) = 1 - \exp\left[-V\left(\frac{\sigma_f - \sigma_u}{\sigma_0}\right)^m\right] \tag{4.2}$$

其中：m 为形状参数；σ_0 为尺度参数；σ_u 为作用力为零时的概率；V 为体积。

对于圆柱形的纤维，$V = \frac{\pi}{4}LD^2$，其中 D 为直径，对于理想的单一断裂形态，$\sigma_u = 0$，故：

$$F(\sigma_f) = 1 - \exp\left[-\frac{\pi}{4}LD^2\left(\frac{\sigma_f}{\sigma_0}\right)^m\right] \tag{4.3}$$

对于直径均匀的纤维,式(4.3)可以写成:

$$F(\sigma_f) = 1 - \exp\left[-L\left(\frac{\sigma_f}{\sigma_0}\right)^m\right] \tag{4.4}$$

即为单 Weibull 分布函数,由式(4.4)可以得到概率密度函数:

$$p(\sigma_f) = L\sigma_0^{-m} m\sigma_f^{m-1} \exp\left[-L\left(\frac{\sigma_f}{\sigma_0}\right)^m\right] \tag{4.5}$$

显然,纤维的拉伸强度和测试长度 L 有关。此外,通过式(4.5)可以算出强度的数学期望(即统计平均纤维强度 $\bar{\sigma}_f$)和标准差 s:

$$\bar{\sigma}_f = \int_0^\infty \sigma_f p(\sigma_f) \mathrm{d}\sigma_f = \sigma_0 L^{-1/m} \Gamma\left(1 + \frac{1}{m}\right) \tag{4.6}$$

$$s = \int_0^\infty (\sigma_f - \bar{\sigma}_f)^2 p(\sigma_f) \mathrm{d}\sigma_f = \sigma_0 L^{-1/m} \left[\Gamma\left(1 + \frac{2}{m}\right) - \Gamma^2\left(1 + \frac{1}{m}\right)\right]^{\frac{1}{2}} \tag{4.7}$$

式中:符号 Γ 表示伽马函数。

纤维强度的离散系数定义为:

$$CV = \frac{s}{\bar{\sigma}_f} = \left[\frac{\Gamma\left(1 + \frac{2}{m}\right)}{\Gamma^2\left(1 + \frac{1}{m}\right)} - 1\right]^{\frac{1}{2}} \tag{4.8}$$

可见,纤维强度的离散系数与纤维长度无关,当 m 增加时,CV 值减小。由于 m 是与纤维性能有关的常数,故不同的纤维,其 m 值也不同,对于常见的纤维,$m \approx 1.2/CV$,可见形状参数 m 是纤维强度离散度的倒数。

平行长丝纱的强度和单纤维强度之间的相互关系,是基于模型图 4.1 建立起来的。该模型有如下假设[4-5]:

① 长丝纱由 N 根相互平行的纤维单丝组成,每根单丝具有相同的长度 L、横截面积 A 和弹性模量 E。

② 每根纤维单丝在断裂之前,其应力应变关系都是线弹性的,即 $\sigma_f = E\varepsilon_f$,且忽略单丝之间的相互作用。当 n 根单丝发生断裂时,载荷仅由未发生断裂的 $N-n$ 根单丝承担,发生纤维断裂的 n 根单丝不再具有承载能力。

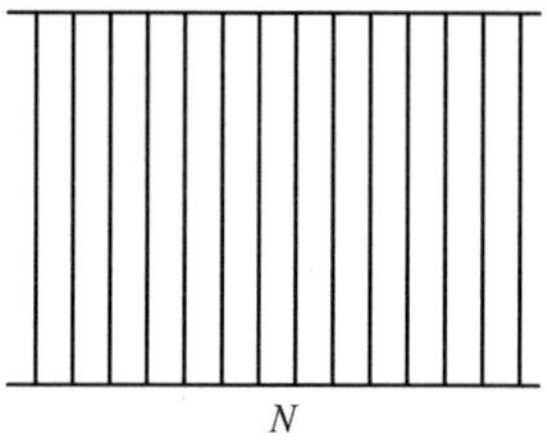

③ 纤维单丝的强度服从 Weibull 分布,如式(4.4),

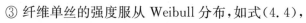

图 4.1　平行长丝纱模型

平行长丝纱的应力应变曲线的非线性是由纤维的累积破坏造成的。

为了建立拉伸应力-应变关系,纤维破坏概率式(4.4)按照纤维应力应变重新整理,因为根据假设②,$\sigma_f = E\varepsilon_f$,当 σ_0 为单位纤维长度的尺度参数时,有 $L = 1$,

则式(4.4)转化为：

$$F(\varepsilon_f) = \frac{n}{N} = 1 - \exp\left[-\left(\frac{E\varepsilon_f}{\sigma_0}\right)^m\right] \tag{4.9}$$

由模型假设②还可知，在某一确定应变下，有 n 根纤维发生断裂，则平行长丝纱的强力和应力为：

$$p_f = E\varepsilon_f A(N-n) \tag{4.10}$$

$$\sigma_f = E\varepsilon_f\left(1 - \frac{n}{N}\right) \tag{4.11}$$

联合式(4.9)和式(4.11)可得：

$$\sigma_f = E\varepsilon_f\left(1 - \frac{n}{N}\right) = E\varepsilon_f\left\{1 - \left[1 - \exp\left(-\left(\frac{E\varepsilon_f}{\sigma_0}\right)^m\right)\right]\right\}$$

$$= E\varepsilon_f\left\{\exp\left[-\left(\frac{E\varepsilon_f}{\sigma_0}\right)^m\right]\right\} \tag{4.12}$$

即为基于单根纤维长丝服从 Weibull 分布推导的平行长丝纱的本构方程。

以上具有双参数 (m, σ_0) 的 Weibull 分布一般称为单 Weibull 分布，大部分纤维种类的强度能很好地服从单 Weibull 分布；少数纤维种类的强度更加服从双 Weibull 分布，其双 Weibull 分布的破坏概率为：

$$F(\varepsilon_f) = \frac{n}{N} = 1 - \exp\left[-\left(\frac{E\varepsilon_f}{\sigma_{01}}\right)^{m_1} - \left(\frac{E\varepsilon_f}{\sigma_{02}}\right)^{m_2}\right] \tag{4.13}$$

从式(4.13)可见，双 Weibull 分布具有四个参数，所以具有更好的模拟能力，但是参数的增多也增加了解的不唯一性和模拟的繁琐性。

同理，双 Weibull 分布下纤维长丝纱的应力-应变关系式可以推导如下：

$$\sigma_f = E\varepsilon_f\left(1 - \frac{n}{N}\right) = E\varepsilon_f\left\{1 - \left[1 - \exp\left(-\left(\frac{E\varepsilon_f}{\sigma_{01}}\right)^{m_1} - \left(\frac{E\varepsilon_f}{\sigma_{02}}\right)^{m_2}\right)\right]\right\}$$

$$= E\varepsilon_f\left\{\exp\left[-\left(\frac{E\varepsilon_f}{\sigma_{01}}\right)^{m_1} - \left(\frac{E\varepsilon_f}{\sigma_{02}}\right)^{m_2}\right]\right\} \tag{4.14}$$

式(4.12)和式(4.14)即为单 Weibull 分布和双 Weibull 分布下的平行长丝纱本构方程。下面将讲述平行长丝纱本构方程中的参数如何确定。对于满足单 Weibull 分布的纤维长丝，对式(4.12)取双对数，可得：

$$\ln\left[-\ln\left(\frac{\sigma_f}{E\varepsilon_f}\right)\right] = m\ln(E\varepsilon_f) - m\ln(\sigma_0) \tag{4.15}$$

平行长丝纱完整的拉伸应力-应变曲线可由式(4.12)改写为 Weibull 概率纸上

的一条直线,根据直线的斜率和截距,可获得服从单 Weibull 的统计分布参数 m 和 σ_0。

对于满足双 Weibull 分布方程的纤维长丝,对式(4.14)取双对数,可得:

$$\ln\left[-\ln\left(\frac{\sigma}{E\varepsilon}\right)\right] = \ln\left[\left(\frac{E\varepsilon}{\sigma_{01}}\right)^{m_1} + \left(\frac{E\varepsilon}{\sigma_{02}}\right)^{m_2}\right] \tag{4.16}$$

平行长丝纱完整的拉伸应力-应变曲线由式(4.14)改写后,在 Weibull 概率纸上不再是一条直线,而是一条曲线。要确定式(4.14)中的四个非线性参数 σ_{01}, σ_{02},m_1 和 m_2,通常根据平行长丝纱的完整应力-应变曲线,利用最小二乘法,采用逐次线性化的方法获得;也可利用现有的软件,如 Matlab 等进行处理。

下面以纤维长丝强度服从单 Weibull 分布为例,分析各个参数对平行长丝纱的应力-应变曲线的影响[6]。从式(4.14)可知,影响其应力-应变曲线的参数有三个(E,σ_0,m),图 4.2 中的四幅图分别描述了三个参数对曲线的单因子影响和综合影响。

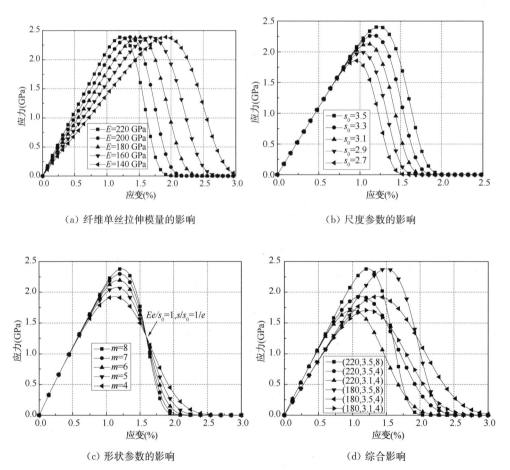

(a) 纤维单丝拉伸模量的影响　　　　　　　(b) 尺度参数的影响

(c) 形状参数的影响　　　　　　　(d) 综合影响

图 4.2　纤维单丝不同参数对平行长丝纱应力-应变曲线的影响

必须指出,许多纤维单丝的拉伸应力应变并不是线弹性的,即并不服从平行长丝纱模型中的假设②;但一般来说,这些纤维单丝作为一级近似,如图 4.3 所示,拉伸曲线可近似由下式表示:

$$\sigma_f = a + b\varepsilon_f \tag{4.17}$$

式中:a 和 b 的值分别为图 4.3 所示曲线的截距和直线的斜率。

这样,一级近似后的纤维长丝服从平行长丝纱模型的假设,就可以推导出平行长丝纱相应的应力-应变曲线。因和上述推导相似,这里不再推导。

纱线的强度是一个重要的考核指标,下面基于纤维长丝服从单 Weibull 分布,推导出平行长丝纱的最大强度以及响应的断裂应变。根据式(4.12)可得到平行长丝纱在拉伸过程中受到的载荷[7-8]:

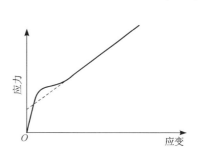

图 4.3　纤维长丝的应力-
应变近似曲线

$$P = AN\sigma_f = ANE\varepsilon_f \left\{ \exp\left[-\left(\frac{E\varepsilon_f}{\sigma_0} \right)^m \right] \right\} \tag{4.18}$$

式(4.18)给出了平行长丝纱外加应变与其所承受的载荷之间的定量关系。根据该式,载荷 P 与应变 ε 之间的曲线是连续及光滑的。在 $\varepsilon = 0$ 处,该式描述的曲线斜率为:

$$S_0 = ANE \tag{4.19}$$

P 与 ε 曲线的极值点 ε_m 由 $\dfrac{dP}{d\varepsilon} = 0$ 确定为:

$$\varepsilon_m = \frac{\sigma_0}{E} \left(\frac{1}{m} \right)^{\frac{1}{m}} \tag{4.20}$$

把上式代入式(4.18),可得相应的最大载荷为:

$$p_{\max} = ANE \frac{\sigma_0}{E} \left(\frac{1}{me} \right)^{\frac{1}{m}} = AN\sigma_0 \left(\frac{1}{me} \right)^{\frac{1}{m}} \tag{4.21a}$$

式中:$e = 2.718\ 28\cdots$,是自然对数的底。

从坐标原点 $\varepsilon = 0$ 到曲线的极值点 ε_m 处的直线的斜率为:

$$S = \frac{p_{\max}}{\varepsilon_m} = S_0 \left(\frac{1}{e} \right)^{\frac{1}{m}} \tag{4.21b}$$

由此可以得到：

$$m = 1/\ln\left(\frac{\varepsilon_m S_0}{p_{\max}}\right) \tag{4.22}$$

因此，通过平行长丝纱的试验，再利用式（4.22），可以确定形状参数 m。

定义纱线最大强力与各根单丝纤维的强力之和的比值为纱线强度利用率 Q[9]，当 σ_0 为单位纤维长度的尺度参数时，即 $L = 1$ 时，式（4.6）相应变为：

$$\bar{\sigma}_f = \int_0^\infty \sigma_f p(\sigma_f)\mathrm{d}\sigma_f = \sigma_0 \Gamma\left(1 + \frac{1}{m}\right) \tag{4.23}$$

联合式（4.21），可以得出平行长丝纱线的强度利用率为：

$$Q = \frac{p_{\max}}{AN\bar{\sigma}_f} = \frac{AN\sigma_0\left(\frac{1}{me}\right)^{\frac{1}{m}}}{AN\sigma_0\Gamma\left(1 + \frac{1}{m}\right)}$$

$$= \left[(me)^{1/m}\Gamma\left(1 + \frac{1}{m}\right)\right]^{-1} \tag{4.24}$$

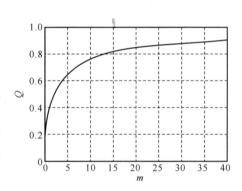

很显然，平行长丝纱的最大强度总是低于各根单丝的强度和，只有当 $m \to \infty$，就是长丝纤维的强度无任何分散时，Q 的值才等于 1。另外，式（4.24）中的 Q 与纤维长度无关，因为平行长丝纱的强度对单丝纤维长度的依赖性和单根长丝对长度的依赖性质一样。图 4.4 绘出了纱线强度利用率 Q 随形状参数 m 的变化曲线。

图 4.4　平行长丝纱线强度利用率随形状参数的变化曲线

4.2　加捻长丝纱

通常，纺织中应用的长丝纱线只有少量的捻度，较高捻度的长丝纱线在实践中应用较少，但它在进行理论分析时是最为简单的加捻纱线，没有短纤维纱那么复杂。而这种分析对弄清纱线中纤维的张应力分布，纤维间的径向压应力分布，纤维弹性模型和纱线模型之间的关系，纤维在纱线中的强度利用率，以及纱线的断裂过程特征等，均有实际意义，同时它又是短纤维纱线强度理论分析的基础[10]。

长丝纱线力学性能的理论分析通常采取两种方法[11]，即应力-应变分析方法和能量分析方法。这两种基本分析方法各有优缺点。下面主要基于应力-应变分析方法，介绍加捻长丝纱线理论，其中用到弹性力学等知识。为了与其他力学相接轨,推导中舍去了以前文献常用的纱线的比体积(比容)。

4.2.1　应力分析方法

4.2.1.1　简单的力学分析

纱线力学最简单的理论分析是假定纤维在纱中呈理想的圆柱形螺旋线结构[12-13],如图 4.5 所示。纱线伸长时忽略直径的变化,且只考虑纤维中的张应力,忽略纤维所受到的横向应力和剪应力的作用,并假设纤维性质均匀,纱线由无数根纤维加捻而成。

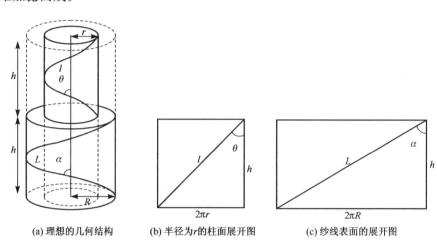

(a) 理想的几何结构　　　(b) 半径为r的柱面展开图　　　(c) 纱线表面的展开图

图 4.5　加捻长丝理想的螺旋线结构

(1) 纱线拉伸时,纤维的伸长变形

令　纱线应变 $= \varepsilon_y = \dfrac{\delta h}{h}$

式中: δh 为一个捻回长度 h 的伸长量。

距纱线轴 r 处,长丝的长度为 l,螺旋角为 θ,长度增量为 δl,如图 4.6 所示。

从图中可知:

$$l^2 = h^2 + 4\pi^2 r^2 \qquad (4.25)$$

假设纱线伸长过程中, r 不变,对式(4.25)求导,则有:

$$2ldl = 2hdh \qquad (4.26)$$

$$dl/dh = h/l \qquad (4.27)$$

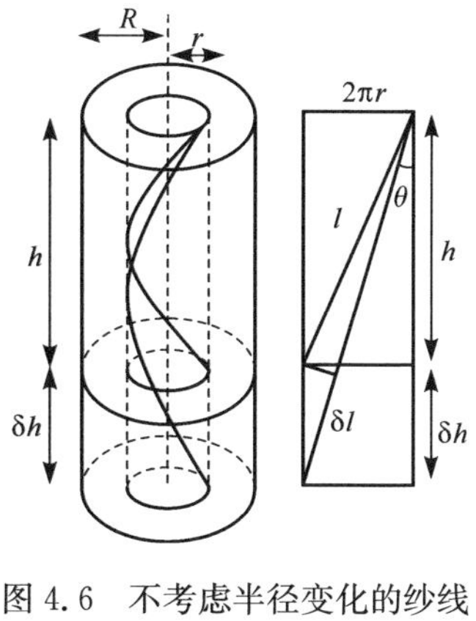

图 4.6　不考虑半径变化的纱线
拉伸结构变化图

由定义,长丝伸长应变为:

$$\varepsilon_f = \frac{\delta l}{l} = \frac{1}{l}\left(\frac{dl}{dh}\right)\delta h = \frac{h^2}{l^2}\frac{\delta h}{h} \qquad (4.28)$$

因此:

$$\varepsilon_f = \varepsilon_y \cos^2\theta \qquad (4.29)$$

上式表明,在纱线中心的直线形长丝($\theta = 0°$)的伸长等于纱线的伸长,并表明在纱线表面的长丝,其伸长降低到 $\varepsilon_y \cos^2\alpha$。

图 4.7 是长丝纱线在不同径向位置上长丝应变的变化规律,图中 R 为纱线半径,α 为外层长丝的倾斜角。

（2）纱线的张力分析

假设只考虑作用在沿单丝轴向的张力,那么:

单丝的应力 $\sigma_f = E_f\varepsilon_f$

式中:E_f 为长丝的模量。

如图 4.8 所示,研究纱线半径 r 和 $r+dr$ 之间的一块小面积 $2\pi rdr$,其对应于垂直长丝方向的截面积为 $2\pi rdr\cos\theta$。

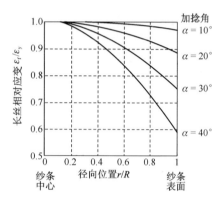

图 4.7　纱线不同径向位置上的长丝应变

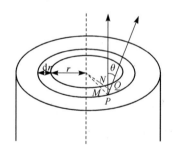
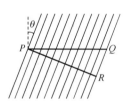

图 4.8　纱线和纤维截面分析图

由式（4.29）可知,纱线中纤维轴与纱轴倾角为 θ 的纤维变形与纱轴向变形之间的关系为:$\varepsilon_f = \varepsilon_y \cos^2\theta$。若假设长丝服从虎克定律,则作用于这块单元截面积且平行纱线轴向的张力分量 p_Δ 为:

$$p_\Delta = E_f\varepsilon_f(2\pi rdr\cos\theta)\cos\theta = E_f 2\pi rdr\varepsilon_y\cos^4\theta \qquad (4.30)$$

所以纱线的总张力 P 为:

$$P = \int_0^R E_\mathrm{f} 2\pi r \varepsilon_\mathrm{y} \cos^4\theta \mathrm{d}r \tag{4.31}$$

从图 4.6 可知：

$$2\pi r = h\tan\theta \tag{4.32}$$

对式(4.32)进行求导,可以得到：

$$2\pi\mathrm{d}r = h\sec^2\theta\mathrm{d}\theta \tag{4.33}$$

将上述关系代入式(4.31),得到：

$$\begin{aligned}
P &= (E_\mathrm{f}\varepsilon_\mathrm{y}) \int_0^\alpha h\tan\theta\cos^4\theta(h\sec^2\theta/2\pi)\mathrm{d}\theta \\
&= (E_\mathrm{f}\varepsilon_\mathrm{y}h^2/2\pi) \int_0^\alpha \sin\theta\cos\theta\mathrm{d}r \\
&= (E_\mathrm{f}\varepsilon_\mathrm{y}h^2/2\pi)(\sin^2\alpha)/2 \\
&= (E_\mathrm{f}\varepsilon_\mathrm{y})(4\pi^2 R^2 \cot^2\alpha\sin^2\alpha/4\pi) \\
&= (\pi R^2 E_\mathrm{f}\varepsilon_\mathrm{y})\cos^2\alpha
\end{aligned} \tag{4.34}$$

所以纱线应力为：

$$\sigma_\mathrm{y} = P/(\pi R^2) = E_\mathrm{f}\varepsilon_\mathrm{y}\cos^2\alpha \tag{4.35}$$

纱线的弹性模量为：

$$E_\mathrm{y} = E_\mathrm{f}\cos^2\alpha \tag{4.36}$$

式(4.36)与 Charles Gegauff 的推导结果是完全一致的。这个简单的公式表明纱线的弹性模量比长丝的弹性模量下降 $\cos^2\alpha$,这与已有的试验结果较为吻合。

4.2.1.2　考虑纤维间横向压力和纱线径向收缩的力学分析

在上述简单力学分析中,忽略了纱线拉伸时直径收缩和纤维间产生的横向压应力的影响。已经知道,横向压应力对纤维的机械性质是有影响的,拉伸过程中,纱线直径的缩小影响着纤维间的应力分布。下面介绍 Hearle 和 Behery 等人[14-15]的分析研究工作。

在建立长丝纱线的力学模型时,做了一系列假设,包括:①连续长丝纱线沿长度方向是均匀的,呈圆形截面,并有一个均匀的密度;②组成纱线的单丝是均匀的、完全弹性的,并服从虎克定律;③纤维的直径无限小,纱条中任一单元体可看作由无数单丝组成,单丝在纱条中呈规则的圆柱形螺旋线排列;④拉伸时纱条直径收缩是均匀的,纤维单元体上有横向压力作用,忽略纤维单元中的剪应力和力偶距的影响;等等。

根据这些假设做如下分析推导：

（1）纱线几何结构

加捻长丝纱线的理想几何结构在图 4.5 中已给出。根据这个理想的加捻纱线几何结构，导入下述参数：

$$u = l/L \tag{4.37}$$

$$c = \cos\alpha = h/L \tag{4.38}$$

式中：u 表示单丝在纱条中的相对径向位置。

单丝在纱的中心时 u 值为 c，在纱的表层时 u 值为 1，同时有：

$$l^2 = h^2 + 4\pi^2 r^2 \tag{4.39}$$

$$\cos\theta = h/l = c/u \tag{4.40}$$

$$\sin\theta = 2\pi r/l = (1 - c^2/u^2)^{1/2} \tag{4.41}$$

（2）纱线单元的定义

取纱线中任一小单元体，如图 4.9 所示。

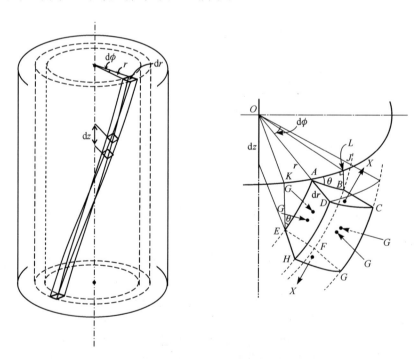

图 4.9　圆柱形螺旋结构纱线模型单元体受力分布

取单元体位于离纱线轴半径 r 和 $r + \mathrm{d}r$，及两根螺旋线相互对纱中心的夹角

为 $d\varphi$ 之间,单元体的端头与螺旋线方向成直角,单元体平行于纱线的长度为 dz。

从单元体的几何结构,可以有:

$$AD = dr$$
$$AB = AJ\cos\theta = rd\varphi\cos\theta$$
$$AE = EK\sec\theta = dz\sec\theta$$

平行于纤维轴向的应力为 X,垂直于纤维轴向的应力为 G,并假设 X 以拉伸为正,G 以压缩为正,以符合实际纱线中纤维单元受力的具体情况。

（3）纱线中长丝的应变

纱线直径的变化,由横向收缩性能即纱线泊松比（v_y）决定:

$$\mu_y = -\frac{dR/R}{dh/h} \tag{4.42}$$

因为假设整根纱线的收缩是均匀的,所以有:

$$v_y = -\frac{dr/r}{dh/h} \tag{4.43}$$

这样,纱线中长丝的应变规律可以由式(4.39)得到:

$$2ldl = 2hdh + 8\pi^2 rdr \tag{4.44}$$

把式(4.43)代入得:

$$\frac{dl}{l} = \frac{h^2}{l^2}\frac{dh}{h} - \frac{4\pi^2 r^2}{l^2}v_y\frac{dh}{h} \tag{4.45}$$

因为纱线的拉伸应变 $\varepsilon_y = \dfrac{dh}{h}$,将式(4.40)和(4.41)代入可得长丝应变:

$$\varepsilon_f = \varepsilon_y(\cos^2\theta - v_y\sin^2\theta) \tag{4.46}$$

$$= \varepsilon_y[c^2/u^2 - v_y(1 - c^2/u^2)] \tag{4.47}$$

（4）长丝的应力应变关系

因为假定纤维服从虎克定律,纤维单元在两个直角平面方向有应力 X 和横向压应力 G 作用。根据弹性理论,可得到纤维应变:

$$\varepsilon_f = \frac{X}{E_f} - \frac{2v_2}{E_f'}(-G)$$

式中:E_f 为纤维的拉伸模量;E_f' 为纤维的横向模量;v_2 为纤维的横向泊松比（即轴向应变除以横向应变）。

如果纤维的几何轴为对称轴,则有:

$$\nu_2/E_f' = \nu_1/E_f$$

所以：

$$\varepsilon_f = \frac{X}{E_f} - \frac{2\nu_1}{E_f}(-G) \tag{4.48}$$

式中：ν_1 为纤维的轴向泊松比（即横向应变除以轴向应变）。

联合式(4.46)和(4.48)可得：

$$\varepsilon_y\left[\frac{c^2}{u^2} - \nu_y\left(1 - \frac{c^2}{u^2}\right)\right] = (1/E_f)(X + 2\nu_1 G) \tag{4.49}$$

或者

$$X = E_f\varepsilon_y\left[\frac{c^2}{u^2} - \nu_y\left(1 - \frac{c^2}{u^2}\right)\right] - 2\nu_1 G \tag{4.50}$$

式中：$E_f\varepsilon_y$ 为单丝(纤维)伸长等于纱线伸长时的应力 X_f（或零捻度时的应力）。

令：

$$x = X/X_f \tag{4.51}$$

$$g = G/X_f \tag{4.52}$$

式中：x 和 g 分别为应力 X 和 G 的标准化形式。

代入式(4.50)可得：

$$x = c^2/u^2 - \nu_y(1 - c^2/u^2) - 2\nu_1 g \tag{4.53}$$

（5）单元体上的作用力分析

由于对称，作用在单元体上两个端面的力必须相等，所以：

作用于端面 $ABCD$ 和 $EFGH$ 的力 = $X \cdot S_{ABCD}$

$$= XAB \cdot AD = Xr\cos\theta d\varphi dr \tag{4.54}$$

式中：S_{ABCD} 为端面 $ABCD$ 的面积。

同样由于对称：

作用于端面 $ADHE$ 和 $BCGF$ 的力 = $G \cdot S_{ADHE}$

$$= GAD \cdot AE = G\sec\theta dr dz \tag{4.55}$$

作用于端面 $ABFE$ 的力 = $G \cdot S_{ABFE}$

$$= GAB \cdot AE = Gr d\theta dz \tag{4.56}$$

式中：S_{ADHE} 和 S_{ABFE} 分别为下标所对应的端面面积。

随着纱线半径 r 的改变，垂直于半径 r 的两个平面上的应力 G 变化，所以：

$$DCGH \text{ 面上的力} = Gr\mathrm{d}\varphi\mathrm{d}z + \frac{\partial(Gr)}{\partial r}\mathrm{d}r\mathrm{d}\varphi\mathrm{d}z \tag{4.57}$$

$$= \left[Gr\mathrm{d}\varphi\mathrm{d}z + \left(G + r\frac{\mathrm{d}G}{\mathrm{d}r}\right)\mathrm{d}r\mathrm{d}\varphi\mathrm{d}z\right]$$

（6）径向平衡

由平衡条件,作用在纱条单元体上半径方向的力的代数和必须为零。这些力包括:

① 长丝纤维张应力的径向分量:

由于单元体是螺旋线的一部分,作用在端面 $ABCD$ 和 $EFGH$ 上的力并不在同一直线上,而是面向纱线轴线有一定的夹角,从而引起了纤维张应力的径向分量,为了计算这一分量,必须知道角位移 $K\hat{O}A$:

$$K\hat{O}A = \frac{AK}{r} = KE\tan\theta/r = \mathrm{d}z\tan\theta/r$$

因为单元体张应力 X 间的夹角为 $K\hat{O}A \cdot \sin\theta$, 所以:

$$\text{纤维张应力 } X \text{ 的径向分量} = Xr\cos\theta\mathrm{d}\varphi\mathrm{d}r(\mathrm{d}z\tan\theta/r)\sin\theta$$

$$= X\sin^2\theta\mathrm{d}\varphi\mathrm{d}r\mathrm{d}z \tag{4.58}$$

② 作用在端面 $ADHE$ 和 $BCGF$ 上的应力的向外分量:

这两个平面的法线为螺旋角为 $\left(\frac{\pi}{2} - \theta\right)$ 的螺旋线,它围绕纱线轴的角位移等于 $A\hat{O}L$, 因为:

$$A\hat{O}L = \frac{AL}{r} = \frac{AB\cos\theta}{r} = \mathrm{d}\varphi\cos^2\theta$$

所以:

$$\text{横向压力的径向分量} = -G\sec\theta\mathrm{d}r\mathrm{d}z\mathrm{d}\varphi\cos^2\theta\sin\left(\frac{\pi}{2} - \theta\right)$$

$$= -G\cos^2\theta\mathrm{d}\varphi\mathrm{d}r\mathrm{d}z \tag{4.59}$$

③ $ABFE$ 和 $DFGH$ 面上的压力之差:

$$\text{净径向力} = \left(G + r\frac{\mathrm{d}G}{\mathrm{d}r}\right)\mathrm{d}\varphi\mathrm{d}r\mathrm{d}z \tag{4.60}$$

因为上述三种力①②③必须平衡,所以:

$$X\sin^2\theta\mathrm{d}\varphi\mathrm{d}r\mathrm{d}z - G\cos^2\theta\mathrm{d}\varphi\mathrm{d}r\mathrm{d}z + \left(G + r\frac{\mathrm{d}G}{\mathrm{d}r}\right)\mathrm{d}\varphi\mathrm{d}r\mathrm{d}z = 0 \tag{4.61}$$

化简式(4.61)得：

$$r \frac{\mathrm{d}G}{\mathrm{d}r} = -(X+G)\sin^2\theta \tag{4.62}$$

或

$$\frac{1}{r} \frac{\mathrm{d}G}{\mathrm{d}r} = -(X+G)\frac{4\pi^2}{l^2} \tag{4.63}$$

当 h 为常数时，式(4.39)可化为：

$$2l\mathrm{d}l = 8\pi^2 r\mathrm{d}r$$

由式(4.37)可得：

$$\mathrm{d}l = L\mathrm{d}u$$

所以：

$$r\mathrm{d}r = \left(\frac{1}{4\pi^2}\right)L^2 u\mathrm{d}u \tag{4.64}$$

将式(4.64)和式(4.39)代入式(4.63)，得：

$$\frac{\mathrm{d}G}{\mathrm{d}u} = -\frac{X+G}{u} \tag{4.65}$$

式(4.65)两边分别除以 X_f，使其标准化：

$$\frac{\mathrm{d}g}{\mathrm{d}u} = -\frac{x+g}{u} \tag{4.66}$$

将式(4.53)代入式(4.66)，可得：

$$\frac{\mathrm{d}g}{\mathrm{d}u} = -\frac{1}{u}\left[\frac{c^2}{u^2} - \nu_y\left(1-\frac{c^2}{u^2}\right) - (2\nu_1 - 1)g\right] \tag{4.67}$$

或

$$\frac{\mathrm{d}g}{\mathrm{d}u} - (2\nu_1 - 1)\frac{g}{u} = -(1+\nu_y)\frac{c^2}{u^3} + \frac{\nu_y}{u} \tag{4.68}$$

上式即为纱线中纤维单元的径向平衡微分方程式。

(7) 纱线中的应力分布

式(4.68)是一阶线性微分方程，由通常的方法，可以根据边界条件求解，当在纱表面时，横向压力为零，即当 $u=1$ 时，$g=0$，可以解得：

$$g = \frac{1+\nu_y}{(1+2\nu_1)} \frac{c^2}{u^2}(1-u^{1+2\nu_1}) - \nu_y \frac{1-u^{2\nu_1-1}}{(2\nu_1-1)} \qquad (4.69)$$

由式(4.53)可得：

$$x = \frac{(1+\nu_y)c^2}{(1+2\nu_1)u^2}(1+2\nu_1 u^{1+2\nu_1}) + \nu_y \frac{1-2\nu_1 u^{2\nu_1-1}}{(2\nu_1-1)} \qquad (4.70)$$

这些方程式表示了加捻长丝纱线中张应力和横向应力的相对值。如果假设 $\nu_1 = \nu_y = 0.5$，由级数展开上述方程，可得纱线内应力的表达式为：

$$x = \frac{3}{4}\frac{c^2}{u^2}(1+u^2) - \frac{1}{2}(1+\ln u) \qquad (4.71)$$

$$g = \frac{3}{4}\frac{c^2}{u^2}(1-u^2) + \frac{1}{2}\ln u \qquad (4.72)$$

若以加捻纱线的应力与同样应变时纤维应力的比值作为纵坐标，以 r/R 为横坐标，则不同加捻角 α 时纱线中的纤维张应力分布和纤维纵向的横向压应力分布如图 4.10 所示。

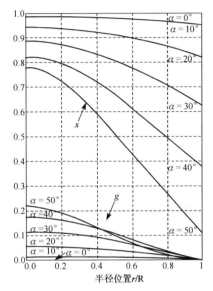

图 4.10 加捻长丝纱中不同径向位置的应力变化

(8) 长丝纱线的强力

如果考虑一个位于半径 r 和 $r+\mathrm{d}r$ 之间的纱线横截面单元，如图 4.11 所示，纤维轴向应力分量 X 和横向应力 G 影响纱线强力，但垂直于纱轴的径向压力 G 不影响纱线强力。

所以这一圆环平行于纱轴向的强力分量为：

$$X(2\pi r \mathrm{d}r\cos\theta)\cos\theta - G(2\pi r \mathrm{d}r\sin\theta)\sin\theta =$$
$$\frac{2\pi R^2}{(1-c^2)}\Big[X\frac{c^2}{u^2} - G\Big(1-\frac{c^2}{u^2}\Big)\Big]u\mathrm{d}u \qquad (4.73)$$

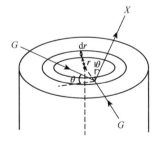

图 4.11 纱线单元上的受力方向

对上式积分可得纱线强力：

$$p_y = \frac{2\pi R^2}{(1-c^2)}\int_c^1 \Big[X\frac{c^2}{u^2} - G\Big(1-\frac{c^2}{u^2}\Big)\Big]u\mathrm{d}u \qquad (4.74)$$

纱线平均相对应力 $\sigma_{y/f}(\alpha, \nu_1, \nu_2)$ 为：

$$\sigma_{y/f} = \frac{p_y}{X_f \pi R^2} = \frac{2}{1-c^2} \int_c^1 \left[x\frac{c^2}{u^2} - g\left(1 - \frac{c^2}{u^2}\right) \right] u \mathrm{d}u \tag{4.75}$$

将式(4.71)(4.72)代入上式,并积分可得:

$$\sigma_{y/f}(\alpha, \nu_1, \nu_y) = \frac{2c}{(1+2\nu_1)(1-c^2)} \left\{ (1+\nu_y)\left[\ln c + \frac{2(1+\nu_1)}{1+2\nu_1}(1-c^{2\nu_1+1}) \right] - \right.$$
$$\left. \frac{\nu_y}{2}\left[\frac{3(1+2\nu_1)}{2\nu_1-1} - \frac{4(1+\nu_1)}{2\nu_1-1}c^{2\nu_1-1} - \frac{1}{c^2} \right] \right\} \tag{4.76}$$

纱线平均相对应力,就是纱线应力除以同样伸长条件下的纤维应力。它是一个有用的值,因为根据它可以预测纱线的模量:

$$\frac{E_y}{E_f} = \frac{E_y \varepsilon_y}{E_f \varepsilon_y} = \sigma_{y/f}(\alpha, \nu_1, \nu_y) \tag{4.77}$$

当 $\nu_1 = \nu_y = 0.5$ 时,即等体积变形条件下,式(4.76)是不定的,但应用级数展开,式(4.76)可被写成:

$$\sigma_{y/f}(\alpha, \nu_1, \nu_y) = \frac{c^2}{1-c^2}\left\{ \frac{3}{2}\left[\ln c + \frac{3}{2}(1-c^2) \right] - \frac{1}{4}\left(1 - 6\ln c - \frac{1}{c^2}\right) \right\}$$
$$= \frac{1}{4} + \frac{9}{4}c^2 + \frac{3c^2}{(1-c^2)}\ln c \tag{4.78}$$

表 4.1 为不同 α, ν_1, ν_y 下的纱线参数值,$\nu_y = 0$ 时无收缩,$\nu_y = 0.5$ 时纱的体积不变。从表中可以看出,简单的力学分析(参数为 $\cos^2\alpha$ 时)和考虑横向压力时的分析[参数为 $\sigma_{y/f}(\alpha, \nu_1, \nu_2)$ 时]相比较,当纱线表面捻回角小于 $30°$ 时,两者有良好的一致性;当表面捻回角大于 $30°$ 时,两者有明显的偏差;在 $40°$ 时相差高达 $25\% \sim 30\%$;在 $50°$ 时相差超过 45%。

表 4.1 纱线参数的计算值[11]

α	$\cos^2\alpha$	ν_1	G_c/X_f	X_c/X_f	$\sigma_{y/f}(\alpha, \nu_1, \nu_y)$ $\nu_y = 0$	$\sigma_{y/f}(\alpha, \nu_1, \nu_y)$ $\nu_y = 0.5$
$0°$	1	任何值	0	1	1	1
$10°$	0.970	-0.25	0.015 3	1.007 6	0.973	0.966
		0	0.015 2	1	0.970	0.962
		0.25	0.015 1	0.992 4	0.966	0.959
		0.5	0.015 1	0.984 9	0.962	0.955
$20°$	0.833	-0.25	0.061 2	1.030 6	0.896	0.867
		0	0.060 3	1	0.882	0.854
		0.25	0.059 4	0.970 3	0.868	0.841
		0.5	0.058 5	0.941 5	0.855	0.828

（续表）

α	$\cos^2\alpha$	ν_1	G_c/X_f	X_c/X_f	$\sigma_{y/f}(\alpha, \nu_1, \nu_y)$ $\nu_y = 0$	$\sigma_{y/f}(\alpha, \nu_1, \nu_y)$ $\nu_y = 0.5$
$30°$	0.750	-0.25	0.139	1.0694	0.772	0.713
		0	0.134	1	0.745	0.689
		0.25	0.129	0.9353	0.718	0.665
		0.5	0.125	0.8750	0.693	0.643
$40°$	0.587	-0.25	0.250	1.1248	0.612	0.522
		0	0.234	1	0.572	0.491
		0.25	0.220	0.8902	0.535	0.462
		0.5	0.207	0.7934	0.502	0.435
$50°$	0.413	-0.25	0.397	1.1983	0.430	0.321
		0	0.357	1	0.384	0.293
		0.25	0.323	0.8384	0.343	0.268
		0.5	0.293	0.7066	0.309	0.246

　　许多学者还考虑了纱中单元体不仅受轴向拉应力和横向压应力，而且还假设有剪应力等联合作用下的力学分析，推导出在小变形条件下，长丝纱线中不同径向位置的拉应力分布、径向压应力分布、周向的横向压应力分布和剪切应力分布的表达式，以及纱线模量与外层纤维螺旋角的关系式。结果表明，简单力学分析能较好地反映纱线拉伸模量随加捻角的变化规律，而 Hearle 等人的分析与实验值更为一致，考虑剪应力影响的复杂分析精度在两者之间。

4.2.1.3　大变形分析

　　上一节所讨论的分析适用于长丝纱中的小变形情况，像悬垂和起皱等情况；但是，考虑到纱线在工业应用中的破坏情况，受到的破坏变形为 $15\% \sim 30\%$，因此需要另外一种分析，把纱线断裂时的强力考虑进去。

　　（1）大变形几何结构

　　当长丝纱线产生大变形时，组成纱线的单丝也伸长。如果 h_0，R_0，r_0，θ_0 和 l_0 分别表示未变形纱线的螺距、外层半径、内部任一层半径、r_0 处长丝的倾斜角和 r_0 处单丝长度，则 h_1，R_1，r_1，θ_1 和 l_1 分别表示纱线伸长 ε_y 时的相应参数[16]，如图 4.12 所示。

　　纱线伸长、单丝伸长和纱线横向收缩泊松比分别为：

$$\varepsilon_y = \frac{h_1 - h_0}{h_0} \qquad (4.79)$$

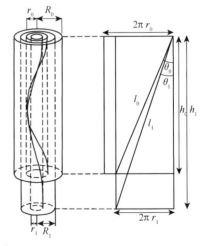

图 4.12　纱线的大变形几何结构

$$\varepsilon_f = \frac{l_1 - l_0}{l_0} \tag{4.80}$$

$$\nu_y = -\frac{(r_1 - r_0)/r_0}{(h_1 - h_0)/h_0} = -\frac{(R_1 - R_0)/R_0}{(h_1 - h_0)/h_0} \tag{4.81}$$

假设,整根纱线的收缩是均匀的,由式(4.79)和式(4.81)可得:

$$\frac{r_1}{r_0} = \frac{R_1}{R_0} = 1 - \nu_y \varepsilon_y \tag{4.82}$$

如果定义参数 m:

$$m = \frac{\tan \theta_0}{\tan \theta_1} = \frac{r_0/r_1}{h_0/h_1} = \frac{1 + \varepsilon_y}{1 - \nu_y \varepsilon_y} \tag{4.83}$$

对等体积变形:

$$\pi r_1^2 h_1 = \pi r_0^2 h_0 \tag{4.84}$$

因为:

$$\frac{r_1}{r_0} = (1 + \varepsilon_y)^{-\frac{1}{2}} \tag{4.85}$$

$$\frac{\tan \theta_0}{\tan \theta_1} = (1 + \varepsilon_y)^{\frac{3}{2}} \tag{4.86}$$

由几何关系:

$$l_1 = h_1 \sec \theta_1 \tag{4.87}$$

$$l_0 = h_0 \sec \theta_0 \tag{4.88}$$

联合式(4.79)和(4.80)可得:

$$\varepsilon_f = (1 + \varepsilon_y)\left(\frac{\sec \theta_1}{\sec \theta_0}\right) - 1 = (1 + \varepsilon_y)\left(\frac{1 + \tan^2 \theta_1}{1 + \tan^2 \theta_0}\right)^{\frac{1}{2}} - 1 \tag{4.89}$$

根据螺旋角关系,重排方程可得:

$$1 + \varepsilon_f = (1 + \varepsilon_y)\left[1 - (m^2 - 1)\sin^2 \theta_0/m^2\right]^{\frac{1}{2}} \tag{4.90}$$

或

$$1 + \varepsilon_f = (1 + \varepsilon_y)\left[1 + (m^2 - 1)\sin^2 \theta_1\right]^{-\frac{1}{2}} \tag{4.91}$$

由级数展开,略去 ε_y^2 和较高阶项,利用式(4.83)可得:

$$\varepsilon_f = \varepsilon_y (\cos^2\theta_1 - \nu_y \sin^2\theta_1) - \frac{3}{2}\varepsilon_y^2 (1+\nu_y)^2 \sin^2\theta_1 \cos^2\theta_1 \qquad (4.92)$$

对于等体积变形,由式(4.86)和(4.89)可得:

$$1+\varepsilon_f = (1+\varepsilon_y) \left[\cos^2\theta_0 + (1+\varepsilon_y)^{-3} \sin^2\theta_0 \right]^{\frac{1}{2}} \qquad (4.93)$$

$$= (1+\varepsilon_y) \left[\cos^2\theta_1 + (1+\varepsilon_y)^2 \sin^2\theta_1 \right]^{-\frac{1}{2}} \qquad (4.94)$$

由级数展开,略去 ε_y^2 以上高阶项,得:

$$\varepsilon_f = \varepsilon_y \left(\cos^2\theta_1 - \frac{1}{2}\sin^2\theta_1 \right) - 3\varepsilon_y^2 \sin^2\theta_1 \left(\cos^2\theta_1 - \frac{1}{8}\sin^2\theta_1 \right) \qquad (4.95)$$

上式就是等体积大变形下长丝应变和纱线应变的关系,值得注意的是:在简单力学分析中,由式(4.29)计算的 ε_y 值,对于纱线伸长在10%以内是相当一致的;而式(4.92)计算的值(这里不考虑体积恒定的变形),则在纱线的伸长达30%时相一致;除非变形高达30%和捻回角大于25°,应用 $\nu_y = 0.5$ 与校正的体积恒定的方程式之间,其差异不大。

(2) 大变形时的长丝力学性能

当长丝伸长超过屈服点和接近断裂伸长时,这段应力-应变曲线可以近似用一条不通过原点的直线来代替,图4.13比较了黏胶纤维理想的和实际的应力-应变曲线($\sigma_{f\cdot b}$ 表示长丝的断裂应力,$\varepsilon_{f\cdot b}$ 表示长丝的断裂伸长)。在不考虑横向压力时[17],有:

$$\frac{\sigma_f}{\sigma_{f\cdot b}} = a_f + b_f \varepsilon_f \qquad (4.96)$$

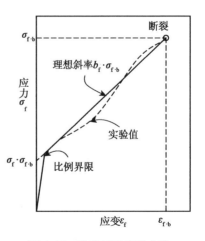

图4.13 黏胶纤维实验曲线
和理想曲线比较

(3) 大变形时的纱线力学性能

当忽略横向压力,仅考虑纱线拉伸时横向收缩和非虎克特性时,利用式(4.92)和(4.96)可以,像式(4.31)一样类推出纱线应力和纤维断裂应力的比值:

$$\frac{\sigma_y}{\sigma_{y\cdot b}} = \frac{1}{\pi R_1^2 \sigma_{y\cdot b}} \int_0^{R_1} \sigma_y 2\pi r_1 \cos^2\theta_1 \, dr_1$$

$$= \frac{2}{R_1} \int_0^{R_1} \left[a_f + b_f \varepsilon_y (\cos^2\theta_1 - \nu_y \sin^2\theta_1) - \right.$$

$$\left. \frac{3}{2} b_f \varepsilon_y^2 (1+\nu_y)^2 \sin^2\theta_1 \cos^2\theta_1 \right] r_1 \cos^2\theta_1 \, dr_1$$

$$= \frac{h_1^2}{2\pi^2 R_1^2} \int_0^\alpha \left[a_f + b_f \varepsilon_f (\cos^2\theta_1 - \nu_y \sin^2\theta_1) - \right.$$

$$\frac{3}{2}b_{\mathrm{f}}\varepsilon_{\mathrm{y}}^2(1+\nu_{\mathrm{y}})^2\sin^2\theta_1\cos^2\theta_1\,\big]\tan\theta_1\,\mathrm{d}\theta_1$$

$$=\frac{2}{\tan^2\alpha}\Big[a_{\mathrm{f}}\ln\sec\theta_1+b_{\mathrm{f}}\varepsilon_{\mathrm{y}}\Big(\frac{\sin^2\theta_1}{2}+\nu_{\mathrm{y}}\ln\cos\theta_1-\nu_{\mathrm{y}}\frac{\cos^2\theta_1}{2}\Big)-$$

$$\frac{3}{2}b_{\mathrm{f}}\varepsilon_{\mathrm{y}}^2\,(1+\varepsilon_{\mathrm{y}})^2\,\frac{\sin^4\theta_1}{4}\Big]_0^\alpha$$

$$=a_{\mathrm{f}}\frac{\ln\sec^2\alpha}{\tan^2\alpha}+b_{\mathrm{f}}\varepsilon_{\mathrm{y}}\Big[(1+\nu_{\mathrm{y}})\cos^2\alpha+\nu_{\mathrm{y}}\frac{\ln\cos^2\theta_1}{\tan^2\alpha}\Big]-$$

$$\frac{3}{2}b_{\mathrm{f}}\varepsilon_{\mathrm{y}}^2(1+\nu_{\mathrm{y}})^2\sin^2\alpha\cos^2\alpha \tag{4.97}$$

对于等体积变形,利用式(4.95)可得:

$$\frac{\sigma_{\mathrm{y}}}{\sigma_{\mathrm{f}\cdot\mathrm{b}}}=a_{\mathrm{f}}\frac{\ln\sec^2\alpha}{\tan^2\alpha}+b_{\mathrm{f}}\varepsilon_{\mathrm{y}}\Big(\frac{3}{2}\cos^2\alpha+\frac{\ln\cos\alpha}{\tan^2\alpha}\Big)+$$

$$\frac{3}{16}b_{\mathrm{f}}\varepsilon_{\mathrm{y}}^2\Big[\cos^2\alpha(9\cos^2\alpha-11)+\frac{4\ln\sec\alpha}{\tan^2\alpha}\Big] \tag{4.98}$$

上面预测的纱的应力的关系式适用于大变形,且纱线的应力-应变曲线直到第一根长丝断裂为止,该丝位于纱的中心,变形最大时的伸长和纱的伸长相等($\varepsilon_{\mathrm{f\cdot b}}=\varepsilon_{\mathrm{y}}$);接着是整根纱线的严重破坏。当考虑横向力引起的压缩作用时,大变形分析相当复杂,这时用能量分析的方法会变得比较简单。

4.2.2 长丝纱线断裂过程特征

根据前面的理论分析,加捻长丝纱线中,纤维的应变是不同的,当纱线拉伸时,纱中心位置的伸直纤维应变最大且等于纱线应变。如果假设横向应力不影响纱线的断裂伸长,则中心纤维必定首先断裂,且当纱线伸长等于纤维断裂伸长时,纱线开始发生断裂。这样,纱线断裂伸长是一个常数,它与捻度大小无关。

4.2.2.1 小变形分析的长丝纱线应力-应变理论曲线

如果假设,当长丝纱线中心纤维达到断裂伸长时立即导致整根纱线的崩溃性断裂,并且纱的断裂部位对纱的张力没有影响,则应力-应变曲线呈直线下降。由理论分析得出的不同捻度下纱线的应力-应变曲线如图4.14所示。

如果假设,当纤维达到断裂伸长后不

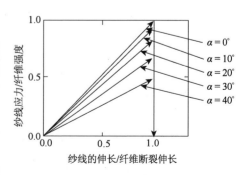

图 4.14　有破坏性断裂的纱线的预期变化

再贡献强力,而其余未断裂纤维仍然贡献强力,即式(4.74)中,积分下限从纤维断裂伸长处的半径开始。这时不同 α(外层纤维倾斜角)下长丝纱线的应力-应变曲线如图 4.15 所示。

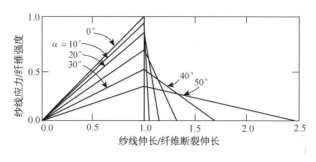

图 4.15 纤维服从虎克定律,纱线中的断裂纤维不起作用时的纱线的预期变化

4.2.2.2 实际长丝纱线的拉伸曲线

关于加捻连续长丝纱的拉伸性质的实验调查,已有很多研究者做了论述,Hearle[11]也概括了这些研究,各个作者在文献上报道的结果一般是相符合的。

在讨论加捻连续长丝纱的负荷-伸长性质之前,必须指出:它们的拉伸性质受加捻方法的影响很大,因为加捻方法决定着加捻后纱线的结构形态,并且在一定程度上影响着单根长丝的性质。图 4.16 是三组长丝纱线的负荷-伸长曲线,从图中可知其共同特征是:随着捻度的增加,初始模量逐步减小,在低捻度时有明显的屈服点;而高捻度时,屈服的明显程度大大降低,这是由于高捻度时纱线中纤维的伸长有一个相当的范围,当中心纤维到达屈服点时,而外层纤维尚未到达屈服,这样纤维的屈服发生遍及于纱线伸长的

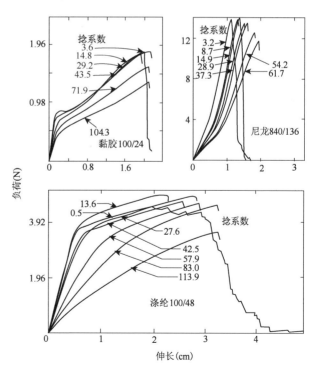

图 4.16 实际连续长丝纱线的负荷-伸长曲线

一定范围内,使得整根纱线的屈服点变得模糊。

由图中可知,低捻度纱线和高捻度纱线的断裂特征是有差别的。在低捻度纱线中,横向应力不足以使纤维抱合在一起,每根纤维实质上是相互独立的,当它本身达到断裂伸长时就会断裂,因此负荷-伸长曲线有一系列的阶梯状,与平行长丝纱的拉伸曲线相似;但在较高捻度时,纱线的横向应力成为一个整体,在一般实验条件下,断裂是崩溃性的。

Platt[16]论证了拉伸强力与捻度之间理论计算的关系与通过实验得到的强力数值之间的一致性。图 4.17 表示由 Platt 的表达式(随 $\cos^2\alpha$ 变化的强力)计算的纱线强力所绘曲线(醋酯连续长丝),以及相应的捻度下用实验确定的强力值。

Hearle 等人[11]报道了相对模量随着捻系数变化的实验研究结果,如图 4.18 所示,实验中所用纱线包括普通黏胶、高强度黏胶、醋酯、尼龙和聚酯。从图中的结果表明,相对模量随着捻度的增加而降低,这和理论表达式的预测趋势一致。

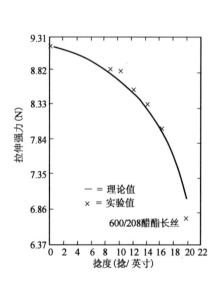

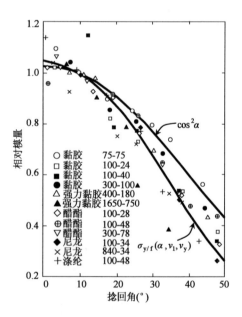

图 4.17　纱线强力随捻度变化的曲线　　图 4.18　不同捻回角下模量的实验值与理论值

很明显,根据简单的表达式 $(E_y/E_f = \cos^2\alpha)$ 绘出的图形表明了一般的趋势,但是更加精密的表达式与实验结果更加符合。

4.2.2.3　断裂过程特征

为什么纱线的实际断裂过程与图 4.15 不同,即在高捻度时断裂是崩溃性的。

图 4.15 中曲线下降部分是因为假设长丝断裂从中心到外层是逐步断裂的,且断裂部分纤维对纱线强力不再做任何贡献。图 4.19 表示了这种观点,对等速负荷拉伸试验时,断裂部分纤维原来所承担的载荷将立即分配给未断裂的纤维,使得未断裂纤维的应力瞬间增加,断裂将是崩溃性的。但对于等速伸长拉伸试验时,纱线张力能够降低,因此如图 4.15 所示的负荷降低部分是可以测得的,纱中长丝纤维实际的断裂情况是:当中心部分纤维断裂以后,在断裂点处纤维不再贡献强力,而远离断裂区处的纤维由于摩擦阻力,仍对强力有贡献作用。因此,断裂机理的修正图如图 4.20 所示[11]。

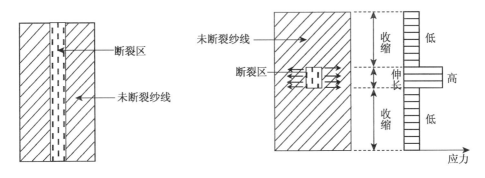

图 4.19　纤维断裂从纱线中心沿　　　　　图 4.20　长丝纱线的崩溃性断裂
　　　　纱线全长均匀向外扩展图

在断裂的一瞬间,纱线中长丝纤维的应力分布是不均匀的。在接近断裂区的截面中,较少的纤维承担负荷,纤维中的应力大于远离断裂区截面的纤维应力,纱线所承受的总负荷必须降低,因此,在远离断裂区的纤维应力降低,纤维将产生收缩,进一步拉伸断裂区,引起纤维从中心向外层断裂。这个过程是高速度的积累破坏过程。实际上,由于远离断裂区的纤维的弹性能的作用,即使是等速拉伸试验,断裂仍然可能是崩溃性的。

4.2.2.4　纤维断裂不同时性的实验条件

纱线拉伸曲线在达到最高强力后会出现一系列的阶梯状,表示纱线中的纤维断裂具有不同时性。这种阶梯状延伸得越长,纤维断裂的不同时性越剧烈,纱线的强力也越低。但是这一系列阶梯曲线的出现与实验条件有关。图 4.21 是强力黏胶纱在不同夹持长度下以 40%/min 的延伸速率拉伸的负荷-伸长曲线。图中表明,长试样(10 cm)是崩溃性的急速断裂,而短试样(1 cm)只有一部分断裂是崩溃性的,断裂过程出现一系列阶梯,直到较高的纱线断裂伸长。除了试样夹持长度对长丝纱断裂性能的影响较大,捻度也是影响纱线断裂特性的一个重要因素。图 4.22 描述了不同捻度的高强黏胶纱在夹持长度为 1 cm 和延伸速率为 40%/min

时的负荷-伸长曲线。从这些曲线可知,高捻系数纱(特克斯制捻系数高于 43.3)表现出急剧的局部下降,而低捻纱的断裂点具有一个延伸部分,在最低捻度(特克斯制捻系数等于 8.9)时,曲线的急剧弯曲部分完全消失。

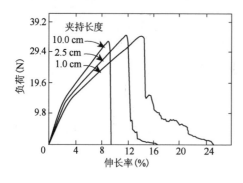 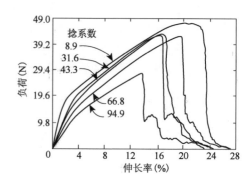

图 4.21　试样夹持长度对拉伸曲线的影响　　　图 4.22　不同捻系数时纱线的拉伸曲线

　　实验表明,对长试样和高速率拉伸时,纱线断裂将是崩溃性的;对短试样和低速率拉伸时,断裂过程将产生一系列的阶梯抖动。这是由于拉伸过程中,短试样中积累的弹性能较少,不足以引起完全断裂;同样,在低速拉伸时,由于应力松弛的缘故,储藏的弹性能也较低,也不足以引起完全急速断裂。图中还表明,纱线的捻度越大,断裂不同时性越严重。

　　上述理论分析认为拉伸纱线时中心纤维的伸长最大,纤维断裂从纱线中心逐步向纱线外层扩展。与此相反的另一观点认为,如果假设纱线中纤维没有转移现象,即纱线中纤维呈同心的圆柱形螺旋线排列,当一根相同长度的平行长丝纤维被加捻时,处于外层的纤维由于路程较长,将受到较大的张力,如果允许纱线收缩,即纱线的总张力为零,纱线处于平衡状态,这时将出现两种极端的情况:

　　① 如果长丝纤维是完全弹性的,外层纤维将回缩到它被加捻前平行丝束的长度,而这时中心纤维将产生起拱皱曲。

　　② 如果长丝是完全塑性的,外层纤维将不收缩,产生永久变形。

　　实际情况将处于两者之间。根据这种观点,当纱线拉伸时,外层纤维将首先达到断裂伸长而断裂,而断裂过程是从纱线外层向内层逐步扩展。按照这个模型,纱线中纤维的张应力分布曲线与图 4.10 完全相反。

　　如果在加捻纱线表面涂上颜色,然后进行拉伸试验,观察纤维的断裂情况,发现纱线中未断裂部分和断裂部分的纤维同时存在染色纤维和未染色纤维。这表明,实际纱线的断裂是比较复杂的,受到多种因素的影响。

4.3 加捻短纤纱

天然纤维和切断化纤纺成的纱线都是短纤维纱线。对于这种短纤维纱线来说,加捻和纤维在纱中的转移,是纤维能够成纱且具有一定强伸性质的重要因素。与长丝纱线相比,由于短纤维纱线结构上的复杂性,其拉伸性质还远未被认识清楚。由于纺织制品中绝大部分是短纤维纱线,所以短纤维纱线的拉伸性质曾被广泛地研究。许多研究工作是建立在纤维性质均匀、不考虑纱线的条干不匀等理想的基础上或在理论分析基础上,通过对实际纱条的不匀等因素进行实验修正来解决的。

短纤维纱线的拉伸性质取决于纤维的性质、纱线结构及加工工艺参数等。随着纱线捻度的增加,纱线强度相应提高,直到临界捻度时,纱线强度达到最大值[18];这时,如果继续增高捻度,纱线强度不再增加,反而下降。短纤维纱线强度与捻度关系如图4.23所示。

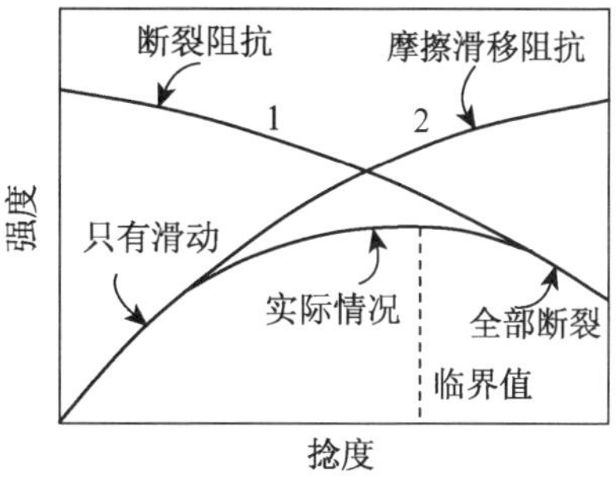

当短纤维纱线没有捻度时,拉伸纱线,纤维间没有轴向压力,全部纤维相互滑移,

图 4.23 短纤纱强度与捻度间的关系

纱线没有强度或只有很低的抱合力。随着捻度增大,纤维对纱的轴向压力增大,纤维间摩擦阻力增大,滑移的纤维数量逐渐减少,这时纤维之间摩擦阻力对纱线强度的影响大于纤维倾斜对纱线强度的影响,所以纱线实际强度有上升的趋势。当纱线加捻到一定临界捻度(短纤纱最高强度的捻度)后,纱线加捻虽然使得纤维间摩擦阻力增加,但纤维倾斜越来越大,纤维强度沿纱轴向的有效分力降低,纱中纤维断裂不同时性加剧,使得纱线强度显著降低,这时纤维倾斜对纱线强度的影响超过纤维间摩擦力对强度的影响,所以纱线实际强度有下降的趋势。图中曲线 1 表示纤维倾斜对纱线强度的影响,曲线 2 表示纤维滑移对纱线强度的影响,曲线 1 和 2 的综合就是短纤维纱线强度与捻度的关系曲线。由此可知,纤维在纱线中的滑移是短纤维纱线强度的根本问题。

4.3.1 短纤维纯纺纱

4.3.1.1 滑移

对任何由短纤维组成的纱线,都必须考虑张力是怎样从一根纤维传送到另外一根纤维,以及在纤维端滑移的影响。在纤维的自由端不存在张力,但是纤维间相互紧密接触而产生摩擦力,因此存在一个如图 4.24 所示的滑动区域,其滑动区域的张力由自由端向 A 点逐步累积。在非滑动区域的长度上,纤维张力相等,其最大值等于纤维强力[19]。

图 4.24　纤维在滑动区段张力示意图

如果假设纤维长度为 L,并定义滑脱长度 l_c,即当摩擦阻力积累到等于纤维本身断裂强力时,张力不再增加,纤维中间部分的张力等于纤维断裂强力而出现平台,这时平台离两个头端的距离 l_c 就是"滑脱长度"。关于该纤维的一种简单的线性关系如图 4.25 所示。

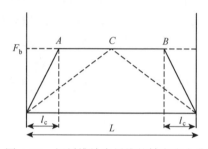

图 4.25　短纤维纱中纤维的轴向张力分布

定义滑动系数 SF:

$$SF = \frac{\overline{F}}{F_b} = \frac{\bar{\sigma}}{\sigma_b} = (L - l_c)/L = 1 - l_c/L \tag{4.99}$$

式中: $\overline{F}$ 为纤维的平均张力; F_b 的纤维的断裂张力; $\bar{\sigma}$ 为纤维的平均应力; σ_b 为纤维的断裂应力。

在 A 及 B 点,其握持力等于累积滑动阻力:

$$\pi r^2 \sigma_b = 2\pi r l_c \tau_b \tag{4.100}$$

式中: r 为纤维半径; τ_b 为纤维表面阻止滑动的剪切应力。

由式(4.99)得:

$$SF = \frac{\bar{\sigma}}{\sigma_b} = 1 - \frac{r\sigma_b}{2\tau_b L} \tag{4.101}$$

对短纤维纱线来说, τ_b 是由于纱线被加捻,外部纤维上的张力转化为内部纤维间的横向压力引起的,所以:

$$\tau_b = \mu g = \mu T \sigma_b \tag{4.102}$$

式中: μ 为纤维摩擦系数; g 为横向应力; T 为拉伸应力转化为横向应力的运算因子。

把式(4.102)代入式(4.101),可得:

$$SF = \frac{\bar{\sigma}}{\sigma_b} = 1 - \frac{r\sigma_b}{2\mu g L} = 1 - \frac{r}{2\mu T L} \tag{4.103}$$

由上述讨论分析可知,滑动系数 SF 的物理意思是 SF 的大小表明纤维强力在短纤维纱线中的可利用程度，SF 大，表示纤维强力利用程度大；反之，SF 小，则纤维两端滑动区域大，或滑动长度 l_c 大，纤维强力利用程度低。式（4.101）和式（4.103）清楚地表明，增加纤维长度或在加工过程中多梳去短纤维且少拉断纤维，增加纤维细度，适当增加捻度以提高纱线中纤维间正压力，提高纤维表面摩擦性能等，都可以提高纤维在纱线中的强度利用率。

4.3.1.2　滑动方程式

设沿着纤维滑动区域，在距离纤维端点 l_c 处的应力为 σ（图 4.25），横向滑动剪切应力为 τ_b，则滑动方程式为：

$$
\begin{aligned}
\sigma &= \frac{1}{\pi r^2} \int_0^{l_c} 2\pi r \tau_b \left(1 - \frac{q}{L}\right) \mathrm{d}q \\
&= \frac{2}{r} \int_0^{l_c} \tau_b \left(1 - \frac{q}{L}\right) \mathrm{d}q \\
&= \frac{2}{r} \int_0^{l_c} \mu g \left(1 - \frac{q}{L}\right) \mathrm{d}q
\end{aligned}
\tag{4.104}
$$

式中：q 为离开纤维端点的距离，作为一个辅助的积分参数。

引入校正系数 $\left(1 - \dfrac{q}{L}\right)$，是因为与 $\mathrm{d}q$ 相邻的纤维在距离 q 之内存在纤维尾端，这些尾端强烈滑动。虽然这些尾端产生滑动阻力，但它们在滑动方向上被拉出，与周围纤维的接触并不完全充分[20]。

4.3.1.3　滑动方程式的应用——滑脱长度

从前面的讨论中，可以知道短纤维纱线中纤维的滑脱长度大小决定着纤维在纱线中的强力利用率的高低，滑脱长度是决定纱线张力的一个重要参数。Gregory[21]对细纱强力的理论分析中，对纱线中的滑脱长度进行了如下推导：

为了分析方便，假设纱线中纤维等长，而且呈理想排列，各根纤维头端之间的移距相等，纤维排列成平行四边形，如图 4.26 所示。

假设细纱沿 BB' 断面处断裂，取以 BB' 为对角线的平行四边形，L 为纤维的长度，CC_1 和 $C'C_1'$ 为滑脱长度（l_c），BB' 为纱线断面内的纤维根数，BC 或 $B'C'$ 为滑脱纤维数，CC' 为断裂纤维数。纱线断裂时在 BB' 面左右分开，BC 部分的纤维自右面抽出，$B'C'$ 部分的纤维自左面抽出，CC' 部分的纤维则断开。纱线的断裂面为 $BC_1CC_1'B'$。纱线断裂时，在 C 处与 CC_1 纤维做相对滑动的纤维根数为 CB'，这部分纤维占断面内纤维

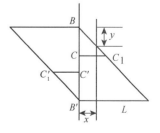

图 4.26　短纤纱中纤维断裂和滑移的理想排列

总数的百分数为：

$$\frac{CB'}{BB'} = \frac{BB' - BC}{BB'} = 1 - \frac{l_c}{L} \tag{4.105}$$

在 x 处与 CC_1 纤维发生相对滑移的纤维数量为 $CB' + y$，占总根数的百分数为：

$$\frac{CB' + y}{BB'} = \frac{BB' - BC + y}{BB'} = 1 - \frac{l_c}{L} + \frac{x}{L} \tag{4.106}$$

上式可当作 CC_1 纤维在 x 点与滑动纤维相接触的概率，也可当作 CC_1 部分的纤维表面能发生摩擦的面积比率。因此，如果 CC_1 上 x 处 $\mathrm{d}x$ 的摩擦阻力为 $\mathrm{d}F$，则：

$$\mathrm{d}F = g\mu\,(S\mathrm{d}x)\left(1 - \frac{l_c}{L} + \frac{x}{L}\right) \tag{4.107}$$

式中：g 为纤维上单位面积的压力；S 为单位长度纤维的面积；μ 为纤维表面的摩擦系数。

纤维 CC_1 上的总摩擦力为该纤维所提供给纱线的强力。

设 p_b 为单纤维的断裂强力，则：

$$
\begin{aligned}
p_b &= \int_0^{l_c} \mathrm{d}F = g\mu S \int_0^{l_c} \left(1 - \frac{l_c}{L} + \frac{x}{L}\right) \mathrm{d}x \\
&= g\mu S \left(l_c - \frac{l_c^2}{L} + \frac{l_c^2}{2L}\right) \\
&= g\mu S \left(l_c - \frac{l_c^2}{2L}\right)
\end{aligned} \tag{4.108}
$$

所以有：

$$l_c = L\left(1 - \sqrt{1 - 2p_b/g\mu SL}\right) \tag{4.109}$$

式(4.109)为理论上推导的滑脱长度。这个长度不仅与纤维的断裂强力、纤维上单位面积的压力、单位长度纤维的面积，以及纤维表面的摩擦系数有关，而且与纤维的长度相关。根据式(4.108)也可以得出"滑动长度"的另一个表达式，即：

$$p_b = g\mu S l_c \tag{4.110}$$

所以可得"滑脱长度"的表达式：

$$l_c = \frac{p_b}{g\mu S} \tag{4.111}$$

式(4.111)中的滑脱长度表达式中没有纤维长度项，为一定值，它只是滑脱长度的近似表达,因为它没有考虑滑动表面接触概率问题。如果假设根据式(4.111)计算出四种纤维的滑脱长度分别为 7 mm、8 mm、9 mm 和 10 mm,纤维长度从 20 mm 到 35 mm 可以变化,那么用式(4.109)计算的结果与这四个定值相比如图 4.27 所示。图中(a)~(d)分别代表滑脱长度为 7~9 mm 的四种情况。从图中可以看出,考虑了滑动表面接触概率计算的结果都大于没有考虑的近似结果,而且滑脱长度越接近纤维长度的一半,两者的差异就越大。只有当纤维长度足够大时(对于本例题长度要大于 2 000 mm),两者结果才会一致,所以在考虑短纤维纱线中纤维的滑脱长度时,考虑纤维滑动表面接触概率是应该的;但为了定性地分析问题,近似表达式(4.111)也经常使用。

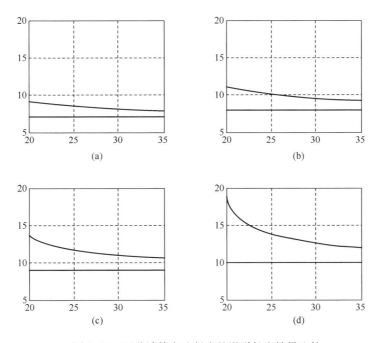

图 4.27 两种计算方法得出的滑脱长度结果比较

4.3.1.4 短纤维纱线强力

(1)不考虑纤维倾斜和转移的分析

由图 4.26 可知,如果不考虑由于加捻纤维而造成的倾斜,而看作纱线由等长平行纤维束组成。这时,在横向压力作用下,纱线截面的纤维总数 BB' 中,CC' 部分是断裂部分,BC 或 $B'C'$ 部分是滑脱部分,则纱线强力是断裂部分纤维的断裂强力(F_b)和滑动部分纤维的滑动阻力(F_s)的总和。

伸出长度大于 x、小于 l_c 的纤维数在左右两边各为 $N\dfrac{l_c-x}{L}$。其中,N 为纱线截面内的纤维总根数,这部分纤维在纱线拉伸至断裂时的运动是一致的,没有相对运动,与它们做相对滑移的纤维根数比率为 $\left(1-\dfrac{l_{c}}{L}+\dfrac{x}{L}\right)$。因此,在 x 处 dx 长度上,这一部分纤维所产生的摩擦阻力 dF_{s} 为:

$$dF_{s} = g\mu S dx\left(1-\frac{l_{c}}{L}+\frac{x}{L}\right)N\left(\frac{l_{c}-x}{L}\right) \tag{4.112}$$

将上式积分可得总滑脱阻力 F_{s} 为:

$$
\begin{aligned}
F_{s} &= 2\int_{0}^{l_{c}}dF_{s} \\
&= 2g\mu SN\int_{0}^{l_{c}}\left(1-\frac{l_{c}}{L}+\frac{x}{L}\right)\left(\frac{l_{c}-x}{L}\right)dx \\
&= 2g\mu S\frac{l_{c}^{2}}{L}\left(\frac{1}{2}-\frac{l_{c}}{3L}\right)N
\end{aligned} \tag{4.113}
$$

伸出长度长于 l_{c} 的纤维根数为 $\left(1-\dfrac{2l_{c}}{L}\right)N$,这部分纤维的断裂强力 F_{b} 为:

$$F_{b} = N\left(1-\frac{2l_{c}}{L}\right)p_{b} \tag{4.114}$$

所以短纤维纱线的总强力 F_{y} 为:

$$F_{y} = F_{s}+F_{b} = 2g\mu S\frac{l_{c}^{2}}{L}\left(\frac{1}{2}-\frac{l_{c}}{3L}\right)N+Np_{b}\left(1-\frac{2l_{c}}{L}\right) \tag{4.115}$$

式中的横向压应力 g 是由加捻纱线拉伸时倾斜纤维产生的向心压力引起的;滑脱长度 l_{c} 由式(4.109)决定,它与捻度、纤维强力、长度、细度和表面摩擦性质有关。

式(4.115)仅仅给出了影响短纤维纱线强力的因素,应用于实际纱线,还需要考虑加捻引起的纤维倾斜,以及实际的条干不匀、纤维本身性质不匀和纤维在纱线中的转移等因素。

(2) 近似理论分析

Hearle 等[11, 22]曾经对短纤维纱线的力学性质做出近似的理论分析,得出了简明的方程式,用于表达短纤维纱线随捻度而变化的力学性质。在这种分析中,Hearle 把纱线看作连续长丝纱,并假设:短纤维纱线的长度方向具有均匀的圆形截面和密度;所有纤维具有相同的形态尺寸和性质,完全弹性的,服从虎克定律和摩擦定律;纤维的直径远小于纱线的直径;纤维在纱线中呈规则的圆锥螺旋线排列,转移的周期远大于一个捻回的纱线长度;纤维的头端在纱线中随机分布;纱中纤维受到均匀的横向压力作用,并忽略剪切应力的作用;纱线和纤维的变形为小变形。

按照上述的假设,在进行严格的理论分析时,还会遇到很多问题。从前面所述的长丝纱线分析可知,纤维间横向压力与纤维在纱线中的位置相关,中间层压力大,外层压力为零。因此,当纤维头端在纱中随机分布和圆锥形转移时,不同位置的纤维的滑脱长度并不相同,所以难以得到完整的解析解。我国纺织材料界著名学者严灏景教授(1920—2008)是国际上用示踪纤维表征短纤维纱结构的创立者。用示踪纤维方法可以便捷有效地揭示短纤纱中纤维内外转移的复杂性[23-24][注:严灏景教授 1920 年出生于江苏省丹阳县吕城镇严家村,1943 年毕业于西南联合大学机械系,1947 年 12 月赴英国曼彻斯特大学纺织系攻读硕士学位,1949 年回国,1950—1951 年任西北工学院纺织系副教授,1951 年 9 月调入华东纺织工学院(现:东华大学)参加筹建工作。严灏景教授采用示踪纤维研究纱条形成过程中纤维转移的方法是当时国际纺织学术界的一项开创性工作,第一次揭示了纤维在纱线和各道半制品中配置的真实情况。该项工作已经编入世界各国纺织专业教材。1989 年英国纺织学会授予严灏景教授“瓦纳”纪念奖章(Warner Memorial Medal),表彰严灏景教授在纱线结构研究方面的杰出成就]。

　　Hearle 分析一根表层纤维,并进一步假设该表层纤维的张应力正好等于拉伸纱线时外层纤维应具有的张应力,它是该纤维不产生滑动的张应力的临界值。该纤维从纱线表面点向内转移直到纤维头端,这段距离内纤维是滑动的,称为滑动长度。然后假设此纤维代表整个纱线截面中的全部纤维。由于纤维的头端滑动,整根纤维的平均张应力降低,或者短纤维拉伸时纱截面中有拉伸和滑动两部分纤维存在,按长丝纱的分析方法,可以得到短纤维纱线模量随捻度变化的公式。

　　在推导公式前,必须建立纤维在纱线中圆锥形转移的轨迹方程式。假设纤维的一个转移周期长度等于 Q,沿纤维的轴向长度为 q,则纤维从表面层开始,纤维长度 q_i 与纤维相对半径位置 r_i/R 的关系为:

$$\left(\frac{r_i}{R}\right)^2 = 1 - 2\frac{q_i}{Q} \tag{4.116}$$

式中:r_i 为纤维位置;R 为纱线半径。

纤维理想的圆锥形转移轨迹如图 4.28 所示。根据纤维的直径远小于纱线直径的假设,并联合式(4.37)、式(4.38)和式(4.116),可得:

$$q_i = \frac{Q}{2}\left(1 - \frac{u_i - c^2}{1 - c^2}\right) \tag{4.117}$$

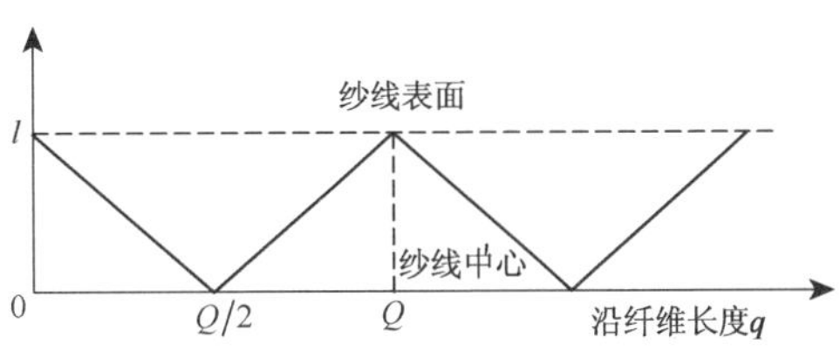

图 4.28　纤维理想转移的圆锥形轨迹

对上式两边进行求导:

$$dq_i = -\frac{Q}{2}\left(\frac{2u_i}{1 - c^2}\right)du_i \tag{4.118}$$

假设短纤纱中纤维的横向压应力分布与长丝纱线中纤维间的横向压应力分布相同,并用式(4.69)表示,则当 $\nu_1 = 0.5$, $\nu_y = 0$ 时,公式化为:

$$g_i = c^2 \frac{1 - u_i^2}{2u_i^2} \tag{4.119}$$

假设 $q_i = s$,则此时 u_i 的值为 u_s,由式(4.118)计算可得:

$$u_s = 1 - 2s \frac{1 - c^2}{Q} \tag{4.120}$$

那么在表面层的一根纤维,能够产生的最大轴向标准化应力 $x_{i,s}$ 为:

$$
\begin{aligned}
x_{i,s} &= \left(\frac{2\mu}{a}\right)\int_0^s g_i \mathrm{d}q_i \\
&= \left(\frac{2\mu}{a}\right)\int_1^{u_s} \left(c_2 \frac{1 - u_i^2}{2u_i^2}\right)\left(-\frac{Qu_i}{1 - c^2}\right)\mathrm{d}u_i \\
&= \left[\frac{\mu c^2 Q}{a(1 - c^2)}\right]\int_1^{u_s}\left(u_i - \frac{1}{u_i}\right)\mathrm{d}u_i \\
&= \left[\frac{\mu c^2 Q}{a(1 - c^2)}\right]\left[\frac{1}{2}(u_s^2 - 1) - \ln u_s\right] \\
&= \left[\frac{\mu c^2 Q}{a(1 - c^2)}\right]\left\{-\frac{(1 - c^2)s}{Q} - \frac{1}{2}\ln\left[1 - 2\frac{(1 - c^2)s}{Q}\right]\right\}
\end{aligned}
\tag{4.121}
$$

式中: a 为纤维半径。

将上式对数项进行级数展开,并因为 $s \ll Q$ 而略去 s 的高次项,可得到:

$$x_{i,s} = \left[\frac{2\mu c^2(1 - c^2)}{aQ}\right]s^2 \tag{4.122}$$

当纤维服从虎克定律时,表层无滑动纤维的标准应力为:

$$x_c = c^2 \tag{4.123}$$

把 $x_{i,s} = x_c$ 代入式(4.123),可以得到纤维间不滑动的临界长度 s_c:

$$s_c = \left[\frac{aQ}{2u(1 - c^2)}\right]^{1/2} \tag{4.124}$$

当 $s < s_c$ 时,则纤维间发生滑动现象,纤维相对应力由式(4.122)计算;但当 $s > s_c$ 时,纤维的相对应力为 x_c,假如 L_f 为纤维长度,考虑有大量的纤维通过纱表面的一个单元,在此单元中,纤维任一端距离小于 s_c 的比例为 $2s_c/L_f$,这一部分纤维有打滑现象,而纤维两端距离超出 s_c 的比例为 $(L_f - 2s_c)/L_f$,这部分纤维则被周围的纤维握持,因此纱线表面层纤维的平均应力 x_s 为:

$$x_s = \frac{1}{L_f} \left\{ 2 \int_0^{s_c} \left[\frac{2\mu c^2 (1-c^2)}{aQ} \right] s^2 \mathrm{d}s + c^2 (L_f - 2s_c) \right\}$$

$$= \frac{1}{L_f} \left\{ 2 \left[\frac{2\mu c^2 (1-c^2)}{aQ} \right] \frac{s_c^3}{3} + c^2 (L_f - 2s_c) \right\}$$

$$= c^2 \left\{ 1 + \frac{4}{3} \frac{\mu (1-c^2)}{aQL_f} \left[\frac{aQ}{2\mu (1-c^2)} \right]^{3/2} - 2 \left[\frac{aQ}{2\mu (1-c^2)} \right]^{1/2} \frac{1}{L_f} \right\}$$

$$= c^2 \left\{ 1 - \frac{2}{3L_f} \left[\frac{aQ}{2\mu (1-c^2)} \right]^{1/2} \right\} \tag{4.125}$$

与理想长丝纱表层纤维的标准化应力 c^2 相比,短纤维纱线中表层纤维的平均应力降低 β 倍,而:

$$\beta = \frac{c^2}{x_s} = 1 - \frac{2}{3L_f} \left[\frac{aQ}{2\mu (1-c^2)} \right]^{1/2} \tag{4.126}$$

假设短纤维纱线的各层纤维的应力降低都和表层纤维的应力降低比例一致,则可以得到短纤纱的模量 E_s 与相当的长丝纱模量 E_y 比:

$$\frac{E_s}{E_y} = \beta \tag{4.127}$$

取长丝纱模量的最简单公式 $E_y = E_f \cos^2 \alpha = E_f c^2$,则短纤纱模量与纤维模量之比为:

$$\frac{E_s}{E_f} = \frac{E_f \cos^2 \alpha \cdot \beta}{E_f}$$

$$= \cos^2 \alpha \left\{ 1 - \frac{2}{3L_f} \left[\frac{aQ}{2\mu (1-c^2)} \right]^{1/2} \right\}$$

$$= \cos^2 \alpha \left[1 - \frac{2\csc \alpha}{3L_f} \left(\frac{aQ}{2\mu} \right)^{1/2} \right]$$

$$= \cos^2 \alpha \left[1 - k\csc \alpha \right] \tag{4.128}$$

式中: $k = \frac{\sqrt{2}}{3L_f} \left(\frac{aQ}{\mu} \right)^{1/2}$。

$\cos^2 \alpha$ 这一项表示捻度的影响,而 $1 - k\csc \alpha$ 这一项为纤维滑动引起的张力变化。由于公式推导中严格的近似,很难得出 k 的精确数值,在考虑整个纱线截面中的纤维时,由于内层纤维比外层纤维的被握持情况较好,因此打滑现象少,k 值比上述公式值低;而当短纤纱的应力减小时,纤维间径向压力减小,导致张应力降低,使得 k 值比上述公式值高。但无论如何,这个简单的分析可以表示各种因素是如何影响短纤维纱线模量的。

图 4.29 中两条实线分别描述了 $k = 0.01$ 和 $k = 0.1$ 时,短纤维纱线模量与纤维模量比值与捻回角之间的关系,而虚线分别描述了纤维倾斜的影响($\cos^2 \alpha$)及纤维间打滑的影响($1 - k \csc \alpha$)。实际短纤维纱线的强度与捻回角间的关系与图 4.29 相似。

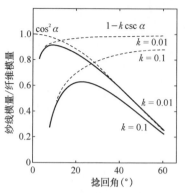

图 4.29 短纤维纱线相对模量与捻回角的关系

(3)影响短纤维纱线强力的因素

短纤维纱线的强力取决于纤维的各种性质,以及纱线结构上和工艺上的参数,如纤维的长度、线密度、断裂强力、表面摩擦性能,以及纱线的捻度、排列形态、条干均匀度等。因此影响短纤纱强力的因素较为复杂,下面对主要因素做简单讨论[25-27]:

① 捻度。对于短纤维纱线,当捻度增加时,纤维间横向应力增加,根据式(4.111)可知滑脱长度减小,因此纤维对纱线强力的贡献损失较小,但是由于捻度增加,纤维倾斜影响增大,纤维的强力利用率降低,从而导致纱线强度降低,短纤纱强力与捻度的关系如图 4.23 所示。实际中短纤维纱线的捻度与强力关系的机理并不是这么简单,纱线中所有纤维很可能是靠近尾端产生滑移,而所有纤维被紧握在中段。

② 纤维长度。短纤维纱线中的纤维长度越长,头端长度占总长度的百分比越小,纤维强度利用率越大,短纤维纱线的强度就增加。

当 $l_c = L/2$ 时,即纱线内纤维全部滑脱,其中所受的滑动力最大等于纤维的断裂强力。这时如果按式(4.108)计算,得:

$$g = g_c = \frac{p_b}{\mu S \left(l_c - \dfrac{l_c^2}{2L} \right)} = \frac{p_b \cdot 8}{\mu S \cdot 3L} = \frac{8 p_b}{3 L \mu S} \tag{4.129}$$

$$F_s = 2 g_c \mu S N \frac{l_c^2}{L} \left(\frac{1}{2} - \frac{l_c}{3L} \right) N = 2 g_c \mu S N \frac{L}{4} \left(\frac{1}{2} - \frac{1}{6} \right) = \frac{4}{9} N p_b \tag{4.130}$$

式中:F_s 为纱线的最大强力;g_c 为纱线中纤维间最大压力。

可以看出,纱线最大强力仅为纱线中纤维强力之和的 44.4%。

由式(4.115)可知,l_c 的计算和大小是短纤维纱线强力的重要因素。l_c 的大小决定了纱线断裂时,断裂面中断裂纤维数目和滑脱部分纤维数目的相对比例。由于实际短纤维长度的不匀,伸出断裂面的纤维头端偏离理想的平行四边形排列较大,特别是短纤维的存在,使纤维滑脱部分显著增加。同时在成纱工艺上,短纤维的存在影响牵伸,造成条干不匀,所以为了提高强力,控制短纤维的百分比是很重要的。通常以 $l = 2l_c$ 的长度作为短纤维百分比的界限。为了提高成纱质量,尽可能在纺纱工艺中排除这些界限以下的短纤维是必要的。

纤维长度对纤维强力利用率的影响如图 4.30 所示,当纤维长度增加时,滑动部分的长度比例减小,因此,强力损失减小,只要较小的捻度就可以达到张力的最大值。

③ 纤维表面摩擦系数。当纤维表面摩擦系数增加时,产生滑动的摩擦阻力相应增加,所以纤维的强力损失减小,如图 4.31 所示。纤维表面摩擦性质是可纺性的重要因素,纤维表面摩擦系数是提高纱线强力的重要因素,天然纤维中棉纤维的天然转曲、毛纤维的天然卷曲使其具有较好的可纺性,与化纤混纺时要求化纤具有与天然纤维相类似的形状,即利用化纤的热塑性获得机械卷曲,能使纺纱过程顺利进行,也有利于提高纱线的品质。

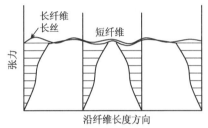

图 4.30 纤维长度对纤维张力分布的影响

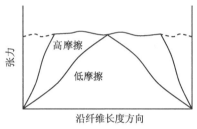

图 4.31 纤维摩擦对纤维张力分析的影响

④ 纤维细度。纤维的细度对纱线的强力影响较大。研究一根半径为 a 的纤维,处在张力和横向压力作用下,如图 4.32 所示。纤维张力正比于横截面积(即 $\propto a^2$),而滑动摩擦阻力正比于纤维表面的横向压力和圆周长(即 $\propto a$)。因此,趋于引起滑动的张力以 a^2 增加,而摩擦阻力仅仅以 a 增加。这样,纤维半径越大,由纤维张力克服滑动摩擦阻力的趋势就越大。所以纤维越细,纱线中纤维的强力利用率系数就越高。

⑤ 纤维强度。由式(4.115)可知,纱线强力是断裂部分纤维的断裂强力(F_b)和滑动部分纤维的滑动阻力(F_s)的总和,且前者是主要的,因此,近似地认为短纤维纱线的强

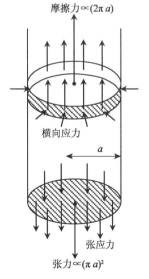

图 4.32 短纤维纱线中纤维张力和
摩擦力与纤维直径的关系

度与纤维的强度成正比。

⑥ 纱截面的纤维根数。当纤维细度一定时,纱截面上的纤维根数将影响拉伸强度。这是因为纱线不同层中纤维间接触时的压力不同,外层较小,内层较大。当截面中纤维数目较少时,外层纤维比例较大,所以低压力接触的比例比高压力接触的比例大得多,纱线强度低。

Goodwin 报道(1959),黏胶短纤维纱线中最少纤维数目为 64～97 根,且取决于纤维线密度和长度;Staubury 和 Byerley 报道(1934),精梳毛纺中的最少纤维数目为 20 根[11]。

⑦ 纤维转移。纱线中纤维的转移情况对纱线性质是很重要的,如果纤维按等半径的螺旋线排列,那么纱表层将不产生向心的径向压力。纤维的径向转移使表面纤维在一定长度上两端被握持,通常转移越迅速,握持越有效。纱线张力越大,产生的径向压力就越高,纤维间被握持就更有效。另外,各种新型纺织纱线迅速发展,其结构与传统纱结构不同,最基本的结构区别在于纤维的伸长、转移和纤维的聚集密度,这些因素综合决定了纱的拉伸性质。

4.3.2　短纤维混纺纱

随着化学纤维的迅速发展,特别是新合纤和细旦纤维的问世,化学纤维在纺织纤维中占的比例越来越高。由于它与天然纤维性能各异,而且天然纤维资源有限,所以通过混纺可以使各种纤维取长补短,大大提高纺织品的性能[28]。混纺纱的力学性能是其性能的一个重要部分,与纱线的混纺比密切相关,了解和研究混纺纱的力学性能具有重要的实际意义。

4.3.2.1　混纺纱的强度

化学纤维的许多力学指标(如强力、弹性、耐磨、耐疲劳等)比天然纤维好,而且,这些指标的均匀度远高于天然纤维,因此,当天然纤维中混入化学纤维后,上述指标可以得到改善。

混合材料的性质指标,通常由线性混合法则决定:

$$\bar{A} = \sum_{i=1}^{n} k_i \bar{A}_i \tag{4.131}$$

式中:$\bar{A}_i$ 为第 i 个成分的平均值;$\bar{A}$ 为各成分的总平均值;k_i 为第 i 个成分的混合比例。

此混合法则仅仅适用于各组分都没有破坏的情况,对于混纺纱强度而言,其各个组分纤维的断裂伸长不同,上述混合法则是不适用的,但可以进行分段讨论。

对于两种不同拉伸性质的纤维 A 和 B 混纺的混纺纱,由于两者的断裂伸长不同,在同等程度伸长的情况下,断裂伸长小的纤维(假设是 A 纤维)首先断裂。断裂之前纱线的外力由纤维 A 和 B 共同承担,当 A 纤维断裂后,假设仅由 B 纤维继续承担负荷,直到 B 纤维断裂,所以整根纱线的拉伸分为两段,也相应地出现两个峰值,最高的峰值表示为混纺纱的断裂强度,且该值与混纺比密切相关。这两个峰值的强度表达式为:

$$\sigma_1 = a\sigma_a + b\sigma_c \tag{4.132}$$

$$\sigma_2 = b\sigma_b \tag{4.133}$$

式中:σ_1 为 A 纤维断裂时纱线的峰值应力;σ_2 为 B 纤维断裂时纱线的峰值应力;a 为混纺纱中 A 纤维的比例;b 为混纺纱中 B 纤维的比例;σ_a 为 A 纤维的断裂应力。σ_b 为 B 纤维的断裂应力;σ_c 为 B 纤维在伸长率等于 A 纤维的断裂伸长率时的应力。

σ_1 和 σ_2 中的较大者为混纺纱的断裂强度。如果按 A 纤维先断裂,即有较小的断裂伸长率,那么根据 B 纤维的拉伸模量和断裂强度(大于或小于 A 纤维的断裂强度)。混纺纱的强度及混纺比间的关系可存在下列三种形式[29—31]:

(1) B 纤维具有高模量、高强度的混纺

属于该类型的纤维拉伸曲线和混纺纱强度与混纺比的关系如图 4.33 所示。从图中可以看出,在达到 A 纤维断裂伸长前,B 纤维比 A 纤维具有更高的模量和强度,所以随着混纺纱中 B 纤维含量的增加,混纺纱的断裂强度线性地增加,且任何混纺比的混纺纱的强度都比 A 纤维纯纺纱的强度高。

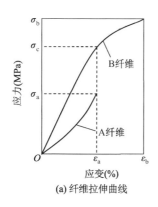
(a) 纤维拉伸曲线

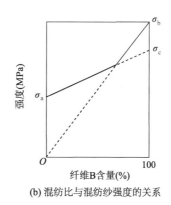
(b) 混纺比与混纺纱强度的关系

图 4.33　混纺纱强度的理论预测

(2) B 纤维具有低模量、高强度的混纺

属于该类型的纤维拉伸曲线和混纺纱强度与混纺比的关系如图 4.34 所示。与图 4.33 相比较,B 纤维比 A 纤维具有较低的模量,但同样具有更高的强度,所

以随着混纺纱中 B 纤维含量的增加,混纺纱的断裂强度先是线性地减少到最低值(即最小混纺比 b_{min} 时的强度);然后随着 B 纤维含量的增加,混纺纱的断裂强度线性地增加,且在混纺比达到临界混纺比 b_{crit} 前,混纺纱强度都比 A 纤维纯纺纱的强度低。所以为了有效利用纤维的强力,在实际的应用中,应让混纺比远离最小混纺比且大于临界混纺比。因为 $a+b=1$,由图 4.34 可知,当 $b=b_{min}$ 时,式(4.132)和(4.133)相等,所以 b_{min} 为:

$$b_{min} = \frac{\sigma_a}{\sigma_a + \sigma_b - \sigma_c} \tag{4.134}$$

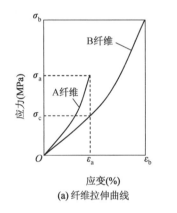 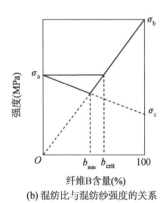

图 4.34　混纺纱强度的理论预测

对于 b_{crit},令式(4.133)等于 σ_a,即得:

$$b_{crit} = \frac{\sigma_a}{\sigma_b} \tag{4.135}$$

(3) B 纤维具有低模量、低强度的混纺

该类型混纺纱强度的理论曲线如图 4.35 所示。从图中可知,B 纤维与 A 纤维相比,不仅模量较低,而且强度也较低。随着 B 纤维含量的增加,混纺纱的断裂强度也是先下降,然后再上升;但是因为 B 纤维强度较低,所以在降低到最低点后,重新上升的值也较低。和图 4.34 一样,该类型也存在 b_{min} 和 b_{crit},b_{min} 的计算同式(4.134),但是 b_{crit} 的计算和式(4.135)不同。在式(4.135)中,当 B 纤维的含量为 b_{crit} 时,混纺纱的断裂强度是 B 纤维控制的,而在图 4.35 中,当 B 纤维的含量为 b_{crit} 时,混纺纱的断裂强度是 A 纤维控制的。故对于 B 纤维具有低模量、低强度的混纺时,计算临界混纺比的值,可令式(4.132)等于 σ_b,即得:

$$b_{crit} = \frac{\sigma_a - \sigma_b}{\sigma_a - \sigma_c} \tag{4.136}$$

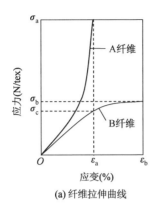 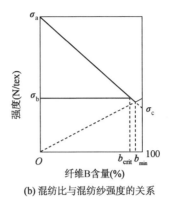

(a) 纤维拉伸曲线   (b) 混纺比与混纺纱强度的关系

图 4.35   混纺纱强度的理论预测

4.3.2.2   短纤维混纺纱的断裂过程

实际短纤维混纺纱的断裂过程和强度与上述预测有较大区别,因为上述理论严格来说只适用于两组不同纤维组成的理想平行纤维长丝纱。这种理想的纱线与实际短纤维纱线是不同的,按理论预测,在 A 纤维断裂后,短纤维纱线的应力会出现突然下降;实际上,在正常捻度情况下,短纤纱的拉伸曲线比较光滑,其主要原因是由于同一组分纤维的断裂伸长是不均一的,服从一定的概率分布。另外,当 A 组分纤维断裂后,只要纱线不解体,由于加捻和转移,断裂纤维仍然受到周围纤维的握持,所以对纱线的强力仍然起一定的贡献。由于纤维的断裂位置不同,纤维在断裂后对纱线强力的贡献也不完全相同,一般分为两类:一类是断裂后的纤维长度大于两倍的滑脱长度;另一类是断裂后的纤维长度小于两倍的滑脱长度。两种情况下纤维在混纺纱断裂前后的张应力分布如图 4.36 所示。

从图 4.36(b)可知,如果断裂点为 e,则断裂后的两段纤维长度均大于两倍的滑脱长度,通过 e 点作 eg 平行于 bc、ef 平行于 oa,三角形 egf 的面积就是纤维断裂后张应力贡献的下降部分,除以四边形 $oabc$ 的面积就是纤维在纱线中张应力贡献的降低百分率;如果断裂点为 e',则断裂后的一段纤维长度大于两倍的滑脱长度,而另一段纤维长度小于两倍的滑脱长度,通过 e' 点作 $e'g'$ 平行于 bc、$e'f'$ 平行于 oa,四边形 $e'g'af'$ 的面积就是纤维断裂后张应力贡献的下降部分,同样除以四边形 $oabc$ 的面积就是纤维在纱线中张应力贡献的降低百分率。显然,三角形 egf 的面积大于四边形 $e'g'af'$ 的面积。这说明当纤维在短纤纱中断裂后,如果断裂后的两段长度都大于两倍的滑脱长度,则纤维在断裂后张应力贡献的下降百分率为最大,且不管两段长度的比例如何,其张应力贡献的下降百分率总是相等;如果断裂后有一段纤维长度小于两倍的滑脱长度,则张应力贡献的下降百分率相对较小,且随着断裂点位置靠近纤维的端点,四边形 $e'g'af'$ 的面积越来越小,即张应力贡献的下降百分率越小。

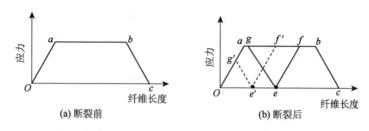

图 4.36　纤维在混纺纱中断裂前后和不同断裂点的张应力分布

按式(4.132)和(4.133)预测的混纺纱强度比实际的混纺纱强度偏高,因为它假设纱线为理想的平行纤维长丝纱,没有考虑纤维在纱中的倾斜和纤维头端的滑脱,也没有考虑同组分纤维间断裂伸长率的变异。Gupta 等(1975)考虑了加捻造成的纤维倾斜,导出了两种纤维的混纺纱的强度表达式:

$$\sigma_1 = \varepsilon_a (E_a N_a + E_b N_b) \cos^2\alpha, \ \sigma_2 = \varepsilon_b (E_b N_b) \cos^2\alpha \qquad (4.137)$$

式中:σ_1, σ_2 分别为混纺纱的两个峰值强度;ε_a, ε_b 分别为 A, B 纤维的断裂伸长率;E_a, E_b 分别为 A, B 纤维的初始模量;N_a, N_b 分别为 A, B 纤维的质量混合比;α 为混纺纱外层纤维的螺旋角。

由于式(4.137)仅仅考虑了纤维倾斜的作用,并且引入了初始模量,使得预测值与实测值并不吻合,因为对很多纤维来讲,并不是线弹性的,初始模量和断裂伸长率并不能唯一地确定拉伸曲线。所以用纯纺短纤纱的拉伸曲线,按图4.33~4.35方法预测不同混纺比的混纺纱强度将与实验结果接近。

参 考 文 献

[1] Coleman B D. On the strength of classical fibers and bundle. Journal of the Mechanics and Physics of Solids, 1958, 7(1):607-70.

[2] 贺福,王淑芳,杨永岗.用韦氏理论评价碳纤维抗拉强度的分散性.高科技纤维与应用,2001,26(3):29-31.

[3] Phani K K. Evaluation of single-fiber strength distribution fiber bundle strength. Journal of Materials Science, 1988, 23(3):941-945.

[4] Daniels H E. The statistical theory of the strength of bundles of threads. Proceedings of the Royal Society, (London) Series A,1945,183(995):405-435.

[5] Tagawa T, Taniguchi M, Miyata T. Statistical distribution of tensile strength in carbon fiber. Journal of Society of Materials Science, 1993, 42(479): 955-961.

[6] 顾伯洪,孙宝忠.纺织结构复合材料冲击动力学.北京:科学出版社,2012.

［7］ Militky J. Tensile properties of modified PET fibers. Textile Science, 2001, 93: 112-117.

［8］ 杜善义,王彪. 复合材料细观力学. 北京:科学出版社,1998.

［9］ 于伟东. 纺织材料学. 北京:中国纺织出版社,2006.

［10］ Truevtsev N N, Grishanov S A, Harwood R J. The development of criteria for the prediction of yarn behaviour under tension. The Journal of the Textile Institute, 1997, 88(4): 400-414.

［11］ Hearle J W S, Grosberg P, Backer S. Structural mechanics of fibers, yarns, and fabrics. Wiley-Interscience, New York, 1969.

［12］ Huang N C, Funk G E. Theory of extension of elastic continuous-filament yarns. Textile Research Journal, 1975, 45(1): 14-24.

［13］ Gegauff C. Strength and elasticity of cotton threads. Bulletin de la Societe industrielle de Mulhouse, 1907, 77(13): 153-213.

［14］ Hearle J W S. The mechanics of twisted yarns: the interface of transverse forces in tensile behavior. The Journal of the Textile Institute, 1958, 49(8): 389-408.

［15］ Hearle J W S, El-Behery H M A E, Thakur V M. The mechanics of twisted yarns: theoretical developments. The Journal of The Textile Institute, 1961, 52(5): 197-220.

［16］ Platt M M. Mechanics of elastic performance of textile materials. Part III: some aspects of stress analysis of textile structures—continuous-filament yarns. Textile Research Journal, 1950, 20(1): 1-15.

［17］ Treloar L R G, Riding G. A theory of stress-strain properties of continuous filament yarns. The Journal of the Textile Institute, 1963, 54(4): 156-170.

［18］ 姚穆. 纺织材料学. 北京:中国纺织出版社,2009.

［19］ Hearle J W S. Theoretical analysis of the mechanics of twisted staple fiber yarns. Textile Research Journal, 1965, 35(12): 1060-1071.

［20］ Holdaway H W. A theoretical model for predicting the strength of singles worsted yarns. The Journal of the Textile Institute, 1965, 56(3): 121-144.

［21］ Gregory J. Cotton yarn structure. Part IV: the strength of twisted yarn elements in relation to the properties of the constituent fibers. The Journal of the Textile Institute, 1953, 44(11): 499-514.

［22］ Hearle J W S, Gupta B S. Migration of fibers in yarns. Part III: A study of migration in staple fiber rayon yarn. Textile Research Journal, 1965, 35(9): 788-795.

［23］ Morton W E, Yen K C. The arrangement of fibres in fibro yarns. Journal of the Textile Institute Transactions, 1952, 43(2): T60-T66.

［24］ Morton W E, Yen K C. Fibre arrangement in cotton slivers and laps. Journal of the Textile Institute Transactions, 1952, 43(9): T463-T472.

［25］ Yang K, Xiao Ming Tao, et al. Structure and properties of low twist-staple singles ring spun yarns. Textile Research Journal, 2007, 77(9): 675-685.

［26］ Pan N. Development of a constitutive theory for short-fiber yarns. Part II: Mechanics of staple yarn with slippage effect. Textile Research Journal, 1993, 63(9): 504-514.

[27] Shao X, Wang Y. Theoretical modeling of the tensile behavior of low-twist staple yarns. Part I: theoretical model. The Journal of the Textile Institute, 2005, 96(2): 61-68.

[28] Treloar L R G. The geometry of multi-ply yarns. The Journal of the Textile Institute, 1956, 47(6): 348-368.

[29] Riding G. A study of the geometrical structure of multi-ply yarns. The Journal of the Textile Institute, 1961, 52(8): 366-381.

[30] Riding G. The stress-strain properties of multi-ply cords. Part II: Experimental. The Journal of the Textile Institute, 1965, 56(9): 486-497.

[31] Treloar L R G. The stress-strain properties of multi-ply cords. Part I: Theory. The Journal of the Textile Institute, 1965, 56(9): 477-485.

5 纱线扭转性质

摘要: 本章分析不同横截面纤维的扭转刚度和测试方法;讨论长丝纱的扭转性质,其中包括纤维弯曲对纱线扭转的影响、纤维扭转对纱线扭矩的影响、纤维弯曲与扭转耦合效应、纤维拉伸对纱线扭矩的影响;扩展长丝纱扭转性质至短纤纱,简要介绍短纤纱的扭转性质。

纱线的扭转对单纱中捻度的分布、合股纱中捻度的平衡等都有很大的影响。许多织物性能,如织物的翘曲程度、织物的悬垂性、起绉的效果等,都与纱线的扭转性能有关。可见纱线的扭转性能对织物的外观特征及手感都有重要的影响[1]。

5.1 纤维扭转性质

5.1.1 纤维扭转刚度

像弹性力学描述的那样,任何物体在扭转力矩的作用下,都会发生扭转变形。考虑一个简单的圆柱体,其长度为 l,当上端面对下端面进行扭转时,如图 5.1 所示。纤维中的直线 AB 在纤维扭转角度 θ 后,由于剪切作用到达新的位置 AC,于 AB 的剪切角为 ϕ。剪切角在纤维的中心位置时其值为 0,在其他位置时与从中心位置到该位置的距离 x 成正比。取一与中心位置距离 x 的单元,其面积为 δA,则有[2]:

$$F_s = G\phi\delta A = G(\theta x/l)\delta A \quad (5.1)$$

其中:F_s 为剪切力;G 为剪切模量(剪切应力/剪切应变)。

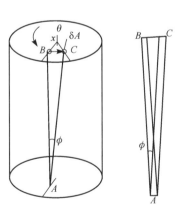

图 5.1 纤维的扭转

因此:

$$M_x = G(\theta x/l)\delta Ax = G\theta x^2\delta A/l \quad (5.2)$$

$$M_t = G(\theta/l)\sum x^2\delta A = GAk^2\theta/l \quad (5.3)$$

其中:M_x 为 δA 到中心位置的扭转力矩;M_t 为纤维的扭转力矩;$Ak^2 = \sum x^2\delta A$。

假如定义一个形状系数 ξ,并且有:

$$k^2 = \frac{\xi A}{2\pi} \tag{5.4}$$

当纤维为圆形时,有 $\xi = 1$,不同的纤维截面形状,其形状系数不同。

假如用线密度 N_{tex}、密度 ρ、相对剪切模量 n 和捻度 T_{twist} 来表达式(5.2),则有:

$$M_x = \frac{nN_{\text{tex}}^2 T_{\text{twist}}}{\rho} \xi \tag{5.5}$$

其中:相对剪切模量 $n = G/T_{\text{twist}}$。

所以纤维总的扭转力矩为:

$$M_x = \left(\frac{\xi nN_{\text{tex}}^2}{\rho}\right) T_{\text{twist}} \tag{5.6}$$

纤维的抗扭刚度 R_t 可以定义为弧度制时单位长度上的捻度,其值为 $\xi nN_{\text{tex}}^2/2\pi\rho$;也可以定义为捻回数制时单位长度上的捻度,其值为 $\xi nN_{\text{tex}}^2/\rho$。从中可以看出影响纤维抗扭刚度的几个因素:形状系数 ξ,纤维线密度 N_{tex},密度 ρ,相对剪切模量 n。当其他条件相同时,纤维的抗扭刚度与截面形状系数 ξ 成正比;截面形状不同时,椭圆管状截面纤维($\xi = 5.07$)具有较大的抗扭刚度;与相对剪切模量 n 成正比;与纤维线密度 N_{tex} 的平方成正比。因为纤维的线密度(或者说纤维的直径)是抗扭刚度最大的影响因素。

为了比较不同粗细纤维的抗扭刚度,通常将纤维的抗扭刚度统一折合为细度为单位特克斯的扭转刚度,称为相对抗扭刚度:

$$R_{\text{tr}} = \frac{\xi n}{\rho} \tag{5.7}$$

上式中的密度容易测定,但相对剪切模量一般无法直接获得,所以抗扭刚度一般需要测量。关于截面形状系数,Meredith[3]对其测定方法做了讨论:对简单的截面形状,可以在理论上通过积分获得,不需要测量;对于稍微复杂的截面形状,可以用一些表达式进行计算,其表达式包含纤维截面的一些确定参数,如椭圆形截面的长轴和短轴、中空纤维壁相对面积和孔隙率;对于非常复杂的截面形状,例如黏胶纤维,可以通过比拟法和有限元方法确定。比拟法是实验应力分析方法的一种。它是根据两种物理现象之间的比拟关系,通过一种物理现象的观测试验,来研究另一种物理现象的方法。如果两种(或两种以上)物理现象中存在可用形式相同的数学方程描述的物理量,它们之间便存在比拟关系,比拟法因此而得名。此法的优点是,用一种较易观测试验的物理现象,模拟另一种难以观测试验的物理现象,可使试验工作大为简化。在实验应力分析领域中,常用的有薄膜比拟、电比拟、电阻网络比拟和沙堆比拟等方法。这里以薄膜比拟为例来说明复杂截面形状的形状系数的计算。如图5.2所示,在一块平板上开一个和受扭纤维的横截面形状相似的孔,将薄膜(如橡皮膜、肥皂膜等)张在孔上,然后在薄膜的一侧微微施加气压,使它挠曲,测绘出薄膜挠曲后的等高线(如图5.2中孔内的虚线)。由等高线可得出如下结果:①薄膜上任意点的等高线的切线方向,就是受扭杆件横截面上对应点的剪应力方向;②薄膜上任意点的最大斜率(可由等高线的竖直和水平间距算出)和受扭杆件横截面上对应点的剪应力大小成比例。若在同一平板上开一圆孔(如图5.2右边的圆孔),张上相同的薄

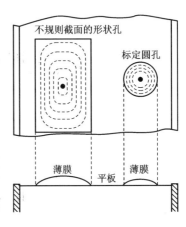

图5.2 薄膜比拟

膜,并施加同样的气压,就可以标定出这一比例值。③挠曲薄膜表面和平板表面之间所包含的体积和受扭杆件的扭矩成比例。因此,对上述两个不同气孔施加相同气压后,根据两薄膜的体积和两孔的面积可以计算出形状系数:

$$\xi = \left(\frac{V_1}{V_2}\right)\left(\frac{A_2}{A_1}\right)$$

式中:V_1 和 A_1 为不规则孔时薄膜的体积和孔的面积;V_2 和 A_2 为圆形孔时薄膜的体积和孔的面积。

表5.1给出了一些规则截面的形状系数表达式和适用纤维[3-4]。表5.2给出了常见纤维的形状系数 ξ、剪切弹性模量 G 和相对抗扭刚度 R_{tr} 的典型数据[2, 5]。

表5.1 规则截面的形状系数表达式和适用纤维

截面形状		形状系数 ξ 表达式	适用纤维
圆形	○	1	铜氨纤维、锦纶、乙纶、玻璃纤维
椭圆形		$\dfrac{2}{e+\dfrac{b/a}{e}}$	羊毛
薄椭圆管		$\dfrac{(2e-1+a/a_1)^2(1+a/a_1)}{2(e+a/a_1)^3(1-a/a_1)}$	木棉
厚管	面积 A_0 面积 A_m 面积 A_i 中环周长 l	约等于 $\dfrac{4\pi A_m t}{(A_0-A_i)l}$	棉、亚麻、苎麻

（续表）

截面形状	形状系数 ξ 表达式	适用纤维
跑道形 $e = c/2r$	$\dfrac{3(4e+\pi)^2}{\pi\left[3\pi(1+2e^2)+8e(e^2+3)\right]}$	腈纶、维纶
长方形 $e=b/a$	$\dfrac{2\pi e(1-0.63e)}{3}$	柞蚕丝
四分子—圆形	0.84	蚕丝

表 5.2　常见纤维的扭转性能

纤维种类	ξ	$G(\text{cN/tex})$	$R_{\text{tr}}(\text{cN} \cdot \text{cm}^2 \cdot \text{tex}^{-2}/10^4)$
棉	0.71	161.7	7.74
木棉	5.07	197	71.5
绵羊毛	0.98	83.3	6.57
桑蚕丝	0.84	164.6	10
柞蚕丝	0.35	225.4	5.88
苎麻	0.77	106.8	5.49
亚麻	0.94	85.3	5.68
普通黏胶纤维	0.93	72.5	4.6
强力黏胶纤维	0.94	69.6	4.41
富强纤维	0.97	64.7	4.31
铜氨纤维	0.99	100	6.86
醋酯纤维	0.7	60.8	3.33
涤纶	0.99	63.7	4.61
锦纶	0.99	44.1	3.92
腈纶	0.57	97	5.1
维纶	0.67	73.5	3.53
乙纶	0.99	5.4	4.9
玻璃纤维	1	1 607.2	62.72

　　随着纤维扭转变形增加,纤维的抗扭刚度也会增加,并且由于纤维的扭转变形曲线不是直线,所以相对抗扭刚度的增加也不是直线。纤维的相对抗扭刚度主要取决于纤维本身的结构,但是蠕变、松弛、温度、湿度变形速率等也影响最终结果,这里不做详细阐述。

　　上面的分析仅仅对少量的捻度是有效的。图 5.1 中,$AC = AB\sec\phi$,这将产生一个拉伸应变 $\sec\phi^{-1}$,并且从纤维中心到纤维表面,应变值逐步增加,在纤维表面 ϕ 等于加捻角 α。表 5.3 比较了剪切应变为 $\tan\alpha$ 时与拉伸应变的差异。在低捻时,拉伸应变可以被忽略,但高捻时必须被考虑,因为高捻时的拉伸模量远大于剪切模量。在定长加捻的情况下,拉伸应变最大。图5.3所示为直径为 $80~\mu m$ 的尼龙单丝在每秒5转的定长加捻时,扭转扭矩和拉伸力随着表面剪切应变的曲线。在纤维没有张力的情况下,随着加捻的进行,纤维收缩,以减少表面的拉伸应变,同时对纤维中心部分产生一个压缩应变。

表 5.3　圆形纤维表面剪切应变和拉伸应变的比较

加捻角 α	剪切应变(%) $\tan\alpha$	拉伸应变 $\sec\phi-1$
1°	0.17	0.015
5°	8.7	0.4
10°	18	1.5
45°	100	41

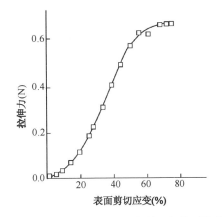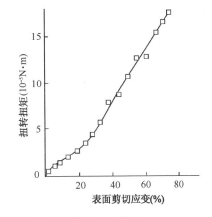

图 5.3　尼龙单丝加捻时拉伸和扭转与表面剪切应变曲线

5.1.2　扭转实验方法

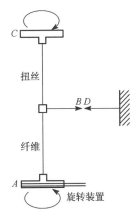

扭转-加捻关系测试的扭转法原理如图5.4所示。纤维试样安装在旋转头 A 和扭丝之间,扭丝的性能已知,并且与旋转头连接。当纤维被旋转头 A 加捻时,指针 B 转动。为了保证指针 B 与指针 D 在同一位置,即保证指针 B 不动,就必须转动旋转头 C。当指针 B 位置不变时,根据旋转头 C 旋转的角度和扭丝的性质,就可以计算纤维加捻后的抗扭刚度[6-8]。

除了扭转法,扭摆法也可以测量,其主要装置为单摆、双摆和复合摆,均可简单快速地测量试样抗扭刚度,其基本原理如图5.5所示[9-12]。当纤维试样被加捻再放

图 5.4　扭转-加捻
关系测量装置

开,摆动会逐渐衰减。通过测量与纤维相挂的圆盘或棒在低频下的摆动周期,可以计算得到纤维的抗扭刚度:

$$R_t = \frac{8\pi^3 Il}{t^2} \tag{5.8}$$

式中:I 为圆盘或悬挂棒沿纤维轴向惯性矩;l 为纤维长度;t 为摆动周期(如考虑阻尼可以进行修正)。

进而可以得到剪切模量 G:

$$G = \frac{R_t}{S^2 \xi} \tag{5.9}$$

图 5.5　单摆法原
理示意图

式中:S 为纤维截面积。

扭摆法简洁方便,但是该方法仅限于小的扭转应变及较短的扭摆周期,且无确定的扭转方向,由于下端可自由摆动,不适合测试有捻纱线的扭转性能。扭转法克服了扭摆法的缺点,所以目前已经广泛应用于纤维及纱线的抗扭刚度测量,并且该方法也可以测试扭转滞后曲线及扭转应力松弛性能。

5.1.3　纤维扭转破坏

随着扭转变形的增加,纤维中剪切应力增加,如图 5.1 所示,在倾斜螺旋面上相互滑移剪切,造成结晶区破坏和非晶区大分子被拉断,沿纵向劈裂,最后断裂。因此,表达纤维抗扭强度的一种通用指标是捻断时的捻角,即纤维不断扭转至断裂时的螺旋角 α:

$$\tan\alpha = \frac{1}{\pi d\tau_b} \tag{5.10}$$

式中:d 为纤维的直径(cm);τ_b 为纤维断裂时的捻度(捻回数/cm)。

各种纤维的断裂捻角如表 5.4 所示[13]。

表 5.4　各种纤维的断裂捻角

纤维种类	断裂捻角 α (°)	
	短纤维	长丝
棉	34~37	—
羊毛	38.5~41.5	—
蚕丝	—	39
亚麻	21.5~29.5	—
普通黏胶纤维	35.5~39.5	35.3~39.5
强力黏胶纤维	31.5~33.5	31.5~33.5
铜氨纤维	40~42	33.5~35

（续表）

纤维种类	断裂捻角 α (°)	
	短纤维	长丝
醋酯纤维	40.5～46	40.5～46
涤纶	59	42～50
锦纶	56～63	47.5～55.5
腈纶	33～34.5	—
酪素纤维	58.5～62	—
玻璃纤维	—	2.5～5

5.2 长丝纱扭转性质

长丝纱受到扭转力矩作用后，会像纤维受到扭转力矩一样产生扭转变形和剪切应力。长丝纱的加捻和合股长丝纱加捻就是典型的扭转变形。一般来讲，影响纱线扭转性质有三个方面：一是纱线中纤维的弯曲，弯曲导致了纱线的扭矩分量；二是纤维本身的扭转，由于纤维抗扭刚度的存在，纤维的扭转性能对纱线的扭转性能造成影响；三是纺纱时纤维的应力-应变对纱线扭矩的贡献。由于这三者同时考虑将非常复杂，为了简单说明问题，下面将分别给予说明[14-16]：

5.2.1 纤维弯曲对纱线扭转的影响

这里假定纱线结构是理想的，纤维在纺纱和加捻前是伸直的，纱线内部是无应力或应变的，并且有如下假设：

① 纤维假定是圆形截面，并且它们的直径和纱线直径相比可以忽略；

② 纤维的中心围绕纱线中心形成圆柱形的螺旋线；

③ 从横截面看，纤维投影成圆形的对称的矩阵；

④ 纱线沿着长度方向是均匀的，并且它的横截面也是圆形的。

纱线中单根纤维的扭转状态不做任何假设，前面所做假设的纱线几何形态如图 5.6 所示。图中纱线半径为 R_y，捻回角为 θ_s，任何纤维的中心线到纱线中心的半径为 R，螺旋角为 θ，因此有 $R_y > R > 0$。对一根理想的螺旋线来讲，纱线的捻度 T_y、纱线半径 R 和螺旋角 θ 存在如下关系：

$$\tan \theta = 2\pi T_y R \tag{5.11}$$
$$\tan \theta_s = 2\pi T_y R_y$$

这表明，当纤维存在于理想的螺旋线结构中时，它将有一定的曲率。这个曲率的值为 $1/\rho$，其中 ρ 是曲率半径。曲率的典型定义是曲线上某个点的切线方向角对弧长的转动率。通过微分来定义，表明曲线偏离直线的程度：

$$1/\rho = \mathrm{d}\varphi/\mathrm{d}s \tag{5.12}$$

式中：$\mathrm{d}\varphi$ 是圆弧 $\mathrm{d}s$ 两端切线的夹角。

从空间曲线的微分几何学出发，$\mathrm{d}\varphi/\mathrm{d}s$ 也可以表达为：

$$\frac{1}{\rho} = \frac{\mathrm{d}\varphi}{\mathrm{d}s} = \sqrt{\left(\frac{\mathrm{d}^2 x}{\mathrm{d}s^2}\right)^2 + \left(\frac{\mathrm{d}^2 y}{\mathrm{d}s^2}\right)^2 + \left(\frac{\mathrm{d}^2 z}{\mathrm{d}s^2}\right)^2} \tag{5.13}$$

式中：x，y 和 z 为曲线上任意点在笛卡尔坐标系中的坐标值。

当螺旋线使用参数方程表示时：

$$\begin{aligned} x &= R\cos\delta \\ y &= R\sin\delta \\ z &= \frac{\delta}{2\pi T_y} \end{aligned} \tag{5.14}$$

式中：δ 为圆柱形坐标系中，纤维的中心线在截面上的旋转角度。

所以：

$$\begin{aligned} \frac{1}{\rho} &= \frac{\sin^2\theta}{R} \\ \sin^2\theta &= \frac{4\pi^2 T_y^2 R^2}{1 + 4\pi^2 T_y^2 R^2} \end{aligned} \tag{5.15}$$

因此，根据纤维的半径位置 R 和纱线的捻度 T_y，任何纤维的曲率能表示为：

$$\frac{1}{\rho} = \frac{4\pi^2 T_y^2 R}{1 + 4\pi^2 T_y^2 R^2} \tag{5.16}$$

式(5.16)表明：①对于一个理想的纱线结构，在纱线中心的纤维的曲率为零，靠近纱线中心的纤维的曲率也几乎为零；②对于给定的纱线捻度 T_y，随着纤维到纱线中心距离 R 的增加，纱线的曲率增加，直到 R 的增加致使螺旋角达到 $45°$。因为现实中的高螺旋角是很难遇到的，因此可以客观地推断，随着纤维到纱线中心距离的增加，曲率增加。

曲率的存在表明，对每一根纤维，在没有加捻前，纤维轴都是直线；而加捻后，由于弯矩的作用，纤维轴必定发生变形。但一个弯矩常量加载到一根初始状态为直线的杆上，杆会弯曲，并且形成一个曲率固定的圆弧。对线弹性材料来讲，曲率半径和弯矩成反比，和抗弯刚度成正比。

一般来讲，纺织材料并不是线弹性材料；但是大部分纤维，在经受小变形时，其模量基本不变。因为纺纱中弯曲应变相对很小，所以可以认为是线弹性的。这种假设对处理的结果造成的误差很小。根据上面的假设，加捻单纱中每根纤维的弯矩为：

$$M_{\mathrm{B}} = \frac{E_{\mathrm{f}} I_{\mathrm{f}}}{\rho} = E_{\mathrm{f}} I_{\mathrm{f}} \frac{4\pi^2 T_{\mathrm{y}}^2 R}{1 + 4\pi^2 T_{\mathrm{y}}^2 R^2} \tag{5.17}$$

式中：E_{f} 和 I_{f} 分别为纤维的弯曲模量和纤维截面惯性矩。

纤维的弯曲状态如图 5.6 所示，任何点的弯曲所在平面由如下线确定：①纤维中心线所在螺旋线的切线；②纤维中心线到纱线中心的半径线。这样的平面随着任何纤维中心线在空间中连续旋转；然而这个平面和纱线轴总是成（$90° - \theta$）的夹角。

M_{B} 为矢量时，平行于纱线轴向的分量就是对纱线扭转的贡献。因此，假如 M_{BA} 为作用在纤维上的纱线轴向弯曲分量，则有：

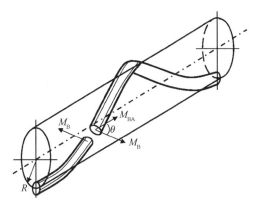

图 5.6 内部纤维弯矩示意图

$$M_{\mathrm{BA}} = M_{\mathrm{B}} \sin\theta = \frac{E_{\mathrm{f}} I_{\mathrm{f}}}{R} \left(\frac{4\pi^2 T_{\mathrm{y}}^2 R^{1/2}}{1 + 4\pi^2 T_{\mathrm{y}}^2 R^2} \right)^{3/2} \tag{5.18}$$

对于纱线的一个环形截面宽为 $\mathrm{d}R$、周长为 $2\pi R$，环形截面内纤维的数目 $\mathrm{d}N_{\mathrm{f}}$ 可以计算如下：

$$\mathrm{d}N_{\mathrm{f}} = \frac{N_{\mathrm{f}}}{\pi R_{\mathrm{y}}^2} 2\pi R \mathrm{d}R \cos\theta \tag{5.19}$$

式中：N_{f} 是纱线截面积上所有的纤维数。

引入 $\cos\theta$ 是因为纤维倾斜时的斜切横截面积减少了纤维的数量。在这样的情况下，环形截面上所有纤维的弯曲对纱线的扭转贡献（$\mathrm{d}M_{\mathrm{BT}}$）为：

$$\begin{aligned}
\mathrm{d}M_{\mathrm{BT}} &= M_{\mathrm{BA}} \mathrm{d}N_{\mathrm{f}} \\
&= \frac{N_{\mathrm{f}}}{\pi R_{\mathrm{y}}^2} E_{\mathrm{f}} I_{\mathrm{f}} 2\pi \left(\frac{4\pi^2 T_{\mathrm{y}}^2 R^{1/2}}{1 + 4\pi^2 T_{\mathrm{y}}^2 R^2} \right)^{3/2} \times \frac{\mathrm{d}R}{(1 + 4\pi^2 T_{\mathrm{y}}^2 R^2)^{1/2}} \\
&= \frac{N_{\mathrm{f}} E_{\mathrm{f}} I_{\mathrm{f}}}{\pi R_{\mathrm{y}}^2} 2\pi \frac{8\pi^3 T_{\mathrm{y}}^3 R^3}{(1 + 4\pi^2 T_{\mathrm{y}}^2 R^2)^2} \mathrm{d}R
\end{aligned} \tag{5.20}$$

所以弯曲对整根纱线的扭矩就是对式（5.20）积分：

$$\begin{aligned}
M_{\mathrm{BT}} &= \frac{N_{\mathrm{f}} E_{\mathrm{f}} I_{\mathrm{f}}}{\pi R_{\mathrm{y}}^2} \int_0^{R_{\mathrm{y}}} 2\pi \frac{8\pi^3 T_{\mathrm{y}}^3 R^3}{(1 + 4\pi^2 T_{\mathrm{y}}^2 R^2)^2} \mathrm{d}R \\
&= \frac{N_{\mathrm{f}} E_{\mathrm{f}} I_{\mathrm{f}}}{R_{\mathrm{y}}} \left(\frac{\ln \sec^2\theta_{\mathrm{s}} - \sin^2\theta_{\mathrm{s}}}{\tan\theta_{\mathrm{s}}} \right)
\end{aligned} \tag{5.21}$$

　　基于纱线的对称性,可以看出,不管纱线是"S"捻向,还是"Z"捻向,纱线整个截面内每根纤维弯矩 M_B 的分量 $M_B\cos\theta$ 都垂直于纱线轴线,并且分量和为零。但是如果把每根纤维看作一个结构单元,显而易见,弯矩分量 $M_B\cos\theta$ 假如没有相应的外界弯矩抵消,将引起纤维的自由端从纱线中心放射性地向外移动。对股纱而言,理论上可以通过适当的几何结构来实现扭矩平衡,然而这种方法一般不会消除单根纤维的弯矩分量 $M_B\cos\theta$。因此,如果一根几何结构稳定的股线被切割,试样自由端将因为切割而使纱线蓬松。这可以从两个方面得到证明:一是在单纱内部纤维趋于从单纱中心向外转移;二是在单纱之间单纱趋于从股纱中心放射性地向外转移。

　　从式(5.21)可以看出,纤维弯曲对纱线扭矩的影响如下:

　　① 纱线的扭矩与纱线中纤维的数量成正比,与纱线的半径成反比,与单根纤维的抗弯刚度 ($E_f I_f$) 成正比。

　　② 纱线表面螺旋角 θ_s。

　　式(5.21)没有清楚地给出 θ_s 的功能函数。图 5.7 给出了 $M_{BT}\left/\dfrac{N_f E_f I_f}{R_y}\right.$ 与纱线表面螺旋角 θ_s 之间的连续曲线。

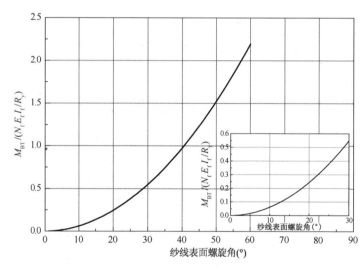

图 5.7　纤维弯曲引起的纱线扭转与纱线表面螺旋角关系曲线

　　图 5.7 中的大图为纱线表面螺旋角大范围图,范围为 0°到 60°。但对传统单纱来讲,纱线表面螺旋角很少超过 45°,这里的大范围主要是为了说明整体的趋势,当纱线的表面螺旋角增加时,由纤维弯曲引起的纱线扭矩快速增加。并且下文中也会讲到,随着螺旋角的增加,由纤维扭转引起的纱线扭矩与由纤维弯曲引起的纱线扭矩的比值变小。

为了便于理解图 5.7 中数值的大小，可以采用近似的表达方式，当 $\theta_s < 30°$ 时，式(5.21)中三角函数部分可以近似简化为 $\dfrac{\theta_s^2}{2}$，即当 $0 < \theta_s < \dfrac{\pi}{6}$ 时：

$$M_{BT} \bigg/ \frac{N_f E_f I_f}{R_y} \approx \frac{\theta_s^2}{2} \qquad (5.22)$$

式中：θ_s 的单位为弧度。

这表明，当 R_y 一定时，纱线由于纤维弯曲引起的扭矩近似与纱线表面螺旋角成正比。

考虑到纤维的性质以及纱线的尺寸，对给定的纱线表面螺旋角，M_{BT} 与 $\dfrac{N_f E_f I_f}{R_y}$ 成正比。假设纤维的模量 E_f 恒定，$N_f I_f / R_y$ 的值可以确定如下：

① 纱线中纤维的总根数 N_f，它和纱线纤度 D_y 与纤维纤度 D_f 的比值成正比，即 $N_f = D_y / D_f$。

② 纤维的截面惯性矩 I_f，它与纤维横截面的线性尺寸的四次方成正比，与纤维横截面积的平方成正比，即与纤维纤度和纤维密度比值的平方 D_f^2 / σ^2 成正比。注意，这里为了简单说明问题，忽略了纤维的截面形状。

③ 纱线半径 R_y，可以看作与纱线纤度 D_y 和纤维密度 σ 及堆砌系数 p 的乘积的比值的平方根成比例，即 $R_y \propto \sqrt{\dfrac{D_y}{p\sigma}}$。

因此，$N_f I_f / R_y$ 可以看作：

$$\frac{N_f I_f}{R_y} \propto \frac{D_y}{D_f} \frac{D_f^2}{\sigma^2} \sqrt{\frac{\sigma p}{D_y}} \propto D_f \sqrt{D_y} \frac{\sqrt{p}}{\sigma^{\frac{3}{2}}} \qquad (5.23)$$

由式(5.23)可知，假如纱线纤度 D_y 恒定，当长丝纤度最小时，由纤维弯曲引起的纱线扭矩将最小。因此可以直观地分析，采用较细纤维时，纱线的扭矩也较大。同样，如果纤维纤度及纱线表面螺旋角恒定，由弯曲导致的纱线扭矩将随着纱线直径的平方根增大而增大。

然而，堆砌系数 p 与纤维密度 σ 是变化的，所以分析纱线扭矩与纤维弯曲之间的关系必须考虑到这些变化对 θ_s 的影响。由于 θ_s 的角度很小，可以做如下近似：

$$\theta_s \approx \tan\theta_s = 2\pi T_y R_y \qquad (5.24)$$

这里，T_y 为纱线单位长度上的捻回数。

值得注意的是，式(5.21)和(5.22)及图 5.7 中，都是假定纤维在加捻前是直线并且无应力，而且假定纱线中纤维的曲率沿着螺旋线方向是恒定的。然而现实中，由于纤维在纱线中的迁移会相当程度地在局部改变其曲率。在实际的纱线中,平均曲率和理论上计算的曲率的差异程度是无法确切描述的,但是一般不会有很大的差异,所以选用理想的纱线结构来分析纤维弯曲对纱线的扭矩是合适的。

5.2.2　纤维扭转对纱线扭矩的影响

在"5.1.1"中具体推导了纤维的扭转性能,纤维的扭转力矩为 $\left(\dfrac{\xi n N_{\text{tex}}^2}{\rho}\right)T_{\text{twist}}$,纤维的抗扭刚度为 $\xi n N_{\text{tex}}^2/\rho$,即纤维的扭转力矩和抗扭刚度都与纤维的线密度平方成正比。如果纱线和纤维一样密实,没有空隙(即纤维和纱线密度一样),并且彼此相互抱合形成一个整体,那么纱线的扭矩也应该和纱线的线密度平方成正比,即如有一纱线线密度为 N_{tex},单根长丝的线密度为 dN_{tex},则纱线中纤维的总根数为:

$$N_{\text{f}} = N_{\text{tex}}/dN_{\text{tex}} \tag{5.25}$$

所以由纤维扭转造成的纱线扭矩和单根纤维扭矩的关系为:

$$\left(\frac{\xi n N_{\text{tex}}^2}{\rho}\right)T_{\text{twist}} = \left[\frac{\xi n \,(N_{\text{f}}dN_{\text{tex}})^2}{\rho}\right]T_{\text{twist}} = N_{\text{f}}^2\left[\frac{\xi n \,(dN_{\text{tex}})^2}{\rho}\right]T_{\text{twist}} \tag{5.26}$$

即纤维扭转引起的纱线扭矩为纤维的扭矩乘以纤维根数的平方。同理,由纤维自身刚度引起的纱线的扭转刚度也是纤维的扭转刚度乘以纤维根数的平方。但是现实的纱线中纤维不是紧密结合的,并且纱线和纤维的密度也不一样,所以纤维扭转引起的纱线扭矩比式(5.26)小得多,由此引起纱线的扭转刚度也小得多。对于纱线中有 N_{f} 根不相互抱合的纤维或单丝,每根纤维或单丝的扭转刚度为 R_{t},则由此形成的纱线扭转刚度 R_{ty} 为:

$$R_{\text{ty}} = N_{\text{f}}R_{\text{t}} \tag{5.27}$$

实际上,构成纱线的纤维或单丝之间有一定的联系,因此纱线的扭转刚度 R_{ty} 介于上述的两种极端情况之间,即:

$$R_{\text{ty}} = bN_{\text{f}}R_{\text{t}} + (1-b)N_{\text{f}}^2R_{\text{t}} \tag{5.28}$$

或者:

$$R_{\text{ty}} \approx N_{\text{f}}^a R_{\text{t}} \tag{5.29}$$

式中: b 为比例常数; a 视纱线的具体情况而定,如生丝 $a = 1.5$。

根据这个扭转刚度可以计算出纱线的扭矩。

值得注意的是,不能仅仅根据式(5.29)去判断纤维根数和纱线扭转刚度的关系,因为纱线比纤维的剪切模量小;并且纤维的扭转刚度和线密度平方成正比,当纱线线密度一定时,纤维总根数的增加将带来纤维线密度的相应减少,这将导致纤维的扭转刚度减小,而纱线的扭转刚度与纤维根数的 a 次方成正比,但 a 一般小于1.5。所以综合两个方面的因素:当纱线线密度一定时,由较多的纤维或单丝组成的纱线比由较少的纤维或单丝组成的纱线的扭转刚度低。

上面是一种简单的分析。纱线扭转时纤维的扭转是如何真正影响其性能的,可以通过图 5.8 分析。可以设想纱线中的纤维是平行伸直的,外部界面保持圆形。夹持纱线两端,一端固定,一端旋转。假如纱线结构是理想的几何模型,且纱线在加捻过程中长度不变。在图 5.8(a)中选取从 A_1 到 A_5 的五个点,那么可以通过这五个点看出纱线扭转一周时纤维的截面扭转状态,如图 5.8(b)所示。在一定的加捻下,所有的 A' 点仍然在纱线的表面,并且在相对的起始位置上和纱线一起旋转。增加捻度会使 A' 点进一步旋转,但不管怎样,加捻前的 A 点总是出现在纱线的外表面。从图 5.8 可知,当纱线加捻的捻度为 T_y 时,纤维也以 $T_y\cos\theta$ 的捻度被扭转,θ 是纤维中心线的螺旋角。

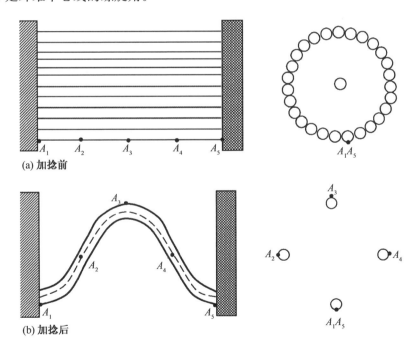

图 5.8 纱线的纯扭转示意图

可以像推导纤维弯曲对纱线扭矩的贡献那样来推导纤维扭转对纱线扭转的贡献。假设纱线几何模型是理想的,且为线弹性体。纤维的捻度 T_f 等效于各根纤维在纱线中的捻度。T_f 由下面的公式给出:

$$T_f = T_y \cos^2\theta_s \tag{5.30}$$

如此,由于假设纤维是线弹性体,根据经典弹性力学,则任意纤维的扭矩 M_T 为:

$$M_T = J_f G_f 2\pi T_f = J_f G_f 2\pi T_y \cos^2\theta_s \tag{5.31}$$

式中:M_T 是纱线中任意纤维的扭矩;J_f 为纤维的扭转惯性矩;G_f 为纤维的剪切弹性模量。

如图 5.9 所示,依然采用向量的方式描述扭矩 M_T,平行于纱线轴向的纤维扭矩分量 M_{TA} 为:

$$M_{TA} = M_T \cos\theta_s = J_f G_f 2\pi T_y \cos^3\theta_s \tag{5.32}$$

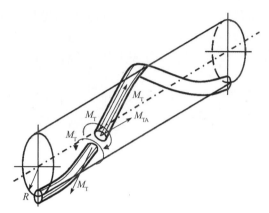

图 5.9　内部纤维扭矩示意图

由于纱线环形横截面结构单元面积为 $2\pi R \mathrm{d}R$,每个单元的纱线扭矩为 $\mathrm{d}M_{TT} = M_{TA}\mathrm{d}N_f$,或:

$$\mathrm{d}M_{TT} = \frac{N_f}{\pi R_y^2} J_f G_f 2\pi R \mathrm{d}R \frac{\tan\theta_y \cos^4\theta_s}{R} \tag{5.33}$$

将上式中的三角函数替换,得到:

$$\mathrm{d}M_{TT} = \frac{2N_f}{R_y^2} J_f G_f \frac{2\pi T_y R \mathrm{d}R}{(1 + 4\pi T_y^2 R^2)^2} \tag{5.34}$$

对式(5.34)积分得到由于纤维扭矩产生的总纱线扭矩 M_{TT}:

$$M_{TT} = \frac{N_f J_f G_f}{R_y} \frac{\sin^2\theta_s}{\tan\theta_s} = \frac{N_f J_f G_f}{R_y} \sin\theta_s \cos\theta_s \tag{5.35}$$

式中:N_f 是纱线横截面中纤维的根数;$J_f G_f$ 是单根纤维的扭转刚度;R_y 是纱线的半径;θ_s 是纱线表面的螺旋角。

从对称性可以观察到,作用于纱线横截面的所有矢量 M_T 的分量 $M_T \sin\theta$ 的矢量和为零。然而把每根纤维作为一个结构单元,如果没有外部抵制,很显然,纤维扭矩分量 $M_T \sin\theta$ 会造成自由纤维端呈放射状向纱线中心移动的趋势。这种倾向会受相应的弯曲部分 $M_B \cos\theta$ 的抵消,如前文讨论。

式(5.35)表明了由纤维扭转导致的纱线扭矩的影响因素为:

① 与纱线中纤维的数量成正比,与纱线半径成反比,与单根纤维的抗扭刚度 $J_f G_f$ 成正比。

② 纱线表面的螺旋角 θ_s 的函数。对于纱线表面螺旋角较小时,即低于 30°时,函

数的形式近似与 θ 呈线性关系。图5.10 画出了 $M_{\mathrm{TT}}\Big/\dfrac{N_{\mathrm{f}}J_{\mathrm{f}}G_{\mathrm{f}}}{R_{\mathrm{y}}}$ 与 θ_{s} 的关系。

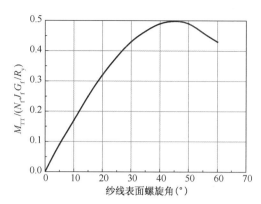

图 5.10 纤维扭转引起的纱线扭矩
和纱线表面螺旋角的关系

尽管由于纤维扭转导致的纱线扭矩随着纱线的捻度增加而增加,但达到一个转折点后增加的速率减少,并且达到临界点后纱线扭矩开始减小。由于实际生产中,一般捻回角不会达到 $45°$,因为纱线很少需要如此高的捻度,并且超出 $45°$ 后纤维极易扭曲,严重背离了纱线的合理结构。纱线的扭矩增加率在经过转折点以后开始降低,这是容易理解的。由于纱线中的纤维并不是直线,导致纤维加捻和纱线加捻之间的比率随着纱线加捻的增加而减小;并且,纱线加捻的越大,所有纤维的扭转对纱线总扭转的贡献越小。

对于给定的纱线表面螺旋角,纱线扭矩与 $N_{\mathrm{f}}J_{\mathrm{f}}G_{\mathrm{f}}/R_{\mathrm{y}}$ 成正比。对于给定的纤维种类,即恒定的剪切弹性模量 G_{f},因素 $N_{\mathrm{f}}J_{\mathrm{f}}/R_{\mathrm{y}}$ 与上述讨论的纤维弯曲的因素 $N_{\mathrm{f}}I_{\mathrm{f}}/R_{\mathrm{y}}$ 相似,因为 J_{f} 与纤维截面的线性尺寸的四次方成正比。对于圆形纤维截面,J_{f} 为极惯性矩,其大小为 $J_{\mathrm{f}}=2I_{\mathrm{f}}$,即可以将因素 $\dfrac{N_{\mathrm{f}}J_{\mathrm{f}}}{R_{\mathrm{y}}}$ 表示为:

$$\frac{N_{\mathrm{f}}K_{\mathrm{f}}}{R_{\mathrm{y}}} \propto D_{\mathrm{f}}\sqrt{D_{\mathrm{y}}}\,\frac{\sqrt{p}}{\sigma^{\frac{3}{2}}} \tag{5.36}$$

式中:D_{y} 为纱线的纤度;D_{f} 为纤维的纤度;p 为纱线堆砌系数;σ 为纤维的密度。

如果不考虑纱线中纤维的应力应变状态,那么纱线的扭矩由两个部分组成,即纱线中纤维的弯曲导致的纱线扭矩和纤维的扭转导致的纱线扭矩。在理想的条件下,即一根纱线被扭转到如图 5.8 所示的状态,求出这两个部分的矢量和,就是纱线的扭矩。因为纤维弯曲导致的纱线扭矩 M_{BT} 与纤维扭转导致的纱线扭矩 M_{TT} 平行,所以可以直接将两者相加,得到纱线的总扭矩 M_{S},即:

$$M_{\mathrm{S}} = M_{\mathrm{BT}} + M_{\mathrm{TT}} \tag{5.37}$$

将式(5.21)和式(5.35)代入式(5.37),得到:

$$M_{\mathrm{S}} = N_{\mathrm{f}}E_{\mathrm{f}}I_{\mathrm{f}}/R_{\mathrm{y}}\Big(\frac{\ln\,\sec^{2}\theta_{\mathrm{s}}-\sin^{2}\theta_{\mathrm{s}}}{\tan\theta_{\mathrm{s}}}\Big) + \frac{N_{\mathrm{f}}J_{\mathrm{f}}G_{\mathrm{f}}}{R_{\mathrm{y}}}\frac{\sin^{2}\theta_{\mathrm{s}}}{\tan\theta_{\mathrm{s}}} \tag{5.38}$$

用符号 ω 来代替 $J_{\mathrm{f}}G_{\mathrm{f}}/E_{\mathrm{f}}I_{\mathrm{f}}$,则式(5.38)可化简为:

$$M_{\mathrm{S}} = \frac{N_{\mathrm{f}} E_{\mathrm{f}} I_{\mathrm{f}}}{R_{\mathrm{y}} \tan \theta_{\mathrm{s}}} \big[\ln \sec^2 \theta_{\mathrm{s}} + (\omega - 1) \sin^2 \theta_{\mathrm{s}}\big] \tag{5.39}$$

因此,想求出纱线的扭矩,必须求出 ω,即纤维扭转刚度与抗弯刚度的比值。纤维种类不同,纤维的横截面也不同,对于非对称的纤维截面,计算有一定难度。

当纤维截面为圆形时,有 $J_{\mathrm{f}}/I_{\mathrm{f}} = 2$,则 ω 可以用 $2G_{\mathrm{f}}/E_{\mathrm{f}}$ 代替。对各向同性体来讲,有 $G_{\mathrm{f}} = \dfrac{E_{\mathrm{f}}}{2(1+\nu)}$,假如泊松比 $\nu = 1/2$,则可以确定 $2G_{\mathrm{f}}/E_{\mathrm{f}} = 2/3$,即 $\omega = 2/3$。图 5.11 给出了不同 ω 下 $M_{\mathrm{S}}/(N_{\mathrm{f}} E_{\mathrm{f}} I_{\mathrm{f}}/R_{\mathrm{y}})$ 的值。当 $\omega = 0$ 时,M_{S} 就是仅仅由纤维弯曲导致的纱线扭矩;也就是说,这时纱线中纤维的扭转变形是存在的,但是纤维的扭转刚度为零,因此没有纤维扭转导致的扭矩。

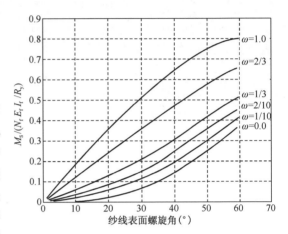

图 5.11　整体纱线扭矩和纱线表面螺旋角的关系

从图 5.11 中可以判断,随着纤维扭转刚度和弯曲刚度比率的增加,曲线的初始阶段基本上保持线性不变。纱线在加捻角较小的情况下,纱线扭矩主要来自纤维扭转带来的扭矩;也就是说,整根纱线扭矩和纤维弯曲引起的扭矩的比值非常大,当然,具体的比值依赖于 ω。当纱线的加捻角较高的时候,这个比值会变小。这一点是非常容易理解的。给定一个纱线几何结构,那么对一根单纤维来讲,纤维扭转导致的纱线扭矩和纤维弯曲导致的纱线扭矩之比为:

$$\frac{M_{\mathrm{TA}}}{M_{\mathrm{BA}}} = \frac{J_{\mathrm{f}} G_{\mathrm{f}} 2\pi T_{\mathrm{y}} \cos^2 \theta}{E_{\mathrm{f}} I_{\mathrm{f}} \dfrac{\sin^2 \theta}{R_{\mathrm{y}}}} = \frac{J_{\mathrm{f}} G_{\mathrm{f}} \tan \theta \cos^2 \theta}{E_{\mathrm{f}} I_{\mathrm{f}} \sin^2 \theta} = \frac{\omega}{\tan^2 \theta} \tag{5.40}$$

因此,对恒定的 ω,纤维轴线的螺旋角越小,由纤维扭转形成的纱线扭矩与由纤维弯曲形成的纱线扭矩的比例越大,反之亦然。

5.2.3　纤维拉伸对纱线扭矩的影响

根据简单的螺旋线几何关系,当单位纱线长度被加捻时,螺旋角为 θ 的纤维或单丝的路径长度 l_{f} 与纱线的轴向长度 l_{y} 有如下关系:

$$l_{\rm f} = l_{\rm y}\sec\theta \tag{5.41}$$

因此纤维的应变为：

$$\varepsilon_{\rm f} = \sec\theta - 1 \tag{5.42}$$

多数内部纤维的应力与这个拉伸应变的分布有关，但是纱线稳定性要求所有轴向应力分量的矢量和为零。所以在纱线加捻时，为了保持纱线内力平衡，纱线产生捻缩。

假设纤维在纱线中为同轴心的螺旋线，并且在拉伸或压缩后，其路径在纱线轴向上的投影不变。假如有一个力 $p_{\rm f}$ 作用在纱线中螺旋角为 θ 的纤维轴向上，则这个力垂直于纱线轴向的分量为：

$$p_\perp = p_{\rm f}\sin\theta \tag{5.43}$$

这个力对纱线的扭矩贡献 $M_{\rm PA}$ 为：

$$M_{\rm PA} = p_\perp R = p_{\rm f}R\sin\theta \tag{5.44}$$

假如 $p_{\rm f}$ 是拉伸力，则纱线的总扭矩增加 $M_{\rm PA}$；如果 $p_{\rm f}$ 是压缩力，则纱线的总扭矩减少 $M_{\rm PA}$。

事实上，纱线在加捻时纤维的受力状态非常复杂，随着加捻程度的不同，纤维状态也不同。为了简单地说明问题，这里将条件简化，认为纱线的纤维可以自由地转移，但转移是理想化的，即纤维依然在等效的螺旋线上，并且经过转移后的纤维有相同的张力。

假如所有的纤维都有相等的张力 $p_{\rm f}$，对于螺旋角为 θ 的纤维单元，其纤维张力的轴向分量为 $p_{\rm f}\cos\theta$，并且纱线中所有纤维的这种分量的和必定与外界的张力 P 平衡。对于纱线的一个环形截面，宽为 $\rm dR$、周长为 $2\pi R$，环形截面内纤维的数目 $\mathrm{d}N_{\rm f} = \dfrac{N_{\rm f}}{\pi R_{\rm y}^2}2\pi R\mathrm{d}R$，所以有：

$$P = \frac{2p_{\rm f}N_{\rm f}}{R_{\rm y}^2}\int_0^{R_{\rm y}}R\cos\theta\mathrm{d}R \tag{5.45}$$

联合式(5.11)可以得到：

$$P = \frac{2p_{\rm f}N_{\rm f}}{1 + \sec\theta_{\rm s}} \tag{5.46}$$

因此纤维的张力为：

$$P_{\rm f} = \frac{P}{2N_{\rm f}}(1 + \sec\theta_{\rm s}) \tag{5.47}$$

因为每根纤维由于张力对纱线的扭矩为 $M_{PA} = P_f R \sin\theta$，所以由纤维张力引起的纱线扭矩为：

$$M_{PP} = \frac{2\pi T_y P(\sec\theta_s + 1)}{R_y^2} \int_0^{R_y} \frac{R^3}{(1 + 4\pi^2 R^2 T_y^2)^{1/2}} dR \qquad (5.48)$$

进一步求解可以得到：

$$M_{PP} = 2PR_y \left[\frac{\sec^3\theta_s - 3\sec\theta_s + 2}{3\tan\theta_s(\sec\theta_s - 1)} \right] \qquad (5.49)$$

从式(5.49)中可以看出纤维张力对纱线扭矩的影响主要来自三个方面：首先是纱线受到的外力，M_{PP} 和它成正比；其次是纱线的直径，M_{PP} 也和它成正比；再次是纱线表面螺旋角的函数。

除了上述的处理方法以外，还可以假定纱线加捻时纤维不发生转移。随着加捻程度的不同，纱线内的纤维受力状态也不同，一般分为三个阶段，即低捻阶段、中捻阶段和高捻阶段。三个阶段由于张力引起的扭矩可以分别推导，但公式比较复杂，没有很大的使用价值，这里不再给出。一般认为纤维的拉伸对纱线的扭矩有较大贡献，并且纤维的拉伸对纱线的抗扭刚度的贡献远远大于纤维的弯曲、扭转对纱线扭矩的贡献。现实中，纱线的扭矩大小不仅和上述几个因素相关，也和纱线的扭应力的松弛紧密相关，随着应力松弛，纱线的扭矩会相应减小。

5.3　短纤纱的扭转性质

短纤纱结构与长丝纱结构相比非常复杂，由于纤维和纺纱方式的不同，使纱线在结构上具有很大的差异，如纱线的结构松紧程度及均匀性、纤维在纱线中的排列形式、纤维在纱线中的转移轨迹、加捻时纱线轴向和径向的均匀性等。这些因素导致短纤纱的扭转性能很难建立自己的扭转理论。如果把短纤纱的扭转行为也看成等效的长丝纱扭转行为，可以用长丝纱扭转理论定性地解释短纤纱的扭转行为，但很难定量地描述。因此，短纤维纱线的扭矩一般都是根据长丝纱理论公式修正，或者根据实验得到经验公式[17-21]。

当仅仅考虑纤维的拉伸对纱线的扭矩时，对于刚加工好的精纺毛纱，低捻时初始扭矩与纱线表面螺旋角的正切值(或纱线的捻系数)呈线性关系：

$$M_L = \frac{\pi R_y^3}{2} E_f e_y \tan\theta_s \qquad (5.50)$$

式中：M_L 为刚加工好的纱线的瞬时扭矩；e_y 为纱线平均张力引起的应变。

上式仅对刚纺成的精梳毛纱适用(特克斯制捻系数不超出 3，即 $\tan\theta_s <$ 0.4)。由于应力松弛的影响，刚纺成的纱线真正所测得的扭矩比预测由纤维拉伸

造成的纱线扭矩小得多,实际测量值为预测值的 1/2,却始终大于纤维的弯曲、扭转对纱线扭矩的贡献和。图 5.12 为不同线密度下毛纱随着捻度增加的扭矩变化情况,其中离散点为用长丝纱模型的计算值,实线为测量值。从图中可以看出,在捻度较低的情况下,理论值和实验值较为一致;随着捻度的增加,理论值偏离实际值越大;并且在线密度较小的情况下,理论值和实验值在更大的捻度范围内吻合,随着线密度的增加,理论值和实验值只在很低的捻度范围一致。

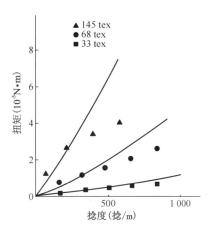

图 5.12　毛纱的扭转-捻度曲线

可见应力分析方法对连续长丝纱的扭转性能分析是有效的;但这种方法很难完全应用到短纤维纱线中,其主要原因在于长丝纱模型中假定了纱线中截面内纤维密度均一,特别是沿着直径方向均一的泊松比。均一泊松比的假定,导致了对已发生变形的纱线的应力分布的不正确分析。研究发现,纱线的径向密度分布是变化的,而且随着直径的增加,密度慢慢减小。当纱线伸长时,这种非均一性还发生变化。

虽然有些长丝纱的理论模型和短纤纱试验结果比较一致,但不能从根本上说明问题,因为长丝纱的模型用于短纤纱,必须考虑以下因素:

① 在定义正确的无变形纱线几何形状时,应考虑纤维的转移;

② 与纤维滑移、摩擦、切向方向纤维挤压相关的变形的影响,及较大捻度时侧向压力的影响。

总之,现在有关纱线的扭转力学性能的理论研究主要应用弹性力学或能量法,结合纱线理想螺旋线模型进行研究;理论研究结果对低捻长丝纱与短纤维纱线的预测较准确,但纱线捻度较高时,结果误差较大。

参 考 文 献

[1] 吴雄英.纤维和纱线扭转性能及扭应力松弛行为的研究综述.东华大学学报(自然科学版),2001,27(5):132-138.

[2] Morton W E, Hearle J W S. Physical properties of textile fibres. Woodhead Publishing Limited,England,2008.

[3] Meredith R. The torsional rigidity of textile fibers. The Journal of the Textile Institute,1954,45(8):489-503.

[4] Lee K W. Torsional analysis of fibers with a generalized elliptical cross-section. Textile Research Journal,2005,75(5):377-380.

[5] 于伟东.纺织材料学.北京:中国纺织出版社,2006.

[6] Morton W E, Permanyer F. The measurement of torsion relaxation in textile fibres. The Journal of the Textile Institute, 1947, 38(1): 54-59.

[7] Postle R, Burton P, Chaikin M. The torque in twisted singles yarns. The Journal of the Textile Institute, 1964, 55(9): 488-461.

[8] Karrholm M, Nordhammer G, Friberg O. Penetration of alkaline solutions into wool fibers detemined by changes in the rigidity modulus. Textile Research Journal, 1955, 25(11): 922-292.

[9] Goodings A C. A method for the measurement of rigidity of fibers immersed in liquids: the torsion double pendulum. Textile Research Journal, 1968, 38(2): 123-129.

[10] Owen J D. The application of searle's single and double pendulum methods to single fiber rigidity measurements. The Journal of the Textile Institute, 1965, 56(6): 329-339.

[11] Meredithi R. The determination of tensile properties and torsional rigidity of fibers. The Journal of the Textile Institute, 1947, 38(1): 17-19.

[12] Guthrie J C, Morton D H, Oliver P H. An investigation into bending and torsional rigidities of some fibers. The Journal of the Textile Institute, 1954, 45: 912-929.

[13] 姚穆. 纺织材料学. 北京:中国纺织出版社,2009.

[14] Platt M M, KelinW G, Hamburger W J. Mechanics of elastic performance of textile materials. Part XIII: Torque development in yarn systems: singles yarn. Textile Research Journal, 1958, 28(1): 1-13.

[15] Bennett J M, Postle R. A study of yarn torque and its depengence on the distribution of fiber tensile stress in the yarn. Part I: theoretical analysis. The Journal of the Textile Institute, 1979, 70(4): 121-132.

[16] Bennett J M, Postle R. A study of yarn torque and its depengence on the distribution of fiber tensile stress in the yarn. Part II: expreimental. The Journal of the Textile Institute, 1979, 70(4): 133-141.

[17] Zurek W, Durska I. The torsional rigidity of blend yarns. Textile Research Journal, 1980, 50(9): 555-567.

[18] Milosavljevic S, Tadic TA. Contribution to residual-torque evaluation by the geometrical parameters of an open yarn loop. The Journal of the Textile Institute, 1995, 86(4): 676-681.

[19] Tandon S K, Carnaby G A, Kim S J, et al. The torsional behavior of single yarns. Part I: Theory. The Journal of the Textile Institute , 1995, 86(2): 185-199.

[20] Guo Y, Tao X M, Xu B G, et al. Structural characteristics of low torque and ring spun yarns. Textile Research Journal, 2011, 81(8): 778-790.

[21] Xu BG, Tao XM. Techniques for torque modification of singles ring spun yarns. Textile Research Journal, 2008, 78(10): 869-879.

6 机织物结构力学模型

摘要: 本章从两个方面阐述机织物结构力学模型。(1)宏观尺度建模:用于纺织结构大变形分析;(2)细观尺度建模:用于该尺度上材料单胞结构和力学分析。本章还介绍了一些典型的机织物力学测试技术,如 X-射线断层扫描技术,用于辅助建立机织物单胞模型。细观尺度模型的预测结果可以作为输入参数,引入到宏观尺度模型中,进行预成型体和树脂基体力学性能计算。

6.1 机织物结构力学模型意义与目标

多年来,科研人员如 Peirce[1] 和 Kawabata[2] 等人一直致力于机织物力学模型的研究。但是,机织物模型的发展速度远远落后于其他材料的理论模型。伴随计算机计算能力的提高,为了满足纺织结构复合材料在航空航天领域计算评估和预测的需求,在多个尺度上建立力学模型,为机织物复杂结构和局部力学分析提供了可能性。另外,成像技术的发展能够帮助研究人员更好地认知机织物力学行为,不仅能进行表面观测〔如数字图像相关法(DIC)〕,而且能进行织物内部多尺度结构受力变形状态分析(如 X 射线断层扫描技术)。

本章将介绍机织结构增强体的几种主要力学性能及其相应的测试技术,然后介绍细观尺度下机织物单胞力学模拟方案,以及该尺度下相应的图像处理技术。

6.2 机织物力学性质

机织物的力学行为和其内部结构有直接联系。如图 6.1 所示,机织物是一种典型的多尺度结构材料。纱线是由数千根纤维组成的,又分为经纱和纬纱,两者相互交织组成机织物。织物内部交织结构能够产生纱线之间、纤维之间的相对运动,赋予织物特殊力学性能。同时,织物内部纱线沿纤维方向的拉伸刚度较大,其他方向的剪切刚度、弯曲刚度和压缩刚度则较弱,有时甚至为零。根据织物结构力学模型,现在越来越多的用于特殊应用领域的机织物被开发出来。

6.2.1 多尺度研究

机织物力学性能具有结构敏感性,可以在宏观尺度、细观尺度、微观尺度三个尺度对其进行研究。

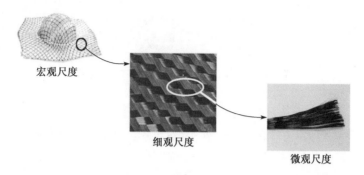

图 6.1　纺织增强体的三个尺度结构(微观结构、细观结构、宏观结构)

宏观尺度是指织物整体层面上的尺度,尺寸变化范围从 10 cm 到数米不等。在这个尺度上,织物可以被看作是连续材料,有明显的各向异性,并且能产生较大剪切变形或弯曲变形。宏观尺度模拟织物力学行为,是比较普遍的模拟方式,常用于幅宽或体积较大的力学结构件性能计算。尽管宏观力学模型很多,但是很少有模型能全面精准地预测织物宏观力学性质。在树脂液体浸入增强体材料中时,要求对机织物几何形态进行更精细化的表征和建模,才能进一步准确模拟液体浸入织物时的力学形态,如细观结构模型。所以宏观尺度力学模型只适合表征成型后的机织增强复合材料或者机织预浸料的力学行为,不能预测材料成型过程中树脂流体状态的材料力学响应行为。

细观尺度上,机织可辨识结构包括经纱和纬纱,两者相互交织。力学模型在纱线层面进行结构分析和性能研究,其尺寸变化范围为毫米级。对于周期循环结构材料,只需要考虑最小基本组织的力学响应行为,就可以代表整个织物的力学性质。通常来说,一般将纱线看作为连续介质材料,并将纱线自身本构关系赋予连续介质纱线材料属性,通过理论模型计算织物力学性质。如图 6.2 所示,这个最小循环组织叫作代表性单胞(representitive unit cell,RUC)。

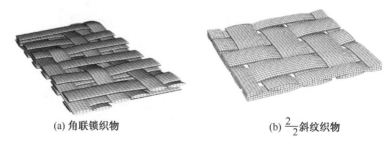

(a) 角联锁织物　　　　　　　　(b) $\frac{2}{2}$斜纹织物

图 6.2　代表性单胞

织物细观模型曾经常用于研究预成型织物的局部结构变形对渗透率张量的影

响[3-6]。细观模型可用于分析纺织结构增强体的结构特点和力学属性,通过均匀化方法推导出材料宏观本构模型。在生产之前,细观结构分析方法可对织物进行力学虚拟测试,以分析和评估产品的加工可行性。

图 6.3　机织物剪切变形
后微观模型[7]

微观尺度上,每根纱线是由数千根连续纤维组成的。图 6.3 中,用显微成像法提取织物剪切变形后的纤维分布状态,可以用于确定纱线中纤维根数,研究纺织单胞变形规律。单根纤维可以看作是一根杆件,处于连续介质状态。纱线由多根杆件组成[8-11],尺寸变化范围是微米级。

6.2.2　纤维性能

由于纱线是由很多根纤维组成的,纱线变形时,内部纤维之间相互滑移,使纱线变柔软,影响纱线力学性能。纱线横截面直径远远小于纱线长度,可以被看作是杆件。但由于纤维间相互运动和滑移,所以纱线的弯曲刚度比纯杆件的弯曲刚度小[12-13],很容易发生弯曲变形。纤维相互运动也会使得纱线横截面剪切刚度变小。模拟织物悬垂状态,可忽略其弯曲刚度和面内剪切刚度。模拟织物宏观褶皱行为时,如图 6.4 所示,在模型中加入剪切刚度和弯曲刚度,能够使褶皱模拟效果更加真实。

(a) 仅有拉伸刚度　　　　(b) 增加面内剪切刚度　　　(c) 增加面内剪切刚度和弯曲刚度

图 6.4　气囊展开

机织物中部分纱线不参与交织,其内部纤维间没有相互作用力。纤维密度相同的情况下,参与交织的纱线和未参与交织的纱线间,力学性质差异较大,因此纱线内纤维的紧密度影响织物力学性质。影响纱线力学性质的另外几个因素有材料类型、纱线截面密度和纤维在纱线中的分布状态。由以上因素综合影响,纱线轴向刚度较高,并且表现出拉伸刚度的非线性性质。

6.3　机织物多尺度力学建模

在不同层面或表观尺度上,可用多种方法建立织物力学模型,对织物力学性能进行评估和预测。以下简要介绍机织物的几何模型、连续介质模型、离散模型、半离散模型:

6.3.1　几何模型

在宏观尺度上,最简单的模拟方法是渔网法[14-16]。模型中不考虑纱线牵伸变形、织物的力学性质和边界力条件等其他因素,仅考虑经纬纱之间的剪切角变化,由直线段代替纱线在面内的分布,由简单支点代替经纬纱交织点。这种模型对机织物材料结构进行了最大程度的简化,几何外形模拟效率很高,能反映机织物加工后的整体几何特征,但不能用于织物结构分析和力学测试。该模型具有明显的局限性,如当织物结构和纤维种类发生变化时,该模型给出的结果不会改变;同时,模型未考虑纱线之间剪切刚度,也不能预测织物的褶皱性能。但是,研究人员试着将织物力学性质和边界条件引入该模型[17-18],用以织物外形的力学表征,结合有限元法或其他算法后,该模型也可以对织物的力学行为进行简单表征。

6.3.2　连续介质力学模型

在宏观尺度上,连续介质模型可以对织物的特定性能进行模拟计算,兼顾了纤维束结构特点和力学特征。经典层合板理论中,对纱线和树脂在不同方向上的弹性性能、黏滞性能及体积分数进行简化计算,从而得出均匀化基本力学参数,用于模型计算[19-21]。连续介质模型可以直接用于标准有限单元和有限元计算,而且计算效率很高。

织物一般被看作是各向异性的连续体材料,如图 6.5 所示,细观尺度上材料结构和力学性能会影响织物的力学性质[21-24]。研究人员对织物整体力学性质[25]、材料各向异性、材料本构关系[26-27]等方面提出了不同的研究方案,但是其中有些方案并不能给出简单加载力下应力-应变曲线,无法正确反映材料本构关系[28]。当织物在外力作用下产生大变形应变时,纱线形态随之发生较大变形,使得材料参数变化,进而使得均匀化材料参数改变,在有限元模拟中较难表征相应材料参数。因此,科研人员开始在材料大变形、材料参数动态变化、织物有限元计算理论等方面进行深入研究[29-32]。另外,为了避免考虑织物大变形而产生的扭转变形,可以采用各向异性超弹材料模型,对相应织物进行力学计算[33-35]。

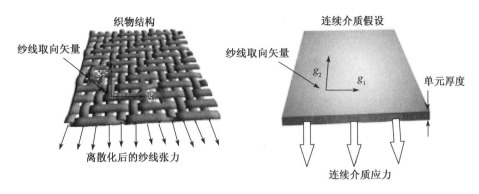

图 6.5 织物连续介质模型[22]

6.3.3 离散法

在离散模型中,纱线被看作是杆单元或者弹簧单元(图 6.6),并且定义经纬纱相互接触,能够反映纱线间相互作用形式[36-40]。这种方法不需要对材料连续性进行假设,可引入织物组织结构等结构因素进行力学响应计算。细观尺度上,由于纱线由大量纤维组成,将纤维看作杆单元,进行工程运算的计算效率很低,因此很少计算方案能够深入到纤维层面进行织物力学计算[8-9, 41]。在具体计算方案中,织物模型中纤维根数远小于实际织物中纱线根数,因此需要找到一个既能准确表征材料性能又能简化计算方案的模型,即计算效率和计算精度相平衡的模型。

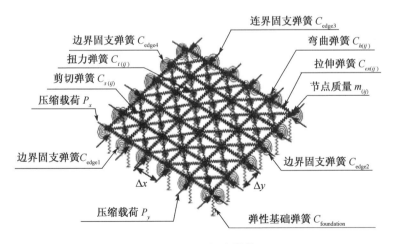

图 6.6 一种织物离散模型

6.3.4 半离散单元

如图 6.7 所示,半离散法是利用一种介于连续介质模型和离散模型之间的模型[42-44]，在细观或微观尺度上对材料应变能进行计算的方法，材料力学响应行为被看作是单元内节点位移量的参数。对比模型计算结果和实验结果表明，织物发生悬垂时，单元内节点位移变化和实际织物位移相同，尤其是经纬纱交织点处的节点；织物悬垂后，经纬纱交织点不发生相互移动[45]。

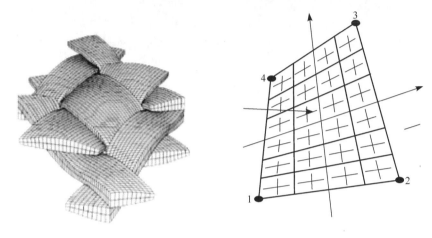

图 6.7　织物半离散有限单元

　　在半离散法中，考虑了织物内部细观结构，并引入材料几个主要的力学性质指标。这些力学性质指标是通过经典材料测试方法得到的，实验参数简单、直观。该方法可以对单层和多层织物进行模拟，图 6.8 中比较了悬垂状态下半球形变形的织物模型结果和实际实验结果[43]。通过渔网法对该悬垂织物进行计算的结论为：①织物经向和纬向的悬垂形状相互对称；②没有褶皱；③在半圆形区域 $l_{warp}/l_{weft}=1$。

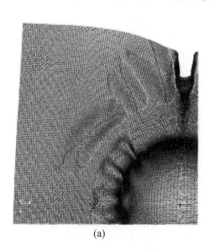
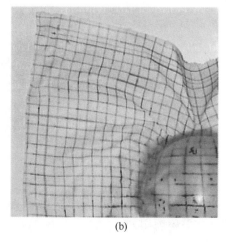

(a)　　　　　　　　　　　　　　(b)

图 6.8　织物在悬垂状态下的半球形变形

6.4 机织物单胞和几何模型

多尺度层面上,机织物形态、经纬纱形态和纤维形态的结构复杂,需要在有限元模型中精确划分网格,才能对机织物单胞变形进行较好的模拟。目前,有很多计算模型和软件都能用于计算机织物单胞力学行为[46-48]。对存在网格重叠或者网格空隙的网格划分方案,即网格质量差的方案,都不能用于有限元模型计算。

在织物单胞几何模型中,经纱和纬纱之间相互不穿透,并且纤维间无交互作用,而实验中观察到纱线存在相互穿透、纤维相互纠缠的形态[49]。因此,合理简化纱线实际形态是几何建模的重要问题。

图 6.9 所示为 $\dfrac{m}{n}$ 斜纹织物横截面、几何结构、有限元模型。在这个模型中,由于相邻纱线相互作用,在每个切面上纱线截面是非对称形状。因此,沿着轴线扫掠成实体时,实体截面发生变化。这种纱线结构建模需要借助计算机辅助设计软件,如 PRO Engineering® 内的弯曲扫掠功能。平衡状态下,通过确定三个参数,即可确定织物基本结构;非平衡状态下,需通过最多七个参数来确定织物结构,包括纱线宽度、纱线密度、经纬纱方向的卷曲率、织物厚度。

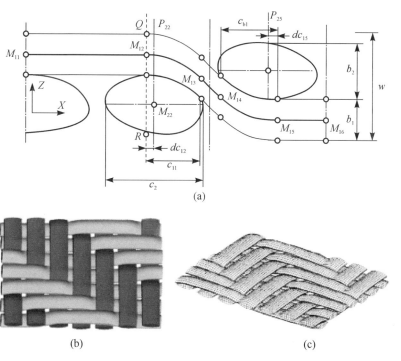

(a)

(b)   (c)

图 6.9 $\dfrac{m}{n}$ 斜纹织物横截面及相应的三维几何模型和网格划分

6.5　机织物力学实验

纺织品力学测试技术的发展已经十分成熟,每种纺织品对应不同实验手段,从多个测试方面对纺织品进行综合表征。最初纺织品测试手段是测试织物双轴向的拉伸测试。纺织品是由纤维组成的结构,所以沿经纬纱方向的拉伸强度远远大于其他方向。尽管其他方向的强度很低,但织物在发生大变形时,这些强度能够影响织物的受力状态和表观属性,因此这些强度也是能够综合表征织物性能的重要参数。

织物力学参数包括轴向拉伸强度、面内剪切应变、横向压缩刚度、纱线弯曲刚度等。当织物悬垂形成双卷曲状态时,面内剪切应变是织物的主要变形模式。由于存在纤维堆叠结构,纱线弯曲刚度较小,但是对织物褶皱性能的影响很大。当织物受到横向挤压时,其横向压缩刚度十分重要,对织物力学响应的影响很大。由于织物种类众多,测试性能方面较多,因此相应的测试仪器比较多,如成功用于商业的 KES-F 织物力学测试系统[50]。下面将对以上四个力学参数的测试方法进行介绍:

6.5.1　双轴向拉伸测试

双轴向拉伸测试仪是用于测试织物的拉伸性能的仪器[2],测试试样为十字形试样[25, 51-52]。图 6.10(a)所示是由标准拉伸-压缩机改进的双轴向拉伸测试仪。除了测试应力,该仪器能够测试指定的织物双轴向应变。调节仪器上的可变形锭子,可以测试不同经纬纱的应变比率 k。该测试系统只能测试中间区域为方形机织物,且测试过程中织物横向可自由形变。调整系统后还可以测试非垂直纱线方向的(经纬纱夹角不为 90°)拉伸参数。抽出织物两边的无交织纱线,是准备试样的必备步骤。尽管实际织物中不存在这种无交织结构,但是这可以使仪器测出横向压缩参数[2, 53]。

机织物的面内剪切强度较小,使用十字形试样结构很适合进行双轴向拉伸测试。光学应变测试仪可以测试中间区域应变场均匀性,防止出现面内剪切刚度为零的区域[52, 54-55]。图 6.10(b)所示为碳纤维斜纹织物经纱方向的应力-应变曲线。这种织物经纬纱方向的纱线几乎对称,所以只需要给出一个方向的力学曲线。如果假设纱线是线性材料,在织物受拉伸初期,应力-应变曲线表现出明显的非线性趋势,随着受力增加,织物应力-应变曲线呈线性增长。这种双轴向拉伸的非线性行为,如纱线卷曲率和纱线挤压程度,和小尺度织物结构有关。所以引入应变比 $k = \varepsilon_2/\varepsilon_1$ 来描述织物双轴向相互影响作用。

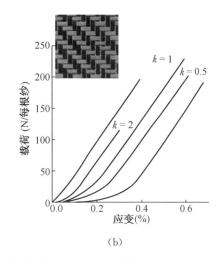

(a)　　　　　　　　　　　　　　　　　　　　　(b)

图 6.10　双轴向拉伸测试仪和碳纤维斜纹织物的应力-应变曲线

当一个方向的纱线的非线性变形达到最大值时,另一个方向的自由度减为零。也就是说,在织物受力方向的纱线完全伸直时,织物的力学行为和单根纱线的力学行为相似。因此织物非线性弹性应变是该方向的织缩率。不同的 $k = \varepsilon_2/\varepsilon_1$ 所测得的曲线可以组成一组双轴拉伸曲线集合面 $T^{\alpha\alpha}(\varepsilon_1, \varepsilon_2)$,用以定义织物的双轴向拉伸性能;或者用来提取基本参数,对织物变形进行数值模拟[56]。

6.5.2　面内剪切测试

当悬垂为双曲率面时,机织物的主要变形模式是面内剪切变形,因此基于此方面开展了诸多研究[55, 57-59],并有一个国际标准专门用于对比不同实验室测试结果[60]。测试仪器分为两个部分,一部分是铰链架框(框状结构),另一部分是 45°或偏轴拉伸测试仪器。如图 6.11(a)所示,铰链架框是由铰链将四个等长边框连接起来,装在拉伸测试仪上。在铰链框架的相对的两个角上施加一个拉力,使框架从矩形变成菱形,这样框架带动试样运动。试样在理论上受到纯剪切应变场的加载,经纬纱之间仅有角度变化,而不出现其他形式变形。

如图 6.11(b)所示,在初始阶段,试样为矩形,经纱和纬纱与施加拉力方向呈 ±45°夹角,试样中间部分的经纬纱都存在自由端,且经纬纱交织点之间不发生相互滑移;当试样从 L 位置位移到 $L+d$ 时,织物内的纤维和织物结构发生变化,处于不同变形形态,此时织物发生纯剪切变形。

拉伸测试仪测试的力值受到织物剪切刚度的影响[54, 60]。图 6.12 给出了角联锁 G1151® 织物双轴向测试剪切曲线,并给出了用数字图像相关法(DIC)捕捉的细观形变图像。织物受到适中剪切力作用时,织物结构发生纯旋转变形,且纱线为刚

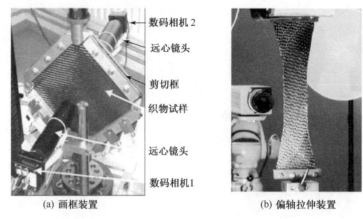

(a) 画框装置　　　　　　　　(b) 偏轴拉伸装置

图 6.11　铰链框架装置和偏轴拉伸测试装置

体运动,不发生内部变形。织物基本单元中四根纱线的相对角度变化,全部变化角度相互叠加,形成织物宏观剪切应变。织物受到较大剪切力作用时,织物剪切角度和结构变化导致局部织物结构发生横向压缩变形[55]。织物刚产生横向压缩时的经纬纱线夹角为锁结角,当悬垂织物局部变形大于锁结角时,织物在此处发生褶皱变形[43]。但在实际剪切力加载过程中,横向压缩变形较为复杂,因此锁结角的定义不严格。

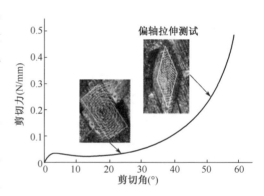

图 6.12　角联锁 G1151® 织物双轴向测试剪切曲线

偏轴拉伸测试中,为保证实验结果的准确性,织物中间部位的纱线需存在自由端,所以不受夹具夹持。但是夹持织物时,要严格控制织物中间部位的预张力,以减少织物内部剩余应力,降低该应力对实验结果的影响[54]。对该实验,对织物小剪切角变形测试结果比较准确,剪切角太大,实验结果就会失真[61]。

6.5.3　弯曲测试

相比于金属和高聚物等实体材料,织物中纤维存在相对滑动,弯曲刚度很小,所以很多模型在分析织物时,常常省略其弯曲刚度。但是在很多方面,弯曲刚度对织物力学性能的影响比较大,如织物悬垂过程中,褶皱形状受到织物弯曲刚度的影响。和实体连续材料相比,织物弯曲刚度与拉伸刚度之间没有直接的关系,所以弯曲刚度需要单独进行测试。传统的材料测试方法,如三点弯或四点弯测试,都不能对织物弯曲性能进行测试,因此研究人员开发出专门针对纺织材料弯曲性能的测试仪器,如 KES-FB 测试仪[50]。图 6.13 所示为另外一种仪器,基于悬臂测试法的测试原理[62],能对织物等较小弯曲刚度进行测试。这种测试方法是一种典型的准静态力学测试方法,即将纺织试样平铺在测试板上,测试板在测试过程中慢慢抽离,织物靠自重发生弯曲变形,变形位移与弯曲曲率相关,测出变形角就能测出织物弯曲刚度。

图 6.13　弯曲试验机

6.5.4　横向压缩

织物横向压缩性能是复合材料加工技术中(如液相树脂模压成型技术)一项重要力学参数[63-64]。在复合材料加工时,模具对纤维增强体材料施加压力,固定材料位置,然后向模具内注入树脂液体,此时增强体材料的横向受力状态会影响材料成型质量。图 6.14 展示了一种织物横向压缩测试仪器和典型织物受力压缩曲线。因为测试初始位置很难确定,实验结果改为用纤维体积分数的横向压力值表达。单根纱线有应变率效应,当其受到外力作用时,横向压缩性能会发生变化,可以采用三维细观有限元法对其性能进行预测,以表征其压缩性能[65]。

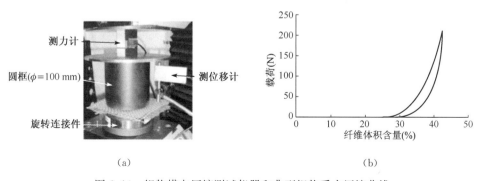

（a）　　　　　　　　　　　　（b）

图 6.14　织物横向压缩测试仪器和典型织物受力压缩曲线

6.6　机织物单胞变形细观尺度三维模型

在三维细观模拟计算中,研究对象是机织物最小循环单胞,这个单胞能代表机织物整体的结构和力学性能。模型中将纱线看作是连续介质材料,表现出特定的纤维材料属性。同时,织物几何模型的表征对模型精度有很大的影响,即采用连续性较好的几何模型会提高有限元模型的计算精度。模型中的边界条件必须满足单胞对称性和周期性,才能使计算结果用于整体织物的力学预测。

细观尺度织物模拟有很多应用领域,能够对材料力学能进行评估和预测,比如不同几何参数对织物渗透率张量的影响、织物力学性能虚拟计算等。

本节中,将首先介绍纱线特定的材料本构关系,然后讨论织物最小循环单胞边界条件,最后分析几种织物力学表征测试手段:双轴向拉伸、面内剪切、厚度方向压缩和织物渗透率。

6.6.1　本构模型

基于实验观测结果[28, 66],纤维束组成单根纱线可看作是横观各向同性材料。纱线材料有较强的轴向刚度,大于横向刚度约两个数量级[67],其面内和面外剪切刚度也很小[68-69]。纱线材料的各向异性较强,其应力或应力增量要严格按照不同方向的材料本构关系进行计算。如在高应变率加载条件下得出的超弹性材料模型(又叫率本构方程):

$$\underline{\underline{\sigma}}^{\triangledown} = \underline{\underline{\underline{C}}} : \underline{\underline{D}} \tag{6.1}$$

其中:$\underline{\underline{D}}$为应变率张量;$\underline{\underline{\underline{C}}}$为本构张量。

$\underline{\underline{\sigma}}^{\triangledown}$为应力张量的目标导数:

$$\underline{\underline{\sigma}}^{\triangledown} = \underline{\underline{Q}} \cdot \left[\frac{\mathrm{d}}{\mathrm{d}t} (\underline{\underline{Q}}^T \cdot \underline{\underline{\sigma}} \cdot \underline{\underline{Q}}) \right] \cdot \underline{\underline{Q}}^T \tag{6.2}$$

其中:$\underline{\underline{Q}}$为剪切变形前的旋转坐标系。

最常见的目标导数是 Green-Naghdi 导数[70]和 Jaumann 导数[71]。它们在共旋坐标系中对变形梯度张量使用极坐标分解的方式,进行坐标旋转$\underline{\underline{F}} = \underline{\underline{R}} \cdot \underline{\underline{U}}$（Abaqus 显式算法的标准模块）。这些导数主要用来分析金属材料的高应变率加载下的材料属性。

对纤维材料来说,其取向由向量$\boldsymbol{f}_1$控制,其合理目标旋转导数为:

$$\underline{\underline{\Phi}} = \boldsymbol{f}_i \otimes \underline{e}_i^0 \tag{6.3}$$

其中:

$$\boldsymbol{f}_1 = \frac{\underline{\underline{F}} \cdot \underline{e}_1^0}{\| \underline{\underline{F}} \cdot \underline{e}_1^0 \|} \quad \boldsymbol{f}_2 = \frac{\underline{\underline{F}} \cdot \underline{e}_1^0 - (\underline{\underline{F}} \cdot \underline{e}_2^0 \cdot \boldsymbol{f}_1) \boldsymbol{f}_1}{\| \underline{\underline{F}} \cdot \underline{e}_2^0 - (\underline{\underline{F}} \cdot \underline{e}_2^0 \cdot \boldsymbol{f}_1) \boldsymbol{f}_1 \|}; \quad \boldsymbol{f}_3 = \boldsymbol{f}_1 \times \boldsymbol{f}_2 \tag{6.4}$$

式(6.1)是用 Hughes-Winget 法在时间增量 $\Delta t = t^{n+1} - t^n$ 上的积分。有限元算法中的有限应变为：

$$\left[\boldsymbol{\sigma}^{n+1}\right]_{f_i^{n+1}} = \left[\boldsymbol{\sigma}^n\right]_{f_i^n} + \left[\boldsymbol{C}^{n+1/2}\right]_{f_i^{n+1/2}} \left[\Delta\boldsymbol{\varepsilon}\right]_{f_i^{n+1/2}} \tag{6.5}$$

其中：$\left[\Delta\boldsymbol{\varepsilon}\right]_{f_i^{n+1/2}} = \left[\boldsymbol{D}\right]_{f_i^{n+1/2}} \Delta t$；$\left[\boldsymbol{S}\right]_{f_i^n}$ 代表在 t^n 时刻以 $\boldsymbol{f_i} \otimes \boldsymbol{f_j} \otimes \cdots \otimes \boldsymbol{f_m}$ 为基本向量的任意张量 $\boldsymbol{S}$。

如果有多个旋转坐标系定义目标导数，纤维材料旋转的基本坐标 $\{\boldsymbol{f_i}\}$ 是正确的[28-29, 31-32]。

式(6.5)中，本构矩阵 $\left[\boldsymbol{C}\right]_{f_i}$ 可以用纱线的方向向量 $\{\boldsymbol{f_i}\}$ 进行表示。这样可在材料的各个方向上对其形状和应力(或应变)分量进行表达。首先定义如图 6.5 所示的纤维 $\boldsymbol{f_1}$ 方向的刚度，然后表征纤维束面内方向 $(\boldsymbol{f_2}, \boldsymbol{f_3})$ 的力学参数。假设纱线是横观各向同性材料，横向的应变可以分解为体应变和面应变。如果应变只发生在面内，则体应变为零。通过这些假设条件，可以定义纱线受力加载时的变形形状。如果横向截面的刚度很小，则织物各方向的应变会影响织物宏观力学性质。由断层扫面观察，发现当织物形态或者纤维束形状变化时，纱线截面上两个节点的变形十分显著。这两个节点的相互位置代表了截面形态和偏量转换：截面变形与纤维密度和形状偏量变化有关。假设这两个节点相互独立，并在平面 $(\boldsymbol{f_2}, \boldsymbol{f_3})$ 上，将应变张量分解为长度方向变形和横向变形：

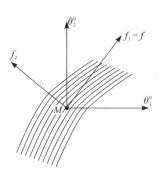

图 6.15　超弹材料模型的旋转坐标系

$$\left[\boldsymbol{\varepsilon}\right]_{f_i} = \begin{bmatrix} \varepsilon_{11} & \varepsilon_{12} & \varepsilon_{13} \\ & 0 & 0 \\ sym. & & 0 \end{bmatrix} + \begin{bmatrix} 0 & 0 & 0 \\ & \varepsilon_{22} & \varepsilon_{23} \\ sym. & & \varepsilon_{33} \end{bmatrix} = \left[\boldsymbol{\varepsilon}_L\right]_{f_i} + \left[\boldsymbol{\varepsilon}_T\right]_{f_i} \tag{6.6}$$

其中：$\underline{\boldsymbol{\varepsilon}}$ 是旋转坐标系中 $\underline{\boldsymbol{D}\Delta t}$ 的累计张量。

再将 $\left[\boldsymbol{\varepsilon}_T\right]_{f_i}$ 约束在平面 $(\boldsymbol{f_2}, \boldsymbol{f_3})$ 上，有：

$$\left[\widetilde{\boldsymbol{\varepsilon}}_T\right]_{f_i} = \begin{bmatrix} \varepsilon_{22} & \varepsilon_{23} \\ sym. & \varepsilon_{22} \end{bmatrix} = \begin{bmatrix} \varepsilon_S & 0 \\ 0 & \varepsilon_S \end{bmatrix} + \begin{bmatrix} \varepsilon_d & \varepsilon_{23} \\ \varepsilon_{23} & -\varepsilon_d \end{bmatrix} \tag{6.7}$$

其中：$\varepsilon_s = \dfrac{\varepsilon_{22} + \varepsilon_{33}}{2}$ 是面应变分量；$\varepsilon_d = \dfrac{\varepsilon_{22} - \varepsilon_{33}}{2}$ 和 ε_{23} 是偏量。

这个方程常用于塑性材料模型，其中面和偏量是独立的，可以用在纤维束的微观力学中[72]。

该模型为非线性弹性模型，且积分是线性累积。这种分解方式对应变增量

$[\varepsilon_T]_{f_i}$ 和应力增量 $[\Delta\sigma_T]_{f_i}$ 同样适用。因此可知：

$$\Delta\sigma_S = A\Delta\varepsilon_S$$
$$\Delta\sigma_d = B\Delta\varepsilon_d \qquad (6.8)$$
$$\Delta\sigma_{23} = C\Delta\varepsilon_{23}$$

其中：$\Delta\sigma_S$，$\Delta\sigma_d$，$\Delta\varepsilon_S$ 和 $\Delta\varepsilon_d$ 分别是面应力、偏应力、面应变和偏应变；A，B，C 是弹性系数，其中 $B = C$。

由式(6.5)，横向本构张量包括两个独立弹性系数，可表示为：

$$[\overset{\sim}{\boldsymbol{C}_T}]_{f_i} = \begin{pmatrix} (A+B)/2 & (A-B)/2 & 0 \\ (A-B)/2 & (A+B)/2 & 0 \\ 0 & 0 & B \end{pmatrix} \qquad (6.9)$$

如果要完善模型的表述，必须确定系数 A 和 B。通过基本物理假设：在压力作用下，纤维网络变密，材料会在面方向和偏向变硬；在轴向拉伸力作用下，面方向也会变硬；轴向拉力对偏向性能的影响作用很小。经过这些假设条件简化，模型中拉力不会影响材料的偏向力学行为，所以系数 A 和 B 为：

$$A = A_0 e^{-p\varepsilon_S} e^{n\varepsilon_{11}}$$
$$B = B_0 e^{-p\varepsilon_S} \qquad (6.10)$$

最后，使用 Badel 等人[73]提出的方法，确定横向本构模型的四个参数。还有其他很多本构关系可表征织物横向力学行为[63-64, 74-75]，但多数仅采用一维模型，使用范围较为局限。

6.6.2　周期性对称边界条件

在细观尺度上，只需要对织物代表体积进行研究，即可表征整个织物的力学行为，选择合理代表体积边界条件对材料性能表征起到重要作用。如图 6.16 所示，为保证代表单胞模型具有循环性，要在其上面定义运动学循环边界条件，才能用以分析材料的变形规律。如果材料是面内具有周期性，用两个基本向量$\underline{\boldsymbol{P}}_1$ 和$\underline{\boldsymbol{P}}_2$ 可以线性表示物体平移向量 $\underline{\boldsymbol{P}}$，即：

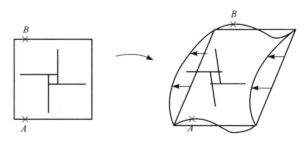

图 6.16　周期性边界条件示意图

$$\underline{\boldsymbol{P}} = \sum_{\alpha=2}^{2} m_\alpha \underline{\boldsymbol{P}}_\alpha \quad (m_\alpha \in \mathbb{N}) \qquad (6.11)$$

代表单胞边界 ∂V 可以分为两对分量 $\{\partial V_\alpha^-, \partial V_\alpha^+\}_{\alpha=1,2}$。选取边界上两个点，其位移向量为 $\boldsymbol{P}_\alpha(\alpha=1\ \text{或}\ 2)$。由边界周期性可知：

$$\underline{X}_\alpha^- \in \partial V_\alpha^-;\ \underline{X}_\alpha^+ \in \partial V_\alpha^+;\ \underline{X}_\alpha^+ - \underline{X}_\alpha^- = \boldsymbol{P}_\alpha \tag{6.12}$$

结构上的转换 $\varphi(\underline{X})$ 可分解为宏观（均匀）部分 $\varphi_m(\underline{X})$ 和周期波动部分 $w_m(\underline{X})$。为保证变形结构周期性，需要保证：

$$\underline{w}(\underline{X}_\alpha^-) = \underline{w}(\underline{X}_\alpha^+)$$
$$(\underline{X}_\alpha^-) \in \partial V_\alpha^-;\ \underline{X}_\alpha^+ \in \partial V_\alpha^+ \qquad (\alpha = 1\ \text{或}\ 2) \tag{6.13}$$

所以有：

$$\underline{X}_\alpha^+ - \underline{X}_\alpha^- = \boldsymbol{j}_m(\underline{X}_\alpha^+) - \boldsymbol{j}_m(\underline{X}_\alpha^-) \tag{6.14}$$

由于 φ_m 已知，式(6.14)是边界上每个点的运动边界条件。

图 6.17 所示为平纹织物和 $\dfrac{2}{2}$ 斜纹织物施加周期边界后的剪切变形情况。由图 6.18 中平纹织物边界条件可以发现，第一个方案中的单胞受力变化后，其周期边界条件不会发生变化；而第二个方案中单胞受力后纱线有相互重叠现象出现，致使边界条件需要重新设置，不能保持在受力状态下的边界连续性。因此第一种方案是模拟计算中优选方案。选取好的单胞几何模型，设置合适边界条件，在计算织物的面内剪切性能中也是关键问题[76]。

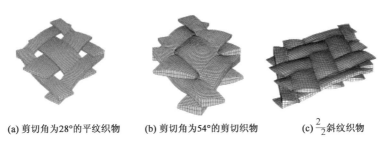

(a) 剪切角为28°的平纹织物　　　(b) 剪切角为54°的剪切织物　　　(c) $\dfrac{2}{2}$斜纹织物

图 6.17　代表单胞变形

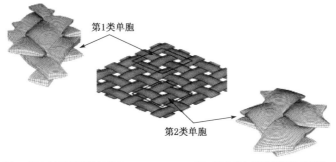

第1类单胞

第2类单胞

(a) 可施加连续周期边界条件　　　　　　　(b) 较难施加连续周期边界条件

图 6.18　平纹织物和两种代表单胞

6.6.3　双轴向拉伸

双轴向拉伸的细观尺度模型既能评估卷曲率对织物性能,也能分析织物横向压缩性能[25, 65]。图 6.19 是不同 k 值时,$\frac{2}{2}$ 斜纹织物单胞模型的双轴向拉伸模拟值与实验值曲线。由于织物压缩大应变变形和纱线方向上拉力有关,织物的拉力状态决定其厚度压缩刚度。图 6.19(c)中,当 $k=1$ 时,织物横向压缩应变很大。因此双轴向拉伸能用来确定横向压缩系数,见式(6.10)。

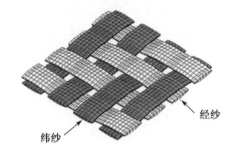

经纱

纬纱

(a) 代表单胞有限元模型

6.6.4　面内剪切

如上所述,最常见的面内剪切测试是框架剪切测试。建立纯剪切力学模型,可以减少大量剪切试验,也可进一步揭示纺织预成型件的剪切变形机理,解决细观尺度上结构和性能预测问题。

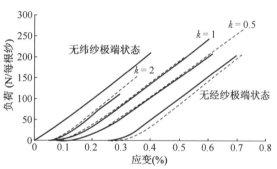

(b) 模拟值与实验值比较

图 6.17(a)和(b)所示分别为织物单胞在剪切角为 28°和 54°时的变形状态:临界剪切锁结状态和最大变形状态。当剪切角达到临界剪切锁结状态时,织物横向性能开始在变形中起到关键作用。在最大变形状态,经纬纱交织形态由方形变成菱形,织物剪切刚度与纱线横向挤压有关。图 6.20 比较了玻纤平纹织物在 46°剪切作用下的变形状态。当施加剪切力时,虽然织物横截面变形很大,但实验结果和模拟形态有较好一致性。

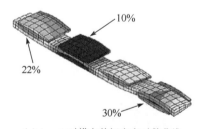

(c) $k=1$ 时横向剪切应变对数曲线

图 6.19　$\frac{2}{2}$ 斜纹织物双轴向拉伸实验

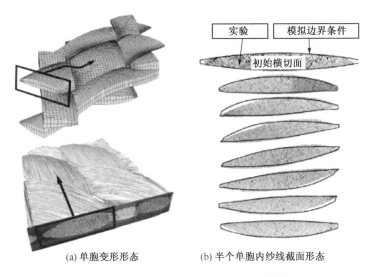

(a) 单胞变形形态　　　　　(b) 半个单胞内纱线截面形态

图 6.20　纯剪切,比较断面扫描和模拟结果

6.6.5　横向压缩

在机织物变形中,纱线相互挤压作用对其压缩性能的影响较大,实际上实验观察时较难捕捉纱线挤压形态,因此需要建立图 6.21 所示的织物细观横向压缩模型,对其压缩形态进行预测。使用液相树脂模压成型技术时,增强体材料受到模具压缩,它的形态分布会影响树脂与增强体之间的混合;所以对其压缩性能的模拟预测,能够对产品工艺和产品质量进行优化。

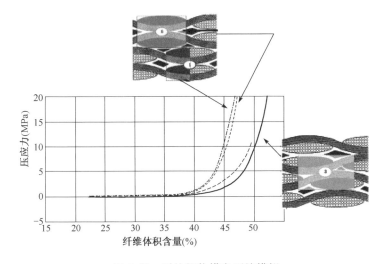

图 6.21　平纹织物横向压缩模拟

6.6.6   渗透率计算

基于 Darcy 法则建立的细观模型还可以对树脂浸透织物时的渗透张量进行计算。增强体材料的铺放位置和密度等参数可以作为基本参数代入 Stroke 流计算中,得到相关渗透率计算结果。另外还有其他模型也可以计算织物渗透率[5, 77-78],在渗透率计算中考虑织物细观结构,如图 6.22 所示,能够很好地表征织物变形、树脂流动和材料成型过程[6]。

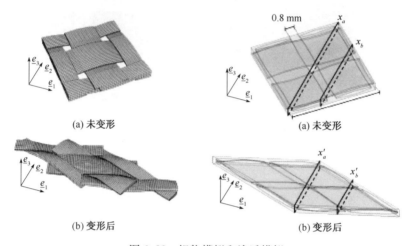

图 6.22   织物模拟和渗透模拟

6.7   图像分析:全域数字图像相关法和 X 射线断层扫描

6.7.1   全域数字图像相关法

20 世纪 80 年代[79],数字图像已经能测量不同尺度应变场的变化[80]。这种方法可快速测试机织物的全幅应变场[55, 60, 81]。如图 6.23 所示,数字图像法得到的织物偏轴拉伸多尺度图像。该数字图像测试法的应用领域很广,如在面内剪切测试中,可用全域数字图像相关法精确测量织物剪切角,还可以测量内部变形形态等。

6.7.2   X 射线断层扫描

X 射线断层扫描与医疗扫描仪的设计原理相类似,通过 X 射线的穿透能力对非透明物体进行无损检测,避免对试样进行树脂固结、破坏切割等再处理步骤。相比于空气,纤维材料能够吸收较多 X 射线,通过不同能量的衰减射线的探测,可以

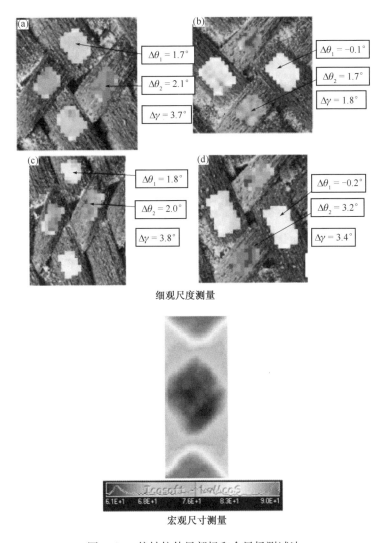

细观尺度测量

宏观尺寸测量

图 6.23 偏轴拉伸局部场和全局场测试法

识别纱线具体变化形态。这种方法可以对织物受力时动态过程进行监控,得到受力过程中 X 射线的局部三维衰减系数图。

在细观尺度下,X 射线断层扫描可以探测纤维增强体材料的几何变形形态;在微观尺度,它可以探测纱线中纤维密度和纤维排列方式。X 射线断层扫描结果可以用来改进和校正材料理论本构模型理论的假设条件,验证理论预测结果。图 6.24 所示即是在微观尺度纱线拉伸前和拉伸后的断面扫描图,精细地反映了纤维分布和变形形态[73]。

(a)　　　　　　　　　　　　　　　(b)

图 6.24　纱线在拉伸前和拉伸后 X 射线断面扫描图

6.8　结论和展望

　　机织物是多尺度结构材料,可以在微观、细观和宏观三个尺度进行结构和力学建模。宏观模型为连续介质模型,只需引入纺织材料宏观力学参数进行计算,常用于织物变形方面的有限元计算。细观模型和微观模型的计算精度比较高,能够探讨材料结构与材料性能的关系,揭示材料变形和破坏机理。随着科学计算中运算能力和效率的提高,以后可以对大尺寸细观结构的织物力学性能进行全面的理论研究。

　　在织物性能研究中,图像处理相关技术也是很重要的研究手段。其中全域数字图像相关法和 X 射线断层扫描都是比较适合对纺织材料进行图像研究的技术方法;并且,这些测试方法灵活,能够探测多种尺度的材料形态,能够帮助科研人员更好地理解机织物力学性质。

　　关于本章更多内容,可进一步阅读本章编写时参考的主要资料[82]:

Vidal-Salle E, Boissessesse P. Modelling the structures and properties of woven fabrics. In: Chen X (ed.). Modelling and predicting textile behaviour. Cambridge, England, Woodhead Publishing Limited, 2010: 144-179.

参 考 文 献

[1]　Peirce F T. The "Handle" of cloth as a measuable quantity. Journal of the Textile Institute Transactions, 1930, 21(9): T377-T416.

[2]　Kawabata S, Niwa M, Kawai H. The finite-deformation theory of plain-weave fabrics. Part I: The biaxial-deformation theory. The Journal of the Textile Institute, 1973, 64 (1): 21-46.

[3]　Vandeurzen P, Ivens J, Verpoest I. A three-dimensional micromechanical analysis of woven-fabric composites: I. Geometric Analysis. Composites Science and Technology, 1996, 56(11): 1303-1315.

[4]　Bickerton S, Šimáček P, Guglielmi S E, et al. Investigation of draping and its effects on the mold filling process during manufacturing of a compound curved composite part. Composites Part A: Applied Science and Manufacturing, 1997, 28(9/10): 801-816.

[5]　Belov E B, Lomov S V, Verpoest I, et al. Modelling of permeability of textile

reinforcements: lattice boltzmann method. Composites Science and Technology, 2004, 64 (7/8): 1069-1080.

[6] Loix F, Badel P, Orgéas L, et al. Woven fabric permeability: from textile deformation to fluid flow mesoscale simulations. Composites Science and Technology, 2008, 68(7/8): 1624-1630.

[7] Durville D. Finite element simulation of textile materials at mesoscopic scale. The 22nd BEM-FEM Conference on Finite Element Modelling of Textiles and Textile Composites, Saint-Petersburg, Russia, 2007: 14.

[8] Zhou G, Sun X, Wang Y. Multi-chain digital element analysis in textile mechanics. Composites Science and Technology, 2004, 64(2): 239-244.

[9] Durville D. Numerical simulation of entangled materials mechanical properties. Journal of Materials Science, 2005, 40(22): 5941-5948.

[10] Durville D. Finite element simulation of textile materials at mesoscopic scale. In: Finite element modelling of textiles and textile composites. The 22nd BEM-FEM Conference on Finite Element Modelling of Textiles and Textile Composites, Saint-Petersburg, Russia, 2007: 14.

[11] Durville D. A finite element approach of the behaviour of woven materials at microscopic scale. In: Ganghoffer J F, Pastrone F (eds.). Mechanics of Microstructured Solids. Springer-Verlag, Berlin, 2009: 39-46.

[12] Lahey T J, Heppler G R. Mechanical modeling of fabrics in bending. Journal of Applied Mechanics, Transactions ASME, 2004, 71(1): 32-40.

[13] Bilbao E, Soulat D, Hivet G, et al. Bending test of composite reinforcements. International Journal of Material Forming, 2008, 1(1): 835-838.

[14] Bergsma O K, Huisman J. Deep drawing of fabric reinforced thermoplastics. The 2nd International Conference on Computer Aided Design in Composite Material Technology. Springer Verlag, Southampton, 1988: 323-333.

[15] Van Der Weeën F. Algorithms for draping fabrics on doubly-curved surfaces. International Journal for Numerical Methods in Engineering, 1991, 31(7): 1415-1426.

[16] Cherouat A, Borouchaki H, Billoët J L. Geometrical and mechanical draping of composite fabric. Revue Européenne des Éléments, 2005, 14(6/7): 693-707.

[17] Hofstee J, van Keulen F. 3-D geometric modeling of a draped woven fabric. Composite Structures, 2001, 54(2/3): 179-195.

[18] Long A C. An iterative draping simulation based on fabric mechanics. International ESAFORM Conference on Material Forming Department MSM, University of Liege Belgium, 2001: 99-102.

[19] Rogers T G. Rheological characterization of anisotropic materials. Composites, 1989, 20 (1): 21-27.

[20] Vandeurzen P, Ivens J, Verpoest I. A three-dimensional micromechanical analysis of

woven-fabric composites. II. Elastic analysis. Composites Science and Technology, 1996, 56(11): 1317-1327.

[21] Spencer A J M. Theory of fabric-reinforced viscous fluids. Composites Part A: Applied Science and Manufacturing, 2000, 31(12): 1311-1321.

[22] King M J, Jearanaisilawong P, Socrate S. A continuum constitutive model for the mechanical behavior of woven fabrics. International Journal of Solids and Structures, 2005, 42(13): 3867-3896.

[23] Dong L, Lekakou C, Bader M G. Processing of composites: simulations of the draping of fabrics with updated material behaviour law. Journal of Composite Materials, 2001, 35 (2): 138-163.

[24] Shahkarami A, Vaziri R. A continuum shell finite element model for impact simulation of woven fabrics. International Journal of Impact Engineering, 2007, 34(1): 104-119.

[25] Carvelli V, Corazza C, Poggi C. Mechanical modelling of monofilament technical textiles. Computational Materials Science, 2008, 42(4): 679-691.

[26] Yu WR, Pourboghrat F, Chung K, et al. Non-orthogonal constitutive equation for woven fabric reinforced thermoplastic composites. Composites Part A: Applied Science and Manufacturing, 2002, 33(8): 1095-1105.

[27] Yu W-R, Harrison P, Long A. Finite element forming simulation for non-crimp fabrics using a non-orthogonal constitutive equation. Composites Part A: Applied Science and Manufacturing, 2005, 36(8): 1079-1093.

[28] Badel P, Gauthier S, Vidal-Sallé E, et al. Rate constitutive equations for computational analyses of textile composite reinforcement mechanical behaviour during forming. Composites Part A: Applied Science and Manufacturing, 2009, 40(8): 997-1007.

[29] Hagège B, Boisse P, Billoët J-L. Finite element analyses of knitted composite reinforcement at large strain. Revue Européenne des Éléments, 2005, 14 (6/7): 767-776.

[30] Xiao H, Bruhns O T, Meyers A. On objective corotational rates and their defining spin tensors. International Journal of Solids and Structures, 1998, 35(30): 4001-4014.

[31] Boisse P, Gasser A, Hagege B, et al. Analysis of the mechanical behavior of woven fibrous material using virtual tests at the unit cell level. Journal of Materials Science, 2005, 40(22): 5955-5962.

[32] Ten Thije R H W, Akkerman R, Huétink J. Large deformation simulation of anisotropic material using an updated lagrangian finite element method. Computer Methods in Applied Mechanics and Engineering, 2007, 196(33/34): 3141-3150.

[33] Wysocki M, Toll S, Larsson R, et al. Hyperelastic constitutive models for consolidation of commingled yarn based composites. In: 9th International Conference on Flow Processes in Composite Materials, Montréal (Québec), Canada, 2008: FPCM-9.

[34] Holzapfel G A, Gasser T C. A viscoelastic model for fiber-reinforced composites at finite

strains: continuum basis, computational aspects and applications. Computer Methods in Applied Mechanics and Engineering, 2001, 190(34): 4379-4403.

[35] Aimene Y, Hagege B, Sidoroff F, et al. Hyperelastic approach for composite reinforcement forming simulations. International Journal of Material Forming, 2008, 1 (1): 811-814.

[36] Pickett AK, Creech G, de Luca P. Simplified and advanced simulation methods for prediction of fabric draping. Revue Européenne des Éléments, 2005, 14(6/7): 677-691.

[37] Creech G, Pickett A K. Meso-modelling of non-crimp fabric composites for coupled drape and failure analysis. Journal of Materials Science, 2006, 41(20): 6725-6736.

[38] Duhovic M, Bhattacharyya D. Simulating the deformation mechanisms of knitted fabric composites. Composites Part A: Applied Science and Manufacturing, 2006, 37(11): 1897-1915.

[39] Ben Boubaker B, Haussy B, Ganghoffer J F. Discrete models of woven structures. Macroscopic Approach. Composites Part B: Engineering, 2007, 38(4): 498-505.

[40] Sze K Y, Liu X H. Fabric drape simulation by solid-shell finite element method. Finite Elements in Analysis and Design, 2007, 43(11-12): 819-838.

[41] Durville D. A finite element approach of the behaviour of woven materials at microscopic scale. In: 11th Euromech-Mecamat Conference. Mechanics of Microstructured Solids: Cellular Materials, Fiber Reinforced Solids and Soft Tissues, Torino, Italy, 2008: 1-9.

[42] Boisse P, Cherouat A, Gelin J C, et al. Experimental study and finite element simulation of a glass fiber fabric shaping process. Polymer Composites, 1995, 16(1): 83-95.

[43] Boisse P, Zouari B, Daniel J L. Importance of in-plane shear rigidity in finite element analyses of woven fabric composite preforming. Composites Part A: Applied Science and Manufacturing, 2006, 37(12): 2201-2212.

[44] Hamila N, Boisse P. Simulations of textile composite reinforcement draping using a new semi-discrete three node finite element. Composites Part B: Engineering, 2008, 39(6): 999-1010.

[45] Gelin J C, Cherouat A, Boisse P, et al. Manufacture of thin composite structures by the RTM process: numerical simulation of the shaping operation. Composites Science and Technology, 1996, 56(7): 711-718.

[46] Lomov S V, Gusakov A V, Huysmans G, et al. Textile geometry preprocessor for meso-mechanical models of woven composites. Composites Science and Technology, 2000, 60 (11): 2083-2095.

[47] Robitaille F, Long A C, Jones I A, et al. Automatically generated geometric descriptions of textile and composite unit cells. Composites Part A: Applied Science and Manufacturing, 2003, 34(4): 303-312.

[48] Verpoest I, Lomov S V. Virtual textile composites software wisetex: integration with micro-mechanical, permeability and structural analysis. Composites Science and

Technology, 2005, 65(15/16): 2563-2574.

[49] Hivet G, Boisse P. Consistent 3D geometrical model of fabric elementary cell. Application to a Meshing Preprocessor for 3D Finite Element Analysis. Finite Elements in Analysis and Design, 2005, 42(1): 25-49.

[50] Kawabata S. The Standardization and Analysis of Hand Evaluation. Textile Machinery Society of Japan, Osaka, Japan, 1980.

[51] Buet-Gautier K, Boisse P. Experimental analysis and modeling of biaxial mechanical behavior of woven composite reinforcements. Experimental Mechanics, 2001, 41(3): 260-269.

[52] Willems A, Lomov S V, Verpoest I, et al. Optical strain fields in shear and tensile testing of textile reinforcements. Composites Science and Technology, 2008, 68(3/4): 807-819.

[53] Kawabata S. Nonlinear mechanics of woven and knitted materials. Elsevier Science Publishers, Textile Structural Composites, 1989: 67-116.

[54] Launay J, Hivet G, Duong A V, et al. Experimental analysis of the influence of tensions on in plane shear behaviour of woven composite reinforcements. Composites Science and Technology, 2008, 68(2): 506-515.

[55] Lomov SV, Boisse P, Deluycker E, et al. Full-field strain measurements in textile deformability studies. Composites Part A: Applied Science and Manufacturing, 2008, 39 (8): 1232-1244.

[56] Boisse P, Gasser A, Hivet G. Analyses of fabric tensile behaviour: determination of the biaxial tension-strain surfaces and their use in forming simulations. Composites Part A: Applied Science and Manufacturing, 2001, 32(10): 1395-1414.

[57] Kawabata S, Niwa M, Kawai H. Theory 3-the finite-deformation theory of plain-weave fabrics. Part III: The shear-deformation. The Journal of the Textile Institute, 1973, 64 (2): 62-85.

[58] Prodromou A G, Chen J. On the relationship between shear angle and wrinkling of textile composite preforms. Composites Part A: Applied Science and Manufacturing, 1997, 28 (5): 491-503.

[59] Wang J, Page J R, Paton R. Experimental investigation of the draping properties of reinforcement fabrics. Composites Science and Technology, 1998, 58(2): 229-237.

[60] Cao J, Akkerman R, Boisse P, et al. Characterization of mechanical behavior of woven fabrics: experimental methods and benchmark results. Composites Part A: Applied Science and Manufacturing, 2008, 39(6): 1037-1053.

[61] Zhu B, Yu T X, Tao X M. Large deformation and slippage mechanism of plain woven composite in bias extension. Composites Part A: Applied Science and Manufacturing, 2007, 38(8): 1821-1828.

[62] de Bilbao E. Analyse et identification du comportement en flexion des renforts fibreux de

composites. International Journal of Material Forming, 2008, 1: 835-838.

[63] Comas-Cardona S, Le Grognec P, Binetruy C, et al. Unidirectional compression of fibre reinforcements. Part I: A non-linear elastic-plastic behaviour. Composites Science and Technology, 2007, 67(3/4): 507-514.

[64] Kelly P A. A compaction model for liquid composite moulding fibrous materials. In: The 9th International Conference on Flow Processes in Composite Materials, Montréal (Québec), Canada, 2008.

[65] Gasser A, Boisse P, Hanklar S. Mechanical behaviour of dry fabric reinforcements. 3D Simulations Versus Biaxial Tests. Computational Materials Science, 2000, 17(1): 7-20.

[66] Potluri P, Parlak I, Ramgulam R, et al. Analysis of tow deformations in textile preforms subjected to forming forces. Composites Science and Technology, 2006, 66 (2): 297-305.

[67] Gu H. Tensile behaviours of woven fabrics and laminates. Materials & Design, 2007, 28 (2): 704-707.

[68] Potter K. Bias extension measurements on cross-plied unidirectional prepreg. Composites Part A: Applied Science and Manufacturing, 2002, 33(1): 63-73.

[69] Sun H, Pan N. Shear deformation analysis for woven fabrics. Composite Structures, 2005, 67(3): 317-322.

[70] Dienes J K. On the analysis of rotation and stress rate in deforming bodies. Acta Mechanica, 1979, 32(4): 217-232.

[71] Dafalias Y. Corotational rates for kinematic hardening at large plastic deformations. Journal of Applied Mechanics, 1983, 50(3): 561-565.

[72] Simacek P, Karbhari V M. Notes on the modeling of preform compaction: I-Micromechanics at the fiber bundle level. Journal of Reinforced Plastics and Composites, 1996, 15(1): 86-122.

[73] Badel P, Vidal-Sallé E, Maire E, et al. Simulation and tomography analysis of textile composite reinforcement deformation at the mesoscopic scale. Composites Science and Technology, 2008, 68(12): 2433-2440.

[74] Cai Z, Gutowski T. The 3-D deformation behavior of a lubricated fiber bundle. Journal of Composite Materials, 1992, 26(8): 1207-1237.

[75] Chen B, Chou T W. Compaction of woven-fabric preforms in liquid composite molding processes: single-layer deformation. Composites Science and Technology, 1999, 59(10): 1519-1526.

[76] Badel P, Vidal-Sallé E, Boisse P. Computational determination of in-plane shear mechanical behaviour of textile composite reinforcements. Computational Materials Science, 2007, 40(4): 439-448.

[77] Verleye B, Klitz M, Croce R, et al. Predicting the permeability of textile reinforcements via a hybrid navier-stokes/brinkman solver. In: 8th International Conference on Flow

Processes in Composite Materials (FPCM8), Douai, France, 2006.

[78] Demaría C, Ruiz E, Trochu F. In-plane anisotropic permeability characterization of deformed woven fabrics by unidirectional injection. Part II: Prediction model and numerical simulations. Polymer Composites, 2007, 28(6): 812-827.

[79] Sutton M A, Wolters W J, Peters W H, et al. Determination of displacements using an improved digital correlation method. Image and Vision Computing, 1983, 1 (3): 133-139.

[80] Mguil-Touchal S, Morestin F, Brunet M. Various experimental applications of digital image correlation method, CMEM97, Rhodes (Computational methods and experimental measurements VIII), 1997: 45-58.

[81] Dumont F, Hivet G, Rotinat R, et al. Mesures de champs pour des essais de cisaillement sur des renforts tissés. Mécanique & Industries, 2003, 4(6): 627-635.

[82] Vidal-Salle E, Boissessesse P. Modelling the structures and properties of woven fabrics. In: Chen X (ed.). Modelling and predicting textile behaviour. Cambridge, England, Woodhead Publishing Limited, 2010: 144-179.

7 针织物建模与可视化

摘要：本章主要阐述经编和纬编针织物结构建模方法。首先介绍各类基本针织结构、分类和表观尺度；其次说明细观结构建模的结构化要素、涉及主要问题和所需建模步骤。建模分为三个主要部分：校验输入数据、拓扑结构生成和结构力学表征。力学建模部分主要介绍连续介质法和离散介质法。随后讲述由纱线横截面、细度均匀度和纱线间接触带来的建模问题。最后介绍基于建模数据和某些应用领域的各类后处理方法，如纱线体积透视、可视化及相关计算。

7.1　针织物结构建模目的

　　本章目的是为预测针织物结构的物理性质提供建立几何模型的方法。各种结构数据都可以在计算机上输入而完成建模，避免在织机上制备。生成针织结构所必需的输入参数为织机类型及其性能、针织组织结构、纱线结构和后处理参数。

　　针织物的物理性能评估通过织物在生产和后处理的整个过程中测试得到。生产具备特定性能的针织物往往需要一些重复性试验，在试样试织和测试之后需要重新设置上机参数。这个过程试验不断地往复，直到获得所需的参数和性能。这个过程也必须考虑织机运转时间、测试装置、熟练工及生产花费（机械、材料、纱线、熟练工测试和劳动报酬）。

　　虚拟针织加工过程可以加快工艺发展，为新产品可能的性能预测提供初始信息，特别是技术纺织品，诸如复合材料、医用纺织品、人工埋植剂、汽车座椅、常规及专用面料等。在上述应用领域中，针织结构由于其特殊性能而得到广泛应用，预测与优化这些性能也成为了建模的最终目的。

7.2　针织结构种类

　　针织结构种类因不同标准而异。由于本章的主要目的是结构建模，所以采用依托结构单元差异的分类标准。更多分类方式参见文献[1-4]。

　　根据线圈形成方向，针织结构可以分为两类：纬编[图 7.1(c)]和经编[图 7.1(b)]。区别两者的最简单方法是线圈沉降弧[F，图 7.1(a)]走向。如果一个沉降弧向下而另一个沉降弧向上(F1),即为经编结构;如果沉降弧左右摆(F2),即为纬编结构。纬编是以一根或若干根纱线同时沿着织物横向,循序地由织针形成一系列线圈。经编与纬编的不同之处在于:所有的纱线均卷绕在经轴上,所有的纱线同时喂入编织区,所形成的线圈沿垂直方向或经纱方向排列,由相邻纱线相互套接而成。

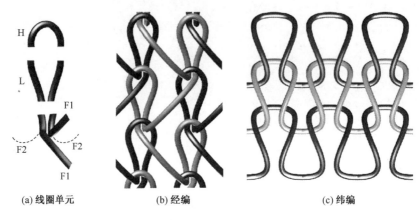

| (a) 线圈单元 | (b) 经编 | (c) 纬编 |

图 7.1　针织结构

　　根据针床数目不同,纬编和经编均能分为两大类:单面针织(由单针床织机生产)和双面针织(由双针床织机生产)。

　　单面针织物所有线圈方向朝着同一面。双面针织物由于存在两个系列的线圈,因此一个系列的线圈朝内,另一个系列的线圈朝外。图 7.2(a)所示为正面线圈,图 7.2(b)所示为反面线圈。其他关于结构和分类的资料可参见文献[2]。

　　纬编针织技术中还有如下附加结构:

　　① 反针针织——正针和反针位于同一线圈纵行的同一侧(利用双头织针);

　　② 互锁针织——两个不同系列的线圈都不能移动半个针步,与双面针织类似,可以作为双面针织的子类。但是从建模角度考虑,这些结构可以被看作双针床针织结构的衍生结构。它们可以以相同线圈重建,但是必须严格按照特定位置和取向排布。

　　单面经编结构可以根据如下针

| (a) 正面线圈 | (b) 反面线圈 |

图 7.2　针织物正反面线圈

织过程中纱线数量和排布不同而细分：

  ① 单导纱杆全线程针织；

  ② 多导纱杆全线程针织；

  ③ 多导纱杆半线程针织(常见类型)[1]。

  根据导纱杆数量和线程不同，可以计算一根织针在一个循环周期中，有多少纱线参与了线圈(或其他结构)构造。根据此数据，即可计算线圈中纱线一般走向。但是分析和构建各种类型的子类结构没有意义，因为一个双面经编结构囊括所有子结构，所以必须采用统一的通用建模方法。

7.3 结 构 尺 度

  针织物结构由大量结构单元组成。这些结构单元由纱线构成，纱线被简化为单根圆棒状。实际上，纱线为单纤维或长丝集合体。整体结构、结构单元和单根纤维构成了三级尺度，即宏观尺度、中观尺度和细观尺度[5-6]。

  宏观尺度对应于实际应用，决定了整个针织物结构作为平面状连续介质的力学性能(图 6.3)。在宏观尺度上获得针织物力学性质有很多方法，最常见也是最昂贵的方式，就是对试样进行各种力学测试。要研究织物在宏观尺度上的力学性质或做出相应的预测分析，就必须理解结构的中观尺度。在中观尺度上，纱线被看作是具备已知力学性质的连续介质。单胞的几何和力学参数已知，就可以从材料角度得到结构力学性质。中观尺度模型忽略了细观尺度层面上纤维与纤维间的相互作用。

  为了成功建立整个针织物结构模型，以上三种尺度都必须考虑在内。模型的准确性取决于某些尺度需要严格精准，某些尺度只要大致信息。例如，如果经研究后发现纱线截面形态不是关键因素，那么细观尺度上纤维与纤维间的相互作用就可不考虑。若是研究医用过滤材料，那么纤维与纤维的距离及纤维间的分布就非常重要。在这种情况下，细观结构要素就必须考虑，与中观尺度一起构建出多尺度模型。

  不同尺度上参数建模程度差异对整个针织物结构建模来说作用并不大。模型精细化程度要求越高，对每一个层级建模细节要求就越多。

  如图 7.3 所示，决定针织物结构建模参数主要有两个基础：针织过程拓扑学基础和纤维材料学基础。两方面同时具备才能进行建模和预测针织物典型力学行为。针织工艺参数和后整理参数可以进一步准确限定针织物结构几何特征和维度特征。

  根据不同尺度之间的关系可以进行多种不同方式的建模，其中包括至今未有效解决的从细观尺度到宏观尺度的全层级建模方式。结构与性质的高度复杂性，

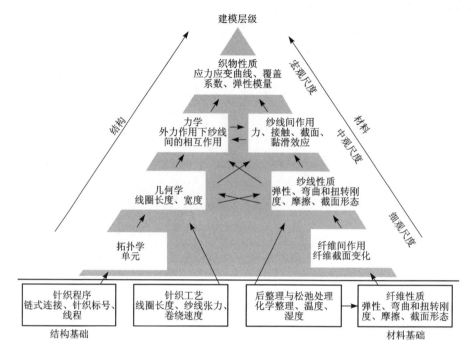

图 7.3　针织物建模的结构层级与材料层级

以及不同参数之间相互作用,使得建模过程变得非常庞杂和难以掌控。因此,建模时通常只重点关注某一尺度,其余尺度做精简化处理。

　　本章将从拓扑学基础开始阐述建模途径。这就意味着针织物建模将首先从理想纱线开始,先不考虑纱线的几何和力学性质。之后,不同尺度上的重要性质被逐步引入模型中。在完成每一步骤之后,需要考虑进一步深化的必要性。拓扑学建模方案需要足够完备,以达到建模目的。其他情况下(比如在针织物结构设计过程中),几何学方案就是建模重点。如果需要进行精准的力学性质预测,那么具备足够复杂性和计算量的力学模型就是建模重点。

　　仿真模拟还有另外一种方法,即根据材料的尺度层级进行:纤维和纱线需要被单独处理,在此基础上根据真实织造过程建立精确针织物模型[7]。这种"虚拟生成"很长时间以来一直效率不高,直到并行计算的出现才使得情况有所改观。这种方法的不足之处在于无法得到可能有用的中间过程,并且一定要等计算完全结束才能看到结果。

　　由于不同针织物结构差异主要集中在中观尺度层面,该尺度建模将被重点讨论。细观尺度层面的研究是为了获得纱线力学性质,宏观尺度层面的研究是为了得到连续介质力学性质。

7.4　中观尺度针织物结构单元

机织物和编织物可以看作由单一结构单元组成。根据经纱在上还是纬纱在上的顺序,可以将这些结构单元进行编排,从而构成一定组织结构。这种方法可以扩展应用于多层织物,利用编号而不是纱线来对应织物层[8-9]。此方法嵌入软件可以用于纬编针织物建模[10]。这种通过特定编码(一个线圈需要两个交叉点)的嵌入式程序可以生成 2D 图像。此方法需要使用者知道纱线位置信息,因此没有得到广泛推广。

多数研究者在建模时把整个线圈当作一个结构单元。一个线圈包含若干单交叉点,这些交叉点在每一个线圈循环中都会出现,因此在线圈尺度上进行编码和建模就会非常有效。以这种思路进行建模的方法广泛应用于商业建模软件,如德国罗伊特林根市 Fa. H. Stoll GmbH & Co. KG 公司开发的 M1 建模软件,以及学术界广泛使用的 WeftKnit 建模软件[11-13]。

7.4.1　线圈

根据 Spencer[2] 的定义,线圈的交联由圈内成圈纱线构成,每一根纱线在连续成圈循环完成时被释放,线圈形成交联网络,如此才能形成稳定可靠的针织物结构。线圈之间的交联有时也在纱线从一个线圈到下一个线圈的运动中形成。

如图 7.1(a)所示,一个线圈由圈弧 H、圈柱 L、沉降弧 F 组成。一个线圈沉降弧通过同一根织针与前一个成圈周期中形成的圈弧啮合在一起。纱线通过一个线圈的沉降弧进入下一个线圈的圈柱。在纬编中,纱线通常在同一横列中穿梭。而在经编中,线圈的一个沉降弧通过前一个线圈、另一个沉降弧进入下一列。如果一个线圈的两个沉降弧产生交叉,则称为闭合线圈[图 7.4(b)];如果一个线圈的两个沉降弧不产生交叉,则称为开口线圈[图 7.4(a)]。闭合线圈和开口线圈的区别只在经编针织物中讨论。对于纬编针织物,线圈的两个沉降弧一般不会产生交叉(特殊情况除外)。

7.4.2　添纱组织

添纱即在两根及两根以上的纱线上共同成圈(图 7.5)。对于纬编针织结构,添纱工艺是一种特殊组织设计工艺,通过特定给纱系统,一根纱线会遮

(a) 开口线圈　　　　　(b) 闭合线圈

图 7.4　针织线圈

盖住另一根纱线。对于经编针织结构,添纱工艺很普遍。大多数经编织物至少由两根反向运动的导纱杆运动完成,以增强织物稳定性,因此线圈至少有两根纱线。

(a) 添纱线圈

(b) 真实结构照片

图 7.5　双导杆经编线圈

7.4.3　握持组织

握持组织(图 7.6,H)是纬编针织中的典型结构,织针会保留之前形成的一个线圈,直到下一个纱线成圈时再脱圈[2]。根据针织工艺不同,针织物中持圈长度不同。一般而言,同一横列中握持组织长度一致。当纱线承受拉伸时,握持组织会从相邻线圈"抽调"一部分纱线,使得相邻线圈的长度变短。

7.4.4　浮线组织

浮线组织(图 7.6,F)是指其他线圈之间的自由浮长纱线。"其他线圈"这个限定之所以对建模重要,因为在针织结构中浮长具有特定几何形态。浮长所形成的纬向穿插和内联必须区分开来,以便在建模编码时具有明显的拓扑结构差异。浮线组织在纬编针织结构中需要特殊编程的特定单元;在经编针织结构中,浮线组织是针织常规工艺,由导纱杆下拉生成。

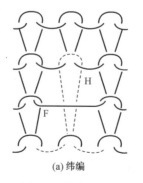
(a) 纬编

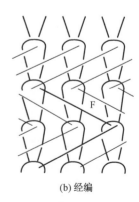
(b) 经编

图 7.6　纬编和经编中的握持组织(H)和浮线组织(F)

7.4.5 集圈或压圈

集圈组织是一种在针织物的某些线圈上,除了有一个封闭旧线圈外,还有一个或几个悬弧的花色组织。集圈可以在拉舍尔经编机,以及具备钩针和可变压花板的经编机上生成[1, 3]。在纬编针织机上,集圈组织在凸轮脱离最高位时形成,当旧线圈还没有形成时,新、旧纱线已经重叠。由于纬编针织时纱线水平移动,经编针织时纱线竖直运动,集圈几何形态和作用在两种针织结构中差异很大(图7.7)。根据线圈长度和纱线性质,集圈组织真实形态[图7.7(c)]往往和拓扑学结构[图7.7(b)]有差异。对于经编针织物,集圈组织一般用于特殊花型或装饰。对于纬编针织物,集圈组织具有重要作用,可以改变针织物浮雕效果和伸长极限。不论经编还是纬编,集圈都不能独立产生,它们必须和线圈联系,并改变线圈几何形态。

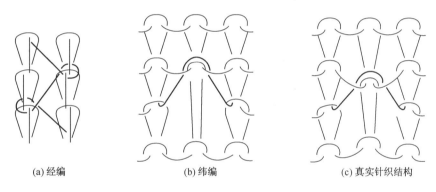

(a) 经编　　　　　　　　(b) 纬编　　　　　　　　(c) 真实针织结构

图 7.7　集圈组织在经编、纬编和真实针织结构中的形态

7.4.6 移圈组织

移圈组织一般用于纬编针织物,很少出现在现代经编工艺中,特例参见文献[1]。移圈组织(图7.8,T)即先在一根织针上成圈,然后转移至另一根织针。新线圈会在生成转移线圈的织针上继续生成,但是形态与转移线圈不同。移圈与单集圈类似,两者都未形成完整线圈,因此在建模中必须考虑移圈的特殊几何结构。某些具有高度复杂性的结构,比如编织,建模时就需要更复杂的处理手段。

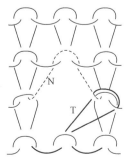

图 7.8　移圈组织结构

7.4.7　衬纬组织

衬纬组织在经编针织中很常见，一般用于增强水平方向的结构稳定性（图7.9），或者用于产生净型结构；通常用于轻质网络结构和纺织结构复合材料，增强纱一般是碳纤维或玻璃纤维。在有增强纱的经编结构中，针织物的作用仅仅是将增强纱线捆绑在一起，保证结构稳定性。

7.4.8　衬垫组织

衬垫纱线从经轴上引出，通常介于浮线、线圈和衬纬组织纱之间，比成圈纱线粗，处于直挺状态。

7.4.9　其他改性结构单元

在一些特定类型结构中存在一些改性结构单元。毛绒织物的线圈长度长，有时候做割绒处理，有时又可以形成表面浮雕。

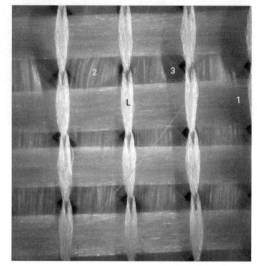

图 7.9　衬纬组织结构

7.5　建　模　步　骤

建模以计算力学方式进行，过程分三步：预处理，方程求解，后处理。

预处理包括输入数据，涵盖针织程序（如经编中的交联束缚和纬编中的扭转）、针织工艺参数和纱线性质。数据相容性和正确性也属于预处理步骤。

方程求解步骤又可以细分为多个子步骤：

① 拓扑学生成，即建立基本结构单元；

② 线圈结构计算，即计算每一个结构要素中的纱线路径。根据模型准确性，需要建立两个子模型：

　　a. 几何模型，调整纱线几何参数使得织物具备合适厚度和线圈密度；

　　b. 力学模型，计算平衡态和松弛。接触计算也属于这部分，决定整个模型的计算效率。

计算过程完成之后，数据后处理阶段开始，包括：三维结构可视化，导出可用于其他程序（如有限元程序）的模拟结构，或者利用特定算法（涉及面密度和力学参数）计算某些结构参数。

以上各步骤将在下文详述。

7.6 模型建立

7.6.1 输入数据

为新组织和材料设定上机参数之前,需要检查新组织、纱线参数和机械设定的正确性。这三个既独立又互相影响的过程,将决定在该织机上使用该纱线是否能成功完成该组织织造。经验丰富的织工能够预判某些材料是否可以被织造,以及如何既保证品质又发挥织机最大工作效率。建模算法在开始建模之前,需要利用工具和法则验证输入数据用于建模的可行性。

对于研究者而言,如何验证输入数据用于建模的可行性仍然是一个很有价值的研究课题。研究者通常采取三种方式:①具有规范化法则的专家系统;②物理过程模拟;③基于某些限定法则的工程方法。这三种方式各有优缺点,最好方案是尽可能结合三者优点。

(1) 专家系统

专家系统由存储于数据库中的若干法则构成。如果专家系统由模糊线性驱动[14]或者由神经网络驱动,法则就可以明确具体。神经网络系统需要大量样本用于学习,模糊线性系统同样如此,或者由具备丰富经验的人员代替。这两种系统都只能在充分学习的基础上才能给出合理答案。如果在学习阶段使用了完全不同的输入参数,那么答案之间的错误率或者专家系统的计算错误率就会很高,比如以"if A then B"逻辑程序语言(如在软件 Prolog 中)定义的系统和其他类似系统也具有同样问题,因为从数学角度看,它们都是模糊线性系统。专家系统的优势是收集和处理大量法则,因此可以作为一种确定最终方案有效手段。

(2) 物理模拟

随着计算机技术的发展,针织过程中纱线行为模拟和虚拟结构中纱线张力计算都是有效手段。这些结构模拟可以基于不同力学模型集合(梁、弹簧、团块、三维柱体等)。建立具备算法方程的模型系统,通常由有限元软件或者粒子算法系统自动完成;但是用户也可以根据实际解决问题需要,以数值方法写入数学方程。

越复杂的模型就需要越复杂的算法、越久的计算时间,并且对输入数据越敏感。因此,如果纱线性质、图形组织、上机参数等设定得不充分、不准确,则极有可能造成算法不收敛及计算中止。这也是物理模拟方法不能独立用于检验输入数据是否可以顺利建模的原因。

（3）工程方法

工程师，不同于物理学家和数学家，试图用基于工艺工程的简化方法来解决问题。获得纱线在针织过程中的最大伸长，并不需要模拟，一些简单方法就可以计算出该纱线是否适合用于织造所需类型针织物。

标准检验方案一般从检验纱线细度、结构与机上有效隔距开始。不论是经编或是纬编，纱线通常都不粗于织针隔距的 1/4。根据 Doyle 和 Munden 所提出的线圈几何理论：

$$c = \frac{k_c}{l}$$
$$w = \frac{k_w}{l} \tag{7.1}$$
$$\frac{c}{w} = \frac{k_c}{k_w} = 1.3$$

对于织物厚度系数 k：

$$k = \frac{\sqrt{N_{\text{tex}}}}{l} \tag{7.2}$$

其中：c 是针织物单位长度的横列数；w 是针织物单位长度的纵行数；k_c 和 k_w 为常数；N_{tex} 为纱线线密度；l 是线圈长度。

根据文献[15]，一般情况下，$k_c = 5.0 \sim 5.5$，$k_w = 3.8 \sim 4.1$，$k = 13 \sim 15$。关于纬编针织物的参数统计参见 Kurbak 的报道[16]。

其次，必须验证所有线圈已经相互圈套交联，否则就是非稳态开放性结构。建模规则可参见 Meissner 和 Eberhardt 的研究[17]。必须注意在某些特殊针织工艺中，纱线在织针上交叠，但不参与下一次成圈，因此相邻线圈间保留了一定的自由纱线长度，这能减弱针织过程中的纱线张力。例如，针织中的"编织"组织就是若干线圈先转移到同一根织针上，然后移动到织物两侧的不同位置。利用简单法则和验证方法，结合物理模拟方案或专家系统方案，就可以实现对输入数据进行可织性快速分析。这也使得相关算法变得简洁，避免软件用户在建模时犯逻辑错误。

7.6.2　拓扑生成

针织工艺过程的图像描述是反映针织拓扑结构的简化方式，有助于理解针织结构拓扑学，但是不能反映纱线交互关系，类似可以用 2D 方式呈现[图 7.10(c) 和图 7.11(b)]。

有时候，严格的针织物 3D 几何结构并非需要，而只是需要结构呈现形式。在这种情况下，使用标记图形方式来绘制和定位针织结构基本单元就比较合

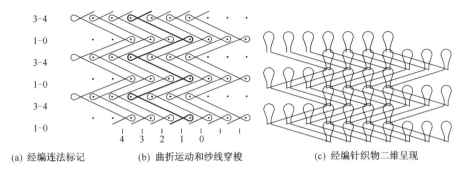

| (a) 经编连法标记 | (b) 曲折运动和纱线穿梭 | (c) 经编针织物二维呈现 |

图 7.10　经编工艺过程

适[11, 17]。以这种方式生成准 3D 图形的方法将在本章"7.7"节讨论。通常工程应用都需要真实化 3D 结构，线圈上必须建立一系列点集。思路就是先建立 2D 模型，再向第三维扩展。

（1）二维拓扑

线圈二维拓扑可以根据不同的锚点来定义，所用锚点即接触点。这种方法比预测线圈的效果好。

图 7.12 所示为最简单的拓扑学图像

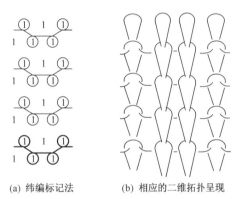

| (a) 纬编标记法 | (b) 相应的二维拓扑呈现 |

图 7.11　纬编工艺过程

之一[18-19]。类似方法也用于纬编增强结构[20]和经编增强结构[21]。纱线轴向为通过六点的曲线，这六点为 $X-Y$ 平面上线圈与线圈的接触锚点。下列参数必须为已知：线圈高度 B，线圈宽度 L，纵行线圈隔距 A，线圈中两沉降弧间距 K，以及沉降弧拐点到 X 轴距离 yB。锚点定义如下：

$$P.1: \left(x = \pm\frac{L}{2}; \ y = 0\right)$$

$$P.2: \left(x = \pm\frac{K}{2}; \ y = yB\right) \tag{7.3}$$

在线圈纵行 i 和线圈横列 j 中，锚点坐标可以定义为：

$$1_{i,j}: x = \pm\frac{L}{2} + Ai; \ y = 0 + Bj$$

$$2_{i,j}: x = \pm\frac{K}{2} + Ai; \ y = yB + Bj \tag{7.4}$$

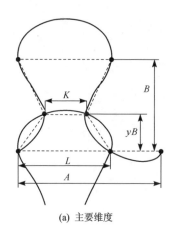
(a) 主要维度

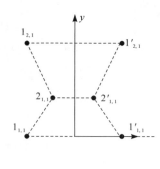
(b) 用于确定锚点坐标，锚点标记法

图 7.12　用于构建二维线圈拓扑结构的线圈和锚点

根据式(7.3)，线圈可以定义为穿过锚点的曲线：

$$1_{1,1} - 2_{1,1} - 1_{2,1} - 1'_{2,1} - 2'_{1,1} - 1'_{1,1} \tag{7.5}$$

对于经编针织物，线圈高度 B 由织机卷绕速度决定。对于纬编针织物，线圈高度 B 由式(7.1)决定。线圈纵行隔距要求 $A \leqslant \dfrac{25.4}{E}$，$E$ 为针织机机号。如果建模尺寸与机上织物一致，则 A 与机上织针间距相等；否则，由于下机后织物不再受张力作用，建模尺寸可能小于机上织针间距。系数 K 与坐标 yB 反映了纱线轴向最小间距，由纱线直径 r 决定：

$$K \geqslant 2r$$
$$yB \geqslant 2r \tag{7.6}$$

在拓扑显示阶段，只需反映纱线轴向的曲线和走向，讨论纱线横截面没有意义。如果需要构建更精细化的线圈结构，则需考虑纱线横截面及纱线内复丝。

点 1，2，2′ 和 1′ 定义了圈弧位置。平面上所有线圈结构上的坐标点都可以通过点的简单平移得到。基于拓扑学结构，所有基本单元上的关键点都可以通过简单推导得到。图 7.13(a)例举了纬向增强经编结构关键点选取。在定义增强纬纱位置时，根据式(7.4)，只需要点 2′ 和 1′。

持圈组织建模时需要更多来自线圈纵行的关键点。这就是为什么需要标明关键点属于某行或某列的原因。持圈组织[图 7.13(b)]依次通过点 $1_{1,1} \rightarrow 2_{1,1} \rightarrow 1_{3,1} \rightarrow 2_{3,1} \rightarrow 2'_{3,1} \rightarrow 1'_{3,1} \rightarrow 2'_{1,1} \rightarrow 1'_{1,1}$。集圈组织[图 7.13(c)]依次通过点 $1'_{1,j-1} \rightarrow 1_{3,j} \rightarrow 2_{3,j} \rightarrow 2'_{3,j} \rightarrow 1'_{3,j} \rightarrow 1'_{3,j+1}$。在二维尺度水平，浮线仅仅作为相邻线

圈连接单元,作用不显著,可以不考虑。

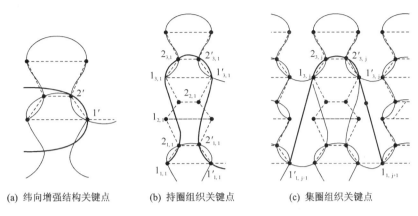

(a) 纬向增强结构关键点　　　(b) 持圈组织关键点　　　(c) 集圈组织关键点

图 7.13　纬编线圈几何结构关键点

在教学或者针织工艺快速检验等案例中,二维拓扑图仍然是行之有效的手段。为了使图形清晰,通常使用光滑曲线、样条线、拱形弧来完成关键点之间的曲线连接。有的研究人员只在二维图中画出线圈可见部分,或者只是构建三维结构的二维投影图像。如图 7.14 所示,图像的简化实现可参见 Sobotka 的报道[10]。

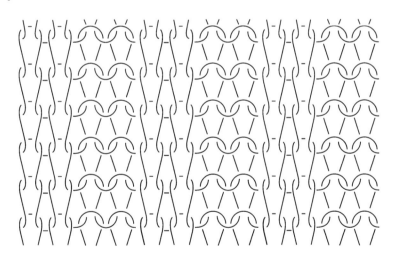

图 7.14　基于交叉点拓扑学的纬编针织物二维呈现

(2) 三维拓扑

三维拓扑生成虽有少许简化但必须保证与真实结构一致。如果坐标点包含 z 轴坐标信息,二维拓扑图可以进一步转化为三维拓扑图(图 7.15)。

在三维表达中,点 $1_{i,j}$ 与点 $1_{i,j}^{+z}$ 和点 $1_{i,j}^{-z}$ 相关联,由此可得:

$$1_{i,j}^{+z}(x,y,z) \equiv (1_{i,j}(x), 1_{i,j}(y), +\Delta z)$$
$$1_{i,j}^{-z}(x,y,z) \equiv (1_{i,j}(x), 1_{i,j}(y), -\Delta z)$$
$$\text{(7.7)}$$

上式中 $1_{i,j}(x)$ 为点 $1_{i,j}$ 所对应的 x 坐标值。$\Delta z > R$,其中 R 为纱线半径。用上述标记法,一半以上的平针组织线圈可以定义为依次穿过如下点的曲线:$1_{1,1}^{-z} \rightarrow 2_{1,1}^{+z} \rightarrow 1_{1,2}^{+z} \rightarrow 2_{1,2}^{-z}$。

该原理可以扩展应用到所有结构单元。通常,关键点位置有多种选择,介于本章目的为呈现针织物拓扑学结构,关键点位置相对不重要。但是关键点必须反映结

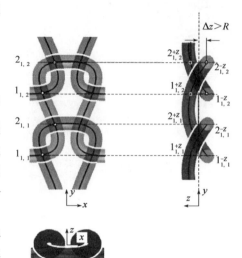

图7.15　三维空间中关键点拓扑学呈现

构单元特征,必须便于定义和计算坐标位置。典型经编组织的线圈结构中通常不止一根纱线,其关键点因此需包含更多 z 轴坐标。如图 7.16 和 7.17 所示,如果每个线圈由两根纱线构成,则点 $1_{i,j}$ 必须和点 $1_{i,j}^{-2z}$,$1_{i,j}^{+z}$,$1_{i,j}^{-z}$,$1_{i,j}^{+2z}$ 联系。

图7.16　两系统纱线经编结构示意图

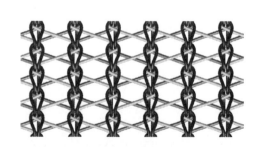

图7.17　两向衬垫增强经编结构示意图

以上对平针组织线圈的描述均在局部 x—y 平面内。肋、毛绒、交联,以及所有以双针床织机织造的针织物结构,需要两个 x—y 局部坐标系。图 7.18 为用 WeftKnit 软件生成的纬编肋结构针织物结构图。

图 7.19 所示为一种间隔织物。该织物结构中每个线圈包含两根纱线和衬纬纱线。使用图 7.15 中所示在线圈上锚定关键点的方法,不仅可以推导出平面也可以得到其他面上的结构。比如,若要模拟管状结构,关键点需沿着圆弧取向(图 7.20)。此类转换方程可以在某些计算机制图书中(如 Renkens 的报道[22])找到简

短描述。

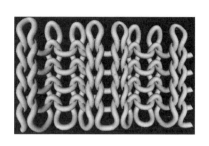 

图 7.18　肋结构纬编针织示意图　　　　图 7.19　经编间隔织物示意图
（WeftKnit 软件生成）

7.6.3　纱线路径表示法

单个线圈上的关键点通过拓扑方法确定后，开始建立几何模型。建立几何模型包含两方面的内容：①根据纱线几何尺寸调整关键点位置；②计算纱线轴线状态。两方面通常同步完成。

 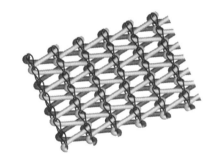

图 7.20　经编管状织物局部结构　　　图 7.21　包含不同尺寸纱线的经编结构

直到现在，在大多数研究中，这两方面仍然同时进行，主要原因在于：在大部分研究中，仅采用由相同截面纱线构成的简单结构。事实上，作为衬入纱的纬纱比形成线圈的纬纱粗（图 7.21）。为了更准确地建立几何结构模型，所有关键点之间的距离，根据不同纱线上不同截面信息重新确认和调整。通过这种方法，针织结构三维几何信息与实际纱线的几何尺寸更吻合，并且在建模时纱线之间不会发生自身侵彻。

关键点调整可以采用不同方法。最简单的一种是先固定最外层单元（线圈），然后在取向方向上翻转线圈，直到它们之间的距离等于纱线半径。纱线轴线状态是针织建模文献中最常见的研究内容，其中几何模型最难描述。

（1）几何模型

从 1933 年 Davidovich 的研究工作开始，研究者们尝试寻求一种合适的数学方法描述线圈形态组合。第一种模型基于简单几何假设，即线圈由不同部分组成：弧线、直线和其他简单几何曲线[23-26]。在 Moesen[19]、Loginov 等[27-29] 及 Choi 和 Lo[30] 的文章中可以了解几种最常被引用的模型的描述和比较。最近，用于快速准确比较的三维可视化软件诞生[31]。该软件允许应用不同模型（Peirce，Peirce's Loose，Leaf & Glaskin Loose 和 Leaf's Elastica）形成平面、肋状和旋涡状结构，并能够计算线圈几何结构（图 7.22）。虽然这些模型无法应用于复杂结构，但从理论研究角度，它们更具吸引力。

图 7.22　使用 Knit Geo Modeller 软件生成的可视化线圈结构

（2）光滑函数

在建立纱线路径方面，有一种介于几何模拟和力学模拟之间的方法。此方法在不使用额外关键点的基础上，使用样条线来表示纱线轴向。三次样条曲线函数最小值作为样条线总曲率的近似值。由于样条曲线总能量正比于曲率，三次样条曲线接近于被几个点约束后具有最低能量状态的弹性条状物[32]。

7.6.4　力学模型

以上几何模型均不考虑内外力作用。若将内外力考虑在内，需要在已经生成的几何体中施加所有作用力。其中，几何体将作为连续或离散介质。连续介质模型通常用在简单案例中，用于理论或解析研究。离散介质模型可以看作是连续介质模型的离散化，使得结构编程更为简单快速。

（1）连续介质模型

构建力学模型有两种方法：力法和能量法。尽管这两种方法在迭代下的平衡方程不同，但力学等价。由 Leaf 和 Glaskin[33]、Konopasek[34] 和 Hart 等[35-36] 提出的纺织结构模型，在纱线属性及接触区域的定义上不同（一个点、两个点、接触线等）。Hart 使用力学分析法研究经编线圈，并证明纱线弯曲刚度对线圈形态有影响。模型在纱线层面属性定义上有所不同，如弯曲、拉伸、扭曲压缩效应及纱线刚度。另一个不同在于纱线接触定义，纱线间接触可以是一个点、两个点或者更多。更多模型概述可以在诸如 Postle 等[15] 的文章中找到。计算线圈形态的最常用方法是考虑力学属性的线圈内能最小化方法[37]。该方法表述为：

$$\min E = \min \left[\int_O^L (E_b + E_r + E_c + E_t) \mathrm{d}s \right] \tag{7.8}$$

其中:E_b,E_r,E_c,E_t分别为单个线圈的弯曲、扭曲、双边压缩及长度方向拉伸的能量;L为线圈(或一个半线圈)长度;s是曲线坐标。

所有能量项可以用局部坐标化的纱线轴线 $z = z(s)$ 函数解释。纱线之间的接触同样可以通过侧向压缩项定义:

$$E_c = Cg(r) \tag{7.9}$$

其中:C是纱线压缩刚度;r是参考纱线与另一个纱线接触区域的直径:

$$r = z(s) - \tilde{z}(s) \tag{7.10}$$

其中:$g(r)$为半经验定义,能够体现出不同纱线行为差异,从非压缩纱线(如单丝)到高压缩性能纱线(如聚丙烯腈纱线)。

连续性条件以附加约束的形式应用:

$$\dot{z}_1{}^2 + \dot{z}_2{}^2 + \dot{z}_3{}^2 = 1 \tag{7.11}$$

为了找出三个不同独立变量(z_i与式7.11相联系),新引入的变量通常定义为两个旋转(一个在面内,一个垂直于平面)和扭曲率。更多关于拉格朗日乘数及汉密尔顿函数数值方法,可以在 de Jong 和 Postle[37]、Postle 等[15]和几本相关的书中找到。如果将这种方法应用到单导针杆织造的针织结构可以得到非常理想结果[35-36]。目前问题是模拟更大规模和更复杂结构时,如何解决快速增长的计算复杂度。

(2)离散介质模型

离散介质模型通常将纱线还原到质量-弹簧系统中。质量-弹簧系统(图7.23)在近几年的流行得益于它为编码带来的方便。在针织结构计算机绘图领域,已有研究人员使用该系统模拟纱线[38]和面料。

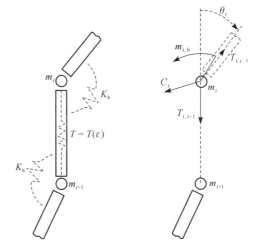

纱线分成具有初始长度 L_{i0} 的纱线段,所有作用力集中在纱线段之间的微粒 i 上。每个粒子质量 $m_i = L_{i0}\rho$,其中 ρ 为纱线的线密度,内外力以合力 F_i 的形式作用在粒子上。微粒 i 的质量与力之间关系可以用牛顿第二定律定义:

$$m_i \frac{\mathrm{d}^2 r_i}{\mathrm{d}t^2} = F_i \tag{7.12}$$

其中:$r_i = (x_i, y_i, z_i)^\mathrm{T}$ 是当前粒子的坐标矢量。合力 F_i 为微粒 i 上所有力

图 7.23 基于质量-弹簧系统的纱线模型

的矢量和：

$$F_i = T_i + B_i + C_i + Q_i \tag{7.13}$$

其中：T_i 和 B_i 是纱线弯曲和拉伸节点力的合成；C_i 是纱线接触和侧面压缩力的合成；Q_i 是外部因素如重力等的合成。

每个纱线段的拉伸载荷定义为线弹性载荷：

$$T_{i,\,i+1} = EA\varepsilon\mathbf{e}_{i,\,i+1} \tag{7.14}$$

其中：EA 为初始弹性模量；ε 是纱线的伸长率；$\mathbf{e}_{i,\,i+1}$ 是相邻两个纱线段之间的单位矢量。

节点上的合成拉伸力为节点临近的纱线段上的拉伸力的矢量和。

弯曲用线性梁理论模型来定义：

$$M_i = K_{\mathrm{b}}\,\boldsymbol{\kappa}\mathbf{n}_{i-1,\,i+1} \tag{7.15}$$

其中，曲率可通过弯曲角度简化线性关系表示：

$$\boldsymbol{\kappa}_i = \frac{1}{\rho} = \frac{\theta_i}{L_{i,\,i-1} + L_{i,\,i+1}}$$

式中：$\mathbf{n}_{i-1,\,i+1}$ 为由 $i-1$，i 和 $i+1$ 三点所构成平面的法向矢量，弯矩通过等效力应用于节点。

接触力 C_i 由下式定义[39]：

$$C_i = k_{\mathrm{contact}} f\left(\frac{\mid x_i - x_j \mid}{2r}\right)\mathbf{n}_{ij} \tag{7.16}$$

下式所示函数能够更好地处理接触力：

$$f(d) = \begin{cases} \dfrac{1}{d^2} + d^2 - 2, & d < 1 \\ 0, & d \geqslant 1 \end{cases} \tag{7.17}$$

式(7.12)采用常微分方程方法，即方程右边的力值通过空间微分计算。正因为如此，该系统被看作局部微分方程系统，以便使用类似 Verlet 算法[40]（对离散时间微分实行显式中心差分）。在该方案中，新时间步 x^{i+1} 下的坐标通过当前时间步的坐标，以及当前时间步增量 a^i 计算得到，如下式所示：

$$x^{i+1} = 2x^i - x^{i-1} + a^i\,(\Delta t)^2 \tag{7.18}$$

作为显示积分法，不变极限根据基于系统最高频率的最大时间增量 Δt 定义[41]：

$$\Delta t_{\text{stable}} < \frac{L}{c} \tag{7.19}$$

其中：L 为系统中最小单元长度；c 为当前纱线中声速。

为了避免质量-弹簧系统振动，将不同阻尼力考虑在内。阻尼效应最简单的实现方法是在式(7.18)中补充阻尼系数 f_D，且 $0 \leqslant f_D \leqslant 1$。完善后的式(7.18)如下：

$$x^{j+1} = (2 - f_D)x^j - (1 - f_D)x^{j-1} + a^j \cdot (\Delta t)^2 \tag{7.20}$$

系统不断计算，直到坐标变化小于所给定的误差：

$$| x^{j+1} - x^j | < \varepsilon \tag{7.21}$$

图 7.24 给出了几次迭代之后单个线圈的形态变化。图中，(a) 为八个关键点简化的起始形态，其中第一个和最后一个点是固定的。几次迭代后，边缘变得平滑，如图中(b)和(c)所示。最终，内部弯曲达到平衡状态，如图中(d)所示。

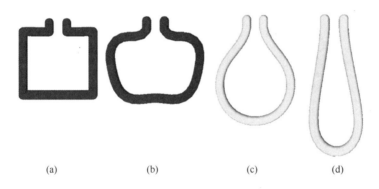

(a)　　　　　　(b)　　　　　　(c)　　　　　　(d)

图 7.24　弯曲作用下单根线圈形态变化(阻尼系数 f_D 设定为 0.01)

（3）有限元模型

有限元(FEM)软件可以使用不同方法得到正确的针织结构力学模型。FEM 显式算法可以用来模拟所有情形[7]或大变形下[42]的针织工艺过程。FEM 隐式计算小变形更为有效，比如计算小线圈部件[43]。FEM 可以使用不同几何体，最快速方法是使用梁型计算纱线轴。当纱线作为整股看待时，采用壳单元可以得到更准确的纱线横截面，但壳单元表面材料参数的选择极为重要。三维模型最准确，需要体积单元及各向异性材料属性，且影响计算时长。

现有商业有限元软件的最主要不足是很难将大型复杂的有限元软件和纺织工程模拟工具进行一体化整合对接。正因为如此，此类软件更多应用于学术研究领域。

7.6.5　纱线接触

　　纱线之间的接触定义与处理是针织结构力学建模的最重要部分之一。目前有多种方法可以检测纱线间接触及进行接触处理，如文献中论述的面料模拟、计算机仿真、有限元等[44]。有的方法需要依赖于建模模型目标、尺寸和复杂程度。大量研究工作表明很少有理想结果能同时保证算法稳定性和较少的计算时间。因为稳定性和计算时间这两个目标分别对应不同算法和理论。接触处理中算法稳定性依赖于运算法则[45]，计算时间依赖于接触检测算法。对于小模型，每一种远程检测算法都有效。对于大尺寸结构，则会运用更复杂技术，如将边界球体或边界框体置于限定于某一个层级，以避免远距离纱线碎片之间的接触检测。

7.6.6　纱线截面形态和纱线路径

　　直至现在，纱线截面仍被认为是圆形且保持不变。对于单丝，这个假设基本接近实际，对于长纤维束或短纤纱则不然。纱线截面形态取决于几根纤维和纱线参数（加捻、摩擦力、纤维形态、有无织纹等），也与纱线曲率、相邻纱线接触状态有关。经过弯曲，单根长丝改变空间位置（以获得最有效能量），因此截面发生改变[图7.25(a)][20]。如图7.25所示，长纤维束中纱线在其他纱线的多向挤压作用下，截面形态变得紧凑[图7.25(c)]；而在弯曲点没有其他力作用，纱线界面变得扁平[图7.25(e)]。图7.25(d)和(e)中所示纱线段基本处于同一纱线轴线上，但上下尾端所处接触点不同使得两者宽度和截面形态有明显差异。纱线拉伸不同（线圈交叠所致）也会导致此类差异。

　　纱线截面形态改变属于细观尺度问题，且通常要求将模型和算法分开，以达到理想状态并获得有效处理。关于对长纤维束截面进行力学数值模拟的例子很多，参见 Samadi 和 Robitaille 的文章[46]，这些算例可用于改善中观尺度模型局部区域。其他方法，例如将所有长丝看作单根纱线，虽具有挑战性但也具备可行性[47-48]。已有研究中长丝根数少于 20 根，虽然少于纱线实际根数，但已经比十几年前研究者预计多。

7.6.7　纱线不匀

　　所有几何或能量模型通常具备确定性，其对线圈形态的描述基于纱线材料属性在长度方向保持一致性。而在实际中，所有纺织品参数都处于一定偏差范围内，比如截面面积、形态、弹性模量等。这说明使用常量得到的线圈形态只能够作为纱线平均曲率下的近似值。对纱线属性不匀研究取得进展后，织物外观纳入了质量控制系统[49]。在质量控制系统中，纱线横截面计算或测量得到的数据可以渲染平纹纬编针织物表面材质，以模拟真实含有纱疵的织物外观。这些研究通常只应用

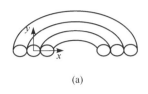

(a)

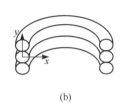

(b)

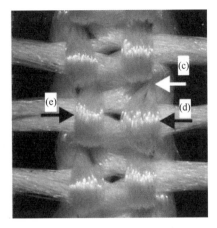

图 7.25　长纤维束纱线截面形态

（a）为三根长丝弯曲过程中不稳定取向，主要由于：①最外面长丝有被拉长趋势，
　　而最里面长丝为了保持现有形态有收缩趋势；②由于更大惯性力矩作用，联合
　　截面沿 y 轴弯曲过程中需要吸收更多能量

（b）为三根长丝弯曲后最终定位，该形态稳定性在于：①所有长丝具有相同长
　　度且没有再伸长趋势；②截面弯曲需要较少能量

（c）为侧向被压缩后的长纤维束形态

（d）和（e）为处于同一纱线轴线但尾端所受压力和取向不同的纱线形态

在平面结构中，因为复杂结构的纱线轴线很难计算。模型中初始几何结构一旦确
定，参数变量就可以得到进一步完善。

7.7　后　处　理

7.7.1　纱体绘制

描述或计算纱线轴线是针织结构建模最主要任务。纱线截面沿着纱线轴线扫
掠生成纱线实体或纱线表面相对较为简单，在计算机几何学及纺织相关文章中有
所描述，如 Hardt[50]、Lomov[9]、Liao 和 Adanur [51]，以及 Götkepe 和 Harlock[52]
的报道。

7.7.2　可视化

获得由一系列关键点界定的纱线表面后，可以采用不同技术和软件生成图像。
最常见用途是为三维图像软件 Open GL 写应用程序的跨语言跨平台 API。对于
客户端-服务器应用程序，VRML 语言可以在安装了合适插件的标准英特网浏览器
下实现建模结构可视化。为了获取更真实的图像，可行方法是对结构进行材质纹理

渲染[17]或使用合适基底[53]。对于没有足够编程经验的纺织领域工作人员,可使用程序 Tex Gen[54]作为可视化工具。该工具由英国诺丁汉大学研发[32],可以在考虑纱线截面形态和尺寸的同时,建立简单中观尺度纺织结构模型并实现可视化。

7.8　其他类型模型

针对不同目的,针织结构还存在其他模型,这里不再详细阐述。有研究在小变形条件下建立与真实针织结构具备力学同性的梁单元网格划分方案[18, 55]。如果材料参数已由实验确定,另一可行方法是直接使用二维连续体薄膜单元。特殊"长度"和"接触"单元[27-29]能够为织物力学性能计算提供更有效的方案。这里不做详细讨论的原因是这些方法仍需要进一步验证,但它们可以作为建模备选方法。

7.9　面料模拟应用领域及发展趋势

织物模拟应用较为广泛,对纺织技术最重要的意义在于它使得真正生产前的图案虚拟预演和机器虚拟调试具有可行性[56-57]。构建模型是解释针织物复杂三维结构的有利工具。建模软件允许使用新方法,结合纺织理论生成"虚拟结构"。这些"虚拟结构"可以生成之前编程阶段习得的不同种类的纺织结构。

艺术设计师能够改变颜色并及时看到改变后的效果,还可以观察结构与颜色相结合的整体效果。模型的材质渲染适用于纬编针织结构,同样也可能适用于经编针织结构。对工程师来说,最重要的任务是三维模拟。工程师需要预测一个结构的力学或热学行为,如针织结构增强复合材料、人工血管或医用压力袜等,织物孔隙尺寸、弹性力学、织物对脚的压力等,都需要计算。图 7.26 所示模拟结构说明这些应用大多允许色彩设计并进行真实材质渲染,同时在表面展现清晰织物结构。

图 7.26　纱线尺度上的纬编
针织结构模拟[39]

7.10　结　　论

针织结构建模更多关注细观尺度。本章对不同结构单元的内在联系进行描述。建立结构模型,首先要对纱线排列有简单而正确的描述;其次,锚定一系列关键点建立纱线轴线,同时考虑纱线和机器几何参数。这种方法允许模拟复杂结构,如由不同线圈、集圈、浮线等构成的结构。在线圈几何模型精度不足以描述纱线轴线的情况下,可以建立力学模型计算结构动静态平衡态方程。本章通过介绍质量-弹簧系统来探讨如何模拟结构动力学。目前,一个完整力学计算和纱线表面真实感渲染所耗费的计算机模拟时间,比纺织工程师花在产品生产上的时间还要多。然而,研究结果表明,针织结构建模既可以在线圈水平也可以在纱线水平,关键在于提供合适硬件和有效算法。只有这样的模型才能够应用于实际情况。

织物建模模拟的下一个趋势是将不同尺度的模型结合起来,即多尺度模型,细观尺度的作用是可以有效地影响中观尺度。这些模型应能在计算针织物宏观力学行为过程中实现。

关于本章更多内容,可进一步阅读本章编写时参考的主要资料[58]:

Kyosev Y, Renkens W. Modelling and visualization of knitted fabrics. In: Chen X (ed.), Modelling and predicting textile behaviour. Cambridge, England, Woodhead Publishing Limited, 2010: 225-262.

参 考 文 献

[1] Paling D. Warp knitting technology. Manchester: Columbine Press, 1965.

[2] Spencer D. J. Knitting technology: a comprehensive handbook and practical guide. CRC Press, 16, 2001.

[3] Wilkens C. Warp knit fabric construction. Germany: U. Wilkens Verlag, 1995.

[4] Weber K P, Weber M O. Wirkerei und Strickerei: technologische und bindungstechnische Grundlagen, Deutscher Fachverlag, 2004.

[5] Verpoest I, Lomov S V. Virtual textile composites software WiseTex: Integration with micro-mechanical, permeability and structural analysis. Composites Science and Technology, 2005, 65(15): 2563-2574.

[6] Lomov S V. Meso-macro integration of modelling of stiffness of textile composites. In Proceedings of the 28th International Conference of SAMPE Europe, Paris, 2007: 403-408.

[7] Finckh H. Textile micromodels as a result of idealized simulation of production processes. In Finite Element Modelling of Textiles and Textile Composites, St Petersburg, 2007.

[8] Chen X, Hearle J. Developments in design, manufacture and use of 3D woven fabrics. In Texcomp 9, Recent Advances in Textile Composites, Advani S, Gillespie J(eds.). 2008.

[9] Lomov S V. Textile geometry preprocessor for meso-mechanical models of woven composites. Composites Science and Technology, 2000, 60(11): 2083-2095.

[10] Sobotka L. Bindepunkte als mittel zur darstellung von einfaden-gestrickbindungen. in

XLII Congress of the International Federation of Knitting Technologies (IFKT), Poland, 2004.

[11] Meissner M, Eberhardt B, Strasser W. A volumetric appearance model, in Cloth modeling and animation, Peters A K(eds), Natick, Massachusetts, 2000.

[12] Moesen M, Lomov S, Verpoest I. Modelling of the geometry of weft-knit fabrics. In TechTextil Symposium, Frankfurt: CD edition, 2003.

[13] House D H, Breen D E. Cloth modeling and animation 2000: AK Peters, Ltd.

[14] K. Peeva, Y. Kyosev. Fuzzy relational calculus: theory, applications and software (with CD-ROM). Vol 22, 2004: World Scientific.

[15] Postle R, Carnaby G A, de Jong S. The mechanics of wool structures, 1988.

[16] Kurbak A. More about the rib knitted fabric dimensions. Textile Engineering Department 1995, Ege University Izmir.

[17] Meissner M, Eberhardt B. The art of knitted fabrics, realistic & physically based modelling of knitted patterns. Computer Graphics Forum. Wiley Online Library, 1998.

[18] Wu W, Hamada H, Maekawa Z. Computer simulation of the deformation of weft-knitted fabrics for composite materials. The Journal of the Textile Institute, 1994, 85(2): 198-214.

[19] Moesen M. Modelleren van de vlakke vervorming van gladde inslagbreisels. Department of Metallurgy and Materials Engineering (MTM) K U Leuven, 2002.

[20] Kyosev Y, Angelova Y, Kovar R. 3d modelling of plain weft knitted structures from compressible yarn. Research Journal of Textile and Apparel, Hong Kong, 2005, 9(1): 88-97.

[21] Robitaille F. Geometric modelling of industrial preforms: warp-knitted textiles. Proceedings of the Institution of Mechanical Engineers. Part L: Journal of Materials Design and Applications, 2000, 214(2): 71-90.

[22] Renkens W. Kyosev Y. Modelling of 3d double needle bed warp knitted fabrics'. Chen X (ed), 2008, 1: 10-11.

[23] Munden D. The geometry and dimensional properties of plain-knit fabrics. Journal of the Textile Institute Transactions, 1959, 50(7): T448-T471.

[24] Hurd J, Doyle P. Fundamental aspects of the design of knitted fabrics. Journal of the Textile Institute Proceedings, 1953, 44(8): P561-P578.

[25] Postle R, Munden D. Analysis of the dry-relaxed knitted-configuration. Part I: Two-dimensional analysis. The Journal of the Textile Institute, 1967, 58(8): 329-351.

[26] Postle R, Munden D. Analysis of the dry-relaxed knitted-loop configuration. Part II: Three-dimensional analysis. The Journal of the Textile Institute, 1967, 58(8): 352-365.

[27] Loginov A, Grishanov S, Harwood R. Modelling the load-extension behaviour of plain-knitted fabric. Part I: A unit-cell approach towards knitted-fabric mechanics. The Journal of the Textile Institute, 2002, 93(3): 218-238.

[28] Loginov A, Grishanov S, Harwood R. Modelling the load-extension behaviour of plain-knitted fabric. Part II: Energy relationships in the unit cell. The Journal of the Textile Institute, 2002, 93(3): 239-250.

[29] Loginov A, Grishanov S, Harwood R. Modelling the load-extension behaviour of plain-knitted fabric. Part III: Model implementation and experimental verification. The Journal of the Textile Institute, 2002, 93(3): 251-275.

[30] Choi K, Lo T. An energy model of plain knitted fabric. Textile Research Journal, 2003, 73(8): 739-748.

[31] GeoModeller K. TexEng Software Ltd, http://www.texeng.co.uk/knitgeomodeller.html. 2008.

[32] Sherburn M. Geometric and mechanical modelling of textiles, University of Nottingham, 2007.

[33] Leaf G, Glaskin A. The geometry of a plain knitted loop. Journal of the Textile Institute Transactions, 1955, 46(9): T587-T605.

[34] Konopasek M. Classical elastica theory and its generalizations. Mechanics of flexible fibre assemblies. Proceedings of the NATO Advanced Study Institute, 1980: 250-274.

[35] Hart K, de Jong S, Postle R. Analysis of the single bar warp knitted structure using an energy minimization technique. Part I: Theoretical development. Textile Research Journal, 1985, 55(8): 489-498.

[36] Hart K, de Jong S, Postle R. Analysis of the single bar warp knitted structure using an energy minimization technique. Part II: Results and comparison with woven and weft knitted analysis. Textile Research Journal, 1985, 55(9): 530-539.

[37] de Jong S, Postle R. A general energy analysis of fabric mechanics using optimal control theory. Textile Research Journal, 1978, 48(3): 127-135.

[38] Kyosev Y, Todorov M. Computational model of 1D continuum motion. Case of textile yarn unwinding without air resistance. Numerical Methods and Applications 2007, Springer: 637-645.

[39] Kaldor J M, James D L, Marschner S. Simulating knitted cloth at the yarn level. ACM Transactions on Graphics (TOG), 2008.

[40] Verlet L. Computer "experiments" on classical fluids. I: Thermodynamical properties of Lennard-Jones molecules. Physical Review, 1967, 159(1): 98-103.

[41] Press W H. Numerical recipies in C: the art of scientific computing. Cambridge University Press, Cambridge, UK, 1992.

[42] Kyosev Y. Computational model of loops of a weft knitted fabric. 3rd International Textile, Clothing and Design Conference, Magic World of Textiles: Dubrovnik, Croatia, 2006.

[43] Lomov S V. FEA of textiles and textile composites: a gallery. 9th International Conference on Textile Composites, DEStech Publications, Newark, DE, 2008.

[44] Volino P, Magnenat-Thalmann N. Virtual clothing: Theory and practice, Springer, 2000.

[45] Wriggers P, Zavarise G. Computational contact mechanics. Wiley Online Library, 2002.

[46] Samadi R, Robitaille F. Particulate methods for the mechanics of dry textiles: compaction of yarn assemblies. In Texcomp9, Recent Advances in Textile Composites, Advani S, Gillespie J (eds.). DESEStech Publications, 2008.

[47] Durville D. Finite element simulation of textile materials at mesoscopic scale. Finite Element Modelling of Textiles and Textile Composites, 2007.

[48] Mahadik Y, Hallett S. Finite element modelling of tow geometry in 3D woven fabrics. Composites Part A: Applied Science and Manufacturing, 2010, 41(9): 1192-1200.

[49] Hardt K. CYROSOS-what it is and what it does. Die Bedeutung und Arbeitsweise von CYROS. Proceedings of the Cotton Incorporated 9th Annual Engineered Fiber Selection System Conference Research. Triangle Park, North Carolina, USA, 1996.

[50] Hardt K. Three-dimensional representation of filament structure as an aid in the development of technical fabrics. 7th International Techtextil Symposium, Neue Verbundtextilien und Composites, Produktions- und Verarbeitungstechnik, Messe Frankfurt GmbH: Frankfurt/M, D., 1995.

[51] Liao T, Adanur S. 3D structural simulation of tubular braided fabrics for net-shape composites. Textile Research Journal, 2000, 70(4): 297-303.

[52] Göktepe O, Harlock S. Three-dimensional computer modeling of warp knitted structures. Textile Research Journal, 2002, 72(3): 266-272.

[53] Chen Y. Realistic rendering and animation of knitwear. IEEE Transactions on Visualization and Computer Graphics, 2003, 9(1): 43-55.

[54] TexGen. University of Nottingham, http://texgen. sourceforge. net/index. php/. 2007.

[55] De Araújo M, Fangueiro R, Hong H. Modelling and simulation of the mechanical behaviour of weft-knitted fabrics for technical applications. AUTEX Res. J, 2003, 3: 166-172.

[56] Kyosev Y, Renkens W. 3D-CAD für die Gestaltung von gewirkten Strukturen, in 11-Chemnitzer Textiltagung, 2007.

[57] Renkens W, Kyosev Y. Geometrical modelling of warp knitted fabrics. Finite Element Modelling of Textiles and Textile Composites, St Petersburg: CD-ROM Proceedings, 2007.

[58] Kyosev Y, Renkens W. Modelling and visualization of knitted fabrics. In: Chen X (ed.). Modelling and predicting textile behaviour. Cambridge, England, Woodhead Publishing Limited, 2010: 225-262.

8 编织与其他纺织复合材料结构与力学性能

摘要： 本章主要介绍纺织结构复合材料及相关术语，以三维机织复合材料和编织复合材料为重点，提出纺织结构复合材料的刚度计算模型和计算方法，讨论织物结构参数对复合材料刚度的影响。本章目的是为读者介绍目前获得纺织结构复合材料弹性性能的各种理论方法。这些方法的适用性和准确性均经过实验数据验证，可以在工程中推广使用。

8.1 纺织结构复合材料

纺织复合材料是纤维复合材料的一个种类，其中纤维束以织物形式作为预成型体，由基体包埋形成复合材料。纺织复合材料结构具有多方向增强的特点。这些材料根据尺度分级为纤维结构、纱线结构以及织物结构。图 8.1 为纺织材料分级示意图。如图所示，纤维是构成纺织材料的基本单元。此外，半成品间相互结合，可以构成更为复杂的结构。

纤维可以纺制成纱线或直接织成织物（即非织物）。纱线也可以织成各种不同结构的织物。这些织物将在下文中进行简要描述。用于复合材料的纺织专业术语表见文献[1]，简要术语表见 ASM 工程材料手册复合材料卷[2]。

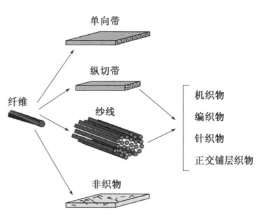

图 8.1 纺织材料分级示意图

8.2 二 维 织 物

纱线与纤维是织物最基本的单元。直接成型织物（非织物）由纤维直接成型，机织物、针织物和编织物则由纱线织造成型。用于复合材料的纺织物绝大部分是这四类织物。机织物由相互交织的纱线织造成型，针织物由线圈织造成型，而编织物由相互缠绕的纱线织造成型。Clarke 和 Morales[3]、Ko 和 Pastore[4] 对复合材料中的不同织物进行了对比，详述见后文。由于织物宽度与厚度的比值高（这类织物的厚度一般不超过纱线直径的三倍，但宽度可以达到几米），并且以铺层的方式形成具有一定厚度的结构，因此这类织物被称为二维或 2D 织物（在复合材料行业中）。三维织物有别于上述织物，是因为其本身具有更厚的厚度。

8.2.1　直接成型织物

直接成型织物如上所述，是不经过纺织工艺而直接由纤维形成。此外这类织物中不存在纱线相互交织、缠绕及线圈结构。这些织物在一些文献中被称为非织物。美国材料与试验协会（ASTM）将非织物进行如下定义：非织物是通过机械、化学、熔融、溶剂等一种或多种方法，将纤维进行黏合、相互缠绕加固而成的纺织物结构。一般来说，直接成型分为两步：第一步是铺网，铺网的方式决定了纤维的分布方向；第二步是对纤维网进行致密化处理，提高其手感，主要处理方式为沿厚度方向对纤维网进行缠绕和黏合处理。有兴趣的读者可以通过 Buresh[5] 和 Krcma[6] 的文献了解其加工过程。

8.2.2　机织物

机织物是复合材料应用中最常见的一种纺织结构。机织结构的特点是将两组纱线正交交织，其中一组称为经纱，另一组称为纬纱。经纱方向与织物离开织机的方向保持一致，因此也称为经向。纬纱与经纱方向保持垂直，有时纬纱也称为填充纱或选择纱。有兴趣的读者可以从 Lord 和 Mohamed[7] 的文献中了解机织物织造过程。

用于织造机织物的织机包括五大基本部件：送经机构（一般为一个经轴架或经轴）、综框、引纬机构、打纬机构和卷绕机构。一台简化的织机如图 8.2 所示。虽然

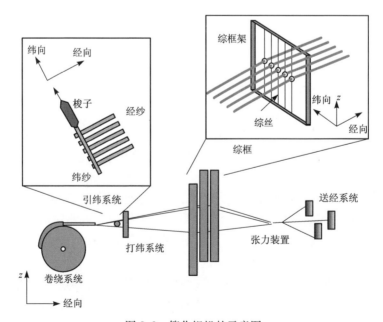

图 8.2　简化织机的示意图

现代织机上添加了其他机构用以提高织造性能,但无论多原始的织机,都具备这五大机构。图 8.3 所示为基本二维机织物结构,包括机织物中最普遍的三种结构,即平纹、斜纹和缎纹。

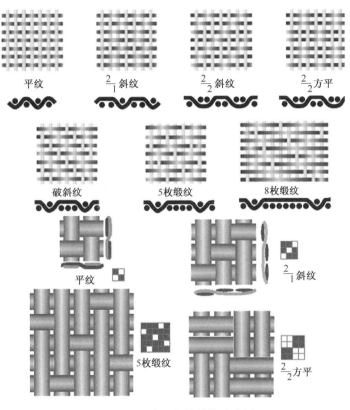

图 8.3　几种机织物结构示意图

机织物中,纱线只以两种形态呈现:一是纱线在织物底部与顶部之间斜穿,这时经纬纱单元可被看作是倾斜的;二是纱线浮于表面或沉于底面,此时经纬纱单元可被看作是平直的。以平纹织物为例,纱线始终在织物顶部与底部之间斜穿,因此所有纱线都是倾斜的。再以缎纹织物为例,除了纱线向上斜至织物顶部或向下斜至底部,其他部分主要保持直线状态,在织物面内直穿。如图 8.3 所示,面内纱段所穿过的纱线根数与缎纹枚数一致,因此平纹也可以称为 2 枚缎纹。此外,纱线的屈曲也十分重要,屈曲被定义为纱线的实际长度与所穿过织物长度的比值,且比值大于 1。屈曲程度影响纤维的体积含量、织物厚度和织物的力学性能。

8.2.3　纬编针织物

经编与纬编是针织物的两种基本类型,虽然两种针织物都是通过线圈织造成型,但线圈织造方向不同。纬编针织是纺织业中最为普遍的针织类型,其纱线沿纬向或垂直于织物织造方向成圈,这个方向也称为横列,而织造方向或织物方向称为经向或纵行。纬编针织物的基本性能可参见 Chamberlain 和 Quilter[8],Reichman 等[9],及 Thomas[10] 的文献。

最基本的纬编针织结构是纬平针组织,如图 8.4 所示,其中重复的线圈结构单元称为成圈。这种结构组织被广泛应用于内衣、围巾和服装中。横列和纵行的线圈密度是平针组织的基本几何参数,横列线圈密度用 cpi(每英寸线圈数量)表示,纵行线圈密度则用 wpi(每英寸线圈数量)表示。

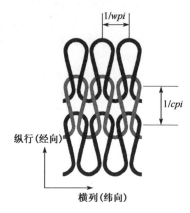

纬编针织组织中,纱线的高曲率及线圈之间的相互串套,造成该结构十分蓬松,纬编针织物的厚度一般是本身纱线直径的 3 倍,纱线填充系数为 20%~25%。由于纱线中纤维填充系数为60%~75%,因此纬编织物处于未变形状态时纤维的体积含量只有 15%~20%。在复合材料应用方面,纬编针织物具有极高的延伸性,其失效应变高达 100%,使其具有在复杂形状要求下成型的能力。

图 8.4　平针组织示意图

罗纹组织是另一种纬编针织结构,如图 8.5 所示,由正面线圈与反面线圈构成,反面线圈可以被认为与正面线圈在织物平面内对称的一种成圈结构。在罗纹组织中,按横列方向(纬向)加入大量衬纱成为衬纬组织,衬纬组织可以织造单向预成型体。根据 Ramakrishna 和 Hull[11] 的研究,这类结构十分蓬松,纤维体积分数很难高于 30%。

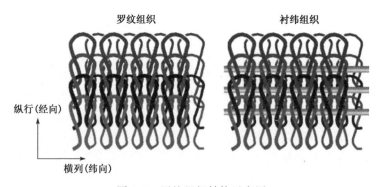

图 8.5　罗纹组织结构示意图

8.2.4　经编针织物

经编针织结构与纬编不同,由多根纱线同时进行线圈穿套织造成型。每组纱线由经轴供纱进行线圈交叉穿套。许多经编针织组织被应用于复合材料领域,如衬纬经编(WIWK)、多梳栉经编(MBWIWK),以及多轴向经编(MWK),细节详见Thomas 的研究[10]。

　　衬纬经编与多梳栉经编针织结构均沿着织造(纵行)方向加入承载纱线。衬纬经编是将承载纱在成圈的过程中固结到整个结构中(图 8.6),它与旋转 90°的衬经纬编结构完全不同(详情见 Ko 等[12]和 Scardino[13]的研究)。多梳栉经编针织结构则是沿着经向与纬向将衬纱同时引入。为了保证经向衬纱能够与织物交织,供纱机构需沿纬向往复运动,从经向角度看,经向衬纱的路径接近正弦曲线,详情见Ko 等[14]和 Pastore 等[15]的研究。

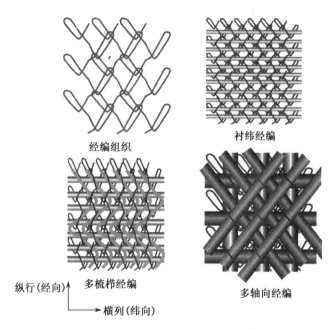

经编组织　　　　　　　　　　　　　衬纬经编

纵行(经向)↑

多梳栉经编　　　　　　　　　多轴向经编

横列(纬向)→

图 8.6　衬纬经编、多梳栉经编和多轴向经编针织物结构示意图

　　多轴向经编可以将经向、纬向甚至非轴向材料直接添加到织物结构中。实例见Ko 等的报道[16]。经编结构包括两类系统:一类是穿透织物的 Liba 系统[17];另一类是不穿透的 Mayer 系统[18]。Liba 系统可以将纱线以外的材料加入到针织结构中,整个织造过程很像将多层织物缝合到一起。Mayer 系统必须使用纱线,纱线在两层织针间穿过。这种系统可以铺设与经轴相交约 20°到 80°方向的非轴向纱线。

　　由于在铺纱方向上更为灵活,多轴向经编织物比衬纬经编和多梳栉经编织物的应用更为广泛[19],其优势是可以将多层单向纱织造到一个结构中。根据所选择的加工系统(Liba 和 Mayer)不同,多轴向经编织物在加工过程中也受到一定限制。例如,在 Mayer 系统中,四层织物以 [90/0/θ/−θ] 的方式铺设,如果需要得到对称铺层,只能靠添加或移除某些层来得到。

8.2.5　编织物

　　纱线间的相互交织构成编织织物,详见 Krumme[20]、Brunnschweiller[21]、Douglass[22] 和 Ko[23] 等的报道。编织物根据编织花型主要分为菱形编织、规则编织及赫格利斯编织三类。菱形编织的结构有点类似于平纹结构,纱线会按照一上一下交替的方式,经过另一个方向系统的纱线,一般用 $\frac{1}{1}$ 来表示。规则编织和赫格利斯编织结构分别用 $\frac{2}{2}$ 和 $\frac{3}{3}$ 表示。图 8.7 为三类编织物的结构示意图。规则编织结构占编织物的绝大部分;由于能够编织赫格利斯织物的设备极少,赫格利斯编织物也很少见;常规编织设备都可以用来编织菱形编织物。

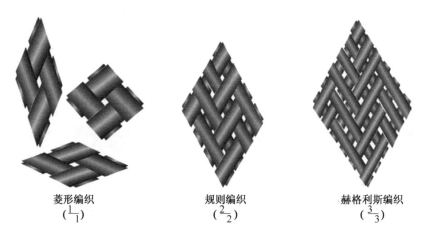

菱形编织　　　　　　规则编织　　　　　赫格利斯编织
$\left(\frac{1}{1}\right)$ 　　　　　　　　$\left(\frac{2}{2}\right)$ 　　　　　　　$\left(\frac{3}{3}\right)$

图 8.7　菱形编织、规则编织和赫格利斯编织结构示意图

　　对于管状编织成型,在双轴编织的基础上加入轴纱,可以形成三轴编织结构。图 8.8 所示为三轴向规则编织结构,从图中可以看到轴纱在编织结构中的形态。编织角(θ)是编织结构的重要参数,它受到纱线尺寸和轴向纱的影响,一般为 $10°\sim80°$。覆盖系数为纱线投影面积与单位面积的比值。

　　由于编织结构可以编织出管状织物,在工业生产中经常与长丝缠绕成型进行比较。管状编织物不仅在成本上具有一定的竞争力(参见 Sanders[24] 和 Morales[25] 的报道),而且凭借自身柔韧性的特点可编织多种异型件

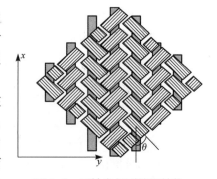

图 8.8　三轴向规则编织结构

（参见 Ko 和 Pastore[26]及 Johnson 等[27]的报道）。

8.2.6 混杂织物

不同种类的织物可以通过缝合、针刺或针织等方法组合到一起。这种方式可以使预成型体在浸润树脂前增加厚度，提高厚度方向的性能。

根据厚度及铺层顺序的需要，将一系列织物层层铺好，然后使用高强度缝纫线沿厚度方向缝合而形成组合织物。缝纫线会为织物的厚度方向提供一定强度和刚度，但当其断裂时会造成应力集中现象。根据缝合线尺寸和缝合密度的不同，缝合线对厚度方向的增强效果不同。该结构由于厚度方向加强，其抗分层能力很强。

另一种组合织物的结构是通过针刺工艺，将各织物层内的纤维缠绕纠结形成一个整体，但此方法以纱线内部长丝的损伤为代价来换取整个织物厚度方向的强度。

8.3 三 维 织 物

三维织物没有所谓"层"的概念，在织造成型后本身就具有一定的厚度，因此这类织物被称为"三维"织物。这类织物从传统纺织的机织[7]和编织[28-29]技术发展而来，从 20 世纪 60 年代末开始，伴随着对复合材料增强体关注，生产三维机织物[30-33]和三维编织物[34-39]的新技术应运而生。

8.3.1 三维机织物

三维织造是二维织造的变化形式，其本质是在厚度方向引入更多的纱线，使三维机织物的厚度是二维机织物的 2～3 倍，最厚可达 10 cm[7]。图8.9 为三维机织物的横截面上纱线所通过路径的示意图，从图中可以看出纱线不仅沿长度方向通过，还在厚度方向上与其他纱线进行交织。

在 20 世纪 90 年代初，三维机织物就与脆性基体材料进行复合[40]。随着技术的成熟和成本的降低，三维机织物开始与聚合物复合，生产聚合物基复合材料[41-42]。

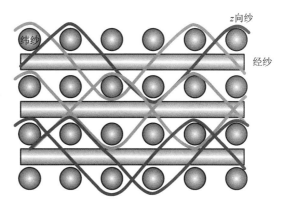

图 8.9 层层接结铰链锁织物的纱线路径示意图

三维机织物可以在三个方向上控制形状，做到近似净形（near net-shape）成型，虽然一些切口不可避免，但可以直接用于模具,从而节省劳动力。三维机织物的本质是以正交的方式铺设纱线(即在经向和纬向铺设),这种结构可以用 2.5 维织物的织造工艺来生产三维织物。

如何将纱线合理地交织到一起,是目前三维织机织造的首要目的。虽然一些算法可以模拟出织造工艺[42],但对织物结构的完整性及织造的可行性考虑得并不完善。三维机织物的种类有多种,通常可以划分为层层接结铰链锁、贯穿接结铰链锁及三维正交,如图 8.9~8.11 所示。

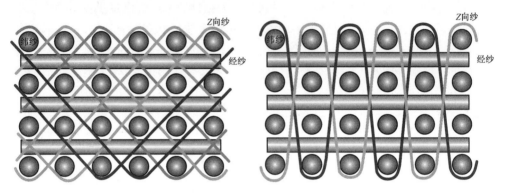

图 8.10　贯穿接结铰链锁织物的　　　　　　图 8.11　三维正交织物的
　　　　　纱线路径示意图　　　　　　　　　　　　　　纱线路径示意图

Malek 和 Pastore[33] 利用三维织造技术开发出一种双重加筋板结构,其中表皮与加强筋一体成型,并且两部分的纱线相互交织。在加强筋的交织处,几乎没有纱线屈曲。这项技术废弃了铺层工序,不仅为复合材料降低了成本和劳动力,而且可以织造复杂形状织物。针对幅宽 1.5 m、长度方向连续的材料,这种织造技术更为有效。三维机织物因为在厚度方向得到纱线加固,使其整体性能良好,不易破坏。该织物结构的纤维体积含量可以达到 65% 以上,纱线主要分布在经纬方向,这两个方向具有良好的拉伸性能,但整体的抗剪切性能较差。

8.3.2　三维编织织物

三维编织物可以被看作是纱网拧到一起的变形,早在 16 世纪就被水手发明出来,但被用作复合材料的增强结构是在 20 世纪 60 年代末。1969 年 Bluck[30] 首次获得三维编织技术的专利,1971 年 Stover 等[34] 第一次发表现代三维编织技术基础的论文,三维编织也被称为 Omniweave。从那时开始,在 Florentine[35]、Brown[37]、Li 和 El-Sheikh[43]、Ko 和 Pastore[26]、Du 和 Ko[44],以及 Mungalov 和 Bogdanovich[39] 的努力下,三维编织技术飞速发展。三维编织技术的发展史简介见文献[45]。

三维编织工艺有许多种变形,例如 McConnell 和 Popper[46] 发明的两步法编织,以及 Weller[36] 发明的 AYPEX 编织。三维编织最基本的原理是让所有纱线间进行互相交缠。如图8.12所示,将纱线一端固结在携纱器上,并按照所需截面形状(矩形、环形、圆形)进行排布,另一端捆绑到一起,使纱线与携纱器所在平面保持垂直,移动携纱器使纱线之间相互交织而形成的三维编织物。

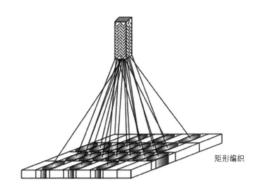

矩形编织

携纱器移动规律的变化可以编织出不同形状的编织物。编织过程类似于一个挤压过程,理论上可以编织出无限长的织物。在改变携纱器

图 8.12 矩形截面三维编织机构示意图

运动规律的情况下,编织机构可以编织出形状十分复杂的织物[47]。

三维编织技术十分擅长织造出柱状异形截面的预成型件,例如管子、鱼竿、加强筋材料(截面形状为 I, T, J)。即使像蜗轮扇叶这种十分复杂的结构,三维编织也可以织造出达到近净成型的预成型体。三维编织物的剪切模量高,抗分层能力极佳,但尺寸难以满足大尺寸结构件的需求,同时生产成本比三维机织物高。

8.3.3 正交铺纱织物

正交铺纱织物的三个方向上的纱线以相互垂直的方式分布,通常是矩形或圆柱形。在织造的第一步,首先准备一个表面有垂直纱的坯件,坯件形状由试件形状决定,矩形试件采用平板,圆柱形试件采用圆柱形坯件[48]。其他两个方向的纱线交替穿插于垂直纱,形成有一定厚度的结构。在这种织物中,整体结构的保持仅仅由三个方向的纱线垂直穿插而成,没有交织或其他形式的纱线缠结[49-50]。这类预制件通常被用作脆性基体的增强体。图8.13 所示是被称作 xyz 织物的正交交叉层叠织物。

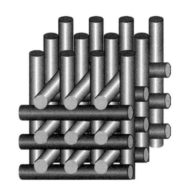

图 8.13 xyz 正交交叉层叠织物

8.4 刚度/柔度矩阵均匀化计算

刚度/柔度矩阵均匀化计算是代替传统层合板计算理论,用于建立复杂结构的

复合材料数字模型的方法。这种计算方法的前提是将复合材料视为纯弹性体，并且材料组分按照各自体积含量均匀分布在整个复合材料中。下面将详细介绍几种计算方法：

8.4.1　基体修正法

Tarnopol'skii 等[51]在 1973 年提出这个计算方法，专门用于预测正交类复合材料的弹性响应。这个计算方法的本质是简化计算过程，对 x、y、z 三个主方向分别进行计算。具体过程是将复合材料中 z 方向的纱线与基体等效为一个单向板，按照计算单向复合材料的方法进行计算，将获得的材料属性视为一个新的基体材料，因此整个复合材料就成为一个只在 x 和 y 两个方向增强的新复合材料。按照这个方式，再依次将 x 和 y 两个方向的纱线与新基体材料进行计算，不断更新基体材料属性，最终就可以获得整个复合材料的属性。

下面介绍两种具体的计算方式：

（1）计算方法 1

该方法的基本思路如上文所述，纤维与基体被简化为各向同性材料。首先根据式(8.1)获得 i 方向上纤维增强基体的柔度矩阵：

$$S_{jk}^{(i)} = -\frac{\left[\nu_{\mathrm{f}}^{(i)}V_i + n_i^o \nu_{\mathrm{m}}(1-V_i)\right]\left[1+(n_i^o-1)V_i\right]+\left[n_i^o \nu_{\mathrm{m}} - \nu_{\mathrm{f}}^{(i)}\right]^2(1-V_i)V_i}{\left[1+(n_i^o-1)V_i\right]E_{\mathrm{f}}^{(j)}}$$

$$S_{kk}^{(i)} = \frac{\left[V_i + n_i^o(1-V_i)\right]\left[1+(n_i^o-1)V_i\right]-\left[n_i^o \nu_{\mathrm{m}} - \nu_{\mathrm{f}}^{(i)}\right]^2(1-V_i)V_i}{\left[1+(n_i^o-1)V_i\right]E_{\mathrm{f}}^{(i)}}$$

$$(8.1)$$

式中：$i, j, k \in \{1, 2, 3\}$，且 $i \neq j$，$j \neq k$，$i \neq k$；$\nu_{\mathrm{f}}^{(i)}$ 表示纤维在 i 方向的泊松比；ν_{m} 是基体材料的泊松比；$E_{\mathrm{f}}^{(j)}$ 是纤维的拉伸模量；$n_i^o = \dfrac{E_{\mathrm{f}}^{(j)}}{E_{\mathrm{m}}}$；$E_{\mathrm{m}}$ 是基体材料的拉伸模量；V_i 为 i 方向的增强体含量。

随后，将新的基体参数用于计算 j 方向纤维增强后基体的柔度矩阵 $S_{jk}^{(j,\,i)}$：

$$S_{kk}^{(j,\,i)} = -\frac{\left[V_j + n_{ji}(1-V_j)\right]\left[1+(n_{ji}-1)V_j\right]+\left[S_{jk}^{(i)}E_{\mathrm{f}}^{(i)} + \nu_{\mathrm{f}}^{(j)}\right](1-V_j)V_j}{\left[1+(n_{ji}-1)V_j\right]E_{\mathrm{f}}^{(j)}}$$

$$S_{jk}^{(j,\,i)} = \frac{(1-V_j)S_{jk}^{(j)} - v_{\mathrm{f}}^{(j)}V_i S_{kk}^{(i)}}{1+(n_{ji}-1)V_j}$$

$$(8.2)$$

式中：$i, j, k \in \{1, 2, 3\}$，且 $i \neq j$，$j \neq k$，$i \neq k$；$n_{ji} = E_{\mathrm{f}}(j)/E_{\mathrm{f}}(i)$。

由上式得到的新的柔度矩阵，将继续用于式(8.3)中：

$$S_{ll} = \frac{S_{ll}^{(j,\,i)}}{1 + (n_k - 1)V_k}$$

$$\text{(8.3)}$$

$$S_{lm} = \frac{(1 - V_k)S_{lm}^{(i,\,j)} - \nu_\mathrm{f}S_{ll}^{(i,\,j)}V_k}{1 + (\nu_k - 1)V_k}$$

式中：$i,\,j,\,k \in \{1,\,2,\,3\}$，且 $i \neq j$，$j \neq k$，$i \neq k$；$n_{ji} = E_\mathrm{f}(k)/E_\mathrm{f}(j,\,i)$。

剪切模量可以通过式(8.4)～(8.6)计算出来：

$$G_{kj} = \left[\frac{m_{kj}(1 + V_k) + 1 - V_k}{m_{kj}(1 - V_k) + 1 + V_k}\right]G_{kj}^{(j,\,i)}$$

$$\text{(8.4)}$$

$$G_{kj}^{(j,\,i)} = \left[\frac{m_{kj}^{(j,\,i)}(1 + V_j) + 1 - V_j}{m_{kj}^{(j,\,i)}(1 - V_j) + 1 + V_j}\right]G_{kj}^{(i)}$$

$$\text{(8.5)}$$

$$G_{kj}^{(i)} = \frac{E_\mathrm{f}^{(i)}}{2\left[(1 + \nu_i^{(i)}V_i + u_i^o(1 + v_m)(1 - V_i)\right]}$$

$$\text{(8.6)}$$

式中：$m_{kj}^{(j,\,i)} = \dfrac{G_\mathrm{f}^{(i)}}{G_{kj}^{(i)}}$；$m_{kj} = \dfrac{G_\mathrm{f}^{(k)}}{G_{kj}^{(j,\,i)}}$；$G_\mathrm{f}^{(k)}$ 表示 k 方向的剪切模量。

（2）计算方法 2

虽然方法 1 可以预测三维正交结构复合材料的弹性模量，但 Tarnopol'skii 等[51]提出了一个更为简化的计算方案。这个新方法考虑到纤维的弹性模量远大于基体，同样将三维结构先简化为二维结构，利用 Bolotin[52]在 1966 年提出的方案，将这个二维结构的弹性常数计算出来，并将其视为横观各向同性材料，最终计算剩余方向上纤维增强属性。当纤维的弹性模量远大于基体时，便可以计算出复合材料的弹性模量和剪切模量，公式如下：

$$E_i = V_iE_\mathrm{f} + \frac{E_m(1 + V_k)\left[(1 - V_i - V_j)^2V_i + (1 + V_i + V_j)V_j\right]}{(1 + V_k)(1 - V_i - V_j)(V_i + V_j)}$$

$$\text{(8.7)}$$

$$G_{ij} = \frac{G_m(1 + V_i + V_j)}{(1 - V_i - V_j)(1 - V_k)}$$

式中：$i,\,j,\,k \in \{1,\,2,\,3\}$，且 $i \neq j \neq k$。

由于组成材料被假设为各向同性，因此泊松比可以通过 $E = 2G(1 + \nu)$ 计算得到。与实验结果相比，该方法所得到的数值偏高，因此 Tarnopol'skii 等[51]在 1973 年将 i 和 j 方向的泊松比考虑到计算中。

8.4.2 弯曲纤维模型

为了建立适用于三维正交类织物、机织类及三维机织类增强材料的通用分析方法，Roze 和 Zhigun[53]在 1970 年提出一种新的计算方案，将复合材料中弯曲纤维的影响也考虑在内。该方案是将 y 方向的纱线认定为笔直的，弯曲纱线全处于

$x-z$ 平面内且均匀分布。纱线在空间中的路径分为两种,当纱线经过奇数层时,路径可以用式(8.8)表示:

$$z_1(x) = Af(x) = Af(x+l) = -Af(x+1/2) \qquad (8.8)$$

当纱线经过偶数层时,路径用式(8.9)表示:

$$z_2(x) = -Af(x) = -Af(x+l) = Af(x+1/2) \qquad (8.9)$$

式中: z_1 和 z_2 是纱线在 z 方向相对平均位置的偏移值。

式(8.10)表示纱线弯曲角度 θ :

$$\theta = -\cos^{-1}\left(\frac{1}{\sqrt{1 + \left(A\dfrac{\mathrm{d}f}{\mathrm{d}x}\right)^2}}\right) \qquad (8.10)$$

下列公式列出了一小段纱线的($\mathrm{d}x$)的柔度系数:

$$
\begin{aligned}
S_{11}^* &= S_{11}^o - \Delta S^o \sin^2\theta - \Delta S^{o'} \sin^2(2\theta) \\
S_{33}^* &= S_{33}^o + \Delta S^o \sin^2\theta - \Delta S^{o'} \sin^2(2\theta) \\
S_{55}^* &= S_{55}^o + 4\Delta S^{o'} \sin^2(2\theta) \\
S_{13}^* &= S_{13}^o + \Delta S^{o'} \sin^2(2\theta)
\end{aligned}
\qquad (8.11)
$$

$$
\begin{aligned}
S_{15}^* &= -\frac{1}{2}\Delta S^o \sin(2\theta) - \Delta S^{o'} \sin^2(4\theta) \\
S_{35}^* &= -\frac{1}{2}\Delta S^o \sin(2\theta) + \Delta S^{o'} \sin^2(4\theta) \\
\Delta S^o &= S_{11}^o - S_{33}^o \\
\Delta S^{o'} &= \frac{1}{4}\left(S_{11}^o + S_{33}^o - 2S_{13}^o - S_{55}^o\right)
\end{aligned}
\qquad (8.12)
$$

式中: S_{ij}^o 表示直线纱段的柔度系数。

通过式(8.13),可以确定 S_{ij} :

$$S_{ij} = \frac{1}{l}\int_0^l S_{ij}^* \,\mathrm{d}x \qquad (8.13)$$
$$i,\ j = 1,\ 3,\ 5$$

上述方案是以线性、均质及各向同性的纤维和基体材料为前提的,不考虑纱线屈曲、纠缠、基体孔洞、加工过程的损伤甚至纤维与基体间界面的影响。

8.4.3 平均刚度法

平均刚度法是 Kregers 和 Melbardis[54] 在 1978 年提出的。该方法考虑了增强体的几何结构特征。1989 年 Lagzdin 等[55]对其进行了系统的研究,并应用于三维正交、三维机织和其他织物结构中。平均刚度法的一大特点是将内部应力视为不连续,但位移和应变仍是连续的。从力学角度讲,保证连续性的位移比保证连续性的应力所得到的计算结果更为准确。

平均刚度法将增强体系细分为不同组的纱线,每一组次级系统(纱线)被当作具有一定空间取向的单向复合材料,并且纱线间不存在相互作用。复合材料被视为一个受恒定应变约束的整体。具体计算步骤如下:

① 根据微观力学方法确定单向复合材料的弹性模量,以及纱线与基体的体积含量。

② 计算出次级系统(单向复合材料)局部坐标系下的柔度矩阵 S^i。

③ 将柔度矩阵转化为刚度矩阵 $C^i = S^i$。

④ 通过式(8.14)将局部坐标系下的刚度矩阵转化到全局坐标系下:

$$C_g^{(i)} = Q^{\mathrm{T}}(\vec{r}_1^{(i)}, \vec{r}_2^{(i)}, \vec{r}_3^{(i)}) C^{(i)} Q(\vec{r}_1^{(i)}, \vec{r}_2^{(i)}, \vec{r}_3^{(i)}) \tag{8.14}$$

式中:$Q(\vec{r}_1^{(i)}, \vec{r}_2^{(i)}, \vec{r}_3^{(i)})$ 为应变转换矩阵;$\vec{r}_j^{(i)}$ 为将纱线所在局部坐标系转换为全局坐标系的单位向量。

⑤ 按照各次级系统的体积含量将所有次级系统整合均化,最终得到整个复合材料的刚度矩阵:

$$C_{\mathrm{t}} = \sum_{i=1}^{n} k_i C_g^i \tag{8.15}$$

式中:k_i 表示各个次级系统的体积含量。

这个方法有两个很关键的点:①计算出每个次级系统(单向复合材料)的材料属性;②获得整个复合材料中次级系统的数量。Kregers 和 Teters[56]在 1979 年将单向复合材料的计算结果与实验结果进行了比较,复合材料中每个次级系统可以假设为具有同样的纤维体积含量。

完全量化几何形态是十分困难的,不仅需要知道整个几何形态中次级系统的数量、每个次级系统的体积比,还要知道每个次级系统所需的转换矩阵,同时每个转化矩阵都有自身独立的方向向量,这些单位向量都要与主轴坐标系建立起关系。值得注意的是,复合材料中的纱线都是弯曲的,因此需要将弯曲的纱线进一步划分成若干段可近似为线性的小纱段。在极端情况下,式(8.15)可以变化为以下形式[40,57]:

$$C_{\mathrm{t}} = \sum_{i=1}^{n} k_i \int_0^{L^{(i)}} Q^{\mathrm{T}}[\vec{r}_1^{(i)}(s), \vec{r}_2^{(i)}(s), \vec{r}_3^{(i)}(s)] C^{(i)}$$
$$Q[\vec{r}_1^{(i)}(s), \vec{r}_2^{(i)}(s), \vec{r}_3^{(i)}(s)] \tag{8.16}$$

式中：$L^{(i)}$ 是次级系统中纱线的长度；$\vec{r}_j^{(i)}(s)$ 是纱线中每一个小纱段的方向向量。

8.4.4　平均柔度法

平均柔度法可以看作平均刚度法的一种补充。这个方法是假设整个复合材料中的所有组分受到恒定应力而非恒定应变。除最后一步需要将柔度矩阵转化为刚度矩阵，计算方法与平均刚度法类似：

$$C_t = \left(\sum_{i=1}^{n} k_i S_g^i\right)^{-1} \tag{8.17}$$

式中：S_g^i 为第 i 个次级系统在全局坐标系下的柔度矩阵，是通过刚度矩阵 C_g^i 转置得到的。

8.4.5　刚度-柔度混合法

平均刚度法和平均柔度法并不能完全满足材料的物理假设。在纺织类复合材料中，人们更多地关注纱线交织的计算假设，而非单纯的简化。因此必须注意，在混合法中，内部位移与内部应力都是非连续性的。

Jaranson 等[58]和 Singletary[59]都在 1993 年将平均刚度法和平均柔度法进行结合，用来预测三轴编织复合材料的材料属性。基于 Mosaic 模型[60]，Pochiraju 等[61]也在 1993 年提出一种结合刚度与柔度平均法的有限元分析方法，用来分析平纹织物的基本单元，但是该方法的计算量巨大。将平均刚度法的柔度向量与平均柔度法的柔度向量进行关联，可以得到一种简化方法：

$$\vec{S}_b = \Psi(\xi_1, \xi_2, \xi_3)\left(\sum_{i=1}^{n} \vec{S}^{(i)}\right) + [I - \Psi(\xi_1^{(i)}, \xi_2^{(i)}, \xi_3^{(i)})]\left(\sum_{i=1}^{n} \vec{C}^{(i)}\right)^{-1} \tag{8.18}$$

式中：$\Psi(\xi_1, \xi_2, \xi_3)$ 被称作混合矩阵，它是一个对角线矩阵，见式（8.19）；I 是一个 21×21 的单位矩阵；ξ_1，ξ_2 和 ξ_3 三个参数决定矩阵中的元素，刚度向量由刚度矩阵得到。

如果将复合材料简化成只有两种组分，一种是纯基体，另一种是纯纤维，k_i 是纤维体积含量，那么这个模型可以得到理想的单向弹性模量。在单向复合材料中应用刚度-柔度混合法时，模型具有两个参数，当 $\xi_1 = 1$ 和 $\xi_2 = 1$ 时，那么计算结果与混合法则的结果十分接近。尤其是式（8.19），分别用（1，0，0）（0，1，0）（0，0，1）代入（ξ_1，ξ_2，ξ_3）时所得到的计算结果，完全与纤维三个主方向的材料参数一致。一般用式（8.20）来描述 ξ 与（ξ_1，ξ_2，ξ_3）之间的联系。

$$\Phi_{ii} = \begin{pmatrix} \xi_1^2 \\ \xi_1^2 + \xi_2^2 \\ \xi_1^2 + \xi_3^2 \\ \xi_1^2 \\ \xi_1^2 \\ \xi_1^2 \\ \xi_2^2 \\ \xi_2^2 + \xi_3^2 \\ \xi_2^2 \\ \xi_2^2 \\ \xi_2^2 \\ \xi_3^2 \\ \xi_3^2 \\ \xi_3^2 \\ \xi_3^2 \\ 0 \\ 0 \\ 0 \\ 0 \\ 0 \\ 0 \end{pmatrix} \tag{8.19}$$

$$\xi_c = (\xi_1, \xi_2, \xi_3) \tag{8.20}$$

式中：ξ_c 表示增强体几何形态的特征向量。

8.5 桥联模型

桥联模型是 Ishikawa 和 Chou[60] 在 1982 年将弯曲模型与马赛克模型进行结合所得到的，该方法被他们用于缎纹复合材料的研究。他们将复合材料的单胞比作五个"砖块"，如图 8.14 所示。除了砖块 Ⅲ 被认为是一个交织结构，其他的 Ⅰ、Ⅱ、Ⅳ、Ⅴ 均被认作是 [0/90] 的铺层结构，因此砖块 Ⅲ 使用弯曲模型的方式计算其材料属性，其余砖块则使用传统层合板理论计算其材料属性。值得注意的是，该方法只适合预测面内属性。

这个模型可分为两步过程，而且只有一个矩阵 A 用于确定工程常数。首先砖

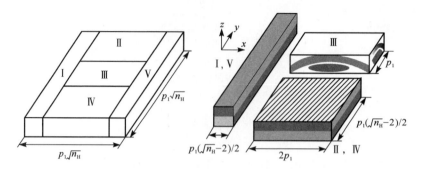

图 8.14 缎纹织物的循环单胞(RVE)示意图

块 Ⅱ, Ⅲ 和 Ⅳ 用恒定应变进行连接, 具体如下:

$$A_A = \frac{k_{\mathrm{II}} + k_{\mathrm{IV}}}{k_{\mathrm{II}} + k_{\mathrm{III}} + k_{\mathrm{IV}}} A_{\mathrm{II}} + \frac{k_{\mathrm{III}}}{k_{\mathrm{II}} + k_{\mathrm{III}} + k_{\mathrm{IV}}} A_{\mathrm{III}} \tag{8.21}$$

其中: A_ε 对于砖块 ε 是一个缩减刚度矩阵, 具体见式(8.22), ε 分别表示 Ⅰ、Ⅱ、Ⅲ、Ⅳ 和 Ⅴ; A_A 是砖块 Ⅱ、Ⅲ 和 Ⅳ 组装体的缩减刚度矩阵。

$$A_\varepsilon = \begin{bmatrix} \dfrac{E_1^\varepsilon}{v_{12}^\varepsilon v_{21}^\varepsilon} & \dfrac{v_{12}^\varepsilon E_2^\varepsilon}{1 - v_{12}^\varepsilon v_{21}^\varepsilon} & 0 \\[2mm] \dfrac{v_{12}^\varepsilon E_2^\varepsilon}{1 - v_{12}^\varepsilon v_{21}^\varepsilon} & \dfrac{E_2^\varepsilon}{v_{12}^\varepsilon v_{21}^\varepsilon} & 0 \\[2mm] 0 & 0 & G_{12}^\varepsilon \end{bmatrix} \tag{8.22}$$

其中: E_1^ε 和 E_2^ε 是砖块 ε 在面内两个主方向上的弹性模量; G_{12}^ε 表示材料的剪切模量; v_{12}^ε 和 v_{21}^ε 表示材料的泊松比。

k_i 表示砖块 i 对于所有砖块的体积比, 具体如式(8.23)所示:

$$\begin{aligned} k_{\mathrm{I}} &= 1 - \frac{2\sqrt{n_{\mathrm{H}}}}{n_{\mathrm{H}}} \\[2mm] k_{\mathrm{II}} &= \frac{\sqrt{n_{\mathrm{H}}} - 1}{n_{\mathrm{H}}} \\[2mm] k_{\mathrm{III}} &= \frac{2}{n_{\mathrm{H}}} \\[2mm] k_{\mathrm{IV}} &= k_{\mathrm{II}} \\[2mm] k_{\mathrm{V}} &= k_{\mathrm{I}} \end{aligned} \tag{8.23}$$

其中: n_{H} 是缎纹组织的枚数, 当 n_{H} 小于 4 时, k_{I} 忽略不计。

组装好的 Ⅱ、Ⅲ 和 Ⅳ 部分合成为一个砖块 B, 整体材料属性用 C_A 表示。之后

砖块 I、B 和 V 利用等应力方式连接,见式(8.24):

$$A_t^{-1} = (k_I + k_V)A_I^{-1} + (k_{II} + k_{III} + k_{IV})A_B^{-1} \tag{8.24}$$

其中:A_t^{-1} 是整个单胞 RVE 刚度矩阵的逆矩阵,A_I^{-1} 和 A_B^{-1} 分别是砖块 I 和 B 刚度矩阵的逆矩阵。

这种方法可以应用于其他混合型结构中[60],而更加全面的研究可以从 Chou[62] 的文章中了解到。

8.6 数值模型比较

上文所介绍的几种预测不同材料的弹性性能的计算模型,将在本节与实验结果进行比较,用以分析各模型的有效性和实用性。

8.6.1 与三维正交类复合材料实验数据对比

这部分的实验参数来自 Zhigun 等[63]在 1973 年对三维正交玻纤增强复合材料进行的研究。他们主要研究了纤维间隔与空间分布对整个材料弹性性能的影响。各组分材料的基本性能为:$E_f = 73.1\,\text{GPa}$,$E_m = 3.3\,\text{GPa}$,$\nu_f = 0.25$,$\nu_m = 0.35$。因为 Zhigun 等只对 z 方向的纤维间隔变化进行研究,因此织物只有两组结构参数。表 8.1 是两组织物的纤维体积含量与空间排布情况。

表 8.1 三维正交玻纤增强复合材料的基本参数

| | 体积含量(%) | | | | 织物厚度 (mm) | 纤维间距(mm) | |
	V_f	V_x	V_y	V_z		x—z	y—z
织物 1	59.0	39.8	54.9	52.5	9	4.5	9
织物 2	63.0	43.0	47.3	9.68	7.5	4.5	4.5

表 8.2 和表 8.3 是上述两组织物的实验结果与五种模型预测之间的比较,其中实验结果全部来自 Zhigun 等的研究,五种模型分别是基体修正法的模型 1 和模型 2、平均刚度法模型、平均柔度法模型及混合法模型。

表 8.2 织物 1 的实验与五种模型的结果

参数	实验	基体修正法 1	基体修正法 2	平均刚度法	平均柔度法	混合法
E_1 (GPa)	22.0	21.1	25.0	21.7	13.0	15.0
E_2 (GPa)	29.0	26.7	29.8	26.5	15.6	18.1
E_3 (GPa)	14.0	8.50	12.8	10.8	9.4	9.80
ν_{12}	0.13	—	—	0.10	0.11	0.09
ν_{13}	0.14	—	—	0.23	0.22	0.19

（续表）

参数	实验	基体修正法 1	基体修正法 2	平均刚度法	平均柔度法	混合法
ν_{23}	0.13	—	—	0.28	0.23	0.20
G_{12} (GPa)	3.86	3.97	3.56	3.36	3.36	3.36
G_{13} (GPa)	3.60	3.04	3.62	3.51	3.51	3.51
G_{23} (GPa)	3.50	3.26	3.68	3.47	3.46	3.46

表 8.3　织物 2 的实验与五种模型的结果

参数	实验	基体修正法 1	基体修正法 2	平均刚度法	平均柔度法	混合法
E_1 (GPa)	23.0	23.4	27.7	24.3	14.7	16.9
E_2 (GPa)	28.0	25.0	28.9	25.7	15.4	17.8
E_3 (GPa)	17.0	10.5	15.1	13.2	10.6	11.3
ν_{12}	0.16	—	—	0.11	0.12	0.10
ν_{13}	0.14	—	—	0.20	0.20	0.17
ν_{23}	0.12	—	—	0.21	0.20	0.17
G_{12} (GPa)	4.80	4.17	4.70	3.69	3.69	3.69
G_{13} (GPa)	3.80	3.41	3.46	3.84	3.83	3.83
G_{23} (GPa)	4.00	3.48	3.52	3.83	3.82	3.82

从对比中可以发现,平均柔度法和混合法所预测的结果最不理想。混合法中仅 ν_{13} 和 ν_{23} 两项的预测比其他模型稍好;基体修正法 2 对 E_2, G_{12} 和 E_3 的预测最准确,基体修正法 1 预测 E_1 最准确;而平均刚度法不仅对 E_1 的预测差异很小,对 ν_{12}, G_{13} 和 G_{23} 的预测也很准确。因此,平均刚度法对九项工程常数的整体预测最准确。

8.6.2　与二维机织物实验数据对比

这部分的模型选用平均刚度法、桥联模型法、平均柔度法及混合模型法,分别对 4 至 12 枚缎纹织物进行预测,并与实验结果进行比较。缎纹织物结构示意图见图 8.15。纱线截面被假设成凸透镜形,将两个半径为 R 的圆相互交叠,选取交叠部分的弧 ϕ。

纱线之间的间隔为固定值 p_1,织物的厚度随纱线而改变,纱线截面 A_y 保持不变,可根据下式得到:

$$A_y = \frac{1}{2}R^2(\phi\sin\phi) \qquad (8.25)$$

经纱长度用 L_w 表示,一个单元中的长度可以通过下式得到:

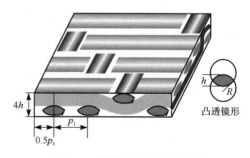

图 8.15　缎纹织物结构示意图

$$L_w = (n_H - 2)p_1 + 2(R+h)\phi \tag{8.26}$$

式中：n_H 为缎纹组织的枚数；h 为单根纱线一半的厚度。

纱线在织物中的卷曲用下式表示：

$$C = 1 - \frac{L_w}{n_H p_1} \tag{8.27}$$

在一个单元中经纱和纬纱被认为是完全相同的，具有相同的密度和卷曲，因此，所有纱线的体积 Ω_y 及整体纤维的体积含量 V_f 分别由下式得到：

$$\Omega_y = 2n_H A_y L_w \tag{8.28}$$

$$V_f = \frac{\Omega_y}{4h n_H^2 p_1^2} \tag{8.29}$$

式中：$4h$ 表示织物厚度，即两根纱线的直径之和。

因为纱线间隔为固定值 p_1，增加织物厚度会导致纤维体积含量下降。从图 8.16 可以看到织物厚度与纤维体积含量的关系。同样地，纱线弯曲也会随织物厚度增加而减少，因为织物中浮长线的长度远远大于弯曲纱线的长度，通过图 8.17 可以看到两者间关系。为方便对比，织物厚度不加入单位，而是将 $4h$ 与 1 进行等效处理，也就是说织物等效厚度不大于 1，在之后的对比中也同样处理。

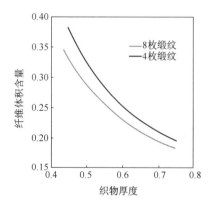

图 8.16　4 枚和 8 枚缎纹织物厚度与体积含量的变化关系

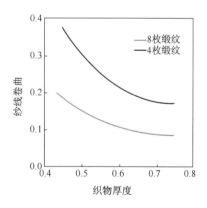

图 8.17　4 枚和 8 枚缎纹织物厚度与纱线卷曲的变化关系

值得注意的是，依据上述关系，织物厚度影响纤维体积含量和纱线卷曲，那么织物厚度也会影响到织物面内、面外的材料属性。当织物厚度增加，纤维体积含量降低，即面内弹性模量随之降低，而纱线卷曲的减少在增加面内材料属性的同时，也会降低面外材料属性。

本次对比中实验材料选用玻纤和环氧树脂，材料属性为：$E_f = 73.1\ \text{GPa}$，

$E_m = 3.3\,\text{GPa}$，$\nu_f = 0.25$，$\nu_m = 0.35$。在计算出织物厚度和纤维体积含量后，利用 Vanyin[64] 在 1966 年提出的方案，计算出作为次级系统的单向复合材料属性。

　　从图 8.18 中可以看到使用四种模型（平均刚度法、桥联模型法、平均柔度法及混合模型法）计算出不同厚度的 8 枚缎纹织物的面内拉伸模量。由于缎纹织物被假设为经纬向一致，因此只需计算出一个方向的面内拉伸模量。根据比较，四种模型所预测的拉伸模量随织物厚度改变的差异不大，其中平均刚度法得到的面内拉伸模量最大，而平均柔度法最小。由于机织物只在经纬两个方向存在纱线，因此四种模型对织物剪切模量 G_{12} 的计算结果完全一致，见图 8.19。

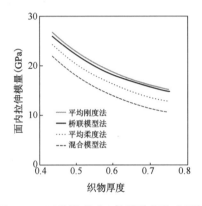

图 8.18　四种模型对 8 枚缎纹织物在不同织物厚度上的面内拉伸模量结果比较

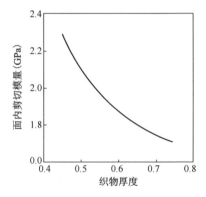

图 8.19　四种模型对 8 枚缎纹织物在不同织物厚度上的面内剪切模量结果比较

　　泊松比在模型预测中是一个十分复杂的材料属性，图 8.20 描述了四种模型在不同织物厚度上对 8 枚缎纹织物面内泊松比的对比结果。从结果中可以看出四种模型的差异十分大，有些随厚度增加而增加，有些则随之减少，只有桥联模型受厚度的影响最小，这就表明其他三种模型对缎纹织物厚度变化会产生合理响应。桥联模型仅适合对面内属性进行预测，而其他三种平均法没有这方面的限制。对于浮长线较短的缎纹织物，如 4 枚缎纹，四种模型对面内拉伸模量和泊松比的预测与 8 枚缎纹的趋势类似，如图 8.21 和图 8.22 所示。

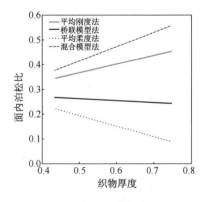

图 8.20　四种模型对 8 枚缎纹织物在不同织物厚度上的面内泊松比的预测结果

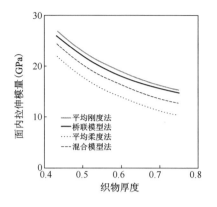

图 8.21 四种模型对 4 枚缎纹织物在不同织物厚度上的面内拉伸模量结果比较

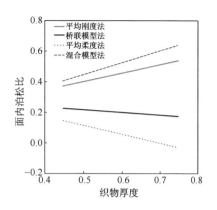

图 8.22 四种模型对 4 枚缎纹织物在不同织物厚度上的面内泊松比的预测结果

8.7 数值模型在有限元分析中的应用

8.7.1 传统有限元分析

许多研究人员一直在探索一种使用传统有限元方法来获得纺织复合材料等效体积单元力学响应的方法。利用这种方法不仅可以获得等效体积单元内详细的应力场，而且对于材料失效分析及损伤扩展的研究十分重要，但是这种方法必须满足所有内部相容性条件，而这是商业有限元元件包无法提供的。

早在 1984 年 Kabelka 就提出一种利用二维模型分析平纹机织物复合材料弹性和热学性能的方法[65]。Woo 和 Whitcomb 两人及 Sankar 和 Marrey 两人均在 1993 年提出一些针对二维平纹机织物复合材料的研究，两项研究都是对面内应变状态的假设[66-67]。Yoshino 和 Ohtsuka[68]，Whitcomb[69]，Dasgupta 等[70]，Naik 和 Ganesh[71]，Lene 和 Paumelle[72]，Blacketter 等[73]，以及 Glaesgen 等[74]，专门为平纹织物复合材料建立起三维模型。Hill 等[75] 及 Naik[76] 在 1994 年利用有限元和数值方法，分别对三维机织复合材料和三轴向编织复合材料的弹性性能进行预测。

在使用有限元方法建立三维模型时，所遇到的困难之一是很难正确量化增强体几何结构。通常情况下，在量化几何结构时将纱线截面假设为圆形、多边形及凸透镜形，而纱线路径均按照三角函数关系进行描述。这种简化方案必然会影响到纤维的体积含量。以纱线截面为凸透镜形、纱线路径为正弦曲线为例，其最大的纤维体积含量仅为 25%～30%，远远低于实际的 65% 以上的数值，因此许多研究人员开始对这一问题进行研究，以提升几何模型的纤维体积含量。Naik 和

Ganesh[71]在 1992 年提出一个更为复杂的纱线路径方案。该方案中,纱线路径仍符合三角函数关系,并将纤维体积含量提高到 37%。Glaesgen 等[74]在 1996 年利用实验确定几何形态,并用 B 样条曲线建立模型中纱线路径。Pastore 等[77]在 1990 年利用 B 样条曲线建立的模型,可达到纤维体积含量 42%。

Lei 等[78]在 1988 年提出一种独特的有限元分析模型,称为单胞模型,用于研究三维编织结构压缩行为,并与实验进行对比。在单胞模型中,预成型体被建立成空间桁架结构。这种结构由纱线及单胞边缘的基体杆构成,如图 8.23 所示。以三维编织结构为例,内部的纱线路径是单胞四条对角线,基体成为连接每对纱线底端的桁架结构,因此基体扮演约束纱线移动的角色。

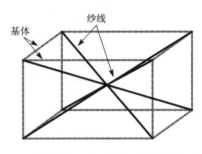

图 8.23　单胞模型中基体与纱线结构示意图

8.7.2　混杂有限元分析

传统有限元方法是按照纱线路径及交织方式对纱线和基体进行网格划分。以这种方式划分出的网格质量不高,容易产生奇异点。Gowayed 等[79]在 1996 年提出一种混合有限元分析方法,称为图形化综合数值分析。该方法在提高网格质量的同时也减少了纱线与基体所必需的网格数量。

用图形化综合数值分析方法模拟纺织复合材料力学及热学性能,可以分成两个部分。首先要建立出一个符合实际预成型体结构、相关体积含量及纱线取向的几何模型,如图 8.24 所示。理想的预成型体几何模型是仿照织物成型工艺建立的,纱线在织造过程中会经过一系列空间点,称为节点,用 B 样条曲线,按顺序依次连接这些空间节点,形成一条中心线,最后用纱线截面沿中心线扫掠成三维结构。

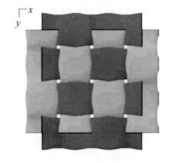

图 8.24　用图形化综合数值分析方法建立的正交织物(左)和平纹织物(右)模型

重复单胞模型是将预成型体几何模型划分成可重复的最小单元模型,这样单胞就可以代表复杂的纱线结构。混合有限元法再将这些单胞划分成子单胞,每个子单胞都是包含纱线与基体的六面体结构。对这些重复单元进行模拟,所得到的材料属性就被认为是整个复合材料的属性。

这个方法虽然可以成功减少单元数量,但由于单胞中纱线与基体性能不同,会造成计算过程中的失稳,因此需要在微观尺度上对单胞进行均匀化处理。图 8.26 所示是在微观尺度上对单胞进行均匀化处理的示意图。

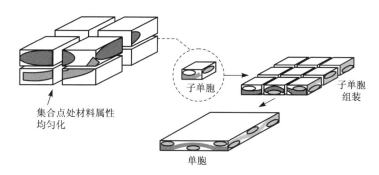

子单胞

子单胞
组装

集合点处材料属性
均匀化

单胞

图 8.25　单胞划分及单胞均匀化示意图

目前,图形化综合数值分析方法对于纺织复合材料的弹性性能、导热系数及热膨胀系数都具有较高的模拟精度。

8.8　非单胞方法

上文所述的方法是利用等效体积单元的概念,将复杂的非均匀材料划分成重复单胞,再对其单胞性能进行预测。单胞可以被认为是整体材料在不同方向上排列的有限元单元。对于纺织复合材料来说,首先要确定两个重要问题:①什么是单胞? ②可不可以用单胞方式分析纺织复合材料?

所谓单胞,必须根据实际情况建立。从几何结构上讲,单胞代表材料的最小循环结构,通过阵列等方式可以构建出材料完整的结构。在预测材料力学性能时,单胞的性能可以代表整个结构的力学性能,但由于尺寸很小,很难直观体现出来。虽然单胞受到整体效果的限制,但在力学性能预测上还是十分准确的。

判断单胞法适用性要基于一个前提,这个前提就是所要预测的结构可以划分出足够多的单胞单元,并且这些单胞间应力与应变差异小到可忽略不计。因为单胞法的目的是预测复合材料的弹性常数,而且材料受到的是均匀应力/应变状态,所以单胞的结构成为唯一的影响因素。因此,新的问题就会产生:模型中是否有足够多数量的单胞可用于证明单胞法分析? 合理且具体的答案可以从下文中得到。

为了证明理论模型的准确性,通常将预测结果与实验结果进行比较,但模型中单胞数量受到纺织材料结构的影响很大。以测量单向拉伸模量 E_1 为例,一般受拉试样长度为 $3\sim5$ cm、厚 $0.2\sim0.4$ cm。如果试样是一个大编织角的三轴向编织复合材料,纱线是 24K 的碳纤纱线,那么该结构单胞的尺寸为 $1\sim2$ cm 长、$0.25\sim0.5$ cm 宽、$0.1\sim0.2$ cm 厚,不难算出这个拉伸试样在截面上最多有 4 个单胞,显然单胞数量过于稀少。与之相对应的,如果试样改为由 3K 碳纤织造的机织铺层复合材料,那么试样在宽度方向上的单胞数量至少是 50 个。

在实际测试中,试样截面上的应变状态是不均匀的,即使模型中截面单胞数量很多,也不能视为每个单胞受到的应变一致。随着实验手段的发展,人们对于细小结构材料,例如大多数金属和聚合物,已建立出晶体结构假设。假设这些材料由非常小的晶体构成,然而这种假设并不适用于纺织结构复合材料。Masters 等[80] 在1992 年采用云纹干涉法测量了环氧树脂基三轴向碳纤编织复合材料加载方向上的位移场变化情况,如图 8.26 所示,并详细描述了底层纱线的应变梯度场位置。

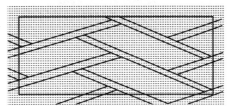

图 8.26　三轴向编织复合材料在加载方向的位移场变化情况

从图 8.26 中可以看到相邻纱线间的边缘及交织位置上的剪切变形,还可以从不均匀的间距中观察到轴向应变很大,最大与最小的应变比值为 $2:1$。

标准测试中通常使用应变片,应变片被放在材料表面,用于记录这一区域的平均位移变化,细小应变片可以提供十分灵敏的测试数据,因此将应变片提供的大量数据取均值可以保证结果的准确性。Minguet 等[81] 在 1994 年利用应变片对编织复合材料进行研究。图 8.27 为测得的三种不同的环氧树脂基三轴向碳纤编织复合材料的弹性模量。为了方便比较,对应变片所在区域及弹性模量进行了一系列归一化处理,其中弹性模量的归一化是将特殊位置上测得的弹性模量与平均值相除,而区域归一化是将应变片区域与单胞尺寸相除。

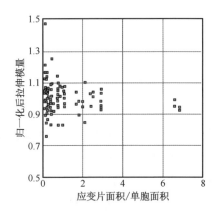

图 8.27　三轴向编织复合材料归一化弹性模量与应变区域关系图

从图 8.27 中可以看出归一化后的区域值越大,测得的应变差异就越小,进而计算出的拉伸模量差异也越小。虽然从上述分析中不能得出一个明显的规律,但可以看到只有在区域比值大于 2.5 时测量误差小于 10%。由于应变片所覆盖下的织物区域是一个随机的小体积,而且与单胞没有任何联系,因此对这些小体积进行类似于平均刚度法的量化处理方式,就可以预测到任意材料的局部弹性性能。

　　为了详细解释上面所述的方法,以一个三轴向编织复合材料为例。图 8.28 给出了一个单胞和测量单元(应变片)所在位置的示意图,其中应变片所在面积是随机选取的,而且单胞与应变片的大小没有关系。这里需要将单胞和应变片所在位置的左上角定为基准,并建立起两个基准的关系,得到四个参数:h_y 和 h_x 表示应变片的基准点与单胞基准点的距离,$0 \leqslant h_y < b$,$0 \leqslant h_x < a$,其中 a 和 b 分别为单胞的长和宽;x_1 和 y_1 分别为应变片所在区域的长和宽。

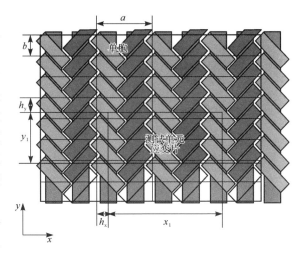

图 8.28　三轴向编织复合材料上,单胞与测试单元(应变片)所在位置示意图

　　假设应变片可以获取材料任何位置上的弹性模量,其尺寸为 $y_1 = b$,$x_1 = 4.1a$。这个尺寸与真实应变片的大小粗略接近。首先将应变片所在区域沿垂直方向移动至 $h_y = 0$,水平位置从 0 移动至 a。由于应变片下单胞结构为周期性循环,沿水平方向移动应变片时,根据不同 h_x 值下应变片所覆盖的几何结构及平均刚度法进行计算,就可以得到不同位置的弹性模量。通过上述方法预测出编织角为 60°的三轴向编织复合材料的弹性性能,见图 8.29。

　　从图 8.29 中可以看到,随着轴向纱线的增加,E_1^* 增加,而 E_2^* 和 E_3^* 也因为局部纤维体积含量增加而略微增大。通过对不同 h_x 值下弹性模量进行计算,拉伸模量的范围(最大与最小值)也可以得到,因此对于任何尺寸的应变片,都可以得到拉伸模量的范围。

　　Minguet 等将不同结构的编织复合材料进行单独分析,由于拉伸模量的范围是应变片长度 x_1 的函数,所以可以由 $y_1 = b$ 时,h_y 和 h_x 计算得到。图 8.30～8.32 是将不同结构的预测范围值与实验结果进行比较,图 8.30 是 45°编织角、轴纱体积含量为 12%的编织结构,图 8.31 是 46°编织角、轴纱体积含量为 46%的编织结构,图 8.32 是 70°编织角、轴纱体积含量为 46%的编织结构。

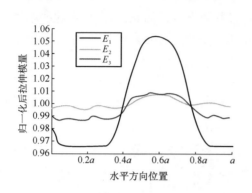

图 8.29　计算出的三轴向编织
复合材料弹性模量变化值

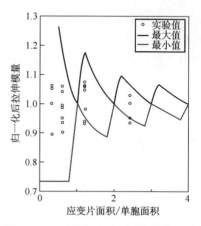

图 8.30　45°编织角、12％轴纱体积含
量的编织结构的拉伸模量预测值
与实验值的比较

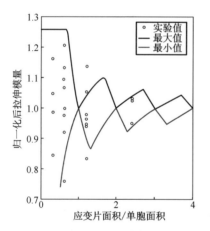

图 8.31　45°编织角、46％轴纱体积含量
的编织结构的拉伸模量预测值与
实验值的比较

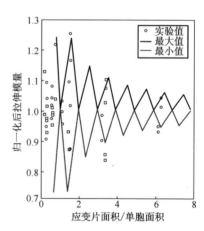

图 8.32　70°编织角、46％轴纱体积含量
的编织结构的拉伸模量预测值与
实验值的比较

　　从以上图中可以看出，任何结构的编织复合材料，其弹性模量的范围会随着长度比(应变片长度与单胞长度的比值)的增大逐渐减小，但在长度比为整数倍的时候，会出现最大值与最小值重合的现象。当长度比大于 3 时，弹性模量的最大/最小值与均值的差异小于 10％。这一现象和 LaMattina[82] 在 1993 年对三维机织物复合材料的实验结果一致。

　　这里需要指出，单胞法仍具有一定的局限性。首先，必须在预测区域内保证材料的均匀性；其次，必须有足够多的单胞保证计算结果收敛，当单胞数量过少甚至测试区域小于单胞尺寸时都无法进行计算。

关于本章更多内容,可进一步阅读本章编写时参考的主要资料[83]:

Pastore C. Structure and mechanics of 2D and 3D textile composites. In: Jinlian Hu (ed.). 3D fibrous assemblies. Cambridge, England, Woodhead Publishing Limited, 2008: 141-189.

参 考 文 献

[1] Pastore C M. Illustrated glossary of textile terms for composites. NASA Langley, 1993.

[2] Engineered materials handbook. Composites, ASM, Vol 1, 1987.

[3] Clarke S, Morales A. A comparative assessment of textile preforming techniques. NASA Langley Research Center, 1990: 125-134.

[4] Ko F K, Pastore C. Design of complex shaped structures. Textiles: Product design and marketing. The Textile Institute, 1987.

[5] Buresh F. Nonwoven fabrics. Reinhold, 1962.

[6] Krcma R. Manual of nonwovens. Textile Trade Press, 1971.

[7] Lord P, Mohamed M. Weaving: Conversion of yarn to fabric. Merrow Technical Library, 1982.

[8] Chamberlain J, Quilter J. Knitted fabrics. Sir Isaac Pitman and Sons,1924.

[9] Reichman C, Lancashire J B, Darlington K D. Knitted fabric primer. National Knitted Outerwear Association, 1967.

[10] Thomas D G B. Introduction to warp knitting. Merrow Publishers, 1976.

[11] Ramakrishna S, Hull D. Tensile behaviour of knitted carbon-fibre fabric/epoxy laminates. part I: Experimental. Composites Science and Technology, 1994, 50(2):237-247.

[12] Ko F, Bruner J, Pastore A, et al. Development of multi-bar weft insertion warp knit fabrics for industrial applications. Journal of Engineering for Industry, 1980, 102(4): 333-341.

[13] Scardino F. Textile structural composites warp knit fabrics for composites. Elsevier, 1989, Vol 3.

[14] Ko F, Fang P, Pastore C. Structure and properties of multiaxial multibar weft inserted warp knits. Journal of Industrial Fabrics, 1985, 4(2):4-12.

[15] Pastore C, Whyte D, Soebroto H, et al. Design and analysis of multiaxial warp knit fabrics for composites. Journal of Industrial Fabrics, 1986, 5(1):4-17.

[16] Ko F, Pastore C, Yang J, et al. Structure and properties of multi-layer multidimensional warp knit fabric reinforced composites. Proceedings of the Third U. S. /Japan Conference on Composites, 1986.

[17] Kaufmann J. Industrial applications of multiaxial warp knit composites. Proceedings of FIBER-TEX 91. NASA Langley Research Center, 1991: 77-86.

[18] Raz S. The karl mayer guide to technical textiles. Kettenwirk Praxis, Jan/Feb, 1989.

[19] Raz S. Bi-axial and multi-axial warp knitting technology. Kettenwirk Praxis, March, 1987.

[20] Krumme W. Maschinen flechten und maschinen klöppe. In: Herzog RO (eds). Technologie der Textil Fasern, 1927: 313.

[21] Brunnschweiller D. Braids and braiding. Journal of the Textile Institute Proceedings, 1953, 44 (9):666-686.

[22] Douglass W. Braiding and braiding machinery. Centrex Publishing Company, 1964.

[23] Ko F K, Pastore C M. Fabric geometry and finite cell models for three dimensional composites. Proceedings of the First US/USSR Conference on Composite Materials, Riga, Latvia, 1989.

[24] Sanders L R. Braiding - a mechanical means of composite fabrication. SAMPE Quarterly, 1977: 38-44.

[25] Morales A. Design and cost drivers in 2-D braiding. NASA Langley Research Center, 1992: 69-78.

[26] Ko F K, Pastore C M. Cim of braided preforms for composites. Computer aided design in composite materials technology. Springer Verlag, 1990.

[27] Johnson N L, Browne A L, Watling P J, et al. Parameter effects on the dynamic performance of braided "hourglass" cross section composite tubes. Engineering Society of Detroit: Advanced Composites Technologies, 1993: 403-420.

[28] Pastore C M. A processing science model of three dimensional braiding. Ph. D. Thesis, Drexel University, 1988.

[29] Dexter H B, Camponeschi E T, Peebles L. 3-D composite materials. NASA, Hampton, VA. 1985.

[30] Bluck R M. High speed bias weaving and braiding. US Patent 3426804, 1969.

[31] Maistre M A. Three dimensional structure for reinforcement. US Patent 4168337, 1978.

[32] Dow N, Ramnath V. Evaluations and criteria for 3-D composites. NASA Conference Publication 2420 NASA, 1985.

[33] Malek A, Pastore C. Automated three dimensional method for making integrally stiffened skin panels. US Patent 6019138, 2000.

[34] Stover E R, Mark W C, Marfowitz I, et al. Preparation of an omniweave reinforced carbon-carbon cylinder as a candidate for evaluation. NASA Langley, 1971.

[35] Florentine R A. Apparatus for weaving a three dimensional article US Patent 4312261, 1982.

[36] Weller R D. Three dimensional interbraiding of composite reinforcements by aypex US Navy, 1985.

[37] Brown R T. Method for sequenced braider motion for multi-ply braiding apparatus. US Patent 4621560, 1986.

[38] Brookstein D, Rose D, Dent R, et al. Apparatus for making a braid structure. US Patent

5501133, 1996.

[39] Mungalov D, Bogdanovich A. Automated 3-D braiding machine and method. US Patent 6439096, 2002.

[40] Roze A, Zhigun I, Dushin M. Three-dimensionally reinforced woven materials, 2: Experimental study. Polymer Mechanics 1970, 6(3):471-476 (In Russian Translated from Russian by Consultants Bureau, New York, London: 404-409).

[41] Tolks A M, Repelis I A, Gailite M P, et al. Carcasses for three-dimensional reinforcement woven in one piece. Mechanics of Composite Materials, 1986, 22(5):795-799 (In Russian Translated from Russian by Consultants Bureau, New York, London: 541-545).

[42] Morales A, Pastore C. Computer aided design methodology for three dimensional woven fabrics. NASA Langley Research Center, 1990: 85-96.

[43] Li W, El-Sheikh A. The effect of processes and processing parameters on 3-D braided preforms for composites. Proceedings of the 33rd International SAMPE Symposium, 1988.

[44] Du G W, Ko F K. Unit cell geometry of 3-d braided structure. Proceedings of the American Society for Composites Technomic, 1991: 788-797.

[45] Thaxton C, Rona R, Aly E S. Advances in 3-dimensional braiding. Proceedings of FIBER-TEX 1991. NASA Langley Research Center, 1991: 43-66.

[46] McConnell R, Popper P. Complex shaped braided structures. US Patent 4719837, 1988.

[47] Pastore C M. Quantification of processing artifacts in textile composites. Composites Manufacturing, 1993, 4(4):87-112 .

[48] Mullen C K, Roy P J. Fabrication and properties of avco 3-D carbon-carbon cylinder materials. Proceedings of the 17th National SAMPE Symposium, 1972: III A-2.

[49] Lachman W L, Crawford J A, McAllister L E. Multidirectionally reinforced carbon-carbon composites. Proceedings of the International Conference on Composites Materials. Metallurgical Society of the American Institute of Mining, Metallurgical, and Petroleum Engineers, 1978: 1302-1319.

[50] Fowser S, Wilson D. Analytical and experimental investigation of 3-D orthogonal graphite/epoxy composites. NASA Conference Publication 2420. NASA Langley Research Center, 1985: 91-108.

[51] Tarnopol'skii Y M, Polyakov V A, Zhigun I G. Composite materials reinforced with a system of three straight, mutually orthogonal fibers, 1: Calculation of elastic characteristics. Polymer Mechanics, 1973, 9(5):853-860 (In Russian Translated from Russian by Consultants Bureau, New York, London: 754-759).

[52] Bolotin V V. Theory of reinforced layered medium with random initial irregularities. Polymer Mechanics, 1966, 2(1):11-19 (In Russian Translated by Consultants Bureau, New York, London: 7-11).

[53] Roze A V, Zhigun I G. Three-dimensional reinforced fabric materials. 1: Calculation

model. Polymer Mechanics 1970, 6(2):311-318 (In Russian Translated from Russian by Consultants Bureau, New York, London: 272-278).

[54] Kregers A F, Melbardis Y G. Determination of the deformability of three-dimensionally reinforced composites by the stiffness averaging method. Polymer Mechanics 1978, 14 (1):3-8 (In Russian Translation by Consultants Bureau, New York, London: 1-5).

[55] Lagzdin A Z, Tamuzh V P, Teters G A, et al. Method of orientation averaging for mechanics of materials. Zinatne, Riga, Latvia, 1989.

[56] Kregers A F, Teters G A. Use of averaging methods to determine the viscoplastic properties of spatially reinforced composites. Mechanics of Composite Materials, 1979, 15(4):617-624 (In Russian Translation by Consultants Bureau, New York, London: 377-383).

[57] Kregers A F, Teters G A. Optimization of the structure of spatially reinforced composites by the method of stiffness averaging. Mechanics of Composite Materials, 1979, 1:79-85.

[58] Jaranson J, Pastore C M, Singletary J N, et al. Elastic properties of triaxially braided glass/urethane composites. Advanced Composites Technologies Conference Proceedings. Engineering Society of Detroit, Dearborn, MI. 1993: 379-398.

[59] Singletary J N. Characterization of the elastic properties of triaxially braided E-glass/urethane composites. MS Thesis, North Carolina State University, 1993.

[60] Ishikawa T, Chou T W. Elastic behavior of woven hybrid composites. Journal of Materials Science, 1982, 16(1):2-19.

[61] Pochiraju K, Parvizi-Majidi A, Chou T W. Process-microstructure-performance relationships of 3-D braided and woven textile structural composites. Quarterly Report, NASA Advanced Composites Technology Mechanics of Textile Composites Work Group, NASA Langley, Hampton, VA, 1993.

[62] Chou T W. Microstructural design of fiber composites. Press Syndicate of the University of Cambridge, Cambridge, England, 1992.

[63] Zhigun I G, Dushin M I, Polyakov V A, et al. Composites reinforced with a system of three straight, mutually orthogonal fibers, 2: Experimental study. Polymer Mechanics 1973, 9(6):1011-1018 (Translated from Russian by Consultants Bureau, New York, London: 895-900).

[64] Vanyin G A. Elastic constants and state of stress of glass-reinforced strip. Polymer Mechanics, 1966, 2(4):593-602 (Translated from Russian by Consultants Bureau, New York, London: 368-372).

[65] Kabelka J. Prediction of the thermal properties of fibre-resin composites. Developments in reinforced plastics, Elsevier Applied Science Publishers, London, 1984.

[66] Woo K, Whitcomb J D. Global/local finite element analysis for textile composites. AIAA/ASME/ASCE/AHS/A CS, La Jolla, CA, 1993: 1721-1731.

[67] Sankar B V, Marrey R V. A unit-cell model of textile composite beams for predicting

stiffness properties. Composites Science and Technology, 1993, 49(1):61-69.

[68] Yoshino T, Ohtsuka T. Inner stress analysis of plain woven fiber reinforced plastic laminates. Bulletin of the JASME, 1982, 25(202):485-492.

[69] Whitcomb J D. Three dimensional stress analysis of plain weave composites. American Society for Testing and Materials, Philadelphia, PA. 1989.

[70] Dasgupta A, Bhandarkar S, Pecht M, et al. Thermoelastic propertiesof woven fabric composites using homogenization techniques. Journal of Composites Technology and Research, 1992, 6(8):593-602.

[71] Naik N K, Ganesh V K. Prediction of on-axes elastic properties of plain weave fabric composites. Composites Science and Technology, 1992, 45(2): 135-152.

[72] Lene F, Paumelle P. Micromechanics of damage in woven composites. Composite Material Technology, 1992, ASME, PD-45:97-105.

[73] Blacketter D M, Walrath D E, Hansen A E. Modelling damage in plain weave fabric reinforced composite materials. Journal of Composites Technology and Research, 1993, 15(2):136-142.

[74] Glaesgen E H, Pastore C M, Griffin O H, et al. Geometrical and finite element modeling of textile composites. Composites Part B: Engineering, 1996, 27(1):43-50.

[75] Hill B J, McIlhagger R, Harper C M. Woven integrated multilayered structures for engineering preforms. Composites Manufacturing, 1994, 5(1):25-33.

[76] Naik R A. Excad-textile composite analysis for design. NASA Contractor Report 4639, Hampton, VA, 1994.

[77] Pastore C M, Gowayed Y A, Cai Y J. Applications of computer aided geometric modelling for textile structural composites. Computer aided design in composite material technology. Computational Mechanics Publications, 1990.

[78] Lei C, Wang A, Ko F. A finite cell model for 3-D braided composites. Chicago, 1988.

[79] Gowayed Y, Pastore C, Howarth C. Modification and application of unit cell continuum model to predict the elastic properties of textile composites. Composites Part A: Applied Science and Manufacturing, 1996, 27(2):149-155 .

[80] Masters J E, Fedro M J, Ifju P G. Experimental and analytical characterization of triaxially braided textile composites. Proceedings of the 3 NASA Advanced Composites Technology Conference, NASA, 1992: 263-287.

[81] Minguet P J, Fedro M J, Gunther C J. Test methods for textile composites. NASA Contractor Report 4609, Hampton, VA, 1994.

[82] La Mattina B. Preforming, rtm processing and textile characterization of 3D angle interlock carbon/epoxy composites. PhD Thesis, University of Delaware, 1993.

[83] Pastore C. Structure and mechanics of 2D and 3D textile composites. In: Hu J L (ed.). 3D fibrous assemblies. Cambridge, England, Woodhead Publishing Limited, 2008: 141-189.

9 非织造材料结构力学与过滤性质

摘要：非织造布是为了满足众多工业、医疗和生活消费需要而设计的一种多孔纤维集合体。本章简要总结非织造布满足各种应用应具备的性能，给出一些结构参数与性能关系（如力学性质、过滤性质等）的解析和经验模型。这些结构参数包括纤维维度和性能、纤维排列、黏结点结构性能、空隙结构、织物孔隙率和织物维数与变化。

9.1 引　言

非织造布是为了满足众多工业、医疗和生活消费的技术需要而设计的一种多孔纤维集合体。非织造布的应用涵盖了一次性用品和耐用品，包括擦拭巾、吸附性卫生用品、滤材、防护服、伤口敷料、组织工程支架、保温材料、土工材料、汽车内饰和地毯材料。

非织造布的定义为：定向或随机排列的纤维，通过摩擦、抱合、黏合或者这些方法的组合而制成的片状物、纤网或絮垫（不包括纸、机织物、簇绒织物、带有缝编纱线的缝编织物，以及湿法缩绒的毡制品）[1]。为了反映非织造产业的飞速发展，国际标准组织 EDANA 和 INDA 修正如下：

非织造布是一种由纤维、长丝及任何质地和来源的短切纱线，通过除机织和针织以外的任何形式成网和黏结而成的片状物，不包括湿法缩绒的毡制品。湿法非织造材料要求其纤维成分的长径比大于 300，人造纤维或非纤维素纤维占全部质量的 50% 以上；或长径比大于 600 的纤维虽只占全部质量的 30% 以上，但其密度小于 0.4 g/cm³。复合结构的材料要求其非织造成分的总质量占 50% 以上，或非织造成分占主要地位。

非织造布的性能是由它的化学性质、物理性质和机械性能决定的，而这些性质又受到它的成分和结构的影响。非织造布的结构主要由生产加工方法和相关的加工参数决定。

在非织造布的设计和应用过程中，通常需要通过纤维及其他组成部分的性能和织物的结构参数来预测非织造布的性能。这就涉及到在织物性能和其组成部分及结构之间建立联系，同时，也必须了解加工过程中的参数和织物的结构之间的关系。因此，通过使用各种数学方法和计算机技术将非织造布模型化，从而得到加工过程、织物结构、纤维性质、织物性能之间的定量关系。

非织造布的性能包括以下主要内容：

① 力学性质:拉伸性能(杨氏模量、强度、弹性、断裂功),压缩及压缩回弹性能,弯曲刚度,剪切刚度,撕裂强度,顶破强力,抗皱性,抗磨损性,摩擦性能(光滑度、粗糙度、摩擦系数)和能量吸收性能。

② 液体处理性能:渗透性,液体吸收性能(吸液倍率、穿透时间、芯吸速率、再润湿、细菌/微尘捕集和阻拦性能、流失、附着时间),水汽输送和透汽性。

③ 物理性质:隔热性,隔音性,导热性,传音性,导电性,静电性能,介电常数,导电性,不透明性及其他性能。

④ 化学性质:表面润湿角,疏油性和疏水性,与黏结剂和树脂界面兼容性,耐化学腐蚀性及湿处理下的耐久性,阻燃性,染色性,可燃性和耐污性。

⑤ 特殊使用性能:起绒性,美感和手感,过滤效果,生物相容性,抗菌性,生物降解性,等等。

非织造布在不同领域的应用取决于它的组成部分的性能和织物结构。组成部分指的是纤维、化学黏结剂、填充料和织物的后整理。织物结构参数包括孔结构、孔隙率、纤维排列、织物尺寸及变异、黏结点的结构。非织造布的主要参数如下:

① 纤维尺寸和性质:纤维直径,直径变异性,横截面形状,卷曲率和卷曲幅度,纤维长度及长度分布性,线密度,纤维力学性质(杨氏模量、弹性、强度、弯曲刚度、扭转刚度、压缩性、摩擦系数),原纤化倾向,表面化学性和吸湿接触角。

② 织物尺寸及变异性:尺寸(长度、幅度、厚度、平方米克重),尺寸稳定性,密度,厚度均匀性。

③ 纤维排列:纤维取向分布。

④ 黏结点的结构性能:黏结类型,大小,形状,黏结面积,黏结点分布密度,黏结强力,黏结点分布,几何排列,在黏结点作用下纤维的自由活动度,黏结点和纤维连接处性质,黏结点的表面性质。

⑤ 多孔结构参数:织物的孔隙率,孔的尺寸,孔的分布,孔的形状。

模拟非织造布的结构和性能有很多方法,输出的结果可能是物理的、数学的、可视化的(图形)、口头的或人工智能形式的模型。本章将集中用数学方法建立非织造布模型。这种方法应用广泛,可提供变量之间精确的定量关系。用于非织造布的数学模型方法,进一步可划分为分析和经验模型、连续的数值模型、动态模型、人工智能模型。

分析模型可以进一步分析机制和相互作用,至少可以证明一个机制是否在理论上可行,并且建议实验应该进一步阐述和区别每个变量对织物性能的影响。这里主要考察非织造布的结构模型,并且介绍一些建立在非织造布结构和性能关系上的分析和经验方法模型实例。

9.2　非织造布结构模型

如本书绪论和3.2.1节所述,van Wyk是第一个分析研究完全随机分布纤维网及其压缩性质的研究者[van Wyk C M. Note on the compressibility of wool. Journal of the Textile Institute Transactions, 1946, 37(12): T285-T292],当时的研究对象是羊毛纤维网。假设纤维单元是随机取向、均匀分布、相互间没有摩擦力的杆单元,得到羊毛纤维集合体压力-压缩体积变化方程。之后,非织造布结构研究开始以纤维取向分布函数的形式逐渐展开。非织造布结构很复杂,在几何结构和一致性上变化无穷,所以精确定量非织造布的结构是不可能的。因此,分析模型中所用到的物理结构模型是依据织物的性能经过简化的。这种非织造布的物理模型做了几个假设,如下:

- 非织造布是均质的还是非均质的;
- 非织造布结构是各向同性还是各向异性的;
- 纤维横截面是圆形还是其他形状;
- 织物中的孔是否为圆柱形;
- 纤维的排列是否为周期性排列。

在简化非织造布的结构时,主要考虑纤维的取向分布。非织造布的纤维取向分布指的是纤维倾斜角,如图9.1所示。在二维织物图中,纤维取向角定义为非织造布结构中单根纤维相对于机器方向的转动角度。非织造布中纤维取向角的频率分布被称为纤维取向分布。

下式是二维织物模型中的纤维取向分布:

$$\int_0^\pi \Omega(\alpha)\mathrm{d}\alpha = 1 \quad (\Omega(\alpha) \geqslant 0)$$

其中:α 是纤维取向角;$\Omega(\alpha)$ 是实验中的纤维取向分布函数。

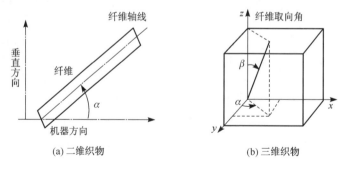

(a) 二维织物　　　　　　　(b) 三维织物

图 9.1　纤维的取向角

一般情况下,非织造布的简化模型假设为纤维排列各向同性,单向纤维束,纤维正交排列,或者单向毛细管排列。在所有的模型中,假定非织造布为均质材料。纤维的取向分布对织物拉伸性能[2-3]、弯曲刚度[4]、定向渗透率[5-6]、定向毛细管压力[7]起重要作用,应从二维和三维方向考虑纤维取向分布。

非织造布中的大部分纤维排列分布于织物的 $x—y$ 轴平面内;在一些加工过程中,如针刺,一部分纤维会沿着 z 轴分布,从而影响了织物的性能。直接测量三维的纤维取向分布很复杂,并且费时费力[8],因此,三维非织造布的结构可以简化为二维非织造层的组合,通过垂直于织物平面的纤维连接起来（图9.2）,三维织物的纤维取向可以通过二维织物的纤维取向来表达[9]。

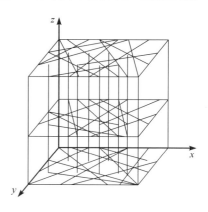

除了用标准显微镜法,还可以用CT扫描技术和数字容积成像方法。它们可以为非织造布模型提供三维织物的详细的内部结构信息。

图 9.2　三维非织造布的简化结构

在建立非织造布的结构模型时,还必须考虑黏结点的性质,对黏结点类型、形状、刚度、尺寸、密度和分布情况做出一些假设。这些黏结点可以分成两大类:刚性固定黏结点和柔性弹性黏结点。织物中的黏结点的类型取决于加工过程。在机械加固（针刺法和水刺法）方法中,黏结点由纤维缠绕而形成,这种黏结点很灵活,黏结点中的纤维在一定程度上可以自由滑动。相反,若用化学黏合法和热黏合法加固,黏结点是由黏合剂将纤维黏结起来而形成的,一部分纤维被固定,黏结点附近的纤维基本不能移动。利用热塑性纤维的纺黏织物,对纤维网进行加热,使部分纤维软化熔融,在纤维交叉点处相互黏结在一起,再冷却固化,黏结点中的纤维不能移动。熔喷法非织造布的黏结点没有热黏合法牢固,在一些应用中,大的纤维网表面具有足够的凝聚力,不需要热、化学、机械黏结。缝编法利用经编线圈将纤网进行加固,黏结点也很灵活。

黏结点的数量、大小及特征都受织物加工参数的影响。例如:在针刺法非织造布中,刺针的倒钩大小与纤维直径、针刺密度等有关;在水刺法中,喷射的能量、喷水机的尺寸、形成表面类型等;在热轧法中,接触面积、压力和温度;在化学黏结法中,黏合剂的使用方法,包括浸渍法、喷洒法、印花法和黏结点的黏度。

在大部分的非织造布中,固定黏结点的刚度可以通过最终的拉伸性能表示,如强力和弹性。同时,黏结的强度可以通过织物横截面的微观分析而得到。在机械黏合的织物中,特别是针刺法和水刺法织物,织物横截面上黏结点中弯曲纤维线圈的深度和黏结点的数量都关系到织物的黏结程度[10]。

9.3　非织造布中孔径与孔径分布模拟

非织造布是一种典型的多孔织物,孔的结构可以通过总的空隙体积、孔隙尺寸、孔径分布和孔的连接表示。孔隙率反映了总的空隙体积,定义为非固体体积(孔隙)占非织造布的总体积的百分率。固体的体积分数定义为固体纤维的体积占织物总体积的百分率。而纤维的密度为单位体积的固体纤维的质量,因此,孔隙率可以用织物的体积密度与纤维的密度,按下式计算:

$$\phi = \frac{\rho_{\text{fabric}}}{\rho_{\text{fibre}}} \times 100\%$$

$$\varepsilon = (1 - \phi) \times 100\%$$

式中:ε 为织物的孔隙率;ϕ 为固体的体积分数;ρ_{fabric} 为织物的密度;ρ_{fibre} 为纤维的密度。

尽管用孔来形容高度连接且高蓬松的非织造布中的空隙存在争议,但它反映了织物中空隙地区的网状结构,并且结合了织物的孔隙率和纤维的尺寸。

9.3.1　孔径模型

简化的非织造布孔径可以用 Wrotnowski 模型[11-12]进行估算(图 9.3)。该模型假设纤维为圆形截面,相互平直、等距并按照正方形排列。

孔径可以由下式获得:

$$r = \left(0.075\ 737 \sqrt{\frac{N_{\text{tex}}}{\rho_{\text{fabric}}}}\right) - \frac{d_{\text{f}}}{2} \qquad (9.1)$$

式中:N_{tex} 为纤维的线密度(tex);ρ_{fabric} 为织物的密度(g/cm³);d_{f} 为纤维的直径(m)。

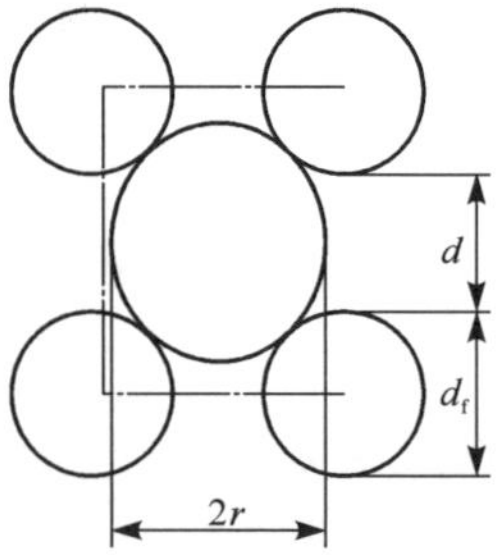

在其他许多模型中,用到了非织造材料的孔径、纤维直径和织物的孔隙率。例如最大孔径 ($2r_{\max}$) 和平均孔径 ($2r$),可以通过 Goeminne 方程[13]得到:

图 9.3　一束平行圆柱形纤维按照正方形排列的 Wrotnowski 模型

最大孔径 ($2r_{\max}$):$r_{\max} = \dfrac{d_{\text{f}}}{2(1-\varepsilon)}$

平均孔径 ($2r$) (孔隙率<0.9):$r = \dfrac{d_{\text{f}}}{4(1-\varepsilon)}$

式中:ε 为织物的孔隙率。

当非织造布模拟为理想化的平行圆柱形毛细管集合时,孔径 $(2r)$ 可以根据 Hagen-Poiseuille 方程[14]通过织物的渗透率得到:

$$r = \sqrt{8k}$$

式中:k 为达西定律中的比渗透率。

9.3.2 孔径分布模型

非织造布孔隙并不是统一均匀的,可以表示为许多孔径分布。假设非织造布中纤维是任意随机分布,并符合泊松定律,则直径为 r 的圆形孔隙的概率分布 $P(r)$ 可以表示为[15]:

$$P(r) = -(2\pi v')\exp(-\pi r^2 v') \tag{9.3}$$

其中:$v' = 0.36/r^2$ 定义为单位面积的纤维根数。

Giroud[16]提出了根据织物孔隙率、织物厚度和纤维直径来计算非织造土工织物的过滤孔径的理论方程:

$$O_f = \left[\frac{1}{\sqrt{1-\varepsilon}} - 1 + \frac{\xi \varepsilon d_f}{(1-\varepsilon)h}\right]d_f \tag{9.4}$$

式中:d_f 为纤维直径;ε 为孔隙率;h 为织物厚度;ξ 为未知无量纲参数,通过校准测试数据得到一些实验结果的 $\xi = 10$;O_f 为过滤开始尺寸,通常定为接近织物的最大收缩尺寸。

Lambard 等[17]和 Faure 等[18]运用泊松线性网络理论证实了非织造布开始尺寸的理论模型。在这个模型中,织物的厚度假设由一系列随机堆放的基本层构成,每层的厚度为 T,通过二维直线来模拟。Faure 等[19]及 Gourc 和 Faure[20]提出了一种通过多面体泊松模型来测定压缩尺寸理论方法。将浸渍了环氧树脂的非织造布样品切成段,织物模拟为一系列的单元层,纤维杂乱地分布在织物的二维平面中。截面厚度为纤维直径 d_f,孔隙分布通过统计纤维圆形截面落在多边形内的数量来确定。

孔径分布概率等于不同的圆形粒子通过各层织物的概率(类似于干筛分实验中的玻璃粉),理论上可以通过以下方程得到[19]:

$$Q(d) = (1-\phi)\left[\frac{2+\lambda(d+d_f)}{2+\lambda d_f}\right]^{2N}e^{-\lambda Nd} \tag{9.5}$$

其中:$Q(d)$ 为粒径为 d 的粒子通过织物中孔隙的概率;$\lambda = \frac{4}{\pi}\frac{(1-\phi)}{d_f}$,为单位面积平面中直线的总长度(也定

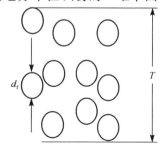

图 9.4　由随机堆叠的基本纤维层构成的非织造布的缩孔模型

义为特征长度）；$N = \dfrac{T}{d_f}$，表示截面图像中的切片总数；ϕ 为织物中纤维的体积分数。

当土工布的孔隙率低于 50% 时，不建议使用这种方法[21]。

9.4 拉伸强度

非织造布结构力学的研究历史起始于 Cox［参见：Cox H L. The elasticity and strength of paper and other fibrous materials. British Journal of Applied Physics，1952，3(3)：72-79］。随后 Backer 和 Petterson[2] 提出纤维网理论，根据纤维的取向、拉伸性能来估算非织造布的拉伸性能，其中假设两个黏结点之间的纤维片段为直线。在 20 世纪 60 年代，主要在 1963—1969 年间，出现一个研究非织造布结构和力学性质的高峰，并以"Nonwoven Fabric Studies"为主题在"Textile Research Journal"上连续刊登 17 篇关于非织造布工艺、结构和力学性质的研究论文。在经典力学方法在非织造布拉伸强度预测发展到瓶颈期时，Britton 于 1983 年得益于当时计算设备硬件的发展，开创了用数值方法来计算非织造布拉伸强度并预测其拉伸破坏形态［①Britton P N，Sampson A J，Elliott C F，et al. Textile Research Journal，1983，53(6)：363-368；②Britton P N，Sampson A J，Gettys W E. Textile Research Journal，1984，54(1)：1-5；③ Britton P N，Sampson A J，Gettys W E. Textile Research Journal，1984，54(7)：425-428］。在 20 世纪 90 年代，扩展至用图像处理方法来研究非织造布结构［①Huang X C，Bresee R R. INDA Journal of Nonwovens Research，1993，5(1)：13-21；② Huang X C，Bresee R R. INDA Journal of Nonwovens Research，1993，5(2)：14-21；③Huang X C，Bresee R R. INDA Journal of Nonwovens Research，1993，5(3)：28-38；④ Huang X C，Bresee R R. INDA Journal of Nonwovens Research，1994，6(4)：53-59］。

Hearle 和 Stevenson[3] 考虑了纤维的卷曲，进一步扩展了这个理论。他们的结果表明：织物的应力-应变性能取决于纤维的取向分布。接着，Hearle 和 Ozsanlav[22] 根据黏合点的变形进一步发展了一个理论模型，其中纤维的取向度作为一个必不可少的因素。

当非织造布中的纤维被假设为平行于织物平面排列时，可以通过三个途径来预测非轴向拉伸性能：各向同性模型、小应变下的力分析方法和根据弹性能量吸收模型的能量分析方法。

9.4.1 拉伸强度各向同性模型[2]

（1）基于主方向的拉伸性能模型

这个模型假设二维的非织造布类似于二维的正交机织物,其应力-应变关系主要在织物的主要方向,即机器方向和垂直方向,并假设下列的材料的性能已知:

- 两个主方向的弹性模量 E_x,E_y;
- 两个主方向间的剪切模量 G_{xy};
- 两个主方向的泊松比 $\nu_{xy} = \dfrac{1}{\nu_{yx}} = \dfrac{\varepsilon_x}{\varepsilon_y}$。

对于小变形下织物的单向力作用,$\dfrac{\sigma(\theta)}{\varepsilon(\theta)} = E(\theta)$,织物在 θ 角度的弹性模量 $E(\theta)$ 和泊松比 $\nu(\theta)$ 可以通过下式得到:

$$\frac{1}{E(\theta)} = \frac{\varepsilon(\theta)}{\sigma(\theta)} = \frac{\cos^4\theta}{E_x} + \left(\frac{1}{G_{xy}} - \frac{2\nu_{xy}}{E_x}\right)\cos^2\theta\sin^2\theta + \frac{\sin^4\theta}{E_y} \tag{9.6}$$

$$\nu(\theta) = -\frac{\varepsilon(\theta)}{\varepsilon\left(\theta + \frac{\pi}{2}\right)} = -\frac{\left(\dfrac{1}{E_x} + \dfrac{1}{E_y} - \dfrac{1}{G_{xy}}\right)\cos^2\theta\sin^2\theta - \nu_{xy}\dfrac{(\cos^4\theta + \sin^4\theta)}{E_x}}{\dfrac{\cos^4\theta}{E_x} + \left(\dfrac{1}{G_{xy}} - \dfrac{2\nu_{xy}}{E_x}\right)\cos^2\theta\sin^2\theta + \dfrac{\sin^4\theta}{E_y}} \tag{9.7}$$

(2)基于纤维取向分布和纤维性能的模型

这个模型对非织造布做了如下假设:

- 织物中的纤维是平直的圆柱状,没有纤维弯曲;
- 织物中纤维间的黏结强度大于纤维的强度(非织造布的破裂是由纤维断裂造成的);
- 剪切应力和应变忽略不计。

根据以上假设,可以得到如下的非织造布的拉伸性能方程,其中 $\Omega(\beta)$ 为纤维的取向分布,β 为取向角:

$$\sigma(\theta) = E_{\varepsilon_x} \int_{-\pi/2}^{\pi/2} \left[\cos^4\beta - \nu(\theta)\sin^2\beta\cos^2\beta\right]\Omega(\beta)\mathrm{d}\beta \tag{9.8}$$

$$\sigma\left(\theta + \frac{\pi}{2}\right) = E_f\,\varepsilon_x \int_{-\pi/2}^{\pi/2} \left[\sin^2\beta\cos^2\beta - \nu(\theta)\sin^4\beta\right]\Omega(\beta)\mathrm{d}\beta \tag{9.9}$$

$$\nu(\theta) = \frac{\displaystyle\int_{-\pi/2}^{\pi/2}(\sin^2\beta\cos^2\beta)\Omega(\beta)\mathrm{d}\beta}{\displaystyle\int_{-\pi/2}^{\pi/2}(\sin^4\beta)\Omega(\beta)\mathrm{d}\beta} \tag{9.10}$$

$$E(\theta) = \frac{\sigma(\theta)}{\varepsilon(\theta)} = E_f \int_{-\pi/2}^{\pi/2} \left[\cos^4\beta - \frac{\displaystyle\int_{-\pi/2}^{\pi/2}(\sin^2\beta\cos^2\beta)\Omega(\beta)\mathrm{d}\beta}{\displaystyle\int_{-\pi/2}^{\pi/2}(\sin^4\beta)\Omega(\beta)\mathrm{d}\beta}\sin^2\beta\cos^2\beta\right]\Omega(\beta)\mathrm{d}\beta \tag{9.11}$$

当织物为各向同性时，例如 $\Omega(\beta) = 1/\pi$，通过以上方程，可以得到：$\nu(\theta) = 1/3$。

9.4.2 小应变下力法模型

在小应力模型中，非织造布的结构假设如下：
- 纤维假设为圆柱形并分布在平行于织物平面的层中；
- 织物受到小变形；
- 织物为拟弹性材料并符合虎克定律；
- 织物没有侧向收缩；
- 纤维之间没有横向力作用；
- 没有纤维卷曲。

应力-应变关系可以通过分析织物中纤维的力分量来建立：

$$(1+\varepsilon_j)^2 = (1+\varepsilon_L)^2 \cos^2\theta_j + \qquad\qquad (9.12)$$
$$[1+\varepsilon_T + (1+\varepsilon_L)\cot\theta_j\tan\tau]^2 \sin^2\theta_j$$

其中：τ 为织物承受的剪切力；ε_j 为第 j 根纤维分量的纤维应变；ε_L 和 ε_T 分别为织物长度方向和横向的应变；θ_j 为第 j 根纤维分量的取向角。

如果在织物的平面内没有剪切作用，则：

$$(1+\varepsilon_j)^2 = (1+\varepsilon_L)^2 \cos^2\theta_j + (1+\varepsilon_L)^2 \sin^2\theta_j \qquad (9.13)$$

9.4.3 能量分析方法[23]

在能量分析方法中，织物的变形形态通过施加最小能量和应用应力应变来分析，而不是施加力和位移。假设如下：
- 织物为二维平面网；
- 纤维网由纤维通过黏结点来连接；
- 黏结点的移动与整块织物的变形一致；
- 储存的能量仅由纤维的长度变化来推导（不计黏结剂的贡献，每个点自由地黏结，纤维可以自由地在两个连接点间移动）；
- 纤维存在卷曲（在实际的非织造布中，纤维有不同程度的卷曲）；
- 织物被视为弹性纤维组分能量吸收网，其中可逆变形的弹性能仅由纤维的长度来决定。

当施加单向力时：

$$\varepsilon'_j = \frac{1}{C_j}\left[(1+\varepsilon_L^2)\cos^2\theta_j + (1-\nu_{xy}\sin^2\theta_j)^2\sin^2\theta_j\right]^{\frac{1}{2}} - 1 \qquad (9.14)$$

$$\sigma_L = \frac{\displaystyle\sum_{j=1}^{N} \mu_j \sigma_j \left[\frac{\cos^2 \theta_j}{C_j^2 (1 + \varepsilon'_j)} \right]}{\displaystyle\sum_{j=1}^{N} \mu_j} \tag{9.15}$$

式中：ε'_j 为第 j 根纤维分量的应变；ε_L 为织物的总应变；σ_j 为第 j 根纤维分量的应力；σ_L 为织物的总应力；ν_{xy} 为织物的收缩系数，定义为 x 方向的力造成的 y 方向的收缩，等于 y 方向的应变与 x 方向的比值；θ_j 为第 j 根纤维分量的取向角；C_j 为第 j 根纤维分量的卷曲系数；μ_j 为第 j 根纤维分量的质量；N 为纤维的总根数。

9.5 非织造布弯曲刚度

Freeston 和 Platt[4] 评价了化学黏合的非织造布的弯曲刚度。在这个模型中，假设织物由一系列的非织单胞结构组成；总的弯曲刚度为单胞弯曲刚度之和，定义为弯矩乘以单胞的曲率半径。假设如下：
- 纤维截面为圆柱形且沿着纤维长度方向保持不变；
- 纤维的剪切应力可以忽略不计；
- 纤维最初为直的，在弯曲的单胞中，纤维的轴线遵循一个圆柱螺旋路径；
- 纤维直径和织物厚度与曲率半径相比非常小，弯曲中性轴就是纤维的几何中心线；
- 织物密度足够高以至于纤维取向分布密度函数是连续的；
- 织物在平面上和厚度上是同质结构。

单胞的弯曲刚度 $(EI)_{\text{cell}}$ 可以通过下式得到：

$$(EI)_{\text{cell}} = N_f \int_{-\pi/2}^{\pi/2} \left[E_f I_f \cos^4 \theta + GI_p \sin^2 \theta \cos^2 \theta \right] \Omega(\theta) \mathrm{d}\theta \tag{9.16}$$

其中：N_f 为单胞中的纤维总数；$E_f I_f$ 为纤维轴附近的弯曲刚度；G 为纤维的剪切模量；I_p 为纤维截面的极惯性矩；$\Omega(\theta)$ 为纤维在 θ 方向的取向分布。

需要考虑以下两种纤维移动的极端情况下织物的弯曲刚度：

（1）相关纤维可以"完全自由"运动

如果织物弯曲时纤维可以自由扭转，如针刺非织造布中，则扭转参数（G，I_p，$\sin^2\theta \cos^2\theta$）均为 0，因此：

$$(EI)_{\text{cell}} = \frac{\pi d_f^4 N_f E_f}{64} \int_{-\pi/2}^{\pi/2} \Omega(\theta) \cos^4 \theta \mathrm{d}\theta \tag{9.17}$$

其中：d_f 为纤维的直径。

（2）相关纤维不能运动

在化学黏合非织造布中用黏结剂用来稳定纤维网，相关纤维的运动受到严重限

制。假设在这种情况下,纤维没有相对运动,单胞的弯曲刚度 $(EI)_{\text{cell}}$ 如下式所示:

$$(EI)_{\text{cell}} = \frac{\pi N_f E_f d_f^2 h}{48} \int_{-\pi/2}^{\pi/2} \Omega(\theta)\,\cos^4\theta\mathrm{d}\theta \tag{9.18}$$

其中:h 为织物的厚度;d_f 为纤维的直径。

9.6　非织造布比渗透率模型

非织造布的固有渗透率(也称为比渗透率或绝对渗透率)是织物的一种结构特征,代表流体流过孔隙的能力。它完全由非织造布的结构决定,可以通过达西定律[24]进行定义:

$$q = -\frac{k}{\eta}\frac{\Delta p}{h} \tag{9.19}$$

式中:q 为流体通过多孔材料的表面流动率(m/s);η 为流体的黏度(Pa · s);Δp 为沿着流体流动距离上导管方向的压差(Pa);k 为多孔材料的比渗透率(m^2)。

目前存在的渗透率理论模型和多孔结构的经验公式,都是基于以下假设中的一种。在一般情况下,非织造布被认为是均质材料。

a. 各向同性:在整个结构中,各个方向的渗透率相同。

b. 单向特性[25-26]:两个主方向分别在纤维的取向方向和垂直方向上。

c. 各向异性[5-6, 21-23]:各个方向的渗透率不同。

非织造布渗透率经验模型是在特定情况下得到的。

9.6.1　比渗透率理论模型

现有应用于非织造布的渗透率理论模型可以分为两大类:

① 毛细管通道理论,如:Kozeny[27], Carman[28], Davies[29], Piekaar 和 Clarenburg[30], Dent[31]。

② 阻力理论,如:Emersleben[32], Brinkman[33], Iberall[34], Happel[35-36], Kuwabara[36], Cox[37], Sangani 和 Acrivos[38]。

建立在毛细管通道理论上的渗透率模型是基于 Hagen-Poiseuille[14], Kozeny[27]和 Carman[28]所做的工作,他们将流体在织物中的流动视为流经平行毛细管的管道流。Gebart[39]提出了两个适用于低孔隙率(低于 0.35)非织造布的渗透率模型。

沿纤维取向方向的渗透率与 Kozeny-Carman 方程具有相同的形式;垂直于纤维方向的渗透率使用润滑近似理论,假设相邻圆柱体之间的狭窄的缝隙决定着流动的阻力。然而,对于毛细管通道理论不适合孔隙率大于 0.8 的高孔隙率介质的观点,一直存在争议，如 Carman[28]。基于毛细管通道理论渗透率模型的总结见表 9.1。

表 9.1　基于毛细管通道理论的渗透率模型

理论	渗透率(m²)	
Hagen-Poiseuille 方程[14]	$k = \dfrac{\pi r^4}{8}$	$C = k_0 S_0^2$
Kozeny-Carman 方程(毛细管通道结构)	$k = \dfrac{1}{C}\dfrac{(1-\phi)^3}{\phi^2}$	$C = \dfrac{k_0}{d_f^2}$
Kozeny-Carman 方程[40](多孔材料)		$C = \dfrac{16\tau\, k_0}{d_f^2}$
Rushton 方程[41]	$\Omega(\alpha) = \dfrac{1}{\pi}$	$C = \dfrac{32}{\xi d_f^2}$
Sullivan 方程[42-43]		$k_{\parallel} = -\dfrac{2d_f^2}{57\phi}\dfrac{(1-\phi)^3}{\phi^2}$
Gebart[39](正方形排列)		$k_{\perp} = -\dfrac{4d_f^2}{9\pi\sqrt{2}}\left(\sqrt{\dfrac{\pi}{4\phi}}-1\right)^{\frac{5}{2}}$
Shen 模型[44]		$k = \dfrac{1}{128}\dfrac{(1-\phi)^3}{\phi^2}d_f^2$
Rollin 模型[45]		$k = 7.376\times10^{-6}\dfrac{d_f}{\sqrt{\phi}}$

注：τ 为粗糙度系数；k_0 为 Kozeny 常数；ξ 为取向系数；S_i 为比内表面积；S_0 为比表面积，$S_0 = \dfrac{S_i}{(1-\phi)}$；$r$ 为毛细管半径。

　　基于阻力理论的渗透率模型中，织物中的纤维被看作是结构中的孔壁，被当作流体直流的一个障碍[46]，所以阻力的总和假定等于多孔织物的总流阻。与毛细管流理论不同的是，阻力理论和单元细胞模型论证了织物的渗透率和内部结构之间的关系。在阻力模型中，纤维被认为以如正方形、三角形、六角形阵列的周期模式单向排列。单向纤维材料的渗透率可以通过 Navier-Stokes 方程和单胞中适当的边界条件来解决。表 9.2 总结了阻力模型。

表 9.2　基于阻力理论的渗透率模型

理论	渗透率(m²)	
Emersleben 方程[32]	$k = \dfrac{1}{C}\dfrac{d_f^2}{\phi}$	$C = 16$
Happel 模型[35,47]	$C_{\parallel} = \dfrac{32}{S}$ $\quad$ $C_{\perp} = \dfrac{64}{S}$	$C_{\perp} = -\dfrac{32}{T}$
Kuwabara[36]	$C_{\parallel} = \dfrac{32}{\left(\phi^2 - 4\phi + 2\ln\phi + 2.952\,671\,932 + \dfrac{0.101\,942\,6\phi^4}{1+1.519\,78\phi^4}\right)}$	

（续表）

理论	渗透率（m²）
Drummond 和 Tahir[48]（正方形排列）	$C_\perp = \dfrac{32}{\left(\ln\phi + 1.476\,335\,97 - \dfrac{2\phi - 0.795\,897\,8\phi^2}{1 + 0.489\,192\,4\phi - 1.604\,869\,42\phi^2}\right)}$
Langmuir 模型[49]	$k_\perp = \dfrac{S}{19.2\phi}d_{\mathrm{f}}^2$
Miao[50]	$k_\perp = \dfrac{S}{9\phi}d_{\mathrm{f}}^2$
Mao-Russell_ISO（二维各向同性）	$C = -16\left(\dfrac{S+T}{ST}\right)$
Mao-Russell_ISO3D[9]（三维各向同性）	$C = -\dfrac{32}{3}\left(\dfrac{2S+T}{ST}\right)$
Iberall 模型[31]	$C = \dfrac{16}{3}\dfrac{(4-\ln R_e)}{(2-\ln R_e)}\dfrac{1}{(1-\phi)}$

注：① $S = 2\ln\phi - 4\phi + 3 + \phi^2$，$T = \ln\phi + \dfrac{1-\phi^2}{1+\phi^2}$；

　　② $C\parallel C_\perp$ 为 Happel 方程中平行和垂直于纤维取向的渗透率系数。

　　从图 9.5 中可以明显地看出，基于毛细管理论的 Kozeny 方程[29] 及其派生，用于低孔隙率织物时与实验结果吻合得很好（<0.8），但不适用于高孔隙率的织物（>0.8）。应用于各向同性结构的 Mao-Russell 方程在低孔隙率时与毛细管理论模型吻合得较好，在高孔隙率时与经验模型结果吻合较好。Mao-Russell 方程预测的结果与 Shen 方程在低孔隙率（0.5～0.8）和 Davies 方程在高孔隙率（0.85～0.99）时基本一致。相比之下，同样基于阻力理论的 Iberall 方程，对低孔隙率织物的渗透率的预测结果高于经验模型。

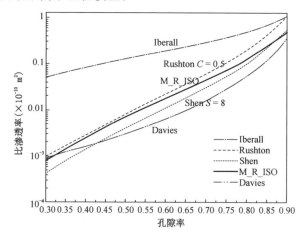

（a）织物孔隙率为 0.30～0.90 时，比渗透率与织物孔隙率的关系

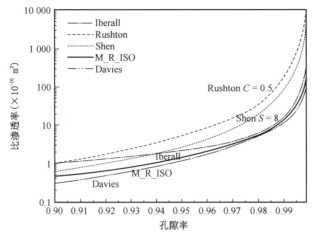

（b）织物孔隙率为 0.90～0.99 时,比渗透率与织物孔隙率的关系

图 9.5　用于各向同性材料的渗透率模型比较

注明:在 Rushton 方程中,产品的粗糙度因子和 Kozeny 常数 k_0 取值为 0.5。

9.6.2　三维各向异性非织造布的方向渗透率[39, 51]

非织造布是三维各向异性结构,其中的纤维取向为预定的方向。非织造布的渗透率具有各向异性,和纤维取向密切相关[42]。图 9.6 中,流体沿着 $\vec{\tau}$ 方向流经三维非织造布,$\vec{f}$ 为纤维的方向。这两个方向矢量在球面坐标系中用三轴角度表示,$\vec{f} = \left(\beta, \dfrac{\pi}{2} - \beta, \alpha\right)$,$\vec{\tau} = \left(\beta_\tau, \dfrac{\pi}{2} - \beta_\tau, \alpha_\tau\right)$,则 $\vec{f}$ 和 $\vec{\tau}$ 之间的角度 $\psi[\psi = \angle(\vec{f}, \vec{\tau})]$ 为:

$$\cos \psi = \cos \alpha \cos \alpha_\tau + \sin \alpha \sin \alpha_\tau \cos (\beta - \beta_\tau)$$

Mao-Russell 方程可根据织物结构的可测参数来模拟非织造布的定向渗透率。假设如下:

● 纤维之间的距离和单根纤维的长度远大于纤维直径,即结构具有较高的孔隙率,相邻纤维对流动的扰动忽略不计;

● 非织造布由相同直径的纤维构成,且纤维分布在横向的二维平面内,z 向没有纤维分布;

● 单位体积内纤维的流阻和整个织物结构是相等的,即织物均匀;

● 不同取向的纤维数量在每个方向上是不一样的,但遵循纤维的取向分布函数 $\Omega(\alpha)$,α 为纤维

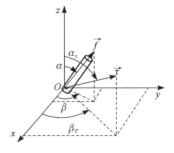

图 9.6　三维织物结构
中的液体流动

取向角；

● 流体的惯力可以忽略不计，即流体具有较低的雷诺数，平面与垂直宏观流之间的压降等于平面间所有元素之间的阻力；

● 压降必须克服施加在平行、垂直或任何其他方向的黏性纤维的线性黏性阻力。

三维非织造布在 $\vec{\tau}$ 方向的方向渗透率表示如下[42]：

$$k(\vec{\tau}) = -\frac{d_{\mathrm{f}}^2}{32\phi}\left\{\frac{ST}{\int_0^\pi \int_0^\pi \left[T\cos^2(\psi) + S\sin^2(\psi)\right](\beta,\ \alpha)\mathrm{d}\beta\mathrm{d}\alpha}\right\} \qquad (9.20)$$

其中：$S = -(4\phi - \phi^2 - 3 - 2\ln\phi)$；$T = \left(\ln\phi + \dfrac{1-\phi^2}{1+\phi^2}\right)$；$\vec{f}$ 为纤维的取向；ϕ 为固体体积分数；d_{f} 为纤维的直径；$\Omega(\beta,\ \alpha)$ 纤维的取向分布函数；$\cos\psi = \cos\alpha \cos\alpha_\tau + \sin\alpha \sin\alpha_\tau \cos(\beta - \beta_\tau)$。

在典型的非织造布中，大部分的纤维取向在织物的平面内（如纺黏和熔喷非织造布），有小部分的纤维取向是沿着织物的厚度方向（如针刺和水刺非织造布），有些特殊结构的织物（如 STRUTO）大部分的纤维取向在厚度方向。这些三维结构的织物可以简化如下：

● 纤维平行或垂直于织物平面；

● 纤维在 z 轴和织物平面内分布均匀、统一；

● z 分数用来表示纤维垂直于织物平面的数量与纤维总数的比值；

● 流体流动为平面层流（即沿 z 轴的流动忽略不计）。

如表 9.3 所示，使用基于二维纤维取向分布的方法，可以用较低的成本获得三维非织造布的渗透率。

表 9.3　各种二维和三维非织造布的渗透率

纤维结构	纤维取向分布	方向渗透率
三维非织造布的广义渗透率[9, 51]	$\Omega(\alpha)$	$k(\vec{\tau}) = -\dfrac{d_{\mathrm{f}}^2}{32\phi}\left[\dfrac{ST}{\int_0\int_0 (T\cos^2\psi + S\sin^2\psi)\Omega(\beta,\ \alpha)\mathrm{d}\beta\mathrm{d}\alpha}\right]$ $\cos\psi = \cos\alpha\cos\alpha_\tau + \sin\alpha\sin\alpha_\tau\cos(\beta - \beta_\tau)$
	$\dfrac{1}{k(\phi)} = \dfrac{\cos^2(\theta-\phi)}{k_x} + \dfrac{\sin^2(\theta-\phi)}{k_y}$	
Ferrandon 方程[46]	$\dfrac{1}{k(\beta_\tau,\ \alpha_\tau)} = \dfrac{\cos^2(\beta_\tau-\phi)}{k_x} + \dfrac{\cos^2\left(\dfrac{\pi}{2}-\beta_\tau+\phi\right)}{k_y} + \dfrac{\cos^2\alpha_\tau}{k_z}$	

纤维结构	纤维取向分布	方向渗透率
三维特殊结构非织造布的广义渗透率[9, 51]	$\Omega(\beta)$	$k(\vec{\tau}) = -\dfrac{d_f^2}{32\phi}\left\{\dfrac{ST}{zT+(1-z)S+(1-z)(T-S)\displaystyle\int_0^\pi [\cos^2(\beta-\beta_\tau)\,\sin^2\alpha_\tau]\,\Omega(\beta)\mathrm{d}\beta}\right\}$ $\dfrac{4(T+S)}{T-S}\cos(2\phi) - \cos(4\phi)\displaystyle\int_0^\pi [\Omega(\beta)\cos(2\beta)]\mathrm{d}\beta +$ $\sin(4\phi)\displaystyle\int_0^\pi [\Omega(\beta)\sin(2\beta)]\mathrm{d}\beta = 3\displaystyle\int_0^\pi [\Omega(\beta)\cos(2\beta)]\mathrm{d}\beta$
纤维分布在织物平面内的各向同性的三维非织造布[9]	$\Omega(\alpha) = \dfrac{1}{\pi}$	$k_x = k_y = -\dfrac{1}{16(1-z)}\dfrac{d_f^2}{\phi}\left(\dfrac{ST}{S+T}\right)$; $k_z = -\dfrac{d_f^2}{32\phi}\left(\dfrac{ST}{(1-z)S+zT}\right)$

注：$S = -(4\phi - \phi^2 - 3 - 2\ln\phi)$；$T = \left[\ln\phi + \dfrac{1-\phi^2}{1+\phi^2}\right]$；$x$、$z$ 为纤维在 x、z 方向的排列分数；k_x、k_y 和 k_z 为三个方向的渗透率。

9.6.3　非织造布定向毛细压力和流体芯吸

非织造布的流体芯吸可以视为多孔材料中的稳态流,但在许多实际情况下,由于非织造布的不均匀性和完全饱和,液体为非稳态流。

（1）基于织物孔径的 Lucas-Washburn 方程

通常,液体在织物、纸张[52-53] 和非织造布中的芯吸,可以用 Lucas-Washburn 方程[54] 进行模拟。织物中所包含的平均孔径为 r 的毛细管,通常等效地模拟为具有相同直径的平行毛细管。在这种情况下,用于毛细管的层流流动的 Hagen-Poiseuille 方程[14] 可描述非织造布芯吸率,方程如下:

$$\frac{\mathrm{d}h}{\mathrm{d}t} = \frac{r^2}{8\eta}\frac{\Delta P}{h} \tag{9.21}$$

其中:r 为毛细管的直径;h 为时间 t 内流过的距离;η 为流体的黏度;ΔP 为毛细管压力。

可用 Laplace 方程表示:

$$p_{\mathrm{cap}} = \frac{2\sigma\cos\gamma}{r} \tag{9.22}$$

式中:γ 为流体与毛细管表面的接触角;σ 为液体的表面张力。

在带状垂直芯吸实验中,$\Delta P = p_{\mathrm{cap}} - \rho g h$（$g$ 为重力加速度,ρ 为流体的密度）。流体的芯吸高度与芯吸时间之间的关系如下[55]:

$$bt = -h_{\mathrm{m}}\log_{\mathrm{e}}\left(1 - \frac{h}{h_{\mathrm{m}}}\right) - h \tag{9.23}$$

其中:$h_{\mathrm{m}} = a/b$;$a = r\sigma\cos\gamma/4\eta$;$b = r^2\rho g/8\eta$。

在水平带状实验中,重力作用将忽略,则方程可以简化为 Lucas-Washbur
方程[56-58]:

$$h = Ct^{\frac{1}{2}} \tag{9.24}$$

其中:C 为与流体性能和织物结构有关的常数,$C = \left(\dfrac{r\sigma\cos\gamma}{2\eta} \right)^2$。

在毛细管通道理论中(Lucas-Washburn 方程),毛细芯吸作用是由孔隙的
几何结构决定的。但在非织造布中,平均等效毛细管半径[59]难以量化,原因
如下:

● 毛细管通道的大小和形状不同,它们相互联通,而且在整个三维纤维网中相
互联通;

● 实际非织造布中,毛细通道截面不是圆形,且长度不一定统一。

Mao 和 Russell[51]基于等效水力半径理论建立了非织造布的定向毛细管压力
模型。

(2) 定向毛细管压力和定向芯吸

结合"9.6.2"节中有关非织造布结构的一些假设,用于毛细压力的 Mao-
Russell 方程建立在以下的假设之上:

● 织物平面 θ 方向的毛细管压力等于 N 个具有相同水力直径的毛细管集合的
水压;

● 织物平面 θ 方向的湿比表面积 $S_0(\theta)$ 应该等于毛细管集合;

● 毛细管集合的孔隙率应该与非织造布中的相同。

在任何特定的方向上,整体毛细管压力用沿着纵向的纤维间的毛细管压力来
表示。这种假设是基于沿纤维方向取向[60]的毛细现象远远大于垂直于纤维方向。
这可以通过 Cassie[61]理论和 Princen[62]模型来证明。因此,假设整个非织造布中
不同方向上的毛细管压力取决于纤维取向分布。

如果给定了织物平面内的纤维的取向分布函数 $\Omega(\alpha)$,α 为纤维的取向角,则 θ
方向的毛细管压力 $p(\theta)$ 表示如下:

$$p(\theta) = \frac{4\theta \displaystyle\int_0^\pi \Omega(\alpha) \, |\cos(\theta - \alpha)| \, \mathrm{d}\alpha}{d_f(1 - \phi)} \sigma\cos\gamma \tag{9.25}$$

其中:γ 为纤维的接触角;σ 为液体的表面张力;d_f 为纤维直径;ϕ 为固体纤维
含量。

三维非织造布 $\vec{\tau}$ 方向的毛细管压力 $p(\vec{\tau})$ 为:

$$p(\vec{\tau}) = \phi S_0 \int_0^\pi \int_0^\pi \frac{|\cos\alpha\cos\alpha_\tau + \sin\alpha\sin\alpha_\tau\cos(\beta - \beta_\tau)| \, \Omega(\beta, \alpha) \, \mathrm{d}\alpha\mathrm{d}\beta}{(1 - \phi)} \sigma\cos\gamma$$

$$\tag{9.26}$$

式中: $\Omega(\beta, \alpha)$ 为织物 $\vec{f}$ 方向的纤维取向分布函数。

结合 $\vec{\tau}$ 方向的渗透率,水平方向的芯吸率 $V(\vec{\tau})$ 及芯吸长度 $L(\vec{\tau})$,可表示为[51]:

$$V(\vec{\tau}) = V(\beta_\tau, \alpha_\tau)$$

$$= -\frac{d_f}{8x(\vec{\tau})(1-\phi)} \left[\frac{ST \int_0^\pi \int_0^\pi |\cos\psi| \Omega(\beta, \alpha) \mathrm{d}\alpha \mathrm{d}\beta}{\int_0^\pi \int_0^\pi (T\cos^2\psi + S\sin^2\psi)\Omega(\beta, \alpha) \mathrm{d}\alpha \mathrm{d}\beta} \right] \frac{\sigma\cos\gamma}{\eta}$$

$$\tag{9.27}$$

$$L(\vec{\tau}) = L(\beta_\tau, \alpha_\tau) = Ct^{\frac{1}{2}} \tag{9.28}$$

其中: $\cos\psi = \cos\alpha\cos\alpha_\tau + \sin\alpha\sin\alpha_\tau\cos(\beta-\beta_\tau)$;

$$C = \frac{1}{2} \left\{ -\frac{d_f}{(1-\phi)} \left[\frac{ST \int_0^\pi \int_0^\pi |\cos\psi| \Omega(\beta, \alpha) \mathrm{d}\alpha \mathrm{d}\beta}{\int_0^\pi \int_0^\pi (T\cos^2\psi + S\sin^2\psi)\Omega(\beta, \alpha) \mathrm{d}\alpha \mathrm{d}\beta} \right] \frac{\sigma\cos\gamma}{\eta} \right\}。$$

因此,结合液体黏度、表面张力和液体接触角,芯吸的速率取决于纤维直径、纤维取向分布和孔隙率。

9.7 热阻和导热系数

热量的转移通过三条途径[63-64]:①通过导电粒子(分子、原子和电子),在固体、气体和液体高温地区,通过粒子间相互作用将能量传播到一些相邻的低温区域;②通过流体流动过程中的对流;③电磁辐射。

导热系数可由如下稳态热流通过平板时一维形式的傅里叶热传导方程定义:

$$q = k\frac{\Delta T}{L} \tag{9.29}$$

式中: q 为单位面积的热流量; ΔT 为整块板的温差; L 为织物厚度; k 为导热系数。

非织造布的导热系数 k,取决于纤维组分的导热系数(包括其他固体材料,如黏结剂)和织物中所含空气的共同作用,因此,是所有纤维和空气由于传导、对流和辐射而导致的导热系数的总和。表示如下:

$$k = k_{\text{air conduction}} + k_{\text{fconduction}} + k_{\text{convection}} + k_{\text{radiation}} + k_{\text{fibre-air}} \tag{9.30}$$

其中: $k_{\text{air conduction}}$ 为空气导热系数; $k_{\text{fconduction}}$ 为纤维导热系数; $k_{\text{convection}}$ 为对流导热系数; $k_{\text{radiation}}$ 为辐射导热系数; $k_{\text{fibre-air}}$ 为纤维和空气之间的导热系数。

　　传热受到纤维组分的导热系数、织物结构和尺寸及环境温度的影响。织物密度、孔隙率和纤维排列尤为重要。传导发生在固体纤维材料和纤维之间的空隙所包含的空气中;自由对流发生在重力场存在的地方;辐射发生在织物的表面及内部的纤维。通过增加织物的密度,可以减少对流和辐射,但可能会增加纤维的导热性。

　　为了模拟的需要,做了以下假设:①纤维结构被近似为导热系数为 k 的均匀介质;②纤维的相互作用对 k 的影响可以在单位体积内平均;③单纤维假定为主轴远大于短轴的球体;④纤维垂直于热流。

　　通过考虑基本的纤维-空气单胞(图 9.7)中的纤维取向和空气热阻,Stark 和 Fricke[65] 建立了一个确定导热系数的模型:

$$k^{BM} = k_s \left\{ 1 + \frac{\beta - 1}{1 + \alpha [1 + Z(\beta - 1)/(\beta + 1)]} \right\} \tag{9.31}$$

其中:$\alpha = v_s/v_a$;$\beta = k_a/k_s$;v_s,v_a 分别为导热系数为 k_s,k_a 的介质的体积分数,$v_a + v_s = 1$;Z 为纤维排列垂直于宏观热流的百分数($Z=1$,纤维垂直于热流;$Z=0.66$,纤维随机排列;$Z=0.83$,纤维平行于热流)。

　　相邻纤维之间的接触面积的热阻(图 9.7),使用统计概率模型及纤维和空气的耦合作用进行模拟。基于修正模型的织物导热系数,可以根据图 9.8[65]进行计算:

$$k^{MMC} = (m+1) \left(\frac{m}{k^{BM}} + \frac{\xi + 1}{\xi} \frac{1}{k_a + \frac{2k_s A d_f}{\xi \pi a_{ct}}} \right)^{-1} \tag{9.32}$$

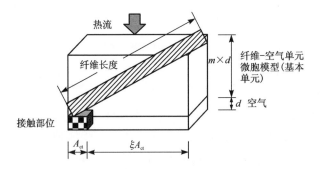

图 9.7　织物导热系数的改良
纤维空气单元微胞模型

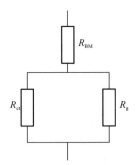

图 9.8　基于基本模型热阻(R_{BM})、纤维和纤维接触面积热阻(R_{ct})和空气热阻(R_g)的修正模型电路原理图[65]

其中：

$$m = \frac{l}{d_f} \cos \theta_0 - 1$$

$$\xi = \left(\frac{2l}{d_f} \right)^{\frac{2}{3}} \frac{(0.5 \sin \theta_0)^{\frac{1}{3}}}{\pi [1.5(1 - \nu_0^2) p_{ext}/E]^{\frac{2}{3}}} - 1$$

$$\frac{1}{d_f} = \frac{1}{2} \left(\frac{\pi \left(1 + \frac{1}{\alpha} \right)}{0.5 \sin^2 \theta_0 \cos \theta_0} \right)^{\frac{1}{2}}$$

式中：a_{ct} 为接触半径；A 为连接参数，$A = 0.611$；A_{ct} 为接触面积；d 为纤维直径；E 是杨氏模量；l 是基本模型中纤维-空气单胞的纤维长度（细胞的对角）；k^{BM} 是基本模型中纤维-空气单胞的导热系数；k^{MMC} 是修正模型中纤维-空气单胞的导热系数；m 是纤维-空气单胞的高度；p_{ext} 为外部压力；ν_0 为纤维材料的泊松比；$\xi + 1$ 为单位接触面积内单胞的面积；θ_0 为平均纤维取向角。

Schuhmeister[66]建立了均匀的各向同性非织造布，在一定的回潮率下，结合纤维组成比例的导热系数的经验方程：

$$k = \frac{1}{3}(k_1 v_1 + k_2 v_2) + \frac{2}{3} \left(\frac{k_1 k_2}{k_1 v_2 + k_2 v_1} \right) \tag{9.33}$$

式中：v_1 和 v_2 分别为导热系数为 k_1 和 k_2 的介质的体积分数，$v_1 + v_2 = 1$。

Baxter[67]拓展了 Schuhmeister 方程，用于含羊毛的非织造布：

$$k_m = x(k_1 v_1 + k_2 v_2) + y \left(\frac{k_1 k_2}{k_1 v_2 + k_2 v_1} \right) \tag{9.34}$$

式中：$x = 0.21$；$y = 0.79$；k_1 为空气的导热系数（$k_1 = 0.0264$）；k_2 为羊毛的导热系数（回潮率为 0.7% 时 $k_2 = 0.2226$，回潮率为 10.7% 时 $k_2 = 0.1933$）；v_1 和 v_2 分别为空气和羊毛的体积分数。

9.8 声　阻

非织造布有三种吸声作用：反射、传播和声波的吸收。目前，声音在非织造布中传播的理论分析，大多集中在反射和小振幅吸收在非织造布表面音频范围内空气中的声波。它们都是基于假设非织造布由两相构成：固体纤维材料（刚性或弹性）和空气。本节中介绍的理论模型可为隔声非织造布的设计和应用提供帮助，另外还有更多的有关非织造布吸声的实验模型[68-71]。

9.8.1 理论模型

非织造布的声音传输模型有三种类型[72]：平行毛细孔模型，平行纤维模型，以及基于前两个模型的半经验模型。在平行毛细孔模型中,非织造布被假定为是一种含有相同的平行圆柱形毛细孔(垂直于织物表面)的介质。有两种类型的平行纤维模型:第一种假设纤维彼此平行,且平行于织物表面;第二种假设纤维相互平行,但垂直于织物表面。

两个复杂的变量决定了声音在一个各向同性的均质材料中的传播性能:特性阻抗 $Z_0(f, d_f, \varepsilon) = Z_0(R) - jZ(I)$ 和每米的传播系数 $\gamma(f, d_f, \varepsilon) = \alpha + j\beta$。$Z_0(R)$ 和 $Z(I)$ 为 $Z_0(f, d_f, \varepsilon)$ 的实数和虚数部分。法向入射能量吸声系数定义如下:

$$\alpha = 1 - \left| \frac{Z - \rho_0 c_0}{Z + \rho_0 c_0} \right|^2 \tag{9.35}$$

其中:f 是声音的频率;ρ_0 和 c_0 分别为空气的密度和声速。

当织物厚度 h 较小时(低于 10 cm),并固定在刚性墙上,阻抗 Z 可以使用下式计算:

$$Z_0 = Z \coth \gamma(f, d_f, \varepsilon) h \tag{9.36}$$

式(9.35)中的织物吸声系数重新写为:

$$\alpha = \frac{4Z_0(R)\rho_0 c_0}{[Z_0(R) + \rho_0 c_0]^2 + Z_0^2(I)} \tag{9.37}$$

平行纤维模型中,每根圆柱形纤维的黏性和热效应影响是没有耦合的[73],这已经被 Zwikker 和 Kosten[74] 及 Kirby 和 Cummings[68] 证实。非织造布声学性能的模拟结合了有效动态密度和 Raleigh 模型中的体积弹性模量。织物结构的平行纤维模型假设如图 9.9 所示[68]。

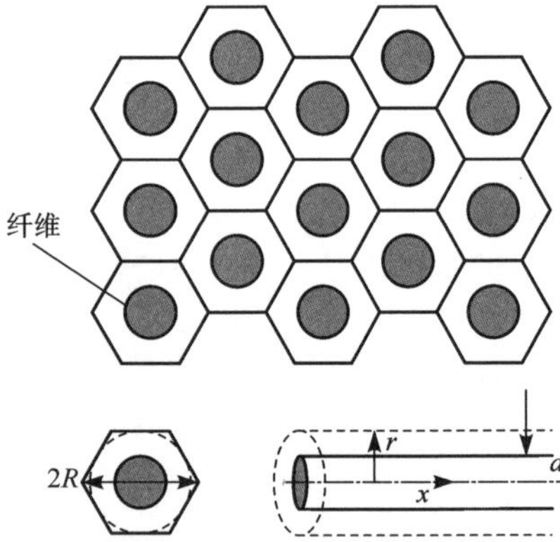

纤维头端为自由面情况下的问题由以下系列方程[75]进行定义:

(1) 纤维运动方程

$$\frac{\partial p_{fibre}(x, t)}{\partial x} + \frac{\partial u_{fibre}(x, t)}{\partial t} \rho_{fabric} =$$
$$D[u_{air}(x, t) - u_{fibre}(x, t)] \tag{9.38}$$

(2) 空气运动方程

$$\frac{\partial p_{air}(x, t)}{\partial x} + \frac{\partial u_{air}(x, t)}{\partial t} \rho_{air} = -D[u_{air}(x, t) - u_{fibre}(x, t)] \tag{9.39}$$

图 9.9　平行纤维束声音传播模型(注:声音传播方向即纤维取向方向)

（3）纤维连续性方程

$$-\frac{\partial p_{\text{fibre}}(x,t)}{\partial t}+\frac{\phi_{\text{fibre}}}{\varepsilon}\frac{\partial p_{\text{air}}(x,t)}{\partial t}=K_{\text{fibre}}\frac{\partial u_{\text{fibre}}(x,t)}{\partial x} \tag{9.40}$$

（4）空气连续性方程

$$-\frac{\partial p_{\text{air}}(x,t)}{\partial t}=K_{\text{air}}\varepsilon\frac{\partial u_{\text{air}}(x,t)}{\partial x}+(K_{\text{air}}-p_0)\phi_{\text{fibre}}\frac{\partial u_{\text{fibre}}(x,t)}{\partial x} \tag{9.41}$$

上述方程的边界条件为：

$$u_{\text{air}}(h,t)=0$$
$$u_{\text{fibre}}(h,t)=0$$
$$\varepsilon p_{\text{fibre}}(0,t)=\phi_{\text{fibre}}p_{\text{air}}(0,t)$$
$$x\in[0,h]$$
$$t\in[0,T]$$

式中：ρ_0，ρ_{fibre} 分别为空气和纤维的密度；ε 和 ϕ_{fibre} 分别为孔隙率和纤维体积分数，$\phi_{\text{fibre}}=1-\varepsilon$，图 9.9 中，$\varepsilon=1-\left(\dfrac{d_{\text{f}}}{2R}\right)$；$\rho_{\text{air}}$，$\rho_{\text{fabric}}$ 分别为单位体积非织造布中空气和纤维组分的体积密度，$\rho_{\text{air}}=\rho_0\varepsilon$，$\rho_{\text{fabric}}=\rho_{\text{fibre}}\phi_{\text{fibre}}$；$h$ 为非织造布的厚度；x 是距离；t 为时间；u 为速度；p 为压力；$u(x,t)$ 为声速；K_{fibre} 为纤维体积模量；K_{air} 空气体积弹性模量；p_0 是空气压力。

耦合参数 $\phi[u_{\text{air}}(x,t)-u_{\text{fibre}}(x,t)]$ 代表固体纤维材料与空气之间的阻力，表示如下[74]：

$$\phi[u_{\text{air}}(x,t)-u_{\text{fibre}}(x,t)]=i\omega\rho(m-1)+\varepsilon^2\sigma \tag{9.42}$$

其中：$\omega=2\pi f$，是角频率；m 是结构常数；σ 为接触阻力。

非织造布对声波特征阻抗表示为：

$$\frac{1}{Z_0}=\frac{(u_{\text{fibre}}+\alpha_1 u_{\text{air}})(u_{\text{air}}-\beta_2 u_{\text{fibre}})}{(\beta_1-\beta_2)Z_1\coth(ik_1h)}-\frac{(u_{\text{fibre}}+\alpha_2 u_{\text{air}})(u_{\text{air}}-\beta_1 u_{\text{fibre}})}{(\beta_1-\beta_2)Z_2\coth(ik_2h)} \tag{9.43}$$

其中：

$$\alpha_j=\frac{U_{\text{air}}^{k_j}}{U_{\text{fibre}}^{k_j}}=\frac{u_{\text{air}}\left[1-c_{\text{f}}^2\left(\dfrac{k_j}{\omega}\right)^2\right]-iB\theta}{(u_{\text{fibre}}-i\theta)B}$$

$$\beta_j=\frac{P_{\text{air}}^{k_j}}{P_{\text{fibre}}^{k_j}}=\frac{(1-i\theta)\left[1-c_{\text{f}}^2\left(\dfrac{k_j}{\omega}\right)^2\right]-iB\theta}{u_{\text{fibre}}[1-i\theta(1+B)]-i\theta u_{\text{air}}c_{\text{f}}^2\left(\dfrac{k_j}{\omega}\right)^2 u_{\text{air}}}$$

$$z_{fj} = \frac{P_{\text{fibre}}^{k_j}}{U_{\text{fibre}}^{k_j}} = \frac{\omega}{k_j} \frac{u_{\text{fibre}}\left[1 - i\theta(1+B)\right] - i\theta u_{\text{air}} c_f^2 \left(\dfrac{k_j}{\omega}\right)^2}{u_{\text{fibre}} - i\theta} \rho_{\text{fabric}}$$

其中：$c_f^2 = K_{\text{fabric}}/\rho_{\text{fabric}}$ 为纤维波速的平方；$\theta = \dfrac{D\left[u_{\text{air}}(x,\ t) - u_{\text{fibre}}(x,\ t)\right]}{\rho_{\text{air}}\omega}$，为无量纲的耦合系数；$B = \rho_{\text{air}}/\rho_{\text{fabric}}$；$k_j$ 是方程本征参数，一般 $k_1 = -k_3$，$k_2 = -k_4$。

使用这种方法，吸声系数 α 可以通过特征阻抗 Z_0 获得。

9.8.2　经验模型

考虑到纤维结构对特性阻抗 $Z_0(R)$ 的影响，结构参数通常定义为 $Q = Z_0(R) - 1$。其他两个无量纲参数，即结构参数（K_s）和单位厚度的气流阻力（σ），定义如下[76-77]：

$$\frac{K_s}{\varepsilon} = \frac{Z_0(R)\beta - Z_0(I)\alpha}{k} \tag{9.44}$$

$$\sigma = \lim_{k \to 0}\left[Z_0(R)\alpha - Z_0(I)\beta\right] \tag{9.45}$$

式中：$Z_0(R)$，$Z_0(I)$ 分别为 Z_0 的实部和虚部；α，β 分别为衰减和相位常数。

（1）Delany-Bazley 方程[78]

当非织造布较厚且波速在 $10 \leqslant \dfrac{f}{\sigma} \leqslant 1\,000$ 范围内时，Delany-Bazley 方程表示为：

$$\frac{Z_0(R)}{\rho_0 c_0} = 1 + 9.08\left(\frac{f}{\sigma}\right)^{-0.75} \tag{9.46}$$

$$\frac{Z_0(I)}{\rho_0 c_0} = -1.9\left(\frac{f}{\sigma}\right)^{-0.73} \tag{9.47}$$

$$\alpha = 10.3\left(\frac{2\pi f}{c_0}\right)\left(\frac{f}{\sigma}\right)^{-0.59} \tag{9.48}$$

$$\beta = \left(\frac{2\pi f}{c_0}\right)\left[1 + 10.8\left(\frac{f}{\sigma}\right)^{-0.70}\right] \tag{9.49}$$

（2）Voronina 模型[79]

声频 $f = 250 \sim 2\,000$ Hz，非织造布由玻璃、石英、矿物棉和玄武岩纤维（$d_f = 2 \sim 8$ mm，孔隙率 $\varepsilon = 0.996 \sim 0.92$）制成时，Voronina 建立了声音在非织造布中传播的经验模型：

$$Z(f,\ d_f,\ \varepsilon) = (1 + Q) - jQ \tag{9.50}$$

$$\gamma(f,\ d_{\mathrm{f}},\ \varepsilon) = \frac{kQ(2+Q)}{(1+Q)} + jk(1+Q) \tag{9.51}$$

$$K_{\mathrm{s}}/\varepsilon = 1 + 2Q \tag{9.52}$$

$$\sigma = 2kQ$$

通过非织造布结构预测吸声性能,基于实验结果,可以采用以下经验方程计算结构特征参数(Q)和声阻(σ)[76-77]:

$$Q = \frac{(1-\varepsilon)[1+0.25\times10^{-4}\ (1-\varepsilon)^{-2}]}{\varepsilon d_{\mathrm{f}}} \sqrt{\frac{8\eta}{\omega\rho_0 c_0}} \tag{9.53}$$

$$\sigma = \frac{16\ (1-\varepsilon)^2[1+0.25\times10^{-4}\ (1-\varepsilon)^{-2}]\eta}{\varepsilon^2 d_{\mathrm{f}}^2 \rho_0 c_0} \tag{9.54}$$

其中:$\eta = 1.85\times10^{-5}$,为空气的动态黏度;ρ_0 为空气密度;c_0 为空气的声速;$\omega = 2\pi f/c_0$,为波数。

9.9 非织造布颗粒过滤性能

过滤工艺包括干法过滤(空气、悬浮颗粒过滤)、湿法过滤和液体过滤。用非织造滤布模拟过滤工艺,主要目的是改善设计工艺,提高固体颗粒从流体中分离的质量,同时减小流体流过滤布时的压降。滤布的性能随着目标悬浮颗粒与流体性能而变化,因此不能用普通的模型来模拟过滤工艺和非织造滤布的工作效果。鉴于此,需要考虑非织造滤布深度空气过滤模型。

采用下列术语:

C_{c}:Cunningham 滑动系数,$C_{\mathrm{c}} = 1 + \left(\dfrac{\lambda}{d_{\mathrm{p}}}\right)\left(2.492 + 0.84\mathrm{e}^{\frac{-0.435d_{\mathrm{p}}}{\lambda}}\right)$。

D_{d}:颗粒扩散系数(m^2/s),描述由于扩散造成的运动程度与流体分子平均自由程的函数关系——

$$D_{\mathrm{d}} = \frac{C_{\mathrm{c}}k_{\mathrm{B}}T}{3\pi\eta d_{\mathrm{p}}}$$

式中:d_{f} 为纤维直径;d_{p} 为颗粒直径;e_{f} 为纤维有效长度系数,指 Kuwabara 流的理论压降与实验压降的比值,$e_{\mathrm{f}} = 16\eta u_i\phi h/(Kud_{\mathrm{f}}^2\Delta p_0)$。

E:单纤维收集效率,是垂直于气流截面方向、被纤维收集的那部分颗粒所占的百分率。这个面积等同于纤维端面面积;E_j 是单纤维在 j 子区间内收集悬浮微粒的效率。

G:重力参数,$G = d_{\mathrm{p}}\rho_{\mathrm{p}}g/18\eta u_i$。

Ku：Kuwabara 流体动力学参数，$Ku = -\dfrac{3}{4} - \dfrac{1}{2}\ln\phi + \phi - \dfrac{1}{4}\phi^2$。

g：重力加速度。

h：滤布厚度。

k_B：Boltzman 常数，$k_B = 1.370\,8 \times 10^{-23}$ J/K。

n：悬浮微粒离开滤布后的浓度。

n_o：悬浮微粒进入滤布前的浓度。

N'_{cap}：等效毛细管数量，$N'_{cap} = \dfrac{u\eta}{\sigma\cos\gamma}$。

P_e：Peclet 数，表示沉积物扩散强度特性，其值增加会减小单纤维的扩散系数，$P_e = \dfrac{U_0 d_f}{D_d}$。

Δp_0：通过干燥状态滤布的压降。

R：拦截参数，$R = d_p/d_f$。

R_{ef}：雷诺数，$R_{ef} = \rho u_i d_f/\eta$。

Stk：斯托克斯数，是粒子一个纤维半径距离内克服黏滞阻力所耗散动能的比例，$Stk = \dfrac{\rho_p u_t d_p^2}{9\mu d_f}$。

T：温度。

u：表面气流速度。

u_i：间隙气流速度。

Y：过滤效率。

ε：滤布孔隙率。

Φ：干燥滤布的密度（或纤维体积分数）。

η：气体的绝对黏度。

λ：气体分子平均自由程 NTP(0.067 μm)[80]，与大气压力成反比。

γ：液体和纤维之间的接触角。

ρ：气体密度。

ρ_p：颗粒密度。

σ：液体表面张力。

9.9.1　过滤性能评价

　　一种理想过滤料应具有很好的分离能力和较低的压降，并且在使用周期中保持性能稳定。实际上，这是很难达到的。过滤器的主要性能包括过滤效率、压降和过滤性能[81-82]。

　　过滤效率 E，描述一个过滤器过滤粒子的能力，定义为流入(P_{in})和流出(P_{out})

的流体的粒子浓度的比值:

$$E = 1 - \frac{P_{out}}{P_{in}}$$

压降定义为沿滤料的厚度方向流入(P_{in})和流出(P_{out})的流体压力的差异:

$$\Delta P = P_{in} - P_{out}$$

滤料的过滤性能 Q,或者称为过滤质量系数,定义为沿滤料厚度方向过滤效率与压力降的比值:

$$Q = \frac{-\ln(1-E)}{\Delta p}$$

9.9.2 过滤机制

非织造过滤捕获粒子的能力取决于粒子、单纤维表面和流体分子之间的相互作用。描述粒子-纤维-流体间相互作用最常见的机制是滤除、布朗扩散、直接拦截、惯性碰撞拦截。在某些特定的过滤过程中,静电引力和重力沉积也是重要的因素,但是本节中不讨论。

当粒子直径比纤维间距大时,滤除是指对粒子的截留。粒子的惯性太大破坏了空气流并冲击纤维,这时会发生惯性碰撞。粒子被间距很小的纤维捕获,称为直接拦截;一般认为这个间距小于或等于粒子直径的一半。布朗扩散是指粒子受到流体介质中其他粒子或流体分子碰撞而产生的随机运动;对于直径小于 $0.1~\mu m$ 的粒子而言,扩散机制很重要[83-84]。

非织造布滤料可以模拟为高孔隙率的多层二维平面网状结构。在过滤过程中,流体中的小部分粒子会通过滤料,大部分粒子被捕获而逐渐积聚在织物表面,粒子的积聚致使织物表面形成滤饼。因此,渗透率会随着时间的增加而减少。这表明过滤不是一个静态的过程。滤饼的形成使模拟过滤过程十分复杂,会导致过滤压降增加,过滤更小直径的粒子。通过单纤维收集效率理论,可以获得一种简单的建立非织造布过滤效率模型的方法。

9.9.3 干燥空气过滤过滤效率

9.9.3.1 基于单纤维收集效率的过滤效率

一块非织造过滤织物由很多单纤维所构成,滤料的过滤效率部分取决于单纤维的过滤效率。非织造物对于任何尺寸的颗粒的总过滤效率可按下式表示[85-88]:

$$Y(d_f) = 1 - \exp\left(\frac{-4\phi Eh}{\pi(1-\phi)d_f e_f}\right) \tag{9.55}$$

单纤维的颗粒收集效率 E，取决于颗粒尺寸、空气流速及纤维性能。过滤过程的六项主要机理分别为碰撞 E_I、直接拦截 E_R、扩散 E_D、由扩散引发的拦截 E_{Dr}、重力装置 E_G 和静电吸引 E_q。通过上述机理，有许多公式可以预测收集效率 E，包括 Davies[29]：

$$E = E_{DRI} = (R + (0.25 + 0.4R)(Stk + 2P_e^{-1}) - \tag{9.56}$$
$$0.026\ 3R(Stk + 2P_e^{-1})^2)(0.16 + 10.9\phi - 17\phi^2)$$

Friederlandler[89-90]：

$$E = E_{DRI} = \frac{1}{RP_e} \left[6(RP_e^{\frac{1}{3}} R_e^{\frac{1}{6}}) + 3\ (RP_e^{\frac{1}{3}} R_e^{\frac{1}{6}})^3 \right] \tag{9.57}$$

式中：E_{DRI} 是单纤维颗粒聚集系数，E 取决于碰撞 E_I、直接拦截 E_R 和扩散 E_D。

以及 Stenhouse 公式：

$$E = E_D + E_R + E_{Dr} + E_I + E_G \tag{9.58}$$

每个组成部分的收集效率公式如下：

（1）扩散[91]

$$E_D = 2.9 \left(\frac{1-\phi}{Ku} \right)^{-\frac{1}{3}} P_e^{-\frac{2}{3}} + 0.62P_e^{-1} \tag{9.59}$$

在 $0.005 < \phi < 0.2$, $0.1\ \text{m/s} < U_0 < 2\ \text{m/s}$, $0.1\ \mu\text{m} < d_f < 50\ \mu\text{m}$, $R_{ef} < 1$ 时，有效。

（2）拦截[92]

$$E_R = \frac{(1+R)}{2Ku} \left[2\ln(1+R) - 1 + \phi + \left(\frac{1}{1+R} \right)^2 \left(1 - \frac{\phi}{2} \right) - \frac{\phi}{2}(1+R)^2 \right]$$
$$= \frac{(1-\phi)R^2}{2Ku(1+R)^{\frac{2}{3(1-\phi)}}} \tag{9.60}$$

（3）碰撞[93]

$$E_I = \frac{(Stk)J}{2(Ku)^2} \tag{9.61}$$

其中：$Stk = \dfrac{\rho_n d_p^2 C_c U_0}{18\eta d_f}$。

当 $0.01 < R < 0.4$, $0.003\ 5 < f < 0.111$ 时，$J = (29.6 - 28\phi^{0.62})R^2 - 27.5R^{2.8}$；$R > 0.4$ 时，$J = 2$。

（4）由于颗粒扩散而增加的过滤[94]

$$E_{Dr} = \frac{1.24R^3}{(KuP_e)^{\frac{1}{2}}} ; \ P_e > 100 \tag{9.62}$$

（5）重力装置[95]

$E_G \cong (1+R)G$，V_{TS} 和 U_0 同向；

$E_G \cong -(1+R)G$，V_{TS} 和 U_0 反向；

$E_G \cong -G^2$，V_{TS} 和 U_0 正交。

$$(9.63)$$

其中：$G = \dfrac{V_{TS}}{U_0} = \dfrac{\rho_d d_p^2 C_c g}{18 \eta U_0}$，$V_{TS}$ 和 U_0 分别为颗粒的自由滑落速度和气流速度。

（6）静电吸引[84]

$$E_q = \left(\frac{\eth - 1}{\eth + 1}\right)^{\frac{1}{2}} \left[\frac{q^2}{3\pi \eta d_p d_f^2 U_0 (2 - \ln R_{ef})}\right] \qquad (9.64)$$

式中：$\eth$ 是粒子的介电常数；q 是粒子的带电量。

9.9.3.2 多纤维组分非织造布过滤效率

若组成非织造布的纤维细度相同，则过滤不同尺寸的颗粒时，过滤效率可由上述部分中单纤维的过滤效率 E 计算而得。若再把颗粒尺寸细分为几个子区间，平均颗粒直径 d_{pj} 在每个子区间 j 区间内的过滤效率，E_j 可由上述单纤维情况下的方程计算而得。过滤效率 Y 可由下式计算而得：

$$Y = 1 - \sum_j a_j \left(\frac{n}{n_0}\right)_j \qquad (9.65)$$

其中：$\left(\dfrac{n}{n_0}\right)_j = \exp\left[\dfrac{4\phi E_j h}{\pi(1-\phi)d_f e_f}\right]$，$\left(\dfrac{n}{n_0}\right)_j$ 和 a_j 分别为透过的粒子数和第 j 区间的粒子质量分数。

大量实验观察发现，如果滤料由相同尺寸规格的纤维组成，将会限制能被过滤的颗粒尺寸范围。最小过滤效率与颗粒尺寸的关系如图 9.10 所示。对于直径小于 d_{p1} 的微小颗粒，主要的过滤机理是扩散。对于直径在 d_{p1} 和 d_{p2} 之间的颗粒，滤布的过滤效率较小，因为这些颗粒对于发生明显的扩散过大，对于拦截作用又太小。对于直径大于 d_{p2} 的颗粒，过滤效率增加，因为惯性碰撞是拦截主要作用机理。

颗粒直径在 d_{p1} 和 d_{p2} 之间时，过滤器效率会减少，这是不可接受但又不可避免的。使用不同直径的纤维进行混纺，可以设计一种过滤效率高的非织造滤料[96]。如果非织造布由多种纤维组成且流体中含有

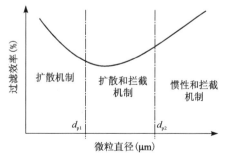

图 9.10 空气流中，粒子尺寸与非织造布的过滤效率的关系

不同直径的颗粒，其过滤效率为：

$$Y = 1 - \sum_j a_j \left(\frac{n}{n_0}\right)_j$$

$$\left(\frac{n}{n_0}\right)_j = \exp\left[\frac{4\phi \sum E_j(d_f)h}{\pi(1-\phi)d_f e_f}\right]$$

(9.66)

$$E_j(d_f) = E_D(d_f)_j + E_R(d_f)_j + E_{Dr}(d_f)_j + E_I(d_f)_j + E_G(d_f)_j + E_e(d_f)_j$$

其中：$\left(\dfrac{n}{n_0}\right)_j$ 和 a_j 分别为透过的粒子数和第 j 区间的粒子质量分数；$E_j(d_f)$ 是单纤维直径为 d_f，颗粒直径为 d_{pj} 时的收集效率。

9.9.4 压力降

在干燥空气中，非织造滤料的压降可以通过 Davies[84] 表达式进行预测：

$$\Delta p_0 = \frac{U_0 \eta h}{d_f^2}[64\phi^{1.5} + (1 + 56f^3)]$$

(9.67)

对于过滤雾或过滤液体颗粒用的非织造布，所需的收集效率，可以通过设置适当的滤布厚度、纤维直径、密度和气体速度组合而得到。如果指定过滤效率为90%，则滤布所需的厚度可根据近似经验公式确定[97]：

$$h = 5\phi^{-1.5}d_f^{2.5}$$

(9.68)

在一个恒定的过滤效率下，对应的压降对 d_f 不敏感，但变化可以近似地表示如下[97]：

$$\Delta p_{wet} \propto \phi^{0.6}U^{0.3} \quad (\phi > 0.01)$$

(9.69)

9.10 展望和进一步阅读材料

对非织造布的结构和特性模拟，是设计和改进这种纤维集合体的基础。本章仅仅关注了该领域一小部分的研究工作，尤其关注分析和实验模型。在过去的 10 年里，数值模型和基于计算模拟的技术越来越多地应用于非织造布材料的模拟，这些技术为解决并可视化复杂的数学模型提供了了可能。这些工具可以应用于三维织物结构的数学模型，同时，使用计算流体动力学方法，可以得到例如液体流经多孔介质的动态过程的详细信息。实际上，使用数值方法和计算模拟结果的可靠性取决于两个因素：一是分析（或者实验）模型的有效性和精确性；二是合理的假设，包括选择合适的边界条件。另外，进一步探索以前很少用于非织造布材料模拟的工具用于非织造布材料的可能性,如先进数学统计、视觉、语言和人工智能技术等其他模拟工具。

关于非织造布材料模拟的延伸参考资料包括:*The Journal of the Textile Institute*,*The Textile Research Journal*,*The Journal of Engineering Fibers and Fabrics*。本章编写时参考的主要资料,除后面列出的参考文献外,还有:

① Vafai K. *Handbook of Porous Media*. Taylor & Francis, Boca Raton,2005.

② Kabla A,Mahadevan L. Nonlinear mechanics of soft fibrous networks. J Roy Soc Interface,2007,4:99-106.

③ Brown R C. Air Filtration:an integrated approach to the theory and applications of fibrous filters. Pergamon,Oxford,1993.

④ Entwistle K M. Basic principles of the finite element method. Woodhead Publishing,Cambridge,2001.

⑤ Hearle J W S,Grosberg P,Backer S. Structural mechanics of fibers,yarns,and fabrics. Wiley-Interscience,New York,1969.

⑥ Flow modeling solutions for the nonwovens industry,http://www.fluent.com/solutions/nonwovens/index.htm.

参 考 文 献

[1] ISO 90921988,BS EN 29092,1992 Textiles,Nonwovens,Definition.

[2] Backer S,Petterson D R. Some principles of nonwoven fabrics. Textile Research Journal,1960,30(9):704-711.

[3] Hearle J W S,Stevenson P. Studies in nonwoven fabrics. Part IV:Prediction of tensile properties. Textile Research Journal,1964,34(3):181-191.

[4] Freeston W D,Platt M M. Mechanics of elastic performance of textile materials. Part XVI:Bending rigidity of nonwoven fabrics. Textile Research Journal,1965,35(1):48-57.

[5] Mao N,Russell S. Directional permeability in homogeneous nonwoven structures. Part I:the relationship between directional permeability and fibre orientation. The Journal of the Textile Institute,2000,91(2):235-243.

[6] Mao N,Russell S. Directional permeability in homogeneous nonwoven structures. Part II:Permeability in idealised structures. The Journal of the Textile Institute,2000,91(2):244-258.

[7] Mao N,Russell S. Anisotropic liquid absorption in homogeneous two-dimensional nonwoven structures. Journal of Applied Physics,2003,94(6):4135-4138.

[8] Gilmore T,Davis H,Mi Z. Tomographic approaches to nonwovens structure definition.

National Textile Center Annual Report, 1993, USA.

[9] Mao N, Russell S. Modeling permeability in homogeneous three-dimensional nonwoven fabrics. Textile Research Journal, 2003, 73(11): 939-944.

[10] Mao N, Russell S. A framework for determining the bonding intensity in hydroentangled nonwoven fabrics. Composites Science and Technology, 2006, 66(1): 80-91.

[11] Pike R D, Lassig J J, Jr Shipp P W, et al. Nonwoven filter media. 2001.

[12] Wrotnowski A C. Felt filter media. Filtration and Separation, 1968, 426-431.

[13] Goeminne H, de Brugne R, Roos I, et al. The geometrical and filtration characteristics of metal-fibre filters—a comparative study. Filtration and Separation, 1974, 11: 351-355.

[14] Poiseuille J L. CR Acad Sci Paris, 1840, 11: 961, 1041; 1841, 12: 112.

[15] Rollin A, Denis R, Estaque L, et al. Hydraulic behavior of synthetic non-woven filter fabrics. The Canadian Journal of Chemical Engineering, 1982, 60(2): 226-234.

[16] Giroud J. Granular filters and geotextile filters. Proceedings Geo-filters'96, Montreal, 1996, 96: 565-680.

[17] Lombard G, Rollin A, Wolff C. Theoretical and experimental opening sizes of heat-bonded geotextiles. Textile Research Journal, 1989, 59(4): 208-217.

[18] Faure Y, Gourc J, Millot F, et al. Theoretical and experimental determination of the filtration opening size of geotextiles. 3rd International Conference on Geotextiles, vienna, Austria, 1987: 1275-1280.

[19] Faure Y, Gourc J, Gendrin P. Structural study of porometry and filtration opening size of geotextiles. Geosynthetics: Microstructure and Performance, 1990, ASTMSTP 1076, 102-119.

[20] Gourc J P, Faure Y H. Soil particle, water, and fiber-a fruitful interaction now controlled. Proceedings, 4th International Conference on Geotextiles, Geomembranes and Related Products, The Hague, The Netherlands, 1990: 949-971.

[21] Aydilek A H, Oguz S H, Edil T B. Digital image analysis to determine pore opening size distribution of nonwoven geotextiles. Journal of Computing in Civil engineering, 2002, 16 (4): 280-290.

[22] Hearle J, Ozsanlav V. 3 Studies of adhesive-bonded non-woven fabrics. Part I: A theoretical model of tensile response incorporating binder deformation. The Journal of the Textile Institute, 1979, 70(1): 19-28.

[23] Hearle J, Newton A. Nonwoven fabric studies. Part XIV: Derivation of generalized mechanics by the energy method. Textile Research Journal, 1967, 37(9): 778-797.

[24] Darcy H. Les fontaines publiques de la ville de Dijon, Dalmont, Paris, 1856: 70.

[25] Nogai T, Ihara M. Study on air permeability of fibre assemblies oriented unidirectionary. J Text Machine Soc Japan, 1980, 26(1): 10-14.

[26] Happel J, Brenner H. Low reynolds number hydrodynamics: with special applications to particulate media. Prentice Hall, 1965.

[27] Kozeny J. Ueber kapillare leitung des wassers im boden. Sitzungsber. Akad. Wiss. Wien, 1927, 136: 271-306.

[28] Carman P C, Carman P C. Flow of gases through porous media. New York: Academic Press, 1956.

[29] Davies C. The separation of airborne dust and particles. Arhiv za Higijenu Rada, 1950, 1: 393-427.

[30] Piekaar H, Clarenburg L. Aerosol filters - pore size distribution in fibrous filters. Chemical Engineering Science, 1967, 22(11): 1399-1407.

[31] Dent R W. The air-permeability of non-woven fabrics. The Journal of the Textile Institute, 1976, 67(6): 220-224.

[32] Emersleben O. Das darcysche filtergesetz. Physik. Z, 1925, 26: 601-610.

[33] Brinkman H. On the permeability of media consisting of closely packed porous particles. Applied Scientific Research, 1949, 1(1): 81-86.

[34] Iberall A S. Permeability of glass wool and other highly porous media. Journal of Research of the National Bureau of Standards, 1950, 45: 398-406.

[35] Happel J. Viscous flow relative to arrays of cylinders. AIChE Journal, 1959, 5(2): 174-177.

[36] Kuwabara S. The forces experienced by randomly distributed parallel circular cylinders or spheres in a viscous flow at small Reynolds numbers. Journal of the Physical Society of Japan, 1959, 14(4): 527-532.

[37] Cox R. The motion of long slender bodies in a viscous fluid. Part 1: General theory. Journal of Fluid Mechanics, 1970, 44(4): 791-810.

[38] Sangani A, Acrivos A. Slow flow past periodic arrays of cylinders with application to heat transfer. International Journal of Multiphase Flow, 1982, 8(3): 193-206.

[39] Gebart B. Permeability of unidirectional reinforcements for RTM. Journal of Composite Materials, 1992, 26(8): 1100-1133.

[40] Collins R E. Flow of fluids through porous materials. New York: Reinhold Publishing Corporation, 1961.

[41] Rushton A, Green D. The analysis of textile filter media. Filtration & Separation, 1968, 6, 516-522.

[42] Sullivan R, Hertel K. The flow of air through porous media. Journal of Applied Physics, 1940, 11(12): 761-765.

[43] Sullivan R. Specific surface measurements on compact bundles of parallel fibers. Journal of Applied Physics, 1942, 13(11): 725-730.

[44] Shen X. An application of needle-punched nonwovens in the press casting of concrete. PhD Thesis, University of Leeds, 1996.

[45] Rollin A L, Denis R, Estaque L, et al. Hydraulic behavior of synthetic non-woven filter fabrics[J]. The Canadian Journal of Chemical Engineering, 1982, 60(2): 226-234.

[46] Scheidegger A E. The physics of flow through porous media. Toronto, Canada: University of Toronto Press, 1972.

[47] Happel J, Brenner H. Low reynolds number hydrodynamics with special applications to particulate media. NJ: Prentice-Hall, 1965.

[48] Drummond J, Tahir M. Laminar viscous flow through regular arrays of parallel solid cylinders. International Journal of Multiphase Flow, 1984, 10(5): 515-540.

[49] Langmuir I. Report on smokes and filters. Section I, US Office of Scientific Research and Development, 1942.

[50] Miao L. The gas filtration properties of needlefelts. PhD Thesis, University of Leeds, 1989.

[51] Mao N, Russell S. Capillary pressure and liquid wicking in three-dimensional nonwoven materials. Journal of Applied Physics, 2008, 104(3): 034911.

[52] Scheidegger A E. The physics of flow through porous media. Soil Science, 1958, 86(6): 355.

[53] Peek R L. McLean DA. Ind. Eng. Chem. Anal. Edn. , 1934, 6, 85.

[54] Minor F W, Schwartz A M, Wulkow E, et al. The Migration of liquids in textile assemblies. Part II: The wicking of liquids in yarns. Textile Research Journal, 1959, 29 (12): 931-939.

[55] Laughlin R, Davies J. Some aspects of capillary absorption in fibrous textile wicking. Textile Research Journal, 1961, 31(10): 904-910.

[56] Lucas R. Ueber das Zeitgesetz des kapillaren Aufstiegs von Flüssigkeiten. Colloid & Polymer Science, 1918, 23(1): 15-22.

[57] Washburn E W. The dynamics of capillary flow. Physical Review, 1921, 17 (3): 273-283.

[58] Gupta B S, Wadsworth L C. Differentially absorbent cotton-surfaced spunbond copoplyester and spunbond PP with wetting agent. Processings of 7th Nonwovens Conference at 2004 Beltwide Cotton Conferences, 2004, 3: 5-9.

[59] Robinson G D. A Study of the voids within the interlock structure and their influence on the thermal properties of the fabric. Department of Textile Industries, University of Leeds, 1982.

[60] Carroll B. The accurate measurement of contact angle, phase contact areas, drop volume, and Laplace excess pressure in drop-on-fiber systems. Journal of Colloid and Interface Science, 1976, 57(3): 488-495.

[61] Cassie A B D. Physical properties of wool fibres and fabrics. Wool Research (II), WIRA, Leeds, 1955.

[62] Princen H. Capillary phenomena in assemblies of parallel cylinders. II. Capillary rise in systems with more than two cylinders. Journal of Colloid and Interface Science, 1969, 30 (3): 359-371.

[63] Bankvall C. Heat transfer in fibrous materials. Journal of Testing and Evaluation, 1973, 1(3): 235-243.

[64] Bomberg M, Klarsfeld S. Semi-empirical model of heat transfer in dry mineral fiber insulations. Journal of Building Physics, 1983, 6(3): 156-173.

[65] Stark C, Fricke J. Improved heat-transfer models for fibrous insulations. International Journal of Heat and Mass Transfer, 1993, 36(3): 617-625.

[66] Schuhmeister J, Ber K Akad Wien (Math-Naturw Klasse), 1877, 76: 283.

[67] Baxter S. The thermal conductivity of textiles. Proceedings of the Physical Society, 1946, 58(1): 105-118.

[68] Kirby R, Cummings A. Prediction of the bulk acoustic properties of fibrous materials at low frequencies. Applied Acoustics, 1999, 56(2): 101-125.

[69] Burns S H. Propagation constant and specific impedance of airborne sound in metal wool. The Journal of the Acoustical Society of America, 1971, 49(1A): 1-8.

[70] Mechel F. A model theory for the fibrous absorber. Part I: Regular fibre arrangements. Acta Acustica United with Acustica, 1976, 36(2): 53-64.

[71] Cummings A, Chang I. Acoustic propagation in porous media with internal mean flow. Journal of Sound and Vibration, 1987, 114(3): 565-581.

[72] Attenborough K. Acoustical characteristics of porous materials. Physics Reports, 1982, 82(3): 179-227.

[73] Tijdeman H. On the propagation of sound waves in cylindrical tubes. Journal of Sound and Vibration, 1975, 39(1): 1-33.

[74] Zwikker C, Kosten C W. Sound absorbing materials. Amsterdam: Elsevier, 1949.

[75] Shoshani Y, Yakubov Y. Numerical assessment of maximal absorption coefficients for nonwoven fiberwebs. Applied Acoustics, 2000, 59(1): 77-87.

[76] Voronina N. Improved empirical model of sound propagation through a fibrous material. Applied Acoustics, 1996, 48(2): 121-132.

[77] Voronina N. Influence of the structure of fibrous sound-absorbing material on their acoustical properties. Soviet Physics Acoustics, 1983, 29: 355-357.

[78] Delany M, Bazley E. Acoustical properties of fibrous absorbent materials. Applied Acoustics, 1970, 3(2): 105-116.

[79] Voronina N. Acoustic properties of fibrous materials. Applied Acoustics, 1994, 42(2): 165-174.

[80] Reist P. Aerosol science and technology. New York: McGraw-Hill, 1993.

[81] BSEN 779: 2002. Particulate air filters for general ventilation – Determination of the filtration performance.

[82] BS ISO 19438: 2003. Diesel fuel and petrol filters for internal combustion engines filtration efficiency using particle counting and contaminant retention capacity.

[83] Brown R C. Air filtration: an integrated approach to the theory and applications of

　　　　　fibrous filters. Oxford, England: Pergamon Press, 1993: 650.

[84]　Davies C N (ed), Air filtration. London: Academic Press, 1973.

[85]　Kirsch A, Stechkina I. The theory of aerosol filtration with fibrous filters. In: Shaw D T
　　　　(ed.). Fundamentals of Aerosol Science. Wiley, New York, 1978: 165.

[86]　Kirsh A, Fuks N. Investigations of fibrous aerosol filters: Diffusional deposition of
　　　　aerosols in fibrous filters. Kolloidnyi Zhurnal, 1968, 30(6): 836.

[87]　Stechkina I B, Kirsh A A, Fuchs N A. Effect of inertia on the captive coefficient of
　　　　aerosol particles by cylinders at low Stokes' numbers. Kolloidnyi Zhurnal, 1970, 32(3):
　　　　467.

[88]　Stechkina I, Kirsch A, Fuchs N. Studies on fibrous aerosol filters—IV. Calculation of
　　　　aerosol deposition in model filters in the range of maximum penetration. Annals of
　　　　Occupational Hygiene, 1969, 12(1): 1-8.

[89]　Friedlander S. Theory of aerosol filtration. Industrial & Engineering Chemistry, 1958,
　　　　50(8): 1161-1164.

[90]　Friedlander S, Pasceri R. Aerosol filtration by fibrous filters. In: Biochemical and
　　　　Biological Engineering Science, Blakebrough IV (ed), Vol. 1, Chap. 3, London,
　　　　Academic Press, 1967.

[91]　Stechkina I, Fuchs N. Studies on fibrous aerosol filters—I. Calculation of diffusional
　　　　deposition of aerosols in fibrous filters. Annals of Occupational Hygiene, 1966, 9(2):
　　　　59-64.

[92]　Lee K, Gieseke J. Note on the approximation of interceptional collection efficiencies.
　　　　Journal of Aerosol Science, 1980, 11(4): 335-341.

[93]　Yeh H-C, Liu B Y. Aerosol filtration by fibrous filters—I. Theoretical. Journal of
　　　　Aerosol Science, 1974, 5(2): 191-204.

[94]　Kirsch A, Chechuev P. Diffusion deposition of aerosol in fibrous filters at intermediate
　　　　Peclet numbers. Aerosol Science and Technology, 1985, 4(1): 11-16.

[95]　Hinds W C. Aerosol technology: properties, behavior, and measurement of airborne
　　　　particles (2nd ed.). Wiley, New York, 1999.

[96]　Vaughan N, Brown R. Observations of the microscopic structure of fibrous filters.
　　　　Filtration & Separation, 1996, 33(8): 741-748.

[97]　Friedlander S K. Theory of aerosol filtration. Industrial & Engineering Chemistry, 1958,
　　　　50(8): 1161-1164.

[98]　Mao N, Russell S J. Modelling of nonwoven materials. In: Chen X (ed.). Modelling and
　　　　predicting textile behaviour. Cambridge, England, Woodhead Publishing Limited, 2010:
　　　　180-224.

10 织物性能表征与测试

摘要: 本章第一部分讨论使用 ASTM (American Society for Testing and Materials) 方法测试机织物、针织物和非织物结构的拉伸、刚度、弯曲和撕裂等性能,重点介绍内容包括:(1) 织物在拉伸、弯曲和撕裂载荷下变形模式;(2) Treloar 首创的织物剪切性能研究方法;(3) 测试织物撕裂强度的梯形(翼形)法;(4) Kawabata 评价系统(KES 系统),此评估系统涵盖了一系列用于测试织物在服装穿着等小应变情况下机械性能的研究方法。第二部分介绍纤维集合体增强刚性或柔性(弹性)基体复合材料的基本力学和评估性试验。

10.1 引　　言

本章第一部分详细描述测试机织物、针织物和非织物结构的拉伸、刚度(弯曲)和撕裂性能的 ASTM 方法。在剪切测试时,重点描述 Treloar 首创的在剪切载荷下测试试样尺寸对织物性能的影响,并提及 Hearle 对此测试中所包含的力的详细分析。

需要特别注意的地方是:①测试织物撕裂强度的梯形(翼形)测试方法初始方向没有偏离(或减小偏离);②使用通过解析法推导出来的 Leaf 方程,可以从经典 Peirce 机织物几何模型的弯曲模量计算出精确的剪切模量;③Kawabata 评估系统(KES, Kawabata Evaluation System)包括一系列特别适用于测试织物在服装穿着等小应变情况下机械性能的研究方法,象征着织物工程设计取得了一个突破性的进展。

本章第二部分介绍纤维集合体结构增强复合材料的测试技术和实验表征。对纤维集合体结构增强复合材料的研究是材料科学和工程应用中一个重要和先进的领域。纤维集合体结构增强复合材料被广泛应用在航空航天、海陆运输、体育用品、民用基础设施和生物医药产品等领域。在交通运输产业,纤维结构增强复合材料常应用于一个容易被忘记但又非常重要的领域,那就是充气轮胎(汽车、卡车、飞机、工程机械轮胎)和各种传送带。

纤维集合体结构增强聚合物基复合材料通常是各向异性材料,应力响应比各项同性材料复杂。刚性和柔性(弹性体)基复合材料也有重要的差异。对这些复合材料的测试及对结果的解释,相对都要复杂。除了增强体和树脂的性质外,还必须考虑增强体/基体的界面性质和至关重要的几何参数,如增强体铺设角度和铺层顺序。进行动态测试时,除了常规因素(温度、氧浓度、湿度等)外,还要说明实验是否在应力、应变或能量的条件控制下进行,以及所用的波形,如正弦脉冲或根据实验测得的某种波形。

实验制作的复合材料层合板(试样)常用于研究复合材料在真实加载(机械、热和化学刺激)下的性能降解。损坏的测量可以利用动态性能的变化、光谱技术、微观断裂面图解分析和无损评价技术(X射线、超声、错位散斑干涉法、热成像、云纹干涉、电子散斑干涉等)进行表征。另外,实验研究还必须与试样整体结构的检测相结合。

三维纤维集合体改善了抗分层破坏的损伤容限。研究复合材料是一项需要机械工程、可靠性工程、物理学、纤维科学及其他多学科知识的工作。确定性方法(断裂力学、Arrhenius模型)和随机方法(S-N曲线)都可以很好地用于复合材料的研究。实验力学必须用有限元分析和封闭式解析法辅助完成。显然,对复合材料的研究需要多学科交叉才能有效进行。

10.2　机织物拉伸测试

图10.1所示为机织物在拉伸试验下的典型载荷-伸长曲线。仔细观察该曲线,可以发现三个不同的区域。第一个区域是曲线的初始部分,拉伸载荷主要由弯曲纱线之间所产生的摩擦阻力(通常很小)而形成。第二个区域是模量较小的区域,拉伸载荷主要由于沿施加力的方向的纱线伸直而形成,从而使横向的纱线弯曲越来越大,通常被称为"弯曲转换"。第三个区域是载荷-伸长曲线的最后一个区域,拉伸载荷主要由受拉方向的纱线伸长而形成。随着纱线弯曲的降低,拉伸力上升,从而使拉伸力方向的纤维开始伸长。总之,在最后一个区域,织物的载荷-伸长特性是由纱线或纤维的载荷-伸长特性决定的。这个区域的模量相对较高。

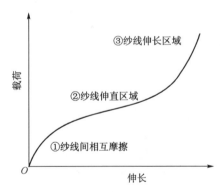

图10.1　机织物典型载荷-伸长曲线

在实际试验中,织物几何位置通常也会发生变化。由于弯曲转换效应,长度方向的加载会引起横向收缩,中间位置的横向收缩最明显,越向两边,收缩越小。收缩值由经纱和纬纱的弯曲率决定。在试样的端部,应力很高,甚至能引起端部破坏。有两个测试织物强力和断裂伸长的标准实验方法,即条样法(ASTM D5035—1995,2003年重新审核)和抓取法(ASTM D 5034—1995,2001年重新审核)。

条样法包括拆边纱条样法和切割条样法,可用于确定大部分织物的断裂强力和断裂伸长率。拆边纱条样法适用于机织物,切割条样法适用于非织造布、毡布和浸渍或涂层织物。但这种试验方法不适用于针织物或延展性很高(高于11%)的织物。在织物测试中,拆边纱条样法是指将试样剪成宽度比指定试样的宽度大,再将边纱拆除,以获得需要的试样宽度;切割条样法是将试样切成指定的宽度。这两种类型的试样均可用于要求宽度为 25 mm 或 50 mm,长度不短于150 mm 的试验。试样纵向(即长度方向)应严格与测试方向或施加力的方向平行。

从一卷织物中获取试样时,必须遵守以下规则:①剪切试样的长度方向平行于经纱方向或纬纱方向,或根据要求,剪切试样可以在两个方向进行测试;②试样给定的织物方向应该沿着织物的对角线放置,使得能用偶数表示不同的经纱和纬纱;③除非另有规定,所取的试样和织物边缘的距离不能低于织物宽度的 1/10,因为不同的布边结构(组织)使布边的性质不同,因而布边不能代表整块织物。

拉伸试验机可以是恒定伸长速率(CRE, constant rate of extension),也可以是恒定加载速率(CRL, constant rate of loading)。断裂强力和断裂伸长率的值可以从与试验机相连的计算机中得到。大多数计算机都有记录、计算数据和进行测试的必要软件。进行测试时,要确保试样在钳口处不打滑,而且试样的边缘和钳口处不能有破坏。如果这些问题不能通过调节夹具的压力来消除,那么可以通过调整钳口垫或移动试样来解决。

最好用标准织物的试样来检验整套操作系统(加载、伸长、夹具、数据记录或数据采集),而不要把来自不同原理的拉伸试验机的结果相互比较。当使用不同类型的试验机进行比较试验时,通常采集 20 s±3 s 时间段内恒定的时间-破坏值。这是数据采集的一个常用方法。试验设备需在 300 mm/min±1 mm/min 速度下操作,并且能得到 20 s±3 s 时间段恒定的时间-破坏值。夹具之间的距离(标距长度)为 75 mm±1 mm。

抓取法和条样法不同。抓取试验用的钳面宽度通常比织物试样宽度窄,从而避免了将织物磨成需要宽度。抓取法与条样法相比,有一个明显的优势,即试样的准备简单快捷。所使用的试样宽度为 100 mm,长度为 150 mm,钳口宽度为 25 mm。这种设计使织物只有中间的 25 mm 受到拉伸应力场的作用。但是,实验发现钳口之间的织物部分的应力区,在某种程度上被织物两边加强。因此,用这种方法测得的强度比 25 mm 扯边纱条样法测得的强度高。为了确保两个钳口夹持同一组纱线,需在织物试样上从边缘开始画一条37 mm 的直线,以协助两个钳口的正确放置。

图 10.1 所为机织物典型载荷-伸长曲线。需要注意,这些曲线的特定形状受织物中的纱线类型、织物组织、伸长率、温度和相对湿度及试样加载历史的影响。ASTM 标准的测试条件是温度为 21 ℃±1 ℃,相对湿度为 65%±2%。在多数情况下,在试验前一段时间需要对试样进行温湿度平衡处理。

10.3　织物刚度(弯曲)测试

在很多场合,织物会受到弯曲载荷。评估一块织物的刚度或弯曲刚度的一种方法就是确定在织物自身质量下弯曲(挠曲)一个固定距离的织物长度。这是很容易的一种试验,被称作悬臂弯曲试验。ASTM D1388—1996(2002 年重新审核)《织物刚度标准测试方法》和 ASTM D5732—1995(2001 年重新审核)《非织物刚度标准测试方法》都介绍了该试验。

这种悬臂测试方法适用于大多数织物,包括处理过或未经处理的机织、针织和非织物。但是这种测试方法不适用于非常柔软的织物、有明显卷曲或在一个切边上扭曲的织物。基本术语和其他测试方法相同,即:①机器横向垂直于织物生产方向的平面内的方向,所指方向类似于针织或机织物的横向或纬向;②机器方向指与织物生产方向平行的平面内的方向,所指方向类似于针织或机织物的纵向或经向;③非织物中,机器方向所指的方向类似于机织物的长度方向。

在悬臂弯曲试验中,织物的水平条被固定在一端,其余部分在自身质量下悬挂(弯曲)一段固定的长度。Peirce 的开拓性研究得出了一个非常重要的结果,公式如下:

$$B = W \times C^3 \tag{10.1}$$

其中:B 是弯曲(挠曲)刚度;W 是织物质量;C 是弯曲长度。

另外,Peirce 发现当试样的前端到达倾斜于水平面以下 $41.5°$ 的平面时,悬挂长度为弯曲长度的两倍:

$$C = \frac{O}{2} \tag{10.2}$$

其中:C 是弯曲长度(cm);O 是悬挂长度(cm)。

结合上述两个方程可以得到:

$$B = W \times \left(\frac{O}{2}\right)^3 \tag{10.3}$$

其中:B 是挠曲刚度;W 是织物单位面积质量。

悬臂测试的试样一端被固定,以一定的速率沿平行于长度方向滑移,直到前缘从水平表面的边缘伸出。当试样的前端由于自身质量到达一个点,使连接其顶部和平台边缘的线与水平面呈 $41.5°$ 时,测出悬垂长度。用测得的悬垂长度,根据以上几个公式,可以算出弯曲长度和挠曲刚度。

悬臂弯曲试验机包括几个部分:平滑、低摩擦、具有类似抛光金属或塑料的平面水平台,以 41.5°±0.5°倾斜于平台表面之下的指示器,一块可移动的滑板,一根测量悬垂长度的标尺和一个参考点,一个机动的、速度为 120 mm/min ±5% 的进料装置,和一个 25 mm×(200 mm±1 mm)切割测试试样的切割模具。试样长度方向就是测试的方向。试验步骤很简单:移除可移动的滑板,将试样放在水平平台上,使得试样的长度方向与平台边缘平行,试样的边缘对准平台右边缘的划线;然后将可移动的滑板放置在试样上,注意不要改变其原来的位置;将试验机的开关打开,仔细观察试样前缘的移动,当试样的边缘接触到刀刃时将开关关闭;从线性标尺上以 2.5 mm 的精度读取悬垂长度,并记录。

如上所述,悬臂测试方法不适用于非常柔软的织物或有明显卷曲或在一个切边上扭曲的织物。这些织物的刚度,可以通过将它制成一个线圈,使其以自身质量悬挂的方法而测得。在此试验中,可以将某个长度为 L 的布条两端夹在一起形成一个线圈。Peirce 的经典文章[1-2]中描述了线圈的真实长度 l_0,即从握持点到最低点的长度。Peirce 计算了三种不同形状的线圈的长度,即圆环、梨形和心形。标准试验中,心形是比较好的选择,被称作"心形线圈测试"。如果测出线圈因其自身质量而下垂的实际悬垂长度 l,可以通过测量长度和所算长度之差算出其刚度 $d=l-l_0$。

机织物的弯曲变形模式已经被有效地概括成如下几个方面[3]:

- 纱线弯曲;
- 纱线扭曲→织物剪切;
- 纱线滑移→织物剪切。
- 弯曲(物理)→织物手感(美学)

  刚度取决于:

- 经向和纬向的刚度[1-2];
- 和扭转刚度相关的纱线数量[4]。

当织物试样受到弯曲循环载荷时,在其弯曲力矩-曲率坐标中,通常会观察到滞后线圈。在小曲率弯曲下,滞后现象归因于克服摩擦力所产生的能量损失。高曲率弯曲下,必须考虑纤维的黏弹性(应力松弛)。有趣的是,可以将计算织物抗弯刚度的方程和用于悬臂梁弯曲的简单理论联系起来。最基本的弯曲公式为:

$$MR = EI \tag{10.4}$$

其中:M 是弯矩;R 是曲率半径;E 是弹性模量;I 是横截面的转动惯量,又称为横截面的"第二力矩"。

弯曲/抗弯刚度 B 被定义为弯曲一个结构到单位曲率时所需的力偶,因此:

$$B = [M]_{R=1} = EI \tag{10.5}$$

弯曲曲率为 R^{-1}。梁的变形或凹陷是对梁的一个小单元局部变形的微分方程求积分得到的。用这种方法很快就能推导出"梁的弯曲微分方程"：

$$M = EI \frac{\mathrm{d}^2 y}{\mathrm{d}x^2} = EI y'' \tag{10.6}$$

其中：y'' 是梁的曲率。

这个方程只适用于小变形，以及当力从梁上卸载或不受力时梁的中面和 $y—x$ 坐标系中的 x 轴一致。沿着梁的位移（x 轴）向右为正值，弯曲向下（y 轴）为正值。

例如，在一根简单悬臂梁的一端施加力 P，在这个力的作用下悬臂梁的下垂距离为 δ。在弹性范围内，P 正比于 δ，P 做的功为 $1/2P\delta$，即储存于梁内的能量。力 P 作用在距离梁的端部 x 处，梁的全长为 l。因此，弯矩为 Px，梁的曲率为：

$$y'' = \frac{Px}{EI} \tag{10.7}$$

储存的能量 U 为：

$$U = \frac{EI}{2} \int_0^l (y'')^2 \mathrm{d}x = \frac{EI}{2} \left(\frac{P}{EI}\right)^2 \int_0^l x^2 \mathrm{d}x = \frac{P^2 l^3}{6EI} \tag{10.8}$$

能量可以表示成载荷的形式，因此，可以应用 Castigliano 定理：

$$\frac{\partial U}{\partial P} = \frac{\partial}{\partial P} \left(\frac{P^2 l^3}{6EI}\right) = \frac{Pl^3}{3EI} \tag{10.9}$$

根据 Castigliano 定理，上述是在 P 的作用下偏转吸收的能量，即在 P 的作用下垂直偏转 δ，由此推出：

$$\delta = \frac{Pl^3}{3EI} = \frac{Pl^3}{3B} \text{ 或 } B = \frac{Pl^3}{3\delta} \tag{10.10}$$

这个方程是悬臂弯曲测试中计算织物弯曲刚度的基本方程。在悬臂弯曲测试中，P 是织物自身的质量，弯曲距离是固定的。

10.4　织物剪切测试概念

Treloar[5]最早发表了一篇深入研究测试试样尺寸对织物剪切性能影响的文章。在这篇文章之前，几乎全部的实验都采用方形试样，且有两个重要的事实不能忽略：一是测试织物在剪切应力下的响应只能在试样没有屈曲或无起皱的情况下获得；二是在起皱初始位置的应变幅度随着垂直于剪切方向的拉伸力增大而增大。

　　Treloar 研究了棉机织物和黏胶人造丝机织物,各取一个方形试样和一个矩形试样。测试采用重力加压,并直接用显微镜观察织物变形。可以得出,没有褶皱时的最大剪切应变,不仅和施加的拉伸应力有关,还和试样形状有关。此最大剪切应变随着试样的长宽比增大而减小。1∶10 的长宽比是常规测试中最常用的尺寸。

　　总之,测试试样的形状对织物的剪切性能的影响很大,尤其在正向拉伸力很低的情况下。这种影响也和矩形试样的褶皱数量紧密相关。Treloar 认为减少矩形试样的褶皱数量很重要,因为这样可以允许实验员在给定的正应力载荷下测得更大的应变幅度,或在给定的应变幅度下减小正应力载荷。两者之中的任何一个在实践中都很重要,因为:①织物剪切表现出明显的非线性,使得从小应变推得大应变性能的方法不可靠;②较小正应力下织物性能在织物悬垂性的研究中比较重要。

　　在这里指出,长宽比的表达可能比较模糊,一些读者可能更喜欢用 Saville[6] 的表述,即采用需要更短钳口距离的窄形试样,而不是方形试样,可以降低褶皱引起的误差。实际测试中,长宽比的限度为 1∶10。

　　Hearle[7] 全面分析了 Treloar 剪切试验中所包含的力,详细解释了有效剪切力等于 $(F - W\tan\theta)$。Spivak[8] 调整了 Treloar 的测试试样,用在配有自动记录装置的标准测试仪器上。许多棉和黏胶织物的完整周期的剪切应力-应变曲线和预测一致,都有一个滞后线圈。前文也提到,滞后线圈的面积代表了克服经纱和纬纱交织而形成的摩擦力的能量损失。另外一个比较重要的测量参数是能量损失和剪切所做的全部功的比率,因为这个比率代表了织物对面内变形和回复的全部响应。

　　Spivak 和 Treloar[9] 做了一个有趣的研究,即研究热定形对平纹组织结构的尼龙单丝织物的剪切性能的影响,重点观察了两种热定形方法,一是变化尺寸,另一种是尺寸未变化。该研究用纤维镜观察了经纬纱交织处的实际接触面积,结果认为尼龙单丝织物的剪切性能确实受热定形的影响,织物是在可以自由收缩而不是在固定尺寸条件下进行热定形,滞后和剪切阻力降低最明显。在前一种方法中,因为织物尺寸收缩,会产生内部弯曲应力松弛和经纬纱交织点处曲率变化,而由于曲率变化,接触面积和经纬纱交织处的作用力有一定程度的降低。

　　Spivak 和 Treloar[9] 介绍了一种新的测试织物剪切周期能量损失的动态方法。在这种方法中,织物被放置在两个夹具之间,上夹具固定,下夹具可以移动。如果移动下夹具,将产生一个剪切应变,然后放开下夹具,则在剪切面内产生一系列阻尼振荡。在数学领域,这个系统可以被看作是一个简单的阻尼摆钟简谐运动。摆长是夹具之间织物的长度;摆的质量是下夹具的质量加附在夹具上的其他物体的质量,因此摆的重力等于前述研究中提到的织物剪切正应力。通过观察可以得到,由动态和静态方法得到的损耗值是相同的。然而,这个领域还需要深入研究,现已发现长丝的弯曲性能不受热定形的影响。

Spivak 和 Treloar[10]研究了平纹机织物的斜向伸长和普通剪切之间的关系。斜向伸长是指试样沿着与纱线方向呈 45°方向的伸长。他们指出,不管是理论研究还是实验研究,在斜向伸长试验中不可能得到织物剪切所有的应力-应变性质。得出这一结果的一个重要因素是:在普通剪切测试中,正应力是恒定的;而在斜向伸长测试中,正应力是连续变化的。因此,这两种类型的测试所施加的应力不同,可能导致交织点处摩擦力的差异,从而使观察到的结果不同。另一方面,两种测试方法有合理的一致性,因为相对能量损耗定义为能量损失(滞后线圈的面积)和全部功的比率。

Leaf 和他的合作者[11-14]通过封闭式解析法得出了平纹机织物在小变形下的拉伸、剪切和弯曲模量方程。这些研究代表织物机械设计的又一个重大突破,即设计满足特定机械条件的织物。例如以下方程:

$$\frac{12}{G} = \frac{(l_1 - k_1 D\theta_1)^2}{B_1} + \frac{(l_2 - k_2 D\theta_2)^2}{B_2} \tag{10.11}$$

该方程和各种机械模量相关,所使用的符号来自 Peirce[1-2]经典模型。例如,下标 1 和 2 分别表示经向和纬向;B 表示挠曲刚度;G 表示剪切模量;θ 表示编织角,即织物中心线和纱线中心线切线的夹角;l 表示纱线实际长度;$l - kD\theta$ 表示纱线直线部分的长度(必须注意纱线路径,如经纱路径包括直线部分及其与纬纱接触的弧线部分);D 表示经纱直径 d_1 和纬纱直径 d_2 之和。在这一点上,可引用 Leaf 教授在富士山新千年纺织研讨会中报告的原文[11]:

这是一个非常有趣的方程。据我所知,我们没有一个用实验估算织物剪切模量的简单方法。Treloar[5]和 KES 设备所用的方法,由于不能在测试试样中产生一个定义剪切时设想的均匀应力分布,因而并不是很完善。但是我们不能通过KES 设备合理评估 B_1 和 B_2。这个方程是评估平纹机织物真正剪切模量方法的基础吗?

10.5　织物撕裂强力

织物撕裂是垂直于撕裂方向的纱线组(纤维束、纱线组或两者都有)的渐次拉伸破坏[3]。影响机织物撕裂性能的两个主要因素是纱线拉伸强度和纱线的滑移性能。图 10.2 为织物撕裂的示意图;图 10.3 为测试的典型撕裂曲线,纵轴为载荷,横轴为钳口分离距离(伸长)。撕裂机理包括两步:①由于纱线从交织点拉出而形成三角区(del 区),导致阻塞和滑动(Peirce 模型);②纱线从织物结构中拉出的过程中产生摩擦力,直至达到纱线的破坏强力。影响纱线撕裂强力的因素有纱线拉伸强力、织物中的纱线根数、纱线的滑移性和影响摩擦力的表面光滑度。三角区（del 区）这个术语是根据纱线破坏区域形态，以及与矢量三角加和计算方法的相似性来定义的。

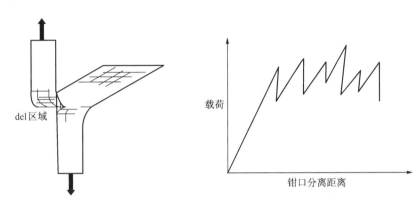

图 10.2　织物撕裂示意图　　　　　图 10.3　典型撕裂测试曲线

Scelzo 等[15]详细描述了撕裂的过程。以一个恒定速率施加位移载荷时，纵向的纱线（夹在测试机钳口中的纱线）逐渐受力、伸长并开始失去卷曲性，横向纱线（开始和撕裂方向垂直的纱线）必须局部调整使其与加载力方向相同，从而缩小从一端到另一端的距离。随着加载力增大，缩小两端距离的横向纱线被拉入三角区，也使边缘纱线被拉入。当三角区内的纱线被拉出试样的尾部时，三角区纱线产生拉力，这是纱线间相互摩擦和纱线弯曲的结果。

纵向纱线沿切割线被拉到一起，横向纱线被拉到一个几乎垂直的平面上，三角区增大。纵向纱线的聚集必然在三角区相邻处形成大量小面积接触的摩擦点。三角区之前（未撕开的织物部分）发生阻塞，使纱线在没有更高局部应力的情况下很难进一步滑移。

太高的局部应力会使纱线断裂。每发生一次断裂，纱线会从一个三角区结构忽然转向另一个具有较小伸长和载荷的三角区域。这个过程很好地解释了撕裂载荷-伸长曲线的形状。伴随着单根横向纱线或多根横向纱线的破坏，试样尾部会发生收缩。尾部的骤回足以引起其他纱线的断裂。

在生产和日常穿着中，撕裂强力都是一个重要的参数。正如上面提到的，纱线滑移性是影响撕裂强力的一个重要因素，因为在撕裂过程中，纱线滑移将使纱线的分组或分开变得容易，多根纱线会同时断裂，从而改善抗撕裂性能。如果纱线比较光滑，可以相互滑动，纱线分组就比较容易。对织物进行特殊的后整理，如使纱线间相互黏结的防皱整理，会减小撕裂强力。织造结构的影响也很明显，斜纹织物中的纱线比平纹织物中的纱线更容易分组，因此前者的抗撕裂性能优于后者。有织纹的织物可以抑制纱线运动，降低纱线分组和织物撕裂强力。

10.6　织物剪切测试方法

有三种重要的测试织物撕裂强力的标准测试方法,即:

① 舌形(单撕裂)法,ASTM D 2261—1996(2002 年重新审核)。

② 梯形法,也被称为翼形撕裂测试,ASTM D 5587—1996(2003 年重新审核)。

③ 落摆测试,ASTM D 1424—1996。

另外,非织物用以下测试方法:

① ASTM D 5735—1995,用舌形(单撕裂)法测试非织物的撕裂强力(2001 年重新审核)。

② ASTM D 5733—1999,用梯形法测试非织物的撕裂强力。

③ ASTM D 5734—1995,用落摆法(Elmendorf 装置)测试非织物的撕裂强力(2001 年重新审核)。

这些测试方法之间的主要差异在于测试试样的几何特性。另外,当舌形测试和梯形测试在一台记录型、恒定伸长速率(CRE)的拉伸测试机上进行时,落摆测试需要一台钟摆式弹道测试仪,如 Elmendorf 撕裂测试仪。现将这些测试方法简要介绍如下:

10.6.1　舌形法(单缝法)

这种方法适用于大多数织物,包括机织物、针织物、非织物、空气袋织物、拉毛织物及起绒织物。这些织物可以是未处理、尺寸变形、涂层、树脂处理或经其他整理的织物。采用该方法,需要在测试之前将织物剪开一个切口,获得的评估报告并不是预处理或开始撕裂所需要的力,而是撕裂扩展所需要的力。这种测试理念——测试有切口的试样,和广泛应用于包括弹性体及纤维增强复合材料等工程材料的断裂力学性能的试验非常相似。

这种方法采用矩形试样,在短边中间剪一个切口形成双舌试样(图 10.4),其中一舌用拉力试验机上的夹头夹持,另一舌用下夹头夹持。在宽度为 75 mm 的织物的 1/2 宽度处,将尺寸为 75 mm×200 mm 的矩形试样用模具或模板切开,预撕裂长度为 75 mm。对每一种样布,沿仪器方向获得 5 块试样,与仪器垂直方向获得 5 块试样。平行于生产方向的织物平面定义为仪器方向,类似于机织物的纵向或经向。垂直于生产

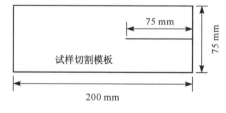

图 10.4　舌形撕裂测试切割试样的模板
(允许误差为±0.5%)

方向的织物平面定义为垂直仪器的方向,类似于机织物的横向或纬向。

测试过程中,利用不断增加上下夹头距离来施加载荷,使撕裂扩展,同时记录施加力的变化。撕裂力以峰值与谷值形式出现(图 10.3)。在一块相同结构的织物中,最高峰值用来反映阻止撕裂扩展所需的单独或整体的纱线强力(机织物)、纤维黏着力或互锁强力(非织造布)。在载荷-伸长曲线上,峰值通常更容易出现在一组纱线断裂处,而不是单根纱线断裂处。值得注意的是,橡胶断裂表面可以观察到类似的撕裂形态,称作黏滑撕裂。

开始测试时,上下夹头距离设置为 75 mm±1 mm,测试速度被设定为 50 mm/min±2 mm/min 或 300 mm/min±10 mm/min。许多专家通常选择较大速度进行测试,因为根据观察,实际使用中许多撕裂是以非常快的速度发生的。测试试样被固定在钳口中,使每个舌片的裂缝边缘在中间,舌片的相邻切边形成一条直线,连接夹具中心线,两个舌片在试样的两个相对面上。在直角机头移动使试样产生约 6 mm 的裂缝后,可以记录单峰强力或多峰强力值。当完成 75 mm 长度的撕裂或者试样完全撕开时,直角机头停止运行。

如果试样在钳口内滑移或有 25% 的试样在钳口边缘 5 mm 内的一点处断裂,就必须调整钳口,以避免这类情况发生。调整之后,如果有 25% 或者更多试样仍出现这类情况或试样不能在纵向撕裂,则认为这种织物不能采用这种撕裂测试方法。如果撕裂由横向转到施加应力方向,应该记录该情形。

对于单个试样,计算舌形法撕裂强力有两种方法。第一种方法,对于有五个或更多峰值的试样,在开始撕裂 6 mm 后,从数据采集系统中获取 5 个最高且最接近 0.1 mN 的力值,计算并记录这 5 个最高值的平均值。第二种方法,如果试样撕裂曲线上不足 5 个峰,则记录其中最高且最接近 0.1 mN 的单峰力值。对于每一个试样,取各个方向和条件下的撕裂强力平均值作为舌形法撕裂强力。实验报告中应包括标准偏差(SD)和变异系数(CV)。另外,如果使用了计算机处理数据,应当简要说明所运用软件。

如果需要测试湿态下的织物撕裂强力,则在环境温度下将试样浸渍在装有蒸馏水的容器中,直至试样被完全浸透。对于经过拒水整理的织物,水浴中应加入少量非离子型润湿剂。测试时,需将试样从蒸馏水中取出,并立刻安装在测试仪器上。测试必须在试样从蒸馏水中取出后的 2 min 内完成。如果试样从蒸馏水中取出的时间和测试开始的时间的间隔超过 2 min,则本次试验试样作废,重新准备试样进行测试。

舌形法测试织物撕裂强力结束后,需记住织物撕裂方向,测试结果反映的撕裂强力为垂直于测试方向的纱线强力。如果待测试方向的撕裂强力高于其他方向,则撕裂破坏发生在整个试样尾部,因此有时不能同时测得经向和纬向的纱线强力。

10.6.2　梯形法(翼形撕裂法)

梯形法采用定速伸长(CRE)拉伸试验机测量织物撕裂强力。这种测试方法也适用于大多数织物,包括机织物、针织物和非织造布。通常情况下,梯形撕裂沿着一条非常固定的轨迹进行,即撕裂沿着试样宽度方向传播。因此,这种方法克服了舌形法测试所遇到的问题,能够测试各种类型的织物的撕裂强力而不引起撕裂转移。

垂直机器方向是指垂直于生产方向的织物平面的方向,即类似于针织物或机织物的横向或纬向。机器方向是指平行于生产方向的织物平面的方向,即类似于针织物或机织物的纵向或经向。

对于非织造布,有点不一样。非织造布是利用黏合、纤维互锁或二者兼备,通过机械、化学、热学、溶剂方法或其组合方法而形成的具有纺织结构的织物。因此,非织造布的取向不太明显,特别是从辊筒上取下的非织造布,应该细心标记方向,以保证方向的准确性。非织造布所用的是宽度方向和长度方向:宽度方向是指织物生产过程中垂直于织物随机器运动的方向;长度方向是指织物生产过程中平行于织物随机器运动的方向。

机织物、针织物或非织造布的基本测试方法相同:

① 在矩形试样上作等腰梯形的标记。开始时将试样在梯形短底边的中间位置撕裂,将梯形的两腰分别用拉伸试验机上互相平行的两个夹头夹紧。通过增加夹头距离来施加载荷,使撕裂传播,及时记录产生的力,通过自动图表记录器或计算机数据采集系统获得使撕裂传播的力。

② 一般情况下,在测试过程中,必须采取预防措施,以避免试样在钳口中滑移。如果滑移发生,必须采取必要的纠正措施。

③ 卷布或者匹布被认为是基本的抽样单元(批样)。实验室样本是从批样的卷布或匹布中取得的,通过加宽织物的宽度,沿着机器方向约 1 m 取出一个样品。对于卷布,布匹外层或者环绕轴心的内层应该被去除,才能作为试样。对于每一个实验室样品单元,从机器方向(非织造布长度方向)和垂直机器方向(非织造布宽度方向)各选取 5 个试样,在不同条件下进行测试。这些测试试样按照图 10.5所示模板进行切割。注意到等腰梯形缺边(25 mm)的中间有一条长度为 15 mm 的缝隙。

④ 长边方向作为机织物的测试方向,短边方向作为非织造布的测试方向。

⑤ 对于在机器方向测试的机织物样品,采取长边平行于机器方向的方法进行测量;对于垂直机器方向测试的样品,采取长边平行于垂直机器方向的方法进行测量。对于非织造布,切取试样用于长度方向的测试,使短边方向平行于长度方向进

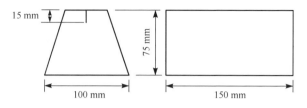

图 10.5 梯形测试试样的切割模板

行测量;切取样品用于宽度方向的测试,使短边方向平行于宽度方向进行测量。图 10.6 清晰地表明了样品方向和测试方向的关系。

⑥ 在测试开始阶段,夹头距离设定为 25 mm±1 mm,同时设定测试速度为 300 mm/min±10 mm/min。测试在纺织品标准大气环境中或者在规定的大气环境中进行。测试试样沿着梯形两腰夹持,使夹头的末端和 25 mm 的梯形边在一条直线上,并且使切口在夹头中间位

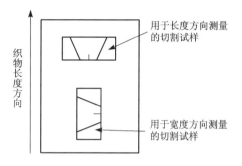

图 10.6 试样方向和测试方向的关系示意图(非织造布,梯形测试)

置。短边被拉紧使得余下的试样能够折叠放置。机器运行,并开始记录撕裂强力(载荷-伸长曲线),曲线上会出现一个简单的单峰或者出现几个峰值或谷值。

⑦ 如果想知道更多细节,可以参考其他关于舌形法测试的文献。

10.6.3 落摆试验(Elmendorf 装置)

该试验方法包括从织物切口开始传播单缝撕裂所需要的力的确定和所用落摆装置类型(Elmendorf)的确定。此试验方法适用于机织物和其他不沿着与施加力的方向垂直的方向撕裂的织物。此方法对经编针织物,只适用于经向加载,不适用于经编针织物的轨迹方向或其他针织物的任一方向。

在夹于钳口中间的试样上提前剪一个缝隙,然后将试样撕裂一定的长度。撕裂阻力是根据仪器读数和摆锤质量计算出来的。测试试样是长 100 mm±2 mm、宽 63 mm±0.15 mm 的矩形试样,撕裂长度为 43 mm±0.15 mm,也是试验中试样被撕裂的长度。撕裂长度是指裂缝的尾端至试样边缘的距离,这时宽为 63 mm 的试样的下边缘靠在钳口底部之上,裂缝长为 20 mm。

Elmendorf 撕裂测试仪是一个扇形摆锤,扇形摆锤上有一个夹钳,当摆锤处在上升的起始位置时,摆锤上的夹钳和固定夹钳对准,该位置具有最大势能。试样固定在两个钳口之间,使裂缝处于两钳口中间位置,将记录力的装置置于零位。该测

试仪上有一根和摆锤固定在同一轴上的指针,以读取刻度盘上的撕裂强力。测试仪该也可以和电脑连接,自动采集数据,并进行计算。

当摆锤被释放时,因为撕裂试样需损失一部分能量,摆锤向后摆动时不可能达到开始的高度。起始高度和结束高度的差值和撕裂试样所损失的能量成正比。从刻度盘上可以直接读取撕裂强力,并且可以提供对原始势能的百分比。对试样所做的功,也就是所读取的数据,和试样撕裂长度成正比。该仪器可以通过在摆锤上增加重物的方法来增加量程。试样在钳口中打滑或者撕裂偏离原始裂缝 6 mm 以上的数据不能采用。实验员必须记录试验中是否产生褶皱,撕裂是否垂直于撕裂的法向(平行)。Elmendorf 撕裂测试仪的基本原理和测试工程热塑性塑料抗冲击性的基本原理是相同的,即经典的简支梁和悬臂梁方法。在所有的这些测试中,均采用势能和动能相互转换的方法。这些测试方法测得的参数都是摆锤振荡期间吸收的能量,有时被称为"冲击能量",可以定义为:

$$U = \frac{1}{2} I (V_0^2 - V_f^2) \tag{10.12}$$

其中:I 为摆锤的转动惯量;V_0 和 V_f 分别为撞击试样之前和之后摆锤摆动的速度。

假设摆锤没有空气阻力损失($V_0^2 = 2gh_0$)和摩擦损失($V_f^2 = gh_f$),摆锤在开始固定高度 h_0 被释放,然后向下摆动,摆至最低点撞击并撕裂试样,然后继续摆动至测得的最大高度 h_f。

$$U = gI(h_0 - h_f) \quad \text{或} \quad U = K(h_0 - h_f) \text{(实际中常用)} \tag{10.13}$$

其中:K 为系统给定的机械常数[16]。

在现代化的实验室中,热塑性塑料和复合材料的抗冲击性采用水平电脑测试机测量进行,并且配备了环境室。断裂的试样可用光学/扫描电镜(断面显微镜观察)观察。

落摆(Elmendorf)装置可以用于测量多数非织物的撕裂强力,前提是织物不会在垂直于施加的力的方向撕裂。如果在试验方向不发生撕裂,那么认为该织物在这个方向通过这种试验方法将不会被撕裂。具有可互换摆锤的标准 Elmendorf 撕裂测试仪是测定撕裂强力高达 62.72 N 的首选设备。对于撕裂强力高于 62.72 N 的织物,要使用更大量程的测试仪。非织造布可以经过处理或未经处理,包括增大尺寸、涂层或树脂处理。测试试样和机织物一样,也采用矩形试样,长为 100 mm ±2 mm,宽为 63 mm±0.15 mm,裂缝长度为20 mm,待撕裂长度为 43 mm。

显然,和其他测试撕裂强力的方法相比,这种方法具有简单快捷的优点,因为试样可以用模具切割,试验结果可以从摆锤的刻度盘上直接读取。另外,所需试样的面积相对较小,从而需要的样布更少。读取的数据和试样被撕裂的长度成正比,因此,须指定试样尺寸。

10.7 Kawabata 评价系统 KES

日本京都大学和滋贺县立大学(Kyoto and Shiga Prefecture Universities, Japan)荣休教授川端季雄(Sueo Kawabata, 1931—2001)[17]开发了一种织物手感评价系统(KES, Kawabata Evaluation System)。这是基于客观实验基础的评价系统,可以提供一致的、可重复利用的结果,并且可以取代传统的由专家主观评价的方法。KES 系统用于研究织物在小应变作用下的力学性能,主要对服装穿着性进行评价。正如前文所述,在这种情况下,由于所加载荷不足以使纱线伸长,因而伸直区域是载荷-伸长曲线最主要的部分。KES 也可以描述在机械变形和回复过程中产生的能量损失(滞后圈)。

10.7.1 拉伸性质

织物的拉伸性能是通过绘制从"0"到最大拉伸力"4.9 N/cm"的载荷-伸长曲线和回复曲线来表征的。在加载/卸载的过程中,回复曲线并不回到原始位置,即存在一个残余应变(永久变形),这反映了纤维的黏弹性。滞后圈的面积表示加载/卸载过程中的能量损失。图 10.7 所示为 KES 测得的典型载荷-伸长曲线。通过曲线可以计算下列参数[6]:

① 拉伸功 WT:载荷-伸长曲线下的面积(载荷增加),表示拉伸变形过程中所做的功。

② 线性度 LT:等于 WT 和三角形 OAB 面积的比值,用来定义载荷-伸长曲线的非线性程度。三角形 OAB 通过以下方法得到:

从直角坐标系的原点 O 到点 A,画一条直线,使 A 点纵坐标为 4.9 N/cm,点 B 是 A 点在横坐标上的对应点[6]。

③ 回复力 RT:回复曲线下的面积和 WT 的比值。

这些参数和服用性能之间的关系如下:

● 拉伸功 WT:拉伸功越小,延展性越不好;

● 伸展线性度 LT:值越大,织物越刚硬;

● 回复力 RT:值越小,弹性越不好。

10.7.2 剪切性能

织物剪切性能的测量采用宽 20 cm、高

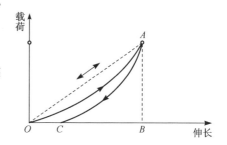

图 10.7 KES 测得的典型载荷-伸长曲线(直线 OA 表示完全线弹性)

5 cm的矩形试样,将两长边夹持,其他两边呈自由状态。图 10.8 是试验的示意图。沿 x 方向即夹持方向,对试样施加 98 mN/cm 的恒定拉力,以避免织物屈曲。测试过程中,试样的夹持边缘受到剪切力的作用,y 轴方向也会产生相对位移。角 θ 表示试样移动边上一点的旋转角度。还可参考 Treloar[5] 在此领域的开创性研究。最大转动角为 8°,和织物穿着时的条件一致。测量指标如下:

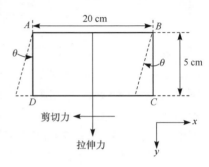

图 10.8　KES织物剪切测试示意图

① 剪切模量或刚性模量 G＝滞后曲线线性区域在±2.5°范围内的平均斜率。

② 剪切滞后,$2HG$＝剪切滞后圈在±0.5°剪切角范围内的平均宽度。

③ 剪切滞后,$2HG_5$＝剪切滞后圈在±5°剪切角范围内的平均宽度。

注:剪切滞后也称为力滞后。

这些参数和织物服用性能之间的关系如下:

● 剪切刚度 G:值越大,织物越硬越脆;

● 剪切角为 0.5°时的剪切滞后 $2HG$:值越大,剪切中非弹性性能越明显;

● 剪切角为 5°时的剪切滞后 $2HG_5$:值越大,剪切中非弹性性能和褶皱问题越明显。

Hu[18]指出,KES 剪切测试仪并不是在被测试样中产生纯剪切变形。另一方面,纯剪切状态是刚性工程材料在传统剪切测试下获得的,在这种材料中,一根圆截面的杆受到扭转变形的作用。如前所述,角 θ 表示测试试样移动边上一点的旋转角度,但无剪切应变。

10.7.3　弯曲性能

试样在 $-2.5\ \text{cm}^{-1}$ 到 $2.5\ \text{cm}^{-1}$ 曲率之间弯曲,曲率的倒数就是弯曲半径。通过连续检测需要产生该范围曲率的弯矩,可以得到弯矩-曲率曲线。测得的弯曲参数如下:

● 弯曲刚度 B,曲率为 $0.5 \sim 1.5\ \text{cm}^{-1}$ 时弯曲滞后曲线的线性区域的平均斜率。

● 弯曲滞后 $2HB$,$\pm 0.5\ \text{cm}^{-1}$ 曲率范围内弯曲滞后圈的平均宽度。

弯曲参数与服用性能之间关系如下:

● 弯曲刚度 B;值越大,织物刚度越大;

● 弯曲滞后 $2HB$;值越大,弯曲的非弹性行为越明显。

10.7.4　压缩性能

将织物置于两板之间,增加压力,织物厚度会发生变化,直到压力最大值 $0.49\ \text{N/cm}^2$,可以测量织物的压缩性能。随缓慢减小载荷,便可测得回复过程。相关参数 LC、WC 及 RC 可以通过和拉伸性能测试相同的原理测得:

① 压缩-厚度曲线的线性度 LC,即变形曲线与直线的偏差程度,其值越大,初始抗压缩性能越好。

② 压缩功 WC,压缩所做的功,即压缩曲线下的面积。

③ 压缩回复力 RC,即压缩变形的回复能力,可用回复功占压缩功的百分率表示。

这些参数与织物服用性能之间的关系如下:

● 压缩线性度 LC:值越大,压缩手感越硬;

● 压缩功 WC:值越小,压缩手感越硬;

● 压缩回复力 RC:值越小,非弹性压缩性能越明显。

10.7.5　表面性能

除了以上简要介绍的性能外,KES 系统还包括织物表面摩擦系数和表面粗糙度的测量。这些参数与织物服用性能之间的关系如下:

● 均摩擦系数 MIU,太高或太低均会产生不同的表面手感;

● 表面摩擦粗糙度 MMD,指 MIU 的平均偏差,值越大越粗糙;

● 表面几何粗糙度 SMD,太高或太低均会产生不同的表面手感。

KES 系统还有两个参数,即织物厚度和织物平方米克重。

此系统能测量单纤维或平均直径为 $15\ \mu\text{m}$ 的长丝的纵向拉伸、轴向压缩、横向压缩及扭转性能,还可用于复合材料增强体的纤维或纤维束。这些参数将力学性能与纤维分子结构和微观结构(形态学)紧密联系起来。

Kawabata 教授对纤维集合体设计和织物服用性能的研究有杰出贡献,2001年初国际著名纺织期刊 *Journal of the Textile Institute* 策划为庆祝川端季雄教授 70 岁出版生日专辑,正当专辑排版付印时,川端季雄教授于 2001 年 9 月 12 日因肝功能衰竭去世,*Journal of the Textile Institute*,2001,92(3)成为川端季雄教授的纪念刊。川端季雄教授 1931 年 3 月 10 日出生于日本奈良,1960 年 3 月从京都大学工学院学研究科纺织化学系博士课程毕业,1961 年 12 月获京都大学工学博士学位,1961 年进入京都大学工学部高分子化学教室担任助手,1964—1965赴美国加州理工学院担任外聘研究员,1965 年回日本京都大学工学院聚合物化学系担任助理教授,1983 年任教授,直至 1994 年从京都大学荣休,1995 年至 2001 年3 月担任滋贺县立大学材料科学系教授。川端季雄教授主要研究高分子固体力学、纤维材料力学、纺织品特性客观评价、单纤维力学性质各向异性微观测量。由于在上述领域的突出成就,1987 年英国纺织学会授予川端季雄教授"瓦纳"纪念奖章(Warner Memorial Medal),1996 年担任英国纺织学会荣誉会员。关于川端季雄教授的更详细资料,可参见:

　　① http：//www. mat. usp. ac. jp/polymer-composite/kawabataE. html.

　　② http：//www. mat. usp. ac. jp/polymer-composite/kawabata. html.

　　③ Cunning J. Foreword. The Journal of the Textile Institute, 2001, 92(3)：i-ii.

　　④ Mukhopadhyay S K. Introduction. The Journal of the Textile Institute, 2001, 92(3)：iii-iv.

10.8　FAST 测试系统

　　FAST (Fabric Assurance by Simple Testing)系统由澳大利亚联邦科学与工业研究组织(CSIRO)设计的测试方法和仪器组成,能够测量织物裁剪性能,从而发现面料制成服装过程中可能遇到的问题。

　　KES 和 FAST 都是用于测试低应力(或变形)条件下织物的机械性能,但是两者在测试原理上存在差异。测试弯曲性能时,KES 的弯曲试验仪用的是纯弯曲原理,而 FAST 弯曲测试仪的原理为悬臂原理。在剪切性能的测试中,KES 测试简单的剪切,而 FAST 剪切试验仪采用斜向伸长的原理。因此,专家们的一致观点是 FAST 测试系统主要应用于工业生产,而 KES 测试系统主要应用于实验室研究[18]。

10.9　织物压缩性能

　　Matsudaira 和 Qin[19]提出了一个织物压缩变形的理论模型,并且用实验验证了这个模型的正确性。把织物看作是纱线或纤维与缝隙空气的集合体,织物的压缩及回复曲线可以分为三个阶段:

　　第一阶段:压缩板接触织物表面突起的纤维,压缩阻力来源于这些突起纤维的弯曲。

　　第二阶段:压缩板与纱线表面接触,因此,纱线间和/或纤维间的摩擦产生抗压阻力,直到所有的纤维互相接触。

　　第三阶段:抗压阻力来源于纤维自身的横向压缩。

　　本书作者认为,第一和第三阶段主要是弹性变形,其压缩曲线可以近似为线性方程 $y = a + bx$；第二阶段的压缩曲线可以回归为指数方程 $y = a^{bx} + c$；其中 y 为压缩力(N/cm^2), x 为变形(mm), a 和 b 为回归常数；在第二阶段,摩擦力占主导作用。

在回复曲线中,第一阶段可以近似为线性方程,但是第二阶段回归为指数方程,第三阶段不会产生瞬时回复,滞后圈的面积是由于内部摩擦而引起压缩能损耗的部分。

KES压缩试验仪用于实验验证理论模型。在Matsudaira和Qin[19]的研究中,最大压力是2.45 N/cm²,而KES的最大压缩应力是0.49 N/cm²,所用的织物分别为纯毛织物、丝织物、化纤长丝织物、化纤短纤织物和纯棉织物。织物厚度在KES压缩测试仪的压力为0.004 9 N/cm²的条件下获得,所有实验在温度为20 ℃±0.3 ℃、相对湿度为65%±3%的条件下进行,实验所得的压缩及其回复曲线与通过理论计算所得的曲线具有很好的一致性。

10.10　织物的变形机理总结[3]

机织物	针织物	非织造布
卷曲消失	卷曲消失	纤维变形
纤维滑移	纤维滑移	黏结变形
纤维伸直	纤维伸直	
纤维伸长	纤维伸长	
纱线压扁	纱线压扁	
纱线弯曲	纱线弯曲	
纱线剪切	纱线剪切	
屈曲转换	空间改变	

10.11　作为复合材料结构增强体的纤维集合体

对纤维集合体增强复合材料结构的研究是材料科学和工程领域很重要的工作。纤维集合体增强复合材料常应用于航空、陆地、海洋运输、体育用品、民用基础设施和生物医学领域。值得一提的是,碳纤维增强复合材料在大型客机结构件中的使用正不断增加。纤维通常作为增强材料,与树脂基体、金属基体、陶瓷基体构成复合材料,纤维本身也可以是聚合物、金属或陶瓷。为了得到复合材料的最佳性能,增强纤维可以是不同截面形状和结晶度的纤维,也可以设计成二维或三维结构。

在交通运输行业,人们必须知道一种重要的纤维增强复合材料——充气轮胎(汽车、卡车、飞机、工程机械轮胎)。在橡胶行业,聚合物和金属增强纤维主要以帘子线(合股加捻长丝结构)的形式存在,因为这种结构的强度、刚度和疲劳性的变化范围很广。一个简单的经验是,长丝纱的捻度越大,耐疲劳度提高,而刚度和强度降低。

从材料科学的角度,充气轮胎可以定义为柔顺的、具有黏弹性的帘子线-橡胶复合材料结构,使用时,这种结构能够承受周期性的变形。现代的子午线轮胎具有刚硬的、几乎不能伸展的带包,通过一根坚硬且灵活的径向套管连接到轮辋上,从而确保最佳牵引和定向。图 10.9 所示为一个径向的汽车轮胎内部结构的示意图。

轮胎帘子线是轮胎内部承载负荷的主要结构,而帘布层中的橡胶在帘子线和橡胶界面处,通过剪切应力将载荷传递到

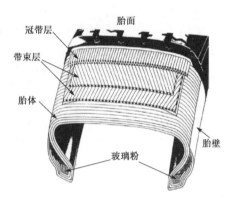

图 10.9　汽车子午线轮胎内部结构示意图

帘子线。当然,帘子线和橡胶基体间需要具有很好的黏结性。必须选用合适的测试试样来测试帘子线和橡胶的准静态、时间依赖性和动态力学性能。动态力学性能是其最重要的性能,包括弹性模量、损耗模量、热生成率(滞后)和疲劳的测量,以及这些性能对温度、应变(应力)、振幅、频率、微观结构的敏感性。尤其是橡胶基体,必须充分表征其裂纹扩展性能和网状微观结构。必须清楚,橡胶基体本身含有非纤维颗粒增强的填充物,如炭黑和二氧化硅等。橡胶和帘子线的界面性能很难研究,因为其界面不是一个简单的表面,而是由纤维(聚合物或金属)表面层、橡胶及表面间的黏结剂层构成的界面区域。

为什么动态力学性能,即帘子线-橡胶复合材料的循环疲劳强度,在评估胎体和子午线轮胎带束帘布层的适用性中如此重要?答案很简单,客车行驶 40 000 英里,每根轮胎帘子线会受到约 3 000 万次的疲劳循环,大型卡车轮胎在翻修前会受到超过 10 亿次的疲劳循环。

10.11.1　增强聚合物复合材料的疲劳

纤维增强聚合物复合材料对应力的响应比各项同性材料更复杂,因为有许多变量影响复合材料性能和疲劳形式。复合材料的断裂性能的影响因素包括:①纤维类型和纤维集合体的结构;②基体类型;③纤维-基体界面的黏结强度和韧性;④纤维的取向和铺层顺序;⑤缺陷或间断点;⑥加载方式和速度;⑦环境(高温、湿度、化学药品)。在纤维增强聚合物复合材料中,可能存在的破坏和失效模式有:①基体破坏;②纤维和基体界面的黏结点失效或界面区域失效;③纤维断裂;④由

于缺陷或结构不连续性导致裂纹扩展;⑤分层。多向复合材料在复杂外力的作用下,可能会发生多种破坏模式,很难确定哪种是主要的破坏模式。

10.11.2　刚性聚合物基复合材料和弹性基复合材料

刚性聚合物基复合材料和弹性基复合材料的差异主要表现在以下方面:

① 弹性基复合材料与刚性基复合材料相比,弹性变形大,因此,必须考虑结构的几何改变。这也表明,应力可以定义为单位未变形面积上的力(拉格朗日应力)或单位变形面积上的力(欧拉应力)。

② 弹性基复合材料具有较低的剪切模量,因此会有较大的剪切变形。这使得纤维在外力作用下会发生取向改变。

③ 弹性基复合材料(单向板或层合板)的刚度受纤维取向的影响较大,因此弹性基复合材料是高度不均匀的。

很显然,用于刚性聚合物基复合材料的基于无限小应变假设的传统线弹性理论,并不适用于有限变形下的弹性基复合材料。从以前的预测性表述中可以推出,尽管光学和扫描电子显微镜是观察微观失效模式的重要途径,但是为了明确失效的根本原因,科学家和工程师必须对纤维、纤维集合体、橡胶、橡胶-纤维界面的性能有全面的了解。

10.11.3　预测试验的基本知识

复合材料可以从多尺度描述其特性,即微观力学、宏观力学和整体结构。复合材料的测试有三个主要目标:

① 层合结构和单向板的性能确定。

② 验证由解析法(闭式)或数值法(有限元分析)预测的力学性能的有效性。

③ 对具有特殊的几何形状或在特定加载条件下的复合材料进行材料和结构性能的实验研究[20]。

预测试验的主要目的是预测复合材料结构的寿命,为此,有以下要求:

① 良好的运用知识。

② 理解并量化失效和累积损伤机制。

③ 与材料和设计相结合。

④ 具有时间和几何的尺度概念,使实验测试与实际相结合。

一种典型的预测加速试验方法是“步进压力测试”。工程师取大量的试样,在低应力水平、固定的时间间隔条件下进行试验。在一个时间周期结束时,增大压力,受压力作用后性能保持良好的部分,此时受到更大的相同时间的压力,不断重复上述步骤,使用各种非破坏性评估技术,直到其在初始阶段失效。

以一定的速度或频率施加压力,出现的压力是单独作用还是与其他压力结合作用,取决于对实际条件的理解。两个或两个以上的压力相互作用会减少测试时间。如果采用多个加速应力水平,可以画出应力-寿命圈数曲线(S-N 曲线)。S-N 曲线代表了一种数学模型。这种模型表明,不同的应力水平下,存在不同的寿命变化方式。在疲劳测试实验中将会提到。

由于加速应力的应用可能会引起温度升高而导致性能劣化,所以使用 Arrhenius 模型比较合理。由于橡胶基体的黏弹性,其会形成弹性基复合材料。Arrhenius 模型是基于一个经典方程建立的,该方程以稍微不同的方式描述了化学过程的反应速率。Arrhenius 模型表明时间对材料性能变化的某个大小的对数与绝对温度的倒数间存在线性关系。活化能可以根据斜率得到。

另一种有用的方法是 Palmgren-Miner 累积损伤法则。该法则指出,施加在材料或结构上的应力循环数,可以表示为可能引起破坏的相同幅度的总应力循环数的百分比,其给出了消耗疲劳寿命的分数。在含有 m 个载荷块的加载序列中,如果 n_i 是和恒定应力幅值 σ_i 的第 i 个载荷块一致的循环数,N_{fi} 表示在 σ_i 下达到破坏的循环数,则损伤法则可以用数学方法表示为:

$$\sum_{i=1}^{i=m} \frac{n_i}{N_{fi}} = 1 \tag{10.13}$$

Palmgren-Miner 法则有一个明显的缺点:不同幅值应力块的顺序不会影响疲劳寿命。这和实验不相符。

10.12　层合板的基本力学:在测试中的应用

层压复合材料广泛应用于工程应用领域,多数情况下用于单向增强体。角度铺设层合板的基本机制,可以通过简单的图形表示来解释。图 10.10 所示为两个单层结构,一个铺层角度为 $+\theta$,另一个铺层角度为 $-\theta$。如果在这些试样的每端施加与增强纤维呈一定角度的均匀拉应力(不在轴向加载),会产生一个面内剪切应变,铺层将产生一个反向的剪切变形。实际上,这些铺层的变形模式是彼此的镜像。当两种铺层被黏合在一起形成铺层角度为 $\pm\theta$ 的层合板后,相反方向的面内剪切应力将产生两个主要的作用:①层间剪切应力在两个铺层之间的基体层传播,并且由这些应力产生的力矩和每层内的层间剪切应力相平衡;②图 10.11 所示为层合板的面外扭曲。图 10.10 所示层合结构具有面内、面外耦合效应,也就是说,面内应力可以引起面外变形。耦合应力上升是因为层合板对其中心面板不对称。

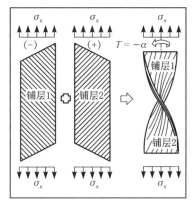
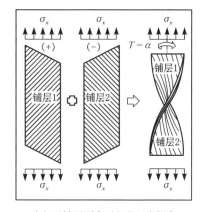

由层压设计引起的面内、面外耦合　　　　　　由相反铺层顺序引起的反向耦合

图 10.10　单层结构的面内、面外耦合示意图

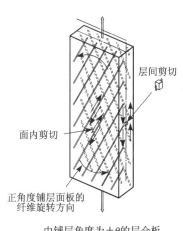
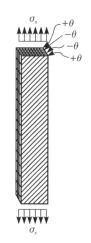

由铺层角度为±θ的层合板　　　　　　　无面内、面外耦合的层合板
拉力引起的剪切应力

图 10.11　层合板的面外扭曲

当两层以 $-\theta/+\theta$ 角度铺层黏合在一起后,即以反铺层顺序层压,相同的拉应力会产生同样程度的扭曲,但和 $\pm\theta$ 层合板的扭曲方向相反;进而可以很容易地推断出铺层顺序为 $+\theta$、$-\theta$、$-\theta$、$+\theta$ 的四层层合板的受力响应。指定的 $[+\theta/-\theta]_s$ 方式铺层会有一个对称面,不会表现出面内、面外耦合效应。上述层合板对单向拉应力的响应可以通过实验证实,也可以用有限元分析和层合板理论等数学方法分析。

10.12.1　在测试中的应用

用金属或聚合物作为增强体,用弹性体作为基体的角度铺层层合板,是研究子午线轮胎带状结构耐疲劳度的一个很好的试样。很多科学出版物或部分专利申请都有关于这方面的研究,综述性文章[21]中也包括这一研究。

疲劳性能的研究可以在机电设备或配有合适的数据采集系统的专门软件的伺服液压试验机上进行。可以用一个两层 $+\theta$、$-\theta$ 橡胶层合板,因为该测试设备可以避免试样的卷曲。由于温度对复合材料的耐疲劳度至关重要,所以需要一间环境室和一部红外摄像机。复合材料层合板必须足够长,以远离端部的区域,端部效应(由于夹具)根据 Saint Venant 原理可以被忽略。除了环境因素(温度、氧气、臭氧),确定测试条件也很重要,即变形模式和疲劳研究所用的激发波形的类型。

图 10.12 所示为两种假设的化合物(一种硬质、一种软质)的应力-应变曲线。观察曲线,可以看出,对于位移(应变)控制,即固定应变,低模量化合物的耐疲劳度较好,因为它的应变能密度 U_2(应力-应变曲线下的面积)比高模量混合物的应变能密度 U_1 小。如果对应于 U_2 条件应变能释放速率的裂纹扩展速率也比对应于 U_1 应变能释放速率的裂纹扩展速率小,这个结论就是正确的。另一方面,如果化合物在力(应力)控制下进行测试,可以观察到高模量混合物的应变能密度 U_1 较低,因而疲劳寿命长。这个结论假设对应于 U_1 应变能释放速率的裂纹扩展速率比对应于 U_2 条件应变能释放速率的裂纹扩展速率低。在能量控制下,可以进行疲劳实验[22]。

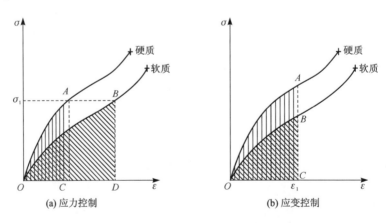

图 10.12　硬质和软质材料的应力-应变曲线

动态实验常用的波形是正弦波和脉冲波,但是也可以用其他波形。人们必须清楚脉冲激发有一个松弛阶段,不在正弦曲线中显示。混合物这个词用于橡胶产业,是指含有硫磺、硫化橡胶的催化剂、炭黑或二氧化硅和抗氧化剂的橡胶(天然或合成弹性体)。

　　图 10.13 所示为±23°铺层高强钢绳/天然橡胶层合板积累损伤发展方式的示意图。积累损伤是疲劳寿命(时间)的函数。疲劳测试在频率为 10 Hz 的正弦波力的控制下进行。测试试样(通常称为取样片)的宽度为25.4 mm，计量器的长度为254 mm，外部没有热施加给试样[22]。

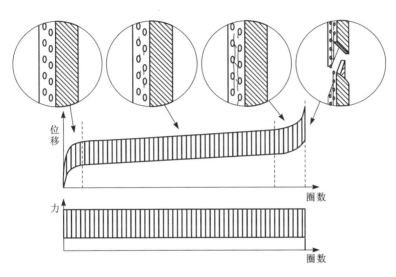

图 10.13　角度铺层层合板疲劳寿命的演变示意图

　　观察到的第一个破坏在橡胶绳的边缘，以小裂纹的形式破坏。微观断裂面图解分析表明这种破坏和 Bikerman 的弱边界层断裂的概念一致，边缘裂纹也被称为套筒[23]。接下来的阶段，这些初始裂纹不仅沿试样的长度方向，而且通过两个帘线加强层之间的橡胶层传播，以及和其他裂纹连接。如预测一样，红外摄像机显示这层橡胶层是试样中最热的点。在最后一个阶段可以看到层间断裂，即众所周知的分层失效模式。对该实验破坏进展的观察揭示了复合材料和金属之间有趣的差异。金属中，大部分疲劳寿命的消耗在裂纹出现之前。复合材料中，大部分疲劳寿命的消耗在第一个裂纹出现之后，并且积累损伤相当复杂[24]。

　　除了基于应变能释放率的断裂力学，S-N 曲线是复合材料疲劳实验研究的另一种经典方法。疲劳寿命数据可以方便地用施加应力(应力幅值、应力范围)-疲劳周期曲线表示，通常用对数坐标。图 10.14 所示为疲劳寿命曲

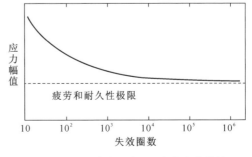

图 10.14　S-N 曲线示意图(疲劳寿命曲线)

线(Woehler 曲线)示意图。这些曲线表明,疲劳寿命随应力降低而增加,直至达到代表疲劳或耐久性极限的水平渐近线。在水平渐近线之下,疲劳寿命变得无限长,即在任何现实的时间尺度都不会发生失效。但是,为了定义渐近线,可能需要长时间的实验,得到更多单独的分散数据点。因此,它更适合使用"疲劳强度"的概念,即材料维持指定周期数的应力水平。

应力(或应变)周期寿命曲线已经被多年用于金属和刚性基复合材料疲劳的研究,并将继续作为一个重要的工程设计工具。

10.12.2　几何参数的重要性

前文提到了几何参数对复合材料结构力学特性的重要性,如铺层顺序和铺层角度。为了突出这一点,再举一个具有历史重要性的例子。图 10.15 所示为两块具有不同刚度值的层合板的载荷-伸长曲线。

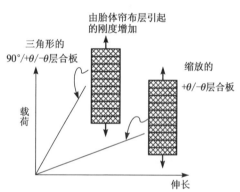

图 10.15　具有不同刚度值的两块
层合板的载荷-伸长曲线

具有较低刚度的层合板结构为 $+\theta/-\theta$ 角度铺层结构,且刚度较大的层合板具有相同的 $+\theta/-\theta$ 角度铺层,但在刚度较大的一层下面还有一层帘线增强板,帘线增强板的方向和施加力的方向垂直。X 射线照片揭示了两种结构不同的变形模式。刚度较低的层合板呈现出由可变形菱形组成的纵横交错的帘线缩放网格,而刚度较高的层合板呈现出由不可变形的三角形组成的帘线网格。这种刚度增加在土木工程师界是众所周知的,称为"三角形划分",已在由法国巴黎的 Michelin Tire 公司于 1946 年 6 月 4 日的专利中被认可,并由 Pierre Marcel Bourdon 签字[25]。

须注意 $+\theta/-\theta$ 角度铺层层合板代表子午线轮胎的带束帘布层,而帘线和施加力的方向垂直的层合板模拟的是轮胎的胎体帘布层。在轿车轮胎上,前者用钢丝帘线增强,后者用聚合物帘线增强,多数情况下采用聚酯增强。由三角形划分导致的刚度增加,使轮胎的刚度增加,因而耐磨性也增加,改善了轮胎在路上的稳定性,具有较低的滚动阻力。

上面提到的带状结构,即带层和体层必须用面内弯曲(挠曲)刚度和面内剪切刚度(Iosipescu 测试方法)表征,这也是表征轮胎相关性能最重要的参数。面外弯曲刚度必须测量,因为它控制了子午线轮胎的行驶特性,通常在双轴向加载下进行测量。

一篇于 2004 年 11 月发表在 *High Performance Composites* 上的文章提供了另一个使用几何参数获得层合板结构特定机械响应的例子[26]。该文作者指出，当"平衡的或镜像的"结构层合板受到轴向弯曲力时，层合板沿其轴向均匀响应。另一方面，不对称的层合板受到相同的轴向弯曲力时，一部分力将转换到离轴方向，并且层合板将绕其轴向扭转。

这项研究受到了 Sandia National Laboratories，Albuquerque，NM，USA 的资助，由该公司的结构设计和材料专业团队完成，其目标是将他们所谓的"适应性风力发电机叶片"用在风力涡轮机上。当风速上升（阵风）时，发电机叶片上的弯曲力上升，但叶片沿着其纵轴扭曲，从而降低弯曲力，避免损坏涡轮系统。"适应性风力发电机叶片"也被称为"扭曲耦合叶片"。叶片由环氧树脂作为基体，以特殊的碳纤维/玻璃纤维混合织物增强。文章强调，有限元广泛应用在设计和材料领域中，因此必须建立原型并测试，以验证理论预测的正确性。一些专利文献中有讨论弹性基体复合材料铺层顺序重要性的例子，如美国 Goodyear 轮胎和橡胶公司的专利No. 4 688 615（1987 年 8 月 25 日）和 6 668 889（2003 年 12 月 30 日）。

前文讨论了剪切变形角度铺层层合板用作子午线轮胎带式包装的基本机理，也讨论了这种结构的动态测试和失效机理，包括边缘裂纹和分层。在上面提到的专利中，作者指出，带边缘分层不能通过约束胎体帘布层而改变；换句话说，用来模拟黏合到胎体帘布层上的带束帘布层的试样，即铺层顺序为 90°、+23°、−23°的帘线-橡胶复合材料试样，可能会在带束帘布层之间发生边缘分层。实验发现，这种结构的泊松比在带束帘布层和胎体帘布层之间有相当大的不匹配，进而引起疲劳强度的降低。

一种新的结构被提出，在原有的两个带束帘布层之间黏合了第三层。第三层包括很多平行帘线。这些平行帘线和轮胎的半圆周中心面的夹角为零（也被称为"赤道"平面）。这种新结构的铺层顺序 90°、+23°、0°、−23°是一个典型例子，但带束帘子线的角度不仅限于 23°。这种铺层顺序会降低层合板边缘的应变梯度，并且可以使相邻铺层的泊松比接近。另外，在两个相邻带束帘布层之间放置零度中间层，但使带结构相对成角度，也可以加强带束层的层间区域，最后的结果是大幅度提高疲劳寿命。这个结构的主要缺点是在许多轮胎设计中，没有生产出预期设计的均匀性轮胎。这个专利中，零度中间层是由大量连续的平行帘子线组成的，这些帘子线的伸长性较大，拉伸强度比常规成角度的带束用的帘子线低。

在 2003 年 12 月的专利中，零度中间层用不连续的平行帘线组成，可以在多数轮胎设计中生产出均匀轮胎。和商业轮胎相比，均匀轮胎的耐久性和可处理性得到改善。在实际生产中，通过在子午线轮胎的带束和胎面之间放置一层"冠带层"或"覆盖层"，可以很容易地改变带边缘的耐疲劳度，提高其高速性能。冠带层包括连续和不连续的帘线，这些帘线的取向和圆周方向相同，即和图 10.9 所示的零度帘布层为一类。

10.13　三维纤维集合体结构复合材料

纺织结构复合材料是指用纺织结构(预成型体)增强,专门应用于承重结构的复合材料。纤维预成型体通过纺织成型技术进行生产,如针织、编织、机织和缝编,并且可以用自动化技术加工,如 RTM(resin transfer molding)。因为存在面外方向的纤维,可以提高厚度方向的刚度和强度,其中最受欢迎的是三维纺织预成型体。这种结构可以改善分层破坏模式的损伤容限。另外,三维预成型体使净形设计成为可能,可以降低生产复杂形状复合材料的成本。

东华大学的 Ding 和 Jin[27] 做的一项研究提供了一个很好的例子,表明了纤维集合体增强结构在复合材料疲劳性能中的重要性,同时也指出,厚度方向增强有助于避免突然的疲劳分层破坏。在这项研究中,制得了以连续玻璃纤维增强不饱和聚酯作为树脂基体的 11 层三维机织预成型体,并用 RTM 技术将树脂注入到模具中,制成板状的机织复合材料。

上述复合材料板被切成 10 个 70 mm×15 mm×2.8 mm 的长方形试样,使经向平行于试样纵向的边缘;试样的纤维体积分数大约是 44%。为了便于比较,10个单向板试样用的是同样的纱线/树脂系统和条件;单向板的纤维体积分数大约是40%。按照习惯,在疲劳测试之前要先进行准静态弯曲测试,以获得失效位置和失效机制的信息。

弯曲疲劳试验在万能机电试验机上进行,挠曲控制模式采用三点弯形状。跨度设为试样厚度的 16 倍(S/t);加载比率(R),即最小力和最大力的比率,设为0.1;测试频率为 4 Hz。这个频率值可以减小使试样温度升高及疲劳寿命降低的滞后现象。刚度损失通过连续监测施加力的降低而得到,但施加的力要保证给定的弯曲常量高于测试试样的疲劳寿命。当刚度值降为初始值的 70% 时,这个试样被认定为失效。

准静态弯曲测试采用三点弯装置进行,S/t 为 16,加载速率设为5 mm/min,环境温度为 20 ℃,相对湿度为 65%。三维机织复合材料和单向板在相同条件下进行测试。此研究的作者用三条曲线展示了他的结论,即:

① 准静态弯曲实验的应力(MPa)-应变(%)曲线。

② 动态弯曲测试中的刚度损失 E/E_0 - N/N_f 曲线。测试圈数被疲劳寿命 N_f规范化,刚度也被初始值 E_0 规范化。

③ dD/dN,即弯曲疲劳测试中的破坏速率- N/N_f 曲线。

破坏参数定义如下:

$$D = 1 - E/E_0 \tag{10.14}$$

其中：E 为刚度，是疲劳测试圈数的函数，根据施加力值和测试试样的弯曲变形计算得到；E_0 为测试试样在疲劳测试开始时处于未破坏状态的初始刚度。

尽管在弯曲疲劳测试初始阶段形成微小裂纹，三维增强体会阻止初始裂纹的扩展，从而防止全局分层破坏。而对于单向板，在失效的试样中可以很清晰的看到全局分层破坏。

10.14　更多信息

关于本章更多内容，可进一步阅读本章编写时参考的主要资料[28]：

Causa A，Netravali A. Characterization and measurement of textile fabric properties. In：Schwartz P（ed.）. Structure and mechanics of textile fibre assemblies. Cambridge，England，Woodhead Publishing Limited，2008：4-47.

10.14.1　本章提到的 ASTM 测试方法列表

（1）拉伸测试

纺织织物的断裂力和伸长（条样法），ASTM D 5035—1995（2003 年重新审核）。

纺织织物的断裂强度和伸长（抓式法布强力试验），ASTM D 5034—1995（2001 年重新审核）。

（2）刚度（弯曲）测试

织物的刚度，ASTM D 1388—1996（2002 年重新审核）。

用悬臂试验测非织物的刚度，ASTM D 5732—1995（2001 年重新审核）。

（3）撕裂强力（非织物用的测试概念相同）

用舌形（单撕裂）法测试织物的撕裂强力（固定伸长率的拉伸试验机），ASTM D 2261—1996（2002 年重新审核）。

用梯形法测试织物的撕裂强力，ASTM D 5587—1996（2003 年重新审核）。

用落摆（Elmendorf）装置测试织物的撕裂强力，ASTM D 1424—1996。

（4）非织物的测试概念

用舌形（单撕裂）法（固定伸长率的拉伸试验机）测试非织物的撕裂强力，ASTM D 5735—1995（2001 年重新审核）。

用梯形法测试非织物的撕裂强力，ASTM D 5733—1999。

用落摆法（Elmendorf 装置）测试非织物的撕裂强力，ASTM D 5734—1995（2001 年重新审核）。

10.14.2　补充阅读材料

Adams D F, Carlsson L A, Pipes B R. Experimental characterization of advanced composite materials (3rd edition). CRC Press, Boca Raton, Florida, USA, 2003.

Chou T W. Microstructural design of fiber composites. Cambridge University Press, 1992.

Harrison P W. The tearing strength of fabrics. I: A review of the literature. The Journal of Textile Institute, 1960, 51(3): 91.

Hull D. An Introduction to composite materials. Cambridge University Press, 1992.

Ko F K, Du G W. Processing of textile preforms. Advanced Composites Manufacturing, Gutowski T G (ed.), John Wiley & Sons, NY, 1997.

Liao T, Adanur S. 3-D structural simulation of tubular braided fabrics for netshape composites. Textile Research Journal, 2000, 70(4): 297-303.

Suresh S. Fatigue of materials. Cambridge University Press, 1991.

Van Vuure A W, Ko F K, Beevers C. Net-shape knitting for complex composite performs. Textile Research Journal, 2003, 73(1): 1-10.

Weissenbach G. Issues in the analysis and testing of textile composites with large representative volume elements. Doctoral Thesis, University of Ulster, March, 2003, Dissertation. com, Boca Raton, Florida, USA, 2004. (This discusses pioneering work by Bogdanovich, Pastore and Gowayed).

Proceedings of the 30th Textile Research Symposium at Mt. Fuji in the New Millennium (2001), Fuji Educational Training Center, Shizuoka, Japan, July 30-31 and August, 1, 2001. (This contains a wealth of information from lectures delivered by experts in the area of textiles applications in both apparel and in structural composites.)

期刊

● *High Performance Composites*, Ray Publishing Inc.

● *Journal of Advanced Materials*, SAMPE (Society for Advancement of Material and Process Engineering).

参　考　文　献

[1]　Peirce F T. The handle of cloth as a measurable quantity. The Journal of the Textile Institute, 1930, 21(9): 377.

[2] Peirce F T. The geometry of cloth structure. Journal of the Textile Institute Transactions, 1937, 28(3): T45-T96.

[3] Schwartz P. Cornell University Notes, TXA 639. Mechanics of Fibrous Assemblies. 1992-1999.

[4] Cooper D N E. The stiffness of woven textiles. Journal of the Textile Institute Transactions, 1960, 51(8): T317-T335.

[5] Treloar L R G. The effect of test-piece dimensions on the behavior of fabric is shear. The Journal of the Textile Institute, 1965, 56(10): T533-T550.

[6] Saville B P. Physical testing of textiles. Woodhead Publishing Ltd, Cambridge, UK, 2004: 270 & 284-288.

[7] Hearle J W S. Structural mechanics of fibers, yarns, and fabrics. Wiley-Interscience, New York, 1969, Vol 1, Chapter 12: 378.

[8] Spivak S M. The behavior of fabrics in shear. Part I: Instrumental methods and the effect of test conditions. Textile Research Journal, 1966, 36(12): 1056-1063.

[9] Spivak S M, Treloar L R G. The behavior of fabrics in shear. Part II: Heat-set nylon monofil fabrics and a new dynamic method for the measurement of fabric loss properties in shear. Textile Research Journal, 1967, 37(12): 1038-1049.

[10] Spivak S M, Treloar L R G. The behavior of fabrics in shear. Part III: The relation between bias extension and simple shear. Textile Research Journal, 1968, 38 (9): 963-971.

[11] Leaf G A V. Analytical woven fabrics mechanics. Invited lecture. Proceedings of the 30th Textile Research Symposium at Mount Fuji, The New Millennium, 2001: 25-34.

[12] Leaf G A V, Sheta A M F. The initial shear modulus of plain woven fabrics. The Journal of the Textile Institute, 1984, 75(3): 157-163.

[13] Leaf G A V, Chen Y, Chen X. The initial bending behavior of plainwoven fabrics. The Journal of the Textile Institute, 1993, 84(3): 419-427.

[14] Chen X, Leaf G A V. Engineering design of woven fabrics for specific properties. Textile Research Journal, 2000, 70(5): 437-442.

[15] Scelzo W A, Backer S, Boyce M C. Mechanistic role of yarn and fabric structure in determining tear resistance of woven cloth. Part I: Understanding tongue tear. Textile Research Journal, 1994, 64(5): 291-304.

[16] Reed P E. Impact performance of polymers. in Developments in Polymer Fracture-1, Andrews, E. H. (ed.) Chapter 4. Applied Science Publishers Ltc, England, 1979.

[17] Kawabata S, Niwa M, Yamashita Y. Recent developments in the evaluations in the technology of fibers and textiles: Toward the engineered design of textile performance. Journal of Applied Polymer Science, 2002, 83(3): 687-702.

[18] Hu J. Structure and mechanics of woven fabrics. Woodhead Publishing Ltd, Cambridge, UK, 2004.

[19] Matsudaira M, Qin H. Features and mechanical parameters of a fabric's compressional property. The Journal of the Textile Institute, 1995,86(3): 476-486.

[20] Daniel I M, Ishai O. Engineering mechanics of composite materials (Chapter 8). Oxford University Press, 1994.

[21] Causa A G, Borowczak M, Huang Y M. Some observations on the testing methodology of cord-rubber composites: A review. Progress in Rubber and Plastics Technology, 1999, 15 (4): 185-213.

[22] Causa A G. Perspectives on testing methodology for fibers and fiber-reinforced rubber-matrix composites. Goodyear Corporate Research Division, Akron, OH, USA, Lecture delivered at the Fiber Society Fall Symposium, Ithaca, NY, 2004.

[23] Breindenbach R F, Lake G J. Mechanics of fracture in two-ply laminates. Rubber Chemistry and Technology, 1979, 52(1): 96-109.

[24] Causa A G, Keefe R L. Failure of rubber-fiber interfaces. Fractography of Rubbery Materials, 1991: 247.

[25] Walter J D. The Firestone Tire and Rubber Co. , The role of cord reinforcement in radial tires. Lecture delivered at the Akron Rubber Group Meeting, 1988.

[26] Mason K F. Composite anisotropy lowers wind-energy costs. High Performance Composites, 2004, 12(6): 44-46.

[27] Ding X, Jin H. Flexural performance of 3-D woven composites. Journal of Advanced Materials, 2003,35(1): 25-28.

[28] Causa A, Netravali A. Characterization and measurement of textile fabric properties. In: Schwartz P (Ed.). Structure and mechanics of textile fibre assemblies. Cambridge, England, Woodhead Publishing Limited, 2008:4-47.

11　机织物和柔性复合材料撕裂与顶破

摘要:本章通过分析模型和数值计算两种方法,阐述机织物和柔性复合材料的撕裂与顶破及其破坏特征,结合实验和数值模拟撕裂与顶破破坏形态,揭示破坏区域的应力分布和纤维束断裂、滑移,并提出细观结构参数对撕裂和顶破的影响。

11.1　撕　　裂

11.1.1　撕裂性能研究概述

机织物和柔性复合材料在柔性防弹/防刺防护材料、轻结构建筑、油料输运管等领域有较大的应用潜力。柔性复合材料是采用对位芳族聚酰胺纤维(简称芳纶纤维)或高强聚酯纤维(如涤纶纤维)机织物或双轴向针织物作为增强体,用聚氯乙烯(PVC)为基体形成的涂层织物柔性体。相比于刚性纺织结构复合材料,柔性复合材料在服役过程中不可避免地涉及撕裂和顶破加载情况,而撕裂和顶破损伤的逐步积累会导致大面积的损伤突然产生。这种损伤在有明显征兆时往往已经无法阻止,因此对柔性复合材料的撕裂和顶破行为进行研究具有十分重要的实际意义。

织物的撕裂性能一直是纺织品力学性能研究关注的焦点之一,众多专家和学者在该领域做出了突出的贡献。其中,Krook 等[1]于 1945 年首次提出撕裂三角区的概念,他们观察了机织物舌形撕裂过程的开口情况,分析了纱线性能和织物结构对撕裂强力的影响,并定性地提出了增加机织物撕裂强度的方法。随后,Hager 等[2]研究了机织物的梯形撕裂破坏,提出了预测机织物梯形撕裂强力的公式。该研究表明撕裂强力主要取决于纱线的拉伸断裂伸长、断裂强力及有效的夹持距离和织物组织结构、密度等因素。基于 Krook 和 Fox[1]的研究成果,Teixeira 等[3]构建了机织物单舌撕裂强力和结构参数之间的关系,这一研究成果为后来的撕裂性能研究提供了重要依据。

Turl[4]采用单舌法和梯形法,在落锤式(Scott)和无惯性(Instron)材料测试机上测试了 16 种织物的撕裂强力。该研究表明现有的撕裂测试方法在数据分析方面是模糊的,不同测试机上得到的撕裂强力有很明显的差异。梯形撕裂强力等同于最大的单舌撕裂强力,单舌撕裂方法应作为评价机织物撕裂强力的主要指标。

Steele 等[5]推导了预测机织物梯形撕裂强力的通用公式,并设计相关实验验证了公式的有效性。该公式建立了织物撕裂强力与试样几何尺寸和织物结构参数的关系。Taylor[6]分别讨论了棉织物的拉伸强力和撕裂强力与纱线力学性能和织物结构参数的关系。这些研究表明撕裂强力主要取决于纱线的间隔和强力,以及从织物中抽拔纱线所需要的力。

Freeston 等[7]研究了机织物的切口扩展,分析了应变波在受限的纱线上的传播规律,以及各种结构参数(如纱线性能、织物结构、涂层性质等)对切口扩展的影响,结果表明高模量纱线和长浮线组织结构可以有效阻止切口扩展。在涂层织物中,未完全浸润的低模量涂层织物有良好的抗撕裂性能。Topping[8]测试了带有切口的涂层圆筒结构织物的爆破强力,观察切口的撕裂过程,并将实验结果与四种不同的理论进行对比,预测临界切口长度。

Sarma[9-10]从理论和应用两个方面研究,服装类纺织品的撕裂长度分布规律,研究发现大多数织物的撕裂长度服从指数分布,少数服从威布尔分布。Hamkins等[11-12]采用商用的复印技术来记录撕裂过程中的局部位移和应变,这一简单有效的手段弥补了早期模型中对纱线的断裂伸长和滑移距离所做的过多假设。Skelton[13]基于 Taylor[6]的研究成果,探讨了两种不同的损伤形态的撕裂失效类型。

Popescu 等[14]研究了工艺流程对羊毛纱线及羊毛织物的力学性能的影响,结果表明洗毛和染色工艺对羊毛机织物的撕裂性能的影响最大。Choudhry[15]和 Stowell等[16]采用扫描电镜技术探测织物的切口及切口扩展情况,以便应用于一些刑事案件损伤检测。Lloyd[17, 18]研究了影响金属螺杆等紧固件与机织物间产生撕裂的因素(考虑了沿着经纬纱方向和斜向撕裂两种情况),并提出了一种半定量关系。

Chu 等[19]采用四种撕裂方法,测试了 15 种涂层织物的撕裂强力,并分析了涂层和未涂层织物的梯形撕裂强力与织物的结构参数之间的关系。Petrulis[20]提出了一种数学模型,预测涤纶机织物的撕裂强力和撕裂扩展强力。

Popova 等[21]综合实验和数值方法研究了以纺织结构为增强体的涂层织物的撕裂强力。该理论结果为撕裂过程建立通用计算公式提供了可能性。Eichert[22]探讨了涂层工业用纺织结构材料长期暴露在室外后的剩余拉伸和撕裂强力。Scelzo等[23-24]分析了织物结构参数和实验条件对织物撕裂性能的影响,并基于弹簧类推理论提出了预测撕裂强力的数学模型。

Godfrey 等[25-30]做过一系列涂层和未涂层织物上预开口扩展情况(双轴向拉伸载荷)的研究,建立了简单的微观力学模型。以预测切口的扩展情况。通过大量尼龙和涤纶(涂层和未涂层)织物的实验研究,验证了该模型的有效性。

Primentas[31]设计了一种"COMPUTE"装置来研究织物的刺破和撕裂扩展,结果表明,落锤的质量越大,冲击角越小,撕裂长度越大。Wang 等[32]研究了机织物的单舌撕裂强力,并根据纱线的力学性能建立了数学模型。Bigaud 等[33]分析了纺织结构增强柔性复合材料的裂纹扩展性能,分析了初始切口长度、方向和树脂材料对切口扩展性能的影响,并采用有限元软件 ANSYS 预测、模拟柔性复合材料的撕裂性能。

　　Rossettos 等[34]研究了在纱线滑移区域不同的纱线摩擦对撕裂应力集中的影响。该研究改进了前期研究中将滑移纱线各交织点的摩擦系数设定为一致的假设,使滑移纱线交织点处的摩擦牵引呈指数变化,更接近实际情况。另外,Rossettos 等[35]分析了预开口的编织梁结构件的撕裂扩展情况,为预测损伤扩展和比较不同结构的织物的抗撕裂性能提供了新思路。

　　Witkowska 等[36-38]比较了采用不同准静态撕裂方法得到的撕裂强力,借助电脑图像分析技术着重分析了翼型撕裂测试试样在撕裂过程中不同阶段的纱线聚集情况。Zhong 等[39]结合伊辛模型和蒙特卡洛法模拟了涂层机织物的舌形撕裂失效。该模型考虑了织物增强体和涂层之间的界面性质,实验表明该模型可以有效预测非匀质材料的力学性能。Mukhopadhyay 等[40]采用大量实验研究了军用卡其织物从初始状态直至后整理阶段的拉伸和撕裂性能,结果表明拉伸强力没有显著变化,而撕裂强力有大幅度下降。

　　Dhamija 等[41]研究了纺纱方法和织造参数对织物撕裂性能的影响。Krasteva[42]采用四种撕裂方法比较了五种不同织物的撕裂强力,并分析了原因。Djaladat[43]采用统计方法分析了机织物的剪切性能和撕裂强力的关系。Kotb 等[44]采用梯形撕裂方法,研究了影响毛绒织物撕裂强力的因素,包括机械设置、织物结构、纱线类型和纱线细度等。

　　Luo 等[45-46]分析了在单轴和多轴向拉伸载荷下,切口长度和取向对聚氯乙烯(PVC)涂层双轴向经编针织物的拉伸和撕裂性能的影响。研究发现,随着预切口长度的增加,织物的力学性能明显下降。另外,在多轴拉伸载荷下,切口始终沿着织物的纬向扩展。Maekawa 等[47]测试了飞艇外膜材料在双轴向拉伸条件下预开口的损伤扩展情况,并采用经验公式评估了这一性能。

　　Kadem 等[48]运用 SPSS 软件包,采用统计方法分析了不同结构参数的棉织物的撕裂强力。Pamuk 等[49]测试了各种工艺条件下应用于汽车座椅套的纺织品的拉伸和撕裂强度。该项研究成果为统计理论应用于建模和分析技术纺织品的拉伸和撕裂性能提供了可能性。Wayne Rendely[50]比较了 ASTM 标准推荐织物测试方法,提出了设计拉伸织物结构,并考虑了撕裂和撕裂扩展情况。

　　Chen 等[51]基于晶格有限元方法分析了涂层织物、撕裂性能,将垂直方向的纱线看作双弹簧系统。Hussain[52]提出了回归模型,以预测棉织物的折痕回复性能和撕裂强力。Bai 等[53]研究了应用于高海拔气球的芳纶增强聚氨酯涂层材料的切口撕裂性能,研究表明切口长度对拉伸和撕裂性能测试结果的影响很大。Bilisik 等[54]分析了干湿状态下植绒织物的撕裂强力,建立了回归模型,解释撕裂强力的影响因素。Liu 等[55]测试了涂层织物在单轴拉伸载荷下的切口扩展性能,以研究切口取向对撕裂强力和撕裂伸长的影响,结果表明切口取向角越大,撕裂强力和撕裂位移越小。

11.1.2　柔性复合材料梯形撕裂分析计算模型[56]

11.1.2.1　模型基本假设

由梯形撕裂试验的破坏原理可知:在梯形撕裂试验中,受载系统纱线(以纬纱为例)被夹持器夹持拉伸直至断裂,涂层随夹持器上移逐渐损伤失效。撕破强力由机织物增强体和涂层基体共同提供,模型计算时做如下假设:
- 柔性复合材料中纤维束为线弹性体,且涂层为各向同性体;
- 撕裂过程中,当纬纱伸长达到断裂应变时,涂层达到最大应力;
- 涂层黏接完好,不考虑经纬纱线间摩擦。

11.1.2.2　几何模型

根据模型的基本假设,撕裂过程中整个材料体系可分为三个部分:纬纱、经纱和涂层。撕裂三角区的破坏强力可看作是纬纱断裂强力、经纱应变力、涂层断裂强力的叠加。为便于构建几何模型,将增强体变形区域的纱线分为两类:一是直接被夹持器夹持的受载纬纱,称为主纱;二是非受载系统纱线,即经纱,称为辅纱。

如图 11.1 所示,为计算整个柔性复合材料的撕破强力随三角区扩大的变化值,需测量受载区域内主纱和辅纱根数。图中编号 W_i ($i = 1, 2, \cdots, n$)为主纱,J_k ($k = 1, 2, \cdots, m$)为辅纱。

Hager 最早提出梯形撕裂中受载系统纱线的长度在梯形区域呈线性递增趋势。受载系统纱线的长度关系为:

$$l_1 = l_1 + d \times 0$$
$$l_2 = l_1 + d \times 1$$
$$l_3 = l_1 + d \times 2$$
...
$$l_{n-1} = l_1 + d \times (n-2)$$
$$l_n = l_1 + d \times (n-1) \tag{11.1}$$

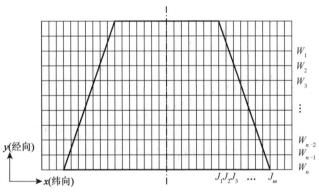

图 11.1　增强体纱线编号

由虎克定律得知:

$$f = k \frac{e_B}{l} = kL \tag{11.2}$$

因而,不同纱线的应变力为:

$$F_1 = k\frac{Ll_1 - d\times0}{l_1 + d\times0}$$

$$F_2 = k\frac{Ll_1 - d\times1}{l_1 + d\times1}$$

$$F_3 = k\frac{Ll_1 - d\times2}{l_1 + d\times2}$$

...

$$F_{n-1} = k\frac{Ll_1 - d\times(n-2)}{l_1 + d\times(n-2)}$$

$$F_n = k\frac{Ll_1 - d\times(n-1)}{l_1 + d\times(n-1)}$$

(11.3)

根据变形区域的纱线根数,建立几何模型,如图11.2所示,实线表示经纱拉伸后的位置,虚线表示经纱初始位置。

11.1.2.3 主纱应变力计算

图 11.3 所示为纬纱未产生应变时初始状态的几何模型。图 11.4、图 11.5 和图 11.6所示为不同撕裂三角区内纬纱变形的扩展情况,线条的粗细表示纱线的应变情况。在梯形撕裂加载过程中,随上夹持器匀速上移,纬纱产生应变直至逐根断裂。此时,可以得到纬纱应变力 f_n 与夹持器位移 x 之间的函数关系。定义试样预置裂纹顶点处第一根完整纬纱的自然长度为 l_1,当第一根纬纱

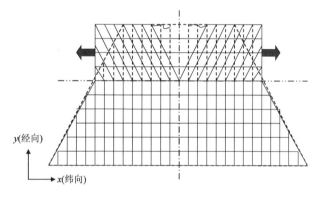

图 11.2 增强体撕裂几何模型

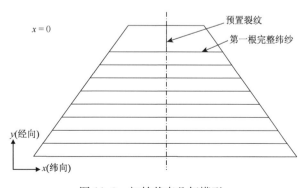

图 11.3 初始状态几何模型

处于自然伸直状态时,夹持器位移为 0。

随着负荷增加,纬纱拉伸,经纬纱交织区域形成撕裂三角区。受载系统纱线的变形不断增大,撕裂三角区底边的第一根纬纱的变形最大;其余纱线承载的负荷,随距离第一根纬纱的距离增大而逐渐减小。当第一根纬纱达到断裂伸长时,纱线断裂,载荷-位移曲线上出现第一个峰值。而后撕裂三角区沿撕裂口后移,第二根纬纱成为撕裂三角区底边,当达到断裂伸长时,载荷-位移曲线上出现第二个峰值。梯形撕裂中撕裂三角区是不断扩大的。

(1)第一个撕裂三角区主纱断裂强力计算

随上夹持器上移,第一根纬纱 l_1 的应变由 ε_0 增加至断裂应变 ε_{max}。在第一个撕裂三角区,当 l_1 断裂时,经纬纱交织点失效,此时第一个撕裂三角区解体,如图 11.4 所示。

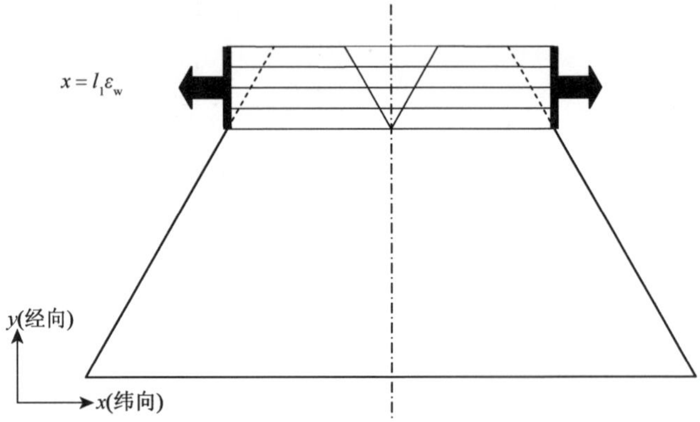

在材料线弹性的前提下:

图 11.4　第一个撕裂三角区中的纬纱应变

$$f = \sigma \times A;\ \sigma = E \times \varepsilon \tag{11.4}$$

故

$$f = A \times E \times \varepsilon \tag{11.5}$$

当 $x = l_1 \varepsilon_w$ 时,第一个撕裂三角区有三根纬纱,它们的应变可表达如下:

$$\varepsilon_1^1 = \frac{x}{l_1};\quad \varepsilon_2^1 = \frac{\frac{2}{3}x}{l_1 + d};\quad \varepsilon_3^1 = \frac{\frac{1}{3}x}{l_1 + 2d} \tag{11.6}$$

因而第一个撕裂三角区的撕裂强力为:

$$f_1 = A_w E_w \varepsilon_1^1 + A_w E_w \varepsilon_2^1 + A_w E_w \varepsilon_3^1 \tag{11.7}$$

将式(11.3)代入式(11.4)可得到:

$$f_1 = A_w E_w \left[\frac{x}{l_1} + \frac{\frac{2}{3}x}{l_1 + d} + \frac{\frac{1}{3}x}{l_1 + 2d} \right] \tag{11.8}$$

（2）第 q 个撕裂三角区主纱断裂强力计算

与第一个撕裂三角区的计算方法相似。如图 11.5 所示，在第 q 个撕裂三角区，当 $l_q\varepsilon_w = x < l_i$ 时，夹持器的位移小于第 i 根纬纱的自然长度。此时，第 q 个撕裂三角区有 $i-q$ 根纱线。当第 q 根纬纱达到断裂应变时，有 $i-q-1$ 根纬纱处于被夹持器拉伸的状态。每根纬纱的应变可根据线性差值原理得到。在第 q 个撕裂三角区，纬纱的应变力为：

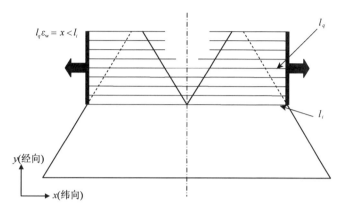

图 11.5　第 q 个撕裂三角区中的纬纱应变

$$f_q = A_w E_w \left\{ \frac{[x-(q-1)d]}{l_1+(q-1)d} + \frac{\dfrac{i-q-1}{i-q}[x-(q-1)d]}{l_1+qd} + \right.$$
$$\left. \frac{\dfrac{i-q-2}{i-q}[x-(q-1)d]}{l_1+(q+1)d} + \cdots + \frac{\dfrac{1}{i-q}[x-(q-1)d]}{l_1+(q+i-2)d} \right\} \tag{11.9}$$

（3）主纱全部失效时断裂强力计算

如图 11.6 所示，撕裂三角形的顶点刚好位于试样的最后一根纬纱时，纬纱的应变力达到最大值。当撕裂三角区的撕裂三角形的顶点超出试样底边时，整个柔性复合材料完全失效。

综上所述，可得到撕裂三角区内纬纱应变力 f_n 与位移 x 之间的函数关系：

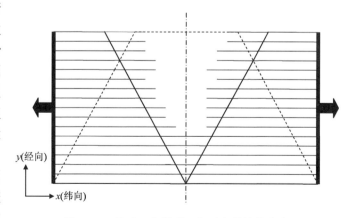

图 11.6　最后一个撕裂三角区中的纬纱应变

$$f_n = A_w E_w \left\{ \frac{[x-(n-1)d]}{l_1+(n-1)d} + \frac{\dfrac{i-n-1}{i-n}[x-(n-1)d]}{l_1+qd} \right.$$

$$\left. + \frac{\dfrac{i-n-2}{i-n}[x-(n-1)d]}{l_1+(n+1)d} + \cdots + \frac{\dfrac{1}{i-n}[x-(n-1)d]}{l_1+(n+i-2)d} \right\} \qquad (11.10)$$

(4) 辅纱应变力计算

在计算模型中,经纱为辅纱,一部分经纱被夹持器夹持,经纱夹持点为(P_1, P_2,…),如图 11.7 所示。

经纱在不同撕裂三角区内的应变情况如图 11.8 和图 11.9 所示。当夹持器匀速向上运动时,撕裂三角区纬纱受载而产生应变,经纬纱交织点产生位移。在撕裂三角区内的经纱部分,会随交织点的移动而产生应变;而在撕裂三角区外的经纱部分,由于受到涂层基体的固结作用,不会产生应变。当纬纱达到断裂应变时,经纬纱交织点失效,经纱产生可回复的弹性应变。经纱弹性应变回复后,对整个柔性复合材料撕裂系统将不再提供应变力。

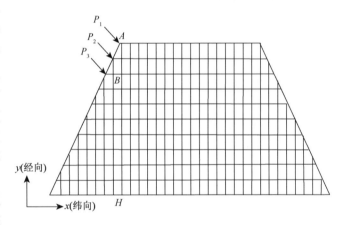

图 11.7　增强体中经纱夹持点简化图

基于对试验材料组织结构的分析,可得到在第一个撕裂三角区中,当第一根纬纱达到断裂应变时,应力波波及的区域内共有三根纬纱和两根经纱。梯形撕裂变形区域内经纬纱局部变形的简化几何模型如图 11.10 所示。

经纱编号分别为 J_1 和 J_2,经纬纱线之间的交织角分别为 β_1 和 β_2。当 $x = l_1\varepsilon_w$ 时,可得到经纱

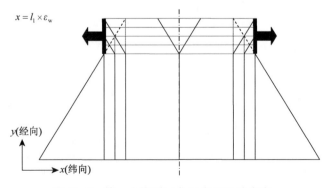

图 11.8　第一个撕裂三角区中的经纱应变

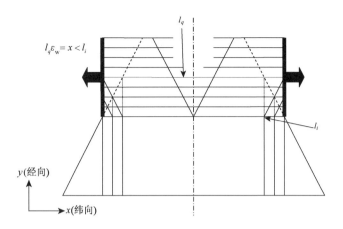

图 11.9 第 q 个撕裂三角区中的经纱应变

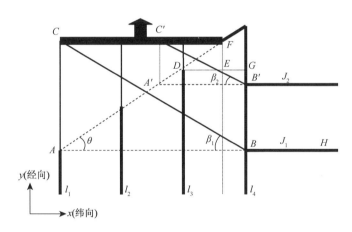

图 11.10 经纬纱局部变形简化几何模型

应变力计算模型：

① 经纱 J_1 的应变力计算模型

$$L_1 = l_1 \times (1 + \varepsilon_w); \quad l_3 = l_1 + 2d \tag{11.11}$$

当 $l_3 < L_1 < l_4$，且 l_4 应变为 0 时：

$$EF = \frac{L_1 - l_3}{2}; \quad DE = \frac{L_1 - l_3}{2} \times \cot\theta \tag{11.12}$$

$$EG = d_w - DE = d_w - \frac{L_1 - l_3}{2} \times \cot\theta \tag{11.13}$$

$$AB = EG + \frac{x}{2} \times \cot\theta \tag{11.14}$$

得到：

$$AB = (d_w - \frac{L_1 - l_3}{2} \times \cot\theta) + \frac{x}{2} \times \cot\theta \tag{11.15}$$

因此,经纬纱线交织角变化 β_1 与位移 x 之间的关系可表述为：

$$\tan\beta_1 = \frac{\frac{x}{2}}{AB} = \frac{\frac{x}{2}}{(d_w - \frac{L_1 - l_3}{2} \times \cot\theta) + \frac{x}{2} \times \cot\theta} \tag{11.16}$$

由于：

$$\sin\beta = \frac{\tan\beta}{\sqrt{1 + \tan^2\beta}}$$

可以得到经纱 J_1 的应变量 ξ_1：

$$\xi_1 = \frac{\frac{x}{2}}{\frac{x}{2}} - \frac{\frac{x}{2}}{\tan\beta_1} = \frac{\frac{1}{\sin\beta_1} - \frac{1}{\tan\beta_1}}{\frac{1}{\tan\beta_1}} = \sqrt{1 + \tan^2\beta_1} - 1 \tag{11.17}$$

因而经纱 J_1 的应变力 t_1 与交织角 β_1 之间的关系为：

$$t_1 = A_j E_j \xi_1 \sin\beta_1 \tag{11.18}$$

② 经纱 J_2 的应变力计算模型

J_2 的计算模型与 J_1 类似：

$$A'C' = \frac{x}{2} - d_j \tag{11.19}$$

且：

$$A'B' = \left(\frac{x}{2} - d_j\right) \times \cot\theta + EG$$

$$= \left(\frac{x}{2} - d_j\right) \times \cot\theta + d_w - \frac{L_1 - l_3}{2} \times \cot\theta \tag{11.20}$$

经纬纱线交织角变化 β_2 与位移 x 之间的关系可表述为：

$$\tan\beta_2 = \frac{\frac{x}{2} - d_j}{A'B'} = \frac{\frac{x}{2} - d_j}{\left(\frac{x}{2} - d_j\right) \times \cot\theta + (d_w - \frac{L_1 - l_3}{2} \times \cot\theta) + \frac{x}{2} \times \cot\theta}$$

$$\tag{11.21}$$

可以得到经纱 J_2 的应变量 ξ_2：

$$\xi_2 = \frac{\dfrac{x}{2}}{\dfrac{\dfrac{x}{2}}{\sin \beta_2} - \dfrac{\dfrac{x}{2}}{\tan \beta_2}} = \frac{\dfrac{1}{\sin \beta_2} - \dfrac{1}{\tan \beta_2}}{\dfrac{1}{\tan \beta_2}} = \sqrt{1 + \tan^2 \beta_2} - 1 \qquad (11.22)$$

经纱 J_2 的应变力 t_2 与交织角 β_2 之间的关系为：

$$t_2 = A_j E_j \xi_2 \sin \beta_2 \qquad (11.23)$$

由于经纱在柔性复合材料中沿撕裂开口对称分布，故第一个撕裂三角区中的经纱应变力可表述为：

$$T_1 = 2(t_1 + t_2) \qquad (11.24)$$

综上所述，梯形撕裂加载过程中，在不同撕裂三角区内，经纱的应变力 T_n 与夹持器位移 x 的函数关系为：

$$T_n = \sum_{m=1}^{k} 2 \times A_j \times E_j \times \xi_m \times \sin \beta_m \qquad (11.25)$$

（5）涂层应变力计算

涂层和增强体之间的黏结强力是衡量柔性复合材料力学性能的一个重要指标。柔性复合材料的结构一般如图 11.11 所示，是典型的夹层结构。

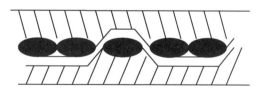

图 11.11　柔性复合材料结构

涂层和增强体的典型黏接点如图 11.12 所示。由于涂层基体是各向同性材料，为方便计算，将涂层进行与增强体纬纱类似的划分，把涂层分成 n 个条带，每个条带宽度与纬纱宽度相等。

基于柔性复合材料撕裂破坏行为分析模型的假设，在撕裂加载过程中，涂层基体力学性能服从线弹性定律。故与纬纱应变力计算法则相类似，可得到涂层在撕裂三角区内撕破强力计算模型为：

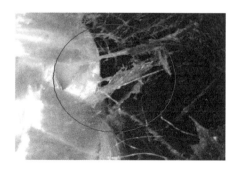

图 11.12　涂层和增强体黏接点照片

$$c_n = 2A_cE_c\left\{\frac{[x-(n-1)d]}{l_1+(n-1)d} + \frac{\dfrac{i-n-1}{i-n}[x-(n-1)d]}{l_1+nd} + \right.$$

$$\left.\frac{\dfrac{i-n-2}{i-n}[x-(n-1)d]}{l_1+(n+1)d} + \cdots + \frac{\dfrac{1}{i-n}[x-(n-1)d]}{l_1+(n+i-2)d}\right\} \quad (11.26)$$

（6）撕破强力

基于以上计算分析，可得到机织柔性复合材料梯形撕裂的撕裂强力 S_n ：

$$S_n = f_n + T_n + c_n \quad (11.27)$$

11.1.3　机织物和柔性复合材料梯形撕裂有限元计算模型实例

11.1.3.1　机织物撕裂[57]

以由涤纶长丝织造而成的 $\dfrac{2}{1}$ 斜纹织物为例：图 11.13 给出了该织物的表面和经纬纱截面照片。该斜纹织物的结构较松散，柔软性好，轻质高强，是典型的土工用纺织结构织物。$\dfrac{2}{1}$ 斜纹织物的结构参数如表 11.1 所示。

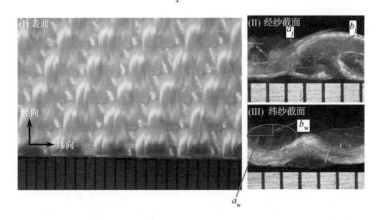

图 11.13　机织物

表 11.1　$\dfrac{2}{1}$ 斜纹织物的规格参数

组织结构	材料	厚度（mm）	面密度（g/m²）	经密（根/5 cm）	纬密（根/5 cm）
$\dfrac{2}{1}$斜纹	涤纶	2.19	920	28	19

从 $\dfrac{2}{1}$ 斜纹织物中抽取具有代表性的经纬纱各 4 根，采用美国材料与试验协

会推荐的 ASTM D885—07 测试标准,在万能材料试验机 MTS 810.23 上测试$\frac{2}{1}$斜纹织物中经纬纱的拉伸性能。经纬纱试样的有效夹持长度为 250 mm,拉伸速度为 250 mm/min。图 11.14 和图 11.15 给出了斜纹织物中经纬纱线的拉伸应力-应变曲线,并计算了经纱和纬纱的平均拉伸模量。

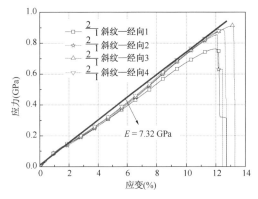

图 11.14　斜纹织物中经纱的拉伸性能　　　图 11.15　斜纹织物中纬纱的拉伸性能

采用美国材料与试验协会推荐的 ASTM D5035—2006《织物断裂强力和伸长(扯边纱条样法)》的测试标准,在万能材料试验机 MTS 810.23 上测试斜纹织物的经纬向的拉伸性能。每个方向做两次重复实验,以得到平均拉伸性能。图 11.16 为织物拉伸试样的几何尺寸;其中,有效的拉伸区域为 200 mm × 50 mm,同时受力的经纱根数为 30 根,拉伸速度为 100 mm/min。

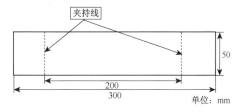

图 11.16　织物拉伸试样的几何尺寸

图 11.17 所示为$\frac{2}{1}$斜纹织物的经纬向拉伸性能。从拉伸曲线中可以看出织物的经向拉伸强力远远大于纬向拉伸强力。该织物主要应用于输油管道的增强结构。在使用过程中,经纱沿管道的长度方向,纬纱沿管道的轴线方向。经纱断裂会造成管道的彻底解体,而纬向断裂造成的只是管道局部漏油。因此,在该织物的结构设计过程中,主要遵循纬断经不断的设

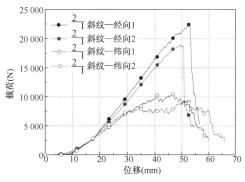

图 11.17　$\frac{2}{1}$斜纹织物的经纬向拉伸性能

计原则。图11.18 所示为 $\frac{2}{1}$ 斜纹织物的拉伸失效照片。在拉伸过程中,受力系统

纱线逐渐伸直,非受力系统纱线的弯曲程度逐渐增大。这种现象被称为"屈曲转移"。伸直的受力系统纱线达到其最大承载能力时,整个织物失效解体。受力系统纱线的失效往往发生在纱线的"弱节"部位,局部的纱线失效导致其周围纱线的载荷瞬间增大,进而扩展导致织物拉伸失效。

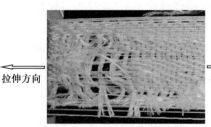

图 11.18　$\frac{2}{1}$ 斜纹织物的拉伸断裂照片

采用美国材料与试验协会推荐的 ASTM D5587－1996《织物撕裂强力试验方法(梯形法)》的测试标准,在万能材料试验机 MTS 810.23 上测试斜纹机织物的纬向撕裂性能。裁剪两个相同规格的撕裂试样,以得到平均撕裂性能。图 11.19 为机织物撕裂试样照片及其几何尺寸示意图;其中,15 mm 的切口切断 5 根纬纱,试样宽度内完整的纬纱根数为 23 根,撕裂速度为 100 mm/min。

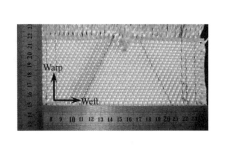

照片

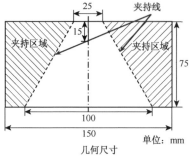

几何尺寸　单位: mm

图 11.19　机织物撕裂试样

图 11.20 所示为斜纹机织物梯形撕裂载荷-位移曲线。从该曲线上可以看出两个梯形撕裂试样的撕裂性能比较吻合,离散性较小;撕裂曲线呈现明显的锯齿形态。这是由于在撕裂过程中纬纱逐步断裂造成的。图 11.21 所示为机织物梯形撕裂的破坏形态。

采用商用有限元软件 ABAQUS来计算撕裂过程。根据 Valizadeh[59]

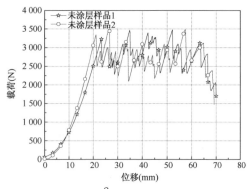

图 11.20　$\frac{2}{1}$ 斜纹织物的梯形

撕裂载荷-位移曲线

提出的机织物几何模型,对实例中的斜纹机织物几何模型提出以下假设:

● 机织物中的纱线看作是椭圆形截面的均质体,忽略纱线中涤纶长丝之间的空隙;

● 纱线的表面均匀且平滑,纱线表面的粗糙程度用纱线间的摩擦系数表征;

图 11.21 机织物梯形撕裂的破坏照片

● 初始状态下,所有经纱和纬纱之间是紧密接触的,交织点处没有空隙。

根据图 11.13 中的经纬纱截面照片,设定斜纹织物经纬纱椭圆形截面的长短轴比为 3。为了计算得到椭圆截面的长短轴长度,假设纱线中的涤纶长丝是紧密排列的。基于这个假设,涤纶长丝占经纬纱截面的 90.7%。由于涤纶长丝的密度为 1.38 g/cm³,因此涤纶纱线的名义密度为 1.25 g/cm³。因此,经纬纱椭圆截面的短轴可以通过下式计算得到:

$$b=\sqrt{\frac{N_{\text{tex}}}{10^6 \times \rho_y \times 10^{-3} \times 3\pi}}=\sqrt{\frac{N_{\text{tex}}}{11\,775}}$$

其中:b 为椭圆截面的短轴长度(mm);N_{tex} 为经纱或纬纱的线密度(tex);ρ_y 为涤纶纱线的名义密度(g/cm³)。

根据上式,可以计算得到织物中经纬纱的椭圆截面几何尺寸。表 11.2 给出了纱线几何模型的详细参数。图 11.22 所示为机织物中纱线几何模型的构建过程。以 $\frac{2}{1}$ 斜纹织物的经纱为例:首先根据纬密及织物的组织结构,确定纬纱的相对位置;然后用插值法确定经纱轴线的路径;最后以计算得到的经纱截面为断面,以经纱轴线为路径,经扫略得到一个组织循环内的经纱,将该单循环经纱扩展得到整根经纱。纬纱的构建方法与经纱类似。

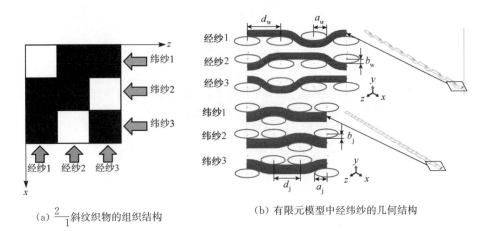

(a) $\frac{2}{1}$ 斜纹织物的组织结构　　　　(b) 有限元模型中经纬纱的几何结构

图 11.22　$\frac{2}{1}$ 斜纹织物中纱线的几何模型

表 11.2　纱线的几何模型尺寸

a_j(mm)	a_w(mm)	b_j(mm)	b_w(mm)	d_j(mm)	d_w(mm)
0.831	1.035	0.277	0.345	1.79	2.63

图 11.23 所示为机织物有限元模型的初始状态。经纬纱在交织点处紧密接触。图 11.24 所示为机织物有限元模型中的切口,切口长度为 15 mm。在 ABAQUS 中,将试样上端的 5 根纬纱切断,成为撕裂试样的预撕口。这与实验测量是完全一致的。

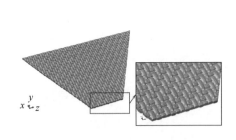

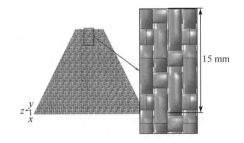

图 11.23　机织物有限元模型的初始状态　　　图 11.24　机织物有限元模型中的切口

根据有限元分析方法的收敛法则,有限元模型中的实体必须进行高质量的网格划分,以保证计算结果的精确性。图 11.25 所示为 $\frac{2}{1}$ 斜纹织物有限元模型的网格划分结果。从图中可以看出,大部分经纬纱是采用八节点、六面体单元进行划分的;在靠近两根夹持线的区域,采用六节点、四面体单元进行划分,这主要是由于该区域的几何形状比较复杂,难以采用规整的六面体单元。另外,网格划分结束之后,在 ABAQUS 中检查网格划分质量,尽量减少有警告的单元数量,以确保后续计算中不会出现单元的畸变。机织物有限元模型共包含 60 387 个单元。

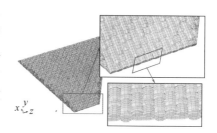

图 11.25　机织物有限元模型的网格划分结果

通常而言,纱线是各向异性的非线性材料。综合考虑上述所有性质的纱线模型,将导致非常大的计算量,耗费很长的时间。在某些情况下,简化性的假设是合理的。例如在目前的有限元模型中,虽然织物整体变形比较大,但是对于单根纱线来讲,局部的应变是比较小的(只集中在切口的扩展方向)。因此,本模型中的纱线被看作是各向同性的弹塑性材料。图 11.26 为简化的弹塑性纱线的应力-应变曲线。其中:σ_y 为屈服应力;ε_y 为最大弹性应变;σ_p 为应力峰值;ε_p 为对应于最大应力的应变;ε_f 为失效应变;ε_{pl}^0 为最大的塑性应变。其中:

$$E = \frac{\sigma_y}{\varepsilon_y}(E \text{ 为纱线的弹性模量})$$

$$\varepsilon_{pl}^0 = \varepsilon_p - \varepsilon_y$$

在图 11.26 中:纱线在低载荷下为线弹性;随着载荷达到屈服应力,纱线进入塑性变形阶段(点 A 之后);当某个单元的应力达到最大应力(点 B),损伤开始发生;随着纱线的进一步解体,应力逐步达到零。失效应力 ε_f 取决于有限元模型中的单元特征长度。图 11.27 给出了有限元求解的简化算法流程,从图中可以清晰地看出有限元算法中单元的删除和失效判断过程。

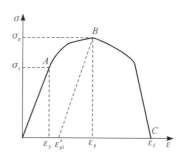

图 11.26　简化的纱线力学模型

在该梯形撕裂的有限元模型中,假设机织物中各个经纬纱交织点的摩擦性质相同,采用通用接触算法来定义经纬纱之间的摩擦性质,摩擦系数设定为 0.1。

假设在某个时刻 t_0,经纱(用 A 表示)和纬纱(用 B 表示)两个物体表面的一部分 I 开始接触。$\dot{u}_{AI}^-$,$\dot{u}_{BI}^-$,$\ddot{u}_{AI}^-$,$\ddot{u}_{BI}^-$ 分别为相应部分的速度和加速度;$\dot{u}_{AI}^+$,$\dot{u}_{BI}^+$,$\ddot{u}_{AI}^+$,$\ddot{u}_{BI}^+$ 表示相应部分刚刚脱离接触时的速度和加速度。

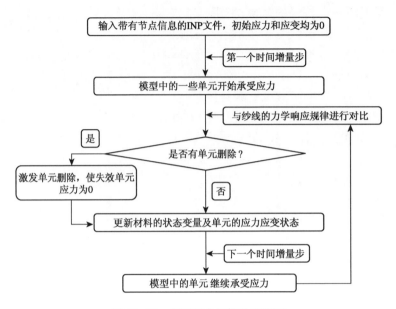

图 11.27　有限元求解算法流程图

在完全塑性接触的假设中，相应接触点在脱离接触后立刻在接触方向获得相同的速度和加速度。因此，在 t_0^+ 时刻：

$$n \cdot \dot{u}_{AI} = n \cdot \dot{u}_{BI}$$
$$n \cdot \ddot{u}_{AI} = n \cdot \ddot{u}_{BI} \tag{11.28}$$

其中：n 为界面 I 的法线方向。

定义 $\Delta \dot{u} = \dot{u}^+ - \dot{u}^-$ 为 t_0 时刻某一点速度的"突变"，则：

$$n \cdot (\dot{u}_{AI}^- + \Delta \dot{u}_{AI}) = n \cdot (\dot{u}_{BI}^- + \Delta \dot{u}_{BI}) \tag{11.29}$$

在相互接触的经纬纱之间，接触界面 I 单位面积上，力的法向分量 N^I 满足以下条件：

$$t \geqslant t_0 \text{ 时}, N_A^I = -N_B^I$$
$$t < t_0 \text{ 时}, N_A^I = N_B^I = 0 \tag{11.30}$$

相对于整个模拟过程时长，接触前后的速度突变发生在无穷小的时间范围内（$t_0^- \sim t_0^+$），N^I 决定着整个受力系统中除达朗伯力以外的所有力。因此，$t_0^- \sim t_0^+$ 时间内的虚功方程简化为：

$$\sum_{A, B} \left[\int_V \rho \ddot{u} \cdot \delta u \, dV \right] + \int_I N_A n \cdot \delta u_A dS + \int_I N_B n \cdot \delta u_B dS = 0 \tag{11.31}$$

将上式从 t_0^- 到 t_0^+ 积分，得：

$$\sum_{A,B}\Big[\int_V\int_{t_0^-}^{t_0^+}\rho\ddot{u}\cdot\delta u\,\mathrm{d}V\Big]+\int_I\int_{t_0^-}^{t_0^+}(N_An\cdot\delta u_A+N_Bn\cdot\delta u_B)\mathrm{d}S=0 \quad (11.32)$$

由于在 t_0 时刻，$n\cdot\delta u_A=n\cdot\delta u_B$，$N_B=-N_A$，因此式(11.32)中的第二项为"0"。为了满足式(11.32)的约束条件，引入一个拉格朗日项(乘子为 H)：

$$\sum_{A,B}\Big[\int_V\rho\cdot\Delta\dot{u}\cdot\delta u\,\mathrm{d}V\Big]+\int_I\delta\big[Hn\cdot(\dot{u}_{AI}^-+\Delta\dot{u}_{AI}^--\dot{u}_{BI}^--\Delta\dot{u}_{BI})\big]\mathrm{d}S$$

式(11.32)中的第一项已经从 t_0^- 到 t_0^+ 积分得到速度突变项。由于位移是连续的，因此在无穷小的时间内，法线方向 n 不会发生旋转。考虑第二项中的变量得：

$$\sum_{A,B}\Big[\int_V\rho\cdot\Delta\dot{u}\cdot\delta u\,\mathrm{d}V\Big]+\int_I Hn\cdot(\delta u_{AI}-\delta u_{BI})\mathrm{d}S+\int_I(\Delta\dot{u}_{AI}-\Delta\dot{u}_{BI})\cdot n\delta H\,\mathrm{d}S$$

$$=-\int_I(\dot{u}_{AI}^--\dot{u}_{BI}^-)\cdot n\delta H\,\mathrm{d}S \quad (11.33)$$

求解式(11.33)可以得到所有点的速度突变量 $\Delta\dot{u}$，以及单位面积上的力 H，即在接触的无穷小时间内接触界面压力的时间积分。t_0^+ 时刻的平衡方程，以及约束条件 $n\cdot(\ddot{u}_{AI}-\ddot{u}_{BI})=0$，可以用来获得经纬纱接触后的初始加速度。

图 11.28 为机织物梯形撕裂的有限元模拟结果与实验结果的对比。从图中可以看出数值模拟的结果与实验结果有较好的吻合性。在有限元模拟结果中，撕裂曲线的波动程度较大，曲线振荡较剧烈。这主要是由于实际的纱线中含有很多涤纶长丝，而涤纶长丝的断裂发生在不同时间和不同位置，因此纱线的解体过程包含涤纶长丝的断裂和滑移。而在有限元模型中，将纱线看作一个整体，断裂发生在某一端面，纱线的失效是整根纱线的瞬时失效，因此曲线的振荡比较剧烈。

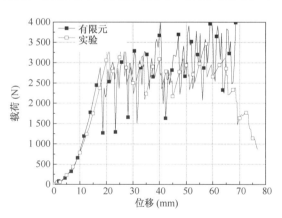

图 11.28　机织物梯形撕裂的有限元模拟
结果与实验结果的对比

图 11.29 选取了五个撕裂形态，对比了有限元模拟与实验过程。由于机织物结构松散，在实验过程中，试样的两端留有较长的纱线，以防止有效撕裂区域中的纱线从织物中脱落。从数值模拟结果与实验结果的对比来看，有限元过程较好地模拟了织物在梯形撕裂过程中的损伤过程。另外，有限元数值模拟结果给出了织

物在撕裂损伤过程中的应力分布和应力扩展规律,为分析机织物的梯形撕裂损伤机制提供了依据。

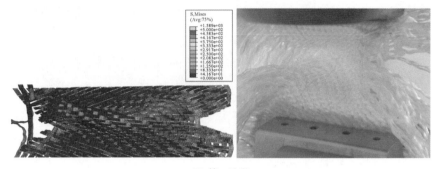

(I) 第一阶段

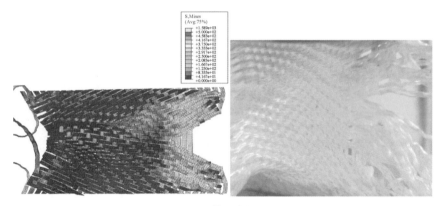

(II) 第二阶段

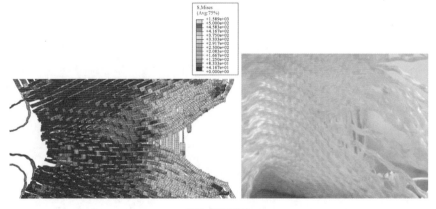

(III) 第三阶段

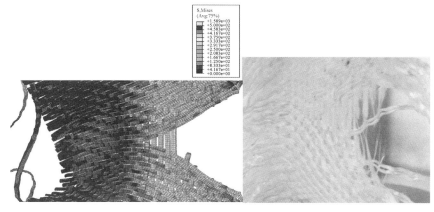

（IV）第四阶段

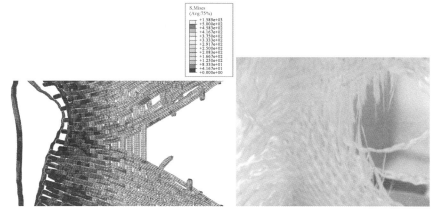

（V）第五阶段

图 11.29 机织物梯形撕裂过程的有限元模拟和实验对比

通过上述分析,可以得到机织物梯形撕裂的损伤机制。梯形撕裂是一个预切口的损伤扩展过程。首先,随着试样的两端施加拉伸应力,纬纱失去卷曲,并开始逐步伸直;与此同时,经纱以预切口为分界线,开始向上下两个夹头方向滑动,如图11.30(I)所示。经纱的这种滑移运动主要是由于夹头的拉伸力及经纬纱之间的摩擦作用力。由于梯形试样前后纱线长短不同,靠近预切口周围的纱线首先承受拉伸载荷,因此,图11.30(I)的应力分布图中,前面第一根纱线的应力显著大于后面纬纱的应力。随着夹头的逐渐拉伸,经纱继续向上下两个夹头滑移并逐渐聚集在织物的一个较小区域内。随着接触点的逐渐增多,经纱的滑移变得越来越困难。当纬纱的抽拔力不足以克服摩擦力时,机织物撕裂三角区尺寸达到最大,如图11.30 (II)所示;从其应力分布云图可以看出,机织物撕裂破坏过程中,局部应力集中效应明显,且撕裂三角区所包含的纬纱应力远远大于经纱。随着夹头继续移动,撕裂三角区前端的纬纱达到失效应力,开始发生断裂,如图 11.30(Ⅲ)所示。至此,当前撕裂三角区失效,经纱继续向上下夹头滑移,后续纬纱抽拔拉伸进入受力区域,形成下一个撕裂三角区。上述过程不断重复,直到切口逐步扩展至撕裂终点。

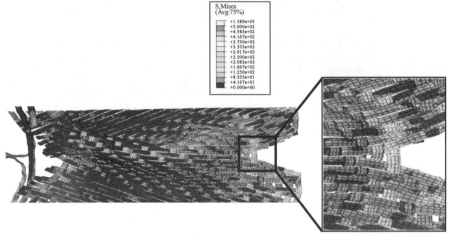

(Ⅰ) 撕裂三角区开始形成

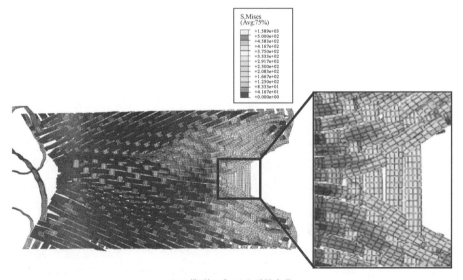

(Ⅱ) 撕裂三角区达到最大化

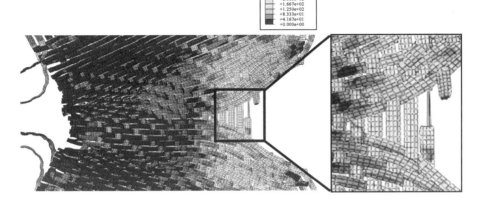

(III) 撕裂三角区的解体

图 11.30　机织物梯形撕裂机理分析示意图

上述撕裂机制解释了撕裂强力-位移曲线上的波峰和波谷。在撕裂的起始阶段,机织物开始承载,纬纱开始伸直且经纱向上下两个夹头滑移。这一过程使撕裂强力不断增大直至撕裂,三角区达到最大尺寸时,撕裂强力也达到峰值。一旦纬纱发生断裂,撕裂强力-位移曲线上就出现明显的陡降。经纬纱之间继续滑移,形成下一个撕裂三角区,使得撕裂曲线又开始上升。这一过程反复进行,使得撕裂强力-位移曲线呈现明显的锯齿形状。

通过上述机织物梯形撕裂损伤机理的分析,以及有限元计算结果,影响机织物梯形撕裂性能的细观结构因素主要有以下几个方面:

(1) 经纬纱之间的摩擦性能

机织物的梯形撕裂是以预切口为扩展起点的织物局部破坏扩展过程。在这一过程中,经纬纱之间相对滑动而形成撕裂三角区,如图 11.30 (I) 所示。经纬纱之间的摩擦性能对撕裂三角区的大小有着至关重要的作用。经纬纱之间的摩擦系数越小,经纬纱之间产生滑移所需的力越小,受力系统纱线更容易从交织点中抽拔出来,进入撕裂三角区,所形成的撕裂三角区越大,撕裂强力就越大;相反,经纬纱之间的摩擦系数较大时,受力系统纱线不容易从交织点中抽拔出来,形成的撕裂三角区小,撕裂强力也相应较小。

(2) 纱线的力学性能

机织物的梯形撕裂强力归根结底是机织物力学性能之一。组成机织物的纱线的承载能力对机织物梯形撕裂强力有着决定性的影响。这主要表现在:在撕裂三角区形成的过程中,非受力系统纱线的力学性能决定了撕裂三角区的大小,而受力系统纱线的力学性能决定了当前撕裂三角区何时解体。在撕裂三角区的形成过程中,非受力系统纱线以切口为分界线,分别向上下钳口方向移动,受力系统纱线从交织点中抽拔出来,形成撕裂三角区,如图 11.30(III)所示。在非受力系统纱线的滑移和受力系统纱线的抽拔过程中,纱线的力学性能决定了纱线是被抽拔出来还是断裂。

另外,决定机织物撕裂强力的纱线力学性能还包括纱线的断裂伸长。以图 11.30(III)为例,在撕裂三角区的形成过程中,纱线的断裂伸长决定了后续受力系统纱线进入撕裂三角区的数量,即决定了撕裂三角区大小。在其他条件相同的情况下,纱线(尤其是受力系统纱线)的断裂伸长越大,撕裂三角区前端开口越大,进入撕裂三角区的受力系统纱线根数越多,撕裂三角区越大,撕裂强力也就越大。

因此,纱线的力学性能是影响机织物撕裂性能的重要因素之一。

(3)织物密度

织物密度主要是指机织物的经密和纬密。机织物的经密和纬密决定了一定长度内经纬纱交织点个数。以本实例中的纬向撕裂性能为例,机织物的经密越大,一定纬纱长度内经纱根数越多,经纱在撕裂过程中向上下钳口移动需要跨越的交织点就越多,阻力越大,形成的撕裂三角区越小,因此撕裂强力越小。而纬密增加时,一方面经纬纱的交织点增多,经纱滑移困难,造成撕裂三角区减小;另一方面,纬密增大使得相同经纱长度内的纬纱根数增多,撕裂三角区内的有效承载纬纱越多,使撕裂强力增大。因此,纬密的增加对撕裂性能的影响视这两种作用的相互抵消情况而定。

(4)织物组织结构

常见的机织物组织结构包括平纹、斜纹和缎纹。在经纬密和其他组织结构参数相同的情况下,平纹的交织点数最多,缎纹的交织点数最少。在撕裂过程中,平纹中非受力系统纱线滑移需要克服的交织点最多,阻力最大,因此形成的撕裂三角区最小,撕裂强力也就最小。

(5)织物结构相

受力系统纱线上切口附近的任何屈曲最终都会进入撕裂三角区。结构相决定了纱线的屈曲状态。因此,织物的结构相对撕裂强力也有较大的影响。在其他条件相同的情况下,受力系统纱线越屈曲,在非受力系统纱线的滑移过程中,释放出来的受力系统纱线进入撕裂三角区的有效长度越长,形成的撕裂三角区越大,进而产生较大的撕裂强力。

11.1.3.2　机织柔性复合材料撕裂[58]

实例中,机织柔性复合材料的增强体为本章"11.1.3.1"所述的 $\frac{2}{1}$ 斜纹涤纶机织物,涂层材料为聚氨酯聚合物(TPU)。图 11.31 所示为该柔性复合材料的的表面及其横截面照片。表 11.3 所示为机织柔性复合材料的规格参数。该柔性复合材料广泛应用于管道结构材料。

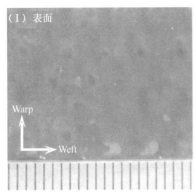

图 11.31　机织物增强的柔性复合材料

表 11.3　机织物增强的柔性复合材料的规格参数

涂层材料	厚度(mm)	面密度(g/m²)
聚氨酯	2.5	2 950

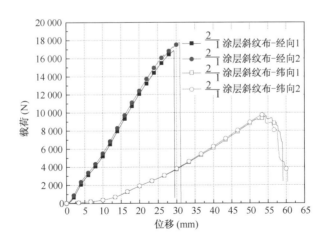

图 11.32　机织柔性复合材料的经纬向拉伸性能

图 11.32 所示为机织柔性复合材料的经纬向拉伸性能。从图中可以看出,涂层织物的经纬向拉伸性能的差异较大。柔性复合材料的经向拉伸强力远远大于纬向,这主要是由于增强结构的经纬向拉伸性能差异造成的。另外,柔性复合材料的纬向拉伸位移远远大于经向。这个显著差异主要是由拉伸试样的准备过程造成

的。如前所述,该柔性复合材料是一种管道结构材料,其纬向(即轴向)有较大的弯曲曲率,造成纬向拉伸试样在测试前不能有效伸直。

图 11.33 所示为机织柔性复合材料的拉伸断裂照片。该破坏试样的表面完好,这主要是由于表面涂层材料(聚氨酯)的弹性远远大于增强体的弹性而造成的。剥离表面涂层,可发现内部增强体有明显失效破坏。

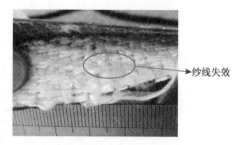

图 11.33　机织柔性复合材料的
局部破坏照片

采用美国材料与试验协会推荐的 ASTM D5587—1996《织物撕裂强力试验方法(梯形法)》的测试标准,在万能材料试验机 MTS 810.23 上测试机织柔性复合材料的纬向撕裂性能。裁剪两个相同规格的撕裂试样,以得到平均撕裂性能。图 11.34 为该柔性复合材料撕裂试样照片及几何尺寸示意图;其中,预切口长度为 15 mm,撕裂速度为 100 mm/min。

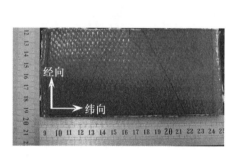

(a) 照片

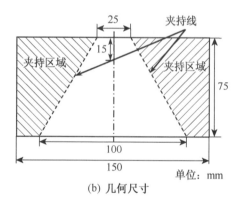

(b) 几何尺寸

图 11.34　机织柔性复合材料的梯形撕裂试样

图 11.35 为柔性复合材料夹持在 MTS 上进行梯形撕裂测试的示意图。梯形试样的两条斜边转到平行位置,并将图 11.34(b)所示的夹持区域分别放入上下两个夹头中。紧固夹头,在上夹头施加恒定的拉伸速度 100 mm/min,梯形试样开始承受撕裂载荷。

图 11.36 所示为机织柔性复合材料梯形撕裂的载荷-位移曲线;从图中可以看出,两个梯形试样的撕裂强力的吻合程度较好,呈现明显的锯齿形。图 11.37 所示为柔性复合材料的梯形撕裂破坏照片;从图中可以看出,柔性复合材料的梯形撕裂轨迹比较规整,这主要是由于柔性复合材料中涂层材料限制了增强体中的纱线移动,使得切口的应力集中效应明显。

图 11.35　机织柔性复合材料的撕裂测试前照片

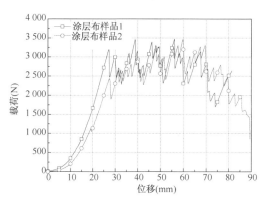

图 11.36　机织柔性复合材料的
梯形撕裂载荷-位移曲线

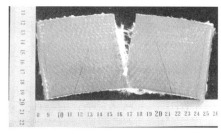

图 11.37　机织柔性复合材料的
梯形撕裂破坏照片

按照 $\frac{2}{1}$ 斜纹织物的结构,建立柔性
复合材料的增强体细观结构模型。随后,
在增强体的上下两层分别添加与增强体
表面紧密接触的涂层结构,确保柔性复合
材料有限元模型的整体厚度与实际织物
的厚度一致。图 11.38 为柔性复合材料
有限元模型中,在机织物几何模型基础上
施加涂层的示意图。

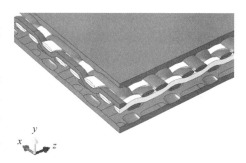

图 11.38　机织柔性复合材料有限
元模型中涂层示意图

图 11.39 所示为机织柔性复合材料有限元模型的初始状态。图 11.40 为机织柔性复合材料的预切口示意图，与实验测试中的切口尺寸相同。

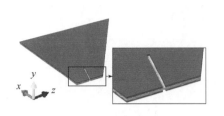

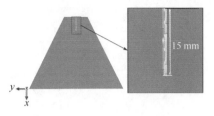

图 11.39　机织柔性复合材料
有限元模型的初始状态

图 11.40　机织柔性复合材料有限
元模型的预切口示意图

图 11.41 为机织柔性复合材料有限元模型的网格划分示意图。其中，增强体织物的网格划分结果与图 11.25 一致。涂层织物的涂层使用了两种网格划分技术：八节点、六面体网格，以及六节点、四面体网格。以上涂层为例，该涂层的上表面平整，而下表面则凹凸不平（因为与增强结构表面紧密接触）。根据涂层材料的这个特点，将上涂层从中间分为两个部分：涂层的上半部分，表面平整，结构规则，采用八节点、六面体单元进行网格划分；而涂层的下半部分，凹凸不平，采用六节点、四面体单元进行网格划分。另外，在增强体和涂层接触的区域，尽量保证增强体的六面体单元与涂层的四面体单元共节点，如图11.41所示。机织柔性复合材料的有限元模型中共包含 351 740 个单元；其中增强体 60 387 个单元，涂层材料 291 353 个单元。

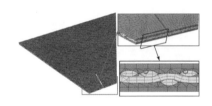

图 11.41　机织柔性复合材料有限
元模型的网格划分示意图

图 11.42 所示为机织柔性复合材料的有限元模拟结果与实验结果的对比；从图中可以发现，数值模拟结果与实验结果有很好的吻合性。

图 11.43 所示为机织柔性复合材料的梯形撕裂过程的有限元模拟和实验过程的对比；从图中可以看出，数值模拟结果和实验

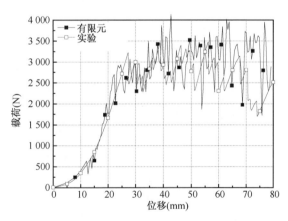

图 11.42　机织柔性复合材料梯形撕裂的
有限元模拟结果和实验结果的比较

结果有较好的吻合性。柔性复合材料的梯形撕裂模型较好地模拟了撕裂过程,通过有限元分析方法,准确计算了撕裂过程中应力分布和能量分布规律。从图中的五个特征状态,可以看出梯形撕裂过程中应力集中区域为一个近椭圆形,从柔性复合材料的预切口处,不断沿宽度方向扩展至织物的左端。

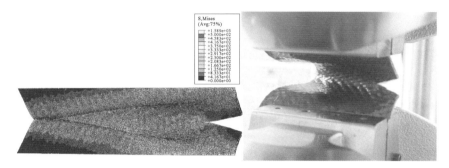

(Ⅰ) 第一阶段

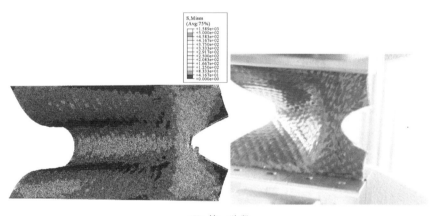

(Ⅱ) 第二阶段

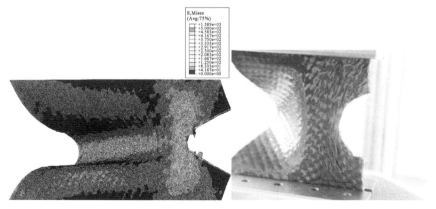

(Ⅲ) 第三阶段

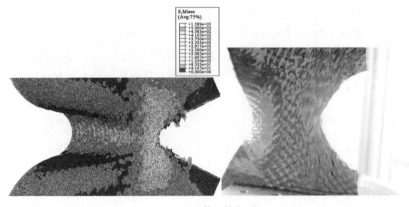

(IV) 第四阶段

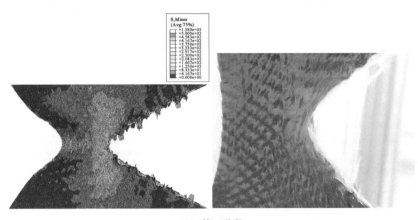

(V) 第五阶段

图 11.43　机织柔性复合材料的梯形撕裂过程的有限元模拟和实验过程的对比

　　通过有限元和实验分析,可以得到机织柔性复合材料的梯形撕裂损伤机理。图 11.44 为机织物和柔性复合材料的梯形撕裂机理分析示意图,分别显示了柔性复合材料和增强体机织物在撕裂三角区的形成、扩展和失效过程中,整体和局部破坏形态及应力分布情况。

　　在撕裂的起始阶段,如图 11.44(I)所示,预切口处的纬纱开始伸直,预切口的上下两个部分分别向上下夹头方向移动。随着夹头的进一步拉伸,撕裂三角区前端的纬纱伸直,后面的纬纱也进入撕裂三角区,如图 11.44(II)所示。与未涂层机织物的梯形撕裂过程不同的是,柔性复合材料增强体中,纬纱的伸直和经纱的滑移运动只限于预切口尖端周围的一小部分纱线,涂层限制了其他区域的纱线的伸直和相对移动。因此,柔性复合材料的撕裂三角区明显小于未涂层机织物,如图 11.44(II)中增强体的撕裂三角区所示。随着拉伸载荷的进一步增大,撕裂三角区前端的纱线断裂,造成撕裂三角区开始沿着织物宽度方向向后移动,如图

11.44(III)所示。由于撕裂三角区只存在于试样上一个较小的区域内(预切口的周围),因此,柔性复合材料的撕裂轨迹比较规整,基本沿直线向后扩展。

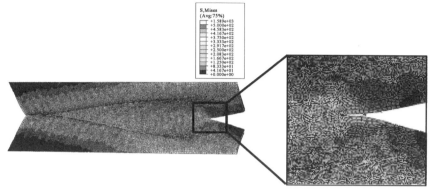

(a) 涂层织物

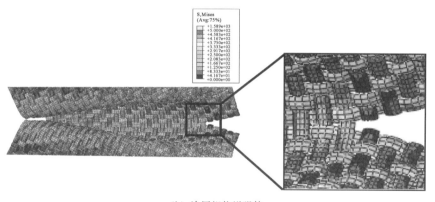

(b) 涂层织物增强体

(I) 撕裂三角区开始形成

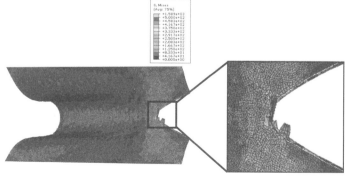

(a) 涂层织物

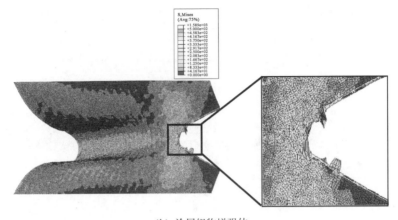

（b）涂层织物增强体

（Ⅱ）撕裂三角区达到最大化

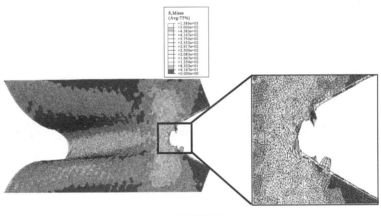

（a）涂层织物

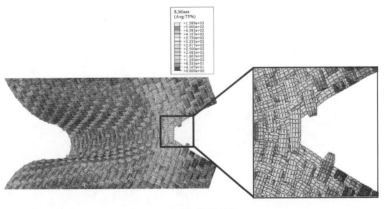

（b）涂层织物增强体

（Ⅲ）撕裂三角区的解体

图 11.44　机织柔性复合材料的梯形撕裂机理分析示意图

另外,从机织柔性复合材料的梯形撕裂过程的应力分布可以看出,梯形撕裂是典型的局部失效形式。从图 11.44 中可以看出,撕裂过程应力主要沿切口周围一个类似椭圆形状的区域扩展。这主要是由于撕裂过程中,撕裂三角区内的纬纱承受集中载荷而形成的。

影响机织柔性复合材料的梯形撕裂性能的因素比机织物少,涂层基体的添加增加了经纬纱之间的连接点,限制了经纬纱之间的相对滑移,受力系统纱线不能从交织点中抽拔出来,如图 11.44 所示。

结合机织柔性复合材料的梯形撕裂机理分析及有限元计算结果,影响机织柔性复合材料的梯形撕裂性能的因素主要包括以下两个方面:

(1) 纱线的力学性能

机织物作为柔性复合材料的增强体,其力学性能决定了柔性复合材料的承载能力。在柔性复合材料的梯形撕裂过程中,纱线的力学性能对柔性复合材料的撕裂性能有着至关重要的影响。柔性复合材料中的纱线在梯形撕裂过程中不能相对滑移,随着钳口的上下移动,切口处的纱线开始承受拉伸载荷,受力系统纱线的承载能力越强,柔性复合材料的撕裂强力就越高。

另外,受力系统纱线的拉伸断裂伸长也对柔性复合材料的梯形撕裂强力有很大的影响。在柔性复合材料的梯形撕裂过程中,纱线的拉伸断裂伸长越大,则后续可以共同承载的受力系统纱线根数越多,因此撕裂强力越高。

(2) 涂层的力学性能

涂层的力学性能对柔性复合材料的梯形撕裂强力有较大的影响。在撕裂过程中,涂层和增强体共同承担拉伸载荷,涂层本身的承载能力越强,对于柔性复合材料的梯形撕裂强力的贡献就越大,因此撕裂强力越高。

11.2 顶 破

11.2.1 顶破性能研究概述

织物顶破性能的研究开展得较晚。早期的研究主要针对土工膜和橡胶等均质材料的刺破与割破性能。比如:Wilson-Fahmy 等[60-62]提出了一种理论方法,用来设计高刺破强力的土工膜防护材料,并从实验和应用角度验证了该设计方法切实可行;Ghosh[63]测试了预应变状态下土工织物的刺破性能;Nguyen 等[64-65]和 Lara 等[66-68]研究了不同橡胶材料(如防护手套、防护鞋等)的防刺破性能和防割破性能,提出了新的评价方法。

Leslie 等[69]比较了外科手术用橡胶手套、指套,以及手套内衬材料的防针刺性能。Ankersen 等[70]研究了皮肤组织的防刺破性能。LaNieve 等[71]发现了一种可以加入双组分涤纶长丝的微观颗粒,采用这种纱线开发的织物具有优良的防割破性能。

Baucom 等[72]测试了 2D 和 3D 复合材料试样的准静态横向刺破强力,研究了增强体几何尺寸对刺破强力的影响;实验结果表明 3D 机织增强体具有最优秀的防刺破性能,这主要是由于纬纱和 z 向纱之间的相互作用。Bleetman 等[73]采用实验进行研究,为人体防刺防护服的设计提供了指导。Brooker [74-75]提出了一种基于用户的自定义材料本构模型,并采用有限元分析软件 ABAQUS 来预测管道材料在挖掘机斗齿载荷下的顶破性能;同时,他还研究了各个参数对其顶破性能的影响,并提出了设计公式来预测管道材料的顶破强力。

Erlich 等[76]设计了准静态贯穿实验,采用固置的刚性物体来贯穿单层织物试样,记录得到的载荷-冲程历史曲线和织物的失效形态说明了在静态和动态实验中三种不同的失效模式。Shin 等[77-78]研究了纱线在拉-剪载荷下的防割性能。Flambard 等[79]比较了由 PTT 和 PBO 纤维织造而成的多层针织结构的刺穿性能,结果表明,PBO 的防刺穿性能比 PTT 更好。

Walker 等[80]研究了现代轻质防刺人体防护服的刺穿性能,研究结果发现刺穿的区域,以及其他一些测试条件对其刺穿性能的影响较大,为防刺服装的优化设计提供了思路。Egres 和他的合作者们[81-83]采用国家司法研究所(NIJ)标准推荐的落塔刺破试验,测试了剪切增稠液体(STF)处理的芳纶和尼龙织物的刺穿性能,实验结果表明 STF 处理显著地提高了织物的防刺破性能。

Horsfall 等[84]研究了刺锥的大小和形状对于织物的刺破性能的影响。Vu Thi 等[85]考察了摩擦性能对于纱线防割、防刺性能的影响。Termonia[86]首次提出了一个理论模型,综合考虑各种结构参数对于织物针刺性能的影响,结果表明整个刺破过程可以分为四个阶段。Kalman 等[87-89]探讨了干颗粒处理和 STF 处理的芳纶织物的刺破性能,并分析了颗粒硬度对刺破强力的影响,结果表明两种处理方法都较显著地提高了织物的防刺破性能。

Griffiths 等[90]提出了一种现象学模型来分析和预测受压和非受压管道材料的刺破性能。Hosur 等[91]研究了一种新型热塑性树脂浸润的芳纶复合材料的防刺破性能。Rawal 等[92]测试了应用于土木工程的非织造土工织物的防针刺性能,并提出了设计高防刺性能的土工织物的参数优化方案。

Basu 等[93]通过十几年对应用于沙砾基上的土工机织物的跟踪测试,研究了织物在长期沙砾作用下的刺破性能。Jr Mayo 等[94]探讨了三种热塑性(TP)材料浸润的芳纶织物的动态和准静态刺破性能,结果表明 TP 浸润显著提高了防刺破性能,并减小了损伤的开口。

Koerner 等[95-96]研究了高密度聚乙烯十年的蠕变刺穿性能,以及涤纶(PET)

和聚丙烯(PP)非织造土工纺织品的防刺性能。Tien 等[97]采用实验测试的手段，探讨了芳纶/棉包芯纱织造而成的机织物的防刺破性能。

Alpyildiz 等[98]测试了新型组织结构的针织结构织物的防刺破性能，并与运动衫等传统结构进行对比分析，结果表明新开发的带有内嵌纱的针织结构具有优良的防刺破和防割破性能。Sun 等[99]采用有限元分析方法，分析了三种不同组织结构的机织物的刺破性能，并分析了组织结构对机织物刺破性能的影响。

11.2.2 柔性复合材料顶破分析计算模型实例[100]

以前述机织物和柔性复合材料为例来说明用分析模型计算顶破强力。分析模型假设如下：

- 柔性复合材料的机织物增强体中的涤纶长丝纱为线弹性材料；
- 基体对织物具有良好的固结作用，故忽略顶破载荷作用下织物中的纱线滑移；
- 经纬纱和基体之间的摩擦力极小，对顶破强力的影响甚微，故忽略不计；
- 为清晰准确计算，设下标 j，w，m 和 c 分别表示经纱、纬纱、基体和柔性复合材料。

在准静态顶破实验过程中观察到柔性复合材料的变形并非为直线，而是成一定弧度，如图 11.45(a)所示。TPU 涂层材料的韧性很强，且远大于涤纶机织物增强体的韧性，所以整个材料变形主要取决于涤纶机织物。该织物由经纬纱垂直交织而成，增强体变形是每根纱线变形的综合，进而将研究内容由增强体变形转化为单根纱线变形。织物中，每根纱线由于受力条件不同，变形状态也不同。只有与侵彻体——刺锥接触的纱线发生断裂，该部分纱线是直接受力纱，受力最大，对整个材料的变形起决定性作用，称为主纱；不与刺锥直接接触的纱称为次纱。

基于以上观察分析，以一根主纱[图 11.45(b)中尖头所示]为例建立模型，如图 11.46 所示。灰色部分代表刺锥，A 点为圆形顶破区域的边界点。假设顶破过程中与刺锥接触的纬纱的受力为圆弧形状，且这段圆弧满足以下两个条件：

（a）实验　　　　　　　　　　（b）理论模拟

图 11.45　顶破载荷作用下柔性复合材料的变形形态

① 所在圆的圆心恒定在垂直于边界点所在的水平直线上。

② 圆与水平直线相切。

由此可发现随着刺锥位移增加（由 B_{t_1} 到 B_{t_2}），假设圆的圆心沿直线下移（由 O_{t_1} 到 O_{t_2}）。这样，随着刺锥位移增加，圆变小，圆弧曲率变大。这完全符合实验中顶破位移越大，材料弯曲越严重的现象，如图 11.47 所示。

但这种假设仅限于主纱。次纱不与刺锥直接接触，经纬纱交织点与涂层固结作用，使得其受力由主纱与涂层传递引起，且力值小于主纱。为简化模型，将顶破过程中的次纱变形视为直线，如图 11.46 所示。

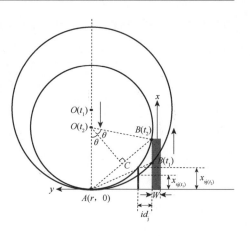

图 11.46　顶破过程中 t_1 和 t_2 时刻主纱的变形

（a）实验

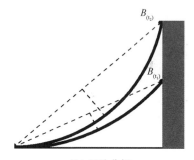

（b）理论分析

图 11.47　在实验测试和理论分析中试样变形的比较

如图 11.46 所示，建立笛卡尔平面直角坐标系，当刺锥顶破高度为 x 时，点 A，B 和 O 的坐标为 $A(r, 0)$，$B\left(\dfrac{W}{2}, x\right)$，$O(r, x_0)$。

根据圆的几何性质，即 $OA = OB$ 可得：

$$x_0^2 = (x_0 - x)^2 + \left(r - \frac{W}{2}\right)^2 \tag{11.34}$$

x_0 与 x 的关系如下：

$$x_0 = \frac{(2r - W)^2}{8x} + \frac{x}{2} \tag{11.35}$$

设点 (y', x') 在圆上，则纬纱圆弧表达式为：

$$x' = \frac{(2r-W)^2}{8x} + \frac{x}{2} - \sqrt{\left[\frac{(2r-W)^2}{8x} + \frac{x}{2}\right]^2 - (y'-r)^2} \quad (11.36)$$

直线段 AC 的长度为：

$$L_{AC} = \frac{1}{2}L_{AB} = \frac{1}{2}\sqrt{\left(r-\frac{W}{2}\right)^2 + x^2} = \frac{\sqrt{(2r-W)^2 + 4x^2}}{4} \quad (11.37)$$

直角三角形 $ACO_{(t_2)}$ 中，根据正弦关系得：

$$\sin\theta = \frac{L_{AC}}{x_0} = \frac{2x}{\sqrt{(2r-W)^2 + 4x^2}} \quad (11.38)$$

求得纬纱弧 AB 的长度如下：

$$|\,\text{arc}\,AB\,|_{\text{w}} = \frac{2\theta}{360°} \cdot 2\pi x_0 = 2x_0\theta$$

$$= \frac{(2r-W)^2 + 4x^2}{4x} \cdot \text{arc}\sin\left[\frac{2x}{\sqrt{(2r-W)^2 + 4x^2}}\right] \quad (11.39)$$

同理得经纱圆弧表达式为：

$$x' = \frac{(2r-T)^2}{8x} + \frac{x}{2} - \sqrt{\left[\frac{(2r-T)^2}{8x} + \frac{x}{2}\right]^2 - (y'-r)^2} \quad (11.40)$$

经纱弧 AB 的长度为：

$$|\,\text{arc}\,AB\,|_{\text{j}} = \frac{(2r-T)^2 + 4x^2}{4x} \cdot \text{arc}\sin\left[\frac{2x}{\sqrt{(2r-T)^2 + 4x^2}}\right] \quad (11.41)$$

经纬纱在变形区内的数量如图 11.48 所示。

经密为 28 根/5 cm，纬密为 17 根/5 cm，圆盘直径为 12 cm，圆盘内：

经纱根数 = 28 * 12/5 = 67.2，记为 67 根，圆盘中心的纱为第 0 根纱，依次向左（或向右）为第 1，2，…，33 根；

纬纱根数 = 17 * 12/5 = 40.8，记为 41 根，圆盘中心的纱为第 0 根纱，依次向左（或向右）为第 1，2，…，20 根。

刺锥宽 0.8 cm，刺锥厚 0.08 cm，刺锥上纱线称为主纱：

经主纱根数 = 28 * 0.8/5 = 4.48，记为

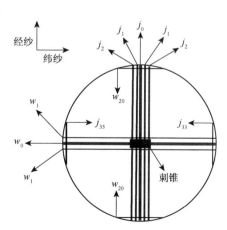

图 11.48　经纬纱在顶破
区域内编号及分布

5 根；

纬主纱根数＝17 * 0.08/5＝0.272，记为 1 根。

第 1,2 根经纱与第 0 根经纱的上升高度相同，形变几乎相同，故计算过程中将 5 根经主纱视为相等，只计算第 0 根纱线的相关性能，无需逐一计算。顶破过程中，因对称性可将顶破区域分为四个相同部分，选择其中一个部分进行分析，经纱伸长前后的长度如图 11.49 所示。

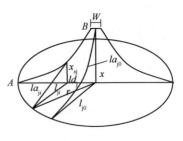

图 11.49 顶破过程中经纱形变

如图 11.49 所示，第 0 根和第 i 根纱伸长前后的状况结合圆弧模型中的几何关系，可得下列公式：

第 0 根经纱伸长后的长度可表示为：

$$la_{j0} = \frac{(2r-T)^2 + 4x^2}{4x} \cdot \arcsin\left[\frac{2x}{\sqrt{(2r-T)^2 + 4x^2}}\right] \tag{11.42}$$

当刺锥顶破位移为 x 时，表示第 i 根经纱高度的点 (id_j, x_{sj}) 在圆上，故

$$x_{sj} = \frac{(2r-W)^2}{8x} + \frac{x}{2} - \sqrt{\left[\frac{(2r-w)^2}{8x} + \frac{x}{2}\right]^2 - (id_j - r)^2} \tag{11.43}$$

第 i 根经纱在顶破过程开始前的原长为：

$$l_{ji} = r \quad (0 \leqslant i \leqslant 2) \tag{11.44}$$

$$l_{ji} = \sqrt{r^2 - (id_j)^2} \quad (3 \leqslant i \leqslant 33) \tag{11.45}$$

第 i 根经纱被顶伸长后的长度为：

$$la_{ji} = |\arc AB|_j \quad (0 \leqslant i \leqslant 2) \tag{11.46}$$

$$la_{ji} = \sqrt{x_{sj}^2 + l_{ji}^2} \quad (3 \leqslant i \leqslant 33) \tag{11.47}$$

经纱应变用以下公式表示：

$$\varepsilon_{ji} = \frac{la_{ji}}{l_{ji}} - 1 \tag{11.48}$$

由于经纬密不同，在顶破区域内，纬纱根数少于经纱，故两者在计算过程中略有差异。

第 0 根纬纱伸长后的长度可表示为：

$$la_{w0} = \frac{(2r-W)^2 + 4x^2}{4x} \cdot \arcsin\left[\frac{2x}{\sqrt{(2r-W)^2 + 4x^2}}\right] \tag{11.49}$$

当刺锥顶破位移为 x 时,表示第 i 根纬纱高度的点 (id_j, x_{sw}) 在圆上,故:

$$x_{sw} = \frac{(2r-T)^2}{8x} + \frac{x}{2} - \sqrt{\left(\frac{(2r-T)^2}{8x} + \frac{x}{2}\right)^2 - (id_j - r)^2} \quad (11.50)$$

第 i 根纬纱的原长为:

$$l_{wi} = r(i = 0) \quad (11.51)$$

$$l_{wi} = \sqrt{r^2 - (id_w)^2} \quad (1 \leqslant i \leqslant 20) \quad (11.52)$$

第 i 根纬纱伸长后的长度为:

$$la_{wi} = |\text{ arc } AB|_w \quad (i = 0) \quad (11.53)$$

$$la_{wi} = \sqrt{x_{sw}^2 + l_{jw}^2} \quad (1 \leqslant i \leqslant 20) \quad (11.54)$$

纬纱应变用下式表示:

$$\varepsilon_{wi} = \frac{la_{wi}}{l_{wi}} - 1 \quad (11.55)$$

经纱截面积为:

$$A_j = \frac{Nt_j}{\delta_y \cdot 1\,000} \quad (11.56)$$

第 i 根经纱的体积为:

$$V_{ji} = 2A_j l_{ji} \quad (11.57)$$

每立方米纱线的拉伸应变能为 $\int_0^{\varepsilon_{max}} \sigma(\varepsilon)\mathrm{d}\varepsilon$,当刺锥上升 $x(\text{mm})$ 时,第 i 根经纱的应变能可写作:

$$e_{ji} = V_{ji} \cdot \int_0^x E_j \varepsilon_{ji} \cdot \frac{\mathrm{d}}{\mathrm{d}x} \varepsilon_{ji} \mathrm{d}x \quad (11.58)$$

进而能得到所有经纱的应变:

$$e_j = \sum_0^{33} V_{ji} \cdot \int_0^x E_j \varepsilon_{ji} \cdot \frac{\mathrm{d}}{\mathrm{d}x} \varepsilon_{ji} \mathrm{d}x \quad (11.59)$$

最后经纱所承受的顶破载荷为:

$$F_j = \frac{\mathrm{d}}{\mathrm{d}x} e_j \quad (11.60)$$

同理,纬纱应变能可以按经纱应变能的求法得到。

基体应变能的求法不能与增强体一样,因为基体是匀质整体,而不是纱线那样的线性体。这种匀质膜结构的面积更容易计算,故从面积着手。

顶破过程中,热塑性聚氨酯膜被视为锥体形状,如图 11.50(a)所示。为计算其应变能,将椎体表面积等效半径为 r_a 的圆,图 11.50(b)显示了基体伸长前后面积的变化。

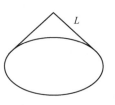
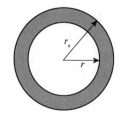

(a)基体几何模型   (b)基体顶破测试前后面积的变化

图 11.50 基体几何模型

与增强体机织物相似,基体在顶破过程中的受力值可由式(11.61)至(11.65)计算得出。

图 11.50(a)中,锥形面积与等效圆面积相等:

$$2\pi r L = \pi (r_a^2) \tag{11.61}$$

锥形等效圆半径可计算如下:

$$r_a = \sqrt{2rL} \tag{11.62}$$

半径的应变为:

$$\varepsilon_r = \frac{r_a - r}{r} \tag{11.63}$$

对半径应变积分,得到整个基体的应变:

$$\varepsilon_m = \int_0^{2\pi} \left(\frac{r_a - r}{r} \right) \mathrm{d}\theta \tag{11.64}$$

机织物增强体的体积为:

$$V_y = 2 \cdot \left[\sum_1^{33} 2A_j l_{ji} + \sum_1^{20} 2A_w l_{wi} + r(A_j + A_w) \right] \tag{11.65}$$

试样中机织物增强体和基体之间几乎不存在空隙,故基体体积为试样总体积减去机织物增强体体积,具体计算为:

$$V_m = \pi r^2 T_m - V_y \tag{11.66}$$

顶破测试中基体的应变能为:

$$e_m = V_m \cdot \int_0^x E_m \varepsilon_m \cdot \frac{\mathrm{d}}{\mathrm{d}x} \varepsilon_m \mathrm{d}x \tag{11.67}$$

基于以上各计算公式,基体在顶破过程中的曾受载荷可由下式求得:

$$F_{\mathrm{m}} = \frac{\mathrm{d}}{\mathrm{d}x} e_{\mathrm{m}} \tag{11.68}$$

顶破过程中柔性复合材料吸收的应变能为经纬纱与基体吸收与应变能总和:

$$e_{\mathrm{c}} = e_{\mathrm{j}} + e_{\mathrm{w}} + e_{\mathrm{m}} \tag{11.69}$$

在以上所有公式中,刺锥位移 x 是唯一的未知量,故最终求得的顶破载荷是关于未知量 x 的表达式,载荷-位移曲线也可由下式得到:

$$F_{\mathrm{c}} = \frac{\mathrm{d}}{\mathrm{d}x} e_{\mathrm{c}} \tag{11.70}$$

由这些公式可得到刺锥任意位移时的顶破载荷。

11.2.3 机织物和柔性复合材料顶破过程有限元计算实例

11.2.3.1 机织物顶破有限元计算实例[99]

采用万能材料试验机 MTS 810.23 测试机织物的顶破性能。图 11.51 所示为机织物顶破测试的试样规格。试样的有效测试区域为半径为 60 mm 的圆形,夹持在上下两个环形圆盘夹具中。

图 11.52 为顶破实验中刺锥的照片和刺锥尺寸示意图。刺锥的头端为扁平形状,接触织物的部分为矩形截面,后端为圆柱状。该刺锥的形状设计原则是基于模拟道路上尖锐

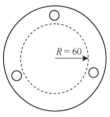

单位: mm

图 11.51 机织物顶破测试的试样规格

物体(如石子和沙砾等)对机织物的破坏作用,不同于国标及美国 ASTM 标准委员会推荐的标准。

图 11.53 所示为机织物经向顶破性能的载荷-位移曲线。从图中可以看出两个重复性实验的吻合性较好。在顶破强力达到峰值时,曲线呈现一定的锯齿形波动。这主要是由于刺锥头端几根纱线的断裂不同时性造成的。图 11.54 所示为机织物顶破表面和背面的破坏照片,织物的表面呈现锥形的凹陷,而背面有明显的凸起。除了刺锥头端的经纱断裂之外,刺锥头端的纬纱也会发生断裂,如图11.54(I)所示。

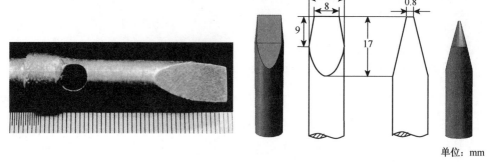

（a）刺锥照片　　　　　　　　　　　（b）刺锥尺寸

图 11.52　顶破实验的刺锥照片和刺锥尺寸

单位：mm

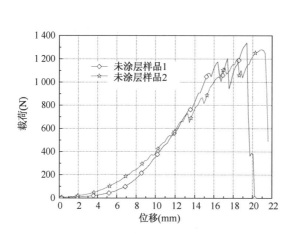

图 11.53　机织物顶破载荷-位移曲线

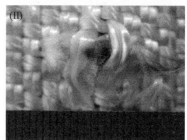

图 11.54　机织物顶破表面(I)和
背面(II)的破坏照片

　　图 11.55 所示为刺锥的有限元模型，其尺寸与实际刺锥（图 11.52）完全一致。由于刺锥为轴对称性，有限元模型中采用 1/4 刺锥模型，如图 11.55(II)所示。

　　图 11.56 所示为机织物顶破有限元模型的空间几何结构，其中刺锥采用图 11.55(II)所示的 1/4 刺锥模型。采用 1/4 的织物模型，在保证精度的前提下，可以有效地节省计算时间和所需计算内存。

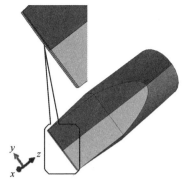

(a) 整个刺锥有限元模型　　　　　　　　　　(b) 1/4刺锥有限元模型

图 11.55　刺锥的有限元模型

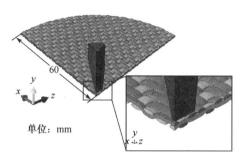

图 11.56　机织物顶破有限元
模型的空间几何结构

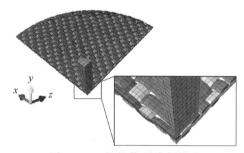

图 11.57　机织物顶破有限元
模型的网格划分示意图

图 11.57 为机织物顶破有限元模型的网格划分示意图。刺锥完全采用八节点、六面体网格单元划分网格，1/4 刺锥包含 128 个单元。机织物的大部分区域也采用八节点、六面体单元划分网格，在靠近环形圆盘的夹持区域采用六节点、四面体单元，因为这部分区域的几何结构复杂，必须采用四面体单元进行网格划分。机织物顶破的有限元模型(不含刺锥)共包含 37 814 个单元。

图 11.58 所示为机织物顶破性能的有限元模拟结果与实验结

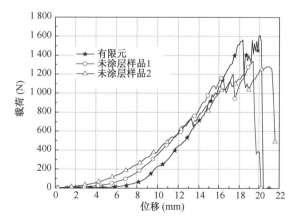

图 11.58　机织物顶破性能的有限元
模拟结果与实验结果对比

果的对比。从图中可以看出有限元模拟结果较好地拟合了实验所得的载荷-位移曲线。另外,理论模拟的顶破强力相比实验结果偏大,这主要是由于在有限元模型中纱线被看作是不包含任何缺陷的实体,忽略了涤纶长丝之间的孔隙和长丝断裂的不同时性。

　　图 11.59 给出了机织物顶破过程的有限元模拟和实验结果的对比。从五个顶破的不同阶段可以看出,有限元模拟结果较好地重现了机织物顶破实验过程。通过有限元分析手段,计算得到了机织物在顶破过程中应力和能量的分布规律,为分析机织物的顶破机理提供了定量的数据。从有限元分析结果来看,随着刺锥的恒速下降,织物的应力从刺锥周围一个近圆形的区域逐步扩展到整个扇形受力区域,直至织物被顶破。

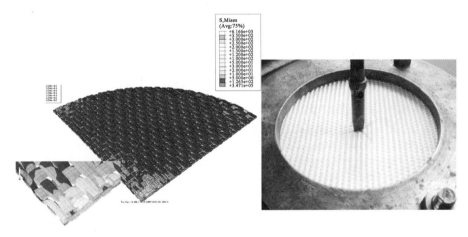

(I) 第一阶段

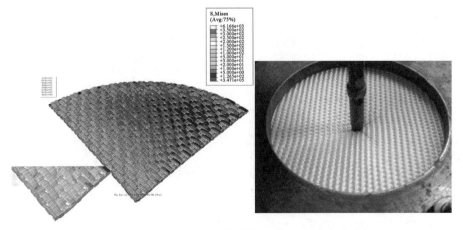

(II) 第二阶段

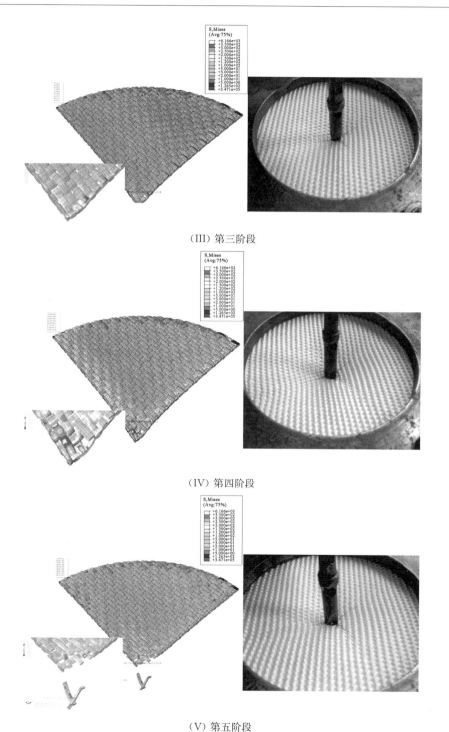

（Ⅲ）第三阶段

（Ⅳ）第四阶段

（Ⅴ）第五阶段

图 11.59　机织物顶破过程的有限元模拟和实验对比

图 11.60 为机织物顶破过程的示意图,将机织物的顶破损伤过程分为三个阶段:(Ⅰ)初始阶段,刺锥开始接触机织物表面,与刺锥直接接触的纱线首先受力并开始伸直,因此从图中可以看出织物所受应力呈现十字形;(Ⅱ)中间阶段,随着刺锥进一步沿织物法线方向前进,织物的挠度增加,以刺锥的头端为中心,整个受力区域的织物形成一个锥体;(Ⅲ)最终阶段,与刺锥头端直接接触的纱线随着刺锥的移动脱离织物平面,继续受拉伸直至断裂,这些纱线的断裂不同时性导致顶破载荷-位移曲线上产生波动。

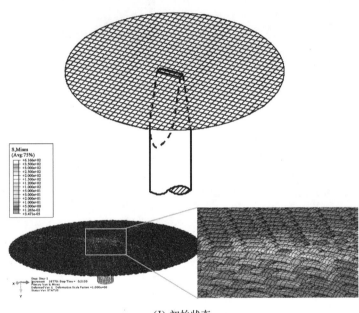

(Ⅰ) 初始状态

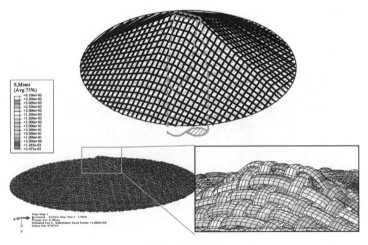

(Ⅱ) 中间状态

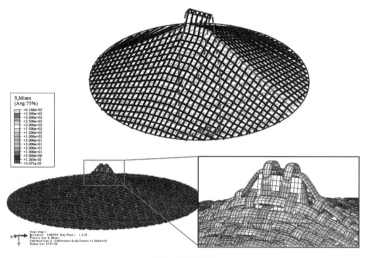

（III）最终状态

图 11.60 机织物刺破机理分析示意图

结合上述机织物顶破机理分析,影响机织物顶破性能的因素主要包括以下几个方面:

（1）纱线的力学性能

在机织物的顶破过程中,纱线的力学性能对顶破强力有着至关重要的作用,如图 11.60（III）所示。在顶破过程的最终阶段,与刺锥直接接触的纱线脱离机织物平面,因此,纱线的拉伸断裂强力越大,则其承载能力越强,机织物的顶破强力也越大。

纱线的拉伸断裂强力主要影响机织物的刺破位移,即织物的挠度。纱线的断裂伸长越大,纱线失效时刺锥前进的距离越大,即机织物的顶破位移越大,如图 11.60（II）所示。在某些情况下(如个体防护结构),顶破挠度的增加会造成致命的影响。

（2）织物密度

织物密度主要指机织物的经密和纬密。以本实例中经向刺破强力为例,经密对织物的刺破强力是非常重要的。经密越大,直接接触刺锥的经纱根数越多,在其他情况相同的条件下,机织物的顶破强力也就越大。

（3）刺锥宽度

本实例探讨的刺锥只限于有钝性头端的刺锥,即刺破过程中不涉及纱线的剪切失效。在这种假设的前提下,刺锥越宽,同时接触刺锥的受力纱线根数越多,织物的顶破强力也就越大。

11.2.3.2 机织柔性复合材料顶破有限元计算实例[101]

采用万能材料试验机 MTS 810.23 测试了机织柔性复合材料的顶破性能。图

11.61 所示为顶破实验测试采用的试样规格。图 11.62 所示为顶破实验测试前的照片。夹持着柔性复合材料的环状圆盘安置在 MTS 的下夹头上,上夹头夹持刺锥,以恒定速度(100 mm/min)向下进行顶破实验。

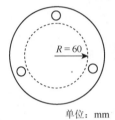

单位: mm

图 11.61　机织柔性复合材料
顶破测试试样规格

图 11.62　机织柔性复合材料
顶破测试前照片

图 11.63 所示为机织柔性复合材料经向(刺锥头端置于经纱上)顶破的载荷-位移曲线。测试两个相同尺寸的柔性复合材料试样,以得到平均的顶破性能。从顶破载荷-位移曲线可以看出,在顶破的起始阶段,曲线缓慢上升;达到顶破强力后,顶破强力迅速下降。两个重复性实验的吻合程度较好。

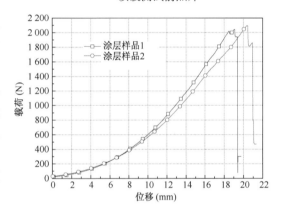

图 11.63　机织柔性复合材料顶破载荷-位移曲线

图 11.64 所示为机织柔性复合材料顶破破坏的表面和背面照片。从图中可以看出,柔性复合材料的破坏区域较小,正面有较明显的凹陷;背面并没有明显的突起,只有少量断裂纱线露出复合材料表面。

图 11.64　机织柔性复合材料顶破破
坏的表面(I)和背面(II)照片

图 11.65 为机织柔性复合材料顶破有限元模型的空间几何结构示意图。由于试样和刺锥具有对称性,柔性复合材料顶破的有限元模型均采用 1/4 模型,在保证预测精度的前提下,尽量减少单元数量和计算时间。

图 11.66 为机织柔性复合材料顶破有限元模型的网格划分示意图。该有限元模型(不包含刺锥)共包含 315 165 个单元,其中涂层材料包含 277 351 个单元。

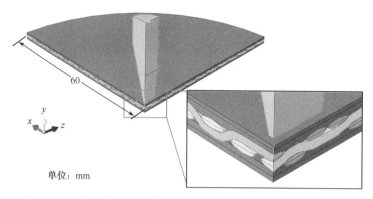

图 11.65　机织柔性复合材料顶破有限元模型的空间几何结构

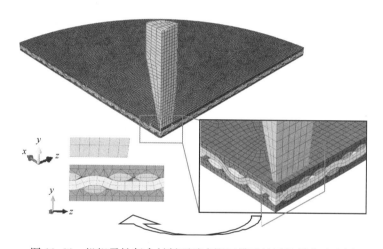

图 11.66　机织柔性复合材料顶破有限元模型的网格划分示意图

图 11.67 所示为机织柔性复合材料顶破性能的有限元模拟结果和实验结果的对比。从图中可以看出有限元模拟较好地吻合了柔性复合材料的顶破实验结果。理论模拟的顶破强力比实验值略偏大，这主要是由于理论计算时忽略了增强体和涂层材料的一些缺陷。

图 11.68 为机织柔性复合材料顶破过程的有限元模拟和实验对比示意图。从五个顶破阶段可以看出，有限元模拟与实际的顶破过程基本

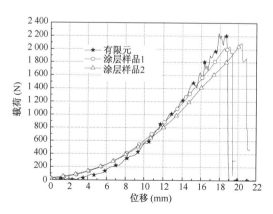

图 11.67　机织柔性复合材料顶破性能的有限元
模拟结果和实验结果的对比

一致。在顶破过程中,应力以刺锥直接接触的柔性复合材料区域为中心,逐渐向外沿扩散,到达固定的边界后,又反射向中心区域传播;如此反复,直至柔性复合材料解体。从图中可以看出增强体结构所受的应力远远大于涂层所受的应力,这表明增强体是柔性复合材料的主要承载结构,其力学性能决定了柔性复合材料所能承受的最大载荷。

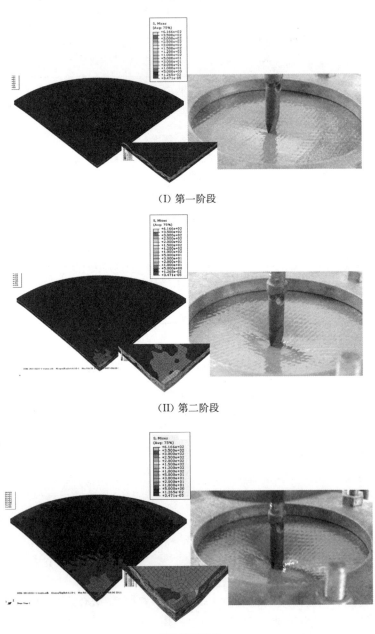

(I) 第一阶段

(II) 第二阶段

(III) 第三阶段

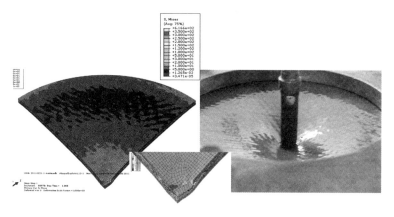

(IV) 第四阶段

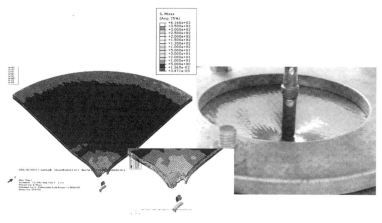

(V) 第五阶段

图 11.68　机织柔性复合材料顶破过程的有限元模拟和实验对比

　　通过上述的有限元分析和实验研究，机织柔性复合材料顶破破坏的损伤机制可以概括为三个阶段，如图 11.69 所示。图中给出了在顶破的起始、中间和最终阶段，柔性复合材料和增强体的整体和局部应力分布。（I）起始阶段：刺锥开始接触柔性复合材料试样，复合材料表面的应力只存在于与刺锥直接接触的一个小区域内；而在同一时刻，内部的增强体上已广泛分布了应力载荷，这主要是由于涂层将刺锥对复合材料的集中载荷均匀分布到其他受力区域，使得更多的纱线共同承载；（II）中间阶段：随着刺锥进一步前进，柔性复合材料表面的应力传播到较大的区域内，试样逐渐形成一个以刺锥的头端为中心的锥体，如图 11.69(II) 所示；(c)最终阶段：随着刺破过程的推进，柔性复合材料表面的涂层材料首先失效，如图中(III)所示，这主要是由于表面涂层材料的力学性能远远弱于内部的增强材料;接着刺锥头端的纱线达到最大拉伸应力而失效,刺锥刺穿试样,复合材料试样解体。

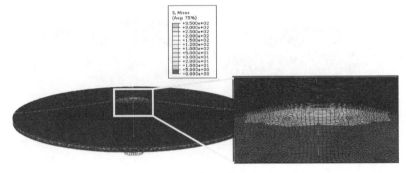

(a) 涂层织物

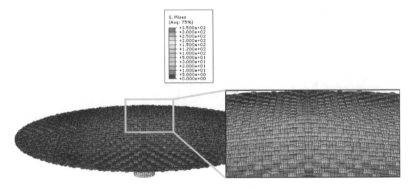

(b) 涂层织物增强体

（I）初始状态

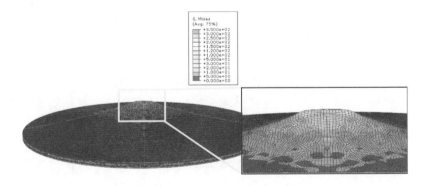

(a) 涂层织物

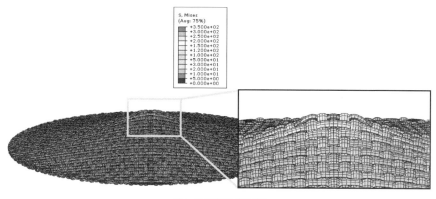

（b）涂层织物增强体

（Ⅱ）中间状态

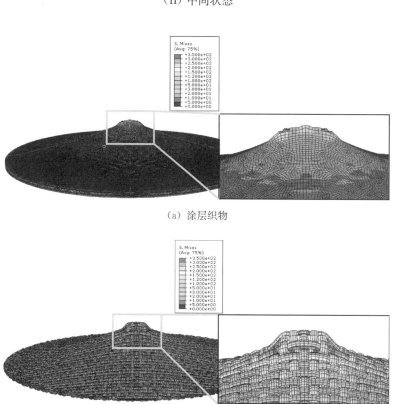

（a）涂层织物

（b）涂层织物增强体

（Ⅲ）最终状态

图 11.69　机织柔性复合材料顶破机理分析示意图

结合上述机织柔性复合材料顶破机理的分析,影响柔性复合材料顶破性能的因素主要包括以下几个方面:

(1) 纱线的力学性能

机织物作为柔性复合材料的增强体,其力学性能对柔性复合材料的力学性能有着至关重要的影响。因此,机织物中纱线的力学性能对柔性复合材料的顶破强力有着至关重要的作用,如图 11.69(III)所示。与机织物的顶破过程不同的是,在柔性复合材料顶破的最终阶段,与刺锥直接接触的纱线不会脱离织物表面,而是直接断裂失效,如图 11.68(V)所示。纱线的拉伸断裂强力越大,在顶破的最终阶段所能承载的载荷越大,因此,柔性复合材料的顶破强力越大。

纱线的拉伸断裂强力主要影响柔性复合材料的刺破位移,即挠度。纱线的断裂伸长越大,纱线失效时刺锥前进的距离越大,即柔性复合材料的顶破位移越大,如图 11.68(II)所示。在某些情况下(如个体防护结构),顶破挠度的增加会造成致命的影响。

(2) 织物密度

织物密度主要指增强体的经密和纬密。以本实例中经向刺破强力为例,增强体的经密对柔性复合材料的刺破强力非常重要。经密越大,接触刺锥的经纱根数越多,在其他条件相同的情况下,柔性复合材料的顶破强力越大。

(3) 刺锥宽度

本实例中探讨的刺锥只限于有钝性头端的刺锥,即在刺破过程中不涉及纱线和涂层的剪切失效。在这种假设前提下,刺锥越宽,同时接触刺锥的受力纱线根数越多,柔性复合材料的顶破强力就越大。

(4) 涂层的性能

在柔性复合材料中,涂层对于增强体的防护作用是不可忽视的。如在顶破实验中,涂层可以显著保护内部的增强体材料不与刺锥直接接触;另一方面,涂层将顶破的集中载荷分布在试样的其他区域,使得柔性复合材料的顶破强力远远大于增强体织物的顶破强力。更重要的是,涂层本身的力学性能也为柔性复合材料的顶破强力做出贡献。因此,涂层的力学性能对柔性复合材料的力学性能有较大的影响。在其他条件相同的情况下,涂层的力学性能越好,相应的柔性复合材料的顶破强力也就越大。

关于本章更多内容,除参考文献[56 - 58, 99 - 101]外,可进一步的阅读资料有:

① 王萍,《柔性机织复合材料撕裂和顶破损伤机制的有限元分析》,东华大学博士学位论文,2012 年 9 月。

② 王永欣,《机织物刺破力学性能实验分析与有限元计算》,东华大学硕士学位论文,2010 年 6 月。

③ 马倩,《机织物撕裂破坏机理的有限元分析》,东华大学硕士学位论文,2011年1月。

④ 王盛楠,《柔性复合材料撕裂破坏形态分析模型计算》,东华大学硕士学位论文,2013年1月。

⑤ 侯利民,《柔性复合材料顶破机理和破坏形态的分析模型》,东华大学硕士学位论文,2013年1月。

参 考 文 献

[1] Krook C M, Fox K R. Study of the tongue-tear test. Textile Research Journal, 1945, 15(11): 389-396.

[2] Hager O B, Gagliardi D D, Walker H B. Analysis of tear strength. Textile Research Journal, 1947, 17(7): 376-381.

[3] Teixeira N A, Platt M M, Hamburger W J. Mechanics of elastic performance of textile materials. Part XII: Relation of certain geometric factors to the tear strength of woven fabrics. Textile Research Journal, 1955, 25(10): 838-861.

[4] Turl L H. The Measurement of tearing strength of textile fabrics. Textile Research Journal, 1956, 26(3): 169-176.

[5] Steele R, Gruntfest I J. An analysis of tearing failure. Textile Research Journal, 1957, 27(4): 307-313.

[6] Taylor H M. Tensile and tearing strength of cotton cloths. Journal of the Textile Institute Transactions, 1959, 50(1): 161-188.

[7] Freeston W D, Claus W D. Crack propagation in woven fabric. Journal of Applied Physics, 1973, 44(7): 3130-3138.

[8] Topping A D. Critical slit length of pressurized coated fabric cylinders. Journal of Coated Fabrics, 1973, 3(2): 96-110.

[9] Sarma G V. A study of tear-length distributions in woven apparel fabrics in service. Part II: Applications. The Journal of the Textile Institute, 1975, 66(11): 382-388.

[10] Sarma G V. A study of tear-length distributions in woven apparel fabrics in service. Part I: Theoretical models. The Journal of the Textile Institute, 1975, 66(11): 375-381.

[11] Hamkins C P, Backer S. On the mechanisms of tearing in woven fabrics. Textile Research Journal, 1980, 50(5): 323-327.

[12] Hamkins C P. 机织物的撕裂机理. 储才元,译. 国外纺织技术(纺织分册), 1981, (30): 25-27.

[13] Skelton J. Mechanics of flexible fibre assemblies. Sijthoff & Noordhoff International Publishers, Netherland, 1980: 243-254.

[14] Popescu C, Chelaru J, Magrini C, et al. Influence of technological processes on tear

strength of finished wools. Textile Research Journal, 1985, 55(1): 72-74.

[15] Choudhry M Y. Use of scanning electron microscopy for identification of cuts and tears in fabrics: observations based upon criminal cases. Scanning Micros, 1987, 1(1): 119-125.

[16] Stowell L I, Card K A. Use of scanning electron microscopy (SEM) to identify cuts and tears in a nylon fabric. Journal of Forensic Sciences, 1990, 35(4): 947-950.

[17] Lloyd D W. Tearing of fastenings through woven fabrics: A simple theory. Part II: Tearing in the bias direction. Textile Research Journal, 1989, 59(12): 743-747.

[18] Lloyd D W. Tearing of fastenings through woven fabrics: A simple theory. Part I: Tearing along warp or weft. Textile Research Journal, 1989, 59(12): 680-683.

[19] Chu C, Dhingra R, Postle R. Study of tearing properties of membrane coated fabrics. Journal of Donghua University (English Edition), 1991, 8(4): 1-9.

[20] Petrulis D K. Mathematical models for forecasting the tear performance of fabrics. Tekstil'naya Promyshlennost', 1992, 52(10): 29-31.

[21] Popova M B, Iliev V D. Simulation of the tearing behaviour of anisotropic geomembrane composites. Geotextiles and Geomembranes, 1993, 12(8): 725-738.

[22] Eichert U. Residual tensile and tear strength of coated industrial fabrics determined in long-time tests in natural weather conditions. Journal of Coated Fabrics, 1994, 23: 311-327.

[23] Scelzo W A, Backer S, Boyce M C. Mechanistic role of yarn and fabric structure in determining tear resistance of woven cloth. Part II: modeling tongue tear. Textile Research Journal, 1994, 64(6): 321-329.

[24] Scelzo W A, Backer S, Boyce M C. Mechanistic role of yarn and fabric structure in determining tear resistance of woven cloth. Part I: Understanding Tongue Tear. Textile Research Journal, 1994, 64(5): 291-304.

[25] Godfrey T A, Rossettos J N. Damage growth in prestressed plain weave fabrics. Textile Research Journal, 1998, 68(5): 359-370.

[26] Godfrey T A, Rossettos J N. The onset of tear propagation at slits in stressed uncoated plain weave fabrics. Journal of Applied Mechanics, 1999, 66(4): 926-933.

[27] Godfrey T A, Rossettos J N. A parameter for comparing the damage tolerance of stressed plain weave fabrics. Textile Research Journal, 1999, 69(7): 503-511.

[28] Godfrey T A, Rossettos J N. Analysis of damage tolerance to tear propagation in stressed structural fabrics. Structures and Materials, 2000, 6: 149-158.

[29] Godfrey T A, Rossettos J N, Bosselman S E. The onset of tearing at slits in stressed coated plain weave fabrics. Journal of Applied Mechanics, 2004, 71(6): 879-886.

[30] Godfrey T A, Rossettos J N, Bosselman S E. A model for the onset of tearing at slits in stressed coated woven fabrics. ASME Conference Proceedings, 2004, 2004: 3-12.

[31] Primentas A. Puncture and tear of woven fabrics. Journal of Textile and Apparel, Technology and Management, 2001, 1(4): 1-8.

[32] Wang L, Gao C, Li L. Study on mechanism of woven fabric tearing. Journal of Qingdao University (Engineering and Technology Edition), 2001, 16(1): 29-32.

[33] Bigaud D, Szostkiewicz C, Hamelin P. Tearing analysis for textile reinforced soft composites under mono-axial and bi-axial tensile stresses. Composite Structures, 2003, 62(2): 129-137.

[34] Rossettos J N, Godfrey T A. Effect of slipping yarn friction on stress concentration near yarn breaks in woven fabrics. Textile Research Journal, 2003, 73(4): 292-297.

[35] Rossettos J N, Godfrey T A. A micromechanical model for slit-damaged braided fabric air-beams. Textile Research Journal, 2005, 75(7): 562-568.

[36] Witkowska B, Frydrych I. A comparative analysis of tear strength methods. Fibres & Textiles in Eastern Europe, 2004, 12(2): 42-47.

[37] Witkowska B, Frydrych I. Static tearing. Part II: Analysis of stages of static tearing in cotton fabrics for wing-shaped test specimens. Textile Research Journal, 2008, 78(11): 977-987.

[38] Witkowska B, Frydrych I. Static tearing. Part I: Its significance in the light of European standards. Textile Research Journal, 2008, 78(6): 510-517.

[39] Zhong W, Pan N, Lukas D. Stochastic modelling of tear behaviour of coated fabrics. Modelling and Simulation in Materials Science and Engineering, 2004, 12(2): 293-309.

[40] Mukhopadhyay A, Ghosh S, Bhaumik S. Tearing and tensile strength behaviour of military khaki fabrics from grey to finished process. International Journal of Clothing Science and Technology, 2006, 18(3/4): 247-264.

[41] Dhamija S, Chopra M. Tearing strength of cotton fabrics in relation to certain process and loom parameters. Indian Journal of Fibre and Textile Research, 2007, 32(4): 439-445.

[42] Krasteva D. Comparative analysis of the methods for determination of fabrics' tear resistance. Tekstil i Obleklo, 2007, 2007(5): 2-7.

[43] Djaladat R. Evaluating the relationship between shear property and tear ability in the plane of woven fabrics (short staple). ITC and DC: Book of Proceedings of the 4th International Textile, Clothing and Design Conference-Magic World of Textiles, 2008: 753-756.

[44] Kotb N, Salman A, Abdel-Samad A, et al. Engineering of tearing strength for pile fabrics. 86th Textile Institute World Conference Proceedings, 2008, 2: U122-U130.

[45] Luo Y, Hu H, Fangueiro R. Tensile and tearing properties of PVC coated biaxial warp knitted fabrics under biaxial loads. Indian Journal of Fibre and Textile Research, 2008, 33(2): 146-150.

[46] Luo Y, Hu H. Mechanical properties of PVC coated bi-axial warp knitted fabric with and without initial cracks under multi-axial tensile loads. Composite Structures, 2009, 89(4): 536-542.

[47] Maekawa S, Shibasaki K, Kurose T, et al. Tear propagation of a high-performance airship envelope material. Journal of Aircraft, 2008, 45(5): 1546-1553.

[48] Kadem F D, Ogulata R T. Regression analyses of fabric tear strength of 100% cotton fabrics with yarn dyed in different constructions. Tekstil Ve Konfeksiyon, 2009, 19(2): 97-101.

[49] Pamuk G, Çeken F. Research on the breaking and tearing strengths and elongation of automobile seat cover fabrics. Textile Research Journal, 2009, 79(1): 47-58.

[50] Wayne Rendely P E. Structural fabric tear propagation. Proceedings of the 2009 Structures Congress, 2009: 916-919.

[51] Chen Y R, Yu J Y, Di Y H. Study on the tear behaviour of coated fabric using the finite element method. International Journal of Nonlinear Sciences and Numerical Simulation, 2010, 11(7): 517-521.

[52] Hussain T, Ali S, Qaiser F. Predicting the crease recovery performance and tear strength of cotton fabric treated with modified N-methylol dihydroxyethylene urea and polyethylene softener. Coloration Technology, 2010, 126(5): 256-260.

[53] Bai J, Xiong J, Cheng X. Tear resistance of orthogonal Kevlar-PWF-reinforced TPU Film. Chinese Journal of Aeronautics, 2011, 24(1): 113-118.

[54] Bilisik K, Turhan Y, Demiryurek O. Tearing properties of upholstery flocked fabrics. Textile Research Journal, 2011, 81(3): 290-300.

[55] Liu Z, Qian X, Chen S. Tearing analysis of coated fabrics under mono-axial tensile stresses. Advanced Materials Research, 2011, 150-151: 1082-1086.

[56] Wang S N, Sun B Z, Gu B H. Analytical modeling on mechanical responses and damage morphology of flexible woven composites under trapezoid tearing. Textile Research Journal, 2013, 83(12): 1297-1309.

[57] Wang P, Ma Q, Sun B Z, et al. Finite element modeling of woven fabric tearing damage. Textile Research Journal, 2011, 81(12): 1273-1286.

[58] Wang P, Sun B Z, Gu B H. Comparisons of trapezoid tearing behaviors of uncoated and coated woven fabrics from experimental and finite element analysis. International Journal of Damage Mechanics, 2013, 22(4): 464-489.

[59] Valizadeh M, Lomov S, Ravandi S A H, et al. Finite element simulation of a yarn pullout test for plain woven fabrics. Textile Research Journal, 2010, 80(10): 892-903.

[60] Koerner R M, Wilson-Fahmy R F, Narejo D. Puncture protection of geomembranes Part III: Examples. Geosynthetics International, 1996, 3(5): 655-675.

[61] Narejo D, Koerner R M, Wilson-Fahmy R F. Puncture protection of geomembranes Part II: Experimental. Geosynthetics International, 1996, 3(5): 629-653.

[62] Wilson-Fahmy R F, Narejo D, Koerner R M. Puncture protection of geomembranes. Part I: Theory. Geosynthetics International, 1996, 3(5): 605-628.

[63] Ghosh T K. Puncture resistance of pre-strained geotextiles and its relation to uniaxial

tensile strain at failure. Geotextiles and Geomembranes, 1998, 16(5): 293-302.

[64] Nguyen C T, Vu-Khanh T, Lara J. Puncture characterization of rubber membranes. Theoretical and Applied Fracture Mechanics, 2004, 42(1): 25-33.

[65] Nguyen C T, Dolez P I, Vu-Khanh T, et al. Resistance of protective gloves materials to puncture by medical needles. Journal of ASTM International, 2010, 7(5).

[66] Lara J, Turcot D, Daigle R, et al. A new test method to evaluate the cut resistance of glove materials. ASTM Special Technical Publication, 1996, 1237: 23-31.

[67] Lara J, Turcot D, Daigle R, et al. Comparison of two methods to evaluate the resistance of protective gloves to cutting by sharp blades. American Society for Testing and Materials, 1996: 32-42.

[68] Lara J, Massé S, Daigle R, et al. Testing the cut and puncture resistance of firefighter safety shoes. ASTM Special Technical Publication, 2000: 74-84.

[69] Leslie L F, Woods J A, Thacker J G, et al. Needle puncture resistance of surgical gloves, finger guards, and glove liners. Journal of Biomedical Materials Research, 1996, 33(1): 41-46.

[70] Ankersen J, Birkbeck A, Thomson R, et al. Puncture resistance and tensile strength of skin simulants. Proceedings of the Institution of Mechanical Engineers. Part H: Journal of Engineering in Medicine, 1999, 2, 13(6): 493-501.

[71] LaNieve L, Williams R S. Cut resistant fiber and textiles for enhanced safety and performance in industrial and commercial applications. Materials Technology, 1999, 14(1): 7-9.

[72] Baucom J N, Zikry M A. Evolution of failure mechanisms in 2d and 3d woven composite systems under quasi-static perforation. Journal of Composite Materials, 2003, 37(18): 1651-1674.

[73] Bleetman A, Watson C H, Horsfall I, et al. Wounding patterns and human performance in knife attacks: Optimising the protection provided by knife-resistant body armour. Journal of Clinical Forensic Medicine, 2003, 10(4): 243-248.

[74] Brooker D C. Numerical modelling of pipeline puncture under excavator loading. Part I. Development and validation of a finite element material failure model for puncture simulation. International Journal of Pressure Vessels and Piping, 2003, 80 (10): 715-725.

[75] Brooker D C. Numerical modelling of pipeline puncture under excavator loading. Part II: parametric study. International Journal of Pressure Vessels and Piping, 2003, 80(10): 727-735.

[76] Erlich D C, Shockey D A, Simons J W. Slow penetration of ballistic fabrics. Textile Research Journal, 2003, 73(2): 179-184.

[77] Shin H S, Erlich D C, Shockey D A. Test for measuring cut resistance of yarns. Journal of Materials Science, 2003, 38(17): 3603-3610.

[78] Shin H S, Erlich D C, Simons J W, et al. Cut resistance of high-strength yarns. Textile Research Journal, 2006, 76(8): 607-613.

[79] Flambard X, Polo J. Stab resistance of multi-layers knitted structures (comparison between para-aramid and PBO fibers). Journal of Advanced Materials, 2004, 36(1): 30-35.

[80] Walker C, Gray T, Nicol A, et al. Evaluation of test regimes for stab-resistant body armour. Proceedings of the Institution of Mechanical Engineers. Part L: Journal of Materials: Design and Applications, 2004, 21, 8(4): 355-361.

[81] Egres R G, Halbach C J, Decker M J, et al. International SAMPE Symposium and Exhibition (Proceedings),2005, 50: 2369-2380.

[82] Egres R G, Decker M J, Halbach C J, et al. Stab resistance of shear thickening fluid (STF)-Kevlar composites for body armor applications. Transformational Science and Technology for the Current and Future Force, 2006, 42: 264-576.

[83] Decker M J, Halbach C J, Nam C H, et al. Stab resistance of shear thickening fluid (STF)-treated fabrics. Composites Science and Technology, 2007, 67(3/4): 565-578.

[84] Horsfall I, Watson C, Champion S, et al. The effect of knife handle shape on stabbing performance. Applied Ergonomics, 2005, 36(4): 505-511.

[85] Vu Thi B N, Vu-Khanh T, Lara J. Effect of friction on cut resistance of polymers. Journal of Thermoplastic Composite Materials, 2005, 18(1): 23-36.

[86] Termonia Y. Puncture resistance of fibrous structures. International Journal of Impact Engineering, 2006, 32(9): 1512-1520.

[87] Houghton J M, Schiffman B A, Kalman D P, et al. Hypodermic needle puncture of shear thickening fluid (STF)-treated fabrics. International SAMPE Symposium and Exhibition (Proceedings), 2007, 52.

[88] Kalman D P, Schein J B, Houghton J M, et al. Polymer dispersion based shear thickening fluid-fabrics for protective applications. International SAMPE Symposium and Exhibition (Proceedings), 2007, 52: 1-9.

[89] Kalman D P, Merrill R L, Wagner N J, et al. Effect of particle hardness on the penetration behavior of fabrics intercalated with dry particles and concentrated particle-fluid suspensions. ACS Applied Materials & Interfaces, 2009, 1(11): 2602-2612.

[90] Griffiths J, Gudimetla P. Puncture resistance of pressurized & unpressurized glass reinforced epoxy (GRE) pipes-a phenomenological model of failure mechanisms. Proceedings of the 9th Global Congress on Manufacturing & Management (GCMM 2008), 2008: 1-8.

[91] Hosur M V, Mayo J B, Wetzel E, et al. Studies on the fabrication and stab resistance characterization of novel thermoplastic-Kevlar composites. Advanced Structural and Functional Materials for Protection, 2008, 136: 83-92.

[92] Rawal A, Anand S, Shah T. Optimization of parameters for the production of

needlepunched nonwoven geotextiles. Journal of Industrial Textiles, 2008, 37 (4): 341-356.

[93] Basu G, Roy A N, Bhattacharyya S K, et al. Construction of unpaved rural road using jute-synthetic blended woven geotextile-A case study. Geotextiles and Geomembranes, 2009, 27(6): 506-512.

[94] Jr Mayo J B, Wetzel E D, Hosur M V, et al. Stab and puncture characterization of thermoplastic-impregnated aramid fabrics. International Journal of Impact Engineering, 2009, 36(9): 1095-1105.

[95] Koerner G R, Koerner R M. Puncture resistance of polyester (PET) and polypropylene (PP) needle-punched nonwoven geotextiles. Geotextiles and Geomembranes, 2011, 29 (3): 360-362.

[96] Koerner R M, Hsuan Y G, Koerner G R, et al. Ten year creep puncture study of HDPE geomembranes protected by needle-punched nonwoven geotextiles. Geotextiles and Geomembranes, 2010, 28(6): 503-513.

[97] Tien D, Kim J, Huh Y. Stab-resistant property of the fabrics woven with the aramid/cotton core-spun yarns. Fibers and Polymers, 2010, 11(3): 500-506.

[98] Alpyildiz T, Rochery M, Kurbak A, et al. Stab and cut resistance of knitted structures: a comparative study. Textile Research Journal, 2011, 81(2): 205-214.

[99] Sun B Z, Wang Y X, Wang P, et al. Investigations of puncture behaviors of woven fabrics from finite element analyses and experimental tests. Textile Research Journal, 2011, 81(10): 992-1007.

[100] Hou L M, Sun B Z, Gu B H. An analytical model for predicting stab resistance of flexible woven composites. Applied Composite Materials, 2013, 20(4): 569-585.

[101] Wang P, Sun B Z, Gu B H. Comparison of stab behaviors of uncoated and coated woven fabrics from experimental and finite element analyses. Textile Research Journal, 2012, 82 (13): 1337-1354.

12　复杂应力状态

摘要:本章介绍弯曲和悬垂两种复杂应力状态,包括:纤维和织物弯曲性质,包括弯曲形态、弯曲刚度与弯曲性质评价指标;织物悬垂形态与变形分析。

12.1　纤维集合体弯曲性质

　　纤维集合体在纺织加工中,及纺织品在服用过程中都会受到弯曲力矩的作用,产生弯曲变形。织物的弯曲刚度主要取决于纱线的抗弯刚度,而纱线的抗弯刚度主要取决于纤维的抗弯刚度和纱线结构,因此纤维、纱线和织物弯曲性质的研究都相当重要[1]。但是由于实际纤维集合体结构的复杂性,往往给理论研究带来许多困难。如实际纱线中,纤维是不断做径向转移的,部分纤维不完全平行伸直,在弯曲力矩作用下,纱线中的纤维由于捻度的作用而不是相互独立的,但弯曲时纱条截面中不同位置的纤维的伸长变形却不一样,所以纤维之间又存在相互滑移的可能性等等。对于实际织物中,纤维和纱线的变形就更加复杂[2-3]。

12.1.1　纤维弯曲

12.1.1.1　小曲率下弯曲刚度

　　定义纤维的弯曲刚度为将纤维弯曲成同一个曲率时所需的力矩。曲率是曲率半径的倒数。在这个定义中,忽略了试样的轴向效应。纤维的弯曲刚度由其他性质算得,这个问题类似于梁的弯曲。假设已经知道试样的长度 l、弯曲角度 θ 和曲率半径 r(图 12.1[4]),它的外层将被拉伸,里层将被压缩,中间层,即中性面的长度将保持不变。这种拉伸和压缩将产生相互间的应力。这种应力是为了抵消外部所施加的力矩而产生的内部力矩。

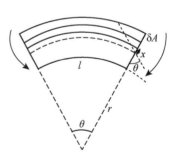

图 12.1　纤维的弯曲

　　若取一小段纤维,其横截面积为 δA,距离纤维中性面的垂直距离为 x,则:

$$伸长 = x\theta = \frac{xl}{r} \tag{12.1}$$

$$\text{强力} = \frac{xl/r}{lE\delta A} \tag{12.2}$$

其中：E 为纤维的杨氏模量。

$$\text{中性面的轴向力矩} = \frac{x}{r}E\delta Ax = \frac{E}{r}x^2\delta A \tag{12.3}$$

$$\text{总的面内力矩} = \frac{E}{r}\sum(x^2\delta A) = \frac{EAk^2}{r} \tag{12.4}$$

其中：$A = \sum\delta A$ 为横截面积。

$$k^2 = \sum(x^2\delta A)/\sum\delta A \tag{12.5}$$

EAk^2 常记作 EI，其中，I 为纤维横截面的惯性矩。参数 k 类似于中性面的旋转半径，它的值和形状因素 η 有关，当纤维是圆形时，η 等于 1，表达为：

$$k^2 = \frac{1}{4\pi}\eta A \tag{12.6}$$

$$A = \frac{c}{\rho} \tag{12.7}$$

其中：ρ 为密度；c 为纤维或长丝的线密度。

并且：
$$E = \rho E_s \tag{12.8}$$

其中：E_s 为比模量。

总的力矩 M 为：

$$M = \frac{1}{4\pi}\frac{\eta E_s c^2}{r\rho} \tag{12.9}$$

弯曲刚度 R 为：

$$R = \frac{1}{4\pi}\frac{\eta E_s c^2}{\rho} \tag{12.10}$$

上述关系表明，纤维的弯曲性能依赖于它的形状、拉伸模量、密度，最重要的是依赖于它的厚度。

上述公式的推导基于国际单位制（SI），即 E_s 的单位是 N/kg·m，c 的单位是 kg/m，ρ 的单位是 kg/m³，弯曲刚度的单位是 N·m²。如按照纺织常用单位，则 E_s 的单位是 N/tex，c 的单位是 tex，则式（12.10）改为：

弯曲刚度 $= [(1/4\pi)(\eta E_s c^2)/\rho] \times 10^{-3}$ N·mm²

一般纺织纤维的密度为 $1.1 \sim 1.6$ g/cm³，因此密度的影响不是非常大。纤维的模量对弯曲刚度的影响较大，从高模高强纤维的 200 N/tex 到涤纶的 10 N/tex，再到羊毛的 2 N/tex,相差 100 倍。材料距离中心的距离越大,纤维的形状因素越大,弯曲刚度增大。注意,这里的形状系数和扭转时纤维的形态系数 ξ 不同。如图 12.2 所示,可以看出,对于形状不对称的材料,弯曲的方向不同,其形状系数也可能不同。实际上,纤维总是倾向于向最容易转弯的方向弯曲。对于简单的形状,η 可由式(12.5)和式(12.6)联立推得。对于更复杂的形状,将需要大量的计算和实验。表 12.1 给出了一些纤维的典型数据[5]。

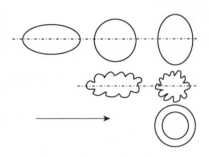

图 12.2　纤维形状系数

表 12.1　纤维弯曲形状系数和弯曲刚度

纤维	形状系数 η	比弯曲刚度 R_f (mN·mm²/tex)
黏胶纤维	0.74	0.19
醋酯纤维	0.67	0.08
羊毛	0.80	0.20
蚕丝	0.59	0.19
尼龙	0.91	0.14
玻璃纤维	1.0	0.89

　　从式(12.10)可以看出,纤维的弯曲刚度和它的线密度的平方成正比,并且实际应用中,纤维线密度的变化从微米级的 0.01 tex 或更细的纳米级纤维到粗支毛的 1 tex 或更粗的毛发和人造单丝,因此它是影响弯曲刚度的最重要的因素。因此,纤维线密度的选择对纤维的弯曲性能很重要。

　　为了比较材料之间的性质,引入一个和纤维线密度没有关系的指标。这个指标就是比弯曲刚度 R_f,它是纤维单位线密度的平方的弯曲刚度。比弯曲刚度等于"(力矩/曲率)/(线密度²)",表示为:

$$R_f = \frac{1}{4\pi} \frac{\eta E_s}{\rho} \tag{12.11}$$

　　比弯曲刚度的 SI 单位为"N·m·m/(kg·m⁻¹)²"或"N·m⁴·kg⁻²"。如果 E 的单位是"N/tex",ρ 的单位是"g/cm³",则 $R_f = (1/4\pi)(\eta E_s/\rho) \times 10^{-3}$ N·mm²/tex²。

　　表 12.1 给出了 R_f 的推算值。可以看到,醋酯长丝具有更好的可弯曲性,而玻璃纤维具有更大的抗弯曲性。

　　上述分析假设纤维模量 E(或 E_s)是常数。实际上,纤维的应力-应变曲线多数是非线性的,因此,这个分析只适用于小应变情况,或只适用于初始抗弯刚度和初始拉伸模量之间的关系。以纤维中间的中性层为界,应变对弯曲的外层起拉伸作用,对弯曲的内层起压缩作用,最大应变等于 r/R,其中 r 是纤维半径,R 是曲率半径。因为纤维一般是非常细的,比较容易弯曲,许多现实情况下,纤维的曲率是非常大的,即曲率半径很小,则应变较大,所以小变形下的弯曲刚度称为初始弯曲刚度。

12.1.1.2 高卷曲下的非线性

对大弯曲变形,以力矩-曲率曲线来表征它的性质,同时应该考虑应力-应变曲线的非线性。对于大部分纤维,和受到拉伸相比,在受到压缩时,在更小的应力下就会屈服。这意味着,弯曲的内层与外层相比具有更弱的抗变形能力。因此,为了使应变能最小,纤维中性面将向外层移动。假如知道纤维的形状和拉伸及压缩时的应力-应变曲线,中性层的位置和抗弯曲能力就能被推算出来。

上述方法经常用于推算有效的弯曲模量 E_B(或 E_{B_s}),在张力下测得的模量不同,表明抵抗拉伸和抵抗压缩能力的不同。

弯曲时也采用类似拉伸时的"应力-应变"曲线[6],即通过规范化来消除纤维尺寸的直接影响。假如定义弯曲应变为 b/R,其中 b 为弯曲面厚度的一半。如果中性层在中间位置,那么纤维的弯曲应变 b/R 就是纤维的最大应变,纤维的其他部分的应变要低一些。如果纤维形状不规则,这种应变分布就变得非常复杂。如果中性层不在中间位置,最大应变(在距离中性层更远的位置)将会更大。

式(12.4)可变为:

$$M = \left(\frac{EAk^2}{b}\right)\left(\frac{b}{R}\right) \quad 或 \quad \left(\frac{Mb}{Ak^2}\right) = E\left(\frac{b}{R}\right) \tag{12.12}$$

这个公式类似于虎克定律,(Mb/Ak^2) 相当于应力,因此称为"弯曲应力"。

12.1.1.3 弯曲的测量

粗单丝的弯曲刚度测量,可通过支撑试样的两端,在中间施加载荷,使纤维产生弯曲,称为三点弯曲法。一般用改进后的拉伸试验机进行测试,如图 12.3 所示[7-8]。通过计算可以得到纤维的弯曲刚度,其表达式为:

$$B = \frac{Fl^3}{48x} \tag{12.13}$$

式中:B 为纤维的弯曲刚度(cN·mm²);F 为施加的载荷(cN);l 为纤维的长度(mm);x 为纤维的挠度(mm)。

该方法适用于测试较粗、弯曲刚度较大的纤维。简支梁法测量纤维的弯曲刚度和三点弯曲法相似,只是在纤维中间钩住,然后在两边等同地施加载荷,所以结果也和式(12.13)一致。由于这里的弯曲刚度没有涉及到纤维本身

图 12.3 用拉伸装置改装的弯曲刚度测量法

的密度和模量等,故用 B 表示弯曲刚度,以区别于前面的 R。

悬臂量法[9]是实用材料力学中的悬臂梁模型,将纤维看作一根各向同性的弹性体,根据纤维弯曲刚度的不同,采用不同的测试方法和计算公式。对于弯曲刚度较小的纤维,采用自重法测试其弯曲刚度,如图 12.4(a)所示,其表达式为:

$$B = \frac{ql^4}{8x} \times 9.8 \times 10^{-3} \quad\quad (12.14)$$

式中:q 为纤维自重产生的均匀载荷(N/mm);l 为纤维的长度(mm);x 为纤维自由端的挠度(mm)。

对于弯曲刚度较大的纤维,则需要在其自由端加载一个外力,使其产生弯曲变形,如图 12.4(b)所示,其弯曲刚度的表达式为:

$$B = \frac{Fl^4}{3x} \quad\quad (12.15)$$

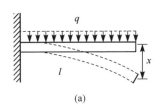 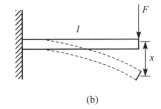

(a)   (b)

图 12.4 悬臂梁法测量纤维弯曲刚度示意图

式中:F 为纤维自由端施加的载荷(cN);l 为纤维的长度(mm);x 为纤维自由端的挠度(mm)。

心形法[10]是将纤维圈成心形夹持在夹头中,如图 12.5 所示。其中,纤维在悬挂时其心形所包含的面积为纤维的弯曲刚度,其表达式为:

$$B = 1\,000\,\frac{(l_1 + l_2)H}{lN_{tex}}$$
$$(12.16)$$

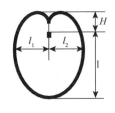

1—木板托座 2—心形铁皮 3—纱线夹
4—重力夹 5—纱线
图 12.5 心形法测量纤维弯曲刚度示意图

式中:l_1,l_2 为心形的宽度(mm);H 为心形上凸的高度(mm);l 为悬挂高度(mm);N_{tex} 为纤维线密度(tex)。

该方法适用于弯曲刚度较大且具有一定长度的纤维。

线圈挂重法[11-12]是通过外界载荷下线圈变形来研究弯曲刚度。纤维围成圆环形悬挂在上面,然后通过砝码施加载荷,如图 12.6 所示,其弯曲刚度计算式为:

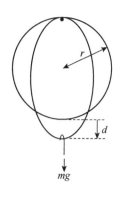

$$B = 0.004\ 7\ mg\ (2\pi r)^2 \cos\theta / \tan\theta \qquad (12.17)$$

式中：mg 是砝码的重力（N）；r 是圆环半径（mm）；$\theta = 493d/2\pi r$；d 是圆环最低点的挠度（mm）。

该方法适用于弯曲刚度较大且具有一定长度的纤维。

弯曲刚度也可在动态情况下测量[13]。试样的一端被施加横向的振动，变化其振动频率，直到产生共振，共振时试样振幅最大。实验要求伸直纤维的长度至少是 0.5 cm，实验可用显微镜观察。这个方法适用于共振频率为 10～20 kHz 的纤维。忽略空气阻尼，弯曲刚度可表示为：

$$B = \frac{4\pi^2 A\rho l^4 f^2}{h^4} \qquad (12.18)$$

图 12.6　线圈法测量弯曲刚度

式中：A 是试样横截面积；ρ 是试样密度；l 是试样长度；f 是共振频率，h 为振动常数，基频时可通过方程 $\cos h \times \cosh h = -1$ 解得（$h = 1.875\ 1$）。

此外，还有扭力天平法、实测估计值法、频闪摄影法等可测量纤维的弯曲刚度，不同的测量方法可能适合不同的纤维。同样，很多适合纤维弯曲刚度测量的方法也适用于纱线，有的也适用于织物。

12.1.1.4　弯曲应力应变关系

根据弹性理论，把均匀的横观各向同性圆柱模量定义为和拉伸模量一样的弯曲应力和弯曲应变的比值[14]。如果不考虑其他复杂条件，纤维在弯曲载荷下和拉伸载荷下的应力-应变曲线在起始阶段应该是一致的。

如果待测试的纤维束的截面被看作以半轴 a 垂直于弯曲面和半轴 b 平行于弯曲面的椭圆形，则弯曲应变如上所述为 b/R，弯曲应力为 $4M/\pi b^2 a$。

弯曲载荷和拉伸载荷下的应力-应变曲线比较如图 12.7 所示[15-16]。在所有人造纤维中，它们的弯曲应力-应变曲线都在拉伸应力-应变曲线下面。由此可以推断，由于弯曲时纤维一侧受压缩，所以其弯曲屈服应力比拉伸屈服应力更易达到；与此同时，弯曲的内部伴随产生很多变形带。

当然也有例外，如马毛和羊毛，它们的弯曲曲线高于拉伸曲线。如果认为它们的压缩屈服和拉伸屈服是一样的，那么它们的弯曲屈服应力将比拉伸屈服应力高大约 1.7 倍。事实上，马毛的弯曲屈服应力比其拉伸屈服应力大 2 倍。这说明马毛的压缩屈服应力比拉伸屈服应力大。在这种情况下，纤维受力的中立面将向弯曲的外侧移动。反之，在合成纤维中，向弯曲的内侧移动。

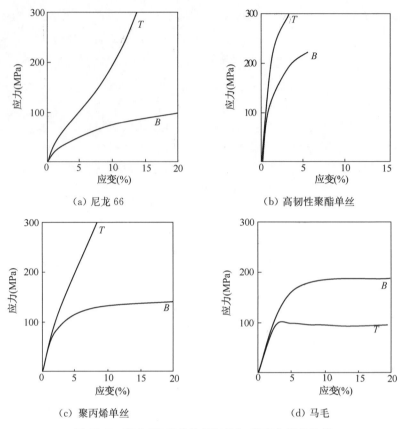

（a）尼龙 66　　　　　　　　　　　（b）高韧性聚酯单丝

（c）聚丙烯单丝　　　　　　　　　　（d）马毛

图 12.7　弯曲（B）和拉伸（T）应力-应变曲线的比较

12.1.2　纱线弯曲

12.1.2.1　加捻纱线的理论最小弯曲刚度

假设纱线为层状圆柱形螺旋线结构,纱线的螺距为常数,纱线截面中纤维的紧密度为常数,即垂直于纤维轴的平面内单位面积中的纤维根数为常数;并假定,弯曲时纤维之间相互独立[17]。因此,纱线的弯曲刚度是所有螺旋纤维弯曲刚度的简单加和。这样,加捻纱线的理论最小弯曲刚度的计算可以分解成两个方面,即单位螺旋线的弯曲刚度和纱线中所有纤维的弯曲刚度的和[17-18]。

（1）单根螺旋线的弯曲刚度

图 12.8 中,AB 是螺旋半径为 r、螺旋角为 θ 的一小单元,OX 是螺旋轴,CBS 平行于 OX。A,C,

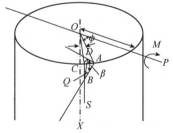

图 12.8　单根螺旋线的
弯曲刚度示意图

O 点位于垂直于 OX 的同一平面内；M 为绕垂直于 OX 的 OP 的弯矩，在 M 作用下，螺旋线产生无限小的变形；OP 和 OA 的夹角为 ϕ，弧 AC 的对顶角 $\mathrm{d}\phi$ 形成螺旋线的单纤维；弯曲刚度以 B_f 表示，扭转刚度以 C_f 表示。为了确定 AB 中的弯矩和扭矩，令 $\angle QAB = \beta$，$QA/\!/OP$，作 $CD \perp QA$，则：

$$\cos\beta = \frac{DA}{AB} = \frac{r\mathrm{d}\phi\sin\phi}{r\mathrm{d}\phi/\sin\theta} = \sin\phi\sin\theta \tag{12.19}$$

单元 AB 中的弯矩是 $M\sin\beta$，产生曲率为 $\dfrac{M\sin\beta}{B_f}$，产生该曲率时每单位长度所做的功为 $\dfrac{M^2\sin^2\beta}{2B_f}$；单元 AB 中的扭矩是 $M\cos\beta$，产生扭角为 $\dfrac{M\cos\beta}{C_f}$，所以每单位长度产生该扭矩所做的功是 $\dfrac{M^2\cos^2\beta}{2C_f}$。

单元 AB 中的变形能为：

$$\frac{M^2}{2}\left(\frac{\sin^2\beta}{B_f} + \frac{\cos^2\beta}{C_f}\right)\frac{r\mathrm{d}\phi}{\sin\theta} = \frac{M^2}{2}\left(\frac{1 - \sin^2\phi\sin^2\theta}{B_f} + \frac{\sin^2\phi\sin^2\theta}{C_f}\right)\frac{r\mathrm{d}\phi}{\sin\theta}$$

每一转螺旋线的变形能为：

$$\begin{aligned}
&\frac{M^2 r}{2\sin\theta}\int_0^{2\pi}\left(\frac{1 - \sin^2\phi\sin^2\theta}{B_f} + \frac{\sin^2\phi\sin^2\theta}{C_f}\right)\mathrm{d}\phi \\
&= \frac{\pi M^2 r}{\sin\theta}\left[\frac{1}{B_f} + \frac{\sin^2\theta}{2}\left(\frac{1}{C_f} - \frac{1}{B_f}\right)\right]
\end{aligned} \tag{12.20}$$

令 ρ 为由 M 产生的螺旋轴的曲率半径，单位螺旋线轴向长度由 M 所做的功为 $M/2\rho$。

因为每一转螺旋线的轴向长度为 $2\pi r/\tan\theta$，所以一转螺旋线 M 所做的功为 $\pi rM/\rho\tan\theta$。

使式（12.20）和 $\pi rM/\rho\tan\theta$ 相等，则：

$$\frac{\pi rM}{\rho\tan\theta} = \frac{\pi M^2 r}{\sin\theta}\left[\frac{1}{B_f} + \frac{\sin^2\theta}{2}\left(\frac{1}{C_f} - \frac{1}{B_f}\right)\right] \tag{12.21}$$

由于 $B_H = \rho M$，所以：

$$B_H = \frac{\cos\theta}{\left[\dfrac{1}{B_f} + \dfrac{\sin^2\theta}{2}\left(\dfrac{1}{C_f} - \dfrac{1}{B_f}\right)\right]} \tag{12.22}$$

设 t 为纱线单位长度的捻回数，则有 $\tan\theta = 2\pi rt = \alpha r$，$\alpha$ 是单位长度的弧度数：

$$\cos\theta = \frac{1}{(1+\alpha^2 r^2)^{1/2}}; \ \sin\theta = \frac{\alpha r}{(1+\alpha^2 r^2)^{1/2}}$$

由式(12.22),单根螺旋线的弯曲刚度变为:

$$B_H = \frac{1}{\left\{(1+\alpha^2 r^2)^{1/2}\left[\dfrac{1}{B_f}+\dfrac{\alpha^2 r^2}{2(1+\alpha^2 r^2)}\left(\dfrac{1}{C_f}-\dfrac{1}{B_f}\right)\right]\right\}} \quad (12.23)$$

上式表明,当 $\alpha = 0$ 时,$B_H = B_f$;当 $\theta \to \dfrac{\pi}{2}$,即 $\alpha r \gg 1$ 时,$B_H = \dfrac{B_f C_f h}{\pi r(B_f + C_f)}$,其中 $h = \dfrac{1}{t}$。这与紧密螺旋弹簧的弯曲刚度是一致的。

(2) 整根纱线的弯曲刚度

令垂直于平行纤维束的单位面积内的纤维根数为 n_0,考虑位于 AB 的一小束纤维,垂直于纱线轴的单位面积内的纤维根数是 $n_0\cos\theta$,半径 $r \to r+\mathrm{d}r$ 圆环内的纤维总数为:

$$2\pi r n_0 \cos\theta \mathrm{d}r = \frac{2\pi r n_0 \mathrm{d}r}{(1+\alpha^2 r^2)^{1/2}} \quad (12.24)$$

联立式(12.23)和式(12.24)可得这个圆环的弯曲刚度:

$$\mathrm{d}B_y = \frac{2\pi r n_0 \mathrm{d}r}{(1+\alpha^2 r^2)\left[\dfrac{1}{B_f}+\dfrac{\alpha^2 r^2}{2(1+\alpha^2 r^2)}\left(\dfrac{1}{C_f}-\dfrac{1}{B_f}\right)\right]} \quad (12.25)$$

所以,纱线的弯曲刚度为:

$$B_y = \frac{2\pi n_0 B_f}{\alpha^2\left(1+\dfrac{B_f}{C_f}\right)}\ln\left[1+\frac{\alpha^2 R^2}{2}\left(1+\frac{B_f}{C_f}\right)\right] \quad (12.26)$$

式中:R 为纱线半径。

令 m 为单位纱线长度的质量(即线密度),m_f 为单位纤维长度的质量,所以 $\dfrac{m}{m_f} = n_0\pi R^2$ 即:

$$n_0 = \frac{m}{\pi R^2\, m_f} \quad (12.27)$$

把式(12.27)代入式(12.24),又因 $\alpha^2 R^2 = \tan^2\alpha$,令 $\dfrac{B_f}{C_f} = N$,可得:

$$B_y = B_f \frac{2\, m}{(1+N)m_f \tan^2\alpha}\ln\left[1+\frac{(1+N)}{2}\tan^2\alpha\right]$$

$$\approx B_f \frac{m}{m_f}\left[1-\frac{1}{4}(1+N)\tan^2\alpha\right] \quad (12.28)$$

上式表明,纱线的弯曲刚度与纱线截面中纤维的弯曲刚度和纤维根数成正比,与捻度成反比。随着倾斜角 α 增大,弯曲刚度降低。上式是根据纤维之间相互独立的假设和小变形及线弹性的条件推导的。Platt 等推导了低捻度时的纱线弯曲刚度表达式:

$$B_y = B_f \frac{m}{m_f}\left(1 - \frac{1}{2}\alpha^2\right) \tag{12.29}$$

式(12.28)与式(12.29)得出的解甚为相似。

12.1.2.2 纱线弯曲刚度的讨论

根据上述讨论所得的纱线弯曲刚度表达式,B_y 随捻度增加而降低,当 α 由 $0° \rightarrow 45°$ 时,B_y 降低约 30%。然而,实际纱线在这个捻度范围内变化,纱线的弯曲刚度不是降低而是增加,通常增加 200%～300%。但是上述分析推导是正确的,问题是建立的纱线结构模型不同于真实的具体情况,当捻度增加时,由于正压力增加,纤维间相互抱合紧密,摩擦阻力增加,纤维间不再是独立的[19-21]。两种极端情况是:当纤维间相互独立时,则纱线的弯曲刚度与纱线中的纤维根数成正比;当纤维间无相对滑动,纱线犹如固体圆杆时,根据式(12.10)可以推出纱线的弯曲刚度于纱线中纤维根数的平方成正比。所以式(12.28)为纱线的最小弯曲理论刚度,而纱线的最大弯曲刚度为:

$$B_{y\max} = B_f\left(\frac{m}{m_f}\right)^2 \tag{12.30}$$

如果考虑过纱线截面中有 $P\%$ 的螺旋线由于摩擦而不能相互滑动时的纱线弯曲刚度,结果表明纱线弯曲刚度近似地以系数 $P\%$ 增加,分析虽然比较粗糙,但表明了由于加捻阻止纤维间的相互滑动对纱线的弯曲刚度产生了较大的影响。

为了理解纤维螺旋线在相互滑动受到阻碍条件下的纱线弯曲刚度,可以分析一组相互叠合在一起的平板的弯曲刚度。在分析中,假设如下:

- 沿着每一平板,单位长度上有一个均匀的压力 P;
- 平板数目 n 是一个相当大的数;
- 每一平板是相同的,长而薄,因此弯曲时忽略剪切的影响。

当力矩 M 作用于所有平板时,作用在其中一平板上的力如图 12.9 所示。

如果从平面的自由端到距离为 S_1 之间产生摩擦,则从自由端到任何点的距离 S,平板间产生相对运动,引起弯曲的力矩为 $\frac{M}{m} - \mu PS\Delta$,其中 Δ 为平板的厚度,且 $\theta < S < S_1$。

如果 $d\phi$ 是长度单元 dS 的角位移,曲率为 $\frac{d\phi}{dS}$,则:

$$\frac{\mathrm{d}\phi}{\mathrm{d}S} = \frac{M - \mu PSn\Delta}{nB} = \frac{M - \mu PSd}{nB}$$

$$(12.31)$$

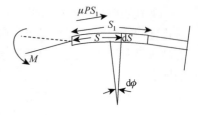

图 12.9　平板弯曲示意图

式中：d 为所有平板的厚度；B 为一平板的弯曲刚度。

对于 $S > S_1$，平板间没有相对运动，这一部分当作一固定的梁，所以：

$$\frac{\mathrm{d}\phi}{\mathrm{d}S} = \frac{M}{Bn^2}$$

$$(12.32)$$

因为假设 n 是一个较大的数，所以对于 $S > S_1$，$\dfrac{\mathrm{d}\phi}{\mathrm{d}S} = 0$，梁的总角变形为：

$$\int \mathrm{d}\phi = \int_0^{S_1} \frac{M - \mu PSd}{nB} \mathrm{d}S = \frac{MS_1 - \dfrac{1}{2}\mu PS_1^2 d}{nB}$$

$$(12.33)$$

式中：$S_1 = \dfrac{M}{\mu Pd}$。

定义一组平板的平均曲率 K 为 $\dfrac{\phi}{S}$，因此，当 $0 < S_1 < S$ 时：

$$nBK = \frac{MS_1}{S} - \frac{\mu PS_1^2 d}{2S}$$

$$(12.34)$$

$S_1 = S$ 时：

$$nBK = M - \frac{1}{2}\mu PSd$$

$$(12.35)$$

$\dfrac{1}{2}\mu PSd$ 为一常数，上式第二个表达式表示曲率和外力矩存在线性关系。当曲率为零时，弯矩 M 的轴交点是 $\dfrac{1}{2}\mu PSd$，这是弯曲纤维集合体时存在的共同现象，这个交点称为矫顽力矩（coercive couple）。

因 $M_0 = \dfrac{1}{2}\mu PSd$，则 $\dfrac{S_1}{S} = \dfrac{M}{2M_0}$，式（12.31）可改写为：

$$\begin{cases} nBK = M - M_0 & M \geqslant 2M_0 \\ nBK = M^2/4M_0 & M < 2M_0 \end{cases}$$

$$(12.36)$$

上式表明，当 $M > 2M_0$ 时，M 和 K 的关系图的斜率为常数，因此，如果纱线的弯曲行为与此同时，M 与 K 的关系曲线在最初出现非线性区域后将是一个线性区域。这个线性区的斜率为 nB，即其斜率等于各平板弯曲刚度的总和。这对实际纱线虽没有实验数据，但通常认为是事实。因此，如果能确定纱线的 M_0 值，对纱线的基本行为将被理解。

另一种非线性模型也以纱线的弯曲过程为非线性进行研究，但认为纱线的弯矩-曲率曲线为二次曲线，其表达式为：

$$k = \frac{M - aM_0}{B} \quad (M \leqslant 2M_0)$$
$$k = \frac{M - M_0}{B} \quad (M > 2M_0) \tag{12.37}$$

其中，$a = \frac{M}{M_0} - \left(\frac{2M}{M_0}\right)^2$。

式中：k 为纱线弯曲曲率；M 为外力作用的弯矩；M_0 为矫顽力矩；B 为纱线弯曲刚度。

该模型对纱线的弯曲变形情况分析得较为准确，但是方程求解较困难。

在完善上述模型和大量实验的基础上，纱线的双线弯曲理论也被提出，其表达式为：

$$k = \frac{M}{B^*} \qquad\qquad (M \leqslant 2M_a)$$
$$k = \frac{M_a}{B^*} + \frac{M - M_a}{B} \qquad (M > 2M_a) \tag{12.38}$$

其中，$M_a = \dfrac{M_0}{1 - B/B^*}$。

式中：B^* 为纱线初始弯曲刚度；B 为纱线的弯曲刚度。

该模型将纱线弯曲过程中的曲率分成两个部分，每个部分中纱线的弯曲曲率都呈线性，但是整个弯曲过程中纱线的弯曲曲率呈非线性，因此该模型与纱线实际弯曲较接近，比较容易应用。

12.1.3　织物弯曲

12.1.3.1　抗弯刚度的测定方法

织物的抗弯刚度是指织物抵抗其弯曲方向形状变化的能力。抗弯刚度常用来评价相反的特性——柔软度。抗弯刚度的测定方法很多，上述的纤维弯曲刚度测试方法很多也适用于测试织物，只是由于试样形态不同而有所改变，其中最简易的方法是悬臂梁法，在织物弯曲刚度测量中也称为斜面法[22-23]。

斜面法是取一定尺寸的织物试样条，放在一端连有斜面的水平台上（图

12.10)。在试条上放一滑板,并使试条的下垂端
与滑板端平齐。试验时,利用适当方法,将滑板
向右推出,由于滑板的下部平面上附有橡胶层,
因此带动试条徐徐推出,直到因线条自重而下垂
触及斜面时为止。试条滑出长度 l 可由滑板移动
的距离得到,从试条滑出长度 l 与斜面角度 θ 即
可求出抗弯刚度 B:

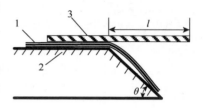

1—试样　2—梯形座　3—压板

图 12.10　斜面法测织物的弯曲刚度

$$B = WC^3 \qquad (12.39)$$

其中:

$$C = l \times f_1(\theta) = l \times \left(\frac{\cos\dfrac{1}{2}\theta}{8\tan\theta}\right)^{\frac{1}{3}} \qquad (12.40)$$

　　弯曲刚度 B 是单位宽度的织物所具有的抗弯刚度,弯曲刚度越大表示织物越
刚硬。弯曲刚度随弯曲长度而变化,其数值与弯曲长度的三次方成正比。结果表
明,以斜面法测得的结果与手感评定织物硬挺度所得的结果有良好的一致性。以
织物厚度的三次方除弯曲刚度,即得抗弯弹性模量 q,它是说明组成织物的材料的
拉伸和压缩的弹性模量。抗弯弹性模量值越大,表示材料刚性越大,不易弯曲变
形。它与织物的厚度无关。

　　C 称为抗弯长度,有时也称为硬挺度。可以理解,在一定的斜面角度 θ 时,滑
出长度 l 越大,表示织物越硬挺;或者滑出长度 l 一定时,斜面角度 θ 越小,表示织
物越硬挺。为了试验方便,一般固定斜面角度,如取 $\theta = 45°$,那么根据计算,抗弯
长度 $C = 0.487 \times l$。它是表示织物刚柔性的指标,数值上等于单位宽度的织物,单
位面积质量所具有的抗弯刚度的立方根。抗弯长度值愈大,表示织物愈硬挺,不易
弯曲。

　　非常容易弯曲即柔曲性较大的织物,如薄型织物、丝绸和有卷边现象的针织
物,不适宜用斜面法或悬臂梁法。这样的织物一般用心形法测量,其测量示意图如
同图 12.5,但图 12.5 测试的是纤维或纱线的弯曲刚度,这里测试的是织物的弯曲
刚度。测试时,将织物两端夹住后形成一个心状环,织物的刚度与心状环高度 l 相
关。心状环高度指从夹持器上端面到心状环下端之间的距离,l 越小则织物抗弯
刚度越大。织物的弯曲长度 C 可按下式计算:

$$C = l_0 f_2(\theta) = l_0 (\cos\theta/\tan\theta)^{\frac{1}{3}} \qquad (12.41)$$

式中:$\theta = 32.85° \times d/l_0$;$d = l - l_0$;$l$ 为心状环的实际高度;l_0 为 $0.133\,7L$;L 为
试样长度;$f_2(\theta) = (\cos\theta/\tan\theta)^{\frac{1}{3}}$。

织物的抗弯性能和弯曲变形回复能力,也可用织物风格仪进行测定。试验时取一定尺寸(50 mm×50 mm)的试样,对弯成竖向瓣形环后,用夹钳夹持,用一平面压板从竖向环顶上逐渐下压,如图 12.11 所示。

当竖向环顶端受到规定初压力时,开始检测起其位移。随着下压位移的不断增加,瓣形环两侧的弯曲应力与变形逐渐增大。由于织物内部的摩擦损耗与塑性变形,试样在受压弯曲与释压回复过程中,竖向环顶端的应力 P 与位移形成滞后曲线,如图 12.12 所示。

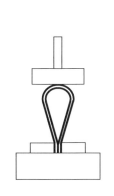

图 12.11 织物风格仪
弯曲试验示意图

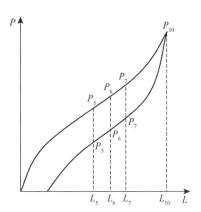

图 12.12 竖向瓣形环的
弯曲滞后曲线

在弯曲滞后曲线中部的线性区域,其斜率越大,表示织物的弯曲刚性越大;滞后值越小,表示织物的手感越活络,弹跳感越好。织物的抗弯性能用活泼率 L_P、弯曲刚性 S_B、弯曲刚性指数 S_{BI} 与最大抗弯力 P_{max} 指标表示:

$$L_P = \frac{P'_5 + P'_6 + P'_7 - 3P_0}{P_5 + P_6 + P_7 - 3P_0} \times 100\%$$

$$S_B(cN/mm) = \frac{P_7 - P_5}{L_7 - L_5}$$

$$S_{BI}(cN/mm^2) = \frac{S_B}{T_S} \tag{12.42}$$

$$P_{max}(cN) = P_{10} - P_0$$

式中:P_5,P_6,P_7,P_{10} 分别为试样加压时竖向环顶端位移至 5 mm、6 mm、7 mm、10 mm 时负荷显示表的读数(cN);P'_5,P'_6,P'_7 分别为试样释压时竖向环顶端位移回复至 5 mm、6 mm、7 mm 时负荷显示表的读数(cN);P_0 为竖向环顶端位移开始计数时,为了控制试样规定初压力而在负荷显示表读得的读数(cN);L_7,L_5 分别为竖向环顶端的位移,$L_7 = 7$,$L_5 = 5$ (mm);T_S 为试样在规定受压条件下测得的厚度(mm)。

12.1.3.2 织物弯曲理论

由于织物的结构种类繁多,结构参数更加复杂,所以对于不同结构的织物很难给出定量的方程描述其弯曲刚度。这里仅仅针对最常见的平纹织物推导其弯曲刚度。假设平纹织物结构为理想的均匀结构,根据力矩合成原理,织物沿经(纬)向弯曲过程中,单位宽度上承受的弯矩 M 等于织物中单根纱线承受的弯矩 M_y 与织造密度 n 的乘积[23-25],即:

$$M = M_y \times n \tag{12.43}$$

假如不考虑弯曲滞后,织物承受的弯曲 M 与织物的弯曲刚度 B、曲率 κ 相关,其关系式为:

$$M = B\kappa \tag{12.44}$$

因为纱线的弯曲行为也服从与织物类似的公式:

$$M_y = B_y \kappa_y \tag{12.45}$$

式中:B_y 为纱线的弯曲刚度($cN \cdot cm^2$);κ_y 为由纱线弯矩 M_y 引起的纱线曲率(cm^{-1})。

如图 12.13 所示,机织物中的纱线处于弯曲状态,纱线的长度 l_0 大于对应的织物的长度 y_0。当织物的曲率为零时,织物中纱线的曲率被称为原始曲率。经过后整理加工的织物中,纱线虽然处于屈曲状态,但纱线上不存在内应力,也就是说成品织物中纱线的原始曲率不会导致纱线或织物上产生内应力。当织物的曲率为 κ($\kappa = \alpha/y_0$)时,织物中纱线曲率的变化量为 κ_y。κ_y 可由下式求得:

$$\kappa_y = \alpha/l_0 = \kappa \cdot (y_0/l_0) \tag{12.46}$$

只有式(12.46)所示的纱线曲率的变化量 κ_y 才与纱线承受的弯矩 M_y 相对应,则织物中单根纱线承受的弯矩为:

$$M_y = B_y \kappa_y = B_y \cdot \kappa \cdot y_0/l_0 \tag{12.47}$$

将式(12.44)和式(12.47)代入式(12.43),得:

$$B\kappa = nB_y \cdot \kappa \cdot y_0/l_0 \tag{12.48}$$

由于织物中经纱(或纬纱)的屈曲率 $C = \dfrac{l_0 - y_0}{y_0}$

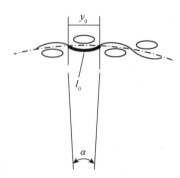

图 12.13 机织物的弯曲

$\times 100\%$，联合式(12.48)，整理可得：

$$B = nB_y/(1+C) \tag{12.49}$$

式(12.49)表明织物的经向(或纬向)弯曲刚度与该方向的纱线的弯曲刚度成正比，与该方向的纱线的排列或织造密度成正比；还与该方向的纱线的屈曲率有关，纱线的屈曲率越大，织物的弯曲刚度越小。除了少数超高密度织物外，绝大多数机织物的经向或纬向的弯曲性能都服从式(12.49)。

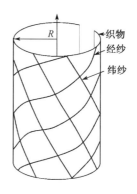

图 12.14 织物在纯弯曲状态下的纱线形态

上述为织物在经向或者纬向的弯曲刚度。实际中织物弯曲的方向远不止这两种，可以在任意方向弯曲，那么织物在不同方向的弯曲刚度与弯曲方向有关。不同弯曲方向时，织物中的纱线形态不同，如图 12.14 所示，是典型的各向异性体。应用正交各向异性板的弹性模量关系式，可以导出织物在不同方向的弯曲刚度 B_θ：

$$\frac{1}{B_\phi} = \left(\frac{\cos^2\theta}{\sqrt{B_w}} + \frac{\sin^2\theta}{\sqrt{B_F}}\right)^2 \tag{12.50}$$

式中：B_w，B_F 为经纱和纬纱弯曲方向的弯曲刚度；θ 为弯曲方向和经纱弯曲方向的夹角。

因为式(12.50)看上去相对麻烦，所以一般采用它的类似式表示：

$$B_\theta = \left(\sqrt{B_w}\cos^2\theta + \sqrt{B_F}\sin^2\theta\right)^2 \tag{12.51}$$

图 12.15 用极坐标表示式(12.51)。由图 12.15 可以看出，当 $B_w = B_F$ 时，式(12.51)为各向同性，即弯曲不管在什么方向进行，经向或纬向的弯曲刚度都相等；B_w 和 B_F 的差别越大，弯曲的各向异性越严重，当 B_F/B_w 越大时，随着 θ 增加，其弯曲刚度下降越大。

可是，对实际织物测定后，可以看到在 $B_w = B_F$ 时，不同弯曲方向的弯曲刚度并不相等，在接近 $\theta = \pi/4$ 时，B_θ 为极小。由此可以推断，当 B_w 和 B_F 不等时，弯曲刚度的极小

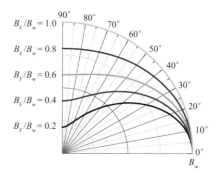

图 12.15 根据式(12.51)的织物弯曲刚度极限图

值应该出现在偏斜方向,其典型的公式为:

$$B_\theta = B_w \cos^4\theta + B_F \sin^4\theta \qquad (12.52)$$

式(12.52)相当于式(12.51)中去掉了包含 $\cos^2\theta \sin^2\theta$ 的项。根据式(12.52)计算得到的弯曲刚度极限图如图 12.16 所示。大部分织物的弯曲刚度都可近似根据式(12.51)或式(12.52)计算得到。上式中并没有考虑纱线的扭转效应,如果考虑纱线的扭转效应,则上式可以表示为:

$$B_\theta = B_w \cos^4\theta + B_F \sin^4\theta +$$
$$(J_w + J_F) \cos^2\theta \sin^2\theta \qquad (12.53)$$

式中: J 为纱线扭转阻力常数。

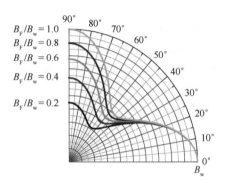

图 12.16　根据式(12.52)的
织物弯曲刚度极限图

12.2　织物悬垂性质

由上述分析可知织物弯曲刚度在不同方向上随着织物组织结构不同而不同。为了表达织物在各个方向的抗弯性能,一般采用悬垂法测定织物的悬垂性能。织物的悬垂性是指织物在自然悬垂下能形成平滑和曲率均匀的折裥状态的特性。裙类织物、窗帘布、舞台幕布、台布等,都应具有良好的悬垂性。悬垂变形是一种很复杂的变形状态。织物在悬垂状态时承受弯曲、剪切,还伴随拉伸和压缩等作用。这种空间双曲率的复杂变形,定量地分析是很困难的[7]。织物悬垂性的好坏通常通过实验来决定。

12.2.1　悬垂性测试方法

织物的悬垂性能指标用悬垂系数表示。将一定面积的圆形布样放在一定直径的小圆盘上,织物因自重而下垂,在平行光照射下,根据织物试样的投影面积可以计算出织物的悬垂系数 F [26],如图 12.17所示:

$$F = \frac{A_F - A_d}{A_D - A_d} \times 100\% \qquad (12.54)$$

式中: A_D 为试样面积; A_F 为试样投影面积; A_d 为小圆盘面积。

图 12.17　织物悬垂性
测定示意图

由上式可知,悬垂系数愈小,织物的悬垂性愈好,织物愈柔软;反之,悬垂系数愈大,织物的悬垂性愈差,织物愈硬挺。悬垂性良好的织物,织物越柔软,投影面积远比织物本身的面积小,织物呈现极深的凹凸轮廓,均匀地下垂而构成半径很小的圆弧折裥。

12.2.2　织物悬垂变形分析

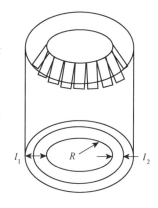

织物悬垂时的变形主要是织物的弯曲和剪切,因此悬垂系数与织物的弯曲长度和剪切刚度的关系非常密切[27]。

当织物的剪切刚度为零时,织物的变形可以假设为许多独立的、做圈状排列的悬臂梁,并进一步简化为悬臂梁呈长方形,如图 12.18 所示。根据这些分离的布条,可以计算悬垂系数 D:

$$D = \frac{\pi (R+l_2)^2 - \pi R^2}{\pi (R+l_1)^2 - \pi R^2} \times 100\% = \frac{2Rl_2 + l_2^2}{2Rl_1 + l_1^2} \times 100\%$$

(12.55)

图 12.18　悬臂梁弯曲变形确定悬垂系数图解

式中: R 为夹盘的半径; l_1 为布条长度; l_2 为布条投影长度。

当织物的剪切刚度为无穷大时,悬垂变形不可能产生双曲率的弯曲,织物仅能弯曲成如图 12.19 所示的各种不同的单曲率变形。从图中可以看到,形成三个折裥时织物的悬垂系数最小。织物悬垂系数与织物弯曲长度和剪切刚度间的关系如图 12.20 所示,图中的 3,4,5 和 6 分别表示相应的折裥数。

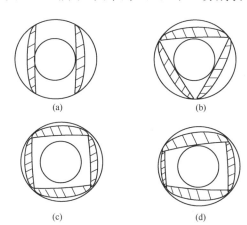

图 12.19　单曲率变形的各种形式

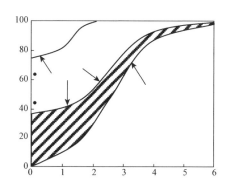

图 12.20　弯曲长度和剪切刚度与悬垂系数间的近似关系图

对 130 种不同规格的织物,得到如下回归方程:

$$D = 36.2C - 3.66C^2 - 1.98A + 14B \qquad (12.56)$$

式中：C 为织物弯曲长度，$C = \frac{1}{4}(C_1 + C_2 + 2C_b)$，其中 C_1，C_2 和 C_b 分别是经向、纬向和 45°方向的弯曲长度；A 为剪切变形的角度（即剪切角形变）。

参 考 文 献

[1] Dawes H, Owen J D. The assessment of fabric handle. Part I: Stiffness and liveliness. The Journal of the Textile Institute, 1971, 62(3): 233-244.

[2] Backer S. Mechanics of bent yarn. Textile Research Journal, 1952, 22(10): 668-681.

[3] Platt M M, Klein W G, Hamburger W J. Mechanics of elastic performance of textile materials. Part XIII: torque development in yarn systems: single yarn. Textile Research Journal, 1958, 28(1): 1-13.

[4] Morton W E, Hearle J W S. Physical properties of textile fibres. Woodhead Publishing Limited, England, 2008.

[5] Finlayson D. Yarns for special purposes-effect of filament size. The Journal of the Textile Institute, 1946, 37(7): 168-180.

[6] He W Y, Wang X G. Mechanical Behavior of Irregular Fibers. Part III: Flexural buckling behavior. Textile Research Journal, 2002, 72(7):573-578.

[7] 于伟东. 纺织材料学. 北京:中国纺织出版社,2006.

[8] Carlene P W. The measurement of the bending modulus of monofils. The Journal of the Textile Institute, 1947, 38(2): 38-42.

[9] 姚穆. 纺织材料学. 北京:中国纺织出版社,2009.

[10] Hearle J W S, Turner D J. A preliminary study of a technigue for measuring flexural vibarions in fabrics. Textile Research Journal, 1961, 31(5): 981-986.

[11] Peirce F T. The handle of cloth as a measurable quantity. The Journal of the Textile Institute, 1930, 21(9): 377-416.

[12] Carlene P W. The relation between fibre and yarn flexural rigidity in continuous filament viscose yarns. The Journal of the Textile Institute, 1950, 41(5): 159-172.

[13] Ballou J W, Smith J C. Dynamic measurements of polymer physical properties. Journal of Applied Physics, 1949, 20(6):493-502.

[14] Love A E H. A treatise on the mathematical theory of elasticity (4th edition). Cambridge University Press, Cambridge, 1927.

[15] Bosley D E. Oblique strain markings in oriented polymers. Textile Research Journal, 1968, 38(2): 141-148.

[16] Chapman B M. Bending stress relaxation of wool, nylon 66, and terylene fibers. Applied Polymer Science, 1973, 17(6): 1693-1713.

[17] Hearle J W S, Grosberg P, Backer S. Structural mechanics of fibers, yarns, and fabrics. Wiley-Interscience, New York, 1969.

[18] Park J W, Oh A G. Bending rigidity of yarns. Textile Research Journal, 2006, 76(6): 478-485.

[19] Hunter I M, Slinger R I, Kruger P J. Factors influencing the flexural rigidity of wool worsted hosiery yarns. Textile Research Journal, 1971, 41(4): 361-362.

[20] Dhingra R C, Postle R. The bending and recovery properties of continuous-filament and staple fibre yarns. The Journal of the Textile Institute, 1976, 67(12): 426-433.

[21] Subramanian V. Effect of fiber length, fineness and twist on bending behavior of polyester and viscose staple rotor spun yarn. Textile Research Journal, 1990, 60(10): 613-615.

[22] Owen J D, Livesey R G. Cloth stiffness and hysteresis in bending. The Journal of the Textile Institute, 1964, 55(10): 516-530.

[23] 王府梅. 服装面料的性能设计. 上海:东华大学出版社,2001.

[24] Abbott G M, Grosberg P, Leaf G V A. The mechanical properties of woven fabrics. Part VII: the hysteresis during bending of woven fabrics, Textile Research Journal, 1971, 41(4): 345-358.

[25] Grosberg P. The mechanical properties of woven fabrics. Part II: The bending of woven fabric. Textile Research Journal, 1966, 36(3): 205-211.

[26] 李汝勤, 宋钧才. 纤维和纺织品测试技术. 3 版. 上海:东华大学出版社, 2009.

[27] Cusick G E. The dependence of fabric drape on bending and shear stiffness. The Journal of the Textile Institute, 1965, 56(11): 596-606.

[28] Morooka H, Niwa M. Relation between drape coefficients and mechanical properties of fabrics. Journal of the Textile Machinery Society of Japan, 1976, 22(3): 67-73.

13　三维纤维集合体

摘要: 三维纺织复合材料结构件在空间三个轴向都存在一个或多个纤维增强系统,具有较高的层间剪切强度、力学稳定性和热学稳定性。得益于纺织制造技术的发展,三维纺织预成型体(preform)在过去20年里产生了较为迅速的进展。本章主要介绍三维机织物、针织物、非织物、编织物和缝合面料的材料特性和基本结构,包括产品设计、工艺控制和优化、质量控制、产品制造和特殊领域的新技术发展等知识。

13.1　三维纤维集合体基本概念

目前,纺织结构件已经被广泛地应用于航空航天、汽车工业、土木工程和船舶工业,还可以作为医疗植入物应用于人体健康领域,如心脏支架、人工血管、神经导管、心脏瓣膜、人造骨骼和手术缝合线等。这些结构件包括机织物、针织物、非织造布和编织物等种类。相应产品具有较好的物理性能、热学性能和良好的力学性能,如轻质、高强度、高模量、良好的抗疲劳性、优秀的抗冲击性能和结构稳定性。另外,由于造价低廉、工艺成熟,这些结构件可以用于加工多种复合材料[1]。在极端环境,如航空航天领域,纤维增强体承受外力加载时,纤维放置方向和纤维取向等结构因素对材料的稳定性起着重要作用[2]。

纺织结构织物在复合材料和其他特殊用途中也被叫作预成型体,包括各种结构的织物,如机织物、针织物、编织物和非织造布。几个世纪以来,二维织物与人们的生活息息相关,如用于服装、床上用品和其他家具用品等领域。这些产品以其多样的纹理、图案、色彩丰富了人们的日常生活。而随着高性能纤维的发展,工程师们开始将其加工成纺织制品,并应用于建筑工程和航空航天等领域。这些纺织制品在产品研发、结构分析和实际应用等方面得到了快速发展,使得复合材料中开始大量使用纺织结构织物[3]。传统结构纺织制品的强度具有明显的各向异性,在纤维方向更加明显。大多数二维纺织结构件和层合复合材料一样,层间结合较差,容易发生分层破坏。

三维纺织制品研发的主要目的是为了满足实际工业和工程需求。在工业和工程领域,对于质量优良的纺织制品,要求其内部在多个方向都具有良好的强度。因此,研究人员首先找到化学黏结的方式,将纤维和黏合剂进行加工,创造出新型三维非织造纺织制品。后来又通过改进加工工艺,进一步找到了直接加工三维纺织结构制品的方式,用以进行工业和工程结构件的研发制造。

过去20年中,得益于复合材料的广泛应用,三维纺织制品的发展速度较为迅猛。纺织品设计师们开始寻找新的三维结构及其加工技术,设计空间三个轴向存在增强纤维的结构件。由于三维纺织品的网状结构加工简便,其应用成本也较低[4]。因此,这些结构件在工业工程、建筑工程、交通运输甚至军事领域和航天航空领域,都具有较大的应用潜力。

三维纤维集合体的加工方法和成型结构,主要涉及产品设计、工艺控制、工艺优化、质量控制、产品织造和特殊领域的新技术发展等。在建筑工程、健康医疗、运动产业和航天航空领域,对三维纤维集合体结构与性能关系的研究,可以很好地帮助设计新型三维结构材料。

13.2　二维预成型体(二维织物)

13.2.1　二维机织物

对于二维织物,机织是最普遍的织造加工技术[5]。机织技术在纺织品加工中有较长的发展历史。传统机织物包括两组纱线,它们相互交织形成有锁结结构的织物。在机织物长度方向的纱线是经纱,在宽度方向、布边之间的纱线是纬纱,一般以 90°交织角相互锁结。单位长度上经纱(或纬纱)根数是经纱密度(或纬纱密度)。机织物中经纬纱的交织方式叫作织物组织。如图 13.1(a)所示,每一根经纱交替穿过每一根纬纱,或者每根经纱穿过每根纬纱的织物组织叫作平纹。其他组织还包括斜纹组织和缎纹组织。斜纹在织物表面形成对角线[图 13.1(b)],沿着经纱从上向右方向的对角线为 Z 型斜纹,反之为 S 型斜纹。假设平纹和斜纹的纱线和织造参数和工艺相同,则斜纹具有较长的浮纱和较少的交织点,结构较为松散。为了能够得到稳定的织物结构,斜纹交织点需尽可能随机分布,以避免斜纹线。如图 13.1(c)所示,缎纹织物表面较为光滑,其最小重复单元是 5,常用的缎纹重复单元是 5 或 8。5 枚缎纹常作为紧密织物,保持适中纱线覆盖率,可用于多种技术应用领域。

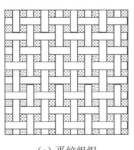  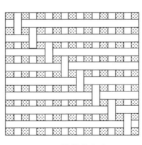

(a) 平纹组织　　　　　　(b) 斜纹组织　　　　　　(c) 8 枚缎纹组织

图 13.1　织物基本组织

三轴向机织物结构包括三个系统的纱线:一个纬纱系统和两个经纱系统。在每个交织点上有三层材料,因此强度高于平纹织物。如图13.2(a)所示基本三轴向机织物的经纱交织角为60°,交织纱线中间存在六边菱形孔洞。如图13.2(b)所示,方平组织是一种改进过的三轴向机织结构,其结构更加紧密,具有独特的外观和物理特性。因此,三轴向织物在多个轴向都有良好的机械物理性能,并且交织点的固结作用能够赋予织物较好的抗剪切性能[6]。

(a) 基本三轴向机织物　　　　　　(b) 方平组织

图 13.2　三轴向机织物

13.2.2　二维针织物

针织物是以线圈组织为基本单元而组成的纺织结构织物。针织技术有两种针织方式:经编和纬编。

（1）纬编织物

纬编织物的最小循环单元为线圈。纬编组织的结构特点是由一根纱线组成一行线圈。针织物中,水平方向的线圈行是横行,垂直方向的线圈行是纵行。纬编织物中,线圈在织物宽度方向织成。如图13.3(a)所示,单针床针织机可以织出最简单的纬编结构,叫作纬平组织;这种组织结构在织物两面有不同的外观。如图13.3(b)所示,双针床针织机织出的纬编结构叫作罗纹组织;这种组织结构在织物两面有相同的外观。

（2）经编织物

在经编织造技术中,每个线圈由一根经纱从织物的长度方向引入单独成圈。如图13.3(c)所示,经编织物最明显的特点是横行中相邻线圈由不同纱线成圈。纬纱织造技术主要应用于服饰加工,而经纱织造技术主要用于技术领域的结构件加工。图13.3(d)中的衬纬经编织物和图13.3(e)中的多梳经编织物是两种典型的用于技术应用的经编织物。

13.2.3　二维非织造布

定向或随机排列的纤维,通过摩擦、抱合或黏合,或者这些方法的组合,相互结合制成的片状物、纤网或絮垫,叫作非织造布,不包括纸、机织物、针织物、簇绒织物及湿法缩绒的毡制品。使用的纤维原料可以是天然纤维也可以是人造纤维,既可以是短纤也可以是长丝。工程应用非织造布通常具有特殊性能,如吸水性、疏水性、韧性、延展性、柔性、强度、阻燃性、耐洗性、过滤、抑菌性和灭菌性

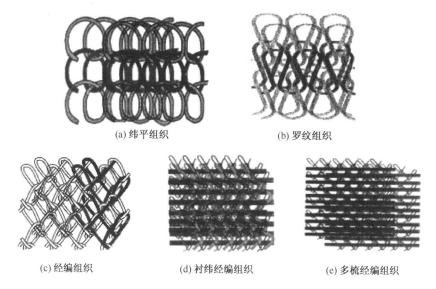

(a) 纬平组织   (b) 罗纹组织

(c) 经编组织   (d) 衬纬经编组织   (e) 多梳经编组织

图 13.3 纬编和经编针织物示意图

等。图 13.4 是一种典型的非织造结构示意图。

13.2.4 二维编织物

两组或者两组以上的纱线,在导纱器带动下顺时针或者逆时针旋转交织而成的纺织结构件,叫作编织物[7]。传统编织物主要用在鞋带、绳索等处。近些年,在纤维增强复合材料、医疗植入物等方面也开始使用编织物[8]。

图 13.4 非织造结构示意图

编织物由两个系统的纱线在管状空间内相互交织而制成。两个系统的纱线分别叫作轴纱和编织纱,其中轴纱是平行于编织轴的纱线,而编织纱对轴纱进行交织和锁结,因此编织纱的空间分布结构较轴纱复杂。编织物具有三种典型结构:菱形结构、普通结构和赫格利斯结构。图 13.5(a) 所示是一种常见的菱形结构编织件,可以发现它是由两根纱线在不同方向上轮流交织编成的,最小的循环表示为 1/1。普通结构的最小循环表示为 2/2,赫格利斯结构的最小循环表示为 3/3。

在普通编织结构件的长度方向,引入第三个纱线系统,得到如图 13.5(b) 所示的三轴向编织结构件。如图 13.5(c) 所示,在圆管编织件中引入一定数目的轴向纱,其纤维体积含量高于平编结构。编织物的一个重要结构参数是纱线的交织角。交织角在 10°~80° 之间变化,并受到纱线细度、编织结构(双轴向结构或者三轴向结构)、纱线覆盖率(结构紧度)、长度方向的纱线体积含量等因素的影响。

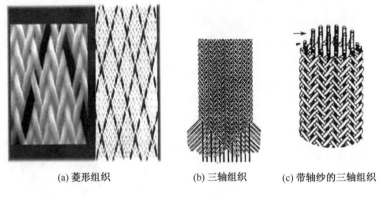

(a) 菱形组织　　　　　　(b) 三轴组织　　(c) 带轴纱的三轴组织

图 13.5　典型编织结构

13.3　二维纺织预成型体局限性

　　近 50 年来,二维织物铺层增强层合板已经成功应用在海洋运输、航空航天、汽车工业和民用基础设施等领域。但是二维层合板的加工工艺繁琐,层间机械性能存在缺陷,同时采用的手工铺层技术的人力成本较高[9]。在航天工业和汽车工业,相比于使用传统的铝合金材料和钢材料,二维层合板材料的抗冲击性能较弱,厚度方向的机械性能较差,限制了其在这两个方面的发展。比如二维层合板在厚度方向的抗损伤容限较小、刚度值差,厚度方向的抗冲击性能和层间抗剪切性能较弱,进而使得它们冲击后的剩余压缩强度和耐疲劳性能急剧下降,限制了在抗冲击领域的应用。当然,使用混有纤维的增韧树脂,可以弥补这些缺陷,但是这种方式的成本较高,也不能完全解决加工单向板时存在的缺陷[9]。

13.4　三维预成型体（三维织物）

13.4.1　三维纤维集合体定义

　　三维机织、编织、缝合纤维集合体是纱线在面内和厚度方向取向排列,并进行锁结的一体化结构。在结构件的最小循环单元中,三个空间坐标方向上存在尺度相近的材料维度。即三维纺织品在三个正交平面上都存在一个或者多个纱线系统。这些纱线系统可以在各个方向对织物性能进行增强。比如三维结构件在面内方向存在纱线,提高了该方向的刚度和强度;在厚度方向存在捆绑纱,对该方向进行增强加固,提高了厚度方向的抗剪切能力[10]。

与其他材料相比,三维结构材料的层间抗剪切性能、空间多轴向力学和热学稳定性较好,并且一体化结构能够改进厚度方向的材料刚度和强度,避免面内方向的材料分离破坏。由于其具有较高的横向强度、抗剪切刚度、抗层间分层能力,且加工成本低,三维纺织结构增强复合材料已引起广泛关注[11]。关于三维结构件自动化加工技术的发展较快,降低了生产成本,进一步扩展了大尺度结构件的应用领域。

在抗冲击加载领域,三维纺织品在纤维取向、多种纤维结合和纱线空间分布等方面得到了充分发展,并具有较广阔的应用前景。比如防弹衣的主要组成为陶瓷板,防弹性能优良,但刚度和脆性较大,使得穿着舒适度和二次防弹性能较差,较难满足实战需求。三维结构件增强陶瓷材料或者增强新型纳米材料的出现,很好地解决了这方面的问题。基于新加工方法的出现,三维结构件和陶瓷材料相结合,利用系统中不同材料的结合机理(摩擦力、裂纹扩展、纤维断裂、纤维桥接等),发挥不同材料各自的优势性能,提高防护系统的能量分散和材料增强能力。

13.4.2　三维织物和二维织物对比

① 三维织物中,经纱和捆绑纱之间没有交织,使织物容易发生弯曲变形,并且面内方向增强材料不发生变形。二维织物则不具有这种性质。

② 三维织物中,厚度方向存在捆绑纱线,能够极大地提高横向的强度和抗冲击损伤容限。经过短梁法测试,三维结构板的剪切强度比二维层合板的剪切强度高 10%～30%。

③ 三维织物具有良好的冲击后剩余压缩强度和较小的分层区域,能够吸收较多的抗冲击能量。

④ 三维预成型体增强复合材料具有较高的纤维体积分数。尽管体积分数与设计预期值有所差异,但是与二维织物增强复合材料相比,其纤维体积分数比较大。

13.4.3　三维机织物

多数机织物是平面二维机织结构,包括经纱和纬纱两组纱线,由经纬纱相互交织而成。在经纬纱轴向方向,二维机织物的性能比较均衡,结构稳定性也好,但是在 45°方向,模量和抗剪切变形能力较低。二维机织物的种类很多,具有代表性的组织结构为平纹组织、斜纹组织和缎纹组织。

三维纤维集合体具有良好的抗分层性,其抗冲击性能较好,并且轻质高强,因此在航空航天、船舶工业和医疗卫生领域,使用三维织物作为复合材料预成型体是

比较常见的技术方案。图 13.6 所示为典型的
三维机织物,除了在面内方向具有经纱和纬纱,
厚度方向也有捆绑纱[4]。三维机织物有空间网
状结构,在厚度方向存在增强纱线,使得结构件
宽度和厚度的比值较小,因此制造有一定厚度
的结构件时,不需要像二维机织物一样进行铺
层加工,并且其抗分层性和抗损伤性优于二维
机织层合板。

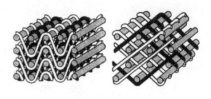

图 13.6   典型的三维机织结构

三维机织物中,不同层的经纬纱由一系列捆绑纱锁结,根据纱线不同的排列结
构,三维机织物的结构变化很多,且能满足一定厚度的复合材料的加工需求[12]。
在结构上主要有以下两点区分:

① 局部锁结结构:使用不同的织造技术,捆绑纱对相间或相邻两个面进行
锁结。

② 整体锁结结构:捆绑纱对结构件的上下两个表面进行整体贯穿锁结。

在三维机织物的织造技术中,根据网状结构形态和力学性能要求,经纱可以在
厚度方向为织物提供捆绑功能,并且可以选择在织物不同部位和层面进行取向排
列。厚度方向的增强纱能够增加复合材料结构件的层间剪切强度[13]。三维机织
物织造技术的主要特点为:

a. 通过多层结构增加织物厚度;

b. 在水平和垂直两个方向同时穿入纬纱进行打纬;

c. 织成三维结构外形,如头盔、发动机外壳等。

三维机织物的织造方法包括多经织造技术和传统织造技术,主要分为以下
类别:

(1) 三维实体结构

包括铺层结构、正交结构和角联锁结构。

三维机织实体结构通过不同锁结技术,将织物层与层之间的纱线进行捆绑而
成。织物层与层之间还可以用缝合或自缝合的方式进行捆绑。在一些特殊用途
中,絮料也可以取代普通纱线制成三维织物。通过调节三维织物中的纱线紧度,可
以赋予三维结构件特殊性能[14]。

三维正交织物在经向、纬向和厚度方向的纱线都为伸直状态。纬纱层比经纱
层多一层,而捆绑方式决定了垂直纱根数。

三维角联锁织物由经纱对不同层上的伸直纬纱进行锁结而成,经纱可以捆绑
不同层数的纬纱层,进而改变织物厚度。

(2) 三维中空结构

包括均匀面表层结构和非均匀面表层结构。

均匀面表层中空结构件利用多层织造原理,一体化织造具有不同结构长度的织物,在一定外力作用下,可以展成包含多个层面孔洞的三维中空件。非均匀面表层中空结构件是采用连接或分离相邻层织物的多层织造原理,进行结构开口,形成六边形结构孔洞。图 13.7 所示[14]为三维中空结构件及其形态。

（a）三维中空平面表层

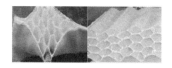
（b）六边形孔洞

（c）三维非均匀面表层

图 13.7　三维中空结构件[14]

（3）三维壳结构

使用方法包括多织造组合法、偏卷绕法和模压法。

三维壳结构件是通过不同织物组织结构或者变化织机卷绕速度等方式,改变织物结构而形成中空表面。在工程应用中,还使用模压法对普通织物进行深加工,制成模压三维壳结构件。图 13.8 所示为三种典型的三维壳结构件。

（a）变化织物组织织造的壳结构件

（b）变化卷绕速度织造的壳结构件

（c）模压法压制而成的壳结构件

图 13.8　三种典型三维壳结构件

（4）三维多通结构

如图 13.9 所示的三维多通结构件,是由一根或多根管道,汇集到一点而组成的特殊结构件。管道壁可以是三维实体结构或其他织物结构,但是所有的管道都分布在一个平面上。设计过程包括二维空间连接点设计、分段区域设计和不同区域的分布设计[14]。

三维机织物一般包括三个系统的纱线,两两之间会组成多个平面,在空间内形成一体结构。图 13.10 所示为最常见的三维机织物分类,对应每种织物,可以改变其织物参数来满足设计需求。

基于二维机织技术,改进后的三维织造技术可以织造角联锁结构,其特点是在厚度方向存在两个或两个以上的纱线系统,包括经纱和接结纱。角联锁结构的预成型体厚度可以达到 10 cm,其中经纱、纬纱或引入的第三个纱线系统都可以作为接结纱。在角联锁结构中加入衬经或者衬纬纱,可以提高其纤维体积含量和面内强度。

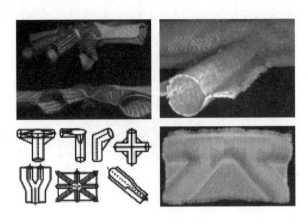

图 13.9　三维多通结构件

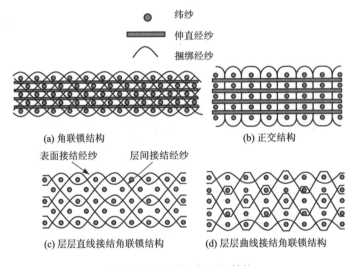

图 13.10　三维织物组织结构

接结经纱穿过的纱线层数可用于角联锁结构织物分类。图 13.10(a)为全厚度接结角联锁结构。图 13.10(c)(d)是层层接结角联锁结构,使用接结纱将不同层上的纬纱织成整体织物。图 13.10(b)中的正交结构是角联锁结构的特殊变化形式,接结纱垂直穿过所有纬纱层,将其捆绑为整体织物。有些角联锁结构中没有伸直经纱,或者仅通过纬纱进行接结,能加工出单向增强的预成型体。三维织造技术最大的局限是引入轴向纱后,织物在该方向不具有各向同性。因此需要在 45°方向引入二维织物进行缝合,得到各向同性的均匀结构件。

由纺织技术织造的二维壳织物易发生变形,仅能用于服装等领域。同时在加工方式上,为了不影响织物中纱线的自身强度,要尽量避免使用裁剪、缝纫和接缝等深加工手段。因此,通过改进织机,在织造过程中用直接经纱穿过纬纱[图13.11(a)],得到强度较高的三维织物,避免深加工中机械物理作用对纱线性能的影响。图13.11(b)所示是另外一种机织结构,经纱以45°角穿过织物上下表面,纬纱在织物面内取向排列。

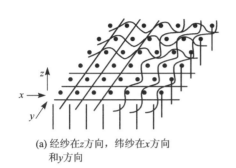

(a) 经纱在z方向,纬纱在x方向
和y方向

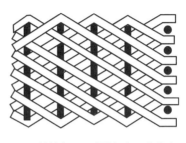

(b) 经纱在x-y平面内以45°角分布,
纬纱在z方向

图 13.11　两种多层三维机织物

　　一般来讲,三维结构件有很多变化形式,如图13.12(a)所示的部分接结角联锁结构,其柔韧性能较好;图13.12(b)所示为在各个方向添入衬纱后有两组经纱的角联锁结构,通过控制衬纱喂入量,较好地控制三维结构材料的轴向性能。图13.12(c)所示为三维机织 T 型梁结构,通过变换其经纱层数,控制三维结构材料不同部位的厚度,得到变截面组织[15]。

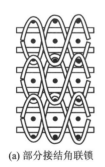

(a) 部分接结角联锁

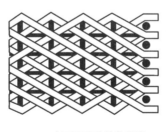

(b) 有两组经纱的角联锁

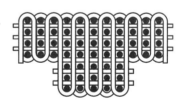

(c) 变经纱层数角联锁

图 13.12　三维多层机织物

三维机织结构件的优点可概括如下:
- 三维机织技术可以织造复杂构型的网状结构件;
- 三维机织物增强复合材料及其结构件的加工成本低;
- 三维机织技术可织造有特殊性能的结构件;
- 三维机织物增强复合材料的抗剪切性能优良和损伤容限较大;

- 三维机织物增强复合材料有较高的拉伸断裂伸长；
- 三维机织物增强复合材料表现出较高的抗层间破坏强度。

13.4.4　三维针织物

在复合材料加工领域，采用针织结构可以降低加工成本。这是由于针织物的织造效率高、整合程度高（易变形）。在针织物织造过程中，经过织针牵伸，线圈结构呈非线性大弯曲变形，导致纱线间空隙较大，填充密度较低，因此在树脂填充过程中产生口袋状结构。这种结构会使三维针织增强复合材料的孔隙率增加，限制了针织物预成型体的应用。

针织是通过一系列针织线圈将不同纱线进行锁结的技术。由于针织线圈在织物中呈空间立体分布，拥有多轴和多层结构，因此针织物属于三维结构织物。多层结构的经向（0°）、纬向（90°）和偏轴向（±θ）有直线纱，可以为织物提供结构整体性，以及在结构件厚度方向进行增强[16]。

三维针织物加工技术分为经编和纬编。纬编织物可以通过压脚技术织成网状结构件，能加工成飞机上的碳-碳针织结构刹车片。经编织物的应用范围比较局限，多轴向经编三维结构件的应用前景较好、适用范围较广。多轴向经编织物在空间内多个方向都有衬纱系统，这些衬纱都为伸直状态，能够在这些方向承受应力和应变，单根纱线的力学性能可得到充分利用[17]。同时，多轴向经编织物中，经编线圈主要起捆绑内嵌伸直衬纱的作用，而单根衬纱的取向和排列密度可以变化。多轴向经编织物可以增强多种树脂，使基体（树脂）材料能够传播和吸收大应变[18]。图 13.13 所示为几种典型的三维针织结构件。

如图 13.14 所示，多轴向经编织物包括经纱（0°）、纬纱

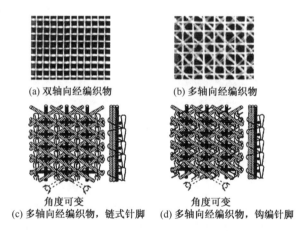

(a) 双轴向经编织物　　　(b) 多轴向经编织物

角度可变　　　　　　　　角度可变
(c) 多轴向经编织物，链式针脚　(d) 多轴向经编织物，钩编针脚

图 13.13　三维针织结构件

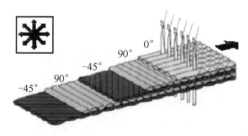

图 13.14　多轴向经编针织物

(90°)和偏轴向纱(±θ),用针织线圈链式锁结或者钩编方式在厚度方向固结纱线。理论上,多轴向针织物可以固结任意层数的轴纱。但是,在 0°,90°和±θ 方向同时存在轴纱时,Mayer 织机只能织造最多 4 层纱线厚度的织物;在 0°和 90°方向最多有 8 层轴纱,±θ 方向最多有 3 层轴纱时,Liba 织机能织造 11 层纱线厚度的织物。在针织固结纱线过程中,每层纱线间排列均匀、相互平行,所有的轴纱层将逐层铺叠到相邻轴纱层之上。这种结构中的轴纱线密度远大于缝合织物中的纱线密度,所以能够承受较大外力。

三维针织结构的优点如下:

- 三维针织预成型体具有良好的成型性;
- 三维针织技术能织造复杂网状结构的预成型体;
- 某些自动化织机仅需要小幅度改进就能织造三维针织物;
- 三维针织夹层增强复合材料的相对密度较小;
- 某些三维针织增强复合材料的抗冲击损伤容限较高、能量吸收性能好。

13.4.5 三维编织物

编织技术是一种简单实用的纺织加工技术,是一项古老的工艺,由于实用性很强,重新兴盛起来。传统二维编织技术通过角轮带动两个纱线系统在圆筒状空间内进行缠绕成型,一组纱线顺时针缠绕,一组纱线逆时针缠绕,形成圆筒状预成型体;在织造过程中,用不同缠绕角度进行纱线缠绕,可以得到多层结构编织件,由于层与层之间没有捆绑纱线,容易发生分层破坏。因此,使用特殊编织法编织的三维编织件,在横向有纱线进行捆绑,很好地解决了减少分层现象的问题。

三维编织是由二维编织技术衍变出的三维结构快速成型技术,其结构件横向有纱线,将多个纱线系统进行捆绑,形成结构稳定的编织物,具有抵抗高损伤破坏的性能。复合材料中,预成型体主要是二维编织件、二维织物和单向铺层单纤等纺织结构。根据这些纺织结构的特点,还需要对复合材料进行切割、堆叠或者缝合等深加工,才能得到成型的复合材料产品。这些加工流程复杂,生产成本较高,且深加工过程会降低材料自身的力学性能。因此,在生产需要节省成本和体积较大的产品时,三维纺织预成型体是比较好的选择。在生产特定网状预成型体时,三维缠绕编织法是比较实用的加工技术[19]。图 13.15 所示是一种典型的三维编织结构。

图 13.15 三维编织结构

三维编织是一种适用范围比较广的纺织加工技术,能够编织多种结构异型件,并且这些异型件具有较高的抗损伤性,能够承受轴向力、弯曲力矩和扭转力等不同方向的力的加载[20]。

（1）三维编织原理

三维编织加工流程结合多种织造技术，如三维圆筒织造法[21]、二步编织法[22]和其他编织技术。基本编织原理是角轮带动纱线在 x 和 y 方向依次运动而进行交织。

图 13.16 所示是最常见的三维编织加工工艺简图。编织纱在角轮带动下，沿着轨道板上的轨道运动。在特定结构编织物中，轴纱是编织过程中不参与缠绕运动的纱线，穿过轨道板直接引入到纱线系统中。编织纱的运动特征、轴纱数量决定了编织物种类，也决定了编织物内部细观结构。

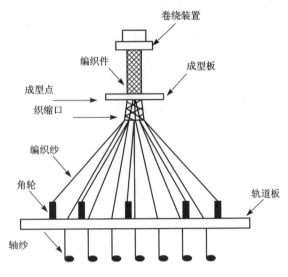

图 13.16　三维编织加工工艺简图

图 13.17(a)为三维缠绕编织法示意图。在阵列平面内刻有凹槽，作为角轮的运动轨道。每个角轮配有一个驱动和制动装置。该装置能带动角轮运动或静止，

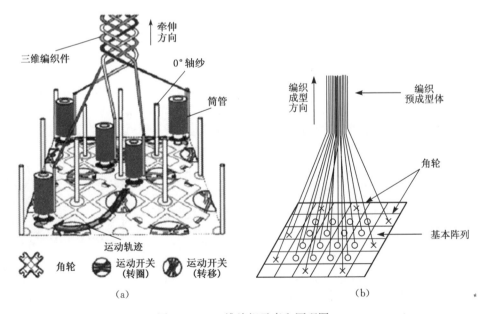

（a）　　　　　　　　　　　　（b）

图 13.17　三维编织示意和原理图

继而带动与角轮相连接的纱筒。每对角轮之间有运动开关,可以用来改变轨道的运动轨迹,使角轮带动纱筒和纱线完成转圈或转移运动。在运动开关和制动装置带动下,纱筒可以在平面内完成任意方向的运动。图 1.17(b)为三维编织物基本织造原理图。

图 13.17(a)中,0°轴纱的存在可以在编织物轴向引入排列均匀的纱线,使网状编织物在这个方向的纱线取向度变大,力学性能得到改善,同时也能改变织物截面形状和面积。改变纱筒个数,也可改变编织件截面形状和面积[23]。图13.18 所示为一种实体编织装置。这种装置的角轮换为星形转子,分布在轨道平面上。一个转子上有四个导纱器,可以带动纱线在四个方向进行转动。引入轴纱或改变编织纱运动状态,都可以改变织物的几何结构,加工复杂结构编织件。

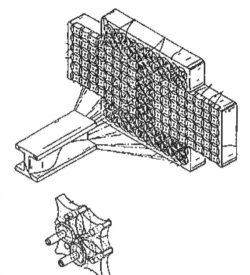

（2）三维编织结构优点

● 三维编制技术可以编织形状复杂的网状预成型体。

● 三维编织工艺可以通过机械自动控制编织过程,能够提高结构件产量和质量。

● 复杂形状的三维编织增强复合材料的加工成本低,易于成型。

● 三维编织复合材料的抗分层性能较好,抗冲击损伤容限较大。

图 13.18　实体编织装置

13.4.6　三维缝合织物

三维缝合多轴向织造技术属于快速成型工艺,其产品的机械物理性能优良。三维缝合织物以其生产效率高、成本低的特点,在造船、交通、建筑、运动保健和航空等领域得到了广泛应用。缝合技术是一种自动化流程,具有较高的生产效率。最初将缝合技术引入工程材料加工工艺,是为了改善层合板的层间性能。

传统织物是在经向和纬向两个相互垂直的方向分别引入纱线,相互交织而成,织造过程引起纱线形态变化,纱线强度和刚度降低;裁剪时,纱线磨损也会使织物的力学性能降低。而缝合织物则不存在这些问题,所以在相同纱线细度和取向时,缝合织物可以取代传统机织物。

（1）缝合多层织物

多层织物包括一个以上的纱层,每层纱线平行排列或者取向排列。而缝合多层织物,除了有多层平行排列的纱层外,还有非结构缝合线将相邻或者相间的纱层进行捆绑。纱线材料可以是单一材料,也可选用多种纱线;每层纱线的铺层角度范围为 0°～90°。图 13.19 所示是一种典型的三维缝合织物。

图 13.19　三维缝合织物

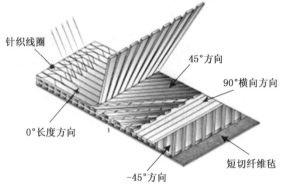

图 13.20　三维四轴缝合织物

三维多轴向缝合织物具有多功能性,如抽条取向、层间取向角变化、多种组成结构和质量可调节性。图 13.20 所示是一种三维四轴缝合织物,包括数层增强纱线(最多达 8 层)、经编纱线和短切纤维毡。

典型的三维四轴缝合织物中,轴向纱取向为 0°,90°,+45°,−45°。通常,纱线铺层均匀,结构件承受外力才能均匀。而对于某些特定方向需要增强的结构件,则需要增加该方向的铺纱层数,如船底甲板容易在横向发生弯曲,则增加横向的纱线铺层数量,即图 13.20 中 90°方向的纱线铺层数量要大于其他方向。0°方向的纱线叫作经纱,其余纱线叫作纬纱[24]。

相比于机织物,缝合织物的应用范围更广,柔韧性较高。多轴向缝合织物增强体结合了优良表面性质、抗冲击性、抗摩擦性和结构稳定性等众多优点于一身,能够满足对预成型体有特殊需求的应用领域[25]。

(2) 三维缝合织物优点
● 加工成本低,工艺简单;
● 预成型体的结构稳定(层和层之间不发生相互移动);
● 抗冲击损伤容限较高;
● 在冲击加载下,抗分层能力好;
● 层间抗疲劳性能好;
● 在单向或循环力加载下强度较高。

13.4.7　三维非织造布

非织造布广泛应用于过滤材料、复合材料预成型体和土工设备等技术领域。

三维非织造布是以平网状织物为基布构造而成。由于处理织物中不规则杂质和结构的成本较高,最终产品中不可避免地会出现不均匀的现象。以三维非织造布作为增强体材料应用于碳-碳复合材料中,已经有很长的一段历史。

多数三维非织造布的加工工艺为针刺法、纺黏法、熔喷法、气流法等。针刺非织造布成型后,通过模压或者热压处理,变成具有一定维度和形状的三维非织造结构件。空气沉降法是另一种常用的处理方式,利用空气热流吹动纤维沉降在接收板或模具中,在成网过程中直接形成三维结构件。熔喷法具有相似的成型原理,熔化的高聚物被高速流动的气流挤压而成长丝,用特殊滚筒接收长丝,逐渐沉降成型[26]。

Gong 等[27]阐述了一种纤维直接加工成三维非织造布的成型工艺,首先用空气沉降法将纤维加工成三维网状物,再使用热传递法进行纤维间固结,如图13.21(a) 所示。这种成型过程包括纤维喂入、纤维开清、纤维传递、纤维沉降、三维结构成型等步骤。其中,纤维开清在幅宽为 1 m 的改进罗拉上进行。纤维在罗拉上不断分梳、分离直到形成纤维流,被气流从气流通道中传递到三维模具上。沉淀成网后,将三维网状物转移到加热区域,对其进行热黏固结成型。经过长期的研究,发现在众多固结技术中,热空气传递法经济实用,是最适合作为热黏成型的技术。三维网状物在固结辊上的停留时间是一个重要的工艺参数,影响到纤维的黏结质量和成型稳定性。停留时间的标准是,用最少的时间让热空气稳定传过纤维,将纤维周围的温度迅速提高到固结温度水平。成网工序是连续过程,纤维固结是间歇过程,纤维喂入、模具运动和固结纤维三个工序需要合理配合,成网效果和质量才能满足产品质量需求。图 13.21(b)和(c)为三维非织造结构的内部放大图。

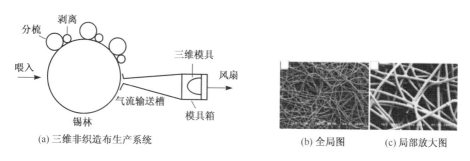

(a) 三维非织造布生产系统   (b) 全局图   (c) 局部放大图

图 13.21　三维非织造结构

Ravirala 和 Gong [28]给出了一种用气流法将短线纱加工成三维非织造结构件的加工方法和原理。图 13.22 所示为这种原理的示意图,其中短纤纱作为固结纱填充在三维模具的空隙中对非织造布进行加固。机器幅宽为 1 245 mm,开清装置到模具箱之间的导流槽长度为 1 600 mm,模具箱高度为 300 mm。对于非织造平网,纤维在网中的排列状态是决定最终产品质量的关键因素。在平面成网过程中,气流与成网平面之间的夹角是恒定的，因此纤维分布均匀；对于三维空间成网，在同一时刻，气流与成网面之间的夹角是变化的，因此纤维分布不均匀。为了得到均匀成网结构，要根据模具形状调节气流大小和方向。

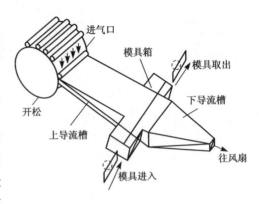

图 13.22　气流法加工非织造网状物的成型原理

三维非织造加工技术可以在不明显破坏面内纤维的基础上，在厚度方向对材料进行增强[29]。基于三维非织造技术的发展，研究人员给出了多种技术加工方案。图 13.23 所示是 Anahara 等[30]给出的一种非织造加工装置简图。底座上安装一系列柱状体，一组纱线在其中来回均匀穿插，当一层纤维沉积成网后，再在柱状体上穿插一组纱线成网，第二层纤维沉积成网……如此循环，形成三维结构非织布。厚度方向上存在针刺缝合装置，通过针刺缝合的手段进行固结。如图 13.24 所示，网状物的上下两个表面上存在缝边结构，将纱线和纤维锁结成预成型体。改变基板结构，可以得到不同形状的三维结构体。

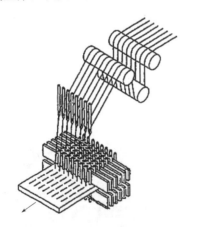

图 13.23　非织造加工装置简图

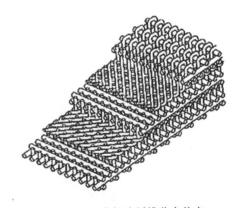

图 13.24　非织造纤维分布状态

针刺法或者预针刺法也可加工三维非织造结构件。Vasile 等[31]给出了一种使用针刺法加工非织造间隔物的工艺流程，其中非织造网在针刺前进行预针刺处理。Napco®是用专门用于三维网状加工的 Linker®针刺装置进行三维非织造布成型的技术。这些特殊织针带有倒钩，能够同时在预针刺布两边进行穿刺，带动纤维形成桥接纤维。图 13.25 是一种 Napco®非织造布结构简图，图 13.26 是 Linker®针刺装置的结构简图。这种技术生产的中空或填充（填充颗粒、粉末、管件、泡沫或纺织废料)三维非织造布可以用于复合材料预成型件。

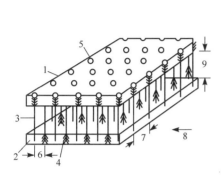

图 13.25 Napco® 非织造布结构简图

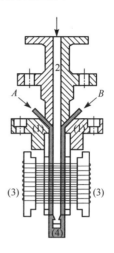

图 13.26 Linker® 针刺装置结构简图

13.5 结 论

　　三维纤维集合体是纺织品中的重要组成部分,其加工技术包括机织、针织、编织和非织造技术。三维纤维集合体的面内方向可以有多个轴纱系统分布,厚度方向进行纱线或者纤维固结,从而形成稳定的结构件。在航空航天领域,三维纤维集合体以其优良的结构稳定性和功能多样性,作为复合材料预成型件,尤其是在碳-碳复合材料的研究中,引起了科研人员的广泛兴趣。

　　解决材料加工结构设计问题和降低材料加工人工成本问题,是促进复合材料广泛应用的两个关键问题。本章从材料结构和加工工艺两个方面,对生产工艺中三维纤维集合体的纤维取向和分布进行讨论,并介绍了其结构性能和特点。在性能和成本两个方面,三维机织物、针织物、编织物、非织造布及其预成型体都有较好的表现。这些结构件的应用范围越来越广,三维结构预成型件加工新技术的发展也推动了材料科学革新和结构件工程应用等方面的进步。

　　关于更多内容,可进一步阅读本章编写时参考的以下资料[32]:

Hu J L. 3 - D fibrous assemblies:Properties,applications and modelling of three-dimensional textile structures. Cambridge,England,Woodhead Publishing Limited,2008.

参 考 文 献

[1] Tan P, Tong L, Steven G P. Modelling for predicting the mechanical properties of textile

composites—a review. Composites Part A: Applied Science and Manufacturing, 1997, 28 (11): 903-922.

[2] Alagirusamy R, Fangueiro R, Ogale V, et al. Hybrid yarns and textile preforming for thermoplastic composites. Textile Progress, 2006, 38(4):1-71.

[3] Chou T-W, Ko F K. Textile structural composites. Elsevier New York, 1989.

[4] Mohamed M H. Three-dimensional textiles. American Scientist, 1990, 78(6):530-541 .

[5] Stobbe D, M M. 3D woven composites: cost and performance viability in commercial applications. 48th International SAMPE Symposium, Society for the Advancement of Material and Process Engineering Long Beach, CA, 2003:1372-1381.

[6] Lee L, Rudov-Clark S, Mouritz A P, et al. Effect of weaving damage on the tensile properties of three-dimensional woven composites. Composite Structures, 2002, 57(1/2/3/4):405-413.

[7] Brunnschweiler D. Braids and braiding. Journal of the Textile Institute, 1953, 44(9): 666-686.

[8] Zhang Q, Beale D, Adanur S, et al. Structural analysis of a two-dimensional braided fabric. The Journal of the Textile Institute, 1997, 88(1):41-52.

[9] Mouritz A P, Bannister M K, Falzon P J, et al. Review of applications for advanced three-dimensional fibre textile composites. Composites Part A: Applied Science and Manufacturing, 1999, 30(12):1445-1461.

[10] Yang C, Kim Y K, Qidwai U A, et al. Related strength properties of 3D fabrics. Textile Research Journal, 2004, 74(7):634-639.

[11] Sun X, Sun C. Mechanical properties of three-dimensional braided composites. Composite Structures, 2004, 65(3/4):485-492.

[12] Yi H L, Ding X. Conventional approach on manufacturing 3D woven preforms used for composites. Journal of Industrial Textiles, 2004, 34(1):39-50.

[13] Quinn J, McIlhagger R, McIlhagger A T. A modified system for design and analysis of 3D woven preforms. Composites Part A: Applied Science and Manufacturing, 2003, 34 (6):503-509.

[14] Long A C. Design and manufacture of textile composites, Elsevier, 2005.

[15] Demoski G, Bogoeva-Gaceva G. Textile structures for technical textiles. Part II : Types and features of textile assemblies. Bulletin of the Chemists and Technologists of Macedonia, 2005, 24(1):77-86.

[16] Du G W, Ko F. Analysis of multiaxial warp-knit preforms for composite reinforcement. Composites Science and Technology, 1996, 56(3):253-260.

[17] Kaufmann J R. Proceedings of fibre-tex 1991. The Fifth Conference on Advanced Engineering Fibres and Textile Structures for Composites. NASA Conference Publication 3176, Raleigh, NC, 1991:77-86.

[18] Padaki N V, Alagirusamy R, Sugun B. Knitted preforms for composite applications.

Journal of Industrial Textiles, 2006, 35(4):295-321.

[19] Bigaud D, Dréano L, Hamelin P. Models of interactions between process, microstructure and mechanical properties of composite materials—a study of the interlock layer-to-layer braiding technique. Composite Structures, 2005, 67(1):99-114.

[20] Rawal A, Potluri P, Steele C. Geometrical modeling of the yarn paths in three-dimensional braided structures. Journal of Industrial Textiles, 2005, 35(2):115-135.

[21] Brown R T, Ashton C H. Automation of 3D braiding machines. In: 4th Textile Structural Composites Symposium, Philadelphia, PA, 1989:24-26.

[22] Popper P, McConnell R. A new 3D braid for integrated parts manufacture and improved delamination resistance—the 2-step process. In: ICBT '86: Proceedings of the International Workshop on Ionized Cluster Beam Technique. Held in Conjunction with the Tenth Symposium on Ion Sources and Ion-Assisted Technology - ISIAT '86., SAMPE, Tokyo, Jpn, 1987:92-103.

[23] Schneider M, Pickett A K, Wulfhorst B. New rotary braiding machine and cae procedures to produce efficient 3D braided textiles for composites. International SAMPE Symposium and Exhibition (Proceedings), 2000, 45: 21-25.

[24] Potluri P, Kusak E, Reddy T Y. Novel stitch-bonded sandwich composite structures. Composite Structures, 2003, 59(2): 251-259.

[25] Hausding J, Engler T, Franzke G, et al. Plain stitch-bonded multi-plies for textile reinforced concrete. Autex Research Journal, 2006, 6(2): 81-90.

[26] Wang X Y, Gong R H, Dong Z, et al. Abrasion resistance of thermally bonded 3D nonwoven fabrics. Wear, 2007, 262(3-4): 424-431.

[27] Gong R H, Dong Z, Porat I. Novel technology for 3D nonwovens. Textile Research Journal, 2003, 73(2): 120-123.

[28] Ravirala N, Gong R H. Effects of mold porosity on fiber distribution in a 3D nonwoven process. Textile Research Journal, 2003, 73(7): 588-592.

[29] Kamiya R, Cheeseman B A, Popper P, et al. Some recent advances in the fabrication and design of three-dimensional textile preforms: a review. Composites Science and Technology, 2000, 60(1): 33-47.

[30] Anahara M, Hori F, Takeuchi J, et al. Method of producing fabric reinforcing matrix for composites. US Patent 5,327,621, US, 1994.

[31] Vasile S, van Langenhove L, de Meulemeester S. Effect of production process parameters on different properties of a nonwoven spacer produced on a 3D web linker (R). Fibres & Textiles in Eastern Europe, 2006, 14(4): 68-74.

[32] Hu J L. 3 - D fibrous assemblies: properties, applications and modelling of three-dimensional textile structures. Cambridge, England, Woodhead Publishing Limited, 2008:1-32.

14 纺织品悬垂性与服装三维建模、模拟以及可视化技术

摘要: 织物三维变形建模、服装穿着效果模拟和虚拟现实技术对纺织服装的制造和设计及全球远程销售都有重要作用。本章通过测试模拟算法的计算复杂性和精确性,给出评价虚拟现实模拟有效性的重要指标,并比较算法各自的优缺点,详细描述在织物复杂变形和服装穿着效果模拟计算中具有简便性、高计算效率和重要商业价值的"质量-弹簧系统"。本章重点介绍基于隐/显式混合积分方案的"速度和力修正算法",该算法可用于提高模拟计算的精确度和逼真感,且不会导致额外的计算量。本章另外探讨一种纺织测量新概念,以及基于该新概念的 FAMOUS 设备,特别是其在纺织、服装和零售领域的应用。最后,从商业重要性角度,本章探讨此项技术在虚拟穿着试验中的应用及其与服装全球零售业的关系。

14.1 引　言

纺织品动态或静态悬垂性预测是服装设计、纺织工程和计算机图形学等行业的科学家和工程师共同感兴趣的课题,主要成果包括:提出关于纺织品物理性能的认识、适当数学模型的推导,以及逼真模拟方法。逼真的三维实时服装仿真,应能准确模拟织物与任何物体触碰过程中的运动状况,同时保持动画的功效。如果满足这些需求,三维织物模拟无疑能在日常生活的许多方面得到应用。例如,在时装设计和制造过程中,开发有用的虚拟试穿应用技术,使消费者了解某件服装是否适合其本人,而无需实地试穿。

但是仿真模拟的计算复杂性使现有系统很难满足和实现这两个要求,面临着巨大的和仍不断提高的计算要求,尤其是对于高品质、高分辨率模型的织物模拟。例如,对动漫和电影业而言,该领域的成就是有效且令人满意的,但从时装设计师的审美眼光来看,仍有许多技术难题有待解决,比如创建逼真的模拟、实现更快的运行,或开发、织造和模拟复杂结构服装的方法。这些想法为提高织物模拟技术提供了相当大的动力。

本章包括八个部分。介绍部分阐述织物复杂变形模拟的应用潜力、研究目的,并简要总结各节的内容。在简要回顾织物模拟的历史后,概述几种可用方法,如几何方法、有限元模拟方法,以及最有可能得到实时织物性能的方法,即质量-弹簧系统,也称作粒子系统。此外,将介绍一个称为 FAMOUS 的织物测量新概念,可用来同时测量织物拉伸、弯曲、剪切和压缩。

本章后半部分重点介绍在纺织品、服装、销售行业可用的算法和技术,并讨论一种基于有限元模拟的织物虚拟悬垂测量方法。

另外,还将阐述织物复杂变形和服装穿着效果的模拟算法结构,包括质量-弹簧系统、触碰检测和反应,并介绍现有模拟的优缺点和改进方法。

14.2　三维纺织模型回顾

自 1986 年 Weil 建立起第一个织物几何模型以来[1],有关织物仿真的研究课题得到显著发展。服装仿真的初期工作仅集中于变形织物的几何特征[1],而相对的物理模型在 20 世纪 90 年代初期才提出[2-3]。虽然原始方法不适用于模拟织物的运动,且其应用往往局限于特定区域,但它具有能够快速生成静态织物形状的优势。另一方面,这种方法能够产生连续的数据,且可应用于几乎所有织物的仿真问题中。第二种方法增加了计算复杂性的成本,因此需要大量的计算时间,而物理模型更逼真,也比几何模型更易实现。不同物理模型的方法已被发展出来,例如利用粒子系统进行力学模拟[4-5],或者采用有限元方法的连续化模型[6]。

目前发展主要分为两大类,分别注重逼真性与计算效率。第一,采用有限元或有限差分模型,旨在实现逼真性;该方法对精度的要求比对快速仿真的要求更重要[7],因而更适合于纺织行业。第二,其他类别中的模型只要求出示可信的动画,从而牺牲计算的精度。然而,随着计算机技术的进步和处理器速度的不断提高,原本用于实现实时计算效率的模型变得越来越实用。

14.2.1　几何模型

如前所述,几何方法被设计为仅处理一个特定的情况。例如 Weil 提出的方法,只能模拟一个悬挂窗帘的问题[1]。相似地,Agui 等[8]提出了一个系统,用于模拟曲臂上的衣袖。所有这些几何模型系统,不同于取代其的物理模型,没有考虑织物的物理性能,而只是试图模仿预定义条件下织物的几何外形。Ng 和 Grimsdale[9]全面总结了这些模型。

14.2.2　有限元模型

有限元模型是分为一组分立单元的连续体。这种模型的目标是在保证相邻单元间函数连续性的条件下,找到满足描述各单元间相互作用的变形平衡方程的近似解。有限元程序通常用于分析固态连续体的结构问题,具有相互作用粒子方法的几个优点。例如,连续方程的参数是独立的。这种独立性很重要,因为织物模拟器应能处理任意形状、非结构网格的织物类型。关于有限元方法,有大量文献资料,主要应用于处理织物的非线性问题。

各种几何形状被用来定义单元,包括板、壳和梁。除了在力学、土木及电气工程领域的经典应用,有限元方法也应用于织物模拟[10]。Collier 等[11]提出一种使用板单元的非线性有限元方法。Ascough 等[12]在损失精度成本的条件下,采用梁单元提高处理时间。Tan 等[13]假设织物内的线长在变形后保持不变,将几何约束引入薄板单元模型。Donald 和 David[14]使用一种几何精确组合壳理论,包括基于真实织物测量的非线性应力-应变关系。因为基于薄壳或板的方法的准确度等级不能与其他模型相匹配,有限元模型仍在积极升级过程之中。虽然有限元程序在技术上可行,且是一个多功能的工具,但仍有一些问题必须得到解决:①没有减轻"屈曲失稳问题"的直接或有效的方法;②有限元程序需要比粒子算法更多的数值运算;③触碰性问题是一个较为棘手的工作。

14.2.3　粒子系统

虽然有限元在高计算成本下具有很高的精度,但由于粒子系统的简便性、灵活性及保真/性能比,仍使其成为计算机图形界的首选方法。自 Breen 等[15]提出用于织物模拟的质量-弹簧技术,计算机图形界的其他人也纷纷效仿[16-17]。在质量-弹簧系统中,质量粒子通过三种特征类型的弹簧相连,分别是结构、剪切和弯曲。给定初始条件,模型的运动通过标准牛顿运动定律计算得到。这项技术的主要问题是数值稳定性和精度。Volino 和 Magnenat-Thalmann[18]比较了一些时间积分方法的效率。Eberhardt 等[19]、Parks 和 Forsyth[20]为了获得详细的模拟结果而寻求更高的模拟精度。尽管存在这些方法,无论是显式或隐式,但织物模拟的最终目标尚未实现,即可在 $o(n)$ 时刻计算的准确、通用、稳定的技术(其中,n 为网格化的节点数或粒子数)。此外,此方法正在开发的距离约束消除了织物不可接受的伸长。质量-弹簧技术的其他优点包括易于操作、折叠能力,以及不像有限元技术般需要精细网格的起皱行为。

14.3　织物力学的自动测量

关于织物的虚拟三维悬垂性,已出现悬垂性力学性能模拟的学术文献。由于纺织材料不同于固体或液体等工程结构,是一种松软材料,纤维材料还具有黏弹性,使织物能够通过包裹/附着等方式贴合于任何三维实体,比如人体。另外一个有趣的方面是纺织结构的多样性,包括不同原料与结构。因此,鉴于设计、制造、质量及性能等因素,工程结构需要大量的纺织材料。但对于研究而言,更为重要的是模拟与动画中织物悬垂性的逼真程度。测量织物的拉伸、弯曲、剪切及压缩等力学性能,是满足这种需要的重要条件。在过去的几十年中,经过广泛的科学与工业应用,关于目前可用设备的一般理解是:KES是一种用于研究的科学装置,FAST是工业用的一种简化替代品。这两种仪器都可用于力学性能的测量,但各有缺点,阻碍了它们的进一步应用,尤其在模拟和动画领域[21-22]。

在学术界和产业界的双重需求下,一个新概念得以建立,开发了一种可自动精确测量纺织面料、皮革、纸张及薄膜的新型设备,称为FAMOUS[23-24],全称为:Fabric Automatic Measurement and Optimization Universal System(织物自动检测和优化通用系统)。对于这种设备,所有测试仅需单一的样品,实现全面自动化,而无需任何人工处理。因此,材料的结构物理性能决定的行为,如拉伸、剪切、弯曲、压缩及表面粗糙度和摩擦,这些指标皆可被快速、精确和自动测量。测量结果确定了一组合适的控制参数,完全描述材料静态和动态的性能。这种设备的目的之一是提供一种"5合1"的装置,仅用一个单一样本即可进行各种测定,从而节约了空间;目的之二是减少测量时间和数据解释的复杂性,同时提高精度和可再现性。与现有方法相比,该设备同时保持了测量量程与现有设备兼容。

图14.1(a)所示是一张"5合1"便携台式FAMOUS设备的照片。织物样品被切割成20 cm×20 cm的尺寸,放置在机器上。所有尺寸和测量参数均与现有设备兼容。每块织物的所有测试都可在5 min内完成,且自动生成数据图表。一个完整的数据图表如图14.1(b)所示。图14.2给出了拉伸、剪切滞后、抗弯刚度、厚度、压缩、表面粗糙度,以及由设备导致的精纺毛织物的摩擦等各种典型的力学性能曲线。这些曲线代表了特定模式和变形行为条件下织物样品的精确测量结果,从而建立三维服装的材料行为预测。

(a) FAMOUS 设备

控制区　　　　　　　可接受区　　　　　　控制区

拉伸线性度
拉伸能
拉伸弹性
拉伸伸长
经向、纬向伸长比
剪切刚度
剪切滞后@0.5°
剪切滞后@5.0°
弯曲刚度
弯曲滞后
摩擦系数
摩擦偏差均值
几何粗糙度
压缩线性度
压缩能
压缩弹性
厚度@0.5 g·cm^{-2}
厚度@50.0 g·cm^{-2}
压缩
悬垂等级

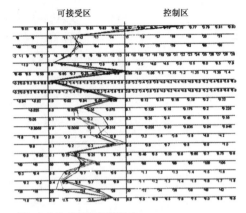

（b）自动生成的织物数据表

图 14.1

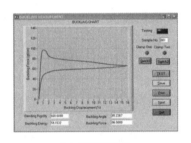

（a）织物的弯曲

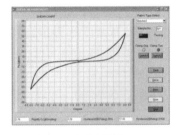

（b）织物的剪切

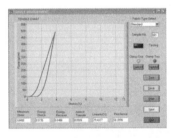

（c）织物的拉伸

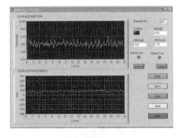

（d）表面摩擦与粗糙度

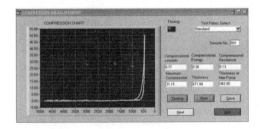

（e）织物的压缩

图 14.2　描述各种典型力学性能的曲线

14.4 悬垂性测量与评价

在虚拟测量系统(VMS)中使用的悬垂性模型是基于深壳系统[25]的物理模拟。织物最初被视为一个连续壳系统,然后根据所采用的特定网格布局,通过离散化将其质量和力学性能分配给大量可变形的节点单元,其中的单元尺寸可均匀化或离散化。

为使这种模式适用于任何柔性材料,需要一个表面局部坐标系。坐标系由通过表面上特定点相切的两个正交矢量:(第一和第二坐标 α_1 和 α_2),以及垂直于表面的矢量(即第三坐标 α_3)所定义。织物单元的变形可以通过参数 u 和 v 来描述切平面(即沿 α_1 和 α_2)内的位移,以及通过 w 来描述沿 α_3 的位移。通过将能量整合到单元内,所有单元中的材料性能等信息可被汇总到变形节点中。因此,必须建立介于局部和全局系统之间的一个合适的转换机制。之后,有关织物变形的微分方程可由材料单元内部的系统能量离散化推导得到,则最终的全局悬垂性控制方程的一般形式为:

$$\widetilde{M}\ddot{x} + \widetilde{C}\dot{x} + \widetilde{K}x = F \tag{14.1}$$

式中:$\widetilde{M}$、$\widetilde{C}$ 与 $\widetilde{K}$ 分别为质量矩阵、阻尼矩阵和刚度矩阵;F 为施加在每个节点上的分布式外力矢量;x 为节点位移;$\dot{x}$ 为速度;$\ddot{x}$ 为加速度。

由于大量的节点被用于循环结构的几何结构,故可以很方便地表达一个隐式形式中的方程或矩阵。随着时间空间被分成一系列有限的时间间隔 t,若知道 t_n 时刻的解,则可通过称为"纽马克(Newmark)"算法的单步算法得到时刻 $t_{n+1} = t_n + t$ 的解[26]。这种方法已被证实是有效和准确的,并已应用于三维织物悬垂变形的预测中。

这里,提出了实现虚拟悬垂测量的一个算法,其被认为可更准确、逼真地定义织物的美观性。该系统是悬垂性测量系统(M3)的虚拟姐妹版本[27],通过它可进行真实和虚拟悬垂性测量值的比较和验证,还曾尝试使用消费者的自然心理及有关织物悬垂性的工程原则技术诀窍来定义审美属性[27]。虽然悬垂系数对织物悬垂性的评价是一个重要属性,但不能提供悬垂的准确或完整的表征,因此具有相同悬垂系数的两种面料可以拥有不同的悬垂性,从而需要增加一些审美属性来定义悬垂性,如褶皱数、褶皱变化及褶皱深度。这四个虚拟测量值已被用于定义一个给定的纺织材料的悬垂性,如下所述:

评估悬垂性的经典技术[28]是利用放置在小圆柱底座表面的圆形织物样品。当放置在一个直接光源下时,织物投影比原始织物圆 C 的半径(R_0)小得多。最初的圆形织物样品结构和悬垂姿态分别示于图 14.3(a)和(b)中。悬垂系数是通过比较形成于 $C(R_0)$ 与支撑悬垂基座轮廓之间的环形圈来确定的,根据下式:

$$DC = \frac{A_{shadow}}{\pi R_0^2 - \pi r^2} \qquad (14.2)$$

假定近似边界曲线为 $R(a)$，褶皱变化由下式确定：

$$Var = \frac{1}{n-1} \sum_{i=1} \left[R(a_i) - \frac{1}{n} \sum_{k=1} R(a_k) \right] \qquad (14.3)$$

假定 $R(a)$ 的最大和最小值分别是 R_{max} 和 R_{min}。通过下式确定悬垂虚拟织物的褶皱深度指数：

$$D_e = \frac{R_{max} - R_{min}}{R_0 - r} \qquad (14.4)$$

悬垂褶皱数可以在检测和近似阴影区域外边缘的边界曲线后直接确定，如图 14.3 所示。

可以通过实验来评估织物的悬垂性，选择两种材料（一硬、一软）。这些材料力学性能的测量值示于表 14.1 中。

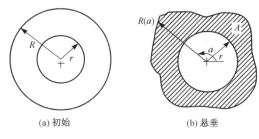

(a) 初始　　　　　　　(b) 悬垂

图 14.3　测试织物上垂直投影

表 14.1　织物性能

项目	拉伸能量 （N · cm/cm²）	剪切刚度 （N/cm）	抗弯刚度 （N · cm²/cm）	面密度 （g/m²）
样品 A	0.21	0.003	0.000 2	186.48
样品 B	0.16	0.009	0.002	238.92

使用 M3 系统测试织物样品的结果示于表 14.2 中。图 14.4 中的六张照片提供了所用的两类材料中任一种的悬垂性实验值和模拟值的比较。图的左侧分别显示：(a) 软质材料，俯视图；(c) 软质材料，侧视图；(e) 硬质材料，侧视图。样品的力学性能被送入 VMS，从而形成三维悬垂模拟的虚拟测量结果，如图 14.4 中 (b)(d)(f) 所示。虚拟三维悬垂性的测量结果列于表 14.3 中，表明两种织物样品的实际和虚拟悬垂性测量值具有很好的一致性。结果表明，虚拟测量可以提供关于美学属性与更高精度悬垂性评价的详细信息。

表 14.2　真实悬垂性测试

项目	悬垂系数	褶皱数	类别
样品 A	0.279	6	柔性
样品 B	0.54	4	刚性

表 14.3　虚拟悬垂性测试

项目	悬垂系数	褶皱数	褶皱深度(cm)	褶皱均方差(cm)	类别
样品 A	0.28	6	0.743	0.226	柔性
样品 B	0.542	4	0.675	0.21	刚性

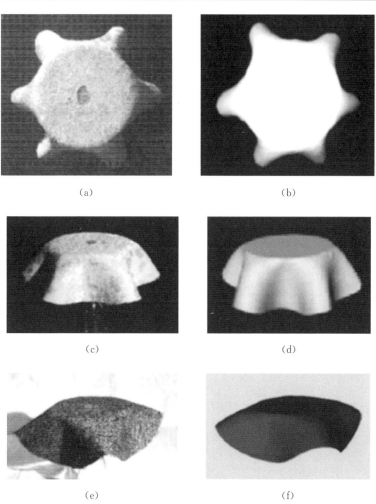

(a)　　　　　　　　　　　　　　(b)

(c)　　　　　　　　　　　　　　(d)

(e)　　　　　　　　　　　　　　(f)

图 14.4　两种织物样品悬垂性的实验与模拟结果

14.5　三维质量-弹簧模型的关键原则

14.5.1　质量-弹簧系统的一般描述

如前所述,质量-弹簧系统属于最简单的物理模型之一,且最有可能实现实时性能[16, 29-30]。此模型中的一个变形体近似于由固定拓扑结构中的弹簧相联的质量组。对于图 14.5 所示的例子，其中粒子的质量由 $n \times n$ 个节点的矩形网格表示[31]。"粒子"是有质量、位置、速度及响应内、外力的实体；"节点"之间的弧线代表弹簧单元，有三种类型，但没有空间广度。

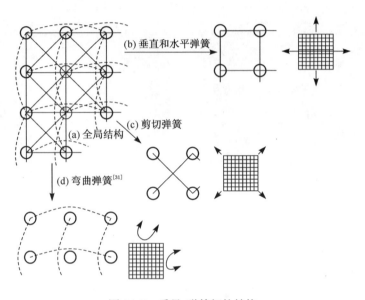

图 14.5　质量-弹簧拓扑结构

　　结构性的拉伸弹簧将每个质量单元连接到与其最近的水平和垂直的其他相邻单元上。顾名思义，这些弹簧可防止材料发生面内拉伸（沿表面方向）。矩形网格对角线上是剪切弹簧，除了抵抗面内剪切，还可以抑制伸展。最后一种类型是连接每个质量单元与相邻间隔质量单元（以弧表示）的较长弹簧，可抵抗面外弯曲（如起皱、折叠与波动）。关于灵活性，可自由定义几个参数，如粒子质量、牵引弹性常数（纬向和经向）、弯曲（纬向和经向）、剪切、阻尼常数、摩擦和触碰。因而，通过改变参数设置，可模拟许多不同种类的织物，包括高性能材料。

　　为了在数学上实现上述质量-弹簧系统，从一系列的计算开始，确定粒子的内部运动。假定 $p_{ij}(t)$，$v_{ij}(t)$，$a_{ij}(t)$（其中，$i=1, 2, \cdots, m$，$j=1, 2, \cdots, n$）分别对应 t 时刻各质量的位置、速度与加速度。该系统服从牛顿第二定律：

$$f_{ij} = ma_{ij} \tag{14.5}$$

式中：m 为每个点的质量；f_{ij}（内、外力的合力）为施加在 p_{ij} 上的力的总和。

　　内力主要源于弹簧间的张力。弹簧的变形遵循虎克定律，由其端点间的张力所描述。点 p_{ij} 的内力由连接其与其周边各点的所有弹簧的变形所致。

$$f_{\text{int}}(p_{ij}) = -\sum_{kj} k_{ijkl}\left(\overrightarrow{p_{kl}p_{ij}} - l_{ijkl}^{0}\ \frac{\overrightarrow{p_{kl}p_{ij}}}{|\overrightarrow{p_{kl}p_{ij}}|}\right) \tag{14.6}$$

式中：k_{ijkl} 是刚度；l_{ijkl}^{0} 是连接 p_{ij} 和 p_{kl} 两点的弹簧自然长度。

另一方面，根据试图模拟的类型，外力如重力、风力或空气摩擦，都可引入模型中。最常见的施加条件如下：

① 重力：$f_{gr}(p_{ij}) = mg$；式中，g 是重力加速度。

② 黏性悬垂：$f_{vd}(p_{ij}) = -C_{vd}v_{ij}$；式中，$C_{vd}$ 是悬垂系数。

时域内的质量-弹簧系统的运行是通过追踪单个粒子的路径来确定的，以此得知整块织物的运动状态。其结果是通过每个粒子在任意特定时间间隔的连续位置顺序的数值积分而获得。虽然存在许多的显式和隐式积分方案[32]，欧拉法因简便性和低计算成本，最广泛地用于织物的运动模拟。为实现此系统，可采用以下的显式欧拉积分方案：

$$a_{ij}(t+h) = \frac{1}{m}f_{ij}(t) \tag{14.7}$$

$$v_{ij}(t+h) = v_{ij}(t) + h \cdot a_{ij}(t+h) \tag{14.8}$$

$$p_{ij}(t+h) = p_{ij}(t) + h \cdot v_{ij}(t+h) \tag{14.9}$$

式中：h 为所选的时间步；$v(t)$，$v(t+h)$ [$p(t)$，$p(t+h)$] 分别为初始时刻 t 与最终时刻 $t+h$ 时的粒子速度（位置）。

显式方法的经验解已由 Provot[16] 与 Vassilev[33] 提出，主要原理是弹簧伸长的限制。显式积分方法中，最重要的是欧拉、中点及 Runge-Kutta 法，分别对应截断误差项 $O(h^2)$，$O(h^3)$ 与 $O(h^5)$[30]。显式积分方法计算下一时间步的状态，通过上一状态的直接外推及相应的更高阶的显式方法，从而配备非常小的时间步长，以保证系统的稳定性和精度[34]。与显式积分相反，隐式欧拉法用 $t+h$ 时刻的力取代 t 时刻的力：

$$a_{ij}(t+h) = \frac{1}{m}f_{ij}(t+h) \tag{14.10}$$

$$v_{ij}(t+h) = v_{ij}(t) + h \cdot a_{ij}(t+h) \tag{14.11}$$

$$p_{ij}(t+h) = p_{ij}(t) + h \cdot v_{ij}(t+h) \tag{14.12}$$

式中：h 为时间步。

这种简单的替代形式以一个独特的方式形成了强制稳定性：新位置不是盲目获取的，但它们对应力域与位移一致的状态，并使用下一时间步内力的近似值，为积分过程引入一种反馈[21, 35]。在这种情况下，对于任意大小的时间步，系统的输出状态将具有一致的力，不会对不稳定性产生影响。在不影响稳定性或效率的情况下,能够使用较大的时间步长;但由于大的线性系统需要在每个积分步进行求解,导致这些方法较难实现。

14.5.2　触碰检测和反应

触碰检测是织物模拟中最耗时的过程。不仅需要考虑不同物体和表面之间的触碰,还应考虑织物因柔软性而易于变形的自然属性,同时也意味着有必要考虑同一块布料不同部分间的"自触碰"现象。相关模型的动力学被考虑为具有特定物理性质的质点和连接的结构问题。

假设两个触碰表面最初是相互分离的,在每个表面取一个平滑的三角区域。然后,通过三角形顶点对其余三角形区域,即其余材料的侵彻测试来检测表面间的触碰。为确定一个特定顶点 P_4 是否侵入一个特定的三角形 T,对于初始顶点 P_1,P_2 和 P_3,比较每个时间步的开始和结束时刻各顶点的位置。

假设 P_4 的初始位置在 A,沿着其速度 V_4 的方向,在时刻 t 到达 B。如果存在一个使 B 与 T 共面(或等价地与三个新顶点 P'_1,P'_2 和 P'_3 共面,分别沿着 V_1,V_2 和 V_3 三个方向定义 T),则在此时间步发生触碰[36-37]。定义 $\vec{p}_{ij} = p_j - p_i$,$\vec{v}_{ij} = V_j - V_i$,三次方程的根给出四点共面的时刻:

$$(\vec{p}_{21} + t\vec{v}_{21}) \cdot (\vec{p}_{31} + t\vec{v}_{31}) \cdot (\vec{p}_{41} + t\vec{v}_{41}) = 0 \qquad (14.13)$$

如果左侧被评估存在一个小公差,如 10^{-6} m,则设定一个触碰事件。为了最大限度地减少计算成本,用初始步来检查点 P_4 是否比沿着三角形 $P_1 P_2 P_3$ 表面法线 $\vec{n}$ 方向的垂直距离 h 更近。首先将点投影到面上,计算三角形的重心坐标 w_1,w_2 和 w_3 ($w_1 + w_2 + w_3 = 1$):

$$\begin{vmatrix} p_{13}p_{13} & p_{13}p_{23} \\ p_{13}p_{23} & p_{23}p_{23} \end{vmatrix} \begin{vmatrix} w_1 \\ w_2 \end{vmatrix} = \begin{vmatrix} p_{13}p_{43} \\ p_{23}p_{43} \end{vmatrix} \qquad (14.14)$$

这些是用于求出面上最接近 P_4 的点 $w_1 P_1 + w_2 P_2 + w_3 P_3$ 的最小二乘问题的通常公式。

如果重心坐标在区间 $[-\delta, 1+\delta]$ 内,其中 δ 为 h 除以三角形特征长度之商,则触碰点相互重合。重叠部分为:

$$d = h - (\vec{p}_4 - w_1 \vec{p}_1 - w_2 \vec{p}_2 - w_3 \vec{p}_3) \cdot \vec{n} \qquad (14.15)$$

如果垂直距离的符号没有改变,则假定交叉不发生。如果符号发生改变,则必须实施上述其他(更昂贵)测试。但实践中此测试足够消除大部分点-三角形对。

检测到触碰后,必须计算系统整体响应。为了测试针对特定触碰的响应,不应考虑邻近区域的进一步相互侵入的过程。对此,提出了一个避免这种不必要触碰的方法。该方法构建一个非常薄的排斥力场以包围冲击表面的相关区域,类似于 Baraff 和 Witkin[35],Breen 等[15] 及 Volino 等[3] 提出的方法。如图 14.6 所示,力场的影响区域被划分成小的连续不重叠单元,完全包围相关表面,可移体被替换为由三角形上的点 P_i 与其法线 N_i 所构成的单元。一旦测试点进入单元中,反应力即被施加。此力的方向和大小取决于:①相对于冲击面法线方向速度的顶点速度;②触碰对象的材料组分。

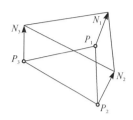

图 14.6　由三角形上的点 P_i 与其法线 N_i 所构成的单元

14.6　织物模拟:优点、缺点与改进建议

因具有简便性和高效率,以及使用较有限元技术粗的网格即可模拟织物物理行为的能力,质量-弹簧模型得到了广泛的应用。不巧的是,这些方法都面临着同样的问题,即为了确保稳定性,时间步长必须与刚度的平方根成反比,因此在需要很小时间步以确保稳定性的实时应用中用处不大。在隐式积分中,虽可采取大的时间步长以减少数值计算成本,同时保证系统稳定性,但缺点是需在每个时间步解决大线性系统的问题。为了缓解这一缺点的负面效应,结合 Runge-Kutta 显式与欧拉隐式两种方法。在大多数织物模型中,弹簧服从无限线性变形规律,联合显/隐式积分方案,可以通过将线性弹簧变形的原始假设(特别是对于拉伸结构弹簧)替换为非线性来实现,即弹簧应变是否超过预定义的阈值。具体而言,最终隐式更新的速度被用作刚体触碰算法的输入,速度更新的约束被用于在刚体法线方向阻碍各触碰点的运动。用 x,v 和 a 分别表示位移、速度与加速度,则 n 到 $n+1$ 步的算法如下:

$$v^{n+1/2} = v^n + \frac{\Delta t}{2} \frac{f(t^n,\ p^n,\ v^n)}{m} \text{(显式积分)} \tag{14.16}$$

为限制应变等,将 $v^{n+1/2}$ 替换为 $\tilde{v}^{n+1/2}$:

$$p^{n+1} = p^n + \Delta t \cdot \tilde{v}^{n+1/2} \tag{14.17}$$

$$v^{n+1} = v^{n+1/2} + \frac{\Delta t}{2} \frac{f(t^{n+1},\ p^{n+1},\ v^{n+1})}{m} \text{(隐式积分)} \tag{14.18}$$

为限制应变而修改 v^{n+1}。

织物的一个有趣特性是拉伸和压缩响应的非线性,换言之,其在初始阶段的抗拉能力相当薄弱,织物中的纱线处于自然舒展状态。但之后,由于纱线被拉伸长,

织物的抗拉能力显著提高。此现象在 FAMOUS 设备上得以测试验证。目前,大多数织物模拟的结果类似于胶状材料而非织物本身,为此,提出一个新的解决方案,通过采用非线性模型,以更好地捕捉真实面料的行为。这实际上也是模拟织物的双相性质。小变形表明对材料的弱抵抗作用,直至达到阈值 ε_c,此时刚度得以大幅度提高。在这种想法的启发下,提出一种改良的结构弹簧(MSS),使用一个非线性函数 M 来描述应力-应变关系。

假设一个任意质点 p_i,通过自然长度为 l_{ij} 的弹簧与其邻点 p_j 相连,假设 $p_{ij} = p_j - p_i$,引入一个函数 $K(p_i, p_j)$ 来调节弹簧的刚度 k_0:

$$K(p_i, p_j) = \left[1 + \frac{(|p_{ij}| - l_{ij})^2}{l_{ij}^2 \varepsilon_c^2} \right]^\alpha k_0 \tag{14.19}$$

由 MSS 生成的拉力为:

$$f_{\text{MSS}}(p_i, p_j) = - K(p_i, p_j) \frac{(|p_{ij}| - l_{ij})}{|p_{ij}|} p_{ij} \tag{14.20}$$

式中:α 为控制弹簧常数调整的"非线性参数";ε_c 为织物双相行为的预定义应变阈值;k_0 为基本的弹簧刚度。

通过调整 α 值,函数 $K(p_i, p_j)$ 可以模拟线性和非线性的应力-应变关系。图 14.7 给出了弹簧应变非线性函数 $K(p_i, p_j)$ 的叠加图形和不同 α 值时由 MSS 产生的力。可以看出,当拉伸应变超出阈值时,得到的力急剧增加。实际织物的应力-应变关系,可通过调整当前应变阶段相对于其他一系列应变阶段的数值参数,并由预定义应变阈值分量来近似表达。

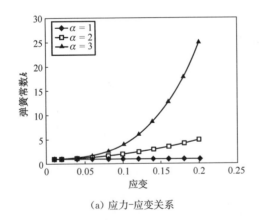
（a）应力-应变关系

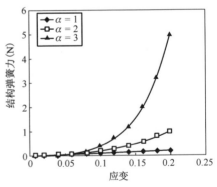
（b）由 MSS 产生的力（$\alpha = 0, 1, 2$；$k_0 = 1.0$；$I_{ij} = 1.0$；$\varepsilon_c = 0.1$）

图 14.7　非线性弹簧性质

一般物体不是完全弹性体,弹簧相邻质点间的非零相对速度将导致变形过程中能量耗散。为了说明这一点，黏弹性弹簧将用于阻止相对运动，因此在每根弹簧上施加一个黏性力。此时，优先使用：

$$f_i = k_d \left(\frac{v_{ij}^t P_{ij}}{p_{ij}^t P_{ij}} \right) P_{ij} \tag{14.21}$$

式中：k_d 为弹簧阻尼常数；$v_{ij} = v_j - v_i$。

即将速度差投影到分离质量的矢量上，并且只允许沿着 p_1 与 p_2 连线方向的力。也可以通过一个松弛迭代过程来调节速度。弹簧质点的速度 v_i 和 v_j 被分解成两个分量，即平行于矢量 $\vec{p}_{ij}$ 的 v_i^t 和 v_j^t，以及垂直于矢量 $\vec{p}_{ij}$ 的 v_i^n 和 v_j^n。在每个时间步，对于每个网格的边缘，使弹簧伸长的分量是 v_i^t 和 v_j^t，如果两者不同，则校正后的速度为：

$$v_i^{t*} = v_i^t - \frac{m_j v_j^{t2}}{m_i v_i^{t2} + m_j v_j^{t2}} v_{ij}^t \tag{14.22}$$

$$v_j^{t*} = v_j^t + \frac{m_i v_i^{t2}}{m_i v_i^{t2} + m_j v_j^{t2}} v_{ij}^t \tag{14.23}$$

式中：$v_{ij}^t = v_j^t - v_i^t$；m_i，m_j 分别是弹簧端点 i，j 的粒子质量。

对位移使用显式更新，使得可对速度进行修改，从而可以执行各种各样的约束。进一步可开发一个应变限制程序，弹簧被限制为最大 10% 的伸长（超过其自然长度）[35, 38]。为了处理超弹性，同时保持稳定性和精度，提出一种新的算法。首先检查各根弹簧的长度，每次迭代后，如果伸长超过该阈值，则使用具有不同 α 值的非线性应力-应变关系修改弹簧两端的力。进一步，这些端点的速度可调，一是可直接响应对最终力的变化，二是先前所述的替代性方法［式（14.22），式（14.23）］，从而对质点的运动可进行约束并防止无限伸长。阈值通常的取值范围为 1%～10%，取决于试图模拟的织物类型。若此改良算法应用于所有弹簧，则速度的各分量减小，从而防止进一步的伸长。经过此程序的多次迭代，伸长超过此阈值的弹簧被放松（缩短），这反过来又拉伸邻近的弹簧，接着又放松，如此循环反复。当边缘上的所有弹簧收敛到它们各自的自然长度时，迭代过程停止。质量-弹簧系统在复杂的动态环境中，最终的结果呈现出一种任意连接的快速稳定的方式。但应该指出，这种方法适合于全局与局部变形。

14.7 实验结果和讨论

为演示动画算法的性能，以简单织物模型复杂起皱过程为例，其中长方形的片状织物放置在简单的物体上：一个球体和一张桌子。如图 14.8 所示，考虑一块织物在移动球体上的悬垂性。当球体向上与来回移动时，织物自身翻转造成大量接触和触碰。此特定模型确保织物褶皱和折叠的高度复杂结构是稳定的，结合纹理，使得模拟更加逼真。

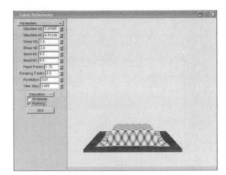

图 14.8　在移动的球体上悬垂
织物（应用纹理映射）

图 14.9　采用不同参数模拟织物
悬垂性的织物模型界面

　　参数化研究可用于验证数值模拟。为了研究材料性能，比较不同材料及各自的悬垂行为，考察了提供准确实验数据的必要性，进而构建了一个界面，允许快速输入描述织物的参数。如图 14.9 所示，界面由一个编辑数据的多标签窗口、对话框（左）和图形窗口（右）组成。模拟悬垂织物的外观和质地可以通过操纵各种参数而改变。这些参数包括质量、阻尼常数、时间步长，以及表征织物拉伸和弯曲性能的参数。

　　除了某些参数不同外，计算织物形状的其余条件都相同。假设将织物悬挂在空间中的固定点。决定"逼真性"的常量中，模拟过程中三个最重要的常量是结构弹簧常数 k_s、剪切弹簧常数 k_b 与弯曲弹簧常数 k_c。

　　k_s 控制系统的伸缩能力。图 14.10 给出了 k_s 值为 3～30 时的模拟结果，织物悬挂在三个固定点上。k_s 越大，织物越不可能通过其自重被拉伸。k_b 与 k_c 控制粒子系统如何易于弯曲/扭曲，两者越小，则织物抗弯曲能力越小，如图 14.11 和图 14.12 所示；减小两值之一时，则织物起皱严重。

(a) $k_s = 3$　　　　(b) $k_s = 5$　　　　(c) $k_s = 15$　　　　(d) $k_s = 20$　　　　(e) $k_s = 30, k_c = k_b = 3$

图 14.10　不同结构弹簧常数 k_s 的影响

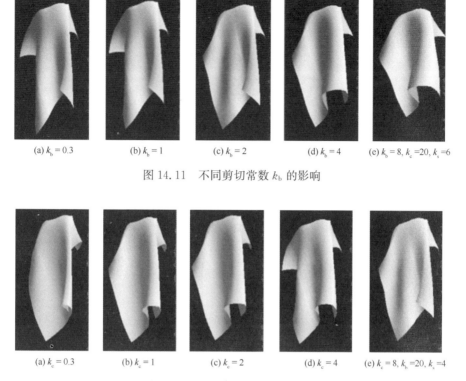

(a) $k_b = 0.3$　　(b) $k_b = 1$　　(c) $k_b = 2$　　(d) $k_b = 4$　　(e) $k_b = 8, k_c = 20, k_s = 6$

图 14.11　不同剪切常数 k_b 的影响

(a) $k_c = 0.3$　　(b) $k_c = 1$　　(c) $k_c = 2$　　(d) $k_c = 4$　　(e) $k_c = 8, k_b = 20, k_s = 4$

图 14.12　不同弯曲常数 k_c 的影响

　　此外,作为高度各向异性的材料,面料呈现弱抗弯性,但具有较高的抗拉伸能力。在确定模拟参数时,此处给出如何考虑此效应的一个例子。如图 14.13 所示,两块不同织物悬垂在球体上,其中,较暗的材料比较浅的材料硬。

图 14.13　两种不同织物的悬垂行为

　　如前所述,质量-弹簧模型中弹簧的过度伸长会导致不切实际的织物性能,最小化此影响的简单方法是减小弹性设置;但随后的质量-弹簧拓扑可能变得刚硬,从而导致不稳定性。可采用后续步速度修正算法来消除这种过度伸长:在联合显式、隐式方法的框架内,每当弹簧过度伸长时,即引入双相弹簧模型,调节弹簧两端的速度,从而消除不必要的变形。图 14.14 比较了两块放置于球体上的长方形织物的悬垂性,其中一块采用原始弹性模型且无拉伸限制(左),另一块采用上述具有 10% 伸长率阈值的速度改良模型(右)。前者的伸长超过其自重,这对于真实的织物是不可能发生的;而在改良模型中,织物的姿态更加准确逼真。

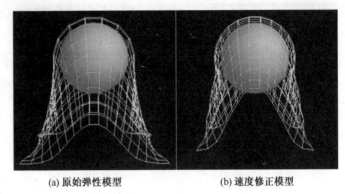

(a) 原始弹性模型　　　　　　　(b) 速度修正模型

图 14.14　织物覆盖圆球时的悬垂形态

14.8　应用与实例

随着互联网的发展,已在全球范围内见证了一场互联网信息革命。21 世纪的理念基础是无国界的全球零售业。通过研究提供所需的技术-基础设施来实现此目标,将迫使行业重组,同时为消费者在购物方式上提供新的选择,如图 14.15 所示,客户能够设计和购买满足他们特定需求的服装。这就是著名的"虚拟穿着者试验"。

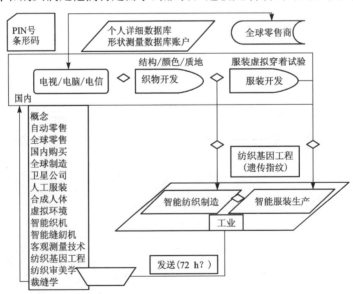

图 14.15　新一代的纺织服装制造及零售流程图

客户能够通过"虚拟相似体"来检验衣服的合身程度,从而避免了亲身试穿每件衣服的不便。当虚拟试穿如网络购物般变得很普遍时,也许生产商能够在两三天时间内用智能缝纫设备制作半定制服装[39-41]。

虚拟人体模型通过虚拟人体穿着来模拟衣服的动态运动造型,可作为服装悬垂性的"物理"约束,且在虚拟穿着者试验中为虚拟人体赋予个性特征[42]。在以往的研究中,直接通过测量和女模特照片中获取的数据被用来从 50 000 多个多边形的组合结构中构造虚拟人体[43]。该方法制作一套集成、测试和评估技术与算法,包括几何重建、人性化功能的数字克隆、虚拟人体动画、织物模拟,以及织物力学的自动测量,组合在一起即形成一个完整的在线虚拟人体系统,如图 14.16 所示。

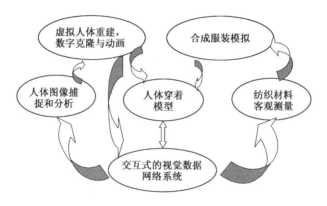

图 14.16   在线三维虚拟人体系统

14.8.1   合成人体的建模和可视化

虚拟人体脸部特征的重建算法的灵感源于对人体轮廓的识别,拓扑类似于关于旋转轴对称的椭圆柱面,因此初始网格充分接近期望的人体形状,由照片中测量的有限特征点构造。三角学和双三次样条函数[44]被用于初始网格的横截面,以提供多层、多分辨率网格的细节。基于这些 3D 曲线的曲面由下式表示:

$$B_{i, j}(t, s) = B_i(t)B_j(s) \tag{14.24}$$

式中:$B_i(t)$,$B_j(s)$ 分别为双三次样条曲线[45]和重建的三角函数。

$B_{i, j}(t, s)$ 是由下式确定的基本函数:

$$Q(t, s) = \sum_{i=0}^{n} \sum_{j=0}^{m} B_{i, j}(t, s) p_{i, j} \tag{14.25}$$

式中:$p_{i, j}$ 是控制点数组。

图 14.17 所示为人体头部重建算法的一个例子,前额比头部背面具有较小的

弯曲程度。由于几何表面的曲率有大的过渡,使该面部经常发生双眼靠近外端线的现象。为此,设计了一种算法,用于计算半面部横截面的顶点坐标。

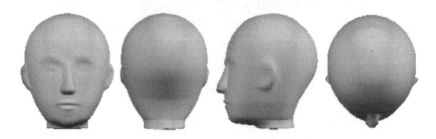

图 14.17　人体头部的重建

假定头部前面 $[k][m]$、头部侧面 $[k][m]$ 和头部背面 $[k][m](m=0,1,2)$ 代表前视图、侧视图和后视图上主截面轮廓线的原始顶点。这些主截面的顶点坐标由下式确定:

$$V[i][j][0] = S[k][0] \cdot \left[1 + a \times \left| \sin\left(\frac{j}{p} \cdot 2\pi\right) \right| \right] \cdot \cos\left(\frac{j}{p} \cdot \pi\right)$$

$$(14.26)$$

$$V[i][j][1] = S[k][1] \qquad\qquad (14.27)$$

$$V[i][j][2] = F[k][2] \cdot \left[1 + b \cdot \left| \sin\left(\frac{j}{p} \cdot 2\pi\right) \right| \right] \cdot \cos\left(\frac{j}{p} \cdot \pi\right)$$

$$(14.28)$$

$k = 0,1,2,\cdots,$ 帧数 -1; $i = 6 \times k$; $j = 0,1,2,\cdots,$ 点数 -1

式中:a 和 b 是性能常数;$j \cdot \pi/p$ 和 $j \cdot 2\pi/p$ 分别是待定的重合角。

顶点方向及 a 和 b 可在头部正半面的第 i 个水平截面调节。一个类似的算法被用来从其他角度重构头部的其余部分。

修改头部轮廓,首先描述多层、多分辨率控制网格的几何形状,如几个功能控制点的位置变化情况。为增强真实感,通过操纵特征点附近的局部变形或基于线变形积分算法的的参数表面曲线,联合面部特征测量和曲线拟合算法,可实现附加特征的形状细节。因此,仅使用照片选了一些特征点,具有规则顶点分布的参数模型就可通过变形得到近似真实的面部和身体。完整详细的描述不在本章的讨论范围内。

虚拟人体克隆技术提供了一种基于独立客户面部和身体特征的展示栩栩如生的时装秀的有效手段,有逼真的肤色、姿势和动作。使用客户端的数据产生数字克隆人体的任务由两个主要部分组成:面克隆和体克隆。面克隆的不同阶段,利用图

14.18 所示的例子说明。系统利用拍摄于前面、侧面和背面的照片(在简单/平面背景条件下),重建人体模型以适应实际的人体尺寸。一套具有多个子域的有效平面纹理映射算法与面部照片一起用于将客户的脸部和体部特征克隆至预准备的三维原始虚拟人体模型中,其结果示于图 14.19 中。

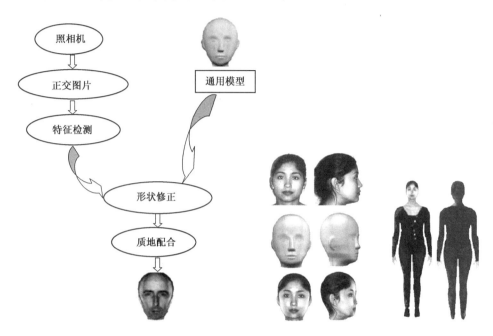

图 14.18　人体头部克隆的总体结构　　　图 14.19　面部和身体克隆整合的实例

　　上述人体模型是用于显示一个人的固定形状/姿势的唯一有效方法,因此其可显示一件服装的可穿着性;但对于"猫步",模型必须具有动画功能,以实现人体步行过程的效果。为实现此目的,一个骨架模型应运而生。在一个典型的动画层次上,臀部上方的关节是结构的"根",而头部、手和脚则是"枝"。可通过一系列时间步内的一组方向或运动曲线来控制每个关节的位置。在创建每一步的动画框架后,每个关节的位置转变从层次链接的根部产生,且通过联合局部平移矩阵与传递平移向量,由父传到子,如图 14.20 和图 14.21 所示。一旦骨架模型得以完成,体表将附着动画骨架,这样即形成一个动画克隆人体。虚拟环境中的一个女模的例子见图 14.22。

图 14.20　身体骨骼的关键帧动画

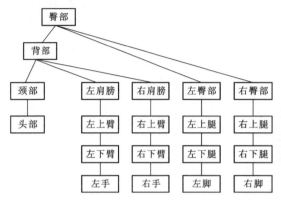

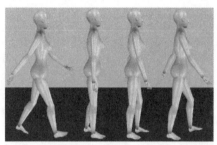

图 14.21　分层结构骨架　　　　　　　图 14.22　无缝连接的人体行走动画

14.8.2　虚拟穿着实验

服装的运动是通过处理衣物和移动体之间的触碰来实现的。

在这一阶段所用的约束条件是重力、织物和人体在运动中触碰产生的力,以及织物与织物间的自触碰产生的力[2],应用于模型的每个可变形节点。当人体运动时,检测衣服和身体各部位之间的触碰情况,并计算排斥力。在检测触碰之前,需执行用来减小服装上节点和人体每部分之间的触碰数的初步测试。由于人体各部分的重建是基于运动的骨骼,皮肤的位置可设置于一个全局坐标系中。因此,可在全局坐标系中考虑各个部分。设计算法的目的是找出适用于触碰条件的服装——节点细分的动态列表。在此规则下,两个相邻人体片段上的各节点同时属于这两段。

一个虚拟穿着者试验用克隆(逼真)女模特的模拟实例如图 14.23 所示,采用不同的面料和服装设计模式。该系统能够成功地模拟裙子的形态,可逼真地看到裙子随人体摆动而出现的裙皱。有关触碰检测和反应算法的详细讨论见"14.4"。

图 14.23　在女模特身上进行的
虚拟穿着者试验

14.9　结 论 与 展 望

本章概述了纺织品和服装的三维模拟,以及动态悬垂性领域中的现有模型和技术,为其在纺织、服装、零售和其他行业(如娱乐业)中的研究、发展与潜在应用指明了方向;通过对虚拟穿着者试验的探索,为这些模拟如何对全球零售业起到重要影响提供了实例。

首先讨论了基于有限元方法的虚拟悬垂性模型,以及如何使用此模型从实验中获得虚拟悬垂性测量值和实际值之间的较好一致性。但是,尽管成功地获取了以上成果,必须指出:有限元方法的成功,需要高计算成本和复杂性问题的解决。此缺点促进了一种替代技术的发展:质量-弹簧系统。本章对此内容也做了详细的描述和分析,包括质量-弹簧系统、作用于系统及系统内的力、织物样本随时间的演变、触碰检测与反应算法。为处理现有织物模型的超弹性问题,基于显/隐式混合积分方法,提出了一个有效的"速度和力修正算法",不但提高了精确度和逼真感,而且不会导致额外的复杂计算。最后一节探索了如何设计和实现真实的、个性化定制的虚拟穿着者试验,类似于人体扫描,仅使用二维图片且无需过多的用户数据。此外,本章介绍了纺织测量的新概念,即 FAMOUS 设备,讨论了其在纺织、服装、零售和产业领域的基本应用。

再者,本章描述并讨论了如何将 FAMOUS 设备测量的实际面料的材料性能通过错综复杂的映射导入模型中的难点。除本章中介绍的内容,研究人员一直在发展织物模拟环境和触碰检测算法,以处理更复杂的织物形状、结构与纹理等问题。另外,继续开放几种可供研究的途径,如交互式服装设计系统和进一步提高模拟效率的方法。无论是来自于纺织品研究人员还是动画师,所有这些方法的核心都是织物的力学数据。

在纺织面料模拟和工艺等相关领域,仍存在许多可能性。纺织材料的黏弹性是工程结构中最复杂的问题。纺织面料广泛应用于服装、航空航天、汽车、建筑环境、土工布、过滤材料、医疗和其他产品中,将继续理性严谨地寻求其动态的精确定义,以及随时间变化和组合的行为。

关于更多内容,可进一步阅读本章编写时参考的以下资料[46]:

Han F, Stylios G K. 3D modelling, simulation and visualisation techniques for drape textiles and garments. In: Chen X (ed.). Modelling and predicting textile behaviour. Cambridge, England, Woodhead Publishing Limited, 2010: 388-421.

参 考 文 献

[1] Weil J. The synthesis of cloth objects. In SIGGRAPH' 86: Proceedings of the 13th Annual International Conference on Computer Graphics and Interactive Techniques, New York, NY, USA, ACM Press, 1986: 49-54.

[2] Carignan M, Yang Y, Magnenat T, et al. Dressing animated synthetic actors with complex deformable clothes. Computer Graphics Proceedings (ACM SIGGRAPH),

1992: 99-104.

[3] Volino P, Courchesne M, Magnenat-Thalmann N. Versatile and efficient techniques for simulating cloth and other deformable objects. Proceedings of the 22nd Annual Conference on Computer Graphics and Interactive Techniques, Archive, ACM Press, New York, 1995: 137-144.

[4] Breen D E, House D H, Getto P H. A physical-based particle model of woven cloth. Visual Computer, 1992: 264-277.

[5] Eberhardt B, Weber A, Strasser W. A fast, flexible, particle-system for cloth draping, in computer graphics in textiles and apparel. IEEE Computer Graphics and Applications, September, 1996: 52-59.

[6] Eishen J W, Deng S, Clapp T G. Modelling and control of flexible fabric parts, in computer graphics in textiles and apparel. IEEE Computer Graphics and Applications, September, 1996: 71-80.

[7] Bridson R. Computational aspects of dynamic surfaces. PhD Thesis, Stanford University, USA, 2003.

[8] Agui T, Nagao Y, Nakajma M. An expression method of cylindrical cloth objects-an expression of folds of a sleeve using computer graphics. Transactions Society Electronics, Information and Communications, 1990, J73-D-II (7): 1095-1097.

[9] Ng H, Grimsdale R. Computer graphics techniques for modelling cloth. IEEE Computer Graphics and Applications, 1996, 16(5): 28-41.

[10] Gibson S, Mirtich B. A survey of deformable modelling in computer graphics. Technical Report, Mitsubishi Electric Research Laboratory, 1997.

[11] Collier J, Collier B, O'Toole G, et al. Drape prediction by means of finite element analysis. The Journal of the Textile Institute, 1991, 82(1): 96-107.

[12] Ascough H E, Bez J, Bricis A M. A simple beam element large displacement model for the finite element simulation of cloth drape. The Journal of the Textile Institute, 1987, 87(1): 152-165.

[13] Tan S T, Wong T N, Zhao Y F, et al. A constrained finite element method for modelling cloth deformation. The Visual Computer, 1999, 15: 90-99.

[14] Donald H H, David E B (eds). Cloth modelling and animation. Peters A K, USA, Chapter 4, 2000.

[15] Breen D E, House D H, Wozny M J. Predicting the drape of woven cloth using interacting particles. In SIGGRAPH '94 Conference Proceedings. Computer Graphics and Interactive Techniques, ACM Press, 1994, 28: 365-372.

[16] Provot X. Deformation constraints in a mass-spring model to describe rigid cloth behaviour. In Proceedings Graphics Interface. Quebec City, Canada, 1995: 147-154.

[17] Desbrun M, Schroder P, Barr A. Interactive animation of structured deformable objects. Graphics Interface, 1999: 1-8.

[18] Volino P, Magnenat-Thalmann N. Comparing efficiency of integration methods for cloth simulation. In Proceedings Computer Graphics International. City University of Hong Kong, 2001: 265-274.

[19] Eberhardt B, Etzmuß O, Hauth M. Implicit explicit schemes for fast animation with particle systems. Proc. of Eurographics Workshop on Computer Animation and Simulation in Interlaken, Switzerland, August 21-22, 2000, N Magnenat- thalmann, D Thalmann and B. Arnaldi (eds.), 2000: 137-151.

[20] Parks D, Forsyth D. Improved integration for cloth simulation. Short Presentations in Proceedings of Eurographics, Saarbrücken, Germany, Computer Graphics Forum, Eurographics Assoc, 2002.

[21] Kawabata S. The development of the objective measurement of fabric handle. In: Kawabata S, Postle R, Niwa M. Objective specification of fabric quality, mechanical properties and performance. The Textile Machinery Society of Japan, 1982: 31-59.

[22] Biglia U, Roczniok A F, Fassina C, et al. Textile objective measurement and automation in garment manufacture. Stylios G (ed.), Ellis Horwood, Chichester, 1994: 139-144.

[23] Stylios GK. Fabric objective measurement: FAMOUS, a new alternative to low stress measurement. International Journal of Clothing Science and Technology, 2000, 12(1): 1-12.

[24] Peirce F T. The 'handle' of cloth as a measurable quantity. Journal of the Textile Institute Transactions, 1930, 21(9): T377-T416.

[25] Stylios G K, Wan T R, Powell N J. Modelling the dynamic drape of garments on synthetic humans in a virtual fashion show. International Journal of Clothing Science and Technology, 1996, 8(3): 95-112.

[26] Zienkiewicz D C, Taylor R L. The finite element method: solid and fluid mechanics. Dynamics and Non-linearity (4th edition). McGraw-Hill, London, 1991.

[27] Stylios G K, Zhu R. The characterisation of the static and dynamic drape of fabrics. The Journal of the Textile Institute, 1997, 88(4): 465-475.

[28] Cusick G E. The measurement of fabric drape. The Journal of the Textile Institute, 1968, 59: 253-260.

[29] Gavin M. The motion dynamics of snakes and worms. August Proceedings of SIGGRAPH'88 (Atlanta, Georgia), Computer Graphics, 1988, 22(4): 169-177.

[30] Chadwick J E, Haumann D R, Parent R E. Layered construction for deformable animated characters. Computer Graphics, 1989, 23(3): 243-252.

[31] Chittaro L, Corvaglia D. 3D virtual clothing: from garment design to web 3D visualization and simulation. Proceedings of Web 3D 2003: 8th International Conference on 3D Web Technology, ACM Press, New York, 2003: 73-84.

[32] Witkin A, Baraff D. Physically-based modelling. ACM SIGGRAPH CourseNotes, (♯25), LOS ANGELES, CA, 2001.

[33] Vassilev T I. Dressing virtual people. in SCI'2000 Conference, Orlando, 2000: 23-26.

[34] Press W H, Flannery B P, Teukolsky S A, et al. Numerical recipes in C. The Art of Scientific Computing, Cambridge University Press, York, 1993.

[35] Baraff D, Witkin A. Large steps in cloth simulation. Computer Graphics, 32 (Annual Conference Series), 1998: 43-54.

[36] Moore M, Wilhelms J. Collision detection and response for computer animation. in Proceedings. SIGGRAPH, ACM Press/ACM SIGGRAPH, New York, 1988, 22: 289-298.

[37] Bridson R, Fedkiw R, Anderson J. Robust treatment of collisions, contact and friction for cloth animation. ACM Trans. Graph (SIGGRAPH Proceedings), 2002, 21: 594, 603.

[38] Caramana E, Burton D, Shashkov M, et al. The construction of compatible hydrodynamics algorithms utilizing conservation of total energy. Journal of Computational Physics, 1998, 146: 227-262.

[39] Stylios G, Sotomi O J. Aneuro-fuzzy control system for intelligent sewing machines. Intelligent Systems Engineering Technology, IEEE Publication, 1994, 395: 241-246.

[40] Stylios G, Sotomi O J, Zhu R, et al. The mechatronic principles for intelligent sewing environment. Mechatronics, 1995, 5 (2/3): 309-319.

[41] Stylios G, Fan J, Sotomi O J, et al. An integrated sewability environment for intelligent garment manufacture. Factory 2000; Advanced Factory Automation, IEE Proceedings, 1994, 398: 543-551.

[42] Stylios G K, Han F, Wan T R. A remote, on line 3D human measurement and reconstruction approach for virtual wearer trials in global retailing. 3rd International Conference Innovation and Modelling of Clothing Engineering Proc-IMCEP, Faculty of Mechanical Engineering, Maribor, Slovenia. 2000.

[43] Stylios G K, Wan T R. Artificial garments for synthetic humans in global retailing. Digital Media: The Future. Vince J, Earnshaw R A (eds.). Springer, New York, 2000: 175-218.

[44] Weisstein E. Bicubic Spline. at Wolfram Mathworld, http://mathworld. wolfram. com/ BicubicSpline. html, 2008.

[45] Submissive N P A. Hermite Curve Interpolation. Hamburg (Germany), http://www. cubic. org/~submissive/sourcerer/hermite. htm, 1998.

[46] Han F, Stylios G K. 3D modelling, simulation and visualisation techniques for drape textiles and garments. In: Chen X (Ed.). Modelling and predicting textile behaviour. Cambridge, England, Woodhead Publishing Limited, 2010:388-421.

15 非经典方法

摘要:本章介绍纤维集合体力学中应用的一些非经典方法,主要有数理统计方法、灰色理论方法和人工神经网络方法,包括这些方法的基本原理、纺织上的应用综述、应用实例。相比于力学分析方法,这些方法没有从力学原理出发探究纤维集合体的结构力学,而是基于大量实际资料来预测纤维集合体的力学性质,属于经验方法。随实际资料样本的容量增大,预测精度有一定程度的提高。非经典方法无法揭示纤维集合体力学性质的本质关系,但是能相对快捷地设计纤维集合体力学性质和纤维集合体多尺度结构关系。非经典方法已经发展出很多应用程序包和专家系统,使用便捷,在实际纺织制造业中有一定的使用量。

15.1 数理统计方法[1]

15.1.1 数理统计方法简介

数理统计是数学的一个分支学科,研究怎样有效地收集、整理和分析带有随机性的数据,从而对考察问题做出推断或预测。数理统计方法可以建立直观的数学模型,以统计规律来反映输入变量与输出变量之间的关系。它的优势在于分析独立自变量间对因变量的影响,因此能建立线性数学模型或者某些特殊的非线性模型。

数理统计方法在纺织中的应用,主要体现在两个方面:一是应用试验设计(如正交设计、回归设计等)、试验数据分析(如极差分析、方差分析、回归分析等)和多元统计分析等方法解决一些问题,如试制新产品和改进老产品、优化纺织工艺、判定影响产品质量的主次因素等;二是应用统计质量管理的统计方法,通过各种形式的质量控制图、抽样检验、可靠性统计分析,以解决纺织工业中大批量连续生产的问题,如纺织工序控制、制订产品抽样验收方案、判定产品可靠性等。数理统计方法在开发纺织新产品、制订纺织新工艺或优化纺织旧工艺中的应用可用图 15.1 表示。

作为数理统计方法的一个重要分支,试验设计能够科学合理地安排试验方案,以收集试验数据。试验设

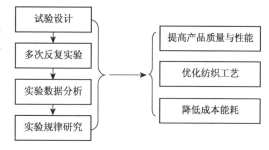

图 15.1 数理统计方法流程图

计要求用最少的人力、物力,在最短时间内获取更多、更好的结果。目前,常用试验设计方法主要有正交设计、均匀设计、单纯形优化、双水平单纯形优化、回归正交设计、序贯设计等。在实际应用中,应根据所要解决问题选择相应的试验设计方法。

　　按照试验设计方案进行试验后,需对试验所得数据进行分析。目前,常用数据分析方法有极差分析、方差分析和回归分析等。

　　在纺织生产实践和实验中,经常会遇到处于同一统一体中的变量(如纤维长度与细度、工艺温度、湿度与压强等)。这些变量相互联系、相互制约,为深入了解其本质,需找到描述其依存关系的表达式。回归分析可为此问题提供有效的解决手段。回归分析采用统计方法,在大量试验和观察中,寻找隐藏在随机性中的统计规律,在生产和科研中有广泛的应用。譬如求经验公式,找出产量或质量指标与生产工艺条件的关系,以确定最佳工艺条件,或通过已有条件预报目标产品性能与质量等。

　　回归分析的主要步骤如下:

　　① 从试验数据出发,确定影响因素与目标因素间的定量关系式,即求回归方程(线性回归和非线性回归、单因素回归和多因素回归等)。

　　② 对回归方程的可信度进行统计检验,即方程显著性检验。

　　③ 从所有影响因素中,判断哪些变量的影响是显著的,哪些是不显著的,即回归系数显著性检验。

　　④ 利用所得回归方程对纺织生产过程或纺织产品质量进行预报和控制。

　　有关试验设计、方差分析、回归分析等内容请参照数理统计相关教材。

15.1.2　数理统计方法在纺织中的具体应用

　　黄俊鹏等[2]探讨了纤维细度、纱线捻度和梳理方法等对纱线强力的影响,并用正交实验设计的数理统计方法,确定提高纱线强力的最佳工艺。杨萍等[3]用数理统计方法分析了纱线和织物弯曲刚度的影响因素。储才元等[4]、白刚等[5]、姚澜等[6]、邓丽丽等[7]则用多元回归分析建立了机织物撕裂破坏与其影响因素之间的关系表达式,并对不同撕裂方式结果进行了比较。李晖等[8]用双因素方差分析法,选取弯曲刚度作为预测玻纤增强复合材料老化寿命的性能指标,基于二元统计分析方法建立了玻纤增强复合材料在老化过程中弯曲强度与老化时间、环境综合因子(温度、湿度、光照强度)之间的二元一次方程,并用 F 检验法对回归方程和回归系数进行显著性检验。王群等[9-10]对高速钻削碳纤维复合材料的钻销转矩和轴向力进行非线性回归分析,得到了转速和进给速度对钻销转矩和轴向力之间的经验表达式。王海鹏等[11]对不同温度条件下玻纤复合材料的拉伸强度进行了简单线性回归分析。

　　此外,用于纺纱质量预报的 TEAM 公式和 Yarnspec 预测体系也是基于数理统计方法建立起来的。Yarnspec 预测体系是 CSIRO 研制开发的精梳毛纺预测专家系统[12]，是一个从客观测量到加工预报的质量预报体系；它预报的是一家世界先进的毛纺厂，在指定的纺纱条件下，使用特定的毛条纺出所能达到的纱线质量水准和纺纱性能。该预报体系最初也是由 TEAM 公式发展而来的。它的主要功能是根据毛条的性质来预报细纱特性及纺纱断头率。预报模型主要有三个：细纱不匀度、细纱强力和纺纱断头率。与其他预报技术不同的是，该预报体系注意了条染对纤维和纱强的影响，并反馈得出应该在染色工艺上进行控制，以降低断头率。Yarnspec 通常作为一种质量控制工具，主要用于预报纱线质量、优化选择毛条和产品质量水平定位。西罗兰纱线预测仪[13]也是利用数理统计方法建立了三个预测模型——纱线不匀预测模型、纱线强力预测模型和纱线断头预测模型，预报三方面的纺纱性能——纱线不匀、纱线强力和纺纱断头。根据此模型，质量员也可对生产特定的纱线所采用的原料做出预测，同时对纱线质量进行预报。该仪器能够显示纱条不匀的根本原因，在三个预测模型中，都能根据预测值对纺纱工艺参数进行调节与控制。

15.2 灰色理论方法

15.2.1 灰色系统

简单地说，信息不完全的系统就是灰色系统。灰色系统理论由黑箱-白箱-灰箱理论拓广而来，是系统控制理论发展的产物。系统控制论习惯用颜色深浅来形容系统中信息完备程度。比如："黑"表示信息缺乏，"白"表示信息充分，"灰"表示信息不完全、不充分。邓聚龙教授[14]把这种信息不完全的系统定义为灰色系统。所谓系统信息不完全可表现为：系统因素不完全清楚，或系统中因素之间的关系不完全明确，或系统结构不完全知道，或系统运行机制与状态不完全明白，等。邓聚龙教授在其著作《灰色系统理论教程》的前言中指出："灰色系统理论，从 1982 年到现在，经几年发展，已初步形成以灰色关联空间为基础的分析体系，以灰色模型为主的模型体系，以灰色过程及其生成空间为基础与内涵的方法体系，以系统分析、建模、预测、决策、评估、控制等为纲的技术体系。对于大多数科技工作者来说，是想运用灰色系统理论这一'软科学'中的'硬技术'来解决各种实际问题，即通过学习灰色系统理论，掌握灰色系统应用技术。"

灰色系统理论也可看作系统控制论发展的一个新阶段，即经典控制论-现代控制论-模糊控制论-灰色系统理论。前两种理论都依赖于系统正确精密的数学模型，并基于概率和数理统计方法。模糊控制论是用隶属函数来表达定性信息，在很多高精度要求的情况下难以胜任，仅适用于模糊化复杂系统与人充当系统元素的系统的研究。前三者的共同点是它们所研究的系统都属于信息完全确知的系统，即白色系统。对于客观系统处于信息不完全的状况，灰色系统理论使用灰元、灰数、灰关系等处理解决。邓聚龙教授指出，灰色系统与模糊数学的区别主要在于对系统内涵与外延的处理态度不同，以及研究对象的内涵与外延性质的不同，即："灰色"概念着重研究外延明确、内涵不明确的对象，"模糊"概念则研究外延不明确、内涵明确的对象。灰色系统理论认为，尽管客观系统表象复杂、数据离乱，但它总是具有整体功能、有序，必然潜藏着某种内在规律，关键在于人们用适当的方法去挖掘、去利用。灰色理论基于关联度收敛原理、生成数、灰导数、灰微分方程等观点和方法建立微分方程模型，以更好地描述系统内部的本质。灰色系统理论不直接用原始数据序列，而是用灰色模块建模，从原始数据中寻找其内在规律。将所有随机变量看作在一定范围内变化的灰色量，将随机过程看成是在一定范围内变化、与时间有关的灰色过程，用数据处理方法，将杂乱无章的原始数据整理成规律较强的生成数列。灰色系统理论处理杂乱无章数据时，通过对原始数据列做累加，发现有可能出现近似指数规律。这是由于大多数系统都是广义能量系统，而能量的存储与释放等变化规律基本符合指数规律。这一重要科学见解是灰色系统理论的建模基础，也是灰色系统理论对方法论的重要贡献。灰色系统理论建模方法简便易行，定性与定理结合良好，实用性强，因获得了广泛应用。

15.2.2　灰色关联分析

灰色关联分析是灰色系统理论的重要成果之一。邓聚龙教授[14]指出，灰色关联分析是发展态势的量化比较分析，是几何曲线间几何形状的分析比较，即几何形状越接近，则发展变化态势越接近、关联度越大。灰色关联分析就是通过一定的数据处理方法，寻求系统中各因素间相互制约、相互依赖的关系，找出影响系统目标的主要因素，从而掌握事物的主要特征，抓住主要矛盾，促进与引导系统迅速、健康、高效地向前发展。

进行灰色关联分析，首先要有作为参照的母序列和被比较的子序列。记母序列为 $x_0(t)$，采集 m 个数据：

$$x_0(t) = \{x_0(1), x_0(2), \cdots, x_0(m)\} \tag{15.1}$$

记子序列为 $x_i(t)$，$i = 1, 2, \cdots, N$，每个子序列采集 m 个数据：

$$x_i(t) = \{x_i(1), x_i(2), \cdots, x_i(m)\} \tag{15.2}$$

则母序列与子序列在第 t 点的关联系数为：

$$\xi_{0i}(t) = \frac{\Delta_{\min} + \zeta \Delta_{\max}}{\Delta_{0i}(t) + \zeta \Delta_{\max}} \tag{15.3}$$

式中:$\Delta_{\max}$ 为 $|x_0(t)-x_i(t)|$ 的最大值;$\Delta_{\min}$ 为 $|x_0(t)-x_i(t)|$ 的最小值;$\Delta_{0i}(t)$ 为 t 时刻 $|x_0(t)-x_i(t)|$ 的值;ζ 为分辨系数,$0<\zeta<1$。

其母、子序列之间的关联度为:

$$r_{0i} = \frac{1}{m}\sum_{t=1}^{m}\xi_{0i}(t) \quad (i=1,2,\cdots,N) \tag{15.4}$$

将求得的 N 个关联度 $r_{0i}(i=1,2,\cdots,N)$ 自大到小顺序排列,得到关联度序集,依此序集判断居前者对 x_0 的影响大于居后者。

若母序列不止一个,子序列也不止一个,就可构成关联矩阵。通过关联矩阵中各元素间的关系,可以分析哪些因素是优势、哪些因素是非优势。用 y_1,y_2,$\cdots$,y_n 表示母序列,用 x_1,x_2,$\cdots$,x_m 表示子序列,分别求出它们之间的关联度,就构成一个关联度矩阵:

$$R = \begin{bmatrix} r_{11} & r_{12} & \cdots & r_{1m} \\ r_{21} & r_{22} & \cdots & r_{2m} \\ \cdots & \cdots & \cdots & \cdots \\ r_{n1} & r_{n2} & \cdots & r_{nm} \end{bmatrix} \tag{15.5}$$

矩阵中每一行表示同一母因素对不同子因素的影响,每一列表示不同母因素对同一子因素的影响,因此可根据 R 中各行与各列的关联度大小来判断子因素与母因素的作用,分析哪些因素起主要影响、哪些因素起次要影响。这就是灰色优势分析。

15.2.3　灰色理论在纺织中的应用实例

鉴于灰色关联分析具有样本容量少、样点数据分布特征不局限于正态分布等典型分布、计算方法简单、计算工作量小,可得到多种信息、与定性分析结论的一致性好等优点,在纺织界得到了较广泛的应用。

服装热湿舒适性研究涉及到环境、人体、服装三个方面,是生理学、物理学和服装美学等学科的综合问题。织物的热湿传递性能是关系到人体舒适性的重要因素,自然成为舒适性研究的重中之重,而织物热湿指标又是影响服装热湿舒适性的重要因素。常用于评价服装面料热湿舒适性能的指标主要包括热阻、传热系数、保暖率、湿阻、透湿量及透湿指数等,其中热阻、湿阻(或透湿量)是评价服装面料热湿舒适性的关键指标。从灰色系统理论的角度而言,它属本征性灰色系统。汪学骞教授曾采用箱式微气候仪测试织物内外层的温差和湿差,引用灰色系统理论来评价这一问题,并在灰色关联分析中,引入广区规格化和权重处理方法,对 10 种织物进行了综合评价,排出了织物湿热舒适性的优劣序位。孔令剑等[15]利用灰色理论评价麻织物热湿舒适性,通过测试不同规格的麻织物的传热、透气、导湿和吸湿性能,用灰色关联度分析法排出了夏季服用麻织物的热湿舒适性能的优劣次序。景晓宁等[16]将 ISO 11092 出汗热板仪法测得的热阻、湿阻和常规方法测得的热湿舒适性的各项基本参数进行灰色理论的相对关联性分析,得出热阻与克罗值的关联度最大,湿阻与当量透湿量的关联度最大。

此外,张淑洁等[17]采用灰色理论建立了管状织物厚度 GM(1,2)灰色预报模型,该模型能够很好地预报出在非开挖翻衬管道修复过程中所使用的最初管状织物的厚度。穆奎等[18]运用灰色关联分析探讨刺辊与给棉罗拉、锡林与刺辊、锡林与道夫的线速度比与单纱强力的关联度,并且建立 GM(0, N) 单纱强力的预测模型。甘应进等[19]在棉纤维品质的灰色关联分析中,以纱线的品质指标为母序列,以棉纤的强力、细度、断裂长度、主体长度、成熟度作为子序列,计算了棉纤各项品质与纱线品质指标的关联度,并根据关联度排序:断裂长度＞强力＞成熟度＞主体长度＞细度,认为棉纤的断裂长度是影响纱线品质指标最主要的因素,强力与成熟度也属品质指标的主要贡献者。陈东生等[20]按照灰色关联空间的概念,用织物的基本物理力学量(如拉伸回弹、弯曲刚度、剪切刚度、摩擦系数、压缩回弹等)构成灰度关联空间,将待评织物的物理力学量作为比较序列,并与比较标准的参考序列进行关联分析,得到的关联度大小即为织物风格的优劣尺度,关联度愈接近于1,表明织物风格愈好。同理,灰色关联分析也可用于评价仿真织物的仿真程度。袁肖鹏等[21]用灰色控制理论建立了织物几何结构参数与织物综合手感值之间的灰度模型,探讨同一毛坯织物(如全毛华达呢)经不同染整工艺加工的成品织物质量。该模型使用常规测试数据,如织造缩率、成品缩率、轴心线收缩率、经纱屈曲长度变系数,可预测织物综合手感值,有较好的预测结果。于华等[22]根据灰色系统理论分别建立了涤纶长丝滤布的经、纬向残留收缩率随热处理温度变化的有残差识别的 GM(1, 1)模型。

15.3　人工神经网络方法

人工神经网络(Artificial Neural Networks,ANNs)是 20 世纪 80 年代末迅速发展起来的多学科交叉的技术。它采用工程技术手段模拟人脑神经网络的结构与功能特征,用大量非线性并行处理器模拟人脑众多神经元,并用处理器间错综灵活的连接关系模拟人脑神经元间的突触行为。从本质上讲,人工神经网络具有很强的自适应、学习、容错和联想记忆能力,是一种大规模并行的非线性动力系统,特别适用于解决因果关系复杂的非确定性推理、判断、分类和识别等问题,在许多领域得到了广泛的应用,在纺织领域也取得了一定的进展,如纤维识别、纺纱工艺设计和优化、纱线力学性能预测、织物力学性能预报、织物组织结构识别,以及纤维复合材料性能预测、损伤检测等领域。

15.3.1　人工神经网络纺织应用综述

15.3.1.1　纤维

有许多文献报道了人工神经网络技术在纺织纤维中的应用。Leonard 等[23]以混纺纤维(羊毛/腈纶、羊毛/涤纶、羊毛/尼龙、涤纶/棉)及其五种纯纤维为对象,用近红外光谱技术测试混纺纤维及五种纯纤维对不同波长光谱的吸收量,并用部分实验数据作为训练数据,建立了有效的神经网络,对混纺纤维成分进行鉴别。Jasper 等[24]结合近红外分光光度测试技术和人工神经网络建立了鉴别纤维的定性无损检测系统。在羊毛方面,Shi 等[25]和 She 等[26]用人工神经网络成功分辨出开士米羊绒和精纺羊毛、美利奴羊毛和牦牛毛。She 等构件的神经网络由两部分组成,即无监督特征提取神经网络和有监督分类神经网络。无监督特征提取神经网络对美利奴羊毛和马海毛试样图片进行特征提取,通过反向传播算法,对多层人工神经元进行训练,以两种纤维进行鉴别分类。Allan 等[27]描述了如何通过一组天然纤维试样的频谱数据来对神经网络进行训练,并成功实现了美利奴羊毛和中国开士米羊绒混纤的分类。Sankaran 等[28]描述了一种计算机化的纤维鉴别与分析系统。此系统首先对纤维图片进行数字化处理,然后用预先训练好的神经网络对纤维进行鉴别,测量纤维直径,并将最后结果图形化显示。开士米羊绒和羊毛纤维即可用此系统进行鉴别。在棉纤维方面,Cheng 等[29]、Xu 等[30]、Kang 等[31]和 Mwasiagi 等[32]通过人工神经网络技术成功实现了原棉颜色分级和皮棉分级;Majumdar 等[33]用人工神经网络技术筛选棉包,以适应环锭纺纱线的特定性能要求;Kang 等[34]通过彩色照相技术、图像灰度处理及二值化技术,检测并剔除原棉中杂质颗粒的影响,通过原棉彩色位图中的 RGB 颜色值构建八个输入参数,得到了实现原棉颜色等级分类的神经网络。在化纤方面,Jeffrey 等[35]将挤出机螺杆转速、齿轮泵齿轮转速及化纤缠绕速度作为神经网络输入参数,将纤维强力和支数作为网络输出参数,经实验数据训练、验证和优化,得到了能有效预测熔体纺丝工艺参数和最终纤维成品强力及支数之间关系的神经网络。

15.3.1.2　纱线

由于纺纱是一个多工序生产流程,加之纱线的物理结构较复杂,因此,对纱线最终质量产生影响的因子有很多;并且,纤维特点、纺纱工艺参数与纱线质量指标之间存在非线性关系。传统上借助于数学模型或者经验公式建立它们之间的关系往往不精确,因为数学模型往往要求各因子之间相互独立,而在纺纱的实际过程中,很多因子具有不同程度的相关性,它们对目标因子所产生的影响难以用统计方法表现出来。因此,具有强大自学能力、结构自适应能力和处理非线性能力的神经网络被越来越多地应用到纺纱工艺优化、纱线质量预报中,取得了较好的结果。

　　在构建优化纺纱工艺或纱线质量预报的神经网络模型时,国内外研究者基本都采用类似图 15.2 所示的工作原理。将纤维品质指标及相应工艺参数作为输入变量,将纱线质量指标(强力、伸长等)作为输出变量,初步确定隐层数及隐层神经元个数,然后输入足够多的实测数据(纤维品质参数、纺纱工艺参数和纱线质量指标),选用合适的算法,对神经网络进行训练。在训练过程中,神经网络自主调节各神经元间连接权的权重(权重反映输入变量对输出变量产生作用的强弱),权重值在每一次训练循环后加以修正。神经网络首先根据纤维品质指标和工艺参数设置,通过初始权重值,对纱线质量做出预报,并与预期输出值比较,将得到的误差作为下次预报的修正依据,预报-修正循环不断往复,直到网络给出的预报值与预期值之间的误差达到所要求的水平,训练才宣告结束。经过训练的网络即可进入询问模式,根据其他纤维的品质指标及相应工艺参数预报其纱线质量。值得注意的是,所有数据在输入网络之前,首先要经过数据标定,以消除数据类型或量纲不同对网络判断能力的影响,网络给出的输出也是对数据解码以后的结果,其数据类型和量纲和实际测量结果一致。

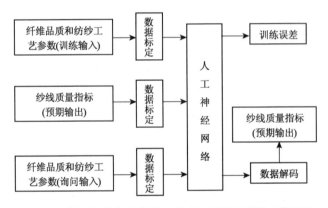

图 15.2　神经网络优化纺纱工艺或纱线质量预报工作原理

　　比利时根特大学 Sette 等[36]用 BP 神经网络优化纺纱工艺,将 5 项纺纱设备工艺参数指标和 14 项棉纤维品质指标作为网络输入参数,将成品纱线强力和伸长作为网络输出参数,构建两个隐层,采用约束优化算法优化工艺参数与纤维品质性能指标的最优组合,以生产高性价比纱线。经训练的神经网络预报,纱线断裂强力和断裂伸长结果误差仅分别为 5.7% 和 3.5%,明显优于多元回归得到的结果。

　　美国佐治亚理工学院的 Ramesh 等[37]用单隐层 BP 神经网络建立了气流纺纱过程中纤维品质参数、工艺变量与成品纱拉伸性能间的函数映射。网络输入参数包括纱线支数、混纺比、前喷嘴压力、后喷嘴压力,网络输出为纱线断裂强力和断裂伸长。通过交叉检验发现,训练成功的神经网络可通过原料参数和工艺设置有效预报气流纺纱线的拉伸特性。

美国德克萨斯运动控制研究组织的 Cheng 等[38] 把大容量纤维检测仪测得的棉纤维品质参数(如品质长度、长度整齐度、短纤维含量、纤维细度、成熟度、纤维灰度和黄根)作为网络输入参数,将环锭纺纱线强力作为输出参数,分别建立了含有 0,2,3,5 和 6 个隐层的神经网络;经 84 包来自不同产区的棉纤维的品质指标训练,得到含有 4 个隐层的最优神经网络。

印度孟加拉邦塞兰坡学院的 Majumdar 等[39] 同样将大容量纤维测试仪测得的棉纤维品质指标(品质长度、长度整齐度、成熟度、纤维灰度、黄根和纱线支数)作为神经网络输入,将纱线断裂强力和断裂伸长作为网络输出,用单隐层 BP 神经网络进行训练优化,得到 10 节点单隐层 BP 最优神经网络;经过与 Aggarwal[40-41] 建立的数学模型和多元线性回归统计模型比较,发现人工神经网络对纱线质量的预报效果最好。同时,他们还通过神经网络各连接单元间权重,得出纤维伸长是影响成品纱断裂伸长的主要因素,纤维长度整齐度、黄根和纱线支数是次主要因素;但是,若希望得到纱线强伸性与纤维各品质指标间具体相关性,还需大量训练数据。

程文红等[42] 用人工神经网络成功实现了毛条质量指标和精纺工艺参数与纱线多个质量指标间的映射。他们采用 Levenberg Marquardt 优化算法构建了单隐层神经网络,输入参数有 10 个(毛条细度、细度离散、长度、长度离散、束强、纱线支数、钢丝圈号数、细纱机锭速、细纱牵伸倍数和捻度),输出参数为细纱 CV 值、细节、强力、伸长率和断头率。为达到最佳训练效果,输入数据包含参数最大值和最小值;而且为了消除各输入数据和输出数据数量级差异的影响,对数据进行线性变换,使其取值在[−1,−1]之间。用 75 组实验数据对网络进行训练,用 5 组数据进行检验,以防止网络训练过度(只记住训练数据的个别特性,而忽视数据的普遍性,导致检验误差达到最小后又迅速上升)。将 5 组新数据输入训练好的神经网络,发现预报误差均小于 5 %。

Guha 等[43] 在已有研究的基础上,基于纤维和纱线参数(纤维细度、纤维平均长度、纤维断裂应力和应变、纱线支数和纱线捻度等),用三种方法[Frydrych 纱线力学模型[44]、统计模型(即多元线性回归)和神经网络模型]预报纱线强力;经比较,神经网络方法优于 Fryfrych 力学模型和多元线性回归分析。

Deweijer 等[45] 通过 X 衍射、密度测试、声波传播、双折射等测试手段得到纱线大分子结构的 5 个表征参数(如非晶区百分比、非晶区取向因子及每个非晶区平均体积等),用神经网络技术建立了纱线结构参数与纱线力学性能(如应力-应变曲线、弹性模量及尺寸稳定性等)间的复杂非线性关系;经比较,神经网络方法的预测精度优于主成分分析方法和偏最小二乘法。

Pynckels 等[46] 利用神经网络技术,可根据纤维性能和预期纱线指标确定纤维可纺性及纺纱工艺参数,同时用 14 个纤维性能参数和 5 个工艺参数作为输入,建立可用于预测环锭纺和转杯纺纱线的 9 个性能参数[47]。Babay 等[48]、Majumdar 等[49-50]、Khan 等[51]、Demiryurek 等[52]均用人工神经网络模型对环锭纺或转杯纺纱线均匀度和毛羽进行预报,发现纤维长度是影响毛羽的最主要因素,并证明 BP 神经网络方法优于传统的多元回归方法。

除乌斯特 AFIS 测试系统可用于辨别纤维杂质和棉结外,Shiau 等[53]用纤维网(面密度≤32.9 g/m²)图像 RGB 值作为三个输入参数,以正常棉网、棉结和杂质作为输出参数,建立了有效预测纤维棉结和杂质的人工神经网络。

Huang 等[54]以喂入纱条线密度和输出纱条理想线密度为输入参数,以前、后罗拉速度为输出参数,建立了可有效控制自调匀整装置的人工神经网络。

Cabeco-Silva 等[55]根据纤维和粗梳棉性能参数,通过人工神经网络系统对混棉工序进行实时质量评估和决策,可有效预测纱线强力和毛羽数量,且预测精度优于多元统计方法。

Zhu 等[56]根据大容量纤维测试仪(HVI)、乌斯特 AFIS 系统和传统测试方法得到的纤维性能训练神经网络,以预测环锭纺和转杯纺纱线的毛羽数量。同时,他们[57]还用神经网络将乌斯特 AFIS 系统测试的 6 个纤维性能作为输入参数,预测纱线不匀 CV 值。

Jackowska-Strumillo 等[58]比较了传统数值模型和神经网络在转杯纺工艺中的应用,并用纱线线密度和转杯转速预测最终成品纱线的拉伸强力和质量均匀性。

此外,神经网络技术被用于假捻变形纱外观及质量分析[59]、纱线松弛性能模拟[60]。

15.3.1.3 织物

织物作为纺织流程的最终产品,其性能必须满足客户需求,因此如何根据已有条件(纤维结构和性能、纱线结构和性能、织造工艺参数及织物结构等)预测织物性能(力学性能、外观、手感、舒适性等)显得弥足重要。在所有织物性能中,力学性能是确定其实际用途和品质评定的重要方面。然而,对织物力学性能的许多研究工作是在对织物几何结构做简化假设的基础上,抽象出织物几何结构模型,运用纱线力学性能得到织物拉伸性能,并逐渐发展出力法和能量法两大类方法。但这两类方法在超出线弹性应变范围时精确度较差,对各种织物类型适应性差。因此,具有较强学习、自适应和处理非线性能力的人工神经网络成为解决此问题的有效手段。

在机织物织造工艺方面,日产汽车有限公司的 Ara 等[61]发明了基于神经网络的织机控制装置。此装置通过一系列参数记录织机上经纬纱(特别是纬纱)的织造状态,当检测到引纬出现问题时即给出警告或改变织造工艺条件。在针织工艺方面,Ucar 等[62]利用径向基函数神经网络建立了自适应神经模糊推理系统,并实现其微调。此系统可根据针织物线圈长度、纵行密度、纱线支数和纱线捻度预测针织机圆筒直径和针距。

在织物性能方面,人工神经网络也得到了广泛的研究和应用。

梅兴波与本书作者之一于 2000 年建立了预测织物拉伸性能的单隐层 BP 神经网络[63]。在设计神经网络结构时,织物拉伸性能的影响因素决定 BP 网络输入神经元的个数,这些因素主要包括织物密度、织物组织、经向与纬向纱线的交织角、纱线细度和结构、纤维品种与混纺比等。织物的经纬密对织物强度有显著影响。实验表明:当机织物经纬密同时变化或任一系统的密度改变时,织物断裂强度随之改变;经向与纬向交织角为 0°时,纱线强力利用系数最大。纱线细度不仅影响织物紧度与厚度,还影响织物强度。而纱线结构影响纱线和织物强力,转杯纱织物比环锭纱织物一般具有较低的强度和较高的伸长。纤维品种与混纺比直接影响纱线强力和伸长。针对同一织物组织,影响织物拉伸性能的因素为经纱载荷值、纬纱载荷值、经纱伸长率值、纬纱伸长率值、经纱细度、纬纱细度、织物经向密度、织物纬向密度、织物经向交织角和织物纬向交织角 10 个参数。对应于这些参数,BP 网络的输入神经元个数为"10"。根据实验要求,输出参数为织物经向载荷值、织物纬向载荷值、织物经向伸长率值和纬向伸长率值。对应于 4 个输出参数,输出神经元数为"4"。采用改进的自适应调整学习速率算法,如动量-自适应学习率调整算法和 Levenberg-Marquard 优化算法,对神经网络进行训练,并对训练好的网络进行评估,最后用于织物拉伸性能预测。

Fan 等[64-65]利用人工神经网络开发了精纺毛织物专家系统,根据羊毛纱成分(纯羊毛或羊毛混纺)、毛纱捻度、纺纱形式和织造参数(如织物组织形式等)预测精纺毛织物性能参数,如耐磨性、经纬纱散口、褶皱回复性、剪切刚度、弯曲刚度及厚度。Fan 等[66]还通过人工神经网络技术,根据织物平方米克重、经纬纱剪切刚度、弯曲刚度、伸长和厚度及织物的悬垂图片预测成品服装悬垂性。

同样,Majumdar 等[67]、Hadizadeh 等[68]用神经网络或将神经网络技术与模糊理论结合,预测织物拉伸强力和初始应力-应变曲线。Chen 等[69]、Murthyguru 等[70]用神经网络技术模拟了精纺毛织物的剪切刚度和压缩性能。Elman 等[71]基于纬平针织物的面密度、纱线强力和伸长,通过前向神经网络和乌斯特 AFIS 测试系统预测和测试织物的顶破性能。

Mori 等[72]通过主观测试得到不同纤维织物的起皱性,通过起皱织物扫描图像参数(表面粗糙度、图像分形维数、灰度线性度等)预测织物起皱性的最终感官指标。

Park 等[73]通过人工神经网络技术建立了内衬所用织物的力学性能(如拉伸功、弯曲刚度、弯曲滞后性、剪切刚度、剪切滞后性)与成品内衬的弯曲刚度和剪切刚度间的关系。

Chen 等[74]用反向传播算法训练神经网络,以识别 12 类织物疵点,如缺纱、油渍、稀密路等。Tsai 等[75-76]同样用反向传播算法训练神经网络,根据织物外观疵点对其进行分类,以检测织物中的缺经、缺纬或破洞情况。

另外,织物悬垂性是织物视觉形态风格和美学舒适性的重要内容,涉及织物使用时能否形成优美的曲面造型和良好的贴身性。一般用主观评价方法对织物悬垂性能进行评定。这种评定方法简便、快速,但涉及人的视觉及物理学问题,且环境适宜性、评定人员熟练性、方法统一性、条件一致性及评语选择性都对评定结果有影响,同时织物性能与评定结果之间并不存在严格对应的单值关系,再加上主观评定缺乏理论指导和定量描述,数据可比性差,很难与生产结合以改善织物的性能。为了从根本上消除主观因素对织物悬垂性能评定结果的影响,神经网络技术已被用于客观评定织物悬垂性,具有较高可信度[77-78]。

在优化织造工艺方面,Yao 等[79]建立了人工神经网络模型,预测经纱断头率与纱线性能间复杂非线性关系。在织造过程中,经纬纱织缩率受诸多因素(如织机参数设置、织物类型、经纬纱性能)的影响,Lin 等[80]通过神经网络建立了经纬纱织缩率与纱线覆盖系数或织物紧度之间的非线性关系,成功实现了织物经纬纱织缩率预测。

此外,在织物手感评定[81-88]、疵点识别[77, 82-98]、织物组织结构识别[99-101]、织物透湿性或透气性预测[102-103]、织物起球等级评定[104-105]、织物耐热性和热湿传导性[106-108]、织物最终用途设计[109-112]等领域,神经网络也得到了有效应用。

15.3.1.4　纤维复合材料

与单一组分材料相比,复合材料具有比强度高、比刚度大、疲劳寿命长及结构和性能可设计等特点,是材料发展的一个重要趋势。由于复合材料可设计性自由度大、影响因素多,利用传统的数学建模方法来研究结构、工艺与性能之间的关系,尚存在许多困难,而简化求解问题的数学和力学模型,模型本身往往存在较大局限性,难以满足工程技术需要。且传统的统计数学多以线性、低噪声、高斯分布条件下的数据文件为对象,对于多因子、非线性、高噪声、数据样本分布不均匀的复杂数据,很难进行有效处理。神经网络擅长处理复杂的多元非线性问题,不需要预先指定函数形式,便能通过学习对强非线性数据进行拟合、建模和预报,因此广泛应用于复合材料领域,包括复合材料制备工艺设计与优化、力学性能预测、受载损伤(如分层、裂纹等)无损检测。

复合材料结构设计、制备或加工工艺优化,强烈依赖于它们与材料性能或其他所关注目标之间的关系,因此,利用 BP 神经网络建立材料性能与工艺条件之间的关系模型,即可完成工艺条件优化。这不仅有利于减小实验盲目性,降低实验成本和材料开发周期,也能够深化理解各工艺条件对材料性能的本质作用机理。石鲜明等[113]在研究玻纤增强酚醛树脂的力学性能时,利用 BP 神经网络建立了热固性酚醛树脂的合成反应条件与玻纤复合材料的静弯曲强度之间的映射关系,其中反应条件包括催化剂中金属原子的电子亲合能、各催化剂作用下邻/对位羟甲基酚的产量比、原料醛/酚摩尔比、树脂含量。通过此定量关系模型的建立,作者预测得到了各工艺条件下玻纤增强酚醛树脂复合材料的静弯曲强度,并进一步得到了氢氧化铵催化所得热固性酚醛树脂的玻纤复合材料,在室温和 250 ℃均具有较高静弯曲强度。秦伟等[114]以 RTM 成型工艺中注模压力、树脂温度和注模时间为输入参数,以复合材料层间剪切强度为输出参数,建立了工艺参数与界面性能的非线性网络模型,以设计复合材料界面性能,得到了令人满意的结果。Ganesh 等[115]利用光纤传感装置和人工神经网络预测环氧树脂固化程度,为复合材料制备提供实时监测。

由于大多数纤维复合材料作为结构件使用,因此人们首先关注的是其力学性能指标(如抗拉强度、断裂韧性、弹性模量、疲劳寿命等)与材料成分、制备和加工工艺因素之间的关系。Al-Assaf 和 El Kadi 发表了一系列文章[116-119],研究了用神经网络预测玻纤/环氧单向复合材料的疲劳性能的可行性和有效性。他们将不同纤维铺设角度(0°, 19°, 45°, 71°, 90°)的单向复合材料在不同应力比(0.5, 0, −1)下的疲劳实验数据用于训练神经网络,通过比较预测值与目标值间的均方根误差及相关系数,得出将应力比、最大应力和纤维铺设角度作为输入层参数,将失效循环圈数作为输出层的 $3-[12]_1-1$ 的三层前向反馈 BP 神经网络,可有效预测玻纤/环氧单向复合材料的疲劳性能。随后,他们又比较了前向反馈 BP 神经网络与其他神经网络结构(包括模块化神经网络、径向基函数神经网络、自组织特征映射神经网络及主成分分析神经网络)在预测玻纤/环氧单向复合材料的疲劳寿命时的有效性,得出模块化神经网络可大幅降低均方根误差,大大提高相关系数。最后,他们又通过简化输入参数,以避免神经网络的"过拟合"问题(即泛化能力差,神经网络只针对训练样本有效,但对预测样本失效)。Lee 等[120]用四种碳纤维(HTA/913,T 800/5245,T 800/924 和 IM7/977)层合板复合材料$\{[(\pm45, 0_2)_2]_\mathrm{s}\}$在不同应力比(−1.5, −1.0, −0.3, 0.1, 10)下的 400 多个疲劳数据,优化神经网络结构(输入层参数组合、隐层节点数、输出层参数)及算法(各单元权重),最终得到以疲劳最大应力、疲劳最小应力、疲劳概率及拉伸强度、压缩强度、拉伸失效应变、压缩失效应变为输入参数,以疲劳寿命为输出参数的 $7-[21]_1-1$ 的神经网络,能有效预测四种材料在恒定应力下的疲劳寿命。然而,用训练好的神经网络预测相同铺层顺序的 HTA/982 碳纤维和 E-玻纤/913 层合板复合材料时,预测结果与已有实验结果相差很大,表明训练好的神经网络也只能在相近知识领域可行。Aymerich 等[121]将单向板力学性能、铺层角度及层合板的疲劳失效循环次数作为神经网络输入参数,将层合板的疲劳强度作为输出,用 BP 反馈算法有效地预测出层合板的疲劳性能。Pidaparti 等[122]用前向反馈 BP 神经网络预测石墨/环氧复合材料($\pm\theta$)在循环载荷下的应力应变响应,神经网络输入层包括纤维铺设角度、循环载荷加载次数、应力及加载模式[加载(1)和不加载(0)],输出层为材料总应变,通过180组实验数据点($\theta=0°$,30°,50°)训练,得到 4 -$[17]_2$- 1 的神经网络结构,可有效预测其疲劳性能。

以上研究结果均表明,神经网络能够有效地应用于预测层合板复合材料的疲劳性能,大大减少不必要的疲劳试验,为层合板复合材料提供设计依据。然而,为了扩大神经网络的适用范围,提高其预测精准度,应考虑其他因素(如层合板铺层角度、铺层顺序、树脂力学性能、纤维力学性能)对其疲劳性能的影响,并扩大参与训练神经网络的数据及范围,但避免"过拟合"问题。

Zhang 等[123]研究了短碳纤维增强聚四氟乙烯和聚醚醚酮混合基复合材料在 $-150\sim150$ ℃温度范围内的动态力学性能,并用神经网络建模预测其储能模量和损耗因子。用短碳纤维、聚四氟乙烯、聚醚醚酮三种组分的体积含量和测试温度作为神经网络输入,将储能模量和损耗因子作为网络输出,用贝叶斯正则化 BP 算法优化隐层节点数及结构,最终确定隐层 25 个节点,将 8 种不同组分含量的复合材料在每隔 5 ℃下动态测试得到的 480 组实验数据分成训练数据和验证数据。神经网络训练基于 MATLAB 神经网络工具箱。研究发现,不同神经网络输出参数(储能模量、损耗因子)达到期望预测精度所需训练数据量不同,即损耗因子的非线性度大于储能模量,因此需要更多训练数据,以学习其复杂的非线性关系。同时,通过比较发现,两个输出参数的神经网络达到预期精度所需训练数据量远远大于一个输出参数的神经网络,因此在缺乏大量实验数据前,建议选用一个输出参数的神经网络,以获得较高的预测精度。

Al - Haik 等[124]研究了碳纤维增强 PR2032 环氧树脂复合材料的黏塑性(蠕变),提出基于拉伸和应力松弛实验预测蠕变应变的唯象模型和神经网络模型。将温度、应力水平和时间作为网络输入参数,将蠕变应变作为网络输出,通过不同应力水平(30%~80%)、温度(25~75 ℃)和不同时刻的蠕变实验数据训练神经网络,检验其预测能力,用于预测其他实验条件下碳纤增强环氧复合材料的黏塑性,并与已有实验结果比较。通过标准 BP 算法训练优化神经网络(隐层数、隐层节点数、各单元权重等),得到用 3-6-20-1 的神经网络预测碳纤增强环氧树脂复合材料蠕变性能可获得最优解。同时,通过研究神经网络在三种不同算法(最陡坡降算法、共轭梯度算法和截断牛顿算法)下的学习速度和精度,得出截断牛顿算法能达到二次收敛,因此可被有效地用于预测复合材料的蠕变性能。与唯象模型相比较,神经网络模型只需进行有限的蠕变实验,而无需进行拉伸和应力松弛实验,即可预测材料的黏塑性,而唯象模型必须基于拉伸和应力松弛实验,且神经网络的预测结果与实测结果更吻合。

人们已经研究和制备了大量各种形态的复合材料,今后将有更多的复合材料问世。这些复合材料有许多共性,但也存在本质上的差异,导致它们的损伤、失效机理也有很大程度的区别。以纤维增强复合材料为例,其细观损伤有基体开裂、界面脱黏或纤维拔出等模式,这些损伤模式之间又存在复杂的相互作用,在损伤的演化中还存在模式之间的互相转变;而在不同的变形阶段,可能由不同的损伤模式起主要作用。因此,要寻找能够同时模拟多种损伤模式的力学模型和数学模型是很困难的,所以预测复合材料的损伤模式和模拟损伤过程是一个非常困难的课题。无论是在理论上还是在实验观测上,定性研究很多,而定量研究大多针对过分简化的模型和单一破坏模式。在数学模型难以对损伤机理进行准确描述的情况下,通过采集实验样本,利用神经网络来分析研究各种情况下的损伤情况,是一种高效而准确的方法。

在复合材料的众多损伤模式中,分层(层间开裂)是主要的一种破坏形式。它可能由制备过程中所产生的应力造成,也可能是材料在服役阶段受冲击或疲劳载荷所致。分层现象将造成复合材料层合板刚度的下降,引起其固有频率的降低。因此,层合板分层损伤检测一直是复合材料的研究热点。人工神经网络技术与其他技术(振动频率与阻尼分析、小波分析、有限元等)相结合已用于识别层合板分层损伤。神经网络用于结构损伤检测的基本原理是:通过实测或数值模拟方法提取对整体结构损伤敏感的全局标识量(如固有频率、模态振型、应变模态、曲率模态、时域、频域响应信号等),然后直接或适当组合处理后作为神经网路的输入样本,以结构的损伤状态(位置、程度)作为网络理想输出,对神经网络进行反复训练学习和检测,建立输入样本与损伤状态之间的非线性映射关系,训练成功的神经网络具有模式分类记忆功能,可用于实际复杂结构损伤的在线检测。

分层开裂是层合板复合材料在钻销和铣削时经常遇到的损伤形式。在钻销过程中,分层通常发生于钻头进入和钻出层合板时刻,因此,Stone 等[125]引入神经网络钻销推力控制系统来控制钻头钻速,以尽量减少石墨/环氧复合材料的分层。Okafor 等[126]构建了 4-10-1 的 BP 神经网络,用预置不同分层破坏玻纤/环氧复合材料梁的模态频率来预测分层损伤尺寸。Valoor 等[127]对上述神经网络进行改进,引入复合材料泊松比、横向剪切变形对其分层损伤尺寸的影响,为了提高神经网络模型的预测精准度,需要更多实验数据对其进行训练。Luo 等[128]基于简单最陡坡降法提出动态学习率最陡坡降法,大大提高了神经网络学习的收敛速度。为验证此动态学习率最陡坡降法的有效性,将玻纤/环氧复合材料频响函数作为网络输入,预测其分层损伤和刚度降解。

Seo 等[129]和 Todoroki[130]在碳纤维复合材料构件上安排多对电极,利用碳纤维自身导电性,采用神经网络监测技术对材料的整体结构进行全程监测,通过复合材料受载过程中电极电阻变化来判断其破坏(如疲劳寿命、疲劳刚度降解、增强纤维断裂、基体开裂、纤维与基体界面脱黏等)。

Okafor 等[131]建立了径向基函数神经网络,通过超声波 C‑扫描,获取预置不同钻孔损伤的复合材料的损伤参数(钻孔直径和深度)作为网络输入,预测实际钻孔损伤尺寸。Xu 等[132]建立了自适应多层感知神经网络预测碳纤/玻纤/环氧混杂复合材料受力时的裂纹大小及产生位置,将位移载荷作为网络输入,裂纹大小及产生位置作为网络输出。Lee 等[133]、Prevorovsky 等[134]用神经网络技术预测管状复合材料在多种力学条件组合加载时的力学响应。

Ramu 等[135]、Muc 等[136]、Jarrah 等[137]把模糊逻辑与神经网络相结合,建立了模糊神经网络评估复合材料结构损伤(如断裂、疲劳)。

此外,神经网络可与光纤传感器或有限元方法结合,以预测复合材料的冲击性能(冲击过程中弹体与靶体接触力)[138‑139],也可用于复合材料振动控制[140‑142]。

神经网络技术不仅可用于复合材料损伤预测,利用其强大的特征提取、模式识别和聚类能力,也可以用于复合材料的无损检测,即通过采集复合材料损伤后整体或不同部位的信息特征的变化,如声音、频率或导热、导电率来训练神经网络,然后在不破坏被检复合材料的情况下,对其受损情况进行评估,进而可以得到材料的性能或使用价值。

15.3.2　人工神经网络原理

15.3.2.1　人工神经元

神经网络由许多相互连接的处理单元(即人工神经元)组成。这些处理单元通常线性排列成组,称为层。每一个处理单元有许多输入量,而对每一个输入量相应有一个相关联的连接权重。处理单元将输入量经过加权求和,通过传递函数的作用得到输出量,再传递给下一层的神经元。人们提出的神经元模型已有很多,其中提出最早且影响最大的是 1943 年心理学家 Mc Culloch 和数学家 Pitts 在分析总结神经元基本特性的基础上提出的单个神经元的 M‑P 模型[143],如图 15.3 所示。这也是大多数神经网络模型的基础。

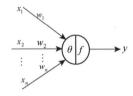

图 15.3　神经元的基本结构

$$y = f\left(\sum_{i=1}^{n} w_i x_i - \theta\right) \tag{15.6}$$

式中:x_1,x_2,…,x_n 为神经元输入信号,它可以是来自外部世界的信息,也可以是另一神经元的输出;w_1,w_2,…,w_n 为神经元间连接权系数,是模拟突触传递强度的比例系数,由神经网络的学习过程决定;θ 为神经元的内部阈值;f 为神经元的激励函数,其作用是把可能的无限域变换到给定的范围内输出,以模拟非线性转移特性。

　　人工神经网络是由大量神经元并行分布构成的，每个神经元具有单一输出，且能够与其他神经元连接，连接方法多样，每个连接对应一个连接权系数。严格地说，人工神经网络是一种具有以下特性的有向图：① 每个节点对应一个状态变量 x_i；② 从节点 i 至节点 j，存在一个连接权系数 w_{ji}；③ 每个节点存在一个内部阈值 θ_j；④ 对每个节点定义一个变换函数 $f_j(x_i, w_{ji}, \theta_j)$，$i \neq j$，对于最一般的情况，此函数取 $f_j\left(\sum\limits_i w_{ji}x_i - \theta_j\right)$，$i \neq j$ 的形式。

15.3.2.2　人工神经网络特点

　　神经网络在处理和解决问题时，不需要对象的精确数学模型，而是通过其结构的可变性，逐步适应外部环境各种因素的作用，不断地挖掘出输入参数内在的因果关系，以达到最终解决问题的目的。这种特殊功能的实现主要依赖于人工神经网络的以下主要特点：

　　① 突出的学习自适应能力：神经网络可根据外界环境修改自身行为，当出现一组输入信息时，神经网络的自适应算法使其不断调整，产生一系列一致的结果。这是一个智能系统所必需的能力。

　　② 容错能力：通过学习训练之后的神经网络，在某种程度上对外界输入信息少量的丢失或神经网络组织的局部缺损不再敏感，同时可得到相同的结果，反映了神经网络的容错性。

　　③ 联想记忆能力：人工神经网络对非线性关系采用点点映照，它的输出与输入之间的关系曲面比较光滑，因此神经网络一旦训练完成，与输入样本匹配时，直接复现记忆的原则；当样本不匹配时，通过联想相近的"原则"处理。

　　④ 大规模并行、集团运算能力：在大规模的神经网络系统中，有许多能同时进行运算的处理单元，信息处理在大量处理单元中并行且有层次的进行，运算速度快。另外，神经网络系统并不是执行一串单独的指令，而是一种集团运算的能力，所以信息的处理能力由整个神经网络系统所决定。

15.3.2.3　BP 神经网络

　　人工神经网络的拓扑结构（即各神经元间的连接方式）主要有前向网络（如 BP 神经网络、径向基神经网络）、反馈网络（如 Hopfiled 神经网络）和自组织神经网路（如 Kohonen 自组织特征映射神经网络），其学习规则主要有误差纠正学习规则、Hebb 学习规则和竞争学习规则。

　　在纺织研究领域应用较广泛的是前向型误差反向传播（Back Propagation，BP）神经网络（简称 BP 网络），它具有很强的非线性映射能力，一个三层的 BP 神

经网络能够实现对任意非线性函数进行逼近(Kolrnogorov 定理)。因此,下面主要介绍 BP 神经网络:

BP 神经网络是一种典型的多层有导师学习网络,其基本结构如图 15.4 所示,包括一个输入层、一个输出层和若干个中间层(隐含层)。BP 算法的主要思想是把学习分为两个阶段:第一阶段为正向传播过程,给定输入信息通过输入层,经隐含层逐层处理,并计算每个单元的实际输出值;第二个阶段为反向过程,若在输出层未能得到期望的输出值,则逐层递归地计算实际输出与期望输出之差值,以便根据此差值调节连接权值。BP 算法的基本流程如图15.5 所示,具体算法公式推导如下:

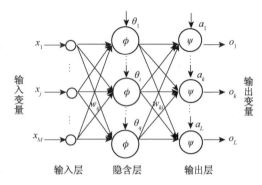

图 15.4　BP 神经网络结构

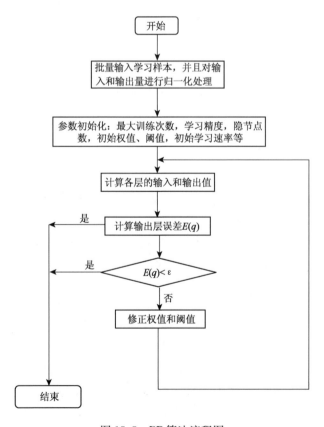

图 15.5　BP 算法流程图

图 15.4 中：x_j 表示输入层第 j 个节点的输入，$j=1,2,\cdots,M$；w_{ij} 表示隐含层第 i 个节点到输入层第 j 个节点之间的权值；θ_i 表示隐含层第 i 个节点的阈值；ϕ 表示隐含层的激励函数；w_{ki} 表示输出层第 k 个节点到隐含层第 i 个节点之间的权值，$i=1,2,\cdots,q$；a_k 表示输出层第 k 个节点的阈值，$k=1,2,\cdots,L$；ψ 表示输出层的激励函数；o_k 表示输出层第 k 个节点的输出。

（1）输入信号前向传播过程

隐含层第 i 个节点的输入 net_i：

$$net_i = \sum_{j=1}^{M} w_{ij} x_j + \theta_i \tag{15.7}$$

隐含层第 i 个节点的输出 y_i：

$$y_i = \phi(net_i) = \phi\left(\sum_{j=1}^{M} w_{ij} x_j + \theta_i\right) \tag{15.8}$$

输出层第 k 个节点的输入 net_k：

$$net_k = \sum_{i=1}^{q} w_{ki} y_i + a_k = \sum_{i=1}^{q} w_{ki}\phi\left(\sum_{j=1}^{M} w_{ij} x_j + \theta_i\right) + a_k \tag{15.9}$$

输出层第 k 个节点的输出 o_k：

$$o_k = \psi(net_k) = \psi\left(\sum_{i=1}^{q} w_{ki} y_i + a_k\right) = \psi\left[\sum_{i=1}^{q} w_{ki}\phi\left(\sum_{j=1}^{M} w_{ij} x_j + \theta_i\right) + a_k\right] \tag{15.10}$$

（2）误差的反向传播过程

误差的反向传播，即首先由输出层开始逐层计算各层神经元的输出误差，然后根据误差梯度下降法调节各层的权值和阈值，使修改后的网络的最终输出接近期望值。

对于每一个样本 p 的二次型误差准则函数为 E_p：

$$E_p = \frac{1}{2} \sum_{k=1}^{L} (T_k - o_k)^2 \tag{15.11}$$

系统对 P 个训练样本的总误差准则函数为：

$$E = \frac{1}{2} \sum_{p=1}^{P} \sum_{k=1}^{L} (T_k^p - o_k^p)^2 \tag{15.12}$$

根据误差梯度下降法依次修正输出层权值的修正量 Δw_{ki}，输出层阈值的修正量 Δa_k，隐含层权值的修正量 Δw_{ij}，隐含层阈值的修正量 $\Delta \theta_i$。

$$\Delta w_{ki} = -\eta \frac{\partial E}{\partial w_{ki}}; \ \Delta a_k = -\eta \frac{\partial E}{\partial a_k}; \ \Delta w_{ij} = -\eta \frac{\partial E}{\partial w_{ij}}; \ \Delta \theta_i = -\eta \frac{\partial E}{\partial \theta_i} \quad (15.13)$$

输出层权值调整公式：

$$\Delta w_{ki} = -\eta \frac{\partial E}{\partial w_{ki}} = -\eta \frac{\partial E}{\partial net_k} \frac{\partial net_k}{\partial w_{ki}} = -\eta \frac{\partial E}{\partial o_k} \frac{\partial o_k}{\partial net_k} \frac{\partial net_k}{\partial w_{ki}} \quad (15.14)$$

输出层阈值调整公式：

$$\Delta a_k = -\eta \frac{\partial E}{\partial a_k} = -\eta \frac{\partial E}{\partial net_k} \frac{\partial net_k}{\partial a_k} = -\eta \frac{\partial E}{\partial o_k} \frac{\partial o_k}{\partial net_k} \frac{\partial net_k}{\partial a_k} \quad (15.15)$$

隐含层权值调整公式：

$$\Delta w_{ij} = -\eta \frac{\partial E}{\partial w_{ij}} = -\eta \frac{\partial E}{\partial net_i} \frac{\partial net_k}{\partial w_{ij}} = -\eta \frac{\partial E}{\partial y_i} \frac{\partial y_i}{\partial net_i} \frac{\partial net_i}{\partial w_{ij}} \quad (15.16)$$

隐含层阈值调整公式：

$$\Delta \theta_i = -\eta \frac{\partial E}{\partial \theta_i} = -\eta \frac{\partial E}{\partial net_i} \frac{\partial net_i}{\partial \theta_i} = -\eta \frac{\partial E}{\partial y_i} \frac{\partial y_i}{\partial net_i} \frac{\partial net_i}{\partial \theta_i} \quad (15.17)$$

又因为：

$$\frac{\partial E}{\partial o_k} = -\sum_{p=1}^{P} \sum_{k=1}^{L} (T_k^p - o_k^p) \quad (15.18)$$

$$\frac{\partial net_k}{\partial w_{ki}} = y_i; \ \frac{\partial net_k}{\partial a_k} = 1; \ \frac{\partial net_i}{\partial w_{ij}} = x_j; \ \frac{\partial net_i}{\partial \theta_i} = 1 \quad (15.19)$$

$$\frac{\partial E}{\partial y_i} = -\sum_{p=1}^{P} \sum_{k=1}^{L} (T_k^p - o_k^p) \cdot \psi'(net_k) \cdot w_{ki} \quad (15.20)$$

$$\frac{\partial y_i}{\partial net_i} = \phi'(net_i) \quad (15.21)$$

$$\frac{\partial o_k}{\partial net_k} = \psi'(net_k) \quad (15.22)$$

所以最后得到以下公式：

$$\Delta w_{ki} = \eta \sum_{p=1}^{P} \sum_{k=1}^{L} (T_k^p - o_k^p) \cdot \psi'(net_k) \cdot y_i \quad (15.23)$$

$$\Delta a_k = \eta \sum_{p=1}^{P} \sum_{k=1}^{L} (T_k^p - o_k^p) \cdot \psi'(net_k) \quad (15.24)$$

$$\Delta w_{ij} = \eta \sum_{p=1}^{P} \sum_{k=1}^{L} (T_k^p - o_k^p) \cdot \psi'(net_k) \cdot w_{ki} \cdot \phi'(net_i) \cdot x_j \quad (15.25)$$

$$\Delta\theta_i = \eta \sum_{p=1}^{P} \sum_{k=1}^{L} (T_k^p - o_k^p) \cdot \psi'(net_k) \cdot w_{ki} \cdot \phi'(net_i) \tag{15.26}$$

BP 算法因其简单、易行、计算量小、并行性强等优点,是神经网络训练采用最多也是最成熟的训练算法之一。其算法的实质是求解误差函数的最小值问题,由于它采用非线性规划中的最速下降方法,按误差函数的负梯度方向修改权值,因而通常存在以下问题:①学习效率低,收敛速度慢;②易陷入局部极小状态。因此,许多研究工作者对其提出了许多改进方法,如动量-自适应学习速率调整算法。

15.3.2.4 人工神经网络设计

针对某一问题所进行的神经网络设计,包括神经网络拓扑结构设计和神经元连接权值和阈值的学习。而拓扑结构设计包含各层的节点数(神经元数)和隐层数的设计,输入、输出层的节点数通常由客观问题及样本决定。例如在研究复合材料的性能时,输入节点通常为材料的组分或者某些重要的工艺参数,而输出节点为材料性能指标,如拉伸强度、冲击韧性或弹性模量等。相对于输入/输出层的设计,隐层数及其节点数的设计包含更多主观因素。由于一个三层 BP 网络(即单隐层)可完成任意 n 维到 m 维的映射,且便于设计和实现,所以在研究中多采用单隐层 BP 网络。隐层节点数一般根据经验选择,即隐层节点数不应小于输出层神经元数。从实现的功能看,网络隐层起抽象作用,即它能从输入样本中提取特征知识,因而网络的泛化能力取决于隐层,所以在实际建模过程中,需要根据网络的收敛情况和泛化能力及时调整隐层数及各层的节点数。

15.3.2.5 人工神经网络的实现

人工神经网络的实现方法有多种:①在已有的神经网络软件开发环境下开发应用软件;②利用专门的神经网络描述语言开发神经网络软件;③选用传统的编程语言开发神经网络软件。其中,第三种方法的使用范围最广,设计最为灵活。可用于神经网络计算机编程的软件很多,C 语言和 C++语言最常用。美国 The MathsWorks 公司推出的 MATLAB 也可方便地实现各种类型的神经网络,内置于 MATLAB 中的神经网络工具箱(NN Toolbox)几乎完整概括了现有神经网络的新成果,神经网络应用者可直接使用功能丰富的函数来实现预期目的,节省大量编程时间。

15.3.3 人工神经网络在纺织中的应用实例:预测织物拉伸性能[63]

(1)研究步骤

① 测试经、纬纱线拉伸曲线。

② 测试织物结构参数指标,如经纬密度、经纬纱交织屈曲角。

③ 测试织物经纬向拉伸曲线。

④ 划分拉伸曲线：把经纬纱线拉伸曲线和织物经纬向拉伸曲线，按各自断裂伸长率值划分为相同的 10 等份，并得到拉伸曲线上与该 10 等份的伸长率值相对应的载荷值。

⑤ 逐点训练神经网络：用较多的织物试样，按步骤①～④，得到相应的测试值，以经、纬纱测试值和织物结构参数值作为输入端，以织物经、纬向测试值作为输出端，按步骤④的取值点，逐点训练神经网络，建立拉伸曲线上 10 个点的输入-输出映射关系。

⑥ 验证工作：以织物的测试拉伸曲线为基准，与神经网络输出值经样条插值或拟合后所得曲线进行比较，验证模型的性能。

（2）建立模型与设计模型参数

此模型采用三层 BP 神经网络结构（图 15.6）。根据实验要求，其输入神经元个数有 8 个，分别为经纱载荷值、纬纱载荷值、经纱伸长率值、纬纱伸长率值、织物经向密度、织物纬向密度、织物经向交织角和织物纬向交织角值；输出神经元个数有 4个，分别为织物经向载荷值、织物纬向载荷值、织物经向伸长率值和纬向伸长率值。隐层神经元个数根据对所建立的各个点的神经网络模型进行训练时所产生的误差大小确定。训练结果表明，预测模型的隐单元数取 6～9 时，神经网络的性能较好。

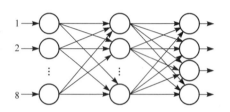

图 15.6　预测织物拉伸性能的
BP 神经网络结构

（3）模型训练

这里神经网络模型采用 MATLAB 5.2 实现的有指导下的训练，对低模量织物而言，即以 8 组数据作为直接训练数据，1 组作为训练检验组，1 组作为验证组。学习算法采用动量法和学习率自适应调整算法，由函数 trainbpx 实现，既改善了神经网络收敛性，又有利于缩短学习时间。为改善网络学习过程中的收敛速度和收敛误差，在训练前采用最大值和最小值对数据进行预处理，由 premnmx，postmnmx 和 tramnmx 三个函数实现，其中 premnmx 将输入数据按比例缩放到 −1～1，postmnmx 将输出数据按比例缩放到 −1～1，tramnmx 则将预测目标值还原到原始单位。

（4）参数测试

织物结构参数包括纤维性质、纱线结构和性质及织物组织结构，具体表示为经、纬纱线拉伸曲线和织物结构参数（包括经向和纬向密度、经纱或纬纱交织曲屈角）等指标。这些指标共同影响织物拉伸性能，与织物拉伸性能之间一般存在复杂的非线性关系。在实验中，对试样进行测试的指标主要有经向和纬向密度、经纱或纬纱交织曲屈角、经纱和纬纱线拉伸曲线,以及织物经纬向拉伸曲线等。其中织物拉伸测试采用 AG-10TA 材料试验机(拉伸速度:50 mm/min;夹距:10 cm),纱线拉伸采用 DSC-500 材料料试验机(拉伸速度:50 mm/min;夹距:15 cm),纱线交织屈曲角采用 QUESTAR 视频系统拍摄图片并对图片进行测量。

试样的选择对模型的选择及训练密切相关。一般来说,选择的试样应具有广泛性和随机性,这样获得的数据才有可能包含问题的全部模式。为了便于模型的训练,对低模量织物和中高模量织物分别取样。低模量织物共 10 种,原料和织物的结构参数差异较大,因而试样具有一定的代表性。低模量织物中,8 组(No. 1~No. 8)作为训练组,1 组(No. 10)作为划练检验组,1 组(No. 9)作为验证组。高模量织物选取 Twaron 1000 和 PVA,由于种类较少,因而只对模型进行训练,未进行验证工作。表 15.1 给出了低模量织物的实验值。

表 15.1　低模量织物实验值

织物种类	密度(根/10 cm)		交织角(°)		纱线断裂载荷(N)		纱线伸长率(%)		织物断裂载荷(N)		织物伸长率(%)	
	经向	纬向	经向	纬向	经纱	纬纱	经纱	纬纱	经向	纬向	经向	纬向
No. 1	555	271	31. 4	39. 2	2. 35	1. 36	8. 00	6. 33	608. 0	289. 4	10. 38	12. 6
No. 2	577	280	26. 3	42. 3	2. 85	1. 04	7. 87	6. 73	680. 0	327. 5	15. 00	12. 3
No. 3	456	288	40. 1	25. 5	4. 42	1. 74	18. 67	19. 20	807. 5	701. 0	23. 70	23. 9
No. 4	457	295	28. 0	25. 9	4. 87	1. 17	20. 00	14. 00	855. 0	678. 5	26. 70	23. 4
No. 5	451	292	35. 5	31. 9	4. 24	1. 75	18. 00	17. 33	813. 0	601. 3	22. 70	20. 3
No. 6	458	227	31. 1	37. 8	4. 96	2. 16	9. 33	6. 67	1 040	601. 3	17. 30	10. 8
No. 7	447	221	31. 6	40. 7	4. 04	2. 48	8. 17	6. 47	1 050	517. 7	17. 70	11. 5
No. 8	427	289	27. 7	39. 9	3. 02	1. 14	13. 00	11. 87	427. 3	366. 6	20. 00	13. 1
No. 9	389	288	22. 5	27. 0	4. 66	2. 15	19. 33	20. 33	874. 6	697. 8	28. 00	23. 6
No. 10	274	239	44. 6	23. 6	5. 38	2. 18	12. 00	8. 60	574. 0	574. 0	22. 00	10. 6

(5) 神经网络预测结果

如前所述,在完成与 10 个点对应的 10 个神经网络模型的训练后,用第 9 组数据(No. 9)对模型进行验证,分别对预测值与实验值运用曲线拟合与插值方法,得到织物经向拉伸曲线模拟图(图 15.7)和纬向拉伸曲线模拟图(图 15.8)。

预测结果表明:运用神经网络模型对织物的拉伸性能进行预测,具有较好的准确性(断裂载荷值和伸长值预测的相对误差<5%);在一定的误差范围内,运用神经网络模型能比较精确地预测出织物的断裂负荷值和伸长值。

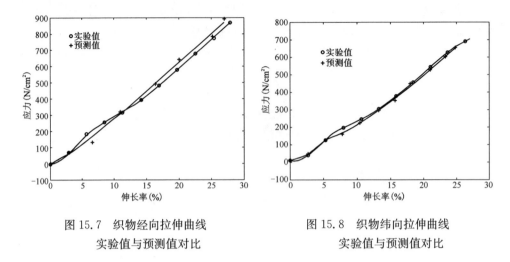

图 15.7　织物经向拉伸曲线
实验值与预测值对比

图 15.8　织物纬向拉伸曲线
实验值与预测值对比

　　分析图 15.7 和图 15.8,可以看出,运用神经网络模型预测出的织物负荷值与伸长值进行拟合得到织物的拉伸曲线模拟图,一方面能较好地符合一般织物的拉伸曲线,另一方面也能较好地与实验得到的织物拉伸曲线图相吻合。

参 考 文 献

[1]　郁宗隽,李元祥. 数理统计在纺织工程中的应用. 北京:纺织工业出版社,1984.

[2]　黄俊鹏,王淑芬. 对纱线强力的最优化设计. 天津纺织科技,2006,44(2):54-56.

[3]　杨萍,于伟东. 纱线和织物的弯曲刚度. 毛纺科技,2002(1):8-12.

[4]　储才元,陈峰. 机织物的撕裂破坏机理和测试方法的分析. 纺织学报,1992,13(5):196-200.

[5]　白刚,吴坚,刘艳春. 机织物破坏形式及其影响因素. 大连轻工业学院学报,2001,20(4):297-300.

[6]　姚澜,吴坚. 机织物撕裂强力的测试方法分析. 大连轻工业学院学报,2001,20(3):221-224.

[7]　邓丽丽,吕丽华,姜红. 机织物撕裂破坏机理及其影响因素. 大连轻工业学院学报,2004,23(1):63-65.

[8]　李晖,张录平,孙岩,等. 玻璃纤维增强复合材料的寿命预测. 工程塑料应用,2011,39(1):68-73.

[9]　王群,罗科学,刘东,等. 高速钻销碳纤维复合材料钻销转矩的非线性回归分析. 制造技术与机床,2010 (2):29-31.

[10]　王群,罗科学,刘东,等. 高速钻削碳纤维复合材料轴向力的非线性回归分析. 新技术新工艺,2010 (2):59-61.

[11]　王海鹏,陈新文,李晓骏,等. 玻璃纤维复合材料不同温度条件拉伸强度统计分布. 材料工程,2008 (7):76-78.

[12] 澳大利亚国际援助署，国际羊毛局. 毛纺织工业质量管理手册. 北京：中国纺织出版社，2001：60-66.

[13] Shauren Y, Peter L. 纺纱技术预测——精纺模型化纱线的设计. 西安：第二届中国国际毛纺织会议论文汇编，1998：361-366.

[14] 邓聚龙. 灰色系统基本方法. 武汉：华中理工大学出版社，1987.

[15] 孔令剑，晏雄. 灰色理论在麻织物热湿舒适性研究中的应用. 纺织学报，2007，28(4)：41-44.

[16] 景晓宁，李亚滨. 织物热湿舒适性能评价指标的灰色理论研究. 国际纺织导报，2011(4)：70-75.

[17] 张淑洁，王瑞，张丽，等. 管状纺织复合材料生产工艺及性能探讨. 纺织学报，2006，27(9)：36-39.

[18] 穆奎，马崇启. 梳棉工艺对单杀强力影响的灰色 GM(0, N)预测模型. 纺织学报，2011，32(6)：34-38.

[19] 甘应进，陈东生，雒薇燕. 灰色系统理论及其在纺织上的应用. 吉林工学院学报，1996，17(1)：65-74.

[20] 陈东生，甘应进，刘辉. 织物风格评价的灰色研究. 吉林工学院院报，1999，20(1)：56-61.

[21] 袁肖鹏，吴汉金，郑佩芳. 灰色模型在纺织上的应用——全毛华达呢综合手感预测. 中国纺织大学学报，1992，18(5)：31-37.

[22] 于华，李晓君，杨晓琴. 热定形织物残留收缩率的 GM(1, 1)模型. 运筹与管理，1997，6(1)：34-38.

[23] Leonard J, Pirotte F, Knott J. Classification of second hand textile waste based on near infrared analysis and neural network. Melliand International，1998，4：242-244.

[24] Jasper W J, Kovacs E T. Using neural networks and Nir spectrophotometry to identify fibers. Textile Research Journal，1994，64(8)：444-448.

[25] Shi X J, Yu W D. Identification for animal fibers with artificial neural network. Proceedings of 2008 International Conference on Wavelet Analysis and Pattern Recognition，2008，1-2：227-231.

[26] She F H, Kong L X, Nahavandi S, et al. Intelligent animal fiber classification with artificial neural networks. Textile Research Journal，2002，72(7)：594-600.

[27] Allan G. An automatic analysis system for natural fibres. In Proceedings of World Textile Congress on Natural Polymer Fibres, Huddersfield, West Yorkshire, UK, 1997：220-230.

[28] Sankaran V, Lee D, Hitchcock E M, et al. Automated fibre identification and analysis system. In Proceedings of the 78th World Conference of the Textile Institute, Manchester, 1997，2：325-345.

[29] Cheng L, Ghorashi H, Duckett K, et al. Color grading of cotton part II：color grading with an expert system and neural networks. Textile Research Journal，1999，69(12)：

893-903.

[30] Xu B, Su J, Dale D S, et al. Cotton color grading with a neural network. Textile Research Journal, 2000, 70(5): 430-436.

[31] Kang T J, Kim S C. Objective evaluation of the trash and color of raw cotton by image processing and neural network. Textile Research Journal, 2002, 72(9): 776-782.

[32] Mwasiagi J I, Wang X H, Huang X B. The use of k-means and artificial neural network to classify cotton lint. Fibers and Polymers, 2009, 10(3): 379-383.

[33] Majumdar A, Majumdar P K, Sarkar B. Selecting cotton bales by spinning consistency index and micronaire using artificial neural networks. Autex Research Journal, 2004, 4 (1): 2-8.

[34] Kang T J, Kim S C. Objective evaluation of trash and color of raw cotton by image processing and neural network. Textile Research Journal, 2002, 72: 776-782.

[35] Jeffrey C F, Hsiao K K I, Wu Y S. Using neural network theory to predict the properties of melt spun fibers. Textile Research Journal, 2004, 74(9): 840-843.

[36] Sette S, Boullart L. Fault detection and quality assessment in textile by means of neural nets. International Journal of Clothing Science and Technology, 1996, 8(1/2): 73-83.

[37] Ramesh M C, Rajamanickam R, Jayaraman S. The prediction of yarn tensile properties by using artificial neural networks. The Journal of the Textile Institute, 1995, 86(3): 459-469.

[38] Cheng L, Adams D L. Yarn strength prediction using neural networks part I: fiber properties and yarn strength relationship. Textile Research Journal, 1995, 65 (9): 495-500.

[39] Majumdar P K, Majumdar A. Predicting the breaking elongation of ring spun cotton yarns using mathematical, statistical, and artificial neural network models. Textile Research Journal, 2004, 74(7): 652-655.

[40] Aggarwal S K. A model to estimate the breaking elongation of high twist ring spun cotton yarns. Part I: Deviation of the model for yarn from single cotton varieties. Textile Research Journal, 1989, 59(11): 691-695.

[41] Aggarwal S K. A model to estimate the breaking elongation of high twist ring spun cotton yarns. Part II: Applicability to yarns from mixtures of cottons. Textile Research Journal, 1989, 59(12): 717-720.

[42] 程文红, 陆凯. 利用人工神经网络进行纺纱技术预报. 上海毛麻科技, 2000 (1): 19-21, 28.

[43] Guha A, Chattopadhyay R, Jayadeva. Predicting yarn tenacity: a comparison of mechanistic, statistical, and neural network models. The Journal of the Textile Institute, 2001, 92(2): 139-145.

[44] Frydrych, I. A new approach for predicting strength properties of yarn. Textile Research Journal, 1992, 62(6): 340-348.

[45] Deweijer, A P, Buydens L, Kateman G, et al. Neural networks used as a soft-modeling technique for quantitative description of the relation between physical structure and mechanical-properties of poly (ethylene-terephthalate) yarns. Chemometrics and Intelligent Laboratory Systems, 1992. 16(1): 77-86.

[46] Pynckels F, Kiekens P, Sette S, et al. Use of neural nets for determing the spinnability of fibers. Journal of the Textile Institute, 1995, 86(3): 425-437.

[47] Pynckels F, Kiekens P, Sette S, et al. The use of neural nets to simulate the spinning process. The Journal of the Textile Institute, 1997, 88(1): 440-448.

[48] Babay A, Cheikhrouhou M, Vermeulen B, et al. Selecting the optimal neural network architecture for predicting cotton yarn hairiness. The Journal of the Textile Institute, 2005, 96(3): 185-192.

[49] Majumdar A, Ciocoiu M, Blaga M. Modeling of ring yarn unevenness by soft computing approach. Fibers and Polymers, 2008, 9(2): 210-216.

[50] Majumdar A. Modeling of cotton yarn hairiness using adaptive neuro-fuzzy inference system. Indian Journal of Fiber and Textile Research, 2010, 35(2): 121-127.

[51] Khan Z, Lim A E K, Wang L, et al. An artificial neural network-based hairiness prediction model for worsted wool yarns. Textile Research Journal, 2009, 79 (8): 714-720.

[52] Demiryurek O, Koc E. Predicting the unevenness of polyester/viscose blended open-end rotor spun yarns using artificial neural network and statistical models. Fibers and Polymers, 2009, 10(2): 237-245.

[53] Shiau Y R, Tsai I S, Lin C S. Classifying web defects with a backpropagation neural network by color image processing. Textile Research Journal, 2000, 70: 633-640.

[54] Huang C C, Chang K T. Fuzzy self-organizing and neural network control of sliver linear density in a drawing frame. Textile Research Journal, 2001, 71: 987-992.

[55] Cabeco-Silva M E, Cabeco-Silva A A, Samarao J L, et al. Artificial neural networks: applications in cotton spinning processing. In Proceedings of the Beltwide Cotton Conference. Nashville. TE. USA, 1996, 2:1481-1484.

[56] Zhu R, Ethridge M D. Predicting hairiness for ring and rotor spun yarns and analyzing the impact of fibre properties. Textile Research Journal, 1997, 67: 694-698.

[57] Zhu R, Ethridge M D. The prediction of cotton yarn irregularity based on the "AFIS" measurement. The Journal of the Textile Institute, 1996, 87(1): 509-512.

[58] Jackowska-Strumillo L, Jackowski T. Application of a hybrid neural model for determination of selected yarn parameters. Fibres and Textiles in Eastern Europe, 1998, 6(4): 27-32.

[59] Chiu S H, Chen H M, Chen J Y, et al. Appearance analysis of false twist textured yarn packages using image processing and neural network technology. Textile Research Journal, 2001, 71(4): 313-317.

[60] Vangheluwe L, Sette S, Kiekens P. Modeling relaxation behaviour of yarns . 2. Back propagation neural network model. The Journal of the Textile Institute, 1996, 87(2): 305-310.

[61] Ara M, Imamura S. Control device in loom. EP 0573656, Japan, 1993.

[62] Ucar N, Ertugrul S. Predicting circular knitting machine parameters for cotton plain fabrics using conventional and neuro-fuzzy methods. Textile Research Journal, 2002, 72: 361-366.

[63] 梅兴波, 顾伯洪. 预测织物拉伸性能的 BP 网络方法. 纺织学报, 2000, 21(5): 28-30.

[64] Fan J, Hunter L. A worsted fabric expert system. Part I: system development. Textile research Journal, 1998, 68: 680-686.

[65] Fan J, Hunter L. A worsted fabric expert system. Part II: an artificial neural network model for predicting the properties of worsted fabrics. Textile Research Journal, 1998, 68: 763-771.

[66] Fan J, Newton E, Au R, et al. Predicting garment drape with a fuzzy-neural network. Textile research Journal, 2001, 71: 605-608.

[67] Majumdar A, Ghosh A, Saha S S, et al. Empirical modeling of tensile strength of woven fabrics. Fibers and Polymers, 2008, 9(2): 240-245.

[68] Hadizadeh M, Tehran M A, Jeddi A A A. Application of an adaptive neuro-fuzzy system for prediction of initial load/extension behavior of plain-woven fabrics. Textile Research Journal, 2010, 80(10): 981-990.

[69] Chen T, Zhang C, Chen X, et al. An input variable selection method for the artificial neural network of shear stiffness of worsted fabrics. Statistical Analysis and Data Mining, 2009, 1(5): 287-295.

[70] Murthyguru. Novel approach to study compression properties in textiles. Autex Research Journal, 5(4): 176-193.

[71] Elman J L. Finding structure in time. Cognitive Science, 1990, 14(2): 179-211.

[72] Mori T, Komiyama J. Evaluating wrinkled fabrics with image analysis and neural networks. Textile Research Journal, 2002, 72: 417-422.

[73] Park S W, Hwang Y G, Kang B C, et al. Total handle evaluation from selected mechanical properties of knitted fabrics using neural network. International. Journal of Clothing Science and Technology, 2001, 13: 106-114.

[74] Chen P W, Liang T C, Yau H F, et al. Classifying textile faults with a backpropagation neural network using power spectra. Textile Research Journal, 1998, 68: 121-126.

[75] Tsai I S, Hu M C. Automatic inspection of fabric defects using an artificial neural network technique. Textile Research Journal, 1996, 66: 474-482.

[76] Tsai I S, Lin C H, Lin J J. Applying an artificial neural network to pattern recognition in fabric defects. Textile Research Journal, 1995, 65: 123-130.

[77] Fan J, Newton E, Au R, et al. Predicting garment drape with a fuzzy-neural network.

Textile Research Journal, 2001, 71(7): 605-608.

[78] Stylios G K, Powell N J. Engineering the drapability of textile fabrics. International Journal of Clothing and Science Technology, 2003, 15(3/4): 211-217.

[79] Yao G, Guo J, Zhou Y. Predicting the warp breakage rate in weaving by neural network techniques. Textile Research Journal, 2005, 75(3): 274-278.

[80] Lin J J. Prediction of yarn shrinkage using neural nets. Textile Research Journal, 2007, 77(5): 336-342.

[81] Hui C L, Lau T W, Ng S F, et al. Neural network prediction of human psychological perceptions of fabric hand. Textile Research Journal, 2004, 74(5): 375-383.

[82] Shyr T W, Lin J Y, Lai S S. Approaches to discriminate the characteristic generic hand of fabrics. Textile Research Journal, 2004, 74(4): 354-358.

[83] Matsudaira M. Fabric handle and its basic mechanical properties. Journal of Textile Engineering, 2006, 52(1): 1-8.

[84] Sang-song L, Tsung-Huang L. Fast system approach to discriminate the characterized generic hand of fabrics. Indian Journal of Fiber and Textile Research, 2007, 32(3): 344-350.

[85] Park S W, Hwang Y G, Kang B C, et al. Applying fuzzy logic and neural networks to total hand evaluation of knitted fabrics. Textile Research Journal, 2000, 70 (8): 675-681.

[86] Okamoto J, Nakajima S, Hosokawa S. Measurement of fabric hand evaluation values by neural network based on PCA of drape images. Memoirs of the Faculty of Engineering, 1996, 37: 89.

[87] Park S W, Hwang Y G, Kang B C, et al. Total handle evaluation from selected mechanical properties of knitted fabrics using neural network. International Journal of Clothing Science and Technology, 13(2): 106-114.

[88] Jeguirim S E G, Dhouib A B, Sahnoun A, et al. The use of fuzzy logic and neural networks models for sensory properties prediction from process and structure parameters of knitted fabrics. Journal of Intelligent Manufacturing, 2011, 22(6): 873-884.

[89] Tsai I S, Lin C H, Lin J J. Applying an artificial neural network to pattern recognition in Fabric defects. Textile Research Journal, 1995, 65(3): 123-130.

[90] Tilocca A, Borzone P, Carosio S, et al. Detecting fabric defects with a neural network using two kinds of optical patterns. Textile Research Journal, 2002, 72(6): 545-550.

[91] Kumar A. Neural network based detection of local textile defects. Pattern Recognition, 2003, 36(7): 1645-1659.

[92] Shady E, Gowayed Y, Abouiiana M, et al. Detection and classification of detects in knitted fabric structures. Textile Research Journal, 2006, 76(4): 295-300.

[93] Choi H T, Jesong S H, Kim S R, et al. Detecting fabric defects with computer vision and fuzzy rule generation, Part II: defect identification by a fuzzy expert system. Textile

Research Journal, 2001, 71(7): 563-573.

[94] Huang C C, Chen I C. Neural-fuzzy classification for fabric defects. Textile Research Journal, 2001, 71(3): 220-224.

[95] Hu M C, Tsai I S. Fabric inspection based on best wavelet packet bases. Textile Research Journal, 2000, 70(8): 662-670.

[96] Liu J L, Zuo B Q. Identification of fabric defects based on discrete wavelet transform and back-propagation neural network. The Journal of the Textile Institute, 2007, 98(4): 355-362.

[97] Kuo C F J, Lee C J, Tsai C C. Using a neural network to identify fabric defects in dynamic cloth inspection. Textile Research Journal, 2003. 73(3): 238-244.

[98] Kuo C F J, Lee C J. A back-propagation neural network for recognizing fabric defects. Textile Research Journal, 2003. 73(2): 147-151.

[99] Jeon B S, Bae J H, Suh M W. Automatic recognition of woven fabric patterns by an artificial neural network. Textile Research Journal, 2003, 73(7): 645-650.

[100] Chiou Y C, Lin C S, Chen G Z. Automatic texture inspection in the classification of papers and cloths with neural networks method. Sensor Review, 2009, 29 (3): 250-259.

[101] Liu S, Wan O, Zhang H. Fabric weave identification based on cellular neural network. The Six International Symposium on Neural Networks: Advances in Intelligent and Soft Computing, 2009, 56: 563-569.

[102] Tokarska M. Neural model of the permeability features of woven fabrics. Textile Research Journal, 2004, 74(12): 1045-1048.

[103] Cay, A, Vassiliadis S, Rangoussi M, et al. Prediction of the air permeability of woven fabrics using neural networks. International Journal of Clothing Science and Technology, 2007, 19(1/2): 18-35.

[104] Chen X, Huang XB. Evaluating fabric pilling with light-projected image analysis. Textile Research Journal, 2004, 74(11):977-981.

[105] Zhang J, Wang X, Palmer S. Performance of an objective fabric pilling evaluation method. Textile Research Journal, 2010, 80(16):1648-1657.

[106] Bhattacharjee D, Kothari V K. A neural network system for prediction of thermal resistance of textile fabrics. Textile Research Journal, 2007, 77(1): 4-12.

[107] Fayala F, Alibi H, Benltoufa S, et al. Neural network for predicting thermal conductivity of knit materials. Journal of Engineered Fibers and Fabrics, 2008, 3(4): 53-60.

[108] Yazdi M M, Semnadi D, Sheikhzadeh M. Moisture and heat transfer in hybrid weft knitted fabric with artificial intelligence. Journal of Applied Polymer Science, 114(3): 1731-1737.

[109] Keshavaraj R, Tock R W, Nusholtz G S. A simple neural-network-based model

approach for nylon-66 fabrics used in safety restraint systems-a comparison of 2 training algorithms. Journal of Applied Polymer Science, 1995. 57(9): 1127-1144.

[110] Ramaiah G B, Chennaiah R Y, Satayanarayanarao G K. Artificial neural network study: protective textiles for defense applications. AATCC Review, 2011, 11(1): 75-79.

[111] Ramaiah G B, Chennaiah R Y, Satayanarayanarao G K. Investigation and modeling on protective textiles using artificial neural networks for defense applications. Materials Science and Engineering B-Advanced Functional Solid-State Materials, 2010, 168(1/2/3): 100-105.

[112] Chen Y, Zhao T, Collier B J. Prediction of fabric end-use using a neural network technique. The Journal of the Textile Institute, 2001, 92(1): 157-163.

[113] 石鲜明, 赵彤, 吴瑶曼, 等. 神经网络用于玻纤增强酚醛树脂力学性能的预测. 高分子材料科学与工程, 2000, 16(4): 117-119.

[114] 秦伟, 张志谦, 吴晓宏, 等. 运用神经网络设计碳纤维织物/环氧复合材料界面性能. 功能材料, 2003, 34(3): 334-335.

[115] Ganesh C, Steele J P H, Zhang H, et al. Predicting degree-of-cure of epoxy resins with fiber optic sensors and artificial neural networks. Moving Forward with 50 Years of Leadership in Advanced Materials-39th International Sampe Symposium and Exhibition, 1994, 39(1/2): 883-892.

[116] EI Kadi H, Al-Assaf Y. Prediction of the fatigue life of unidirectional glass fiber/epoxy composite laminae using different neural network paradigms. Composite Structures, 2002, 55(2): 239-246.

[117] EI Kadi H, Al-Assaf Y. Energy-based fatigue life prediction of fiberglass/epoxy composites using modular neural networks. Composite Structures, 2002, 57(1/2/3/4): 85-89.

[118] EI Kadi H. Modeling the mechanical behavior of fiber-reinforced polymeric composite materials using artificial neural networks—A review. Composite Structures, 2006, 73(1):1-23.

[119] Al-Assaf Y, EI Kadi H. Fatigue life prediction of unidirectional glass fiber/epoxy composite laminae using neural networks. Composite Structures, 2001, 53(1): 65-71.

[120] Lee J A, Almond D P, Harris B. The use of neural networks for the prediction of fatigue lives of composite materials. Composites Part A: Applied Science and Manufacturing, 1999, 30(10): 1159-1169.

[121] Aymerich F, Serra M. Prediction of fatigue strength of composite laminates by means of neural network. Key Engineering Materials, 1998, 144: 231-240.

[122] Pidaparti R M, Palakal M J. Material model for composites using neural networks. AIAA Journal, 1993, 31(8): 1533-1535.

[123] Zhang Z, Klein P, Friedrich K. Dynamic mechanical properties of PTFE based short carbon fibre reinforced composites: experiments and artificial neural network prediction.

Composite Science and Technology, 2002, 62(7/8): 1001-1009.

[124] Al-Haik M S, Garmestani H, Savran A. Explicit and implicit viscoplastic models for polymeric composite. International Journal of Plasticity, 2004, 20(10): 1875-1907.

[125] Stone R, Krishnamurthy K. A neural network thrust force controller to minimize delamination during drilling of graphite-epoxy laminates. International Journal of Machine Tools and Manufacture, 1996, 36(9): 985-1003.

[126] Okafor A, Chandrashekhara K. Delamination prediction in composite beams with built-in piezoelectric devices using modal analysis and neural network. Smart Materials and Structures, 1996, 5(3): 338-347.

[127] Valoor M T, Chandrashekhara K. A thick composite-beam model for delamination prediction by the use of neural networks. Composite Science and Technology, 2000, 60 (9): 1773-1779.

[128] Luo H, Hanagud S. Dynamic learning rate neural network training and composite structural damage detection. AIAA Journal, 1997,35(9): 1522-1527.

[129] Seo D C, Lee J J. Damage detection of CFRP laminates using electrical resistance measurement and neural network. Composite Structures, 1999, 47(1): 525-530.

[130] Todoroki A. The effect ofnumber of electrodes and diagnostic tool for monitoring the delamination of CFRP laminates by changes in electrical resistance. Composite Science and Technology, 2001, 61(13): 1871-1880.

[131] Okafor A C, Dutta A. Optimal ultrasonic pulse repetition rate for damage detection in plates using neural networks. NDT & E International, 2001, 34(7): 469-481.

[132] Xu Y G, Liu G R, Wu Z P, et al. Adaptive multilayer perceptron networks for detection of cracks in anisotropic laminated plates. International Journal of Solids and Structures, 2001, 38(32): 5625-5645.

[133] Lee C S, Hwang W, Park H C, et al. Failure of carbon/epoxy composite tubes under combined axial and torsional loading. I: Experimental results and prediction of biaxial strength by the use of neural networks. Composites Science and Technology, 1999, 59 (12): 1779-1788.

[134] Prevorovsky Z, Landa M, Blahacek M, et al. Ultrasonic scanning and acoustic emission of composite tubes subjected to multiaxial loading. Ultrasonics, 1998, 36(1): 531-537.

[135] Ramu A S, Johnson V T. Damage assessment of composite structures-a fuzzy logic integrated neural network approach. Computers and Structures, 1995, 57(3): 491-502.

[136] Muc A, Kedziora P. A fuzzy set analysis for a fracture and fatigue damage response of composite materials. Composite Structures, 2001, 54(2): 283-287.

[137] Jarrah M A, Al-Assaf Y, El Kadi H. Neural-fuzzy modeling of fatigue life prediction of unidirectional glass fibre/epoxy composite laminates. Journal of Composite Materials, 2002, 36(6): 685-700.

[138] Chandrashekhara K, Okafor A C, Jiang Y P. Estimation of contact force on composite

paltes using impact-induced strain and neural networks. Composite Part B: Engineering, 1998, 29(4): 363-370.

[139] Akhavan F, Watkins S E, Chandrashekhara K. Recovery of impact contact forces of composite plates using fiber optic sensors and neural networks. Fiber Optic and Laser Sensors XIV, 1996, 2839: 277-288.

[140] Lee G S. System identification and control of smart structures using neural networks. Acta Astronaut, 1996, 38(4): 269-276.

[141] Smyer C P, Chandrashekhara K. Robust vibration control of composite beams using piezoelectric devices and neural networks. Smart Materials and Structures, 1997, 6(2): 178-189.

[142] Valoor M T, Chandrashekhara K, Agarwal S. Self-adaptive vibration control of smart composite beams using recurrent neural architecture. International Journal of Solids and Structures, 2001, 38(44/45): 7857-7874.

[143] McCulloch W S, Pitts W. A logical calculus of the ideas immanent in nervous activity. Bulletin of Mathematical Biology, 1943, 5(4): 115-133.

后　记

每次新学期开学,在第一堂课上,面对众多新面孔,看到将来以纺织专业为自己职业的学生,总会讲到下面的初中数学计算题:

(1) $0.99^{10} = ?$

(2) $0.9^{10} = ?$

(3) $0.6^{10} = ?$

(4) $0.5^{10} = ?$

(5) $0.1 \times 0.2 \times 0.3 \times 0.4 \times 0.5 \times 0.6 \times 0.7 \times 0.8 \times 0.9 \times 1 = ?$

不严格讲究有效位数,上面的计算答案分别是:(1) 0.904;(2) 0.349;(3) 0.002;(4) 0.000 98;(5) 0.000 36。

我并不是要复习初中数学知识,只是想从中说明一个道理:纺织制造业是一个多工序、多流程、多参数的流水线,只有每一个环节精益求精地做到最好,不出现"短板"制造环节,才能得到高质量的纺织品或服装。这些计算题也可以扩展到我们的人生:人来到世界上,影响人生成长、职场发展、生活幸福的因素何止上述计算题中的 10 个? 只有坚持一丝不苟的严肃认真态度,每一个环节做到最好,不出现人生的"短板",我们才能拥有幸福完美的人生。

多次有对纺织感兴趣的业外人士问我:纺织学科有没有像欧几里得几何那样明确的公理化逻辑体系? 纺织学科是不是经验学科? 纺织制造技术参数中是不是充斥了"不可过大、不可过小"的经验描述? 纺织品设计能否如机械结构设计一样具有成熟的方法体系? 能否根据纺织品使用要求逆向设计纤维材料性质和纤维集合体结构?

诚然,到目前为止,纺织还是经验型学科,经验对纺织学科发展和纺织实际问题解决的重要性远远超出理性知识的重要性。旁观者清,目前纺织学科就是没有公理化体系和设计体系。这是纺织学科发展不成熟、还没有长大的主要体现。纤维材料和纤维集合体的软物质特性使纺织制造过程充满了迥异于硬质刚性材料的不确定性,对不确定性过程的未知导致了纺织学科对经验性描述的依赖。

"纤维集合体力学"属于纺织基础知识范畴,主要涵盖从纤维基本性质、纤维间摩擦效应和纤维集合体结构到纤维集合体力学性能的内容,以"材料/结构/性能"一体化设计为主线,构建纤维集合体多尺度结构与纤维集合体力学性质之间的关系,为纺织品设计提供理性思考。

在上海松江佘山脚下美丽的镜月湖畔,黄道婆的故乡,世界纺织技术重要发源地,给学生讲授纺织课程,本身就有一种神圣庄严的意味。希望纺织学科的不严密性、不精确性、非理性化,能在当代的松江校区,在可称为全世界规模最大的纺织高等教育基地和教育群体的升华下得到解决。

回想四分之一世纪前,我攻读硕士学位之时,初次接触到姚先生讲授"纺织物力学":没有教材、没有讲义、更没有电子幻灯片,姚先生神采飞扬地在黑板上演绎纺织物结构、性能和力学问题。其时起,我就对纺织物力学产生了浓厚的兴趣:这门课与其他纺织课程的经验描述不一样,有一条纺织材料从结构到性能主题不分叉的主线。随着文献阅读日益积累,接触到纤维集合体力学大师如 Hearle 和 Backer 等的诸多著作,就萌发了为学生编写一本关于纤维集合体力学教材的想法。从初上讲坛斗胆为学生开设"纤维集合体力学"至今已 15 载,每次都是按照讲座形式,根据经典文献或最新文献讲授纤维集合体力学中的一个主题,一直没有根据文献汇总形成教材。几次写作冲动,都被本领域浩瀚文献所淹没,于茫茫书海中无从下手;屡次下笔,唯恐不能体现要义,误人子弟。是故述而不作,一直延续至今。

在学生的一再鼓励下,尤其是在目前已毕业博士生侯仰青、栾坤、金利民、贾西文和在读博士生吴利伟、陆振乾、张发、万玉敏、潘忠祥的帮助下,我和孙宝忠教授以无知者无畏的勇气开始着手本书编写工作。从草拟本书内容架构、撰写书稿到最后杀青,历时两年有余。

值此早春季节、书稿付梓之时,希望在授人以鱼之时授人以渔,给学生增加一丝对纺织学科的理性思考,并用于纤维集合体设计制造;也希望学生通过阅读本书,不求更上一层楼,只求能把双脚站立的水平面抬高一毫米,在纺织学科知识体系中可以望远处多看一厘米。薪火相传的不断接力,使纺织学科真正成为一门充满理性思辨和新兴知识的学科,犹如充满生机的森林,参天大树,不断涌现。

顾伯洪于农历甲午年植树节